Dairy Production Medicine

乳牛の生産獣医療

栄養・繁殖・臨床獣医療・遺伝・病理・疫学から
経営・人的管理手法まで

編著 Carlos A. Risco and Pedro Melendez Retamal
監訳 浜名克己

緑書房

Dairy Production Medicine edited by Carlos A. Risco, Pedro Melendez Retamal.
© 2011 by John Wiley & Sons, Inc. All Rights Reserved
First edition published 2011

Carlos A. Risco, D.V.M., Dipl. ACT
Professor, University of Florida, College of Veterinary Medicine, Gainesville, FL., USA

Pedro Melendez Retamal, D.V.M., M.S., Ph.D.
Professor, University of Santo Tomas-Viña del Mar, Santiago, Chile

Japanese translation rights arranged with John Wiley & Sons International Rights, Inc., through Japan UNI Agency, Inc., Tokyo

John Wiley & Sons, Inc. 発行のDairy Production Medicine の日本語に関する翻訳・出版権は株式会社緑書房が独占的にその権利を保有する。

ご 注 意

本書の内容は，最新の知見をもとに細心の注意をもって記載されています。しかし，科学の著しい進歩からみて，記載された内容がすべての点において完全であると保証するものではありません。本書記載の内容による不測の事故や損失に対して，著者，監訳者，翻訳者，編集者，原著出版社ならびに緑書房は，その責を負いかねます。

序　文

　人の栄養としての牛乳の価値は高く，世界の農業分野において酪農業は重要な要素である。しかし農場における牛乳の生産現場は，増え続ける世界人口から「健康的で経済的な牛乳を供給してほしい」という需要に迫られており，絶え間ない経済的，社会的，環境的な課題の下にある。それゆえに，酪農業者はこれらの課題に対処するために，管理に関するガイドラインを提供してくれる専門家を頼りにしながら，常に自分たちの乳生産システムを修正し，状況に合わせて変化させなければならない。

　乳牛の生産獣医療とは，有益な方法で牛乳を生産するためにデザインされた酪農生産システムの中に獣医学と畜産学の専門家たちを組み入れたものである。このシステムのデザイン，実施，管理へのアプローチは多くの専門分野にわたっており，臨床獣医学，経済学，疫学，食品の安全性，遺伝学，人的資源管理，栄養学，予防医学，繁殖が含まれている。これらの専門家たちは，個々の酪農場が牛のウェルフェアや食品の安全性を損なわずに利益を得られるように管理・調整するために，協力して働かなければならない。

　私たちは，乳牛の分野において先に述べたような専門分野を生産獣医療の中に融合できている本が不足しているという認識を前提にして，本書を制作した。本書では，乳牛と更新用未経産牛の生産サイクルに関連した生産獣医療を取り扱っている。この中で，生産サイクルには，乾乳期，分娩後，繁殖期が含まれている。これらそれぞれの時期において成功を収めるために必要となる適切な管理について取り上げている。

　過去30年で，乳牛に関わる獣医師の役割は，臨床獣医学に重きを置いたものから，コンサルティング，群の成績の評価，従業員のトレーニングへと変化してきた。したがって，本書の目的は，乳牛の群の管理サービスを提供する際に使用できるような乳牛の生産獣医療の参考資料を，学生，獣医師，酪農専門家に提供することである。乳牛の群は，個々の牛が快適な環境で飼育され，生産の段階に応じて栄養要求量を満たすように給餌され，病気の迅速な治療を受けられる状態にあるべきだと私たちは認識している。もし，個々の牛のレベルでこれらの要求が満たされるならば，群全体の牛の福祉が，食料生産動物への配慮に関する社会的期待に見合って向上するだろう。

　乳牛の生産獣医療の本を書くためには，幅広い専門知識が必要であったので，私たちは有能な人々に協力を求めた。彼らに感謝し，彼らの貴重な貢献に感謝の念を示したい。

Carlos A. Risco
Gainesville, Florida
Pedro Melendez Retamal
Santiago, Chile

謝　辞

　フロリダ州立大学で有能な教員たちから教育を受けられたことは，私にとってとても幸運なことであった。彼らの獣医学に対する熱意と情熱が，私が長い間学ぶことに専念する道を開いてくれた。Dr. Ken BraunとDr. Maarten Drostは非常に優れた手本となる人たちで，私の仕事面での成長に特に貢献して下さった。カリフォルニア州オンタリオのChino Valley Veterinary Groupで獣医臨床に参加できたことは，私にとって幸運だった。そこで出会った有能な臨床獣医師たちは，私が学生から獣医師になるための適切な指導に，自分たちの時間を惜しみなく割いてくれた。Dr. Louis ArchbaldとDr. William Thatcherには，研究分野における彼らの指導に感謝したい。崇高な目的において，私を一緒に働かせてくれた酪農場のクライアントにも感謝している。最後に，私に「教える」という名誉と大きな喜びを与えてくれた私の学生と研修医に感謝したい。

Carlos A. Risco

　私に賢明な力添えをくれた大学の同僚と友人たちと，充足感を与えてくれた私の学生たちに感謝したい。最後に，私の知識，考え方，専門的技術を信頼してくれた，今までのクライアントと現在のクライアントに心から感謝の意を表したい。

Pedro Melendez Retamal

献　辞

　私が家族とともに過ごす時間を犠牲にして，強い決意で自分の仕事に専念することを，支え，励ましてくれた私の家族，*Omi, Carlos, Cristina, Jacqueline*に本書を捧げる。

Carlos A. Risco

　無条件に支えてくれ，私がこのすばらしい仕事に専念することへの理解を示してくれた，妻の*Maria Ester*，子どもの*Diego, Ignacio, Elisa*，父，兄弟の*Oscar*，そして特に最近亡くなった母の*Eliana*に本書を捧げたい。

Pedro Melendez Retamal

監訳者の序文

　かつて地元の市場のために生産し，販売してきた自営農場は，近年の急速なグローバル化によってとてつもなく高い効率性が求められるようになってきた。そのためラージハード（大規模牛群）における，多くの人間を要する統合管理経営が必要となった。米国ではすでに500頭以上の規模の大型酪農業者が総数の約5％に達し，全米の牛乳生産量の実に61％を占めるに至っている。この傾向は，今後，日本でもどんどん強くなっていくと思われる。獣医師もこのような変化に対応して，個体診療からハードヘルスを経て，生産獣医療へと進化してきた。今日では，単に動物の医師としてではなく，経営チームの一員としての自覚を高める必要が出てきた。

　本書を理解するには，まず第23章を読むとよい。そこには酪農業経営陣の一員としての管理獣医師になるための詳細が記載されていて，特にコミュニケーション能力の必要性が強調されている。

　本書の内容は牛の生産獣医療に関するあらゆる方面に及び，各章とも当代第一人者による最新の情報と知見が網羅されている。中にはコンピューターのデータを駆使した大型化への対応がよく示されている。各章の末尾に，本文中に引用されたおびただしい数の最新の文献がリストアップされている。これはさらに勉強したい読者にとって，宝の山となろう。本書の構成では，カラー図版がすべて冒頭の部分に口絵としてまとめられており，理解しやすい。また読者の理解の助けとして，本書に多用されている略語の一覧を巻末にまとめた。

　TPP［環太平洋（戦略的経済）連携協定］交渉に象徴されるように，グローバル化は，好むと好まざるにかかわらず，避けて通ることができない。すなわち，これからは国内のみならず，他国との競合関係に入っていかざるを得ない。孫子の兵法書に「彼を知り己を知らば百戦殆（あやう）からず」とある。その意は，「敵と味方の情勢をよく知り，その優劣長短をわきまえた上で戦えば，なんど戦っても敗れることはない」という。過去の大戦で，日本では「鬼畜米英」と叫んで英語を排斥したが，米国では日本人移住者を教師として日本語熱が高まった。この轍を繰り返してはいけない。これからは本書にとどまらず，広く海外の情勢を知ることが何より重要となっている。

　本書には，私がかつてカリフォルニア大学にVisiting Professorとして赴任する際にお世話になった，現フロリダ大学のDrost名誉教授，日本への講演旅行で我家にも泊まったThatcher名誉教授，国際学会で知己となり日本でも講演したRisco教授らが著者に加わっていて，私にとっては懐かしく楽しい監訳作業となった。本書のような最新の獣医学書に触れて，監訳の機会を得たことは，私にとって無上の喜びである。我が国では生産獣医療に関する図書として，過去に『生産獣医療における牛の生産病の実際』（内藤，浜名，元井編，文永堂出版，2000）や『乳牛のハードヘルスと生産管理』（酒井，大島監訳，チクサン出版社／緑書房，2001）がある。当時の最新知見が網羅されていたが，その後の十数年の間に，この分野は急速に進展したので，今や古典に属する。

　本書の読者対象は，まず生産獣医療を実践中または実践しようとする臨床獣医師であり，ついで酪農関係者，そして研究者はもちろん，これから学ぼうとする獣医学生である。本書がこれらの読者にとって有益であり，必読書となることを期待してやまない。

　本書の刊行に際しては，翻訳者の方々，緑書房の羽貝雅之氏，丁寧に編集の労をとってくれた秋元理氏，西田彩未氏に深謝します。また出版情勢の厳しい中，産業動物関係の良書の刊行を継続されている緑書房に敬意を表します。

2015年2月

鹿児島大学名誉教授

浜名 克己

目　次

序文 3
謝辞・献辞 4
監訳者の序文 5
執筆者一覧 8

カラー口絵 10

第1章　乳牛の健康および繁殖成績の最適化を目的とした分娩から任意待機期間終了までの管理 33
Carlos A. Risco

第2章　分娩前の乳牛の栄養管理 39
Pedro Melendez Retamal

第3章　分娩管理：チームアプローチ 51
Maarten Drost

第4章　乳牛の健康モニタリングと病牛の発見 57
Carlos A. Risco and Mauricio Benzaquen

第5章　泌乳牛の栄養管理 63
José Eduardo P. Santos

第6章　乳牛の繁殖管理 99
Julian A. Bartolome and Louis F. Archbald

第7章　泌乳牛の分娩後初回授精のための繁殖管理 107
José Eduardo P. Santos

第8章　乳牛の繁殖管理における超音波検査の適用 127
Jill D. Colloton

第9章　泌乳牛における発情，排卵，定時授精の再同期化 147
Julian A. Bartolome and William W. Thatcher

第10章　乳牛の繁殖成績に影響を及ぼす疾患 153
Carlos A. Risco and Pedro Melendez Retamal

第11章　感染性生殖器疾患 163
Victor S. Cortese

第12章　繁殖成績の経済的評価 169
Albert De Vries

第 13 章	暑熱ストレスがかかる時期の乳牛の繁殖管理	181
	Peter J. Hansen	

第 14 章	乳牛の免疫学とワクチン接種	193
	Victor Cortese	

第 15 章	乳用子牛の出生から離乳までの管理	203
	Sheila M. McGuirk	

第 16 章	未経産乳牛の栄養管理	223
	Pedro Melendez Retamal	

第 17 章	乳用未経産牛の繁殖効率を最適にするための管理戦略	227
	Maria Belen Rabaglino	

第 18 章	乳房炎の管理と高品質乳の生産	235
	Pamela L. Ruegg	

第 19 章	乳牛の跛行	261
	Jan K. Shearer and Sarel R. van Amstel	

第 20 章	牧草の質を最大限に高めることを目的とした酪農生産の管理戦略	279
	Adegbola T. Adesogan	

第 21 章	酪農生産における応用統計分析	287
	Pablo J. Pinedo	

第 22 章	酪農記録の分析および成績の評価	295
	Michael W. Overton	

第 23 章	現代の酪農生産環境における人的管理	321
	David P. Sumrall	

第 24 章	実用的遺伝学	339
	Donald Bennink	

第 25 章	乳牛の安楽死法	351
	Jan K. Shearer and Jim P. Reynolds	

第 26 章	オーガニックハードにおけるハードヘルスの管理	361
	Juan S. Velez	

略語一覧	365
索引	366

執筆者一覧

Adegbola T. Adesogan, Ph.D.
Professor
University of Florida
Department of Animal Sciences
Bldg 459, Shealy Drive
P.O. Box 110910
Gainesville, FL 32611
Adesogan@ufl.edu

Louis F. Archbald, D.V.M., M.S., Ph.D, Dipl. ACT
Professor Emeritus
University of Florida
College of Veterinary Medicine
P.O. Box 100136
Gainesville, FL 32610
ArchbaldL@vetmed.ufl.edu

Julian A. Bartolome, D.V.M., Ph.D., Dipl. ACT
Professor
Facultad de Ciencias Veterinarias
Universidad Nacional de La Pampa
La Pampa, Argentina
bartolomejulian@yahoo.com

Donald Bennink, J.D.
Owner
North Florida Holsteins
2740 W County Road 232
Bell, FL 32619-1350
Gotmilk10@aol.com

Mauricio Benzaquen, D.V.M., M.S.
Universidad del Salvador
Carrera de Veterinaria
Pilar-Buenos Aires, Argentina
benzaquenm@dhsmedpro.com

Jill D. Colloton, D.V.M.
Private Practitioner
Bovine Services, LLC
F4672 State Highway 97
Edgar, WI 54426
info@bovineultrasound.net
www.bovineultrasound.net

Victor Cortese, D.V.M., Ph.D., Dipl. ABVP (dairy)
Director Cattle Immunology
Pfizer Animal Health
746 Veechdale Road
Simpsonville, KY 40067
Victor.Cortese@pfizer.com

Albert de Vries, Ph.D.
Professor
University of Florida
Department of Animal Sciences
Bldg 499, Shealy Drive
P.O. Box 110910
Gainesville, FL 32611
deVries@ufl.edu

Maarten Drost, D.V.M., Dipl. ACT
Professor Emeritus
University of Florida
College of Veterinary Medicine
P.O. Box 100136
Gainesville, FL 32610
Drost@vetmed.ufl.edu

Peter J. Hansen, Ph.D.
Professor
University of Florida
Department of Animal Science
Bldg 499 Shealy Drive
P.O. Box 110910
Gainesville, FL 32611
pjhansen@ufl.edu

Sheila M. McGuirk, D.V.M., Ph.D.
Professor
University of Wisconsin
School of Veterinary Medicine
2015 Linden Drive
Madison, WI 53706
mcguirks@svm.vetmed.wisc.edu

Pedro Melendez Retamal, D.V.M., M.S., Ph.D.
Professor
University of Santo Tomas
School of Veterinary Medicine Viña del Mar
Chile

Courtesy Appointment
University of Florida
College of Veterinary Medicine
Gainesville, FL 32610
pgmelendezr@gmail.com

Michael Overton, D.V.M., M.P.V.M.
Associate Professor
University of Georgia
College of Veterinary Medicine
Department of Population Health
425 River Road—Rhodes Center
Athens, GA 30602-2771
moverton@uga.edu

Pablo J. Pinedo, D.V.M., Ph.D.
Resident
University of Florida
College of Veterinary Medicine
P.O. Box 100136
Gainesville, FL 32610
PinedoP@ufl.edu

Maria Belen Rabaglino, D.V.M., M.S.
Doctoral Student
University of Florida
College of Medicine
Gainesville, FL., 32610
brabaglino@ufl.edu

Jim P. Reynolds, D.V.M., M.P.V.M.
Professor
Food Animal Production
College of Veterinary Medicine
Western University
309 E. Second Street
Ponoma, CA 91766
jreynolds@westernu.edu

Carlos A. Risco, D.V.M., Dipl. ACT
Professor
University of Florida
College of Veterinary Medicine
P.O. Box 100136
Gainesville, FL
RiscoC@vetmed.ufl.edu

Pamela L. Ruegg, D.V.M., M.P.V.M.
Professor and Extension Milk Quality Specialist
University of Wisconsin
School of Veterinary Medicine
2015 Linden Drive
Madison, WI 53706
plruegg@wisc.edu

José Eduardo P. Santos, D.V.M., Ph.D
Associate Professor
University of Florida
Department of Animal Science
Bldg 499 Shealy Drive
P.O. Box 110910
Gainesville, FL
jepsantos@ufl.edu

Jan K. Shearer, D.V.M., M.S.
Professor and Extension Veterinarian
Iowa State University
College of Veterinary Medicine
Ames, IA 50021
jks@iastate.edu

David P. Sumrall, B.S., M.S.
President
Dairy Production Systems, LLC
High Springs, FL
DPSumrall@DPSDairy.com
www.DPSDairy.com

William W. Thatcher, Ph.D., Dipl. ACT (Honorary)
Research Professor Emeritus
University of Florida
Department of Animal Science
Bldg 499 Shealy Drive
P.O. Box 110910
Gainesville, FL 32610
Thatcher@ufl.edu

Sarel R. van Amstel, B.VSc., Dip. Med. Vet., M. Med. Vet (Med)
Professor
Department of Large Animal Clinical Sciences
College of Veterinary Medicine
The University of Tennessee
2407 River Drive
Knoxville, TN 37996

Juan S. Velez, D.V.M., M.S., Dipl. ACT
Aurora Organic Dairy
Director of Technical Services
7388 State Hwy 66
Platteville, CO 80651-9008
JuanV@auroraorganic.com

ご 注 意

執筆者一覧に記されている、各執筆者の所属、住所、メールアドレス等は原著第1版が発行された2011年現在のものです。予めご承知おきください。

カラー口絵

第3章

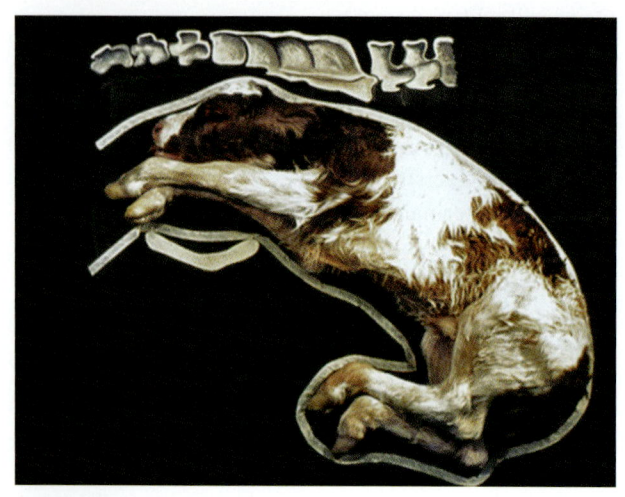

本文参照 P.53
図3-2
頭位上胎向で正常胎勢（頭部と背仙骨部が上方にあり，両前肢と頭頸部が伸張している）。

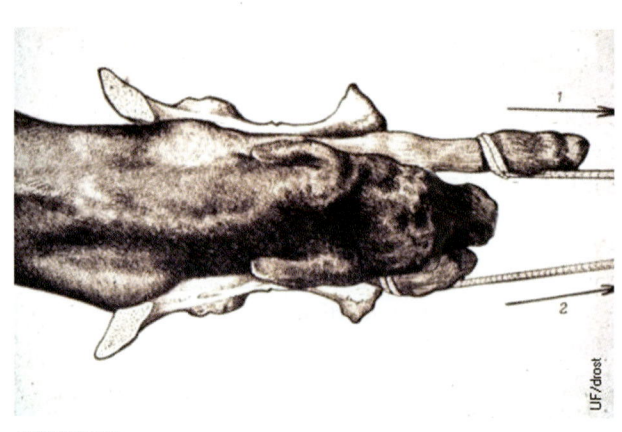

本文参照 P.54
図3-4
この胎子は尾位（逆子）上胎向で，正常胎勢（両肢伸張）である。

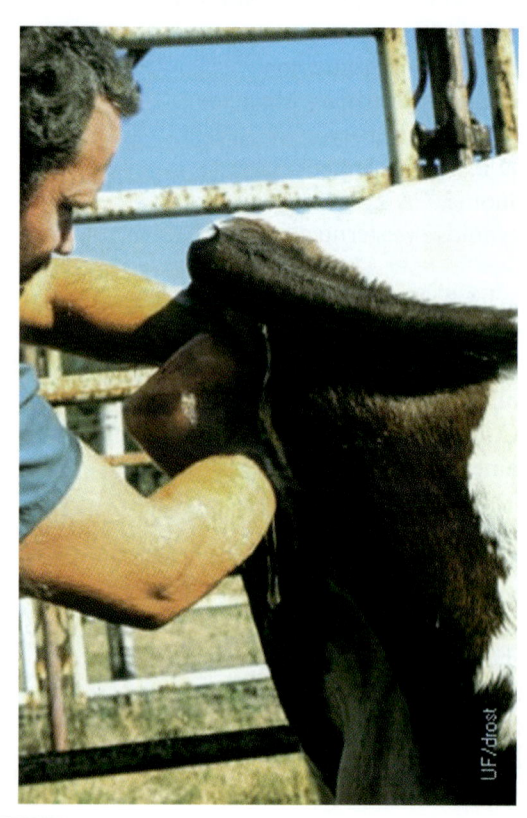

本文参照 P.54
図3-3
頭位上胎向，正常胎勢の子牛。1人が母牛の陰門から15cm外に出るまで片方の肢を引っ張る。これは，肩が母牛の腸骨の骨幹を通過したことを意味する。この肢はこのままの位置に保つ。もう片方の肢も同じく（1人が）母牛の陰門から15cm外に出るまで引っ張り出せれば，子牛の両肩が母牛の腸骨の骨幹で産道の最も狭い部分を通過したことになるだろう。胸郭が子牛の最大直径部になるので，子牛の殿部の通過を調整するために子牛を回転させながら牽引すると，子牛の体全体を経膣摘出できる。

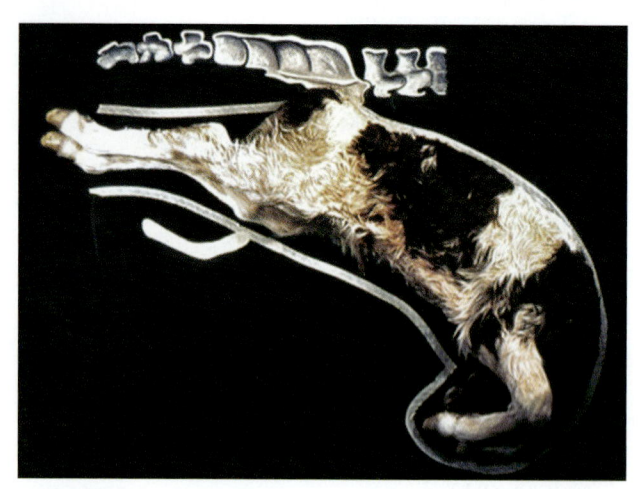

本文参照 P.54
図3-5
子牛を経膣で摘出できる十分な空間があることを確かめた後で，特に初産牛は，陰唇をよく拡張しておくとよい。初産牛を立たせておいて，両方の前腕を手首から肘までの距離の半分くらいまで入れる。次に，両手の指を握り締め，両腕を11時と5時の方向から，7時と1時の方向にくさび形に広げる動作を10回以上繰り返す。その後，初産牛を倒し，子牛を摘出する。

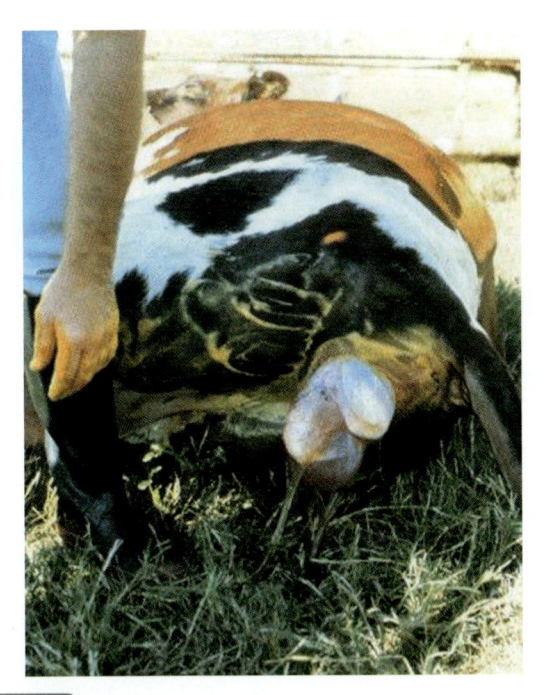

本文参照 P.54
図3-6
子牛を経膣で摘出できる十分な空間があることを確かめた後で，母牛を（できれば）右側臥に倒す。これによって，以下のことが可能となる。
① 母牛の後肢が前方に曲がり，骨盤の操作可能な直径を広げることができる。
② 初産牛にわずかに肢を広げさせ，軟骨性の恥骨結合を伸張させる。
③ 子牛が地面と平行に産道を通ることができる。母牛が立っていると，子牛は骨盤入口に入るために　重力に逆らって腹部の下部から上がってこなければならない。
④ 実際は，すべての牛が分娩第2期に横たわるので，牛を介助できるように牛の後ろに十分なスペースがある。あらかじめ選んだ場所に牛を倒しておく方がよい。

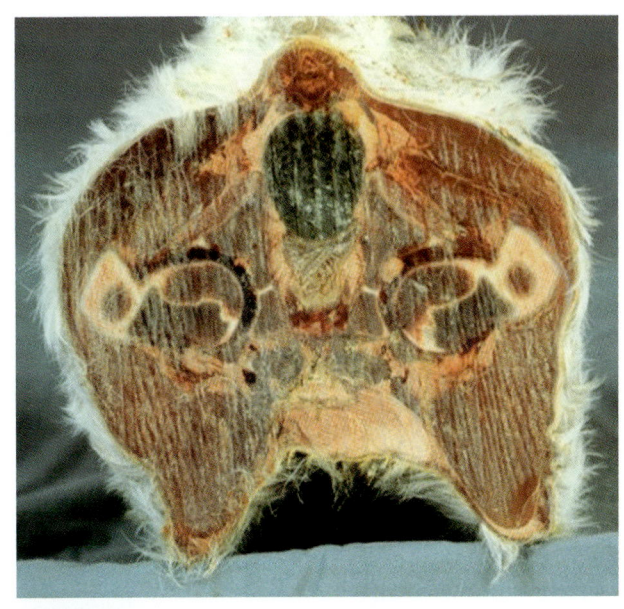

本文参照 P.54
図3-8
胎子の大転子を通る殿部の断面は，高さ（垂直）よりも幅（水平）の方が広い。母牛の骨盤の断面とは正反対である。

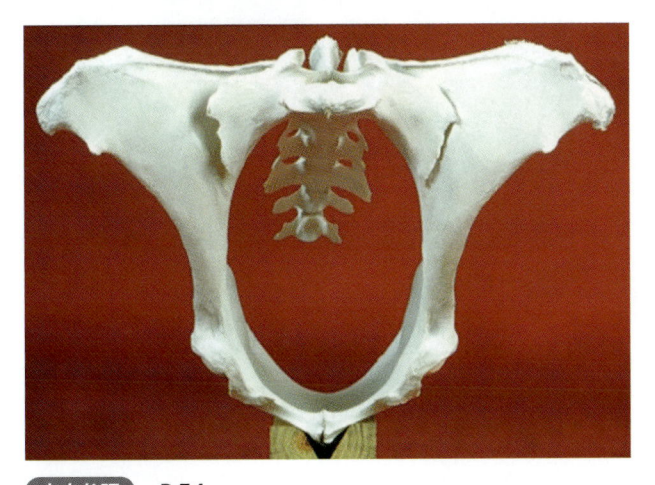

本文参照 P.54
図3-7
牛の骨盤の直径は卵形となっており，水平径よりも垂直径の方が大きい。さらに，腹側の水平径よりも背側の水平径の方がいくぶん大きい。

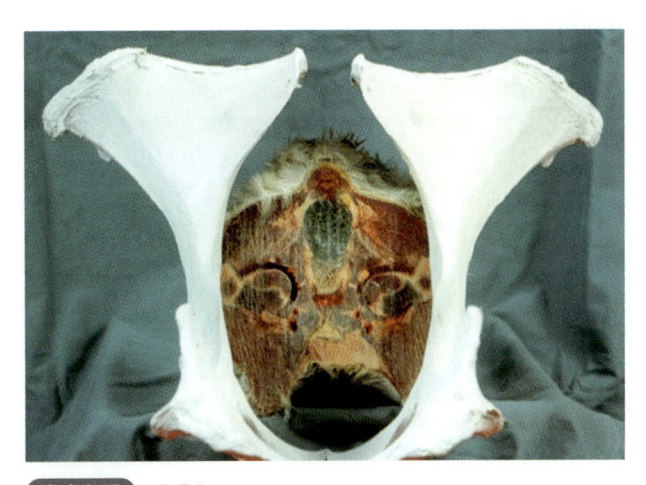

本文参照 P.54
図3-9
この大きな子牛の殿部の幅は，母牛の骨盤入口の幅よりも広い。大転子が腸骨の骨幹の後ろに横方向に隠れていることに注意する。

カラー口絵 11

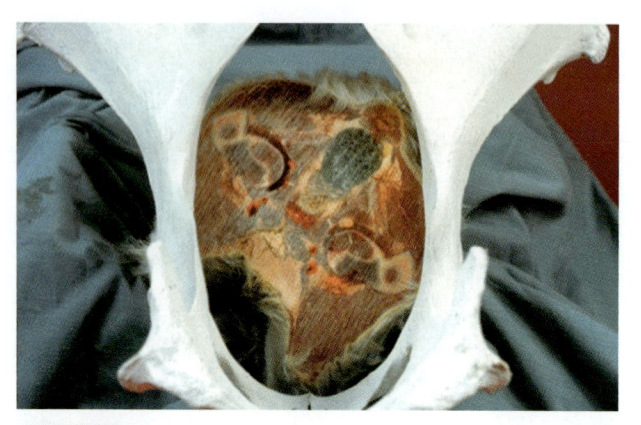

本文参照 P.54
図3-10
子牛の殿部が引っ掛からないように，子牛が母牛の骨盤入口に入ったら子牛を回転させる。そうすることで，大転子が通るためにより広いスペースが生まれる。

本文参照 P.55
図3-12
子牛が出てきたらすぐにやらねばならないのが呼吸をさせることである。子牛が胸の両側を広げられるように，胸骨位にするのが最もよい。

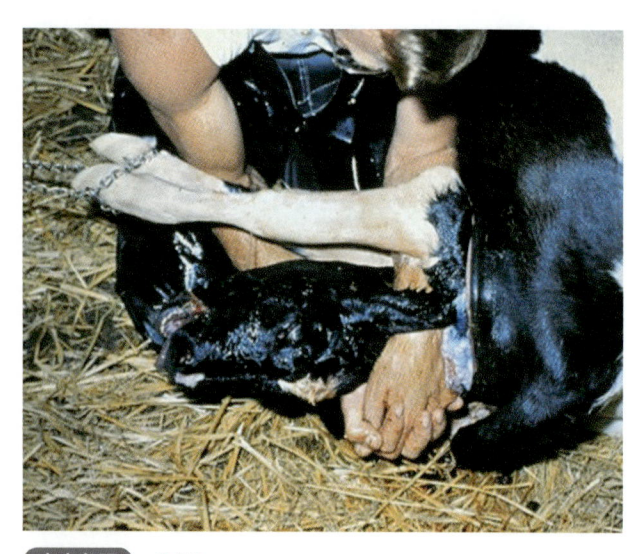

本文参照 P.54
図3-11
子牛の頭が出てきたらすぐに回転をはじめる。産科医は片腕をずっと奥まで子牛の下に入れ，もう片方の腕を子牛の肢の間に入れる。それから両手の指を握り締め，母牛の娩出努力に同調させながら，自分の膝に向かって子牛の頭を牽引する。

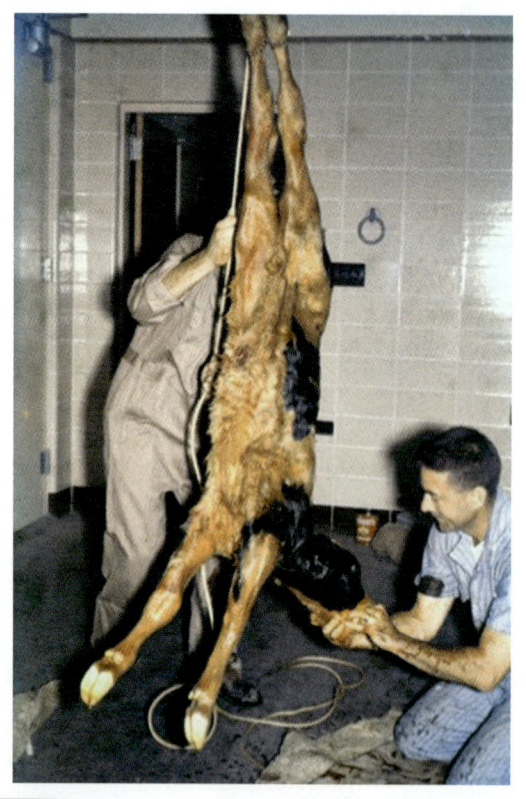

本文参照 P.55
図3-13
専門家外の人々の間で一般的に行われる方法ではあるが，子牛を後肢でぶらさげるのは勧められない。これでは，内臓の全重量が子牛の横隔膜にかかり，肺を圧迫してしまい，子牛が呼吸しやすくなるどころかむしろ呼吸しづらくなる。新生子牛の肺には液体が入っておらず，最初の呼吸の前は硬化状（無気肺）である。気管と鼻孔には少量の粘液があるが，これは目から鼻孔に向かって鼻腔を強くなぞることで搾り出すことができる。ぶら下げられた子牛の口と鼻から流れ出ている粘液は，実は胃から出ている羊水である（胎便汚染は子宮内の低酸素状態を意味する）。

第5章

本文参照 P.64

図5-1
フロリダ州の酪農場において搾乳後に濃縮飼料を給与される牛。発酵性の高い飼料の過剰摂取は第一胃アシドーシスや鼓張症のような消化器障害をもたらし，乳脂肪量の低下がもたらされる。

本文参照 P.65

図5-2
TMRが給与されるカリフォルニア州の酪農場。TMRの給与によって大型グループの牛の高い乳生産量のための栄養要求量を満たすことができ，同時に消化器障害のリスクを最小限にできる。

第8章

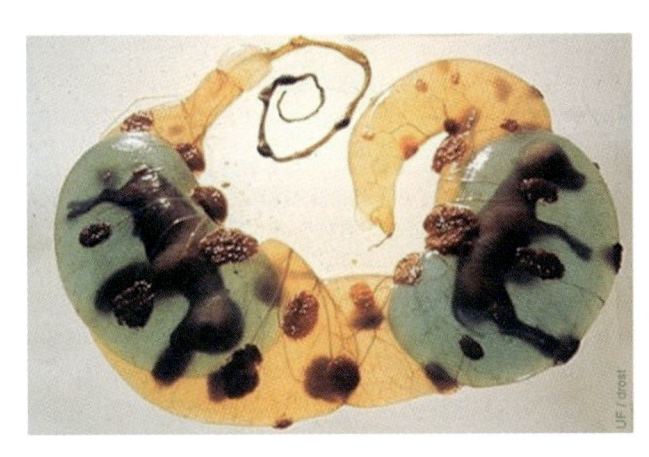

本文参照 P.132

図8-8
双胎の絨毛尿膜の接合部。
(写真提供：Drost Project)

第12章

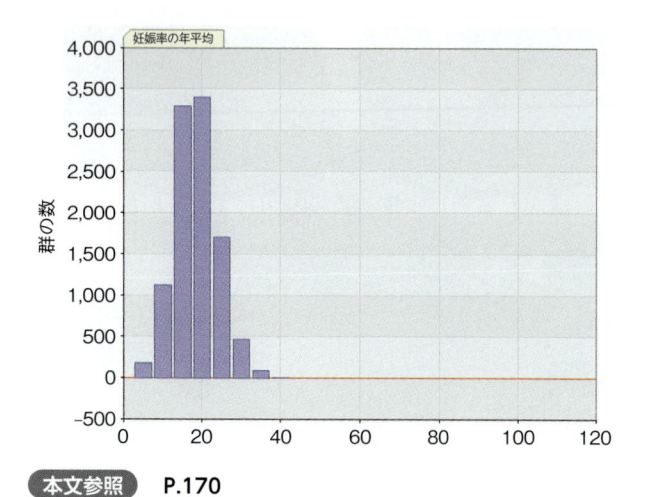

本文参照 P.170

図12-1 DRMS (2010) が報告した，主として米国東部で飼育されていた 12,311 戸のホルスタイン牛群に関する当時の妊娠率の分布 (2010 年 3 月 9 日のデータより)。

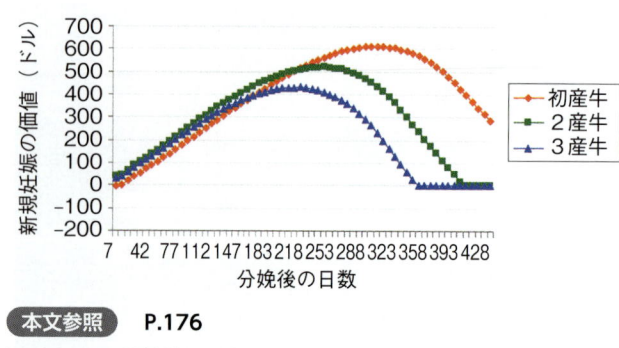

本文参照 P.176

図12-6 分娩後の日数と産次数による新規妊娠の価値

本文参照 P.175

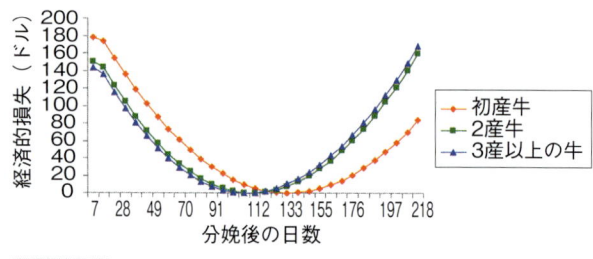

図12-4 分娩後，受胎最適日よりも早くあるいは遅く受胎した場合の経済的損失（ドル/頭）。受胎最適日は，初産牛，2産牛，3産牛でそれぞれ 133 日，112 日，105 日であった。

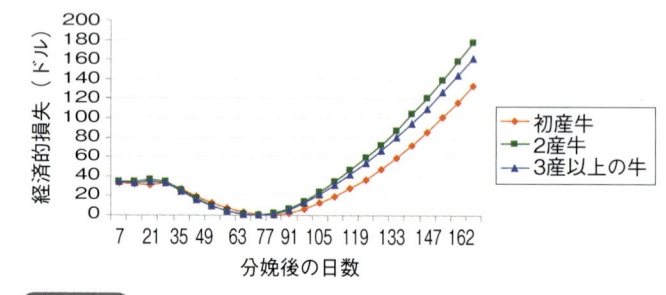

本文参照 P.177

図12-7 初回授精最適日に対して分娩後異なる日数で初回授精を行ったことで生じる経済的損失（ドル/牛）。初回授精最適日は，初産牛，2産牛，3産牛でそれぞれ，77，70，70日であった。

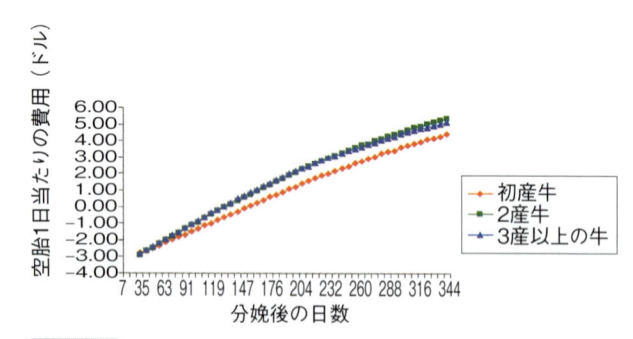

本文参照 P.175

図12-5 分娩後の日数による空胎 1 日当たりの費用と産次数。受胎最適日では空胎 1 日当たりの費用は 0 である。

第14章

免疫力の管理
免疫力の減少
- 気候
- 栄養不足
- 疾患攻撃
- ストレス
- 分娩
- 追加免疫の失宜

群の免疫力
病気の圧力

群の免疫力
病気の圧力レベルよりも群の免疫力が低くなったときに病気が起こる

臨床疾患

本文参照 P.194

図 14-1
さまざまなストレスや感染性病原体に圧倒的にさらされることで臨床疾患が起こる。

第15章

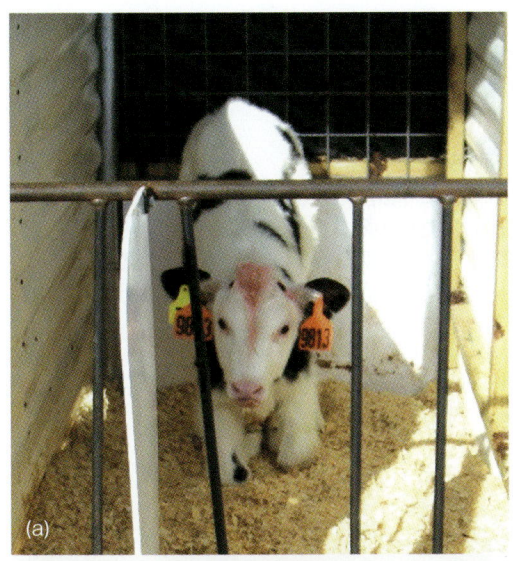

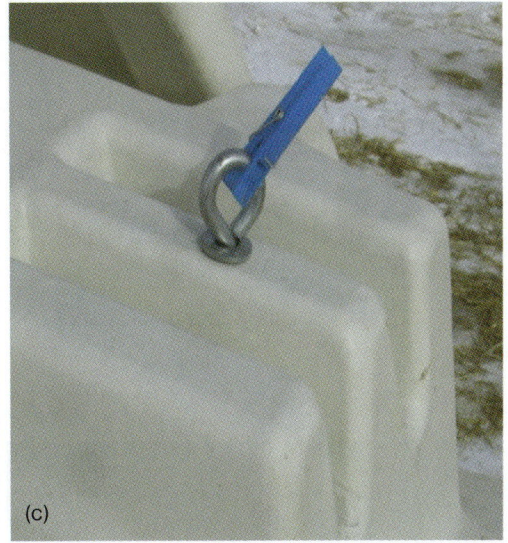

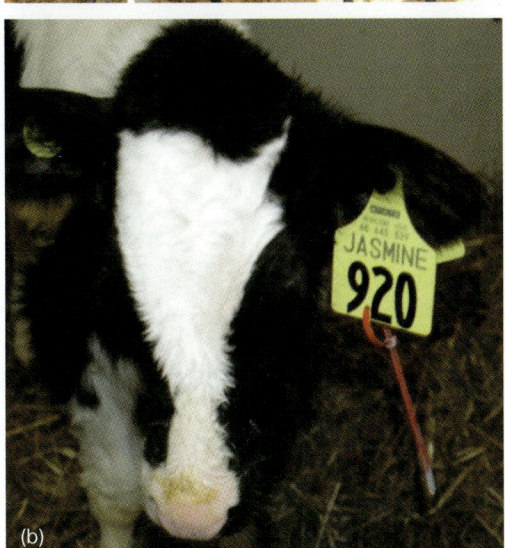

本文参照 P.205

図 15-1
頭の上のチョークによるマーキング (a)，イヤータグにつけられたナイロン製のヒモ (b)，カーフハッチにつけられた色のついた洗濯バサミ (c)。いずれも特別な世話と監視が必要なリスクの高い子牛を識別するためのもの。

カラー口絵　15

本文参照 P.205

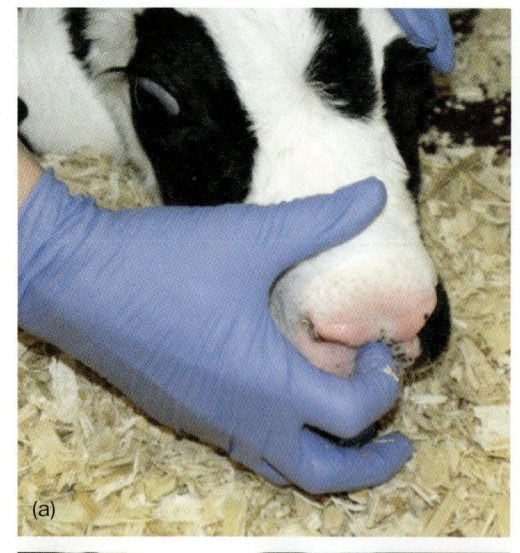

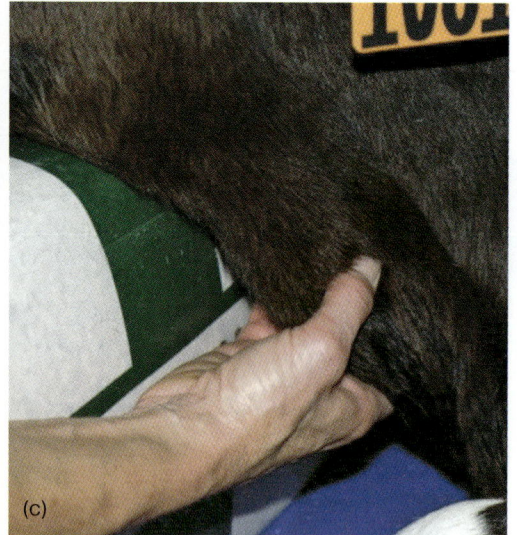

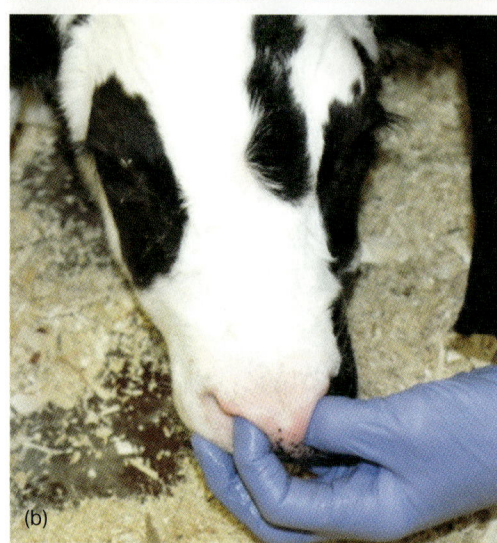

図 15-2
鼻鏡部に直接圧力をかける (a)，あるいは，鼻の鼻道の中で鼻中隔を挟んで圧力をかけることで (b)，新生子牛の呼吸を促せることがある。気管圧迫 (c) によって発咳反射と呼吸努力を起こさせることができる。

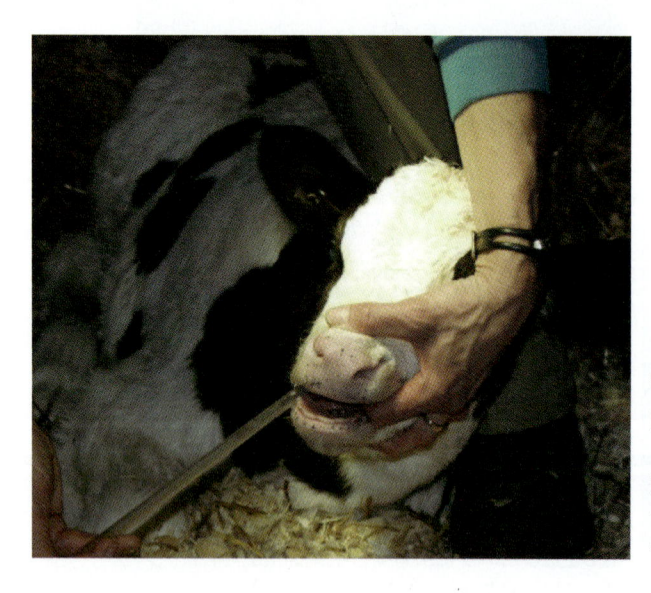

本文参照 P.208

図 15-3
この写真は，子牛の食道にカテーテルを挿入する際の子牛の頭の適切な位置を示している。鼻を耳よりも下にし，食道カテーテルを嚥下を促すようゆっくりと挿入し，食道の適切な位置に置く。

本文参照 P.215

図 15-4
4aと4bのような異常な硬さの糞便をした子牛には、輸液療法が必要である。血が混ざっている異常な糞便（4c）は、サルモネラ症が疑われるので、抗生物質による治療の目安となる。

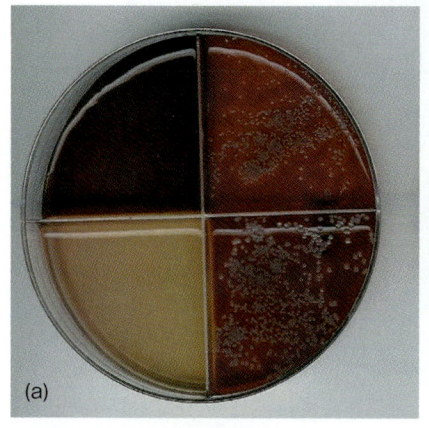

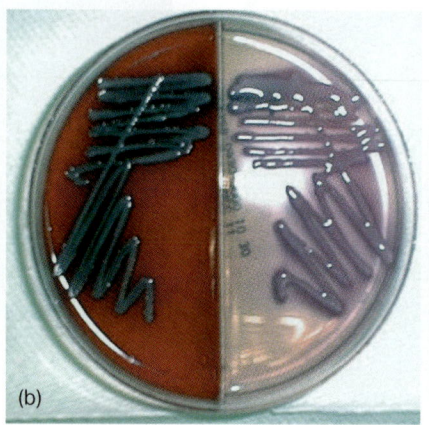

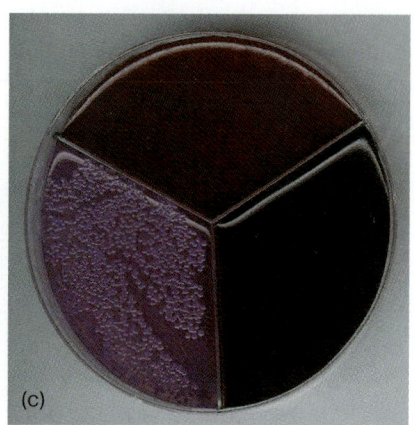

第18章

本文参照 P.248

図18-7
農場培養（OFC）の選択培地で増殖させた乳房炎病原菌の例。(a) 血液寒天培地に増殖した *S. aureus* と，4分割されたクワッドプレートのその他の区画にそれぞれ充填されたファクター寒天培地，マッコンキー培地，MTKT 培地。(b) マッコンキー培地と血液寒天培地が充填されたバイプレートの両区画に増殖した *Klebsiella* 属。(c) トリプレートのマッコンキー区画に増殖した *E. coli* と，その他の区画に充填されたファクター寒天培地と TKT 寒天培地。

本文参照 P.251

図18-8
乳房の衛生状態の評価チャート ― www.uwex.edu/milkquality/PDF/UDDER%20HYGIENE%20CHART.pdf. からダウンロード可能。

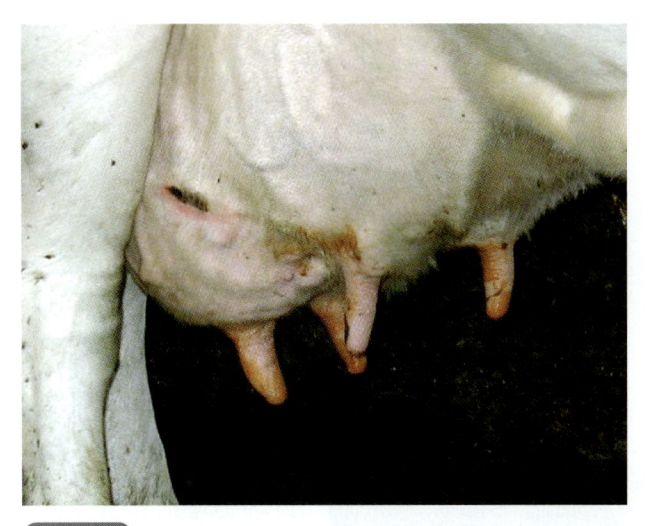

本文参照　P.254
図 18-11
ティートディッピングの浸漬が不十分な乳頭の写真。ミルキングパーラー退出後の帰り道でティートディッピングの浸漬状態を示す写真を定期的に撮影し，搾乳技術者のモニタリングと再教育に利用すべきである。

第19章

本文参照　P.261
図 19-1
典型的な「camped under」の姿勢をとっている，急性蹄葉炎に罹った初産牛。

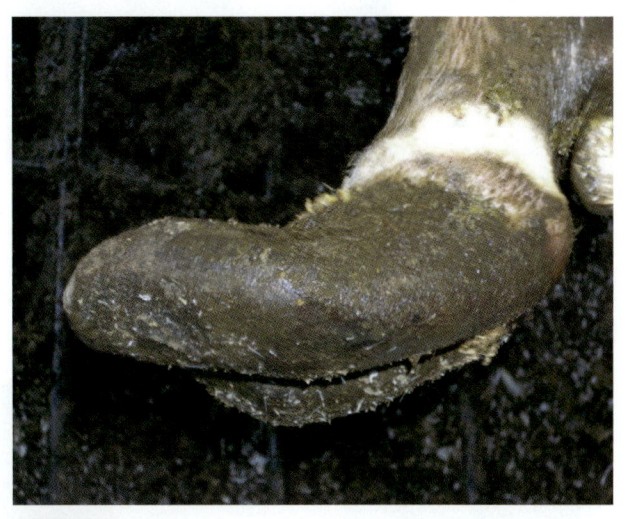

本文参照　P.262
図 19-2
慢性蹄葉炎に罹った牛の足で，蹄の壁が広がり，蹄の背側壁が凹面になる典型的な特徴を示している。

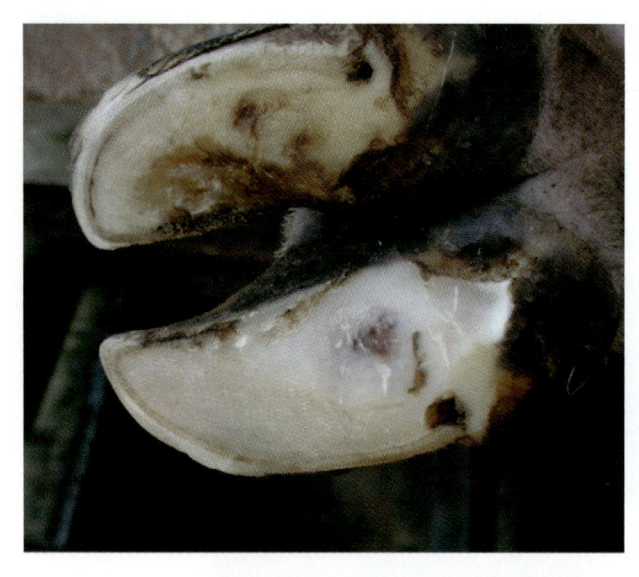

本文参照 P.264

図 19-3
「典型的な場所」からの出血から分かるように，蹄底潰瘍ができた肢。

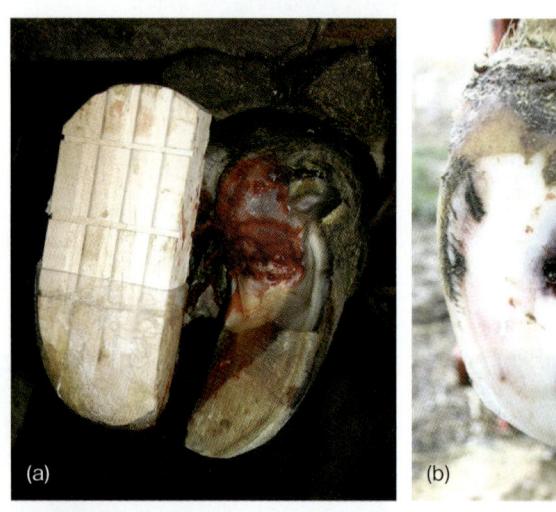

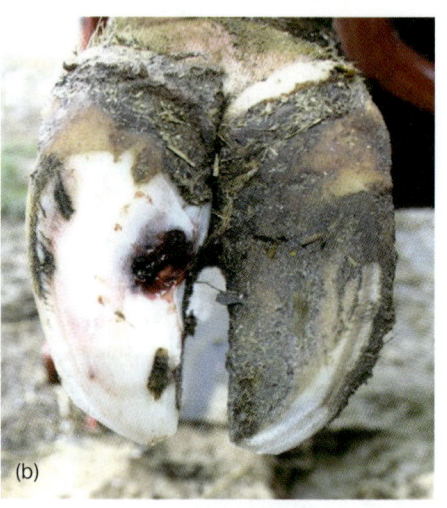

本文参照 P.265

図 19-5
完全に発達した潰瘍。(a) 矯正削蹄を行い，フットブロックを付けた直後の蹄底潰瘍。
(b) 矯正削蹄処置とフットブロックを付ける前の蹄底潰瘍。

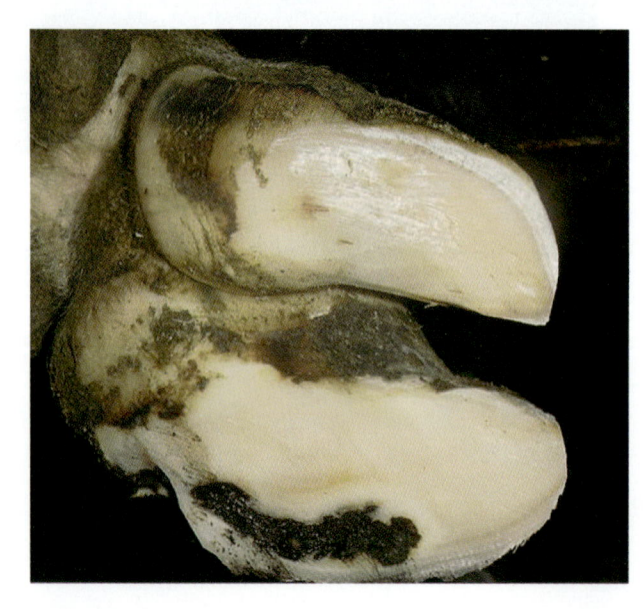

本文参照 P.266

図 19-6
反軸側の蹄踵―蹄底接合部（ゾーン 3）にできた白帯病。

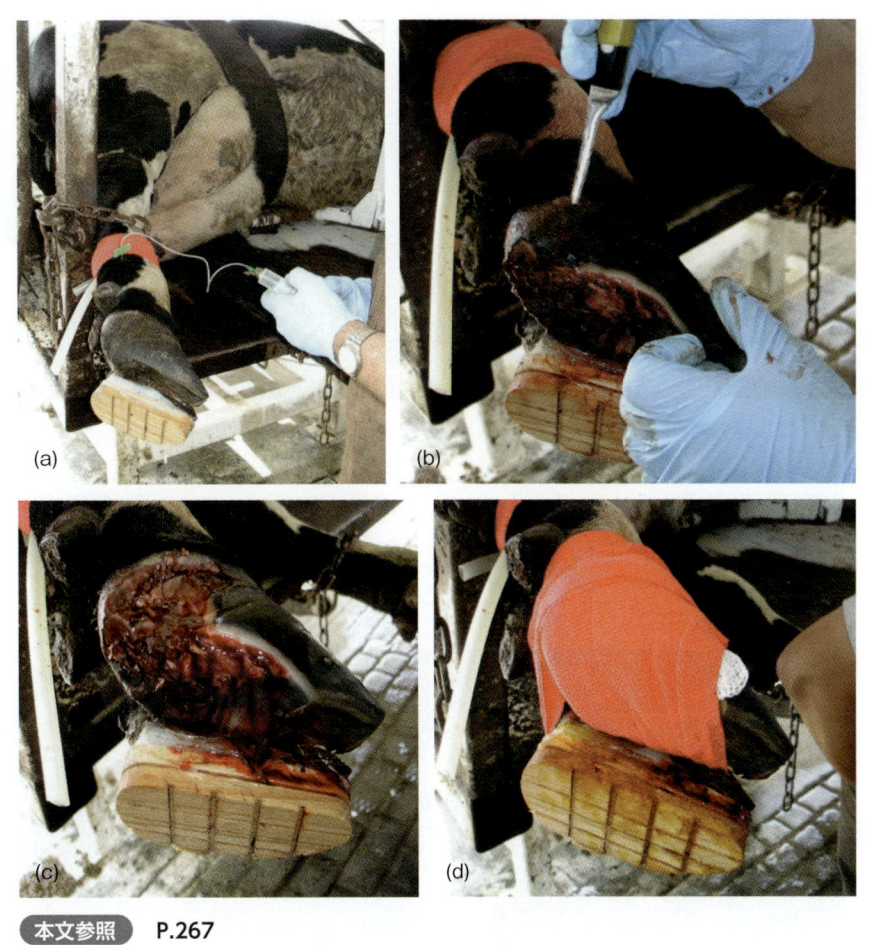

図 19-7
(a) 19 ゲージのバタフライカテーテルと 2％のリドカイン 20 mL を用いた静脈内局所麻酔。健康な蹄にはフットブロックを付けてある。(b) 白帯病に関連したすべての緩んだ角質と壊死した角質を取り除く。(c) さらなるダメージを最小限に抑えた矯正削蹄 (d) むき出しの真皮を保護するために，むき出しの組織に刺激性の少ない皮膚軟化剤（A & D 軟膏）を付け，包帯を巻く。包帯は 2〜3 日で取るか交換する。

本文参照 P.267

図 19-8
蹄底に埋まっている異物を削蹄刀で指し示している。

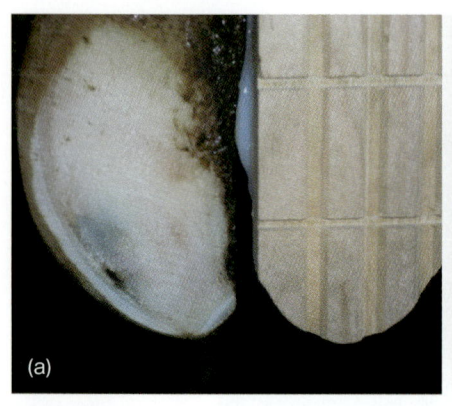

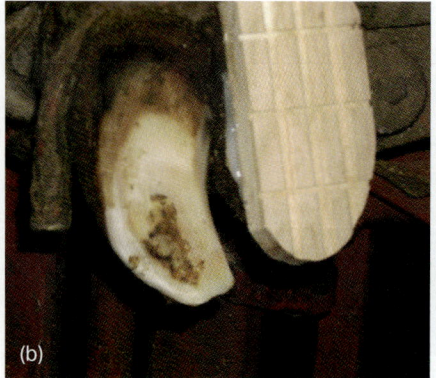

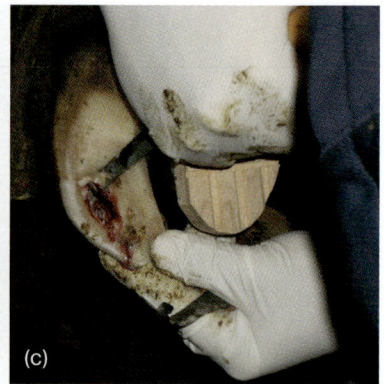

図 19-9
(a) ゾーン1と2の接合部で蹄底が白帯から分離している (b) 緩んだ角質を取り除くとさらに深い病変が現われる (c) さらなる矯正削蹄によって病変が完全に現われる。

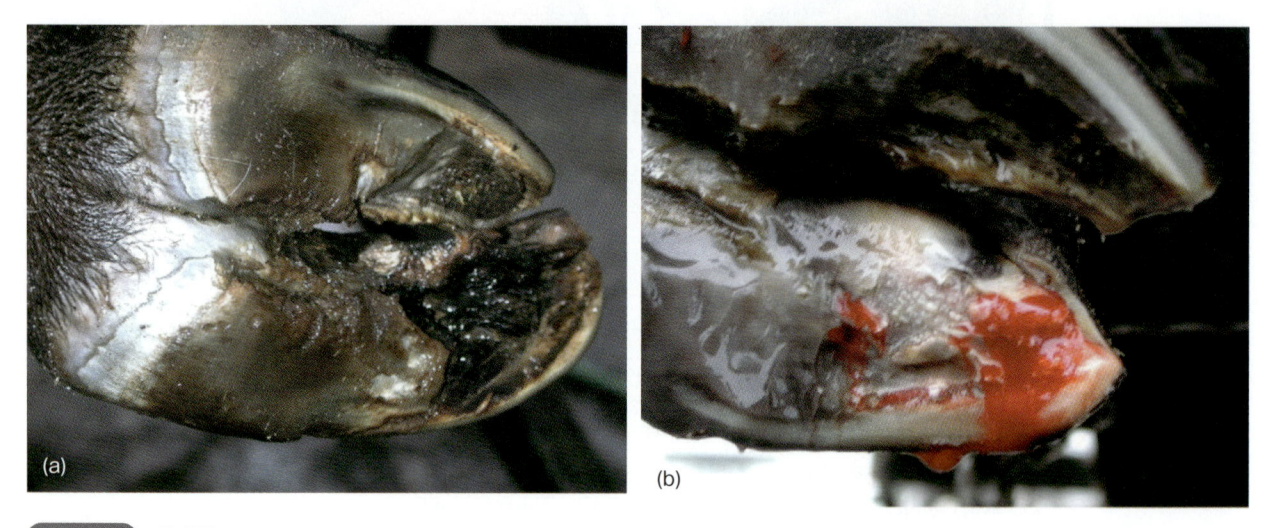

図 19-10
(a) 蹄先部分に壊死した角質がある，らせん状の蹄。(b) 矯正削蹄をした後の蹄先膿瘍。病変は，らせん状の蹄の軸側背側面にできた蹄先の病変からはじまった。

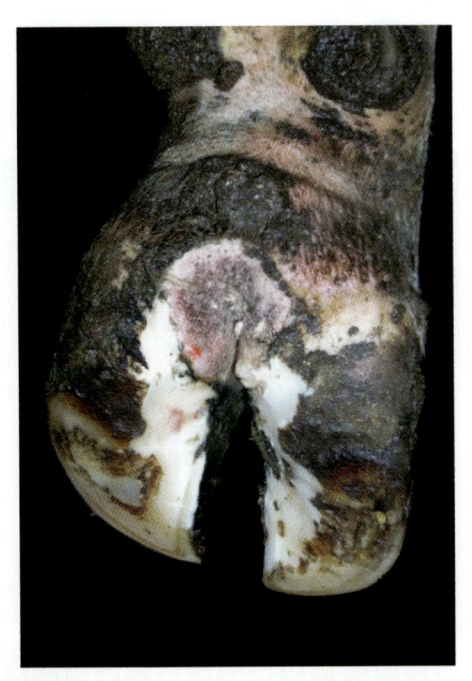

本文参照 P.273
図 19-11
肢底の趾間裂にできた趾皮膚炎による病変。

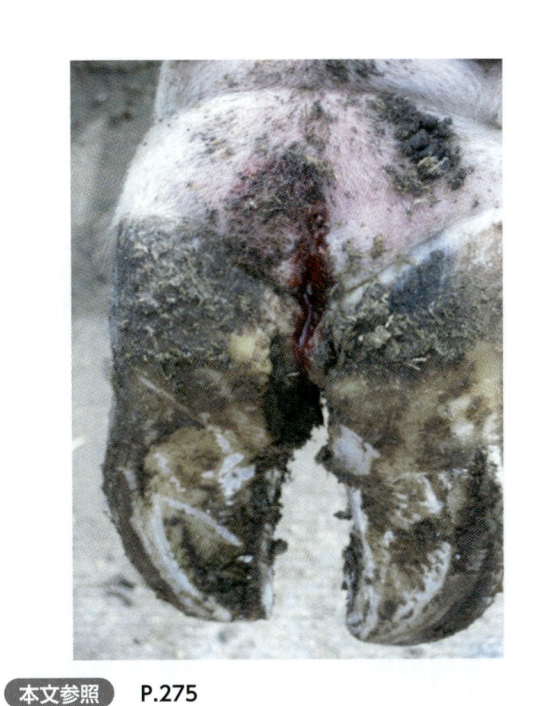

本文参照 P.275
図 19-12
趾間の病変からの出血と全体的な腫脹を伴う趾間腐爛の症例。

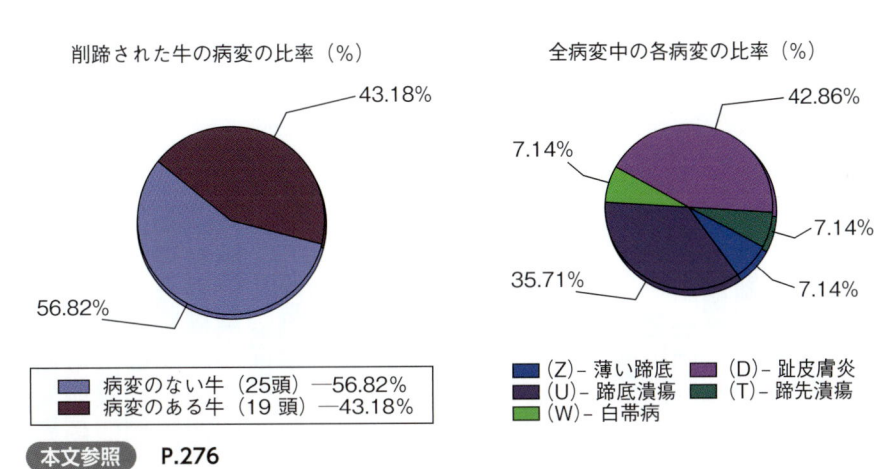

削蹄された牛の病変の比率（%）
43.18%
56.82%
- 病変のない牛（25頭）— 56.82%
- 病変のある牛（19頭）— 43.18%

全病変中の各病変の比率（%）
42.86%
7.14%
7.14%
35.71%
7.14%

- (Z) – 薄い蹄底
- (U) – 蹄底潰瘍
- (W) – 白帯病
- (D) – 趾皮膚炎
- (T) – 蹄先潰瘍

本文参照 P.276
図 19-14
フット・ケア・データ 1 の画面。Hoof Supervisor によるフット・ケア情報の画面。フット・ケア情報の画面にはいくつかの選択肢がある。

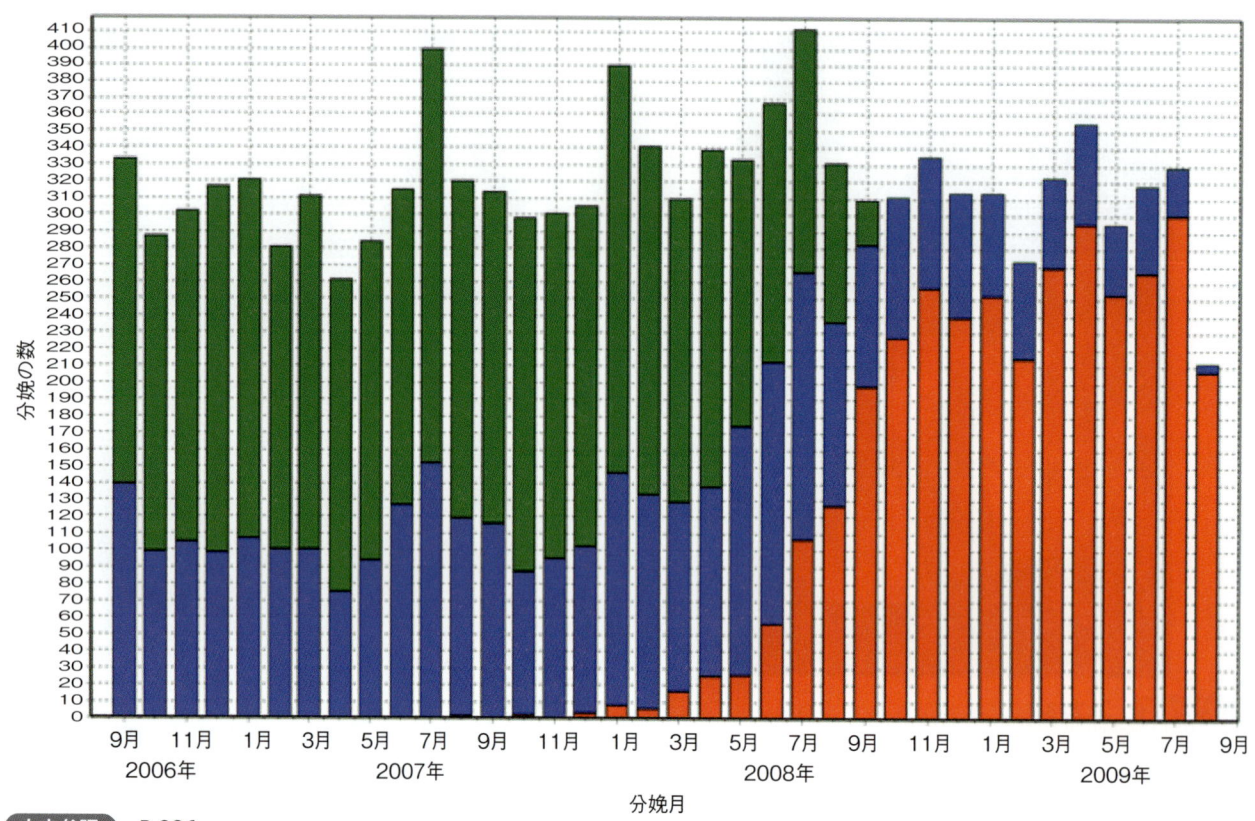

第22章

図 22-1
経時的な群の分娩の数を表したヒストグラム。赤は現在生存している牛，青はアクティブ牛記録データベース内にいまだ存在する淘汰牛，緑はアクティブ牛ファイルから保存ファイルに移動された淘汰牛を表している。y軸は牛の頭数，x軸は分娩した月を表している。

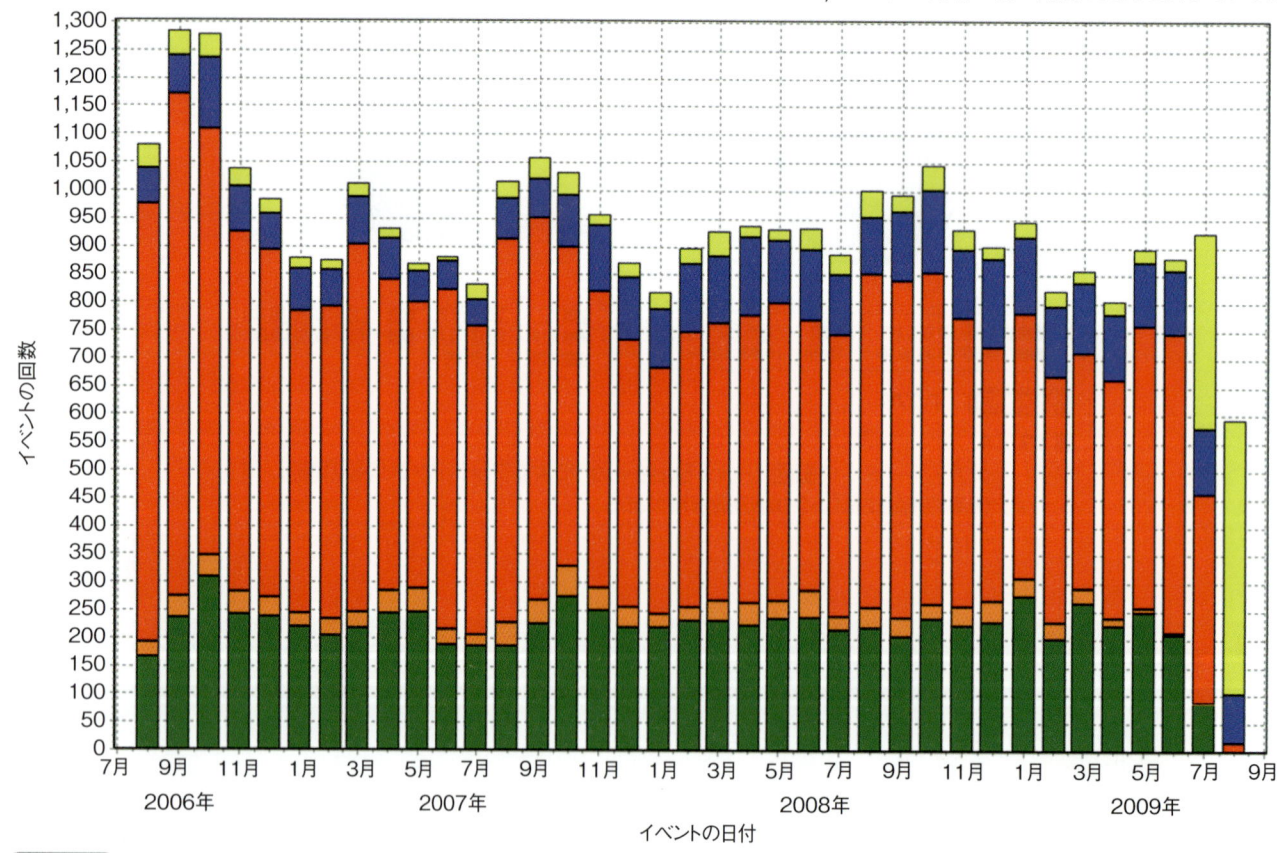

図 22-2
大型乳牛群における3年間の繁殖イベント。緑は妊娠，オレンジは流産，赤は妊娠していないと診断された牛，青は前回の授精後に再授精された牛，黄色は状況が不明な牛を表している。y軸は牛の頭数，x軸は繁殖検診月を表している。

本文参照 P.298

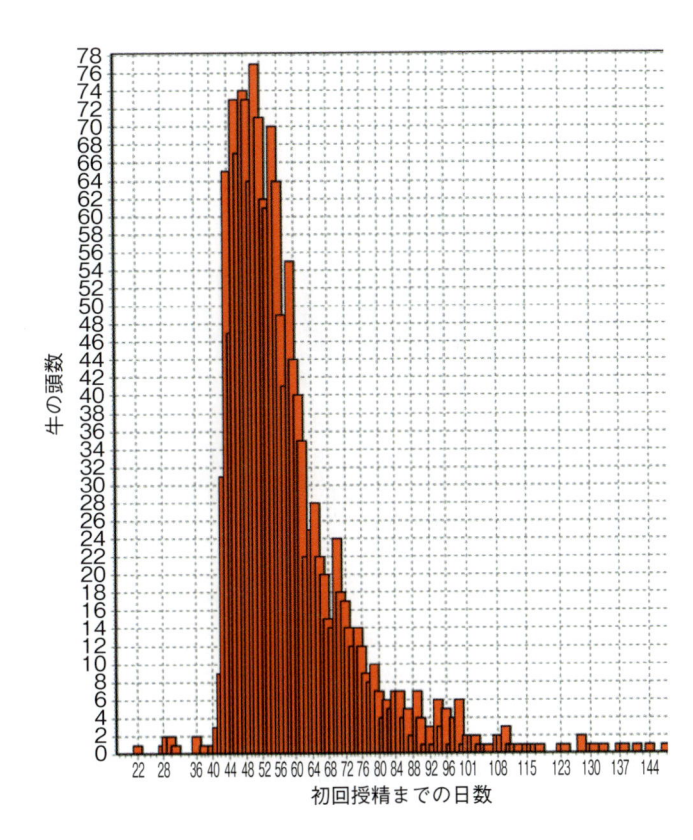

図 22-3
「A」群の初回授精までの日数を表した頻度ヒストグラム。
この群の平均日数は 60 日である。

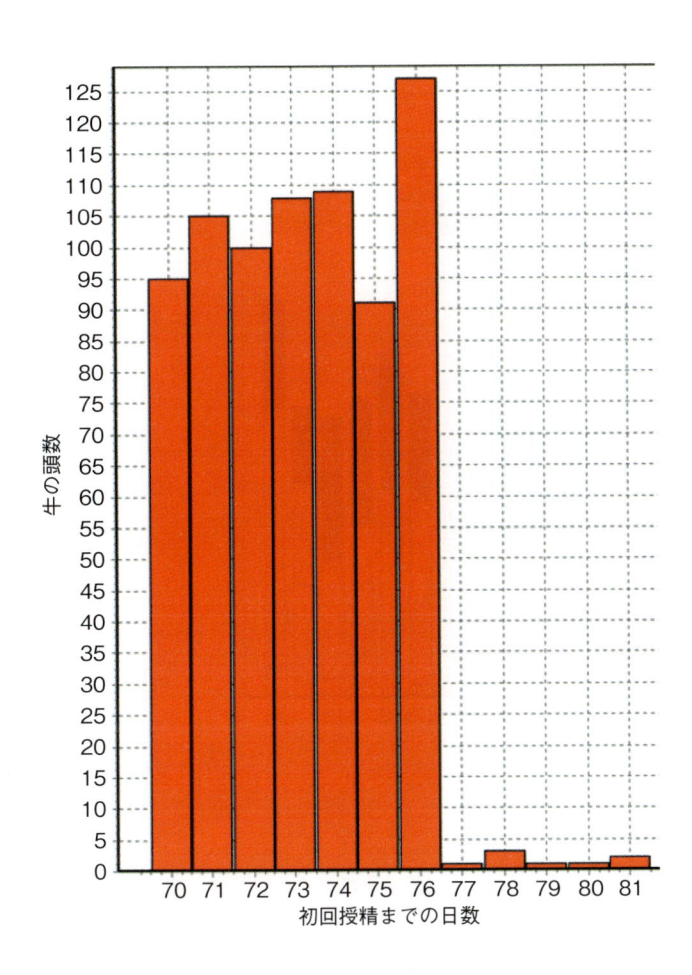

本文参照 P.298

図 22-4
「B」群の初回授精までの日数を表した頻度ヒストグラム。
この群の平均日数は 73 日である。

本文参照 P.299

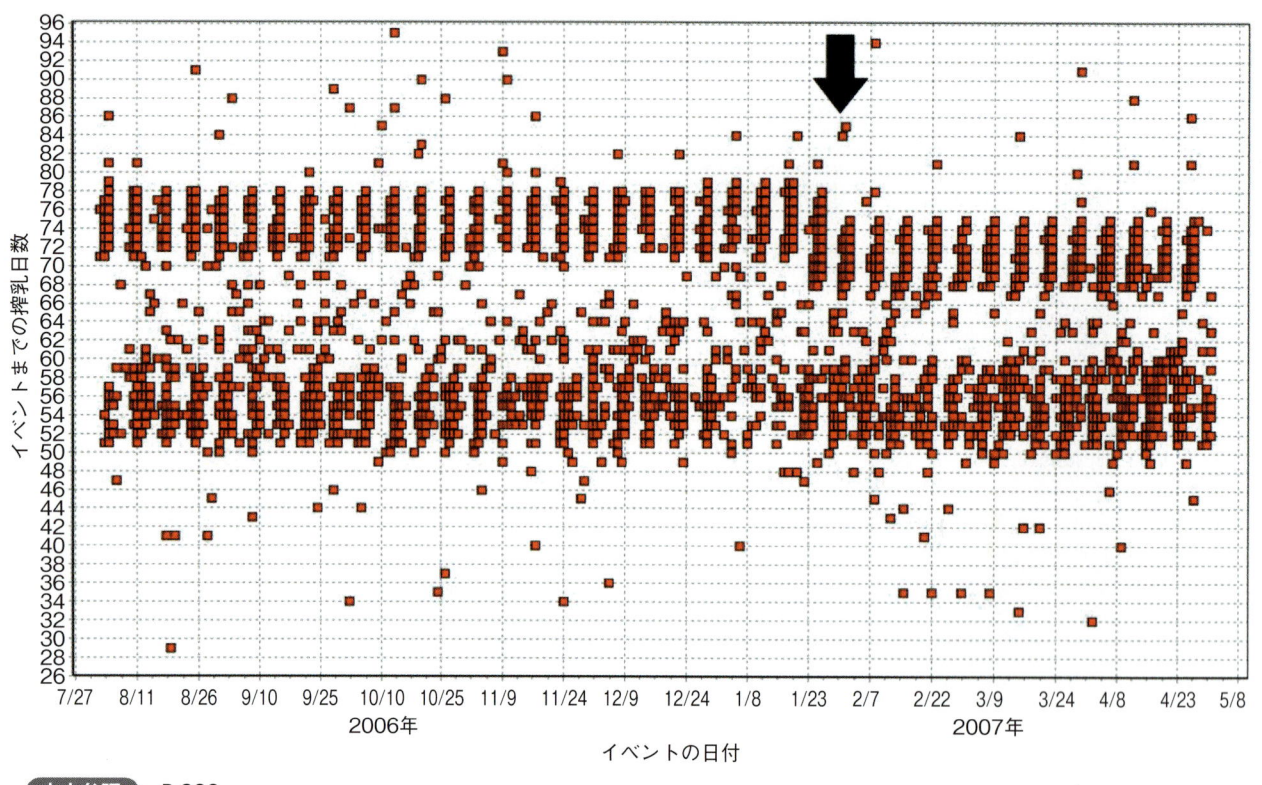

図 22-5
「C」群の初回授精までの日数を示した散布図。x軸はイベント（初回授精）の日付，y軸はイベントまでの泌乳日数を表す。四角形は各個体を表している。

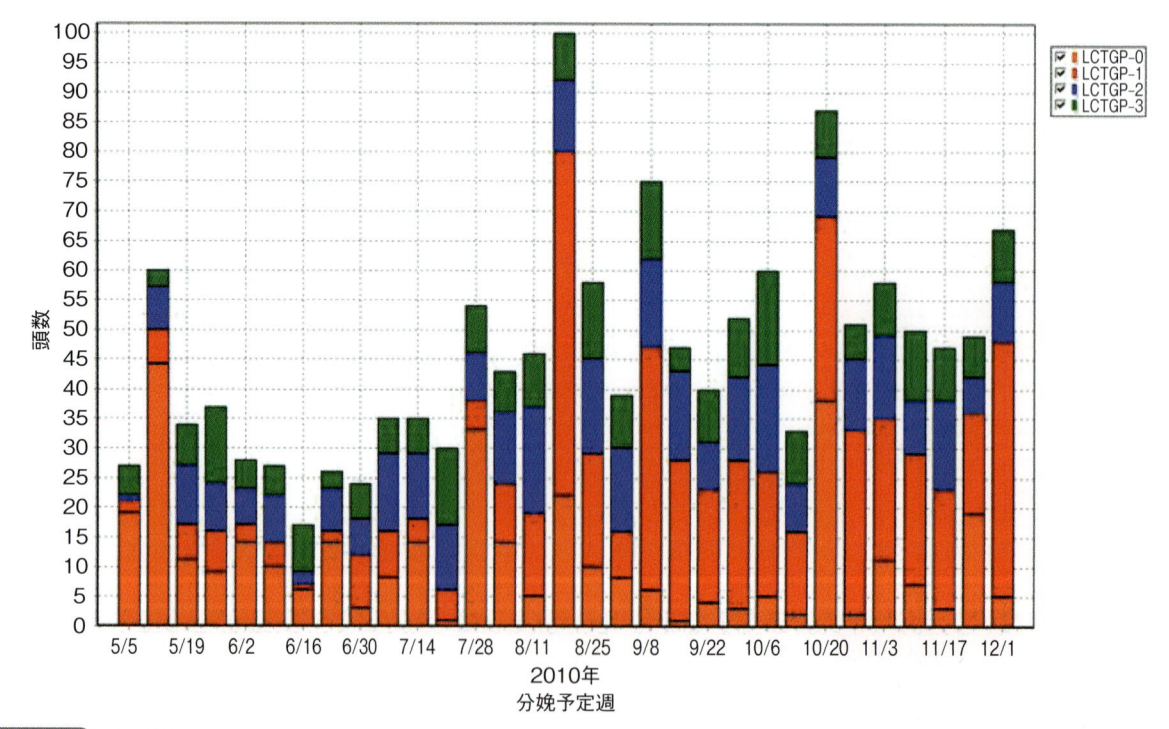

本文参照 P.303

図 22-6
乳牛1,600頭の群の妊娠一覧表。牛の分娩予定の週が記されている。オレンジ，赤，青，緑はそれぞれ未経産牛，初産牛，2産牛，3産以上牛を示しておりx軸に示されている週に分娩予定である。

本文参照 P.304

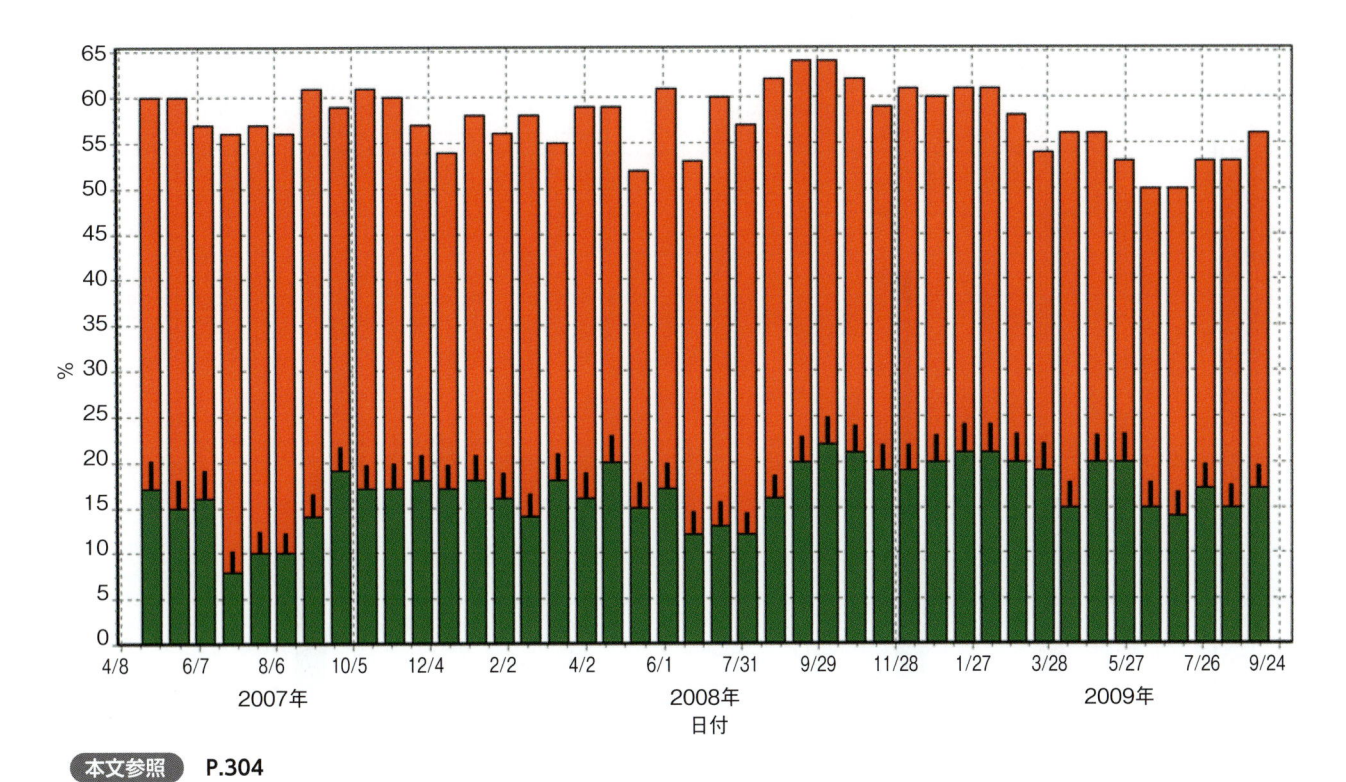

図 22-7
2.5 年にわたる 21 日間ごとの妊娠率 (PR) 記録。PR と授精リスクの変動を表している。夏季 (7 月と 8 月) の成績が明らかに低下していることに注目できる。黒棒は各 21 日間における PR の 95%信頼区間を示している。

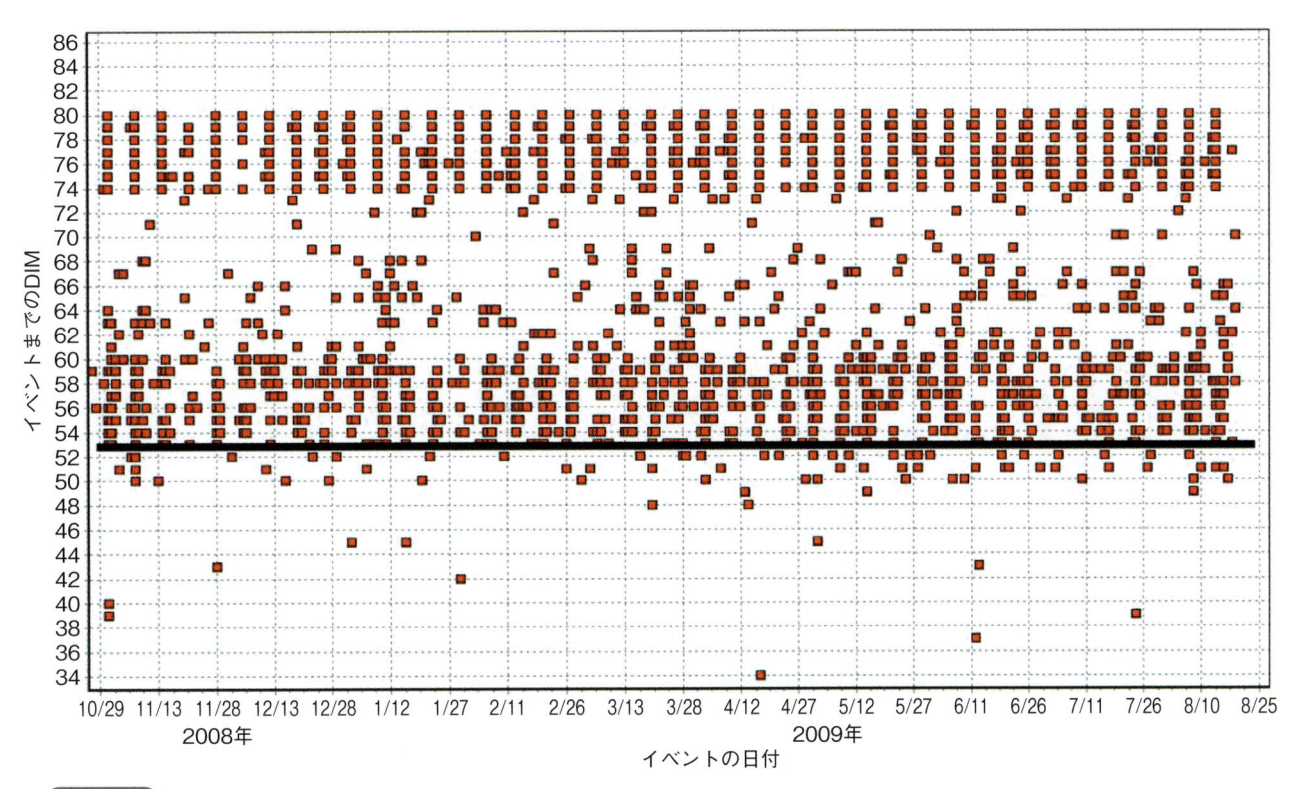

本文参照 P.305

図 22-8
発情発見と定時授精の両方を初回授精に用いる大型乳牛群の散布図。y 軸は初回授精までの泌乳日数，x 軸はイベントの日付を表している。

カラー口絵 27

本文参照 P.309

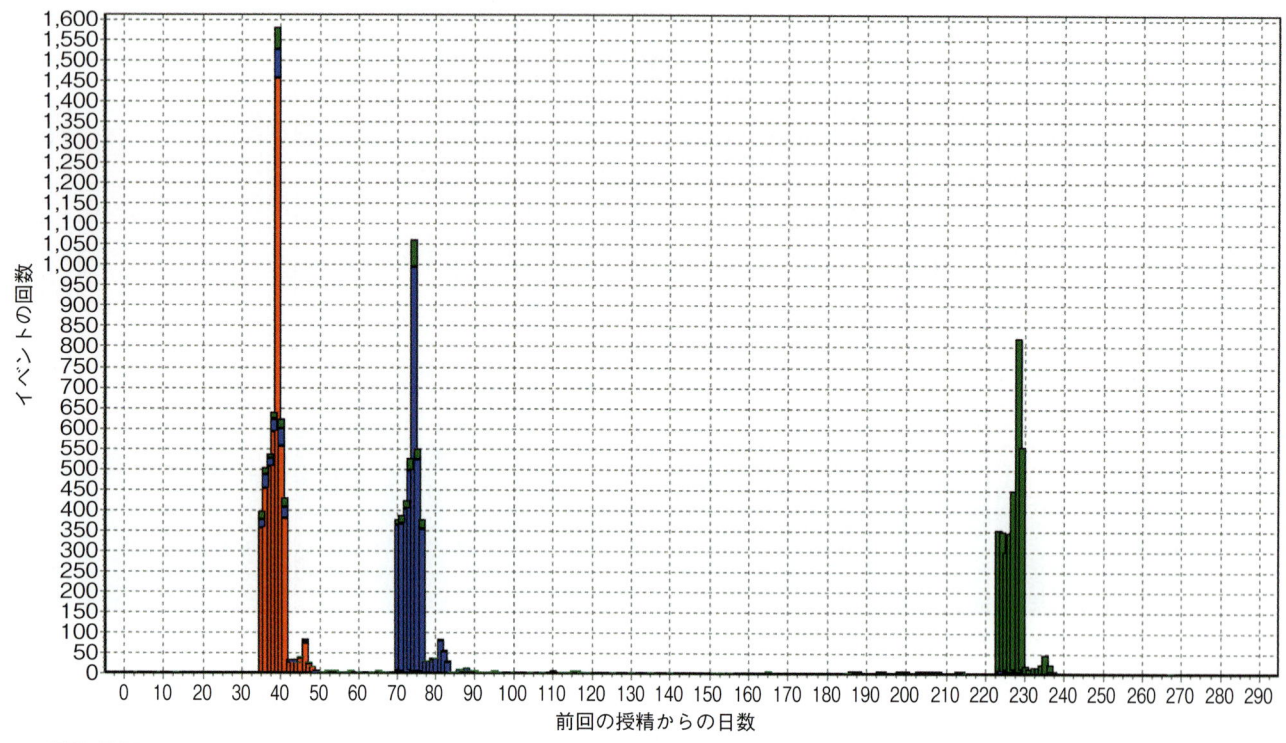

図 22-9

妊娠と診断された牛の最終授精から妊娠診断までの日数を表したグラフ。この群は定時授精と発情発見を併用し，自然交配を行っていない。赤は初回妊娠診断，青は2回目妊娠診断，緑は乾乳させる直前の妊娠確定を表している。x軸は最終授精からの日数，y軸はイベントの数（牛）を表す。

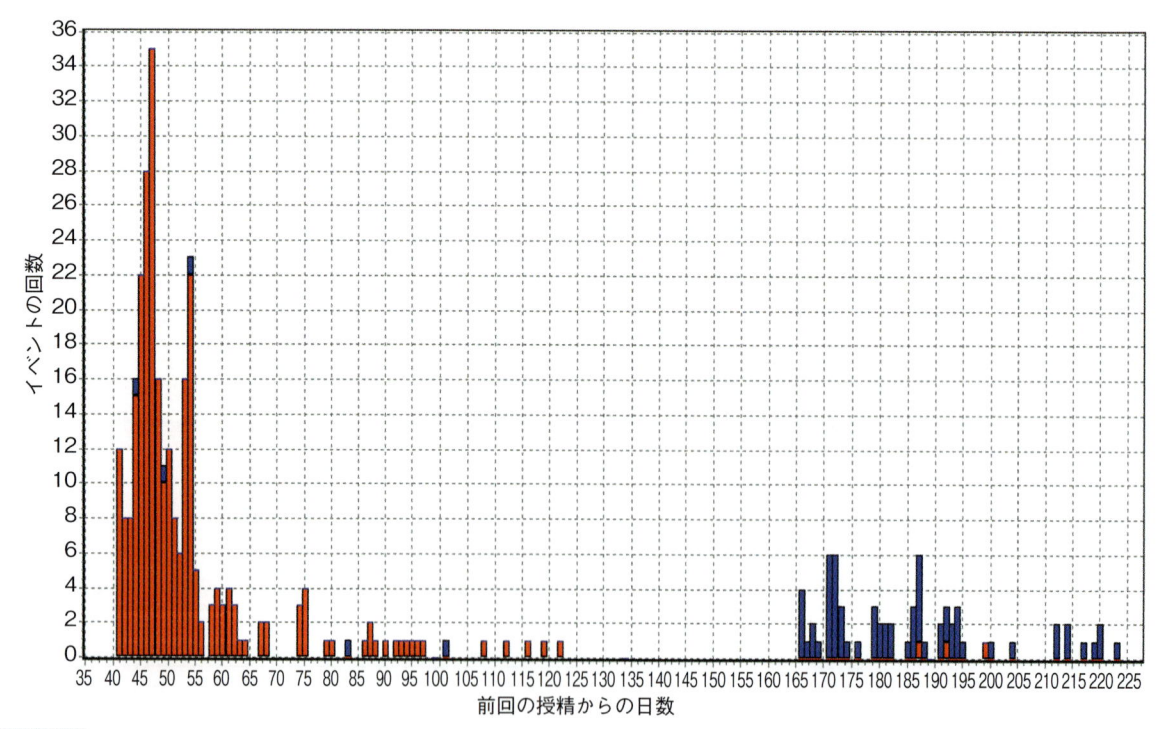

本文参照 P.309

図 22-10

妊娠と診断された牛の最終授精から妊娠診断までの日数を表したグラフ。この群は発情発見に基づいたAI，自然交配，そして少しの定時授精を使用している。赤は初回妊娠診断，青は2回目妊娠診断を表している。x軸は最終授精からの日数，y軸はイベントの数（牛）を表す。

本文参照 P.310

図 22-11
妊娠と診断された牛の最終授精から妊娠診断までの日数を表したグラフ。この群は定時授精に大きく依存しており，自然交配を行っていない。赤は初回妊娠診断（超音波検査によって行われる），青は2回目妊娠診断，緑は3回目妊娠診断，紫は乾乳させる直前の妊娠確定を表している。x軸は最終授精からの日数，y軸はイベントの数（牛）を表す。

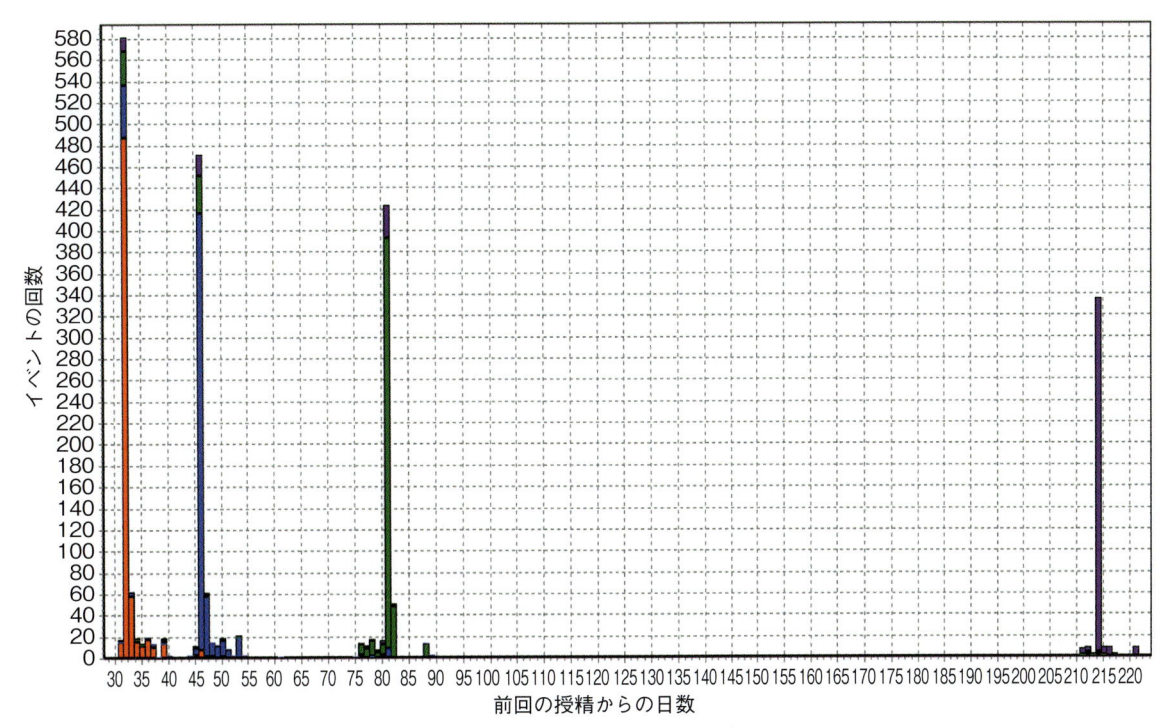

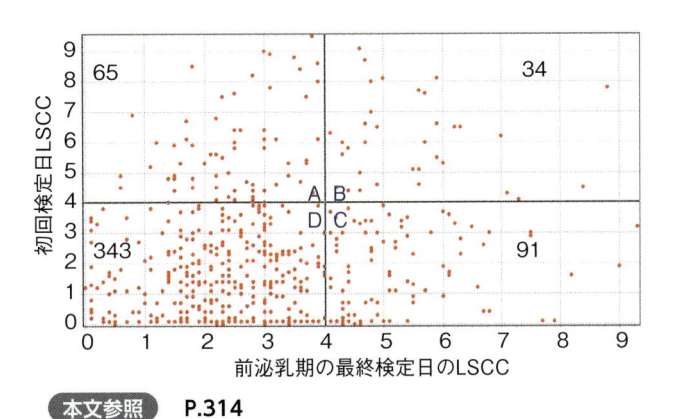

本文参照 P.314

図 22-12
初回検定日のLSCCスコア（y軸）と前泌乳期の最終検定日のLSCCスコア（x軸）を表した散布図。各区画の数値は牛の数を表している。

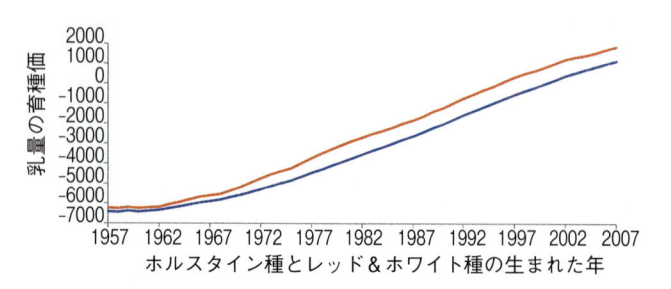

第24章

図 24-1
ホルスタイン種とレッド＆ホワイト種の乳量。
（出典：aipl.arsusda.gov/eval/summary/trend.cfm）

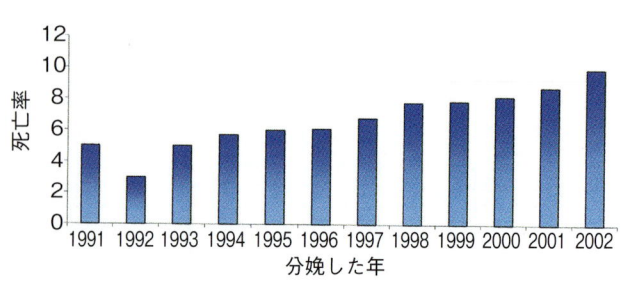

図 24-2
ホルスタイン協会分類システムによって測定された1978～2008年の，全体的な体型，乳房，四肢。
（出典：Dr. T. Lawlor Holstein Association）

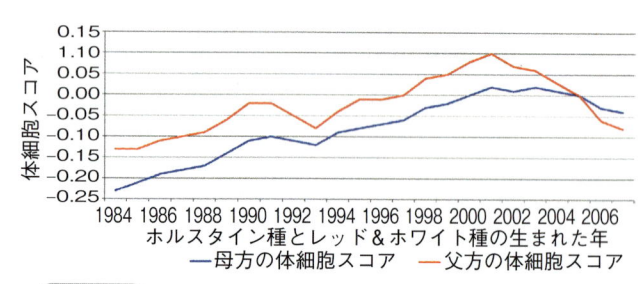

図 24-3
経時的な群の寿命。
（出典：USDA AIPL）

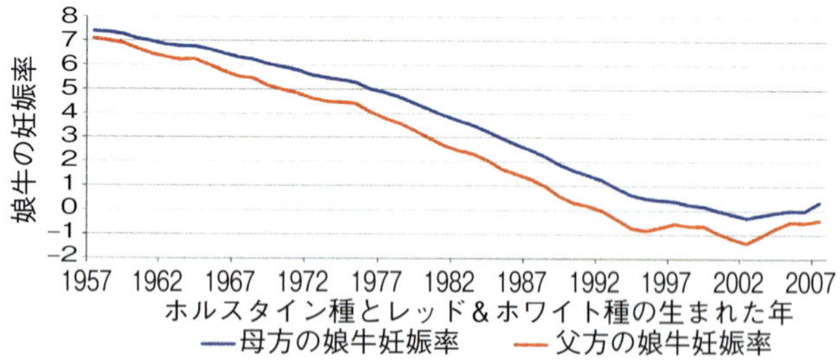

図 24-4
牛の死亡率。
（出典：DHI Provo data. Tripp, 2004）

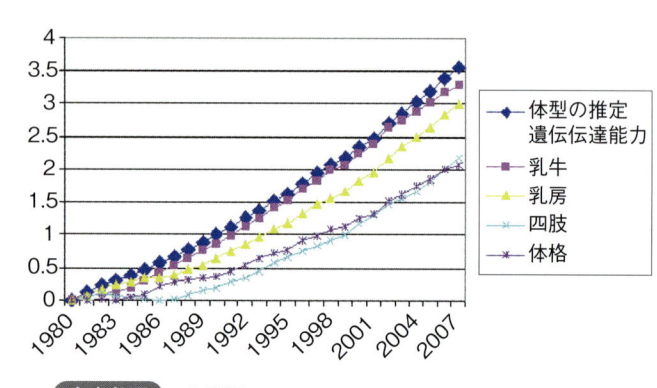

図 24-5
ホルスタイン種とレッド＆ホワイト種の体細胞スコア。
（出典：aipl.arsusda.gov/eval/summary/trend.cfm?R_Menu＝HO.s#StartBody）

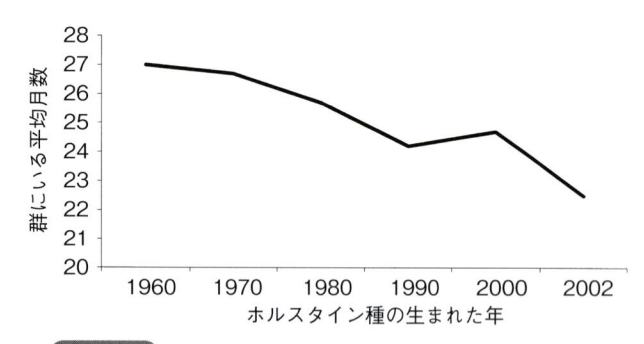

図 24-6
ホルスタイン種とレッド＆ホワイト種の娘牛の妊娠率。
（出典：aipl.arsusda.gov/eval/summary/trend.cfm?R_Menu＝HO.d#StartBody）

本文参照 P.340

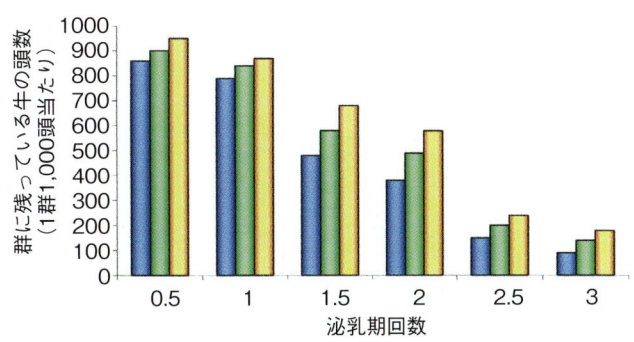

図 24-7
生産寿命が長くなるということは何を意味するのか？ 2回目の泌乳期の終わりには，各 1,000 頭の牛について短は長より，200 頭弱の更新牛が必要である。生産寿命の短い雄牛＝−2.7 PL，生産寿命が平均の雄牛＝0.0 PL，生産寿命が長い雄牛＝＋2.7 PL を基準としている。November 2004 Evaluation run。
（出典：Dr. Nate Zwald）

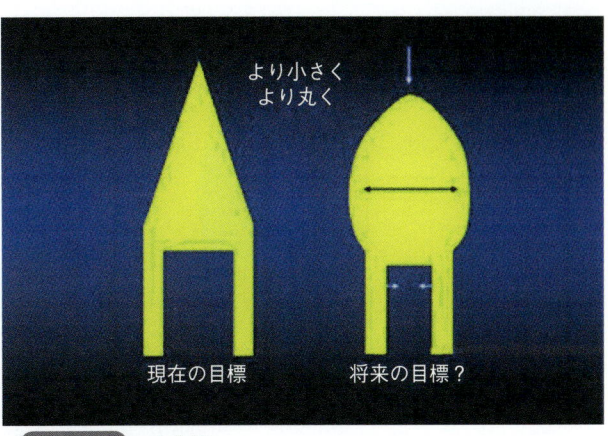

本文参照 P.348

図 24-11
最初の原型へ戻ること。
（出典：www.milkproduction.com/Library/Articles/default.htm）

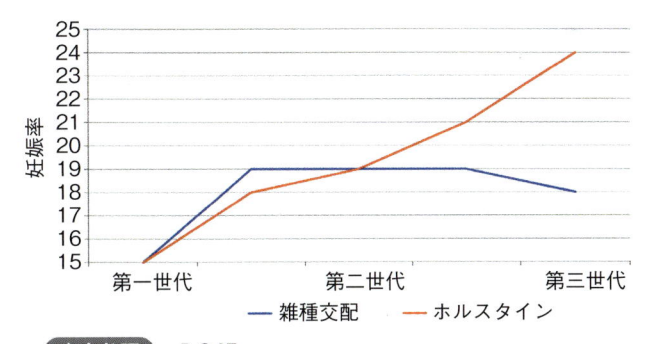

本文参照 P.345

図 24-10
雑種交配はどうなのか？ 長期的にみると，受胎能は向上しない。
（出典：Dr. Nate Zwald, 2007）

第 25 章

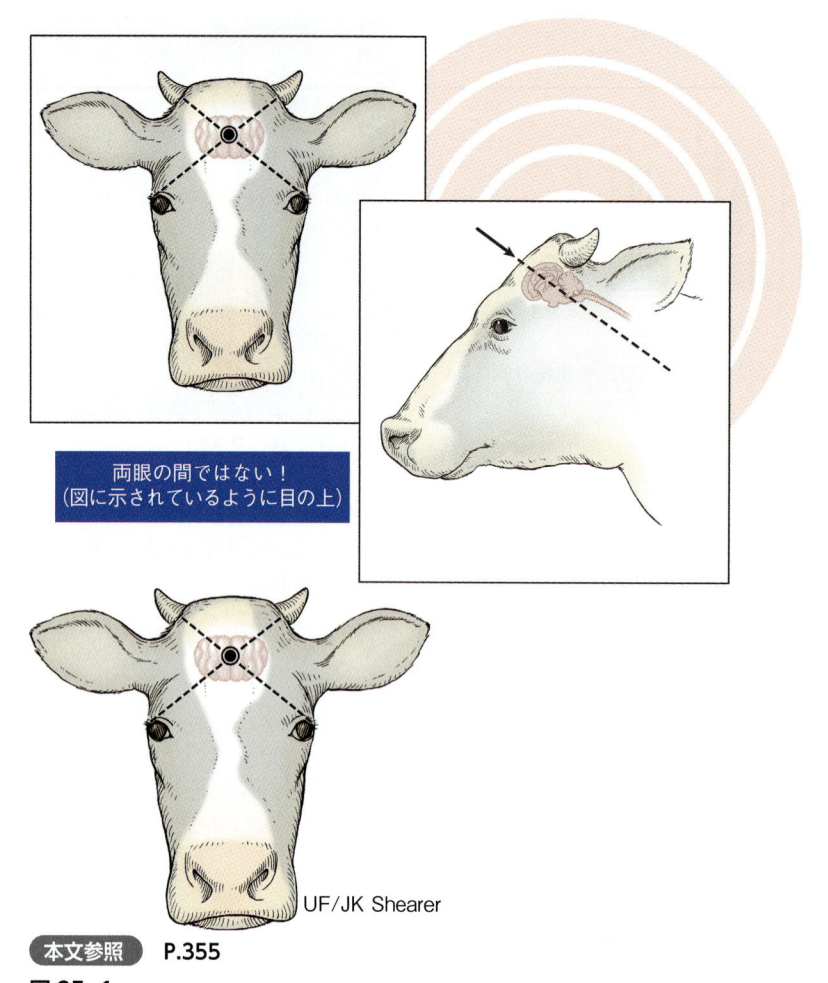

両眼の間ではない！
（図に示されているように目の上）

UF/JK Shearer

本文参照　P.355

図 25-1
銃撃または家畜銃のための解剖学的位置。

第1章

乳牛の健康および繁殖成績の最適化を目的とした分娩から任意待機期間終了までの管理

Carlos A. Risco

要約

　牛の健康と福祉，および生産性の観点からみると，分娩後の時期は牛の健康が生産性と繁殖効率に多大な影響を与える，早期の窓口となっている。そのため，この期間の管理を適切に行うことは，乳牛群全体の健康状態を適正に保持し，生産性と繁殖成績をできる限り高める上できわめて重要である。本章では，健康および繁殖成績の最適化を目的とした分娩から任意待機期間終了までの管理方法について述べる。

序文

　酪農業にとって，繁殖効率は経済的生命線といえよう。なぜなら，繁殖効率を高めると，乳牛として群に残る可能性や生産寿命中に収益性のある乳汁を産出する乳牛頭数と年間分娩子牛数が増加し，その反対に非自発的な淘汰が減少するからである (de Vries, 2006)。しかし，世界的に泌乳牛において繁殖効率が低下し続けていることは，受胎率の低下からも明らかになっている (Macmillanら, 1996；Royalら, 2000；Lucy, 2001；de Vries, 2006)。これらの減少傾向にはさまざまな要因があるが，その中でも高泌乳牛の発情発現の微弱化 (Wiltbankら, 2006)，胚死滅 (Santosら, 2001)，分娩後早期のエネルギー代謝，およびそのエネルギー代謝と免疫機能との相互作用などが主な原因となっている (Hammonら, 2006)。さらには，農場の人手が不足している中で群の規模を拡大しようとする傾向もあり，その結果，牛の健康と繁殖に関する実施計画を遂行する上での新たな課題も生み出されている。言い換えると，酪農生産者とともに働く獣医師からみれば，このような繁殖効率に対するマイナス要因の影響を軽減する機会は豊富にあるので，理にかなった繁殖管理プログラムの導入が可能である。

　任意待機期間 (VWP：voluntary waiting period) 終了時の分娩－受胎間隔 (CCI：calving to conception interval) を決定するのは妊娠率 (PR：pregnancy rate) である。PRが上昇すると，CCIは短縮される。その結果，群寿命にある牛の1日産乳量が増加し，繁殖障害により淘汰される頭数が減るために，総体的に牛群収益が押し上げられることになる (Riscoら, 1998；de Vries, 2006)。すなわち，ここで明らかになるのは酪農生産者と獣医師の双方が課題とすべき問題とは，乳生産の収益性とのバランスがとれた群として，PR目標の達成と維持を可能にする繁殖計画を採用することである。

　一般に，乳牛群の繁殖計画は，妊娠率 (PR, 21日周期として妊娠した個体数を妊娠可能な個体数で除した割合) の増加によって達成され，それは，任意待機期間終了時に発情同期化法を用いて授精率の向上を図ることである。しかし，分娩中の異常が任意待機期間終了時の受胎能力に計り知れない影響を与えることを，生産者に周知させることはきわめて重要である。これらの牛は分娩に関連する疾病に罹患しやすくなり，子宮の健康状態や卵巣周期の回復に影響することもある。例えば，分娩から泌乳への「移行」が順調ではない牛に対して，任意待機期間終了時にこれらの同期化法を適用しても，妊娠する可能性が低い。それゆえ，乳牛の繁殖管理プログラムには，分娩前の期間から任意待機期間終了時までの牛の健康状態を，できる限り良好に保つ管理対策も組み込む必要がある (図1-1)。

移行期の管理

　牛の健康に影響する疾病の大半は移行期 (分娩前後

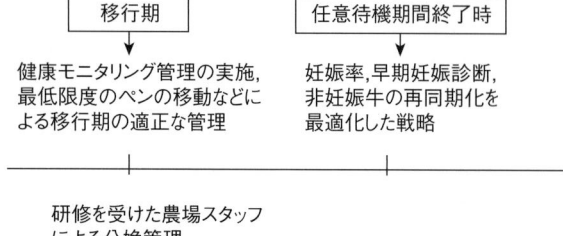

```
   ┌──────┐           ┌──────────────┐
   │ 移行期 │           │任意待機期間終了時│
   └──────┘           └──────────────┘
  健康モニタリング管理の実施，    妊娠率，早期妊娠診断，
  最低限度のペンの移動などに    非妊娠牛の再同期化を
  よる移行期の適正な管理      最適化した戦略

              研修を受けた農場スタッフ
              による分娩管理

  ─21    0    +21       70 ─ 80
                  分娩後日数
```

図1-1
乳牛の健康および受胎能の最適化を目的とした分娩後から任意待機期間終了までの管理の重要性

3週間）に発症するが，その誘因となるのは分娩と泌乳開始である。これらの疾病や異常には，難産，低カルシウム血症，ケトーシス，胎盤停滞（RP：retained placenta），子宮感染症，第四胃変位，乳房炎などがある。これらが単独あるいは合併して起きると，産後の健康に影響を及ぼし，その後の産乳量や繁殖成績の低下につながるとみられている（Gröhnら，1990）。

移行牛の栄養に関する課題は第2章で論じるが，分娩前から計画的に飼料給与を行い，分娩時の免疫機能を最適に保つことで，周産期の牛の低カルシウム血症やエネルギーバランスの低下を短期間で回復させることができる。乳牛群においては，健康上の問題が発生してから，ようやく移行牛の管理に目を向けるということがよくある。それゆえ，分娩関連疾病の有病率を抑制するためには，分娩前後の健康管理を定期的に実施することが望ましい。次のチェックリストは，移行牛の管理が適切か否かを判断するための指針となるものである。

- 飼料には，エネルギー，繊維含量（有効繊維を含む），タンパク質，ミネラル，ビタミンがバランス良く含まれているか？
- 粗飼料のカリウム含有率を含めて，飼料中の陽イオンと陰イオンの割合はどのようになっているか？
- 分娩前の牛に十分な飼槽スペースが設けられているか（少なくとも 0.60 m/頭）？
- 暑熱ストレス軽減のために，適度な日陰スペースがあるか（4.65 m²/頭）？
- 分娩介助や分娩後の疾病を適切に処理できるように，スタッフへの研修や指導を行っているか？

- 給与飼料中の陰イオンバランスを適切に保つために，尿 pH を測定しているか？
- 潜在性ケトーシスの有病率を判定するために，対象となる特定グループの分娩前後のエネルギー状態を評価しているか？
- ボディコンディションスコアを評価しているか？

分娩管理

酪農場のスタッフは，繁殖と健康に関する実施プログラムを遂行する上で重要な役割を担っている。彼らの仕事は，単に授精や搾乳だけに留まらない。その具体例としては，疾病の診断や治療のための健康モニタリングが挙げられる。実際のところ，酪農場にもコンパニオンアニマルの動物病院と同じように，「動物衛生看護士」が従事している。そのように考えると，農場スタッフの役割を明確にするための研修プログラムには，乳牛の生産獣医療の1翼を担うスタッフに対して，その「方法」や「理由」の説明を含めることが，生産獣医療の遂行において不可欠である。

多くの酪農場において，十分な研修を積んでいないスタッフが分娩時の処置を行っており，分娩時に牛に損傷を与えてしまうことがある。このようなケースにおいて，獣医師が牛群管理者に問うべき重要な項目は，処置したのは「誰」であるか，そのスタッフは「どのような」研修を受けてきたのか，その損傷を「いつ」そして「どのように」手当てしたのか，である。そのために，獣医師は生産者と緊密に協力して牛群の健康管理手順を策定し，分娩介助時にスタッフが不適切な処置を行わないように，とくに応急処置方法を重点的に指導する必要がある（第3章参照）。

フレッシュ牛の分娩前後のペン移動

牛の行動と社会的順位は，ケトーシス，脂肪肝，第四胃変位の発生の主要な要因となる。飼料設計や給与方法の不備は，これら疾病の初期のリスク要因と考えられており，段階別のペン移動や過密飼育は重大なリスク要因となる（Nordlundら，2008）。すなわち，攻撃されやすい弱い牛が乾物飼料の摂取を妨害されてケトーシスに陥り，その後ケトーシスに誘発された疾病を次々と発症していく，というメカニズムが想定される。

酪農場では，一般的に作業を簡素化する目的で牛群

を次のように分類し，それぞれのグループに特化した管理を行っている。

- 乾乳前期（ファーオフ期，分娩がなお遠い時期）牛：分娩前60〜21日
- 乾乳後期（クローズアップ期，分娩が接近している時期）牛：分娩前20〜3日
- 分娩ペン
- フレッシュ牛ペン：分娩後3〜14日
- 病牛ペン：分娩後さまざまな日数
- さまざまな泌乳牛と妊娠牛のグループ

前述のシナリオに従えば，牛は潜在性ケトーシスを最も発症しやすい移行期に，頻繁にグループ間を移動させられる。一般的に，ペン（牛舎）にもとからいる牛は新たに加わった牛と比べて，グループ内での自らの優位性を維持しようとする傾向がある（Schein and Fohrman, 1955）。そのため，牛は新たなペンやグループに移るたびに，ストレスを受けながらその集団の中での自分の順位を見定めなければならず，その結果，飼料摂取量が減少する。特に泌乳初期牛は，泌乳中期牛よりもグループ移動の影響を強く受ける。体重が減少する牛はグループ内での序列を下げるが，一方で，体重が増加する牛は社会的優位性を高めていく。これらの所見から，体重の減少が著しい分娩後早期にあまり頻繁にペンを移動させると，フレッシュ牛の健康への影響が懸念される。

病牛用のペンにおいても毎日のように新たな牛が加わり，集団構成が変化するが，この状況についてCook and Nordlund（2004）は，新入りの牛が個々にペン内での自らの社会的順位を確立しようとするため，常に一種の「社会的混乱」状態に陥っている，と表現している。端的にいえば，このように集団の構成を変更したり混成させたりすること自体が，飼料摂取量のみでなく，新入り牛を含めた牛同士の積極的な相互交流の機会も減少させていることになる（von Keyserlingkら，2008）。すなわち，新たに移された牛はより消極的であるため，飼槽に近づくことができないのである。我々は，すでに食欲も免疫力も低下した病気の牛を新たな集団に移動させることが，効果的か否かを熟考する必要がある。

したがって，生産者は管理獣医師の指導に基づいて，どの牛を治療するか，あるいは治療によって牛乳廃棄を要する場合には病牛用のペンに移動するべきかどうかを，正しく判断しなければならない。一つの例として，抗生物質治療を要する子宮炎などの子宮感染症に罹患した牛への対処法を挙げる。この場合，子宮炎の治療薬として市販されている抗生物質には，牛乳廃棄の必要のないものもある（訳注：日本ではそのような抗生物質は販売されていない）。このような抗生物質を使用すれば，グループ構成の変更によるマイナスの影響を避け，病気の牛も乳牛群の中に残したまま治療することが可能になる。

分娩後の健康モニタリング

移行牛を管理する上での最大の目標は，分娩後早期（分娩後3週間）の乳牛の健康状態を維持することである。その実現のために我々が認識すべきことは，病気の牛の発見と治療が早ければ早いほど，通常の健康状態への回復期間も短縮できるという点である。

酪農場において，分娩後の健康モニタリングプログラムは徐々に普及しつつある。分娩後の健康モニタリングは，分娩後早期（12日目まで）に，研修を受けた農場担当者によって対象牛全頭に対して実施されるべきである。健康状態の評価に利用されるパラメーターには，直腸温，様相，乳生産，子宮排出物，尿中ケトンがある。これまで獣医師が酪農場に提供してきた業務の枠を一歩踏み出すことで，新たな機会が生まれる可能性を示している。すなわち，農場スタッフに対して病気の牛を「探し出す」ための時間対効果の高い方法を研修プログラムとして導入することで，病気の初期段階で効果的に治療できるようになるということである（第4章参照）。

任意待機期間終了時の妊娠率を最大限高めるための戦略

任意待機期間とは，泌乳初期において，生産者が発情期であっても牛を交配しないことを決めた期間のことである。後代検定プログラムに参加した乳牛群を対象に実施した調査では，任意待機期間の範囲は分娩後30〜90日間とばらつきがあり，平均値は56 ± 0.6日間であった（DeJarnetteら，2007）。この調査において，任意待機期間のばらつきが大きかった理由は，分娩後の健康状態，産次数，産乳量，季節を考慮して任意待機期間の設定を変えていたからである。

任意待機期間中の牛は，エネルギー収支がマイナス，無排卵，さらに受胎能力に支障をきたす子宮感染症もある程度伴っているという状態にある。任意待機

期間を終えて妊娠に適した時期であることを示す生理的要求とみなして，このような状態からの回復がみられる。この論文の著者の意見としては，牛がこのような状態から回復し，初回授精前に発情周期を複数回経験するためには，分娩後75日目まで任意待機期間を延ばせば十分である，と考えている。

牛の発情発見がうまくいかないことにより，分娩から初回授精までの間隔が，設定した任意待機期間をはるかに超えてしまっている酪農場は少なくない。排卵同期化法は，定時人工授精と良好な妊娠率を実現するものであり，この手法を適用すると，分娩から初回授精までの間隔が飛躍的に短縮できることが確認されている。

このような排卵同期化法としてオブシンク (Ovsynch) 法があり，これを利用する場合の経済的価値は牛群の発情発見率に依存する。発情発見率が高い群においては，オブシンクの経済的価値は低下する。この概念については，2つの牛群を対象にして発情発見による授精とオブシンクによる場合とを，それぞれの妊娠にかかった費用で比較した研究報告に詳述されている (Tenhagen ら，2004)。この研究では，個々の群の半数の発情を発見したあと，残りの半数をオブシンクを利用してそれぞれ授精した。発情発見率の低い群では，妊娠にかかったコストは，発情を発見するよりもオブシンクの方が大幅に削減された。もう一方の発情発見率の高い群では，繁殖成績は向上したものの，妊娠にかかったコストはオブシンクによる方がわずかに高くなった。発情発見によって授精した場合は妊娠率が低下し，コストを引き上げたが，この際の最大の要因は淘汰率が高くなることと，非妊娠日数が過度に長期化する点にあった。

1頭当たりの純利益予想については，冬と夏にオブシンクを利用した場合と，発情発見による授精との比較データがモデルとして示されている (Risco ら，1998)。オブシンクでは，冬よりも夏の方が純利益に大きな影響を与えることが判明した。この発見は，夏季の数カ月間は発情発見率が低いことに起因するものである。これらの研究結果から，オブシンクなどの排卵同期化法の利用は，発情発見率の低い乳牛群の繁殖管理の選択肢として経済的な方法であることが示唆された。

非妊娠牛の早期診断

早期妊娠診断は，非妊娠牛をいち早くみつけて次の交配を成功させ，非妊娠日数を短縮させるのに有用である。直腸検査法は33～35日目以降，超音波検査法は28日目までに行うのが効果的である。牛は妊娠すると，早ければ21日目に成長中のトロホブラスト（栄養膜）細胞に妊娠特異タンパクB (PSPB) が発現される (Humblot ら，1988)。血液中にこのタンパクが検出されるということは明らかな徴候であり，早ければ妊娠30日目に示される。

このタンパクは半減期が長いため，分娩後数カ月もの間，循環血液中に残存する。そのため，妊娠判定後に流産した牛では体内に残存するPSPBが偽陽性の結果をもたらすことがある。

現在は，分娩後90日以上経過し，かつ交配後30日目以降の牛の血液サンプルが検査機関に送られて分析されている (BioPRYN®：Ag Health 社，Sunny side, WA, http://www.aghealth.com)。

乳牛の妊娠診断について，市販製品 (BioPRYN®) を用いてPSPBを酵素免疫吸着測定法 (ELISA法) で検出する方法と，直腸検査による方法とを比較した研究では，両者の方法の間に良好な一致が示された (Breed ら，2009)。両者の間で矛盾した結果が示されたものは，生育不能胎子や胚死滅，胎子喪失などが原因であった。この論文の著者らは，診断の正確さや即座に結果が得られる直腸検査法と比較すると，ELISA法によるPSPBは妊娠診断の過誤や検出結果の返却に時間がかかる点が不利になると結論づけている。

これらの妊娠診断法はいずれも完全なものではなく，検査の感度や特異性が許容範囲外になることもある。非妊娠牛の早期診断にどの「検査法」を利用するかは，実用性やコスト，さらには検査実施者のやりやすさに基づいて決定されるべきであろう。

いずれの検査法を選択したとしても，繁殖管理に関わる獣医師にとって，非妊娠牛を特定して早期に再交配を行うことができるようなプログラムを策定することが重要である。さらに，胚死滅を考慮し，妊娠と診断された牛にも後日再確認を行い，流産や妊娠がなかった牛に対して，時を逃さずに再交配することが肝要である。

文献

Breed, M.W., Guard, C., White, M.E., Smith, M.C., Warnick, L.D. (2009). Comparison of pregnancy diagnosis in dairy cattle by use of a commercial ELISA and palpation per rectum. *Journal of the American Veterinary Medical Association*, 235:292–297.

Cook, N.B., Nordlund, K.V. (2004). Behavioral needs of the transition cow and considerations for special needs facility design. *Veterinary Conics of North America, Food Animal Practitioner*, 20:495–520.

DeJarnette, J.M., Sattler, C.G., Marshall, C.E., Nebel, R.L. (2007). Voluntary waiting period management practices in dairy herds participating in a progeny test program. *Journal of Dairy Science*, 90:1073–1079.

de Vries, A. (2006). Economic value of pregnancy in dairy cattle. *Journal of Dairy Science*, 89:3876–3885.

Gröhn, Y.T., Erb, H.N., McCulloch, C.E., Saloniemi, H.H. (1990). Epidemiology of reproductive disorders in dairy cattle: associations among host characteristics, disease and production. *Preventive Veterinary Medicine*, 8:25–37.

Hammon, D.S., Evjen, I.M., Dhiman, T.R., Goff, J.P., Walters, J.L. (2006). Neutrophil function and energy status in Holstein cows with uterine health disorders. *Veterinary Immunology and Immunopathology*, 113:21–29.

Humblot, F., Camous, S., Martal, J. (1988). Pregnancy-specific protein B, progesterone concentrations and embryonic mortality during early pregnancy in dairy cows. *Journal of Reproduction and Fertility*, 83:215–223.

Lucy, M.C. (2001). Reproductive loss in high-producing dairy cattle: where will it end? *Journal of Dairy Science*, 84:1277–1293.

Lucy, M.C. (2003). Mechanisms linking nutrition and reproduction in postpartum cows. *Reproduction Supplement*, 61:415–427.

Macmillan, K.L., Lean, L.I., Westwood, C.T. (1996). The effects of lactation on the fertility of dairy cows. *Australian Veterinary Journal*, 73:141–147.

Nordlund, K.V., Cook, N.B., Oetzel, G.R. (2008). Commingling dairy cows: pen moves, stocking density, and fresh cow health. In Proceedings: *93rd Annual Wisconsin Veterinary Medical Association Convention*, pp. 212–220. Madison, WI.

Risco, C.A., Moreira, F., DeLorenzo, M., Thatcher, W.W. (1998). Timed artificial insemination in dairy cattle. Part II. *Compendium for Continuing Education for the Practicing Veterinarian*, 20(11): 1284–1290.

Royal, M.D., Darwash, A.O., Flint, A.P.F., Webb, R., Wooliams, J.A., Lamming, G.E. (2000). Declining fertility in dairy cattle; changes in traditional and endocrine parameters of fertility. *Animal Science*, 70:487–502.

Santos, J.E., Thatcher, W.W., Pool, L. (2001). Effect of human chorionic gonadotropin on luteal function and reproductive performance of high-producing lactating Holstein dairy cows. *Journal of Animal Science*, 79:2881–2894.

Schein, M.W., Fohrman, M.H. (1955). Social dominance relationships in a herd of dairy cattle. *British Journal of Animal Behaviour*, 3: 45–50.

Tenhagen, B.A., Drillich, M., Surholt, R. (2004). Comparison of timed AI after synchronized ovulation to AI at estrus: reproductive and economic considerations. *Journal of Dairy Science*, 87:85–94.

von Keyserlingk, M.A.G., Olineck, D., Weary, D.M. (2008). Acute behavioral effects of regrouping dairy cows. *Journal of Dairy Science*, 91:1011–1016.

Wiltbank, M., Lopez, H., Sartori, R., Sangsritavong, S., Gumen, A. (2006). Changes in reproductive physiology of lactating dairy cows due to elevated steroid metabolism. *Theriogenology*, 65:17–29.

第2章

分娩前の乳牛の栄養管理

Pedro Melendez Retamal

要約

分娩後，乳牛は，泌乳量やその後の繁殖成績を低下させる代謝性疾患に罹るリスクが高い。これらの疾患の多くは，乾乳期の不適切な栄養管理によって引き起こされる。乾乳牛には乳汁のチェックを行わないために，多くの生産者はこれらの牛に関心を払わず，乾乳牛の栄養上のニーズは満たされない。獣医師は，乾乳期は次の泌乳のための予備段階であることと，乾乳牛を次の泌乳のための投資とみなすべきであることを，酪農業者に納得させなければならない。

分娩前の牛のプログラムの評価は，乳牛群の健康プログラムの重要な構成要素であるべきである。分娩前移行期の乳牛が，分娩と泌乳の開始時に，カルシウムとエネルギーの需要に対して必要な調整を行う準備が生理的にできるように，これらの牛を管理し給餌するべきである。

もし酪農場に，産後起立不能症，胎盤停滞（RFMs），ケトーシス，消化器疾患が許容しがたいレベルで発生する場合は，分娩前移行期の栄養プログラムと管理の変更を行うことが賢明である。

序文

乳牛が妊娠約7カ月で乾乳される時，牛の泌乳に関する栄養要求量は減少する。その後，妊娠の最後の30日間で，胎子が成長し続け乾物摂取量（DMI：dry matter intake）が減少しはじめると同時に，エネルギーバランスが低下する。

したがって，乾乳牛は2つのグループに分けて管理し，給餌を行わなければならない。最初のグループには乾乳した日からの牛を含め，2つ目のグループには分娩予定日の約21日前の牛を含める。最初のグループはいわゆる「分娩にはまだ遠い」あるいは「乾乳初期」の牛である。

分娩予定日の30日前に近づくにつれて，分娩にはまだ遠い乾乳牛や泌乳牛の飼料と比較して，栄養素密度が中程度のレベルまで，乾乳牛の必要量は増えはじめる。このような牛はいわゆる「分娩が近い」あるいは「分娩前移行期乳牛」である。

1つのグループだけの乾乳牛を管理するため，また余分な乳を得るため，そして生産者がより多くの利益を得るために，乾乳期間を短くできるかどうかを調べる一連の研究が近年行われてきた。現在までに得られた結果は，不十分で一貫性がない。その結果，より多くのデータが得られるまでは，乾乳期として50〜70日の範囲が今なお推奨されており，2つ（「分娩にはまだ遠い」と「分娩が近い」）のグループの乾乳牛が提案されている。

移行期

移行期とは，妊娠の最後の3週間から分娩3週間後までの期間と定義されている。この期間，牛には代謝と内分泌の著しい変化が起こり，泌乳期がうまくいくためには牛はその変化に適切に適応する必要がある。妊娠の最後の数週間には，DMIが劇的に減少しはじめ，分娩時に最低レベルになる。分娩と泌乳の開始によってカルシウムとエネルギーバランスにとてつもなく大きな生理的変化が生じ，そして免疫抑制は一般的に起こる特徴である。これによって乳牛が，産後起立不能症，難産，胎盤停滞（RFMs），子宮炎，乳房炎，ケトーシスのような疾患に罹りやすくなるのかもしれない（Goff and Horst, 1997）。

これらの疾患に罹ると繁殖成績や乳量が減少するので，酪農業にとって重大な経済的損失になる。栄養と

給餌の管理を適切に行うことが，これらの疾患を最小限に抑えるための重要な役割を担い，それによって妊娠後期から泌乳初期の移行を順調に行うことができるようになる。

具体的には，泌乳期間がうまくいくようにするためには，分娩前期に主に4つの目標を達成させなければならない。それは，①第一胃を高エネルギーの飼料に適応させる，②負のエネルギーバランスの度合いを最小限に抑える，③低カルシウム血症の度合いを最小限に抑える，④分娩前後の免疫抑制の度合いを減らす，である。

この時期に起こる生理学的変化と代謝性変化について，以下の項で簡単に説明する。

栄養生理

移行期に起こる最も著しい変化の1つはDMIの減少で，それは分娩の2，3週間前に始まり分娩時に最低レベルになる。DMIは妊娠の最後の3週間で約32％減少し，分娩の5～7日前に89％の減少が起こる（Drackley, 1999；Drackleyら，2001）。ほとんどの牛は分娩後最初の3週間でDMIを急速に増加させる。したがって，分娩前の期間にDMIに戦略的に対処するべきである。分娩前にDMIが少ない牛は，ふつうに食べる牛よりも分娩後疾患（子宮炎，脂肪肝，ケトーシス）に罹りやすいことが示されている（Grummerら，2004；Urtonら，2005）。

胎子と胎盤は急激に成長するが，その成長の60％以上が妊娠の最後の2カ月の間に起こる。反芻動物においては，グルコースとアミノ酸が成長中の胎子の主要な燃料供給である。グルコースはまた，乳糖合成のための乳腺と，乳タンパク合成のためのアミノ酸にも必要である。成長した乳牛は飼料のグルコースに完全に頼っているわけではない。すなわち，これらの牛は，第一胃で生成されたプロピオン酸から常にグルコース新生をしている。

グルコース新生は肝臓で起こるが，肝臓は体の他の部分へのグルコース供給を調節する主要な臓器である。同時に，牛は非エステル化脂肪酸（NEFA）の形でトリグリセリド（TGs）から脂肪を動員しはじめる。その濃度は妊娠の最後の週の間に増加しはじめ，分娩時に最高レベル（0.9～1.2mEq/L）に達し，分娩3日後にゆっくり減少する。しかし太り過ぎの牛の場合のように，脂質の動員が極端な速さで起こる場合は，肝臓によるNEFAの摂取が増加し，TGの蓄積が増し，その結果，脂肪肝の発達につながることがある。血中グルコース濃度が高い場合，インスリンが放出され，脂肪組織からのNEFA放出の抑制とともに，脂質生成が脂肪分解より多くなる。血中グルコース濃度が低く，NEFAの濃度が極端に高くなければ，肝臓内のミトコンドリアへのNEFAの輸送に都合がよく，ケトン体形成が増す（Herdt, 2005）。

グルコース新生，ケトン生成，脂質代謝の内分泌調節はいくつかのホルモンが関わる複雑なメカニズムである。ホルモンとその他の代謝メディエーターの概要を**表2-1**に示した。

DMI

移行期の乳牛の適切な管理には，分娩前の期間中にDMIが過度に低下することを防ぐことと，分娩後早期の間にDMIをできるだけ早く回復させることが含まれる。この目的のためには，経産牛と未経産牛を2つの異なるペンに飼育し，争いや過度の優位性を避けるべきである。

このようにグループ分けをすることで，未経産牛と

表2-1 乳牛において炭水化物と脂質の代謝産物に及ぼすホルモンの影響

ホルモン	炭水化物に及ぼす影響	脂質に及ぼす影響
インスリン	↑細胞へのグルコースの輸送 ↓グルコース新生 ↑グリコーゲン合成 ↓グリコーゲン分解 ↑解糖	↓脂肪分解 ↑脂質生成
グルカゴン	↑グルコース新生 ↑グリコーゲン分解 ↑グルコースの輸出 ↓解糖 ↓グリコーゲン合成	↑脂肪分解 ↑ケトン生成
カテコールアミン	↑グリコーゲン分解 ↑グルコース新生 ↑グルカゴン分泌 ↑インスリン分泌	↑脂肪分解
成長ホルモン	↑血中グルコース	↓脂質生成 ↑NEFAの動員
コルチゾール	↑タンパクからのグルコース新生	↑脂肪分解

出典：Herdt (2005)

成長し成熟した乳牛との生理学的違いに応じて，2種類の飼料をつくることが可能になる（NRC：National Research Council, 2001；Grummerら，2004）。

十分な数の日除け，質のよい水，餌槽のスペース，居心地のよい飼育環境は絶対に必要である。泌乳期飼料に含まれており，少なくとも1日に2度与えられる飼料と同じ組成を用いた完全配合飼料（TMR：Total mixed ration）を，分娩前と分娩後移行期の牛に与えるべきである。

移行期乳牛には餌槽に常に新鮮な飼料を用意し，食べ残しは与えられた飼料のうちの2～4％であるべきである。推奨されているTMRの乾物（DM：Dry matter）含量を維持するのに必要な調整を行うために，DM含量が最も変化しやすいサイレージのような飼料の材料を定期的に評価するべきである。

グループ分けの方策

分娩前の初産牛と2産以上の牛は2つのグループに分けて管理することが勧められている。2産以上の牛と初産牛を一緒に飼育すると，社会的相互作用がより強くなり，争いがより多くなるのは明らかである。さらに，2産以上の牛と初産牛は，栄養要求量の違いや生理学的相違がある。例えば，初産牛はまだ成長しているし，2産以上の牛は乳熱を発症する可能性が高い。それゆえに，初産牛を2産以上の牛と分けて飼育すれば，長い時間食べ，より多くのDMを摂取し，より長い時間休息ができ，より多くの乳を生産する。

エネルギー状態と栄養

ボディ・コンディション・スコア（BCS），血中のNEFA，血中のケトン体，尿，乳は，乳牛のエネルギー状態と栄養を評価するために役立つ材料である。移行期の間，胎子の成長によってエネルギー必要量が増えている時，飼料摂取量は減少している。それゆえに，エネルギーバランスを保つためには，飼料のエネルギー密度を増加させるべきである（NRC, 2001）。そうすることによって，エネルギー密度が第一胃乳頭の成長を促し，第一胃による酸吸収を増し，微生物の個体数をよりデンプンの多い飼料に適合させ，血中インスリンを増し，脂肪組織による脂肪酸の動員を低下させ，DMIを増加させる（Grummerら，2004）。

牛は分娩近くと分娩後に必ず負のエネルギーバランスになるので，泌乳の最初の100日間はBCSが減る。したがって，牛が潜在的な受胎能力に影響を受けることなく乳量を維持するために，最適なBCSで分娩させることが重要である。この理由から，泌乳の最後の3分の1の期間と，最終的には乾乳期の間はBCSを戦略的にコントロールするべきである。

もし，多くの牛が泌乳中期に太り過ぎていたら，泌乳後期には維持のためだけに給餌する太った牛のグループを設けるべきである。牛のBCSを乾乳期の間に決して減少させてはいけない。もし多くの牛が痩せすぎていたら，望ましい体重増加を目標とした十分なエネルギーを給餌する痩せた牛のグループを設けるべきである。BCSが2.75かそれ以下で乾乳させた牛に，全乾乳期間中モネンシンを使用すると，モネンシンを使用しなかった対照群（分娩時のBCS 3.0）よりも分娩時のBCS（3.25）が増加することが明らかになっている。モネンシンを使用したグループは，対照群に比べて，分娩後により多くの乳を生産し，代謝性疾患が少なかった（Melendezら，2007）。

牛が乾乳期間に太り過ぎていたら（BCS 4.0以上），体重を減らすことは避け，脂肪肝を予防することを考えるべきである。第一胃保護コリンを使用すると，過度の脂肪の動員を防ぎ，泌乳成績の向上に役立つことが明らかになっている（Zahraら，2006）。

先に述べたように，分娩前にNEFAのレベルが増えている牛は，NEFAが低い牛に比べて，難産，胎盤停滞，ケトーシス，第四胃変位，乳房炎に罹りやすい（Dykら，1995；Melendezら，2009）。したがって，分娩前や分娩時に血中NEFAを定期的に（1カ月に1度）測定することは，群の健康状態を調べるのに有益な手段になる。乾乳牛の栄養に関する新しい事実によって，分娩までまだ遠い時期に牛に飼料を食べさせすぎると，分娩が近い時期に血清NEFAとケトン体のレベルがより高くなり，体重がより減少することが示唆されている。

それにもかかわらず，分娩が近い時期に高エネルギー密度の飼料（1.70 Mcal of NEL/kg）を与えられた牛は，低エネルギー密度の飼料（1.58 Mcal of NEL/kg）を与えられた牛よりも，分娩予定日の7日前（BEP：before expected parturition）に，グルコースとインスリンの血漿濃度が高く，NEFAの濃度が低かった。それでも，分娩前の飼料のエネルギー密度は，泌乳の最初の3週間に与える飼料のエネルギー密度に比べると，牛の分娩後の代謝状態にあまり影響を及ぼさない（Dannら，2006；Douglasら，2006）。

ケトーシスは，ケトン体生産のレベルが高いことに

表2-2 分娩前の乳牛に使用する添加剤

第一胃調節剤			
添加剤	作用のメカニズム	投与量	推奨
直接与える微生物			
真菌培養 (Aspergillus oryzae, Saccharomyces cerevisiae)	ある種のグループの第一胃細菌の成長を促す。乾物摂取量 (DMI) が増加する。乳酸産生が低下する。	1×10^9 cfu/g 10〜20g/牛/日	移行期全期にわたって与える。
乳酸菌 (Lactobacillus acidophilus, Bifidobacterium animalis)	腸管のコロニー形成。病原菌の増殖を防ぐ。消化が改善される。	1×10^9 cfu/g 10〜20g/牛/日	移行期全期にわたって与える。子牛にも与えるよう推奨されている。
イオノフォア			
ナトリウム・モネンシン	グラム陽性細菌が減少する。メタン, 酢酸塩, 酪酸塩が減少する。プロピオン酸が増加する。グルコース生産が増加することもある。飼料効率が増す。鼓脹症が減少する。ケトーシスとNEFAが減少する。第一胃pHが安定する。	250〜350mg/牛/日	ケトーシスを予防し, NEFAを減らし, 脂肪肝を予防するために, 分娩前牛とフレッシュ・カウに与える。間接的に第四胃変位を予防する。
ラサロシド		200〜400mg/牛/日	
緩衝剤			
炭酸水素ナトリウム (重曹) 酸化マグネシウム 炭酸カルシウム	第一胃pHの調節。乾物摂取量, 乳量, 乳脂肪が増加する。酸化マグネシウムがマグネシウムを供給し, 炭酸カルシウムがカルシウムを供給する。	DMIの0.6〜0.8%か, 130〜250g/日	主な牧草飼料がトウモロコシサイレージである場合, また濃厚飼料と粗飼料を別々に与えている場合, 加えて, NDFや咀嚼活動, 乳脂肪が減少している場合に, 泌乳初期に, 大量の発酵性の高い炭水化物と一緒に与える。分娩後に緩衝剤を与える。分娩前にはDCADに悪影響を与えることがある。
サポニン			
ユッカ (Yucca schidigera) Quillay (Quillaja Saponaria)	これらは微生物叢と第一胃の発酵を改善させ, 免疫活性化作用を働かせる。原虫を抑制し, その結果アンモニア生産が低下し, 窒素利用の効率がより良くなる。	6〜12g/牛/日	分娩前から泌乳開始後100日までの乳牛に与えることが推奨されている。

特徴付けられる代謝性疾患であり, 分娩後14〜21日の間に多発する。しかし, ケトン体は分娩前にも高くなることがあり, それを分娩前に評価することは有益である。

最も一般的な方法は, 尿中のアセト酢酸の存在を検出するための比色試験を用いることである。この試験は非常に特異的で, 適度に感度がよい (Carrier ら, 2004)。この評価は, 低カルシウム血症予防のための陰イオン性飼料を用いている群において尿のpHを評価するために尿サンプルを採取する際に, 行うことができる。この試験結果は, 分娩前はマイナスであるべきである。もし結果がプラスであったら, その症例はすぐに治療しなければならない。もし分娩前にケトーシスの問題があるならば, 移行牛の栄養プログラム全体を評価しなければならない。

ケトーシスを予防するために, 妊娠の最後の21日間と分娩後21日間, 糖新生の前駆物質を戦略的に用いることができる。表2-2に示したように, これらの前駆物質の中では, プロピレン・グリコール, プロピオン酸カルシウム, グリセロール, イオノフォアが, 分娩前の栄養プログラムに使われる最も一般的な添加物である。

タンパク栄養

2産以上の牛には粗タンパク (CP) 12〜13% (第一胃非分解性タンパク, RUP: rumen undegradable protein 35%) の飼料を与えなければならない。しか

表 2-2 分娩前の乳牛に使用する添加剤（つづき）

添加剤	作用のメカニズム	投与量	推奨
第一胃調節剤			
グルコース前駆物質			
プロピオン酸カルシウム	グルコースとカルシウムの源。	給餌飼料として150g 水溶液として500g	移行期全期にわたって与える（最も上に振りかける）。水溶液として与える場合は水10Lに混ぜる。
プロピレン・グリコール (1, 2 プロパンジオール)	腸で吸収される。肝臓でグルコースに変わる。	240〜400g/日	移行期全期にわたって与える（最も上に振りかける）。分娩時には水溶液して液状で与える。
グリセロール (1, 2, 3 プロパンジオール)	肝臓でグルコースに変わる。分娩時にNEFAが低下する。いまだ研究中である。	分娩時に水溶液としたものとして1.5L 粉末で165g/日	移行期全期にわたって粉末で与える。
ビタミン			
保護コリン	リン脂質の合成に関与する。泌乳成績が向上する。臨床的ケトーシスと潜在性ケトーシスに罹るリスクを減らす。脂肪肝を減らす。	15g/牛/日	分娩前と分娩後の，特に肥満の牛に与える。
ナイアシン	乳量が0.5kg/日増加する。抗脂肪分解。ケトーシスと脂肪肝を減らす。	6〜12g/牛/日	分娩前と分娩後の移行期の牛に与える。
ビオチン	角質化に不可欠。蹄の健康状態が良くなる。高泌乳牛の乳量が増加する。	20mg/牛/日	蹄の健康状態に及ぼすプラス効果を観察するために継続的に与えなければならない。
有機ミネラル			
有機セレン	ビタミンEと一緒に移行期乳牛の免疫状態を高める。酸化的ストレスが少なくなる。胎盤停滞が少なくなり，体細胞数（SCC）が少なくなる。	セレンの法的制限は0.3ppm	分娩前から泌乳開始後100日まで与える。
有機亜鉛	蹄の完全性とケラチン合成が高まる。体細胞数が減少し，乳量が増加する。	40〜60ppm	分娩前から泌乳開始後100日まで与える。
プロピオン酸クロム	インスリンの働きが高まる。細胞内のグルコース摂取を促進しNEFA放出を減少させる。	500ppb	分娩前と分娩後の移行期の間に与える。
その他			
陰イオン塩	軽度の体の酸性化。Caの生体利用効率を高める。乳熱を予防する。	100〜300g/牛/日	成長した分娩前の牛のみに分娩まで与える。
メチオニンとその類似物	メチル・ドナー。不可欠なアミノ酸。乳タンパクと乳脂肪を増す。脂肪肝を減らす。	10〜30g/牛/日	分娩前と分娩後の移行期の間に与える。

し，初産牛にはCP14〜15%，RUPが総CPの38〜40%の飼料を与えなければならない。このようにタンパク量がより多いのは，2産以上の牛に比べて，初産牛は成長段階にあり，乳腺が発達する必要があり，DMIが少ないからである。

しかし最終的な目的は，CPのためだけでなく，代謝タンパク（MP：metabolizable protein）(MP/牛/日が1,100〜1,300g)のために案を練ることである。分娩前の牛を2つのグループ（未経産牛と経産牛）で取り扱うことの別の理由はタンパク所要量にある。

カルシウム栄養

低カルシウム血症は分娩時に乳牛がよく罹る代謝性疾患である。臨床型（乳熱）であることも潜在性であることもある。陰イオン塩を使用していない分娩前飼

料を与えられた成長した乳牛全頭のうちの約50％，陰イオン塩を使用している分娩前飼料を与えられた乳牛の30％が潜在性低カルシウム血症（7.5mg/dL以下）に罹る（Meléndezら，2002）。潜在性低カルシウム血症に罹ると，分娩後のDMIが減少し，二次疾患に罹るリスクが増し，泌乳量が減り，受胎能力が低下する可能性がある。

維持要求量以下にカルシウム摂取を制限すると，分娩前にカルシウム動員システムの活性化が起こる。ビタミンDの活性化が高まり，骨のカルシウム再吸収効率と腸のカルシウム吸収が増す。したがって，分娩時に泌乳のためにカルシウムの必要性が激しくなりはじめると，カルシウム動員メカニズムが最大限になる。しかし，分娩前の後期にほぼ推奨レベルまでカルシウム摂取を制限しても，乳熱の発生を必ずしも減少させられるわけではない。カルシウム摂取を20g/日以下に維持することだけが，乳熱の予防により効果的である。今日，商業的な群で使用されている標準生産の飼料で，カルシウム摂取をこのように低いレベルに制限するのは困難である。

低カルシウム血症のその他の最も重要な決定要因は，分娩時の牛の酸塩基状態である。分娩前に，牛に通常与える飼料は，アルカリ反応を引き起こす。この代謝性アルカローシスは，正常カルシウム値を維持するための生理活動を変え，牛が増加したカルシウム要求量にうまく適応する能力を低下させる（Goff，1999）。乾物1kg当たりの陽イオンと陰イオンのミリグラム当量の違い（飼料の陽イオン―陰イオン差，DCAD：dietary cation-anion difference）が，血中の酸塩基代謝に直接の影響を及ぼす（Block：1994）。

軽度の代謝性アシドーシスを引き起こす飼料（陽イオンよりも陰イオンが多く含まれている）は，低カルシウム血症のリスクを低下させる。乾乳牛に与える標準的な飼料のDCADは，DMの約+50～+250mEq/kgである。

一般的な飼料では，DCAD方程式のイオンの中でカリウムが最も変化しやすく，これがふつうDCADの最も重要な決定要因である（Goff，1999）。飼料として陰イオンをうまく補給することによる乳熱（MF：milk fever）の予防によると，陽イオン，特にNaとKが高い飼料を与えることで牛が乳熱に罹りやすくなると示唆されている。カリウムはDMの1.5％以下にするべきである。飼料の選択によって陽イオン含有量をできるだけ減らして，それから，望む終点までDCADをさらに減らすために陰イオンを追加することができる（Goff，1999）。一般的に使用される陰イオンのもとは，塩化カルシウム，塩化アンモニウム，硫酸マグネシウム，硫酸アンモニウム，硫酸カルシウムである。陰イオン塩は牛の口に合わないことがあるので，その吸収率に応じて，常に陽イオンと一緒に与えることで，陰イオンの影響をいくぶん弱めることができるだろう（Goff and Horst，1997）。陰イオンのもととなるその他の物質には，塩酸（HCl）のような鉱酸が含まれる。前もって一般の飼料の材料に混ぜてあるHClの市販製剤は，安全で味のよい，陰イオン塩の代替物になる（Goff and Horst，1998）。

一般的に，最終的なDCADがDMのマイナス50～マイナス150MEq/kgになるように陰イオンを添加する場合に，最適の酸性化が起こる。陰イオン塩を含む飼料を与えられた牛の尿pHと正味酸排泄が強い負の相関関係にある（$r^2 = 0.95$）ことから，尿pHの測定は，陰イオン塩によって引き起こされる代謝性アシドーシスの程度を評価する有益な手段であることが示唆される（Vagnoni and Oetzel，1998）。

この方法の利点は，それが無機物分析の不正確さと，粗飼料のミネラル含有量の予期せぬ変化を説明することである。

尿pHの評価は，分娩前の牛の10％に相当するグループから尿を採取して行うことができる。尿pHの値が5.5以下である場合は酸性化し過ぎていることを示すためDCADを増やすべきである。最適な尿pHは，ホルスタイン牛で6.0～6.5，ジャージー牛で5.8～6.2である。尿pHが7.0以上である場合は，酸性化が不十分であると考えられるので，DCADを低くすることが必要であると示唆される。

乳熱に罹っている群では，分娩が近い乾乳牛の尿は非常にアルカリ性が強く，pHが8.0以上である。標準時間，できれば給餌後2～3時間以内に採取した尿サンプルを使えば，最も正確な結果が得られるだろう（Goff，1999）。分娩時に，経口カルシウムと一緒の陰イオン塩と，エネルギー補給を組み合わせても，陰イオン塩だけをうまく使用することに勝るような泌乳成績の向上はみられないようである（Meléndezら，2002）。

群に陰イオン飼料を使用できない場合は，分娩時に経口カルシウム製品を与えることを考えるべきである。牛のためのさまざまな経口カルシウム塩製剤が市販されている。経口カルシウム補助食品は容易に水に溶けやすいもので，腸管腔において受動輸送ができるような最低限の濃度に達するのに十分なほどの高用量

で投与しなければならない（～6 mmol/L）(Goff, 1999)。

塩化カルシウムとプロピオン酸カルシウムが、牛の低カルシウム血症の治療と予防に用いられる最も一般的な製品である。250 mLの水に浸した塩化カルシウムから50 gのカルシウムを経口投与すると、塩化カルシウムとして4 gのカルシウムを静脈内投与するのと同程度に血漿カルシウム濃度が上昇する。反対に、プロピオン酸カルシウムから100 gのカルシウムを経口投与することは、8～10 gのカルシウムを静脈内投与することと同じである。

プロピオン酸カルシウムは塩化カルシウムよりも効果的で組織への刺激が少ない。それによって代謝性アシドーシスに罹ることはないため、カルシウムをより多くの量与えることができる。さらに、それは牛に糖新生の前駆物質（プロピオン酸塩）を供給する（Goff, 1999）。

食物繊維，粒径，咀嚼活動

食物繊維は、反芻動物の必須栄養素である。これを粗繊維、酸性デタージェント繊維（ADF：acid detergent fiber）、中性デタージェント繊維（NDF：neutral detergent fiber）、有効NDF、粗飼料NDFと定義することができる。しかし、これらは食物繊維の化学的性質であり、食物繊維の粒径に関する詳細な特徴を何も表してはいない。食物繊維の粒径を検査する方法が推奨されている。穴の直径19 mmの最も上のふるいと、穴の直径8 mmの2つ目のふるいと、穴の直径1.18 mmの3つ目のふるいと、最も細かい粒を受ける穴のない底の受け皿から成る粒径の評価システムが最近開発され、2つのふるいと底の受け皿のついた従来のシステムから更新された（Kononoffら, 2003）。

このシステムは、ペンステート粒子分離機（PSPS：Penn State Particle Separator）として知られている。TMRの少なくとも6～8％の粒子は19 mm以上であるべきである。これにより、少なくとも8～10時間/日の正常な反芻作用が促されるだろう。この方法の重要性を考えると、分娩前の牛の飼料の粒径を毎週評価するべきである。

粒子の比率に粗いもの（19 mm以上）と中程度のサイズのもの（8～19 mm）が含まれる場合に、咀嚼時間予測の正確さが増す。したがってpeNDF（physically effective NDF：物理的有効NDF）は、粒径分離機の粗い粒子と中程度の粒子の総和に対応する、総飼料NDFの割合として定義されるべきである。例えば、飼料の総NDFが32％で、粗い粒子と中程度の粒子の合計が40％であったとしたら、物理的有効NDFは、12.8％（32％×0.40）になるだろう。

この定義に基づくと、物理的有効NDFの値が10～20％ならば正常で、第一胃のpHを最小限に変え、8時間/日の正常な咀嚼作用を促すことになる（Kononoff and Heinrichs, 2003；Yang and Beauchemin, 2006）。

餌槽の管理と牛の行動

餌槽の管理の重要性は、飼料摂取量が制限されることで乳牛の生産性と健康に生じるかもしれない悪影響に基づいている。さらに、摂食パターンに関わる牛の行動は、一貫した給餌管理を確立するために非常に重要である。しかし、摂食行動については、1頭の牛における変動性と比較して、牛同士の間の変動性が大きい。さらに、摂食行動は泌乳の段階（泌乳日数）に大いに左右される（DeVriesら, 2003）。

餌槽の利用は、夜遅くや朝早くよりも、日中や夕方に常に多い。餌槽エリアに行く牛の割合が最も高い時間帯は、新鮮な飼料が与えられた後である。さらに、摂食活動を最大にするためには、給餌と給餌の間に飼料を少し追加するだけで十分である。余計に飼料を追加しても有意に摂食活動が増えることはなかった（DeVriesら, 2003；DeVries and von Keyserlingk, 2005）。

1日の総摂食時間は、餌槽のスペースを0.64から0.92 m/牛にした場合に増加した。餌槽のスペースを増やすことで、給餌していない間に給餌エリアで立っている時間と、餌槽での牛同士の攻撃的相互作用の頻度が減少した。さらに、牛に給餌スペースを追加して与える、特に、ヘッドロック（頭部固定）と一緒に実施すると、餌槽にいる社会的地位のより低い牛が他の牛に餌槽から追いやられることが少ない。従来、0.5 m/雌牛の餌槽スペースが推奨されてきたが、この研究結果から、0.9 m/雌牛のスペースを与えた方がよいことが示唆される（DeVries and von Keyserlingk, 2006）。

また、給餌頻度についても考えることが重要である。牛の1日当たりの横臥時間や、1日当たりの餌槽での他の牛との攻撃的相互作用の発生が、飼料の配給によって影響を受けるということはなかった。しかし給餌をもっと頻繁に行うと、下位の牛がそれほど高

表2-3 NRC (2001) の「Nutrient Requirements of Dairy Cattle, 7th edition」による分娩前の未経産牛[1]と経産牛[2]のための栄養要求量

栄養素	分娩が近い未経産牛の標準的な飼料	分娩が近い経産牛の標準的な飼料	分娩が近い経産牛の陰イオン性の飼料
エネルギー NE_L (Mcal/kg)	1.54-1.62	1.54-1.62	1.54-1.62
粗タンパク% (RDP + RUP)[3]	13.5-15.0	12.0-13.0[5]	12.0-13.0
最小酸性デタージェント繊維%	21	21	21
最小中性デタージェント繊維%	33	33	33
最大非繊維炭水化物%	43	43	43
カルシウム%	0.44	0.45	0.6-1.5[6]
リン%	0.3-0.4	0.3-0.4	0.3-0.4
マグネシウム%	0.35-0.4	0.35-0.4	0.35-0.4
塩素%	0.44	0.4	0.8-1.2
カリウム%	0.55[4]	1.35	<1.3
ナトリウム%	0.12	0.15	0.15
硫黄%	0.2	0.2	0.3-0.4
コバルト mg/kg	0.11	0.11	0.11
銅 mg/kg	16	13	13
ヨウ素 mg/kg	0.4	0.4	0.4
鉄 mg/kg	26	13	13
マンガン mg/kg	22	18	18
セレン mg/kg	0.3	0.3	0.3
亜鉛 mg/kg	30	22	22
ビタミン A (IU/日)	75,000	100,000	100,000
ビタミン D (IU/日)	20,000	25,000	25,000
ビタミン E (IU/日)	1200	1200	1200
飼料の陽イオン―陰イオン差 (Dietary cation-anion difference : DCAD) (Na + K) − (Cl + S), mEq/kg	20-200	10	−75 to 0

[1] 妊娠270日，胎子を含んだ体重625kg，成熟時の体重680kg，1日に10.6kgの乾物を摂取，毎日，体重300gと胎子の体重660g増える，現在のボディ・コンディション・スコア3.3，ガイドライン勧告に沿った模範的飼料の栄養素密度。
[2] 妊娠270日，胎子を含んだ体重751kg，成熟時の体重680kg，1日に13.7kgの乾物を摂取，現在のボディ・コンディション・スコア3.3，ガイドライン勧告に沿った模範的飼料によって栄養素が供給される。
[3] 第一胃非分解性タンパク (RUP : Rumen Undegradable Protein) ％＋第一胃分解性タンパク (RDP : Rumen Degradable Protein) ％＝飼料のRDPとRUPのバランスが完全に取れている場合にのみ必要となる粗タンパク。
[4] 乳房浮腫を減らすために未経産牛の必要量までカリウムを制限することを目標とするべきである。達成するのは非常に難しい。
[5] 経産牛には1日に910gの代謝タンパクが必要である。
[6] 乳熱を予防するためのDCADの概念を利用して，飼料のカルシウムは制限する必要はない。

頻度で追いやられることはなかった。さらに，飼料の配給頻度を1×から2×に増やすことで，飼料の選り分け量が減少した。

　これらの結果から，飼料を頻繁に配給することで，特に新鮮な飼料が与えられる給餌のピークの時間帯に，すべての牛が飼料にありつけるようになり，飼料の選り分け量が減少することが示唆される (DeVriesら，2005)。大まかに言えば，給餌頻度は，分娩前の牛も分娩後の牛も，群の搾乳頻度と同じくらいにするべきである。そうすれば，分娩前の牛を，分娩後に経験するのと同じ日常に慣れさせることができるだろう。

ビタミン栄養素とミネラル栄養素

　NRCの推奨にしたがって，乾乳牛にはビタミンとミネラルを与えるべきである。しかし，NRCによる乳牛の栄養の必要量は明確に定義されていないということに留意しなければならない。Nutrient Requirement of Dairy Cattle (NRC, 2001) による，分娩前の未経産牛と経産牛のための栄養要求量の概要を**表2-3**に示した。

　近年，胎盤停滞を予防するという役割から，ビタミンEが大きな注目を集めてきた。ビタミンEについ

表2-4　乳牛における脂溶性ビタミン

ビタミン	機能	欠乏症状	一般的な飼料源
A	正常視力に不可欠：細胞機能：上皮組織（気道，生殖器，消化管）の維持	夜盲症：皮膚障害：盲目の死産子牛か虚弱子牛：繁殖障害	カロチン源：生草：乾草：ヘイレージ：コーンサイレージ：ビタミン・プレミックス
D	正常な骨の成長と発達：カルシウムとリンの吸収：カルシウムとリンの動員	くる病，骨軟症	日光で乾燥させた飼料：合成プレミックス
E	抗酸化物質：セレンと関連している	白筋症：心筋異常：免疫抑制	アルファルファ：穀物の胚芽：小麦の胚種油：穀物：合成プレミックス
K	血液凝固のために必要	出血：カビ性スイートクローバー病	生草：通常，消化管で合成される

出典：University of Minnesota. www.extension.umn.edu/distribution/livestocksystems/components/DI0469t02-05.html#t04.

表2-5　乳牛におけるミネラル

ミネラル	機能	欠乏症状	一般的な飼料源
カルシウム (Ca)	骨形成：血液凝固：筋収縮：乳汁中に0.12%	成牛の乳熱：若い牛のくる病：成長と骨の発達が遅い：乳量の減少	アルファルファとその他のマメ科植物：石灰石（炭酸カルシウム）：第二リン酸カルシウム
リン (P)	骨形成：エネルギー代謝に関わっている：DNAとRNAの一部：乳汁中に0.09%	骨がもろい：成長が悪い：食欲の異常（異食症）：繁殖成績が悪い	モノナトリウムリン酸塩，第一リン酸アンモニウム，第二リン酸カルシウム：穀物：穀物副産物：オイル・シード・ミール
ナトリウム (Na)	酸塩基平衡：筋収縮：神経伝達	塩への渇望：食欲減退：きわめて重症の場合は：協調運動失調，衰弱，震え，死亡	食塩と緩衝剤製品（重炭酸ナトリウム）
塩素 (Cl)	酸塩基平衡：第四胃における塩酸の生産	塩への渇望：食欲減退	食塩と市販の補助食品
マグネシウム (Mg)	酵素活性剤：骨格の組織と骨にみられる	過敏症：テタニー：興奮性が増す	酸化マグネシウム：飼料，ミネラル補助食品
硫黄 (S)	第一胃微生物タンパク合成：軟骨，腱，アミノ酸にみられる	成長が遅い：泌乳量が減少する：飼料効率が減少する	元素状硫黄：硫酸ナトリウムと硫酸カリウム：タンパク質補助食品：マメ科植物の飼料
カリウム (K)	電解質平衡の維持：酵素活性剤：筋機能と神経機能	飼料摂取量が減少する：毛の光沢が失われる：血中カリウムと乳中カリウムが低くなる	マメ科植物の飼料：オート麦の乾草：塩化カリウム：硫酸カリウム
ヨウ素 (I)	甲状腺ホルモンの合成	子牛の甲状腺腫：甲状腺腫誘発物質が欠乏症を引き起こすことがある	ヨウ素添加塩，微量ミネラル添加塩，二ヨード水素酸エチレンジアミン（EDDI：ethylenediamine dihydroiodide）
鉄 (Fe)	ヘモグロビンの一部：多くの酵素の一部	栄養性貧血	飼料：穀物：市販の補助食品
銅 (Cu)	ヘモグロビン生産に必要とされる：いくつかの酵素の一部	重症の下痢：食欲異常：成長が悪い：毛が硬く白髪交じりになる：骨軟症	微量ミネラル添加塩と市販の補助食品
コバルト (Co)	ビタミンB_{12}の一部：第一胃内微生物の成長に必要	食欲減退：貧血：泌乳量の減少：毛がぼさぼさになる	微量ミネラル添加塩と市販の補助食品
マンガン (Mn)	成長：骨の形成：酵素活性剤	発情徴候の遅れや減少：受胎が悪くなる	微量ミネラル添加塩と市販の補助食品
亜鉛 (Zn)	酵素活性剤：創傷治癒	増体量の減少：飼料効率の低下：皮膚障害：創傷治癒が遅くなる	飼料：微量ミネラル添加塩，市販の補助食品，亜鉛メチオニン
セレン (Se)	ある種の酵素とともに機能する：ビタミンEと関連している：免疫システムの維持	子牛の白筋症：胎盤停滞：繁殖成績の低下：潜在性乳房炎の増加	油かす：アルファルファ：小麦：オート麦：トウモロコシ：市販の補助食品
モリブデン (Mo)	酵素キサンチンオキシダーゼの一部	体重の減少：衰弱：下痢	飼料に幅広く含まれている：めったに欠乏症が問題になることはない

出典：University of Minnesota. www.extension.umn.edu/distribution/livestocksystems/components/DI0469t02-05.html#t04.

ての多くの研究は，セレンと併用することによる胎盤停滞の予防という役割に焦点を当ててきた。そして，これらのほとんどの研究において，分娩3週間前に680IUのビタミンEと50mgのセレンを注射した後に，胎盤停滞の発生が減少した。その一方で，乾乳牛の飼料のセレン含有量が0.1～0.2ppm以上の場合には，ビタミンEとセレンの注射の効果はみられない。ビタミンEとセレン補充後に胎盤停滞が減少した要因は，分娩時の牛の免疫状態と抗酸化状態が向上したことによる。

ミネラルとビタミンについて，作用の説明と取り込みのレベルを**表2-4**と**表2-5**にまとめた。

添加剤

添加剤は，第一胃の発酵パターンと代謝作用を改善させるため，消化を高めるため，泌乳量・健康のレベル・効率を上げるため，また生産と環境のレベルを上げるために「飼料に添加される不活性合成物」，あるいは「生きている微生物」と定義される。添加剤は，よい給餌管理をするための補足であって，不十分な栄養プログラムに取って代わるべきものではない。それらは，移行プログラムを調和させ，向上させるのに有効な手段である。

またそれらは，第一胃調整剤，あるいは代謝調整剤に分類することができ，第一胃調整剤の中では，以下の製品を使用することができる。直接与える微生物（DFM：direct-fed microbial），イオノフォア（モネンシン，ラサロシド），緩衝剤（重炭酸ナトリウム，酸化マグネシウム），酵素，有機酸，サポニン（quillayやユッカの抽出物），精油。

代謝調整剤の中では，以下の製品を使用することができる。グルコース前駆物質（プロピオン酸カルシウム，イオノフォア，プロピレン・グリコール，グリセロール），低カルシウム血症予防のための陰イオン塩，有機ミネラル（Se, Zn, Cu, Co, Mn），ビタミン（ナイアシン，ビオチン，保護コリン），メチル・ドナー（メチオニンヒドロキシルの類似物），保護アミノ酸（リジン，メチオニン）。

これらを**表2-2**に示した。

文献

Block, E. (1994). Manipulation of dietary cation-anion difference on nutritionally related production diseases, productivity, and metabolic responses of dairy cows. *Journal of Dairy Science*, 77:1437–1450.

Carrier, J., Stewart, S., Godden, S., Fetrow, J., Rapnicki, P. (2004). Evaluation and use of three cowside tests for detection of subclinical ketosis in early postpartum cows. *Journal of Dairy Science*, 87:3725–3735.

Dann, H.M., Litherland, N.B., Underwood, J.P., et al. (2006). Diets during far-off and close-up dry periods affect periparturient metabolism and lactation in multiparous cows. *Journal of Dairy Science*, 89:3563–3577.

DeVries, T.J., von Keyserlingk, M.A.G. (2005). Time of feed delivery affects the feeding and lying patterns of dairy cows. *Journal of Dairy Science*, 88:625–631.

DeVries, T.J., von Keyserlingk, M.A.G. (2006). Feed stalls affect the social and feeding behavior of lactating dairy cows. *Journal of Dairy Science*, 89:3522–3531.

DeVries, T.J., von Keyserlingk, M.A.G., Weary, D.M., Beauchemin, K.A. (2003). Measuring the feeding behavior of lactating dairy cows in early to peak lactation. *Journal of Dairy Science*, 86:3354–3361.

DeVries, T.J., von Keyserlingk, M.A.G., Beauchemin, K.A. (2005). Frequency of feed delivery affects the behavior of lactating dairy cows. *Journal of Dairy Science*, 88:3553–3562.

Douglas, G.N., Overton, T.R., Bateman, H.G., Dann, H.M., Drackley, J.K. (2006). Prepartal plane of nutrition, regardless of dietary energy source, affects periparturient metabolism and dry matter intake in Holstein cows. *Journal of Dairy Science*, 89:2141–2157.

Drackley, J.K. (1999). Biology of dairy cows during the transition period: the final frontier? *Journal of Dairy Science*, 82:2259–2273.

Drackley, J.K., Overton, T.R., Douglas, G.N. (2001). Adaptations of glucose and long-chain fatty acid metabolism in liver of dairy cows during the peripartuient period. *Journal of Dairy Science*, 84(E. Suppl.): E100–E112.

Dyk, P.B., Emery, R.S., Liesman, J.L., Bucholtz, H.F., VandeHaar, M.J. (1995). Prepartum non-esterified fatty acids in plasma are higher in cows developing periparturient health problems. *Journal of Dairy Science*, 78(Suppl. 1):264.

Goff, J.P. (1999). Treatment of calcium, phosphorus, and magnesium balance disorders. *The Veterinary Clinics of North America. Food Animal Practice*, 15:619–639.

Goff, J.P., Horst, R.L. (1997). Physiological changes at parturition and their relationship to metabolic disorders. *Journal of Dairy Science*, 80:1260–1268.

Goff, J.P., Horst, R.L. (1998). Use of hydrochloric acid as a source of anions for prevention of milk fever. *Journal of Dairy Science*, 81:2874–2880.

Grummer, R.R., Mashek, D.G., Hayirli, A. (2004). Dry matter intake and energy balance in the transition period. *The Veterinary Clinics of North America. Food Animal Practice*, 20:447–470.

Herdt, T.H. (2005). Gastrointestinal physiology and metabolism. Postabsorptive nutrient utilization. In: *Textbook of Veterinary Physiology*, 3rd ed., ed. J. Cunningham, 304–322. Philadelphia: W.B. Saunders.

Kononoff, P.J., Heinrichs, A.J. (2003). The effect of corn silage particle size and cottonseed hulls on cows in early lactation. *Journal of Dairy Science*, 86:2438–2451.

Kononoff, P.J., Heinrichs, A.J., Buckmaster, D.R. (2003). Modification of the Penn state forage and total mixed ration particle separator and the effects of moisture content on its measurements. *Journal of Dairy Science*, 86:1858–1863.

Meléndez, P., Donovan, A., Risco, C.A., Hall, B.A., Littell, R., Goff, J. (2002). Metabolic responses of Transition cows fed anionic salts and supplemented at calving with calcium and energy. *Journal of Dairy Science*, 85:1085–1092.

Melendez, P., Goff, J.P., Risco, C.A., Archbald, L.F., Littell, R., Donovan, G.A. (2007). Pre-partum monensin supplementation improves body reserves at calving and milk yield in Holstein cows dried-off with low body condition score. *Research in Veterinary Science*, 82:349–357.

Melendez, P., Marin, M.P., Robles, J., Rios, C., Duchens, M., Archbald, L. (2009). Relationship between serum non esterified fatty acids (NEFA) at calving and the incidence of periparturient diseases in Holstein dairy cows. *Theriogenology*, 72:826–833.

National Research Council (NRC). (2001). *Nutrient Requirements of Dairy Cattle*, 7th ed. Washington, D.C.: National Academy Press.

Urton, G., von Keyserlingk, M.A.G., Weary, D.M. (2005). Feeding behavior identifies dairy cows at risk for metritis. *Journal of Dairy Science*, 88:2843–2849.

Vagnoni, D.B., Oetzel, G.R. (1998). Effects of dietary cation-anion difference on the acid-base status of dry cows. *Journal of Dairy Science*, 81:1643–1652.

Yang, W.Z., Beauchemin, K.A. (2006). Physically effective fiber: method of determination and effects on chewing, ruminal acidosis, and digestion by dairy cows. *Journal of Dairy Science*, 89:2618–2633.

Zahra, L.C., Duffield, T.F., Leslie, K.E., Overton, T.R., Putnam, D., LeBlanc, S.J. (2006). Effects of rumen-protected choline and monensin on milk production and metabolism of periparturient dairy cows. *Journal of Dairy Science*, 89:4808–4818.

第3章

分娩管理：チームアプローチ

Maarten Drost

要約

商業的酪農場では，初産牛のほぼ50％，経産牛の30％が分娩介助を必要とする．分娩進行過程の遅延を発見するために頻繁に監視することが最も重要である．早期介入によって子牛の死亡を防ぎ，その後の母牛の受胎能力を守ることができる．獣医師は，農場職員を訓練し，彼らに正しい分娩介助法の実施計画書とガイドラインを提供するべきである．

本章では，生産者に正しい子牛分娩テクニックを使うよう促すことを目的として，応急の分娩介助を重視したハードヘルス（群健康管理，herd health）実施計画書を獣医師が作成できるようなガイドラインを提供する．

序文

分娩管理は，伝統的に消極的な態度で行われてきた．大規模な酪農場では，担当獣医師がすべての産科的問題を直接監視することはできない．1週間のうち7日間，1日24時間の分娩ペンの監視と世話は，産科に関する知識や能力が従業員に任されている．また，分娩問題は想定された時間や都合のよい時間，すなわち人手が十分ある時にはめったに起こらない．困ったことに，対応を急ぎすぎてもゆっくりすぎても，子牛か母牛のどちらか，あるいは両方が被害を受けることになる．早期介入によって子牛の死亡を防ぐだけでなく，その後の母牛の受胎能力を守ることができるので，最大限の備えが重要となる．

コロラド州にある3つの酪農場で，7,780頭の子牛が生まれた7,350の分娩を調査した研究によると，初産牛の51.2％，経産牛の29.4％が介助を必要とし，死産の子牛の割合は全体の8.2％であったことが報告されている（Lombardら，2007）．さらに，雌子牛よりも雄子牛，単子よりも双子，自然分娩で生まれた子牛よりも難産で生まれた子牛の方が，いずれも乳用子牛の健康と生存に対するリスクが高かったことも示された．

大規模酪農場における解決策は，分娩管理プログラムを開発することである．農場で働く職員は，何を探すべきか，必要な介助のレベルをどのように見極めるかを知っておくべきである．チームに訓練を受けさせ，実施計画書と，産科器具を備えた規定の設備を与えることが重要である．

本章の目的は，チームのコーチとしての獣医師に，早期の産科処置への介入のための基礎知識，方法，ガイドラインの概要と，難産の正確な診断と解決策を求めて彼らが呼ばれた時のための指示を与えることである．本章には，さまざまな手技，器具，解剖学的関係の写真を載せてあるが，このような写真を牛の繁殖手引書（Bovine Reproduction Guide. Drost, 2000, http：//drostproject.org）でもみることができる．

分娩設備

理想的には，牛は，留り水がなく日陰のある清潔な放牧地の牧草の上で分娩するのが望ましい．放牧地は，定期的な監視が十分にでき，経産牛や未経産牛を詳細に検査し介助するための分娩用スタンチョンに連れていきやすい場所になければならない．この作業場には，天候に左右されない場所を選び，水道水と必要な器具などをしまっておく戸棚を備えておく．敷き藁の十分敷いてある個体用ペンのある分娩用牛舎なら，分娩用牧草地のよい代替品になるが，使用の度にペンを徹底的に清掃しなければならない．牛の後方から開閉できる，蝶番で連結された側板を持つヘッドゲート

が理想的だ。また，牛が横たわることができ，さらに介助する人が牛の後方で作業できるくらいのスペースが必要である。

分娩の徴候

　分娩が近付いているという最も早い徴候の1つは，乳房の発達が進行することである。妊娠4カ月目の1カ月間に，未経産牛の乳房の早期肥大が起こる。経産牛では，乳房の肥大は分娩の2～3週間前まではっきり分からないかもしれない。分娩開始の直前に，乳房からの分泌物がベタベタした血清のようなものから，ドロッとした黄色がかった不透明な分泌物である初乳に変わる。分娩できる状態にある未経産牛に乳房の浮腫がみられるのはふつうである。浮腫は，臍を取り巻く乳房前部と後方の乳房付着部における組織液の貯留によるものである。最後に，乳頭が膨らみしわがなくなり，陰唇も大きく柔らかくなりしわがなくなる。

　同時に，骨盤のいろいろな骨をつなぐ靭帯が緩みはじめ，牛の足取りがいくぶん不安定になる。骨盤靭帯が緩むにつれて，尾根がかすかに持ち上がったようにみえる。靭帯が緩みはじめるのと，子宮頸の軟化と拡張が起こりはじめるのは同時である。骨盤靭帯後縁が完全に緩む，いわゆる帯環（バンド：bands）が起こると，12時間以内に分娩する。

　不快や落ち着きのなさといった徴候は，子宮頸が手指の挿入を許容するほど十分に広がるまでみられない。この時，わずかだが明らかに背中がアーチ状に曲がるが，明確な努責（腹部の圧迫）は，第一胎胞（尿膜絨毛膜）が陰門に近付くまではじまらない。無傷の膜内に含まれる胎水による静水圧が，頸管の完全な拡張を手助けする。膣の伸張が腹筋の反射的な収縮を引き起こし，この収縮の1つが起こっている間に第一胎胞が破裂（第一破水）する。この膜の破裂の後に，努責が一時的に弱まるか停止し，第二胎胞（羊膜）が陰門に近づくと再び努責がはじまる。この胎胞内に入っているドロッとしたつかみにくい粘液性の体液は，膜が破裂すると，分娩の際，潤滑剤の役割を果たす。第一胎胞の破裂と第二胎胞の破裂（第二破水）の間の平均時間は約1時間である。

　羊膜嚢が破裂（第二破水）すると，短い休憩の後，規則的で間欠的な努責がはじまる。陣痛が進むにつれて，腹部収縮の頻度と持続時間が徐々に増し，分娩前の最後の数分間は努責がほぼ継続的になる時もある。この段階の陣痛では，肢の存在も反射的な努責の一因となる。子牛が出てくる時に最も時間がかかるのが，子牛の頭が母牛の陰門に到達した時である。この段階では，一連の収縮ごとに外面的な進展はほとんど起こらず，子牛は一連の陣痛の間に頻繁に母牛の膣の中に逆戻りする。この特徴は，初産牛に最も顕著に現われ，初産牛の陰門が広がるのにはさらに時間がかかる。子牛の頭が母牛の陰門を通り抜けたら，子牛のその他の体の部分はすぐに出てくる。

　暑くて湿度の高い季節の間は，母牛はすぐに疲れ果ててしばしばあきらめてしまう。このような初産牛や経産牛は，産道が完全に広がっている間に早期に介助することが必要である。

分娩問題

　難産の原因として最も多くみられるものは，胎子と母体間の不均衡である。子牛が大きすぎるか母牛の骨盤が小さすぎるか，あるいはその両方の場合がある。その他の胎子側の原因は，胎勢の異常（頭部や一肢の後方遺残），双子，また時には胎子奇形がある。母体側の原因には，尿膜水腫，羊膜水腫，子宮捻転，恥骨前腱の断裂がある。

分娩介助

　分娩時の介助に必要な最小限の器具は，すぐに使える清潔な水，バケツ2つ，石鹸，潤滑剤，取っ手のついた産科チェーン2つ，オキシトシン，7％ヨードチンキである。胎膜が現われてから2時間経っても目にみえる進展がない時は，分娩が遅れている原因と，必要な介助の種類を探るために牛を診察するべきである。初産牛は経産牛よりも拡張が遅いのでより長く様子をみる必要がある。しかし，進展の徴候はみられるはずである。第一破水とともにはじまる本来の陣痛がはじまってから，子牛は子宮の中で8～10時間生きていることがよくある。

　分娩における黄金律は，「清潔さ」と「潤滑」である。牛の内診を行う前に，牛の尻尾を首に結び，肛門，外陰部，内股部を石鹸と水で徹底的に洗う。次に，介助する人の手と腕を石鹸と水で洗い，潤滑剤を塗る。石鹸や合成洗剤は脂肪を除く働きがあり，産道の壁から自然の潤滑剤を取り除くので，潤滑剤として用いてはいけない。鉱油やワセリンは，クリスコ油（Procter and Gamble社の食用油脂の商標）のように，とてもよく長持ちする潤滑剤である。産道に繰り返し手を入れ

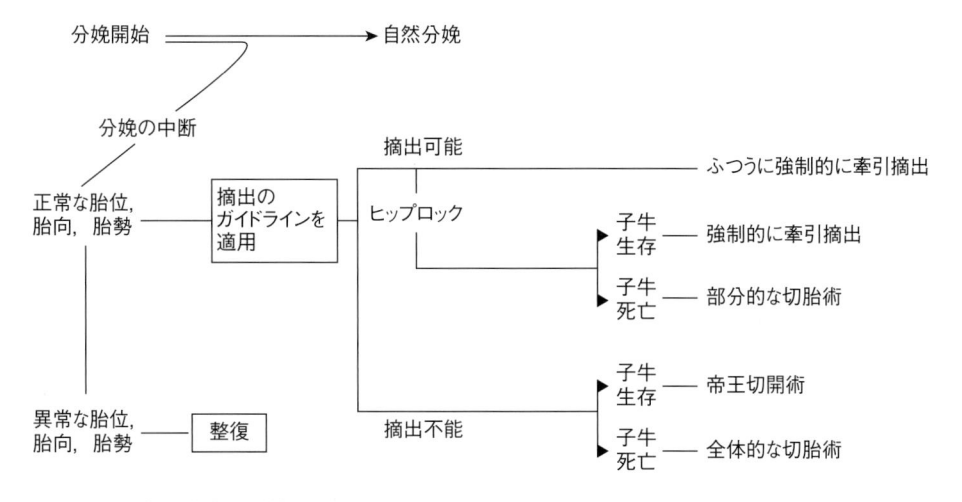

図3-1 分娩介助決定の手順

る間は，これらの潤滑剤を手や腕に頻繁に塗り直す。

　頸管が完全に広がるにはふつうの経産牛で2〜6時間，ふつうの初産牛で4〜10時間かかる。子牛が実際に出てくるまでに，経産牛で1〜4時間，初産牛で2〜6時間かかる。胎盤（後産）はふつう1〜8時間で出てくる。12時間以内に胎盤が出てこなければ，停滞しているとみなす。

診察

　図3-1に示したような，どのように子牛を摘出するかを決定するための計画（Schuijt and Ball, 1980）に従うことが重要である。最初のステップは，石鹸と水で牛と診断を行う人の手と腕を徹底的に洗うことである。次のステップは，たっぷりと潤滑剤を塗ることである。内診の目的は，子牛の頭が先になっているか（頭位），尻尾が先になっているか（尾位），また，頭と首と両方の肢が存在して完全に伸びているかを確かめることである。同時に，子牛が生きているかどうかも確かめる。

　子牛の頭に手が届くならば，口に数本指を入れて嚥下反射や咽頭反射を促すことができる。子牛の肢が産道にきつく引っ掛かっていて正しい反応を示せない場合を除けば，子牛の片方の肢の趾蹄を押し開くと子牛は肢を引っ込める。また，子牛の眼球を押すと，生きている子牛はまばたきをする。子牛が尾位の場合も，同じ制約のもとで趾蹄の反射を確かめることができる。さらに，子牛の腹部に沿ってみつけた臍帯から脈拍を感じられることもよくある。最後に，子牛の肛門に指を入れると，生きている子牛にはパッカリング（穴をすぼめる）反射が起こるだろう。

　子牛の頭頸部が子牛の体側に沿って後ろに向いている場合は，子牛を摘出する前にこの異常胎勢をまず整復しなければならない。この異常胎勢は，虚弱，死亡，過大胎子に最もよくみられる。通常，整復するには，術者が残留部位の操作と整復ができるような空間を得るために，胎子の体全体を母体腹部に押し戻す。この時点で獣医師による手助けが必要かどうかは，術者の経験と残留の程度による。すぐに子牛を牽引するというようなきわめて急を要する状態ではない。実際，胎子の押し戻しによって，母体の最初の適切な準備の時間が節約され，子牛にかかるストレスが軽減される。最終的に，胎子を摘出する十分な空間があるかどうかの判断をしなければならない。

経膣分娩に十分な空間があるか見極めるためのガイドライン

　以下に示すのは，オランダのユトレヒト大学（Utrecht University）産科クリニックが，子牛の経膣分娩が可能かどうか見極めるために開発したガイドラインである（Schuijt and Ball, 1980）。

　「頭位（頭が先）」を**口絵P.10**，**図3-2**に示した。頭全体が膝に乗っており，両方の肢が産道に入っている。チェーンをそれぞれの肢の副蹄の真下に巻き付け，大きな輪を先端につくると，背面を離れて牽引される。もし，子牛の最初の肢を母牛の陰門から15cm外に出るまで牽引できれば，十分に子牛を引っ張れる

可能性があるだろう。最初の肢はそのままの位置で保ち，次に他の1人がもう一方の肢を同じく母牛の陰門から15cm外に出るまで牽引できれば，子牛を牽引する十分な空間があることになる（口絵P.10，図3-3）。この距離で，子牛の両方の肩は母牛の骨盤骨の入口を通過しているだろう。子牛の直径は肩の部分が最も大きい。

「尾位（逆子）」を口絵P.10，図3-4に示した。5％の確率で子牛は逆子で生まれる（Roberts, 1986）。このことで2つの問題が生じる。先が鈍角の後駆は，円錐形の頭頸部に比べて産道を広げるのに効果的でないことと，頭部がまだ母体の中にあるのに，臍帯が骨盤入口で圧迫されることである。この場合も，チェーンをそれぞれの肢の副蹄の真下に巻き付け，大きな輪を肢の前面につくると，背面を離れて牽引される。もし母牛が横になっていたら，2人の人間が，回転している子牛の両側の飛節を持ち，母牛の陰唇部に飛節が現われるまで引っ張ることができ，無傷の子牛を経腟で摘出できる。

胎子牽引のために母牛に行う準備

母牛がまだ立っている間に，再び母牛を石鹸と水で洗い，産道の軟組織の拡張を確認する。指を折り曲げ潤滑材を十分につけた両腕を母牛の陰門から腟に，口絵P.10，図3-5のようにくさび形にして入れる。次に肘を外側に押し広げて組織を伸ばす。初産牛の中には陰門と陰門腟括約筋を完全に広げるのに20分くらいかかる牛がいる。この準備によって，陰門部の裂傷を最小限におさえるばかりでなく，いったん胎子の牽引が始まれば，分娩の速度を速めることができる。

次に口絵P.11，図3-6のように母牛を倒す。牛の頭部を低い位置で柱につなぎ，長いロープで頸部の周囲を固く結び，その一端を体躯の回りに2回引っ掛け結びをする。最初の引っ掛け結びは前肢のすぐ後ろにきつく結び，2つ目の引っ掛け結びは後肢のすぐ前で乳房の前に結ぶ。ロープの遊離端を牛の後ろで真っ直ぐに引っ張ると，牛は倒れるので，転がして右側を下にして横臥させる。

牛を倒すことの利点は，肢を前に持っていくことで牛の骨盤を好ましい角度にすることができること，牽引者が地面に座りより強い力を出せること，子牛が重力に逆らって母体の腹腔から出てこなくてよいこと，子牛を牽引している最中に母牛が扱いにくい場所で突然倒れることがないことである。

子牛の回転

骨性骨盤の入口（骨盤入口）の断面は，小端が下になった卵の断面のような形をしている（口絵P.11，図3-7）。これは，開口の高さがその幅よりも大きく，下に近い方よりも上に近い方の幅がより広いことを意味する。口絵P.11，図3-8に示したように，断面において，子牛の骨盤は股関節部（寛骨結節の下に位置している）で，高さよりも幅の方が広い。したがって子牛を回転させることで，子牛の最も幅の広い部分（殿部）が，母体の骨盤入口の最も直径の大きい場所を通れるようになる。

しかし，口絵P.11，図3-9と口絵P.12，図3-10に示したように，子牛の殿部が母体の骨盤入口に接する前に，子牛を回転させなければならない。術者は，母牛の後肢と乳房の隣にひざまずく。

頭位の子牛は，頭が母体の陰門の外に出てきたらすぐに回転をはじめる。口絵P.12，図3-11に示したように，術者は，子牛にできるだけ近付き，自分の片方の腕を子牛の肢の間を通して首の上に持っていく。もう片方の腕を完全に子牛の下に入れ，両手の指を子牛の首の底部辺りでからませる。それから，術者は子牛の頭を自分の膝に向かって引っ張りながら回転させる。

子牛が尾位の場合は，術者が子牛の肢をつかめたらすぐに，すなわち，胎子の殿部が母体の骨盤入口に入る前に回転をはじめる。この場合も，母牛を右側臥に倒しておく。臍帯が挟まれたら子牛への酸素供給が止まってしまうので，最後の牽引をはじめる前にすべての準備をしておかなければならない。子牛の身体半分が母体の外に出ている時に産科チェーンの取っ手を動かさなくて済むように，取っ手は子牛のそばに付けておく。子牛の殿部が母体の骨盤入口を通過したら，子牛の背が母体の背と同じ方向になるように回転して戻す。そして，子牛を母牛の後肢と平行になるような方向に牽引する。

すべての牽引は，術者の指示に応じて，母牛が努責している間にだけ間欠的に行う。こうすることで，母牛，子牛，助手が，次に力一杯引っ張る前に短時間の休憩をとれる。ただこの方法の1つの例外は，尾位で出てくる子牛の殿部が母牛の陰門をちょうど通り過ぎた時である。子牛はこの時，頭がまだ子宮の中にあるが，臍帯を通じた酸素供給が断たれたので息ができなくなっている。このような状態になったら，子牛が出てくるまで継続的に牽引し続ける。

分娩直後の子牛のケア

　胎盤機能が不確かな中で産道を通過するのが遅れると、子牛への酸素供給が危うくなる。母牛の陰唇部を胎子の鼻が通過すれば子牛は呼吸できるが、産道が狭いため胸を広げることが制限されてしまう。強制的に子牛を牽引し続けた場合、この状況はさらに悪くなる。母牛の陰唇部を子牛の頭が通過したらすぐに、牽引を中断し、鼻孔についた粘液を取り除き、頭に冷水をかける。

　今一度述べるが、子牛が完全に出てきたら、まずは呼吸をさせることに集中しなくてはならない。親指を子牛の鼻筋に沿わせ、他の指をあごの下に平らに添え、目の高さの位置から鼻口部に向かって滑らかに動かすことで外圧をかけて、子牛の鼻と口から粘液と胎水を絞り出す。口絵P.12、図3-12のように、子牛の胸を地面に付けて腹ばいの姿勢にさせる。「肺をきれいにする」ために、口絵P.12、図3-13に示したように子牛を後肢でぶら下げる一般的な方法は疑問視すべきである。ぶら下がった子牛の口から流れ出る液体の多くは胃から出ており、横隔膜にかかる腸の重さにより、肺を広げることが困難になる。気道をきれいにするための最も効果的な方法は吸引である。

　呼吸はさまざまな要因によって促されるが、私たちがすぐに対応できるのは、肺の換気、冷却、いくつかの薬のみだ。呼吸のために最もよい刺激となるものは、肺の換気である。冷却は重要な呼吸刺激であり、これはただ子牛の頭の上に冷水をかけることで行うことができる。冷水は、あえぎ反射を生じさせることで肺が広がるのを助ける。勢いよく皮膚を擦ることや、麦わら1本で鼻孔の中をくすぐることでも好ましい効果が得られる。横隔神経は、胸の心臓の鼓動を感じる部分より少し尾側上部を鋭くたたくことで刺激することができる。

人工呼吸

　子牛を横に寝かせ、口と鼻孔の粘液を取り除く。空気がたくさん通るように、助手が子牛の口を開けさせたまま舌を伸ばしておく。術者は、子牛の胸部の後ろにひざまずき片方の手で子牛の上になっている前肢の上部をつかみ、もう片方の手の指を最後の肋骨の下に引っ掛ける。次に、子牛がほとんど地面から離れるくらいまで前肢と胸郭の端を持ち上げて胸壁を引き上げる。これにより、胸部が広がり、小休止の間に、肺は広がる機会を与えられる。肺は今まで膨らんだことがなく、まだ「濡れている」ので、広がり方はゆっくりである。次に、胸壁を平手でしっかりと圧迫する。この動作をだいたい5秒ごとにくりかえし、呼吸に向けて最大限の努力をする。

　ふつう、呼気音は蘇生の動作を数回行うまでは聞こえないだろう。最初は、肺が広がりはじめるのにつれてほんの少し空気が吸引される。冷水や薬のような、呼吸を促す他の方法も施しながら、上に述べた処置を15分くらい続ける。自発呼吸が数分後に起こったら、すぐに支援を行い、そしてその後、人工呼吸のリズムを再び始める。

　このように迅速に介入することの大きな利点は、肺にすぐに酸素を供給できることである。さらに、心臓がマッサージされ、心臓の大きな血管にポンプ作用が働き循環が促されることも利点である。

　自発呼吸の頻度と深さが十分なレベルになった後で、子牛を乾かすために勢いよく擦る。それから、子牛を胸骨位にして前足を伸ばし広げ、後肢は体に沿って伸ばし、犬がお座りをしたような姿勢にする。これにより胸部が楽に広がる。両脇の下に少量の麦わらを置いて、弱い子牛が倒れないようにしてもよい。

　子牛の呼吸が落ち着いてきたら、臍帯断端を7％ヨードチンキを入れた清潔なカップに浸して消毒し、乾かす。

分娩後の母牛のケア

　子牛が呼吸しはじめたら母牛を診察し、もう1頭子牛が入っていないかや、頸部、膣壁、陰門部の裂け目のような産道の外傷がないかどうかを確かめる。

初乳

　初乳を早期に飲むことは新生子牛にとって絶対的に不可欠なことである。初乳免疫グロブリン（Igs）の移動に関連した保護作用については、現場においても実験でも繰り返し実証されている。初乳の組成は常乳の組成へと、泌乳最初の3日間で急速に変わっていく。

　そのため、子牛には、分娩後最初の2時間に2Lの初乳を、12時間以内に少なくとも体重の8％の初乳を飲ませるべきである。子牛が乳を飲むのを嫌がっていたら、食道カテーテルか胃管で初乳を与える。わずかに血の混ざった初乳は、他に異常がなければ、子牛に安全に与えることができる。急性乳房炎に罹った

牛からの初乳のような，著しく異常な初乳は廃棄しなければならない。

　十分な量の初乳を与えれば必ず下痢を防げるというわけではないが，その後の敗血症を防ぐことや死亡率を下げることに役立つ。免疫グロブリン（Igs）は出生後，短時間の間だけ腸から吸収され，吸収効率は時間とともに直線的に低下する。

さらに，吸収「停止」は Igs の種類ごとに異なる。IgG は 27 時間，IgA は 22 時間吸収できるが，IgM は 16 時間しか吸収できない。したがって，生後 10 〜 12 時間で初めて乳を飲んだ子牛は，高レベルの IgG と IgA を得ることはできるが，IgM はほとんど得ることができない。その結果として，このような子牛は大腸菌症に非常に罹りやすくなる。

文献

Drost, M. (2000). The Drost Project. http://drostproject.org. *Bovine Reproduction Guide*, Subject: obstetrics.

Lombard, J.E., Garry, F.B., Tomlinson, F.M., Garber, L.P. (2007). Impacts of dystocia on health and survival of dairy calves. *Journal of Dairy Science*, 90:1751–1760.

Roberts, S.J., ed. (1986). *Veterinary Obstetrics and Genital Diseases Theriogenology*. Woodstock, VT: Author.

Schuijt, G., Ball, L. (1980). Delivery by forced extraction and other aspects of bovine obstetrics. *Current Therapy in Theriogenology*, 1st ed., ed. D.A. Morrow, 251. Philadelphia: W.B. Saunders.

第4章

乳牛の健康モニタリングと病牛の発見

Carlos A. Risco and Mauricio Benzaquen

要約

移行期乳牛の管理における主要な目標は，分娩後初期（分娩後3週間）の乳牛を健康に保つことである。分娩後の健康モニタリングには，訓練された従業員が，病気の乳牛を特定し治療を施すための健康パラメーターを使って，分娩後初期の乳牛を調べることが含まれる。

獣医師は，従業員が病気の初期段階の乳牛を効率よい方法で特定し，日々の治療をするためのトレーニングプログラムを実施することで，酪農業者に対してさらに貢献できる。

序文

乳牛のハードヘルス（群健康管理，herd health）における重要な概念は，病牛の早期診断と早期治療である。これは，施す治療の種類よりも重要でさえあり得る。病牛の治療が遅れることは，乳牛が完治する可能性を減らしてしまうだけでなく，病気が分娩後初期に起こった場合は特に，乳生産の損失となり，繁殖成績の低下につながることがある。

移行期乳牛の管理手法についてはかなりの進歩を遂げてきたが，いまだ多くの酪農場において，発病早期の乳牛をみつけ損ね，治療の遅れにつながってしまうことがある。

さらに，健康モニタリング戦略や，どのような健康パラメーターを使用するかについてや，それらをどのように実施するかに関しては，さまざまな意見がある。

本章では，分娩後の健康モニタリングに使用することができるパラメーターについてと，病牛をみつけるためにそれらをどのように使用すればよいかについて述べる。

分娩後の健康モニタリング

乳牛の分娩後の健康モニタリングにおける前提は，標準状態とみなされる状態から起きた変化を確認することである。これらのプログラムは，農場において病牛をいち早く特定し，支持療法を施し，アニマルウェルフェアを向上させるために実施される。さらに，これらのプログラムは，病気を予防するためにも実施される。子宮炎と診断され治療を受けた乳牛は，ケトーシスや第四胃変位の発生を防ぐことができる。分娩後の健康モニタリングとしては，分娩後初期（分娩後7～14日）に，病牛を特定するための健康パラメーターの評価が行われる。具体的には，訓練された農場職員が乳牛を評価することと，その後，病気（子宮炎，ケトーシス，第四胃変位，乳房炎）の診断を下し，治療を施すための身体検査を行うことが含まれる（Upham, 1996）。食用動物の獣医師はこれらのプログラムにおいて主要な役割を担っており，もはや病気の乳牛の特定と治療することよりも，これらのプログラムを発展・実施し，プログラムの応用を監督する方が重要になっている。

使用できる健康パラメーターには，直腸温，病牛の様相，乳量，子宮排出物，血中・乳中・尿中のケトン体の存在が含まれる。分娩後の健康モニタリングにおいて，多くの酪農場でよくみられる問題は，これらのパラメーターのうちの1つか2つに注目しすぎることである。乳牛が病気で治療を必要とするかどうかの決断を下す際には，これらのパラメーターの組み合わせを考えなければならない。このことを健康管理に携わる農場職員に教えることが重要である。

直腸温

分娩後の直腸温を評価する根拠は，直腸温の上昇が

異常な健康状態を示すからである。さらに具体的に言うと、分娩後の乳牛の直腸温の上昇は、たいてい子宮炎、乳房炎、あるいは肺炎を示す。直腸温のモニタリングは、個々の乳牛から広範囲の価値をもたらす。乳牛の正常な直腸温の範囲は38.6～39.4℃で、直腸温が39.4℃以上で熱があると診断される（Smith and Risco, 2005）。直腸温のばらつきは、健康状態、年齢、季節、時刻などの要因による。

牛の体温は個体によって異なるが、健康な乳牛の体温の範囲は狭い。Kristulaら（2001）は、分娩時や分娩後初期に臨床的問題が何もなかった乳牛は、分娩後10日間は、直腸温が毎日38.8℃以下であったと報告した。しかし、子宮炎の乳牛（悪臭を放つ膣排出物があり、元気がない）は、正常範囲内の直腸温を示し、必ずしも発熱を生じない。Benzaquenら（2007）は、分娩後の健康モニタリングのために毎日、直腸温と様相を評価して、分娩後1週間に子宮炎と診断された乳牛の半数以上が、熱がなく直腸温が39.4℃以下であったことを発見した。

異常分娩であった乳牛は、正常分娩であった乳牛に比べて、有意に多くの日数の間、直腸温が39.5℃以上あり、これは子宮炎に関連していた（Kristulaら、2001）。さらにBenzaquenら（2007）は、正常分娩の乳牛と比較して異常分娩の乳牛は、子宮炎の発生率が高いと報告した。これらの研究から、異常分娩（難産、胎盤停滞、あるいは双子）の乳牛は、分娩後初期に注意深く観察するべきであると結論づけることができる。

子宮炎に伴う直腸温の上昇がみられた乳牛に対する抗生物質の使用成功例が、いくつかの研究によって示されている。Kristulaら（2001）は、抗生物質を用いた初期治療の24時間後に、乳牛の直腸温が有意に（0.5℃）下がったと報告した。Smithら（1998）もまた、中毒性産褥性子宮炎と診断され抗生物質で治療された乳牛の直腸温が、翌日、有意に下がったという同様の発見を示した。これらの研究から、分娩後初期に子宮炎による発熱と診断された乳牛は、抗生物質による治療が効果的だと結論付けることができる。

健康モニタリングプログラムを使用する際の課題は、いつ乳牛を治療するか判断することである。先に引用した研究（Kristulaら、2001）によると、異常な乳牛は分娩後3～6日まで最高平均直腸温を示し、治療されたすべての乳牛の66％が分娩後2～5日の間にあったことを見出した。Benzaquenら（2007）の研究からも同様の結果が得られた。これらの結果から、大多数の乳牛は子宮感染症に関連した発熱を、分娩後1週間以内に起こすということが示唆される。それゆえに、直腸温を用いたモニタリングプログラムを少なくとも分娩後7日間は導入するべきである。

病牛の様相

農場管理者がやらなければならないことは、獣医師とともに、病牛を探すことに関心があり、その能力がある従業員を認識することである。従業員には、乳牛の眼、耳、子宮排出物、それから全体的な外見に目を向けることを教えなければならない。眼窩内の眼の位置と様相を観察して数値（スコア）化することで、脱水や痛みの度合いを知ることができる。1（最小）、2（軽度）、3（中程度）、4（重度）のようなスコアリングシステムを用いることができる（Smith and Risco, 2005）。スコア1の乳牛の眼は、たいてい眼窩内の正常な位置にあり、輝いている。スコア2の乳牛の眼は、眼窩内の軽度に（1～2mm）くぼんだ位置にあり、うつろである。スコア3の乳牛の眼は、眼窩内の中等度に（2～4mm）くぼんだ位置にあり、どんよりしていて、スコア4の乳牛の眼は、眼窩内の重度に（＞5mm）くぼんだ位置にあり、乾いている。

耳の位置もまた、乳牛の様相のよい指標になる。病牛の耳は、元気消失、疼痛、発熱、脱水が原因で垂れ下がっている。一方、健康な乳牛は、元気がよく機敏で、自分の環境に興味を示す。また、近寄られると、よく自分の鼻や舌で接触しようとする。

給餌後に、スタンチョンに固定した乳牛の様相を観察すると、その食欲を評価することができる。病気の乳牛は餌を食べず、逆に健康な乳牛は進んで餌を食べるだろう。乳牛の食欲は次のようなスコアリングシステムで表せる。

---

①固定された状態で、よく食べる
②固定された状態で、元気がなく、食べていない
③摂餌しやすいように固定されていない状態で、元気がない、または病気になっている
　　　　　　　　　　　　（Smith and Risco, 2005）

---

②か③のカテゴリーに入る乳牛は、注意深く観察するか検査しなければならない。

乳量と歩行活動

多くの農場では、コンピュータ化された搾乳システ

ムによって，乳量が1日中モニタリングされている．乳量は乳牛の健康と関連している．先に述べたように，病牛は餌を食べないため，乳量が低下する．産後期が正常であった乳牛は，乳量が安定的に日に日に増加する．病牛を特定するための偏差値の決定は，農場ごとに異なっており，管理者の中には，既定値と同じかどうか，また値から外れていないかどうかといった形で，すべての乳牛のリストをつくっている人もいる．ほとんどの酪農場では，直前値から5kgの乳量減少がよく用いられる．訓練された従業員であれば，疾病を特定し，完全な身体検査をするために，この偏差値リストを用いるだろう．

技術の進歩によって，酪農場において歩行活動と乳量をモニタリングすることが可能になった．Edwardら（2004）は，毎日の歩行活動と乳量を，泌乳初期における代謝異常と消化器疾患の予測因子として用いることができるかどうかを評価した．歩行活動と乳量をコンピューター化された酪農管理システム「Special Agricultural Equipment Afikim® (Kibbutz Afikim®, Israel)」から記録した．代謝異常は，ケトーシス，胎盤停滞，乳熱であった．消化器疾患には，第四胃左方変位，消化不良，飼料摂取量の低下，外傷性胃炎，アシドーシス，鼓脹症が含まれていた．歩行活動は病牛で一般に低下しており，病牛の1日乳量は健康牛よりも約15kg少なかった．また乳量の減少は，異常の診断よりも5～7日早く始まった．この研究結果から，歩行活動や1日乳量の変化は，病気の進行の初期に移行期乳牛の病気をみつけるための有効な手段となることが示唆される．

子宮排出物

子宮炎は産後期に多い病気で，健康モニタリングプログラムを用いてよく確認される．子宮炎の牛は病的にみえ，発熱（39.4℃以上；Sheldonら，2009）を伴った悪臭を放つ排出物を示す．しかし，先に述べたように，毎日の直腸温を評価した研究で，熱がある子宮炎の乳牛と熱がない子宮炎の乳牛が認められたことから，この病気は必ずしも熱を伴うわけではないことが分かった（Benzaquenら，2007）．この所見は，子宮炎の診断的，治療的考察は，直腸温だけでなく，膣排出物と乳牛の様相を含めて行わなければならないということを示している．赤褐色で悪臭のない粘液を含む排出物は，正常（悪露）だとみなすべきである．粘液状で悪臭のない排出物が，たいてい回復期の状態を示すのとは反対に，水様で嫌なにおいのする排出物は，たいてい重症で治療を要する子宮炎を示す．

子宮排出物を評価するためによく用いられる方法は，子宮の触診と，悪臭を放ち茶色がかった排出物を調べるための外陰部の視診である．しかし，この診断方法は，乳牛から外へ排出物を出させ，それを評価することに関しては，一貫性のないことがよくある．そのため，膣深部の排出物を可視化するために膣鏡検査が用いられる．

もう1つの方法としては，清潔な手袋をはめた手を膣に入れて頸部にまで伸ばし，膣内容物を集め，膣から手を取り出し，排出物の内容を明らかにすることというものである．さらに，半球体のゴムのついたステンレス製の棒の器具（MetricheckTM, Simcro, New Zealand）を，無菌的に膣深部に挿入し，膣排出物を捉えて検査する方法もある．

乳中や尿中のケトン体

泌乳牛において，血中，尿中，乳中のケトン体は，潜在性ケトーシスの診断に用いることができる．分娩後の乳牛における潜在性ケトーシスの評価は，病牛を診断するためにもっと頻繁に使われるべき重要な健康パラメーターである．潜在性ケトーシスによる損失は，乳牛1頭当たり78ドルであると推定される（Geishauserら，2001）．ケトーシスは，乳牛が子宮炎（Markusfeld, 1984, 1987；Reistら，2003），第四胃変位（Geishauserら，1997），乳房炎（Syvajarviら，1986）を発症するリスクの増加に関連している．乳量へもマイナスの影響を生じ，乳中のケトン陽性牛は，1日につき1.0～1.4kg乳量が少なかったという報告がある（Geishauserら，1997）．産後期すぐに，潜在性ケトーシスに罹った牛を識別し治療することで，ケトーシスのマイナスの副作用を減らすことができる．

血中のβヒドロキシ酪酸（BHBA）が1,400μmol/L以上かどうかで，潜在性ケトーシスに罹っている乳牛と罹っていない乳牛を識別できることが証明されている．いくつかのカウサイドで診断できるテストキット（ディップスティック，粉末，錠剤）が市販されている．これらのテストでは，色の変化の度合いに基づいて，尿中のアセト酢酸塩と，より少ない程度のアセトン（Ketostix® strip, Bayer, Leverkusen, Germany），あるいは，乳中のBHBA（例えば，Ketolac®, Biolab, München, Germany）が測定できる．

Carrierら（2004）は研究で，潜在性ケトーシスの検

表4-1 BHBA血清濃度1,400μmol/L以上として定義された潜在性ケトーシスの検出のための3つのカウサイド診断テストの成績

テスト[1]	検査対象	閾値(1,400μmol/L)	テスト(n)[2]	Se (%) (Cl₉₅)	Sp (%) (Cl₉₅)	+PV (Cl₉₅)	−PV (Cl₉₅)
Precision Xtra	血液	1400	196	100 (69−100)	100 (94−100)	100 (69−100)	100 (98−100)
Ketolac	乳	100	194	90 (56−100)	94 (90−97)	45 (23−68)	99 (97−100)
Ketostix	尿	4000	186	67 (30−93)	100 (98−100)	100 (54−100)	98 (95−100)

[1] Abbot Diabetes Care 社（Abingdon, UK）のPrecision Xtra；Biolab 社（München, Germany）のKetolac；Bayer 社（Leverkusen, Germany）のKetostix
[2] 各カウサイドテストの血清BHBA測定と組み合わせた観察の数
Se＝感受性：陽性を示した病牛（潜在性ケトーシス）の比率
Sp＝特異性：陰性を示した病牛（潜在性ケトーシス）の比率
＋PV (Cl₉₅)＝陽性適中率：陽性牛の中で真に病気であった牛の比率
−PV (Cl₉₅)＝陰性適中率：陰性牛の中で真に病気であった牛の比率
Cl₉₅＝95％信頼限界
出典：Iwersenら（2009）

出における3つのカウサイドテストの成績を評価した。評価に用いたテストは，一般に使用されている，乳中のアセト酢酸塩を検出する粉末（Keto Check®, Great States Animal Health, St. Joseph, MO）と，尿中のケトン体のアセト酢酸塩を検出する尿ストリップ（Ketostix®, Bayer Corporation, Elkhart, IN）と，ケトン体（BHBA）を検出する乳テストストリップであった。

その結果，KetostixやKetoTestストリップは，ケトーシスを検出し，商業的酪農場において個々の乳牛をスクリーニングするための満足のいく結果を提供するが，KetoCheckは有用性が限られていると結論付けられた。血中のグルコースとケトンの携帯用電子測定システムが獣医師に市販されており，このシステムは，先に述べた潜在性ケトーシス診断のカウサイドテストの適中率を上回る（Iwersenら，2009）。潜在性ケトーシスの検出のためのカウサイド診断検査の成績を表4-1に示した。

Iwersenら（2009）は研究結果から，全血を用いた携帯用電子BHBA測定システムは，潜在性ケトーシス診断のための有効で実用的な手段であると結論付けた。さらに，カウサイドテストとして感受性や特異性も最良であり，一般に用いられている化学的なディップスティックより感受性や特異性が高いという結論を出した。

要約すると，子宮炎，第四胃変位，ケトーシスのような病気は，分娩後初期に，直腸温，様相，乳量，血中・乳中・尿中のケトンレベルをモニタリングすることによって評価できる。分娩後初期の健康モニタリングによって，すべての乳牛を最も病気に感染しやすい時期に確実に調べることができ，また，病牛を早期に発見する機会を得ることができる。Benzaquenら（2007）は，分娩後の健康モニタリングプログラムを採用することで，子宮炎に罹った乳牛を早期に治療することができ，その結果，子宮炎に罹っていない乳牛の妊娠率と同程度の妊娠率を得ることができたと報告した。すなわち，子宮炎に罹った乳牛を発見し，早く迅速な治療を行うことで，繁殖に及ぼす子宮炎の影響を改善できることが示唆された。分娩後の健康モニタリングプログラムを応用する際に考慮すべき要点を以下に示す。

- 病牛のために働くことや，治療することに関心のある，鍵となる農場従業員をみつける。彼らを定期的に訓練し，いつも彼らと並んでともに働く。病牛をみつけるための大前提は，乳牛の様相，直腸温，乳量，ケトン体の評価などを考慮しながら，乳牛を全体的に評価することである。
- 個々の病気に関して，病牛の発見，身体検査，治療法のための作業実施基準（SOPs：standard operation practices）をつくる。これらの実施について頻繁に監視する。
- 農場施設や従業員の能力に基づいて，獣医師と生産者がその農場に最も適したプログラムを決めるべきである。
- 少なくとも分娩後2週間は健康モニタリングを行うことが重要である。その中でも分娩後3〜7

日が最も重要であると思われる。
- 分娩後10日間は毎日，様相，直腸温，ケトン体の有無を調べるための血液・乳・尿のサンプルを評価する。
- 乳牛が子宮炎，第四胃変位，乳房炎に罹っていないかどうか，直腸温が39.4℃以上ないかどうか，具合が悪そうでないかどうかを調べる。直腸温だけで判断してはいけない。
- ケトーシスに罹っている乳牛は治療しなければならない。
- 発熱のない子宮炎に罹っている乳牛を見落とさないように，分娩後4，7，12日に子宮排出物の検査をすることが望ましい。
- 分娩後20日間の1日乳量の変化を調べることは，乳牛の健康を効果的に評価するのに役立つ有益な手段である。
- 産後期を過ぎても病牛を探す。すべての泌乳牛について病牛モニタリングを行わなければならないと認識することが重要である。乳牛を移動させたり，餌を与えたり，搾乳したり，交配させることに関わる従業員は，自分たちが病牛をみつけることに関して主要な役割を担っているということを認識すべきである。それゆえに，彼らもまた，病牛をみつける方法を教えられなければならない。搾乳者もまた，搾乳過程における重要要素となる，乳房炎の乳牛をみつける方法について十分に訓練されなければならない。

文献

Benzaquen, M.E., Risco, C. A., Archbald, L.F., Melendez, P., Thatcher, M.J., Thatcher, W.W. (2007). Rectal temperature, calving-related factors, and the incidence of puerperal metritis in postpartum dairy cows. *Journal of Dairy Science*, 90:2804–2814.

Carrier, J., Stewert, S., Godden, S., Fetrow, J., Rapnicki, P. (2004). Evaluation and use of three cowside tests for detection of subclinical ketosis in early postpartum cows. *Journal of Dairy Science*, 87:3725–3735.

Edwards, J.L., Bartley, E.E., Dayton, A.D. (2004). Using activity and milk yield as predictors of fresh cow disorders. *Journal of Dairy Science*, 63:243–248.

Geishauser, T., Leslie, K., Duffield, T., Edge, V. (1997). Evaluation of aspartate aminotransferase activity and beta-hydroxybutyrate concentration in blood as tests for left displaced abomasums in dairy cows. *American Journal of Veterinary Research*, 58:1216–1220.

Geishauser, T., Leslie, K., Kelton, D., Duffield, T. (2001). Monitoring subclinical ketosis in dairy herds. *Compendium of Continuing Education, Food Animal Practice*, 23(8): S65–S71.

Iwersen, M., Falkenberg, U., Voigtsberger, R., Forderung, D., Heuwieser, W. (2009). Evaluation of an electronic cowside test to detect subclinical ketosis in dairy cows. *Journal of Dairy Science*, 92:2618–2624.

Kristula, M., Smith, B.I., Simeone, A. (2001). The use of daily postpartum rectal temperature to select dairy cows for treatment with systemic antibiotics. *The Bovine Practitioner*, 35:117–125.

Markusfeld, O. (1984). Factors responsible for post parturient metritis in dairy cattle. *The Veterinary Record*, 114:539.

Markusfeld, O. (1987). Periparturient traits in seven high dairy herds. Incidence rates, association with parity, and interrelationships among traits. *Journal of Dairy Science*, 70:158.

Reist, M., Erdin, D.K., von Euw, D., Tschumpelin, K.M., Leuenberger, H., Mannon, H.M., et al. (2003). Use of threshold serum and milk ketone concentrations to identify risk for ketosis and endometritis in high-yielding dairy cows. *American Journal of Veterinary Research*, 64(2):186–194.

Sheldon, M., Cronin, J., Goetze, L., Donofrio, G., Hans-Joachim, S. (2009). Defining postpartum uterine disease and the mechanisms of infection and immunity in the female reproductive tract in cattle. *Biology of Reproduction*, 81:1025–1032.

Smith, B.I., Risco, C.A. (2005). Management of periparturient disorders in dairy cattle. In: *Veterinary Clinics of North America, Food Animal Practice. Bovine Theriogenology*, Vol. 21, ed. Frazer, G.S., 503–522. Philadelphia: W.B. Saunders.

Smith, B.I., Donovan, G.A., Risco, C.A., Littell, R., Young, C., Stanker, L.H., et al. (1998). Comparison of various antibiotic treatments for cows diagnosed with toxic puerperal metritis. *Journal of Dairy Science*, 81:1555–1562.

Syvajarvi, J., Saloniemi, H., Grohn, Y. (1986). An epidemiological and genetic study on registered diseases in Finnish Ayrshire cattle. *Acta Veterinaria Scandinavia*, 27:223–234.

Upham, G.L. (1996). A practitioner's approach to management of metritis/endometritis early detection and supportive treatment. In: *Proceedings of the 29th Annual Conference of the American Association of Bovine Practitioners*, pp. 19–21. Spokane.

第5章

泌乳牛の栄養管理

José Eduardo P. Santos

要約

　泌乳牛の栄養管理は生産システムによって異なるが，効果的な給与システムによって適切な栄養バランスがとれた飼料を最大限に摂取することが可能となり，生産，健康そして繁殖を最適化することができる。生産システムによって給与方法は異なり，飼料の製造と配送は放牧牛と完全舎飼いの牛ではまったく異なる。遺伝子選抜と管理の向上によって牛の生産性が上昇し続けると栄養素や粗飼料，繊維のような成分の含有量を補正することが重要となり，これは特に妊娠後期と泌乳初期に重要である。
　泌乳初期の乳牛には負の栄養バランスの時期があるが，これは疾患や飼料摂取を妨げる要因によって悪化してしまう。分娩後，最初の数週間の栄養摂取量を最大にする飼料を製造することは，乳生産量や乳成分を改善するだけではなく，体内貯蔵量の喪失を最小限にし，産褥性健康障害のリスクを減らす利点もある。
　乳牛群の栄養プログラムで重要なのは，乳牛の健康問題を最小限にする飼料を給与することである。泌乳期が進むにつれて生産性は低下し，同時にその牛の栄養要求量も低下するため，飼料摂取量，生産レベル，泌乳ステージによって飼料を減らしていくことが，栄養利用効率を最適化し，飼料コストを削減するために重要となり，さらに生産による環境への影響も最小化できる。

序文

　乳牛に栄養を給与する方法は以前から行われている，放牧させて少量の補給を行う単純な方法から，完全配合飼料（TMR）を給与する方法に進化し，栄養を大量に消化する高生産牛の必要な栄養素に見合った飼料が給与される。
　毎日の栄養管理はどの酪農場でも経済的成功に大きく貢献する。乳牛の飼料成分とその配合は，典型的な酪農場の収入の45〜50％を占める。乾乳牛や成長期の未経産牛も考慮される場合，収入の60〜70％までその割合は増えることがある。米国において，飼料コストが酪農場の経営費の60％以上を占めることは珍しくない。

泌乳牛における給餌システムとグループ化の方策

　牛に飼料を確実に給与する方法は数多く存在するが，集約管理の高生産牛にTMRとしての飼料を給与することで，すべての飼料成分は適切に摂取され消化器疾患のリスクは最小限になるという考えは共通している。
　生産システムによっては粗飼料と濃厚飼料を別々に給与する分離給餌システムが一般的である。これは最もシンプルな給与方法の1つであり，分離給餌はTMRを製造するためのミキサーを必要としない。さらに牛の生産性に応じて個別に濃厚飼料を与えることが可能となる。そのため生産レベルまたは栄養要求量の異なる牛をグループ化することができるが，栄養要求量によって搾乳の最中または直後に穀物を与える必要がある。
　このシステムは利点もあるが欠点もあり，例えば飼料摂取量のコントロール不可，濃厚飼料の過剰摂取，第一胃の健康状態を維持するための繊維の不適切な摂取による消化器障害，第一胃の微生物叢とpHの急激な変化による乳脂肪量の低下のリスクが挙げられる。デンプンを大量に摂取する，または第一胃において大部分が消化される飼料は乾物摂取量（DMI）を抑制し

(Allenら，2009），繊維の消化に影響する（口絵 P.13, 図5-1）。

電気式給餌機は，1日を通して濃厚飼料を少量ずつ分配するため，短時間で高デンプン穀類を大量に与える必要性を最小限にできる。各牛の首輪には歩数計として電気器具が設置され，または耳にタグまたはボタンが設置されて，自動給餌機に読み取られ，必要量の濃厚飼料が分配される。1970代後半に行われた研究（Frobishら，1978）では2つのグループの24頭の牛の飼料が比較されており，片方のグループは搾乳時に1日必要量の濃厚飼料が給餌され，もう片方のグループはコンピューター化された給餌機によって1日を通して濃厚飼料が給餌された。粗飼料としてコーンサイレージが飼槽（feed bunk）に給与されていた。乳生産量は自動給餌機で約0.7kg/日増加したが，両グループにおける粗飼料と濃厚飼料の摂取量は変わらなかった。とはいえ，この研究の牛の乳生産量はたった19kg/日だけであった。

近年，コンピューター化された給餌システムに注目が集められている。このシステムによって牛の必要量に応じて飼料を調整して栄養利用効率を改善することができ，またロボット化された搾乳システムによって牛を牛房に誘導することが可能になる。ロボット化された搾乳システムでは1日に2〜3回搾乳できるようにロボットは牛を引き付けなくてはならない。

しかしこのシステムで牛が頻繁に搾乳されると濃厚飼料の摂取量も増え，これらのデンプン含量が高いと問題となる。消化器障害や乳脂肪量の低下のリスクを最小限にするためには非粗飼料繊維源を与える方法が有効であるが，この繊維源は高消化性の中性デタージェント繊維（NDF）を多く含み，デンプン質含量は低く，ペレット状である必要がある。

例としてシトラスパルプ，ビートパルプ，大豆殻，コーングルテン飼料が挙げられる。イスラエルの高生産牛を対象にした研究によると，自動給餌機によって濃厚飼料を非粗飼料繊維源としてデンプン源の代わりに給与すると，乳生産量，乳成分を維持または上昇させることが明らかになった。従来のデンプンペレットを消化性の高いNDFのペレットに置き換え，粉砕トウモロコシとふすまの代わりに大豆殻にしたところ，約40kg/日を生産する牛の乳生産量，乳脂肪，乳タンパク量が増加した（Halachmiら，2006）が，約35kg/日を生産する牛を対象にした2回目の実験ではその効果が認められなかった（Halachmiら，2006）。

コンピューター化された給餌機でデンプン源の代わりに粗飼料繊維源が与えられた分離給与グループの牛の乳生産量が約2kg/日増加しても，乳脂肪とタンパク含量には変化が認められなかった。

ゆえに分離給餌グループにはNDF含有量がいくらか高く，デンプンが制限された濃厚飼料を給与することが勧められる。このようなシステムでは全体の飼料（粗飼料と濃厚飼料）を考慮すると，希望するよりもNDF摂取量が高く，デンプン摂取量が低いこともあり得るが，この方法はDMIと乳脂肪量の低下リスクを最小限にし，同時に乳生産量と乳成分を改善させることができる。

分離給餌システムは，小型の群または混合飼料を扱えない群で主流であったが，TMRまたは混合飼料はその有力な利点によって，現在では群サイズに関係なく注目を集めている。混合飼料とは「粗飼料と濃厚飼料が混ざっており，特定の栄養濃度に製造されている飼料」と定義され，牛に不断給餌される。TMRを給与する場合，濃厚飼料と比べて粗飼料を一定量摂取することが期待される。1つ以上の粗飼料を給与することが可能になり，異なる粗飼料を同程度に摂取させることを確実にする。繊維質の摂取量は正確に把握されやすいため，TMRの給与によって消化器障害と乳脂肪低下のリスクを最小限にすると期待されるが，この2つの問題は完全に消えることはない。

この飼料には嗜好性の低い飼料成分（分娩前の低カルシウム血症を予防するための酸性塩）や，適切に混合されないと牛の健康に被害を及ぼす成分（例えば非タンパク態窒素，微量元素，イオノフォア）を混合することができる。第一胃のpH，浸透圧，微生物叢の劇的な変動を最小限にするため，有効に飼料効率を向上することができる。機械化によって多くの牛に給餌することができ，それに関わる労力を最小化することができる。利点があるにもかかわらずTMRの給与は適切に飼料が製造されていない，または適切に混合され，適切に配送されていないと栄養源の問題を拡散させてしまう。例えばいくつかの文献によるとTMRは毒素の分散を促進し，毒性やボツリヌス中毒症のような栄養問題を牛に伝搬させてしまう（Galeyら，2000；Urdazら，2003）。

TMRによって特定グループの牛の栄養要求量に調整された完全飼料を給与することができるが，これは牛を適切にグループ分けすることが必要となる。多くの状況で生産者はすべての泌乳牛に単独の飼料を選択するが，生産量が非常に高い場合に適用され，このような群では泌乳期が進んでいる牛でも高い乳生産量が

認められる。この場合，DMIは栄養要求が生産量レベルによって変わるため，高生産牛の生産量を妨げない飼料が製造される。

実際，飼料は第一胃の健康を維持，そしてアシドーシスを予防するために，十分なNDFが含まれるように製造され，同時にカロリー，代謝タンパク（MP），ミネラル，ビタミンの摂取は高生産牛の生産量と乳成分に関連している。多くの栄養士はグループの平均より20％以上の生産量を可能にする飼料を製造し，特定量の乾物量（DM）の摂取を想定する。別の方法として各グループの上位3分の1の牛の栄養要求量に合わせて飼料を製造する方法もある（口絵P.13，図5-2）。

場合によって牛のグループ分けは栄養要求量ではなく，繁殖状況など経営管理に基づくため，具体的なカロリー量やタンパク濃度に基づいた飼料を製造することは難しい。牛が新たなグループに移動すると乳生産量の低下が認められることは珍しくなく，その結果，飼料の変化も同時に起こる。牛を再グループ化することは，一般的に牛の行動を変化させることになるが，牛は新しいグループ内における順位と社会的地位に適応するまで2～4日間を要する。低いカロリー量と低い栄養濃度の飼料がグループの変化と関連している場合，栄養摂取量と乳生産量の実質的な低下をもたらすことがある。

Moseleyら（1976）は，TMRが給与されている牛の飼料のシナリオをいくつか作成し，飼料中の粗飼料と濃厚飼料の比率を変更した。泌乳初期の牛がグループを変わり，飼料の粗飼料が変更（濃厚飼料が40：60から60：40へ）されると，DMIと乳生産量の突然の低下が認められ，それは3週間後でも改善は認められなかった。

行動，社会面，栄養要求量に基づいて牛をグループ分けする一般的なシステムは，初産牛と経産牛を分離することである。初産牛の栄養要求量は同じような乳生産量の経産牛と必ずしも異なるわけではないが，社会的行動の違いと社会性の高い牛との負の相互作用の問題が起こるため，産次数に基づいて牛を分離させると，初産牛の成績は向上する。分娩後3～4週間は多くのケアが必要となるため健康のための要求量に応じてグループ分けすることもある。さらに分娩後の数週間の泌乳期に起こりやすい健康障害を最小化するための飼料中の添加物や補給が有益となる。脂質代謝の活発化は分娩後3週間でみられるが，高発酵性の炭水化物を過剰に含んだ飼料を給与されている場合，DMIの大きな低下が認められやすい（Allenら，2009）。

第一胃で分解可能なデンプンを多く含む飼料は肝臓内のケトン生成による脂肪酸の酸化が増加し，プロピオン酸の食欲促進作用を悪化する。さらに泌乳初期に牛を別々にグループ分けすると，高NDFの飼料を給与することが可能となり，第一胃の充満度に有益であり，亜急性第一胃アシドーシスと第四胃変位のリスクを最小限にする。

最後に，初乳と分娩後の数日間の乳汁には，泌乳1週間後の乳汁よりも2～5倍のタンパクが含まれているので，泌乳初期はかなりのタンパクが乳汁中に分泌される。この時期に必要とされる健康維持と乳汁合成のためのカロリーとアミノ酸を満たすのに，DMIだけでは通常は不十分である。牛はカロリーを貯蔵脂肪によって補うことはできるが，タンパクの貯蔵量は限られている。飼料にタンパクを追加または第一胃に分解されにくいタンパク源を給与することで，泌乳初期の乳生産量と乳タンパクは増加するが，タンパクを追加することで泌乳初期のDMIを変化させずに乳生産量を刺激すると，負のエネルギーバランスによって，体脂肪量の低下を悪化させてしまう（Orskovら，1977）。

牛は泌乳初期グループ内に最低でも3～4週間滞在することが推奨されている。この時期は体重減少とボディコンディションスコア（BCS）の低下が著しく，エネルギーバランスは最も低く，栄養価の最も高い飼料を必要とする。さらにデンプンの過剰給与はDMIを抑え，泌乳開始と飼料の変化によって起こる消化器障害を悪化させてしまう。分娩後約3～4週間で泌乳初期ペンを去ると，2つのグループ分けおよび給与方法が一般的に行われる。

まず，乾乳する日まで滞在する場所に割り当てられる。牛が常に変動するグループでは混乱が起こりやすいが，ペン間の移動を最小限にすることがグループ内におけるこの混乱を減らし，生産に有益となることが知られている。この方法では短期間においてペン内に多くの牛が滞在し，数カ月間，牛は移動しない。この方法は，いくつかのグループが存在する明らかに大型の群でしか行うことができない。これらのシステム内の牛は乾乳までずっと同じ飼料，TMRを給与される。

もう1つのシステムでは生産量がある閾値を下回った場合，生産量のいわゆる高いグループから低いグループへ牛を移動する。低生産牛は高生産牛と同じ栄養価の飼料を必要とせず，栄養素の過剰摂取は牛を栄養過多にしてしまい，コストがかかることがある。低い生産量の群は数種類の飼料を給与する方が適しており，妊娠後期の大部分の牛の生産量が10,000kg/年以

下である群のこれらの牛は，高栄養価の飼料を必要としない。一方，牛ごとの平均生産量が12,000kg/年以上の生産量の高い群では，泌乳後期の牛が35kg/日以上生産していることも珍しくなく，低栄養価の飼料が与えられると生産量は低下し，健康状態が回復しないことがある。これは高い生産量の群が良好な繁殖成績を維持し，結果として泌乳期間が11カ月以下の場合は特に重要となる。これらの状況下で栄養摂取量が制限された飼料を給与すると，体内貯蔵量を補給する能力は制限され，次の泌乳期における生産性と繁殖性に影響する。

1つのグループにTMRを給与すると，過剰な体重増加につながるカロリーオーバーを引き起こすだけでなく，特にタンパクとその他のミネラルを過剰摂取してしまうため，環境へ影響を及ぼしてしまうことさえある。泌乳初期の牛と高生産牛には16.5〜18％の粗タンパク（CP）を含んだ飼料が給与されるが，泌乳が進んで乳生産量が低下するにつれて，16％以上のCPを含む飼料を給与することが，乳生産量と乳タンパクに影響するという証明は少ない。ゆえに泌乳牛が生産量によってグループ化され，泌乳時の要求量と体内貯蔵の補充を行うための必要量を満たす飼料が給与されている場合，環境への窒素の排出を最小にすることができる。表5-1は泌乳群で給与される1種類の飼料と複数の飼料のそれぞれの有力な利点と問題点について比較表示している。

TMRを給与する場合，飼料の表示に特別な注意を払うことが必要である。典型的なTMRの45〜60％はDMであるが，それはサイレージ，高湿性穀類，ウェットな副製品は一般的な乳牛用の飼料に含まれるからである。DM含有量が45％以下の飼料は摂取量を抑制することがあるが，これは，これらの飼料に適切に発酵していない有機酸を過剰に含むサイレージを含んでいるか，または飼料の全体的な湿度によってその水分含量の多さのために，摂取により時間がかかることが理由として挙げられる。

ゆえに季節，特に夏季の間，水分含量の高いTMRは給与バンク内で安定性が弱く，腐敗や摂取量の低下が起きる。水分含量に加えて，粗飼料と副産物の粒子サイズついても評価する必要があり，これによって長いサイズの粒子の過剰な含有を防ぐことができるが，この過剰量はNDFの物理的有効性を低下させ，その結果，繊維の消化を低下させて消化器障害や乳脂肪低下のリスクを増加させてしまう。

粒子の長さは大体，牛の鼻口部よりも小さく維持する。粒子による牛のより好みを防ぎ物理的に有効なNDFの大部分を給与できる。ただし，飼料には反芻を刺激するために適量の長い粒子も含むべきである。

粗飼料と飼料の粒子サイズを決定するのにPenn State Particle Separatorが使用される。この分離機

表5-1 泌乳期の単一飼料，複数飼料の給与の利点と欠点

	泌乳牛に給与されるTMRの数	
	単一	複数
利便性とエラーのリスク	単一のTMRを泌乳群全体に給与すると，泌乳群の栄養プログラムを単純化し飼料の混合や配送のリスクが最小限になる。	異なる成分の複数飼料を給与すると，異なる穀物を混合し異なる飼料を配送する追加的労力が必要となる。飼料製造のエラーのリスクを上昇させ，特に明らかに異なる成分が含まれる場合に認められる。さらに配送のエラーのリスクが増加する。
ボディコンディションスコア	高生産量の群に有益であり，体内貯蔵の回復は将来の泌乳に重要である。	低生産量または泌乳の延長による繁殖問題を示している栄養過多の牛を最小限にできる。
生産性	高生産量を好み，グループ間における生産量の低下を最小化する。	飼料が異なるグループに移動した際の乳生産量の低下をもたらし，特に新しい飼料の品質が低下，繊維が増加，タンパクの含有量と質が低下した時に認められる。
給与コスト	通常高価である。なぜなら単一TMRは通常，群の最も生産量の高い牛の必要量を満たすために製造されるからである。	通常安価である。なぜなら獣医師または栄養士は低生産量の牛に安い材料の飼料を製造し，高生産の牛にはタンパク質の補給や添加物を与えるからである。
栄養利用率	栄養が乳汁へと変換する効率は低下する傾向にあり，糞便と尿から環境への栄養分の排出が増加する。	生産量の低下によって飼料が変更していなければ，栄養が乳汁へと変換する効率は増加する。環境への栄養の排出は最小限である。

を使用すると 3 つのふるいによって TMR の粒子サイズの分布を決定することができる。この分離機は粒子サイズを 19mm 以上，8〜19mm，1.18〜8 mm，1.18mm 以下にふるい分けできる。1.18mm の粒子サイズが反芻胃において保持される切点となることが示されている（Mertens, 1997）が，1.18mm 以上の粒子サイズは，繊維の適切な物理的有効性を維持するために飼料を混合する際の評価に役立つ。Penn State Particle Separator は 66 回/分の頻度で回転し，17cm の横幅でふるうことが勧められている。粗飼料と TMR のサンプルが使用され，その後に DM と NDF 含有量が補正され，物理的有効 NDF が計算される。

表 5-2 ではコーンサイレージ，アルファルファの乾草，全粒綿実，ビール粕，粉砕コーン，大豆ミールで構成された 1 種類の TMR を 37 頭それぞれに給与し，DM と NDF の粒子サイズ分布と濃度を 4 日間毎日評価し，異なるふるいで NDF の物理的有効性が計算された一例を表示している。飼料には NDF を平均 32.4 ± 2.5％と酸性デタージェント繊維（ADF）を 22.1 ± 4.1％含み，各牛が拒否した量は NDF が平均 31.6 ± 3.5％であり，ADF は平均 21.9 ± 3.4％であった。給与量と拒否量を比較すると，異なるふるいによる仕分け，NDF の分布は計算された物理的有効 NDF と大差がなかった。この結果によって飼料の混合と仕分けは問題とならなかったことが分かる。

物理的有効性は新鮮なサンプルで評価し，ふるいにかけられた総 DM の割合を表示するべきである。これにはオリジナルのサンプルと各ふるいで保持された材料の DM 分析を必要とする。サンプルの湿性成分は物理的有効性に影響するため，DM の修正が重要であり，DM 成分が修正されないと 30％の過大評価をもたらすことがある（Kononoff ら，2003）。

DMI

DM の摂取は，乳生産量と泌乳初期の中間代謝疾患の罹患に影響する最も重要な単一の要素である。非泌乳期の妊娠状態から泌乳期の非妊娠状態への変化が起こる分娩の前後数週間は最適な DMI の時期ではない。DM の不適切な摂取は，脂肪肝，ケトーシス，第四胃変位のような代謝性疾患を引き起こす。

牛は最適な生産性と健康維持のために特定の栄養素を必要としているため，DMI の決定は飼料製造のキーポイントである。飼料の摂取にはさまざまな相互要因があり，例えば飼料に関する要素であることもあるが，多くは牛または環境に関する要素である。泌乳初期における分娩後の疾患や発熱は摂取量を抑制する。さらに妊娠後期と泌乳初期に認められる脂肪組織の動員とそれに続く非エステル化脂肪酸（NEFA）と β ヒドロキシ酪酸塩（BHBA）濃度の上昇は摂取量の低下につながる（Grummer ら，2004）。

乳牛の 1 日の DM 摂取量は給与量と給与間隔で成り立っており，消化管由来の物理的および神経科学的刺激によってコントロールされている（Forbes, 2005）。

飼料を摂取する能力はさまざまな相互要因によって決定され，飼料摂取量の推測は泌乳牛の飼料を製造するうえで重要な要素である。飼料摂取量の推測は難しいが，栄養士は牛の摂取する栄養分に基づいて飼料を製造し，必ずしも飼料中の栄養分の濃度に基づいていない。飼料はカロリー量，正確に言うと泌乳の正味エネルギー（NEL）濃度，CP 濃度，ミネラルとビタミン濃度によって製造されるが，現実的には牛が満たされる特定の栄養分とカロリー量が必要となる。

Allen ら（2009）は肝組織の酸化的活性化によって

表 5-2 泌乳牛それぞれに給与される TMR の粒子サイズ分布と 1.18mm 以上を切点として計算された物理的に有効な NDF（NDF$_{PE}$）

	粒子サイズ (mm)				
	19 以上	8〜19	1.18〜8	1.18 以下	NDF$_{PE}$
給与して保持される割合（%）					
そのままの飼料	5.0 ± 1.3	37.7 ± 3.9	44.9 ± 2.1	12.9 ± 2.3	
DM	5.2 ± 1.5	34.4 ± 3.6	44.8 ± 2.4	15.7 ± 3.0	
DM としての NDF	1.7 ± 0.6	11.1 ± 1.6	14.5 ± 1.2	5.1 ± 1.1	27.3 ± 2.4
拒否されて保持される割合（%）					
そのままの飼料	4.2 ± 1.9	36.3 ± 5.2	48.4 ± 4.4	11.1 ± 3.6	
DM	4.2 ± 2.0	36.1 ± 5.3	46.3 ± 4.4	13.4 ± 4.3	
DM としての NDF	1.4 ± 0.7	11.4 ± 2.3	14.6 ± 2.0	4.2 ± 1.4	27.4 ± 3.4

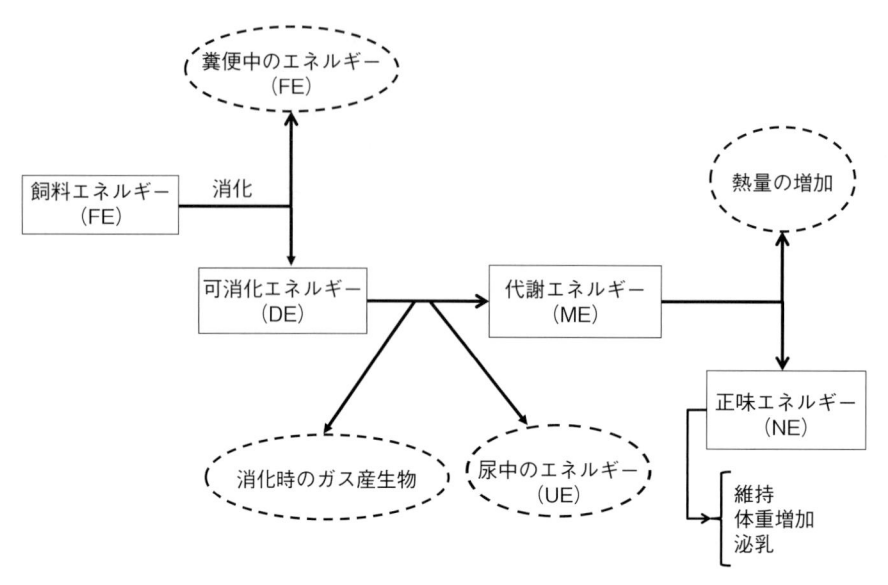

図5-3
エネルギーの流れの要因。飼料成分は特定量の総エネルギーを含む。消化過程においてこのカロリー密度は低下するが，なぜなら消化性，反芻胃におけるガス産生，尿中へのエネルギー喪失，栄養分の消化と吸収に伴うエネルギーコストによってカロリーが低下するからである。飼料のエネルギー濃度は正味エネルギーのMcal/kgと表示される。

脳の中枢にシグナルが送られ，満腹中枢と飢餓中枢が刺激されるという概念に基づいた考えをまとめている。摂取行動は脳の摂取中枢からの末梢シグナルによって支配されている。彼らによると乳牛の飼料には第一胃が適切に機能するために，最低限の濃度の比較的低いエネルギー量の粗飼料が必要であり，これは第一胃の充満のシグナルは食欲を抑えることができるからである。この方法は特に高生産牛の分娩後2～5カ月の食欲旺盛の時期に適切である。

一方，腸管や肝臓などの消化器の代謝由来のシグナルは，第一胃の充満が制限された時に食欲を優位に支配する。これは粗飼料とNDF含有量が低い飼料が給与されている場合であるが，小腸内と肝臓の酸化経路内に遊走する代謝産物が中枢神経系にシグナルを送り，飢餓を抑制または早期に満腹に達することで食欲を抑える。ゆえに牛の摂取量は生産レベル，生理学的状態によって異なり，飼料による摂取量の影響は泌乳ステージによって異なる。

泌乳に必要なカロリー量を満たす

一般的に，エネルギーはカロリーとして測定され，飼料成分によってカロリー量は異なっている。例えば，炭水化物は4.2 Mcal/kg，脂肪は9.4 Mcal/kg，タンパクは5.6 Mcal/kg，灰分は0 Mcal/kgである。各成分はボンベ熱量計にかけられて，総エネルギー量が測定されている。

しかし牛が細胞活性，成長，体重増加，乳汁の合成を維持するために利用するエネルギーは摂取した飼料の総エネルギーではない。飼料が摂取されると一部は消化されず，未消化のものが糞便中にカロリーとして排泄される。さらに消化の過程で飼料の一部のカロリーは牛に送られず，これらは反芻胃，大腸において生成されるメタンのような消化ガスとして喪失される。消化の最終産物が吸収されると，これらに含まれるカロリーはさらに尿中に排泄される。

最後に，消化過程と栄養分の吸収によって失われるカロリーもあり，飼料の栄養分によるカロリーと補正する必要がある。ゆえに飼料中の初期段階の総エネルギー量のかなりの割合は，乳汁合成のような生産過程に利用されず，そのため成分の推測エネルギー密度は低下する。

エネルギーの流れの図式が**図5-3**に表示されている。総エネルギーから消化エネルギー，代謝エネルギー，そして最終的に正味エネルギーまでの流れを表している。

飼料のカロリー密度は，その成分と栄養分を消化して吸収する能力で機能するが，反芻動物の飼料のエネルギー密度は静的ではなく動的であり，摂取量や第一胃内の保持時間によって増加あるいは低下する。一般的に摂取量が増えると，（第一胃内の保持時間が短いことによる）飼料の消化性は低下する。第一胃の消化

表5-3 異なるDMIレベルの牛に異なるエネルギー密度とタンパク含有量の飼料を給与した時の違い

	飼料	
	低粗飼料	高粗飼料
コーンサイレージ	20.0	25.0
アルファルファサイレージ	11.0	10.0
バミューダグラス	9.0	20.0
粉砕トウモロコシ	28.7	18.6
シトラスパルプ	15.0	10.0
パーム油脂肪酸のカルシウム塩	1.8	1.8
大豆ミール	10.0	10.0
血粉と魚粉	2.8	2.8
ミネラルとビタミン	1.8	1.8
栄養分		
粗タンパク (%)	16.6	16.6
脂肪 (%)	4.8	4.6
非繊維炭水化物 (%)	45.7	38.0
中性デタージェント繊維 (%)	27.0	34.7

	DMIグループ			
	高	低	高	低
DMI (kg/日)	28.0	18.0	28.0	18.0
NE$_L$ (Mcal/kg)	1.57	1.74	1.55	1.65
第一胃分解性タンパク	9.8	10.4	9.8	10.4
微生物タンパク/代謝性タンパク	54.3	58.9	54.6	58.5

性が低下すると、小腸と大腸が代償的に作用し、摂取した総DMの大部分が消化される。

これによって消化管に吸収される基質の種類は影響される。例えば炭水化物の消化が第一胃から小腸に移動すると、全体的な消化は低下し、最終産物は揮発性脂肪酸（VFAs）からグルコースと乳酸へと変化する。さらに炭水化物の消化が第一胃から小腸へシフトすると、微生物タンパクの産生量が少なくなり、多くの窒素が糞便中に排泄される。これは泌乳牛へのカロリーとアミノ酸の給与量に影響する。

この概念を用いると、より多くのDM、例えば28kg/日を摂取する牛は18kg/日の同じ飼料を摂取している牛よりも、低いエネルギー密度の飼料を摂取していることになる。

表5-3にはNRC (2001) ソフトウェアを使用して、異なるDMIの牛のグループに、低い粗飼料と高い粗飼料の飼料を給与した場合に認められた、エネルギー密度の違いについて表している。消化過程においてエネルギーが喪失されていくため、粗飼料の低い飼料のNE$_L$量は、DMを28kg/日摂取している牛で1.57Mcal/kgである。

一方、同じ飼料18kg/日を摂取している牛のNE$_L$量は1.74Mcal/kgである。粗飼料の高い飼料の場合のエネルギー密度の変化量は少なく、DMの変化が28から18kg/日ならば、NE$_L$量は1.55から1.65Mcal/kgに変化する。これは飼料の構成成分が砂糖、デンプンのような高消化性の炭水化物、NDFと対照的な水溶性繊維である場合、DMIの増加によってNE$_L$量は重度に影響されることを意味している。

泌乳初期のほとんどの牛のカロリー要求量は満たされないが、これはDMIが乳生産量の増加に遅れをとるからである。さらに泌乳初期に認められる体重減少によって血漿中のNEFA濃度が高くなり、これらの大部分は乳脂肪に移動する。その結果、分娩2～3週間後の乳脂肪率は4.5％以上増加し、泌乳によるエネルギー流出をより促進させる。

エネルギーバランスとは牛のカロリー摂取とエネルギー要求量の違いである。カロリー摂取とはDMIに飼料のエネルギー密度をかけた結果である。乳牛のエネルギー要求量は、健康維持、乳汁合成、妊娠子宮の組織沈着、成長または体重増加に伴う組織沈着の要求量の合計である。

ゆえにエネルギーバランスの計算は以下のように行われる。

●エネルギーバランス

Mcal/日 = DMI × NE_L − [維持エネルギー + 乳汁エネルギー + 妊娠子宮のエネルギー]

エネルギーバランスが正の場合は体重増加に利用される余剰カロリーがある。一方，負の場合はカロリーが不足しており，同じ生産レベルを維持するためには体重を減らさなければならない。

維持エネルギーは以下のように計算される（NRC, 2001）。

●維持エネルギー

Mcal/日 = 0.08 × BW$^{0.75}$

ゆえに650 kgの牛の代謝体重（BWの0.75乗）は128.7 kgである。この牛の維持のために必要なNE_Lは0.08 × 128.7となり，10.3 Mcal/日である。

乳汁成分のNE_Lは脂肪，タンパク，ラクトースの含有量により異なり，以下の2つの公式で計算できる。

●乳汁成分のNE_L

NE_L, Mcal/kg = [(0.0929 × 脂肪%) + (0.0563 × タンパク%) + (0.0395 × ラクトース%)]

または

NE_L, Mcal/kg = [(0.0929 × 脂肪%) + (0.0563 × タンパク%) + 0.192] (NRC, 2001)

表5-4は脂肪量と純タンパク（true protein）成分が異なるホルスタイン牛とジャージー牛の乳汁中のエネルギー濃度を表している。式と表の結果を参照すると，脂肪は乳汁の総エネルギー濃度の40～50%を占めることが明らかである。乳汁中のラクトースは変動せず，ほとんどの牛は4.7～4.9%の濃度を維持している。純タンパク量もさまざまであるが乳脂肪の変動よりははるかに低い。

表の数値を用いて体重，乳生産量，乳組成から乳牛の平均的なエネルギー要求量を計算することができる。例えば650 kgの泌乳しているホルスタイン牛が脂肪3.80%，純タンパク3.30%の牛乳を40 kg生産している場合，この牛の要求量を満たす飼料を製造するためには以下の量が必要である。

●維持のために

0.08 × (650)$^{0.75}$ = 10.3 Mcal/日

●乳汁合成のために

40 × 0.728 = 29.12 Mcal/日

体内貯蔵量に変化がないと仮定すると（体重の増加や減少がない），毎日のエネルギー摂取量は最低でもNE_Lは39.32 Mcalであるべきである。このグループの牛のDMIを考慮すると，飼料のkg当たりのカロリー密度を決定できる。摂取量が24 kg/日ならばNE_Lは以下であるべきである。

●摂取量が24 kg/日の場合のNE_L

39.32 Mcal/24 kg = 1.64 Mcal/kg

追加で摂取されたカロリーは乳汁または体内貯蔵に移動することが期待される。一般的にほとんどの泌乳期の飼料の推定NE_Lは，1.60から1.75 Mcal/kgである。エネルギー密度が1.6 Mcal/kg以下の飼料は，粗飼料が多くNDFが過剰であり，粗飼料源は高NDFまたはリグニンであるか，または第一胃における消化性が低い成分を含んでいる。DMIの低下と通過率に基づくと摂取量の非常に多い牛のエネルギー密度は，

表5-4　ホルスタイン牛とジャージー牛における乳汁の高・低成分とエネルギー密度

乳汁中%	ホルスタイン 低成分	ホルスタイン 高成分	ジャージー 低成分	ジャージー 高成分
脂肪	3.20	3.80	3.90	4.80
タンパク	3.00	3.30	3.30	3.75
ラクトース	4.80	4.80	4.80	4.80
Mcal/kg				
脂肪	0.297	0.353	0.362	0.446
タンパク	0.169	0.186	0.186	0.211
ラクトース	0.189	0.189	0.189	0.189
合計・乳汁中 Mcal/kg	0.656	0.728	0.738	0.847

濃厚飼料の割合が高い飼料でもNELは非常に低くなることがある（**表5-3**）。

対照的に泌乳期の飼料が1.75Mcal/kgを超えることはほとんどなく、なぜならこのような飼料は第一胃の健康を維持するために、十分な粗飼料繊維を含まないからである。さらに多くの脂肪を補給する必要があるが、もし過剰給与されると、DMIと繊維消化に有害となり、牛の成績を抑制してしまう。

繊維炭水化物

飼料製造の最初のステップは第一胃の健康を維持し、消化器障害と乳脂肪量の低下を防ぐために、最低限のNDFを含有することである。NDF、特に粗飼料由来のものは反芻作用を刺激し、唾液分泌を促進して緩衝作用を引き起こし、第一胃における酸生成に拮抗する。繊維は第一胃の蠕動運動を刺激するのに必要であり、反芻胃における微生物の消化過程で生産されるVFAが吸収されるために重要である。第一胃が収縮すると第一胃に存在するVFAは上皮と接触し、吸収が行われる。

泌乳牛の飼料に繊維が含まれることは条件ではないが、繊維含有量の少ない飼料は、ルーメンアシドーシス、下痢、第四胃変位のリスクの上昇、結果として乳脂肪の低下、エネルギー摂取量と微生物タンパク合成の制限などが起こりやすくなる。そのため最低限の繊維（粗飼料由来であることが望ましい）が乳牛の飼料に含まれていることが重要である。飼料の粗飼料濃度が上昇すると、摂食時間、反芻時間、咀嚼時間、唾液生産も増える。ゆえに粗飼料とNDFが過剰であると、第一胃の充満によってDMIと生産量が低くなる。

粗飼料繊維は第一胃の緩衝作用に重要である。乳牛が摂取するDMのkgごとにVFAは5Eq生成されると推定されている（Gabal and Aschenbach, 2006）。Allen（2000）によると第一胃におけるVFAの生成は約7.5Eq/kgであり、有機物として発酵されると推定されている。さらに第一胃液のNa^+は第一胃上皮細胞の細胞質のH^+と交換され、VFAの吸収されるmolごとに0.5molのNa^+/H^+交換が起こる。そのためVFA生産からの酸負荷に加えてNa^+の吸収が起こり、H^+は第一胃に戻って緩衝化される。

25kgのDMを摂取する泌乳牛を例に挙げてみよう。このDMの50%は第一胃内で発酵される有機物である。この飼料は潜在的にVFAとして93～125Eqの有機酸を生成でき、ナトリウム吸収が起こるとH^+はさらに20～40%多く第一胃に侵入できる。ゆえに酸負荷の合計は140～150Eq/日となることもある。

乳牛の唾液分泌量は230～290L/日であり、唾液は26mEqのHPO_4^{-2}と126mEqのHCO_3^-を含み、緩衝液は合計152mEq/Lとなる。これらの数値を考慮すると唾液によって緩衝される酸は44Eq/日であり第一胃発酵性の有機物を大量に摂取する高生産牛の推定酸負荷の30%のみである。残りの酸負荷は飼料中のその他のアニオン（例えば飼料中の重炭酸塩）によって緩衝されるか、または第一胃上皮から吸収または液相への移動によって第一胃から取り除かれる。VFAを吸収する第一胃上皮の能力は第一胃内のpHと亜急性ルーメンアシドーシスのリスクを決定する（Pennerら、2009）。

これらの結果によって、VFAをより多く吸収できる牛は亜急性ルーメンアシドーシスになるリスクはより低いことを示している。さらに繊維はVFAを第一胃上皮に近付かせるために第一胃の収縮を刺激するため、飼料は適切な粗飼料と物理的有効性のある繊維を含むことが大変重要であり、これによってVFA吸収が刺激され第一胃液内の蓄積が減少する。

泌乳牛の飼料のほとんどはNDFとしてのDMを28～35%含み、NDFの60～70%は粗飼料由来であるべきである。さらに粗飼料と高繊維副産物の粒子サイズは反芻を刺激できる長さであるべきである。第一胃内に保持され、第一胃の収縮や反芻を刺激するのに必要な粒子サイズは最低でも1.2mmであるとされている（Mertens, 1997）。しかしNDF粒子が小さくてもデンプンやその他の易消化性の炭水化物に置換されている場合は希釈作用をもたらす。そのため飼料の繊維は第一胃の緩衝作用を刺激し酸負荷を拮抗するだけではなく、より消化性の高い炭水化物を希釈し酸生産量を最小限にする。

NDFとその他の繊維の消化は乳酸産生菌をサポートしない。乳酸の解離定数（pK）は低いため、乳酸はVFAの10倍強力であることが知られている。VFAのpKは4.8であり乳酸は3.8である。これはpHが4.8の時、VFAの50%はプロトン化された形（酢酸、プロピオン酸、酪酸のような酸）であり、50%は解離された形（酢酸塩、プロピオン酸塩、酪酸塩）であることを意味する。

一方、pH3.8の時、乳酸の50%は酸（乳酸）であり50%は解離（乳酸塩）された形である。ゆえに乳酸は低pHにおいてプロトンを放出する能力に優れており、溶液がVFAではなく乳酸を含む場合、遊離プロ

トンの割合は大きい。

　すべての繊維源は同じではなく，粗飼料によっては他よりも反芻を刺激する作用が高い。同様に，すべての高繊維副産物は同じ物理的有効性を示さない。第一胃内における粒子の保持は繊維が反芻を刺激するために重要であり平均保持時間はいくつかの要因に影響される（Mertens, 1997；Huhtanen ら，2006）。

---

①粗飼料の種類（植物解剖学に関連している）：熱帯の牧草はマメ科植物よりも長く保持される。これは植物の構造上，茎は葉よりも長く保持されるからである。

②繊維成分：繊維の多い飼料は繊維状マットを形成し，反芻胃の中央と背部において粒子が保持されやすくする。

③粒子サイズ：大きい粒子は咀嚼時間が長いため，小さい粒子よりも保持される時間は長く，胃内に閉じ込められた空気を排出し，胃の開口部付近の胃底に沈む。

④粒子サイズの区分：0.2mm 以下＝咀嚼はなく，すぐに通過する；0.2～1.2mm＝反芻胃を早く通過する；1.2mm 以上＝咀嚼が必要であり第一胃内に長く保持される。

⑤密度：密度の高い粒子は保持時間が短い傾向にある。例えば綿実殻は非常に高い NDF であり，多くの粗飼料よりも粒子サイズは小さいが密度が低いために第一胃の中央と背側部分に保持され，胃から排出されにくくなり，反芻を刺激する。

⑥水和と浮力の程度：乾燥して内部に空気が閉じ込められている粒子は咀嚼によってその構造が壊され，密度が高くなり胃の開口部付近の第一胃液に沈む。

⑦その他の飼料による連合効果：飼料中の繊維の作用はルーメンマットの存在によって増加することがある。長い粒子サイズの飼料の場合，第一胃内のマット形成は繊維副産物のような小さい粒子サイズの保持を促進し，飼料中の NDF の物理的有効性が増加する。

　このため泌乳牛の飼料には異なる粗飼料を混合することが一般的であり，第一胃内に保持される能力の高い飼料を含ませる。

　例えば乳牛の飼料に使用される小麦の乾草，オーツ麦，亜熱帯性の牧草（Bermudagrass, Tifton 85 Bermudagrass）は粒子サイズとその第一胃での保持時間のため，コーンサイレージの NDF と比べて反芻が起こりやすい。同様に粒子サイズが長く，リグニン含有量が高いアルファルファの乾草は，穀類サイレージと混合されることで飼料の物理的特性が高まり，この混合は使用サイレージが単独の場合と比べて反芻時間を向上させる。

　妊娠後期の非泌乳期グループから泌乳初期グループへの移行によって飼料の変化は突然起こるため，泌乳初期の飼料は粗飼料と繊維含有量を高くするべきである。これらの牛は下痢や第四胃変位のような消化器障害が起こりやすく，飼料中の過剰なデンプンは泌乳初期の牛の摂取量を抑制し，その抑制レベルは分娩後4週間を過ぎた牛よりも大きい。繊維やその他の炭水化物の給与に関する考慮点については**表5-5**に表示されている。

非繊維炭水化物

　乳牛の飼料のほとんどのカロリーは非繊維炭水化物（NFCs）の第一胃と腸管における消化に由来している。NFC は NDF 分析で分離されない中性デタージェント可溶性炭水化物である。これらはデンプン，糖（グルコース，フラクトース，サッカロース），可溶性繊維（ペクチン，グルカン，ガラクタン），フルクタン，有機酸（リンゴ酸，フマル酸）からなる。NFC の異なる組成は，検査方法が標準化されていないため常に化学的分析されないが，以下の式を用いて計算できる。

●式1
NFC ＝ 100 －（％ NDF ＋％粗タンパク
　＋％脂肪＋％灰分）

●式2
NFC ＝ 100 －［(％ NDF-NDF 不溶性タンパク)
　＋％粗タンパク＋％脂肪＋％灰分]]

　前者の式は最もよく用いられるが後者はより正確であり，繊維に保持される CP を含み，2回タンパクが足されることでタンパク量が補正され，その結果，真の NFC 量は実際より低い値となる。

　ほとんどの泌乳飼料では NFC のうちデンプンが大半を占め，デンプンは生産量の増加を促進する主な成分である。このためデンプンの最適な利用は泌乳牛の生産性効率を向上させるのにきわめて重要である。デ

表 5-5　泌乳牛に炭水化物を給与することの考慮点

炭水化物分画	DM の割合 (%)	分画の操作
非繊維炭水化物	35-42	粗飼料 NDF と物理的有効 NDF が低い場合は，この分画を減らす。
デンプン	20-26	飼料中のデンプンの第一胃分解性が増加した場合は減らす。
第一胃分解性デンプン	16-22	飼料中の NDF と物理的有効 NDF が低い場合は，この分画を減らす。
糖	5-8	操作なし
ペクチンとグルカン	6-14	飼料中の NDF と粗飼料 NDF が制限されている場合，デンプンの代わりに利用する。粗飼料の品質が低い場合または NDF が高い場合の粗飼料の代わりにもなる。
NDF	28-35	非繊維炭水化物とデンプン分画の消化性が増加した場合に増加し，または NDF の第一胃消化性が増加した場合に増加させる。
粗飼料 NDF	16-23	非繊維炭水化物とデンプン分画の消化性が増加した場合に増加し，または NDF の第一胃消化性が増加した場合に増加させる。
物理的有効 NDF	> 20	非繊維炭水化物とデンプン分画の消化性が増加した場合に増加し，または NDF の第一胃消化性が増加した場合に増加させる。
第一胃の pH に影響する非炭水化物化合物		
NaHCO$_3$ のような緩衝剤	0.7-1.0	飼料 DM の 0.7〜1％を給与された時，物理的有効 NDF の 1％単位の低下が可能である。
アルカリ剤 (MgO)	0.2-0.3	操作なし。

ンプンは NFC の最も変化しやすい成分であり，第一胃と腸管消化性に関連している。糖は第一胃内で非常にすばやく発酵され，植物細胞壁を含有する場合，広範囲に消化されるために第一胃内に長く保持される。小腸に到達することはない。糖と同様に，可溶性繊維は第一胃内で広範囲に発酵し，消化率はほとんどのデンプンと同等またはそれ以上である。

一方で第一胃内におけるデンプンの発酵率は穀類の種類と加工処理の程度によって異なる。世界的にみて泌乳牛への主なデンプン源はトウモロコシであるが，地域によっては高デンプンの穀類が広く給与されている。米国ではトウモロコシ，オーツ麦，大麦，小麦がそれぞれ泌乳牛の 94％，18％，14％，7％の割合で給与されている。

通常，デンプンの第一胃内における分解性は以下の順序である。オーツ麦＞小麦≧大麦＞トウモロコシ＞ソルガム。この順序は穀類が未処理の場合に認められる。ドライローリング，クラッキング，粉砕，再構築，早期収穫の高湿度貯蔵，ポッピング，破裂，焙煎，微粒，蒸煮フレーキングの加工処理を行っても第一胃内における分解性の最も遅い，消化性の悪い穀類が最も有益である。ゆえに第一胃内におけるデンプンの利用を向上させるために穀類源は広範囲に処理され，デンプンの発酵性と第一胃の消化性を増加させる。乳牛に加工処理された穀類を与えると VFA，特に糖新生性のプロピオン酸が生産され，カロリーの供給が上昇し微生物タンパク合成が増加して，反芻胃における再利用によって窒素利用が向上する (Theurer ら，1999)。

乳牛のデンプン利用は適切な穀類処理によって著しく増強される。トウモロコシとソルガム穀類の蒸煮フレーキングは穀類の NEL 濃度を約 8〜10％上昇させる (Theurer ら，1999)。蒸煮フレーキングされたトウモロコシとソルガムは第一胃におけるデンプン消化性が高いためこのような反応が認められる。その結果，プロピオン酸と微生物タンパクの合成が行われる。糖新生の前駆物質の供給量の増加と高品質アミノ酸の供給量の増加は乳汁合成のための乳腺の基質の取り込みを促進する。デンプン消化が行われる部位が第一胃から腸管へとシフトしたとしても乳牛への利益は少ない。門脈系臓器におけるグルコースの正味取り込み量は非常に低いか，または負であるが (Theurer ら，1999；Reynolds, 2002)，これは小腸内のデンプン消化で生産されるグルコースは臓器で利用されるか，または乳酸として変換，そして吸収されることを示している。

トウモロコシは一般的に細かく粉砕して高湿度で貯

蔵される，または蒸煮フレーキングされる。

　細粉砕は微生物の付着面を増加させるが，デンプン顆粒が埋め込まれているタンパク基質はほとんど崩壊しない。一方で高湿度と蒸煮フレーキングは第一胃と腸管におけるデンプン消化を最大限にし，デンプン顆粒と微生物を付着しやすくし，酵素消化も促進される。大麦のデンプンはコーンスターチよりも容易に分解されるが，これは大麦の咀嚼または加工処理後に種皮を割ると大麦のタンパク基質は容易に可溶化し，タンパク分解微生物によって貫通されるが，トウモロコシのタンパク基質は微生物が付着しにくく消化されにくいからである。

　カナダでの研究によってプロセス指数 (PI) という概念が生まれ，穀類の加工処理のレベルを表す。プロセス指数とは加工処理後の穀類の密度であり，加工前のオリジナルの密度のパーセントとして表される。大麦は一般的にローリングされ，これによって穀類の密度が低下する。大麦の値は一般的に 60 ～ 80 % であり，この値が小さければ小さいほど穀類は広範囲に処理されており，第一胃内には多くの消化性デンプンが入ることを意味する。トウモロコシの最適な処理方法は穀類密度を 360 g/L に減らす蒸煮フレーキングである。大麦の最適な処理方法は蒸気ローリングであり PI を 65 % にする。穀類の加工処理は乳牛の成績を向上させる利点があるが，飼料中のデンプンと第一胃で分解可能なデンプンの合計量に特別な注意を払うことが重要であり，これが過剰であると DMI が抑制され亜急性ルーメンアシドーシス (Allen, 2000)，下痢，乳脂肪低下を引き起こす。

　乳牛の飼料の NFC の一般的な濃度は通常 35 ～ 42 % である（表 5-5）。乳牛の飼料の推奨されるデンプン含有量は，飼料 DM の 23 ～ 30 % であるが，上限値は制限的に使用され消化器障害の大きなリスクを伴う。乳牛群の年間平均泌乳量が 1 年間で 1 頭 12,500 kg の乳牛群における調査では，飼料中のデンプン含量は 15 ～ 30 % であった (Dann, 2010)。ゆえにデンプン含量が広範囲に含まれる飼料の給与でも高生産量を達成することは可能である。

　しかしデンプン含量が低下すると，より高品質な粗飼料やより消化のいい NDF 源が必要となる。粗飼料の品質が限られているならば低デンプン飼料によって生産量を高くすることは難しい。低デンプン飼料を使用する方法は非粗飼料繊維源，例えば大豆殻，シトラスパルプ，ビートパルプ，アーモンド殻を多く給与することである。これらの副産物のエネルギー量と NDF 含有量は高いが，NDF の消化性も高い。そのため粗飼料の品質が最適でない場合，NDF の含有量が低くても可能となる。さらにいくつかのデンプンを糖蜜のような糖源と置換することができ，これによって飼料 DM を 7 ～ 8 % まで含有させることができる (1.5 ～ 2 kg/日)。この摂取の増加は望ましくない。なぜならスクロースの発酵は酪酸合成を好み，これによって第一胃上皮に障害を与えるからである。さらに糖蜜は硫酸を多く含み，硫酸の過剰摂取は灰白脳軟化症のリスク要因となる。

脂肪の補給

　脂肪の補給は乳牛の泌乳成績に有益であることは長い間知られている (Palmquist and Jenkins, 1980)。乳生産量と乳成分を向上させる目的で脂肪源は泌乳飼料に添加され，その結果，エネルギー密度は増加する。ほとんどの脂肪源は高デンプンの穀類よりも 2.7 倍も高いエネルギーを持つ。最近では飼料中の脂肪と脂肪酸のデータについて注目されている。

　哺乳類細胞はカルボキシル末端から 9 個目の炭素を超えたアシル鎖に二重結合している脂肪酸を合成することはできない。これらの脂肪酸は必須脂肪酸と呼ばれ細胞代謝，遺伝子発現，免疫反応に特異的に作用する。脂肪酸のこれらの細胞機能への異なる作用によって，乳牛の繁殖と健康維持を管理するために，第一胃以降に特定脂肪酸の供給を増やすことが新たに注目されている。

●脂肪源の特性化

　高脂肪（DM の 18 % 以上）の成分は飼料中の重要な脂肪源として考えられている。脂肪分だけ（80 % 以上脂肪酸）の成分（例えば，黄色油脂，植物油，牛脂，豚脂，家禽脂，顆粒化した水素化脂肪酸，脂肪酸のカルシウム塩）もある。その他は日常商品脂肪 (commodity fats) と呼ばれ，脂肪だけでなくタンパクや NDF のようなその他の栄養分も含まれる。後者の例として，まるごとまたは加工された油糧種子，例えば綿実，大豆，キャノーラ，亜麻，ひまわりの油糧種子が挙げられる。

　脂肪源の特性化はその由来（動物性か植物性か），全脂肪酸やその他の栄養分の濃度，脂肪の脂肪酸組成（飽和または不飽和），脂肪酸の体内動態（遊離またはトリアシルグリセロールのようにグリセロールにエステル化されるか），第一胃不活化レベルに基づく。こ

表5-6 乳牛の飼料に使用される脂肪源の特性

	不活性[1]	DM主成分 (Mcal/kgまたは%)					脂肪酸の% (FA)			
		NE$_L$[2]	NE$_L$[3]	CP	NDF	FA	飽和	不飽和	C18:2 n6	C18:3 n3
動物性脂肪										
牛脂	2	4.6	5.2	0	0	89	48	52	3	<1
豚脂	1-2	4.6	5.2	0	0	89	39	61	10	1
家禽脂	1-2	5.1	5.4	0	0	89	28-31	69-72	12-19	<1
植物油										
キャノーラ油	1	5.5	5.2	0	0	89	7	93	21	9
コーン油	1	5.5	5.3	0	0	89	14	86	59	1
綿実油	1	5.5	5.3	0	0	89	27	73	50	<0.5
亜麻仁油	1	5.5	5.2	0	0	89	33	67	16	55
大豆油	1	5.5	5.3	0	0	89	16	84	54	7
黄色油脂	1	5.5	5.2	0	0	89	40	60	14	1
油糧種子										
キャノーラ	1	3.5	3.2	20-26	16-18	35-38	7	93	21	9
綿実	2	1.9	1.8	19-22	45-50	17-19	27	73	50	<0.5
亜麻仁または亜麻	1	3.3	3.0	20-24	24-28	34-36	12	88	16	55
大豆	1	2.7	2.6	40-42	13-17	13-18	16	84	54	7
ひまわり	1	3.3	3.0	18-20	23-25	35-38	10	90	66	<0.5
コマーシャル脂肪										
パームFAのカルシウム塩 (Megalac, EnerG Ⅱ, Enertia)	3	4.9	5.4	0	0	84	57	43	8	<0.5
パームと大豆FAのカルシウム塩 (Megalac R)	2-3	4.9	5.6	0	0	84	30	70	32	4.5
亜麻仁FAのカルシウム塩 (FlaxTech)	2-3	4.7	5.2	0	0	81	18	82	18	47
ベニバナFAのカルシウム塩 (Prequel 21)	2-3	4.8	5.3	0	0	82	13	87	70	1.3
トランスFAのカルシウム塩 (Bridge TR)	2-3	4.8	5.3	0	0	82	30	70	1	0.5
エネルギーブースター100	3	5.3	5.8	0	0	99	86	14	1.5	0
エネルギーブースターH	3	4.9	5.3	0	0	90	88	12	1.5	0
水素化された油脂 (Alifet; ブースター脂肪, Dairy 80; Carolac)	2-3	3.0	4.1	<3	<1	72-90	50-87	13-50	<1	<1

[1] 第一胃不活化のレベル，脂肪分解の割合と不飽和化のレベルに基づく。両者とも第一胃の微生物作用に影響する。1＝第一胃活性脂肪，2＝中等度レベルの第一胃不活化，3＝第一胃内でほとんど不活化。
[2] NRCを使用し，DMのMcal/kgとして計算され，泌乳牛の維持必要量の3倍である (2001)。
[3] CPM-Dairy version 3.0.10を使用し，DMのMcal/kgとして計算され，泌乳牛の維持必要量の3倍である。

れらすべては牛側の反応，乳脂肪量と組織への脂肪量に影響し，第一胃内の微生物活性を変化させ，繊維と炭水化物消化，小腸内の脂肪消化性，乳牛の食欲に影響する。**表5-6**は一般的に泌乳牛に給与される脂肪源の主要特性について表示している。動物のレンダリング産業の製品，例えば牛脂，豚脂，家禽脂のような脂肪源もある。これらの脂肪源はトリアシルグリセロールの形で存在し，少量だがさまざまな割合で脂肪酸が含まれている。南米，EU，日本では牛海綿状脳症の拡散のリスクのある神経組織が残存する可能性があるため，反芻動物の飼料に動物性脂肪を添加してはならない。今日の米国では牛脂は安全と考えられており，反芻動物の飼料に添加しても問題ない。

植物油は日常商品脂肪であり，飼料粉砕機によって

穀類ミックスに添加されるか，または動物性脂肪と混合され商業農家に輸送される。反芻動物の飼料に植物油を添加することに関する懸念があり，なぜなら植物油は第一胃内において微生物によるトリアシルグリセロールの急速な脂肪分解を促進し，その結果，植物油に多く含まれる不飽和脂肪酸は，微生物の生物学的水素化を引き起こし，第一胃内の繊維分解に影響するからである。

一方，乳牛の飼料に油糧種子を中等量添加して飼料DMの1～2％の脂肪分を増やす場合，その油分は通常第一胃の発酵性と飼料消化性にほとんど影響を与えない。第一胃液への遅いトリアシルグリセロールの放出は，脂肪分解の速度を遅くし，不飽和脂肪酸の微生物作用への影響を最小限にする。たとえば，硬い種皮で覆われた高繊維の全粒綿実は，第一胃内の脂肪酸の放出を遅らせ，飼料の有効な繊維源となり，第一胃の健康を改善する。

3つ目の脂肪源はコマーシャル脂肪（commercial fats）と呼ばれ，元々は第一胃で不活化する脂肪としてつくられたが，より最近では乳牛の飼料に第一胃発酵に影響の少ない特定の脂肪酸源として，動物の反応，主に免疫機能と繁殖への影響を向上させる目的でつくられている。牛乳市場によっては微生物発酵を邪魔しない飼料によって乳脂肪量を減らすことが望まれる。トランスモノエン脂肪酸（C18：1，ほとんどがトランス）を多く含むカルシウム塩は，乳生産量を変化させないで乳脂肪合成を中等度に抑制する作用を持つため，脂肪の生産量のノルマがある生産者は液体乳を多く販売しようとする。

コマーシャル脂肪源のほとんどはトリアシルグリセロールの形をした飽和脂肪酸か，または遊離脂肪酸である。補給される脂肪の栄養価は可消化エネルギーに基づいており，脂肪酸の消化性は脂肪源がトリアシルグリセロールの形をしたステアリン酸（C18：0）が豊富な場合は，低下する。一方，不飽和脂肪酸が豊富な脂肪酸は第一胃の微生物作用，繊維消化性，乳汁動態に悪影響を及ぼす。そのため脂肪源の選択はその消化性を考慮することが重要であり，これは脂肪源のエネルギー密度，第一胃代謝への影響を最小限にするための第一胃の不活化レベル，乳汁組成，健康および繁殖すべてに関わるからである。

●第一胃の代謝と脂肪消化

多くの脂肪源はトリアシルグリセロールの形で給与される。第一胃内の微生物作用は脂肪酸とグリセロール骨格のエステル結合（脂肪分解）の加水分解に関わる。遊離脂肪酸（主に不飽和脂肪酸）は第一胃に放出されると微生物の作用を受ける（Jenkins, 1993）。

不飽和脂肪酸は第一胃において広範囲に脂肪分解され水素化されるため，乳牛の小腸内で吸収されるために十二指腸内を浮遊しているほとんどの脂質は，飽和遊離脂肪酸の形をしている。必須脂肪酸リノール酸（C18：2 n6）やリノレン酸（C18：3 n3）のようなポリ不飽和脂肪酸は，第一胃の微生物によって広範囲に生物学的水素化され，これらの取り込まれた脂肪酸の20％以下が小腸で吸収される（Doreau and Chilliard, 1997）。

不飽和脂肪酸が豊富な脂肪源の脂肪分解の割合は高く，これによって微生物酵素作用，特に繊維消化を促進する。ゆえに第一胃の炭水化物発酵を考慮すると不飽和脂肪酸の生物学的水素化は望ましい過程であるが，これは第一胃の微生物に潜在的に毒性のある成分の蓄積を減らすからである。しかし不飽和脂肪酸が大量に摂取された場合，脂肪分解の割合が生物学的水素化の割合を超えてしまい，その結果，第一胃液に不飽和脂肪酸の蓄積が起こり，微生物作用を阻害してしまう。さらに脂肪酸の生物学的水素化の過程の最中，トランス配列の中間化合物（共役リノール酸（CLAs）など）が生産される（Jenkins, 1993）が，これらは乳腺における脂質生成を非常に強く阻害する。結果として乳脂肪低下が引き起こされる。

乳牛に最大量の不飽和脂肪酸を給与して，その第一胃代謝への影響を最小限にすることが勧められている。さらに，不飽和脂肪酸の摂取量の増加は第一胃発酵が阻害されていなくても，食欲抑制作用によって牛の成績に影響する（Allen, 2000；Allen ら，2009）。

乳牛の飼料摂取は飼料中に脂肪が補給された場合に抑制される。これは泌乳初期または不飽和脂肪酸が主に給与されている場合に認められる。乳牛の食欲は第一胃の充満によって，そして消化管由来のシグナルによって調整される（Allen, 2000；Forbes, Allen ら，2009）。

牛に脂肪を給与するとコレシストキニン，グルカゴン様ペプチド1，グルコース依存性のインスリン分泌性ペプチドのような消化管ペプチドの放出を促進し，食欲減退をもたらすと考えられている（Allen ら，2009）。さらに脂肪の給与は食欲を刺激すると考えられているグレリンの放出も抑制する。これらのペプチドは脳の飢餓中枢と満腹中枢に直接作用して食欲を支配し，さらにインスリンとグルカゴンの放出，迷走神経の発火に影響を及ぼす。

表5-7 乳牛の飼料に一般的に使用される脂肪源の費用の比較

	米ドル[1]/1,000kg	脂肪酸(%)	NEL (Mcal/kg[2])	その他の栄養分	米ドル 脂肪酸のkg	米ドル NELのMcal
パームFAのカルシウム塩	800	84	4.9	7% Ca	0.952	0.163
牛脂	600	89	4.6	—	0.674	0.130
飽和遊離脂肪酸	950	99	5.3	—	0.960	0.179
全粒綿実	170	18	1.9	20% CPと47% NDF	0.944	0.089
全大豆	420	17	2.7	41% CPと16% NDF	2.471	0.156
黄色油脂	550	89	5.5	—	0.618	0.100

[1] 米国における2009年と2010年に観察された市場価格に基づく。
[2] NRCを使用し、DMのMcal/kgとして泌乳牛の維持要求量の3倍に計算してある(2001)。

脂肪を摂取することでエネルギー摂取量が増加すると、吸収された栄養分は肝細胞のエネルギー（ATP）を増加させ、Na^+/K^+チャネルに影響して神経線維の脱分極を引き起こし、迷走神経の求心性線維の発火率を低下させる（Allenら、2009）。迷走神経の伝達の変化は満腹中枢に信号を送り飢餓を抑制する。不飽和脂肪酸は肝細胞によって酸化されやすいため、これらの脂肪酸の腸管内の浮遊の増加は、他の脂肪酸よりも食欲減退をもたらす（Allen, 2000）。

ゆえに乳牛のために飼料を製造する時は最も豊富な不飽和脂肪酸、すなわちパルミトレイン酸（C16：1）、オレイン酸（C18：1）、リノレイン酸（C18：2）、リノレン酸（C18：3）の総摂取量を考慮することが重要である。乳牛の一般的な飼料の摂取量は、脂肪が補給されないと不飽和脂肪酸が300g/日、脂肪が補給されると700g/日まで増加する。

●乳牛飼料への補給脂肪の取り込み

泌乳牛に給与される飼料に含むことができる脂肪量には限度がある。最近では泌乳牛の飼料は総エーテル抽出物の7％を超えてはならないとされており、これは約6％の総脂肪酸に相当する。この値は適切なNDF量と高粗飼料を含んだ飼料にのみ勧められている。飼料の粗飼料分の低下とともに総脂肪量も低下するべきである。

経験則によると乳牛は乳汁中に分泌される総脂肪量と同じ量の長鎖脂肪酸を摂取するべきである（Palmquist, 1998）。例えば1日3.75％の脂肪を含む40kg/日の乳汁を生産する高生産量の牛は、1日1.5kgの乳脂肪を分泌する。この牛がDMを25kg/日摂取しているならば、飼料中の脂肪量は以下の量であるべきである。

> 飼料中の脂肪濃度 = 乳脂肪1.5kg/DM摂取量25kg
> = 飼料中の脂肪6％

この式は分娩後、最初の3～4週間を経過している牛だけに当てはめるべきである。泌乳初期では体重の減少や長鎖脂肪酸から乳脂肪への広範囲な変換が起こるため、乳脂肪の分泌は相当量の場合がある。分娩後の最初の数週間に高脂肪量の飼料を与えると飼料摂取量を低下させ、微生物のタンパク合成を低下させる。ゆえに泌乳の最初の3～4週間の飼料の総脂肪濃度は5％以下にすることが賢明である。

脂肪が補給されていない場合の多くの泌乳飼料のエーテル抽出物は約3％であり、そのうち70％（飼料の2％）は脂肪酸である。脂肪の補給によって飼料の総脂肪酸濃度をDMの3～5％にすることが推奨されている（Palmquist and Jenkins, 1980）。そのため脂肪源の選択が重要となる。脂肪源は油糧種子の場合、正味エネルギーのMcalごとのコストやその他の栄養分に基づいて選択するべきであり（**表5-7**）、さらに第一胃機能への潜在的な関わり合い、繊維消化、成績も考慮するべきである（**表5-6**）。

多くの場合、最初のステップは油糧種子を加えて脂肪酸濃度を総DMの1.5～2％に増加することである。油糧種子は脂肪分だけでなく、タンパクとNDFも含むため、最も魅力的な脂肪源である。泌乳牛の飼料に油糧種子を加えることで脂肪酸を2％増加させても（例えば、飼料DMの2％から4％へ増加させる）摂取量、第一胃発酵性、飼料の消化性への影響は少ない。脂肪源と粗飼料源には関連性がある。飼料の主体がコ

第5章 泌乳牛の栄養管理　77

ーンサイレージであり，牧草，マメ科植物の乾草やサイレージがほとんど，またはまったく含まれていない場合，第一胃で活性化する脂肪源（**表5-6**）は消化性と乳脂肪合成に悪影響を及ぼす傾向にある（Onetti and Grummer, 2004）。ゆえに脂肪源と粗飼料の関係は無視できない。

高粗飼料またはアルファルファを多く含む飼料を摂取している牛では，脂肪の補給による第一胃の代謝の負の影響を受けにくい。このような飼料は吸収される脂肪酸の結合部位が多く，そのために第一胃の微生物叢と接触する能力が低下する。高粗飼料またはアルファルファが主体の飼料は，第一胃内の液相部の通過速度が速く，第一胃から脂肪酸を速く取り除き，それによって脂肪酸の生物学的水素化を低下させる。さらに，高粗飼料またはアルファルファが主体の飼料は，第一胃の緩衝作用を増加させ，pHの低下を防ぐという仮説があり，これはトランス脂肪酸合成に重要である。繊維消化性と乳脂肪低下による問題を防ぐために，どれくらいの第一胃活性の脂肪を飼料（飼料DMの何％）に加えることができるかを計算する式を以下に示す。

補給する脂肪量（％）=
（6 × 飼料ADF％）/ 補給する脂肪の不飽和化％

例を挙げると，20％ ADFの飼料に補給される脂肪源が50％不飽和脂肪酸の場合，補給する脂肪の合計量は（6 × 20）/50 = 2.4％となる。その他，給与される脂肪の合計量は乳汁中に生産される脂肪量と同量であるべきという考えもある（Pamquist, 1998）。脂肪の補給の基準に関係なく，栄養士や獣医師は過剰な脂肪酸（6％以上の脂肪酸または7％以上のエーテル抽出物）を含む飼料の給与は避けるべきである。これらのガイドラインは補給される脂肪の不飽和脂肪酸が高く，飼料の主体が低粗飼料または粗飼料の多くがコーンサイレージである場合は特に重要である（Onetti and Grummer, 2004）。

脂肪が補給されている泌乳牛の飼料は適切な粗飼料NDFを含んでいるべきであり，一般的に飼料DMの20％以上が望ましく，全飼料の約10％はコーンサイレージ以外の粗飼料，例えば牧草/マメ科植物の乾草かサイレージからなるべきである。

飼料に2％以上の脂肪酸が補給される場合，第一胃内で不活性な脂肪源，例えばカルシウム塩や飽和脂肪酸のような脂肪源の利用を考慮することが重要である。これらの脂肪源は脂肪酸として飼料DMの5～5.5％も増やすことができ（6～6.5％エーテル抽出物），その第一胃発酵と繊維質消化性への影響は最小限である。

しかしこのような濃度は，分娩後3～4週間経過した高生産牛に必要である。泌乳後期の牛や低生産牛は高脂肪の飼料によって生産量が増加するなどの反応が認められにくいが，代わりに体重増加や身体状態の向上が認められることが多い。高脂肪の飼料の一般的なガイドラインは飼料中の脂肪の3分の1は基礎材料，例えば粗飼料，穀類，タンパクサプリメント，3分の1は日常商品脂肪（commodity fat）源，3分の1は第一胃不活性のコマーシャル脂肪（commercial fat）からなるとされている。

脂肪源によっては牛に好まれるものとそうでないものがある。一般的に動物油脂，大豆製品，全粒綿実，飽和脂肪酸の嗜好性はカルシウム塩よりも高く，牛に受け入れられやすい。脂肪の補給としてカルシウム塩が選択される場合，味に慣れるように徐々に飼料に添加することが勧められる。獣脂（タロー，tallow），油，黄色油脂のような脂肪は飼料の埃っぽさを減らし，微粒子の分離を減らして飼料のより好みを減らし，飼料の嗜好性を高めると考えられている。

乳牛の飼料に脂肪を補給する時に考慮すべきことを以下に示す。

①価格によって脂肪源を選択し，さらに脂肪源のNEL密度を考慮する。NEL密度は主に脂肪酸の濃度と消化性によって決まる。他の成分との相互作用の可能性は，特に第一胃活性の脂肪を使用する場合は無視してはならない。
②分娩後3～4週間は脂肪酸を中等量（3～4％）含んだ飼料を与え，脂肪の補給は少量ずつ徐々に添加し，分娩4週間後に飼料DMの5～5.5％の脂肪酸まで増加させる。分娩後4週間の牛の乳汁中に分泌される脂肪量と同等の脂肪摂取量にする。
③粗飼料を適切に給与することは重要であり，同様に総粗飼料の一部に牧草またはマメ科植物の乾草かサイレージを加えることも重要である。飼料中の粗飼料NDFは飼料DMの20％以上であるべきであり，総粗飼料は飼料DMの40％以上であるべきである。粗飼料のNDFが高い場合，飼料NDFが30％以上に維持され粗飼料NDFが20％以上で

あれば，総粗飼料の含有量を減らすことできる。

④不飽和脂肪酸はカルシウムとマグネシウムのような陽イオンと鹸化することがあるが，マグネシウムは消化性が低く，主に第一胃内で吸収される。ゆえに高脂肪の飼料にこれらのミネラルを十分量加えることが重要である。泌乳牛の飼料のカルシウム濃度はDMの0.65～0.80％であり，マグネシウムはDMの0.30～0.40％とするべきである。

⑤脂肪は牛のエネルギーとなるが，第一胃の微生物は成長のために長鎖脂肪酸をエネルギー源として利用できない。ゆえに高脂肪の飼料は，バランスのとれたアミノ酸組成と高い腸管消化性を持つ第一胃非分解性タンパク（RUP）を必要とする。飼料の代謝タンパク（MP）のアミノ酸組成を補足するタンパク源に注目する。

● 脂肪の補給による乳組成への影響

　脂肪酸は乳脂肪の脂肪酸組成に影響するだけではなく，乳汁中の脂肪とタンパク濃度にも影響する。生物学的水素化の過程における不飽和脂肪酸はCLA（conjugated acid，共役リノール酸）と呼ばれる中間物を生成し，脂質生成と乳腺における脂肪酸不飽和化作用を抑制することが知られている。

　第一胃の低pH，イオノフォアの存在などの特定の状況下において不飽和脂肪酸が利用できる場合，第一胃の環境は変化し，リノール酸（C18：2n6）の生物学的水素化が部分的に起こり，生物活性の非常に高い中間物，主に trans-10, cis-12 CLA（乳脂肪の抑制として最もよく知られている）が生産されるだけでなく，乳腺内の脂肪酸のデノボ（新規）合成を低下し，脂肪酸の不飽和化を低下させる trans-9, cis-11 CLA, cis-10, trans-12 CLA も生産される。

　trans-10 C18：1の相当量の増加は，乳脂肪の低下の指標となる。trans-10 C18：1は乳腺の脂質合成を抑制しないが，検出しやすく，ほとんどの場合は乳脂肪の低下と関連している。

　乳汁の脂肪濃度が飼料によって低下している場合，最も影響を受ける脂肪酸は，乳腺でデノボ合成された脂肪酸であり，すなわち短鎖，中鎖脂肪酸である。乳脂肪は脂質合成由来のデノボ合成された脂肪酸，さらに血中NEFAとリポタンパクからの予備脂肪酸からなる。14C以下（C4からC14）の脂肪酸はデノボ合成されるが，C16はデノボ合成から生じ，さらに予備脂肪酸の取り込みによっても生じる。18またはそれ以上のC（≧18）の脂肪酸は血液からの取り込みによって生じる。ポリ不飽和脂肪酸の給与やその他の理由によって乳脂肪低下が認められる場合，C4からC14脂肪酸濃度，デノボ合成された脂肪酸，およびC16は低下し，さらに18またそれ以上の脂肪酸も少なからず低下する。

　乳脂肪低下を予防するために以下に注意する。

①最小限の粗飼料NDFを給与し，第一胃pHと第一胃の健康を維持するために，品質のよい粗飼料を給与する。

②加工処理された穀類を給与し，第一胃のデンプン消化性を最大限にし，第一胃の低pHを引き起こす過剰給与を避ける。泌乳牛の多くの飼料のデンプン含有量は，飼料DMの20％から26％の間にすることが勧められている。

③リノレイン酸（C18：2 n6），リノール酸（C18：3 n3）のようなポリ不飽和脂肪酸，エイコサペンタエン酸（C20：5 n3），ドイコサヘキサエン酸（C22：6 n3）のような魚油と藻類内の脂肪酸の過剰摂取を避ける。

④第一胃で分解可能なデンプンを過剰に含んだ飼料のように，第一胃pHの酸性化を好む飼料は避ける。これらの飼料は微生物集団の変化と生物学的水素化経路の中断をもたらす。

⑤適切な物理学的有効性のNDFまたは粗飼料繊維が含まれることを確実にする。さもないとこれらの飼料によって第一胃pHはより酸性になり，唾液による第一胃の緩衝化の低下，VFA吸収に重要な第一胃収縮の低下，さらに脂肪酸と繊維粒子の吸着の低下が起こり，脂肪分解と生物学的水素化に利用されやすくなる。適切な粗飼料と適切な粗飼料粒子サイズは脂肪の低下を防ぎ，乳牛の飼料に重要である。

⑥飼料は第一胃緩衝剤とアルカリ剤を含むべきである。重炭酸ナトリウムとセスキ炭酸塩のような緩衝剤と酸化マグネシウムのようなアルカリ剤はより適切な第一胃pHを維持し，第一胃内のトランス脂肪酸の蓄積を予防する。

⑦イオノフォアを大量に給与するのは避ける。特に高デンプンと高不飽和脂肪の飼料で注意する。イ

> オノフォアはグラム陽性菌に作用し，細菌発酵を
> 変化させる。この過程で生物学的水素化経路を壊
> し，第一胃内のトランス脂肪酸の生成を好都合と
> する。

乳脂肪低下の問題がある場合，上記すべての項目について考慮する必要がある。通常，1つまたはそれ以上の項目をコントロールすることで問題を解決することができる。

泌乳期の飼料に脂肪を加えると，乳汁のタンパク濃度は低下し，特にカゼインが低下する。タンパク濃度は低下するが，タンパク生産量は一般的に不変，またはわずかに上昇し，多くの牛は脂肪の補給を乳生産量の増加として反応する（Wu and Huber, 1994）。乳タンパクの低下は泌乳のピークをすぎた牛で認められ，この反応は利用された脂肪酸源に関係なく認められる（Wu and Huber, 1994）。しかし第一胃発酵に影響を及ぼす脂肪源は乳タンパク合成に大きく影響し，なぜなら有機物消化性の低下と微生物タンパクの低下が起こるからである。

乳タンパク濃度の低下は一般的に約0.1〜0.2％単位であり（4〜7％の濃度の低下），飼料に脂肪を補給後間もなく認められる。脂肪が補給された牛の乳汁合成の効率の増加によって，乳腺におけるアミノ酸の取り込みが制限されるが，これは生産された乳汁1kg当たりの血流が低下するため，アミノ酸の取り込みの低下と乳タンパクの低下が生じるからである。脂肪の給与は一般的にインスリン濃度を低下させ，インスリンは乳牛の乳タンパクを上昇させることが分かっている。

そのため脂肪が給与された牛の乳腺によるアミノ酸の取り込み限度は，乳汁合成の効率に関連しており，同様にホルモンの修飾によるアミノ酸の取り込み限度にも関連しているという。さらに脂肪の給与は微生物合成を低下させ，微生物タンパクはカゼインに類似したアミノ酸組成のため，乳タンパク合成に好都合であるとの可能性がある（Santos and Huber, 2002；Schwab and Foster, 2009）。

●健康と繁殖への有益性

乳牛飼料への脂肪の利用は，通常，飼料のカロリー密度を増加させ，泌乳と繁殖を向上させるが，カロリーの供給かかわらず繁殖性の向上が起こる（Santosら，2008）。最近のエビデンス（証明）によると，泌乳後期と泌乳初期における脂肪給与は，その後に続く繁殖成績にプラス効果をもたらす。脂肪給与による繁殖へのプラス効果は，卵胞の成長の刺激，黄体機能の改善，子宮修復の加速によって起こる。泌乳初期に脂肪を給与することによる卵胞への作用は，いくつかの研究によって観察されている（Santosら，2008）。同様に乳牛飼料に脂肪を補給すると，黄体のプロジェステロン（胚盤胞の延長と妊娠維持に重要なステロイドホルモン）濃度を増加させる。

不飽和脂肪酸，特にリノレイン酸（C18：2 n6），リノール酸（C18：3 n3），エイコサペンタエン酸（C20：5 n3）とドイコサヘキサエン酸（C22：6 n3）が豊富なカルシウム塩は，繁殖に有益であることが示されている。Santosらの研究（Santosら，2008）によって，飼料に脂肪を補給することは乳牛の繁殖の全体的なプラス効果をもたらすことが分かった。授精による妊娠の増加率は4％であった。特定の脂肪酸源が給与されると繁殖能力が向上できる可能性がある。n6とn3の脂肪酸の混合を泌乳の明確な時期に給与すれば，妊娠に有益となることがある。妊娠期間の最後の数週間と泌乳の最初の4週間に，飼料DMの1.5％としてn6脂肪酸が豊富なカルシウム塩を給与し，その後，飼料の1.5％としてn3脂肪酸が豊富なカルシウム塩に変えた場合，分娩後の最初の2回の授精による妊娠牛の累積割合は最も高い（Santosら，2008）。

この有益性は一部でのみ認められたが，それは繁殖期にn3脂肪酸を給与すると妊娠喪失のリスクを減らしたからである。n3脂肪酸，例えばリノール酸（C18：3 n3），エイコサペンタエン酸（C20：5 n3）とドイコサヘキサエン酸（C22：6 n3）は，エイコサノイド・プロスタグランジン（PG）F_{2a}の合成を抑制することが知られている。子宮内膜のPGF_{2a}拍動性分泌をn3脂肪酸のその他の免疫調節作用とともにコントロールすれば，乳牛の胚生存に有益であることを証明できるかもしれない。

リノレイン酸（C18：2 n6）のようなオメガ6族の脂肪酸は，アラキドン酸（C20：4 n6）の前駆体であり，PGF_{2a}を含むすべてのエイコサノイドの中心である。プロスタグランジンやその他の免疫介在物は，白血球の回復と自然免疫応答における急性期タンパクの生産に重要である。飼料中のn6脂肪酸による自然免疫応答の刺激は，乳牛の子宮の健康に有益である可能性がある。Santosらの実験（Santosら，2008）によるとリノレイン酸（C18：2 n6）が豊富なカルシウム塩を給与しても，胎盤停滞や子宮炎のリスクに影響を及

ぼさなかったが産褥性子宮炎（発熱を伴う子宮炎）のリスクを低下し，脂肪源によっては疾患の重症度を最小化する可能性を示している。

　繁殖能力に役立たせるために不飽和脂肪酸を補給する場合，これらの脂肪酸の第一胃発酵，繊維消化，食欲，乳タンパク合成への作用を考慮することが重要である。ポリ不飽和脂肪酸は乳牛に給与できるが，中等量にする。さらに脂肪給与に関する既述のガイドラインを考慮し，油糧種子由来のポリ不飽和脂肪酸または第一胃不活性の脂肪酸の利用を避けることが重要である。最後に，ポリ不飽和脂肪酸の給与は中等量にし，補給する脂肪の大部分を占める場合，飼料の全脂肪量は飼料DMの5％以下に制限するべきである。

タンパク栄養素

　反芻胃における飼料の発酵は微生物タンパク合成の基質を供給する。これらにはアミノ酸，ペプチド，アンモニア態窒素，炭素骨格が含まれる。第一胃の微生物は総窒素含量に基づき55～65％CPからなる。飼料のCP濃度は窒素濃度を測定し，この値を6.25倍して推測する。この数値は多くのアミノ酸の窒素が分子量の16％であることから由来する。ゆえに分析された窒素がCP（アミノ酸相当）に変換されるためには，この数値を6.25倍する必要があり，これは100を16で割った値である（100/16 = 6.25）。

　微生物タンパクのアミノ酸組成は乳タンパクのそれと非常に似ており，乳合成に重要なアミノ酸，リジンとメチオニンの微生物タンパク内の平均濃度はそれぞれ7.9％と2.6％である（NRC, 2001）。この濃度は乳牛の飼料に使用されるほぼすべての飼料タンパクの同じアミノ酸の濃度をはるかに超えている。微生物タンパクに加えて，乳牛は飼料タンパクからアミノ酸とペプチドを利用する。これらは第一胃分解を受けない。タンパク源の固有特性，そしてDMIのような動物側の因子に基づいて，タンパクは前胃において分解されるかまたは何も起こらず第一胃分解を免れる。

　1960年代に行われた研究によると，純タンパクを含まない飼料を給与された泌乳牛は，泌乳期に4,500kgまでを生産することができた（Virtanen, 1966）。これは微生物タンパクが必須および非必須アミノ酸を泌乳牛に供給するのに重要であることを示している。しかし第一胃微生物は高生産牛の最適な乳生産量を達するのに必要なタンパクを十分に供給できない。ゆえに，第一胃分解を避けるために適量のタンパクを給与し，十分なアミノ酸を供給する必要がある。

　一般的に乳牛において，飼料窒素を乳タンパクに変換する効率は悪い。第一胃におけるタンパクの広範囲な分解は窒素消耗を増加し窒素利用の効率を低下させるため，微生物分解に抵抗性のあるタンパク源を使用した飼料を製造する方法が提案されている。しかし最適な微生物タンパク合成とRUPの供給のバランスは動物の成績を最適化するために重要であり，このRUPはバランスのよいアミノ酸組成と腸管における高消化性を持つ。

　微生物タンパクは一般的に乳牛の腸管で吸収される総MPの50～60％を占めているので，第一胃発酵と微生物成長を最適化すると，乳生産量と乳タンパクを向上させる。反芻胃内の微生物の成長はATPエネルギー，NH_3，アミノ酸，ペプチドの形の窒素，分岐鎖脂肪酸，リン，硫黄，コバルトのようなミネラルを必要とする。栄養供給量に加えて第一胃のpH，浸透圧，流出量は，微生物の成長と微生物タンパク合成に影響する。

　発酵性有機物の形のエネルギーは微生物タンパク合成に影響する主要な要素である。乳牛のためのNRCの出版物（NRC, 2001）によると微生物の窒素合成は第一胃と消化器官における有機物の消化性に直線的に関連していることが説明されている。ゆえに第一胃発酵性有機物の濃度が高い飼料は微生物タンパク合成を促進する。過剰な第一胃発酵性有機物，特に糖類やデンプンは第一胃pHを抑え，それによって微生物の成長，特に繊維を消化する微生物の成長を抑制する。

　最近までCPは泌乳牛の飼料製造時のタンパク栄養分の主要な成分であった。しかし生産レベルの上昇，飼料分析やアミノ酸必要量の知識量の増加に伴ってタンパクはカテゴリー化され，例えばCP，可溶性タンパク，第一胃分解タンパク（RDP），RUP，利用不可タンパクと分類される。

　タンパク測定に加えて補給されるタンパクのアミノ酸組成も飼料製造に重要である。多くの飼料製造プログラムは飼料のCP含量を考慮するだけでなくその第一胃分解性，炭水化物源との動的相互作用，通過率，第一胃非分解割合の推定アミノ酸組成についても考慮する。これらを考慮することで小腸内へのアミノ酸の流れを推測しやすくする。第一胃微生物は窒素をNH_3，アミノ酸，ペプチドとして供給するためにタンパクを必要とするが，泌乳牛は他の哺乳類と同様，CPを必要とせず，特定のアミノ酸のみを必要とするため，この推測は重要である。

表5-8 大豆飼料の給与または高RUPが補給されている牛における窒素の十二指腸への流れ (Santos and Hubar, 2000)

項目	タンパク 大豆飼料	タンパク RUP	違い g/日	違い %
窒素摂取量 (g/日)	469.1	463.6	−6.5	−1.4
十二指腸への流れ (g/日)				
細菌性窒素	275.6	240.2	−35.4	−12.9
飼料中の窒素	201.1	248.9	47.8	23.8
細菌性と飼料性窒素	474.3	486.7	12.4	2.6
必須アミノ酸	1,102.0	1,159.0	57.0	5.2
リジン	230.5	138.7	−91.8	−39.8
メチオニン	45.1	46.5	1.4	3.2

表5-9 タンパク源の第一胃分解性と腸管消化性 (Santos and Huber, 2002)

タンパク源	CP (%)	第一胃CP分解性 (%)	腸管CP消化性 (%)	EAA[1] 指標
第一胃微生物	60	NA	80	82
大豆ミール	48-54	65	93-96	71
アルファルファ乾草	18-25	70	65.7-75	65
コーングルテンミール	67	32	92-97.4	52
蒸留穀類	30	48	80-84	54
醸造用穀類	29	38	80-85	67
血粉	93	22	56.3-80	60
フェザーミール	86-92	20	65-70	34
魚粉	68-71	30	90-96	68
肉骨粉	45-54	48	60-78	51

[1] 必須アミノ酸。値が高ければ高いほどそのタンパク源の品質は高い。

　最低限の硝酸態 (NH$_3$) 窒素は第一胃発酵を維持するために必要である。泌乳していない牛の飼料には、最低でも7〜8％のCPが第一胃発酵のために必要である。乳牛では in vitro 研究によると、最低でもNH$_3$ 窒素 2.5mg/dL の濃度が最適な微生物成長に必要であると推定されている。第一胃にカニューレを装着した高生産量の乳牛における研究によると、DMIと乳生産量を最大限にするための第一胃液の最適NH$_3$ 窒素濃度は、10〜20mg/dL である。NH$_3$ 窒素、アミノ酸、ペプチドが、第一胃における微生物成長と炭水化物消化を最大化することを確実にするため、飼料DMの最低でも10〜11％はRDPとするべきである (Hoover and Stokes, 1991)。

　実際、第一胃でほとんど分解されるタンパク源の大豆がRUP源に置き換わると、微生物タンパクの流れは低下した (表5-8)。ゆえに泌乳牛の飼料のRUP源は微生物成長を促進する最適量の分解性タンパクの代わりにはならない。

　乳牛の飼料に一般的に使用されるタンパク源はその由来 (植物性か動物性か)、第一胃分解性、品質、アミノ酸組成、腸管消化性によって分類される。表5-9には一般的に泌乳牛に使用されるタンパク源について記載している。

　泌乳牛の飼料には通常16〜19％のCPを含んでいる。分娩後、最初の3〜4週間目の泌乳初期の牛は18〜19％のCPによく反応するが、これはおそらく低いDMI、そして分娩後数週間で認められる微生物タンパク合成の低下を埋め合わせるためである。興味深いことに、泌乳初期の牛に多くのタンパクを給与すると乳生産が刺激され、その結果体重減少と負のエネルギーバランスがもたらされる (Orskov ら, 1977)。ゆえに分娩から4週間後の牛に多くのRUPを給与すると乳生産量と体脂肪の動員を刺激する。分娩後数カ月間はRUP源の給与に最も反応する時期であり、微生物タンパク合成を補足する。

　分娩から4週間が経ち、DMIが上昇し負のエネ

ギーバランスの時期をすぎたならば，飼料のタンパクを減らしてもよい。分娩後4週間の高生産牛の飼料のバランスが適切かつ使用されているタンパク源が微生物タンパクを補足するアミノ酸が含まれている場合，17.5%以上のCPを加える利点は少なく，または皆無である（Noftsger and St-Pierre, 2003）。タンパク含量を16%以上に増やす利点が認められなかったケースもある（Broderick, 2006）。

多くの泌乳牛の飼料では，微生物タンパクは小腸で吸収される総MPの50〜60%を示している。微生物タンパクのアミノ酸組成は不変であり乳タンパクと類似している。そのため乳牛の飼料製造はRUP源の補給の必要性が少なくなるように牛の総MP要求量に貢献する微生物タンパクを最適にすることを考慮するべきである。飼料のRUP割合を増加させるだけでは十分な泌乳成績の改善につながらない（Santosら，1998）。

表5-9を参照するとタンパク源によっては必須アミノ酸組成が優れているものもある。例えばコーンサイレージを主体とした飼料のようにリジンが低い飼料の場合，血粉のようにリジンが豊富なRUP源を補給することが望ましい。一方，メチオニンの補給が限られている場合，コーングルテンミールのようなメチオニンが豊富なRUP源を選択することは賢明である。魚粉のように，微生物タンパクに似た必須アミノ酸をバランスよく含むタンパク源がある。事実，魚粉は大豆ミールの代わりに使用される場合，窒素効率を向上させ（Broderick, 2006），さらに乳生産量と乳タンパクを増加させる（Santosら，1998）数少ないタンパク源である。

タンパク源の化学的および物理的処理はそのタンパク組成と第一胃での分解レベルを変化させることがある。通常，第一胃で分解されることが多い大豆ミールは，異なる化学物質で処理または押し出し処理や連続圧搾処理された場合，非分解性の割合を増し，乳牛の飼料に好ましいRUP源になる。通常，大豆ミールは適切なリジンを含むが，メチオニン量はいくらか少ない。利用されるRUP源に関わらず，タンパクの品質はそのアミノ酸組成と腸管消化性に基づいて考慮されることが重要である。

飼料製造において微生物窒素の流れを最適にするための1つの方法は，第一胃内のタンパク分解を発酵性有機物の利用と同期化する試みである。この概念は多くの科学者や栄養学者によって追求されてきたが，同じ割合で分解される飼料成分を供給するよりも重要なことは，第一胃内で広範囲に分解される炭水化物源を供給することである。穀類の粒子サイズを小さくして，デンプン源を微粉砕または蒸煮フレーキングのように広範囲に処理を行えば，第一胃pHが過剰に低下しないかぎり，第一胃におけるデンプンの消化性を増加し，微生物タンパク合成を増加させる（Theurerら，1999）。

微生物タンパク合成を最大限にし，腸管高消化性と良好なアミノ酸組成のRUP源を給与するために飼料を製造する際，乳汁生産と乳タンパク合成を制限するアミノ酸が最適濃度に達することは少ない。コーンサイレージとアルファルファを主体とする飼料では，メチオニンとリジンは重要な制限必須アミノ酸である。一方，ヒスチジンは乳タンパク合成の最初の制限アミノ酸であり，これは牧草サイレージ，大麦，オーツが給与されていて，RUP源の補給にフェザーミールが利用される，またはされない場合に言える（Kimら，1999, 2000, 2001）。

泌乳牛の乳タンパクの最大産生量は代謝性アミノ酸のうち，リジンとメチオニンがそれぞれ7.3%と2.5%である時に達成される。これらの数値は従来の飼料では達成が難しく，商業農家ではより現実的な推定値が提案されている（Schwab and Foster, 2009）。

NRC（2001）ソフトウェアまたはCPM-Dairy（バージョン3.0.10；http：//www.cpmdairy.net），AMTS.Cattle（バージョン2.1.1；http：//agmodelsystems.com/web3/）によると，代謝性アミノ酸，リジンとメチオニンのパーセンテージはそれぞれ6.9%と2.3%であるべきと示している。この数値は高生産牛の飼料の発酵性有機物，特にデンプンが高い場合にのみ達成できる。さらに高品質のRUP源，例えば魚粉や血粉が補給され，第一胃保護性メチオニンが追加されている場合である。アミノ酸をバランスよく含む飼料の場合，タンパク利用効率は向上し（Noftsger and St-Pierre, 2003；Scwab and Foster, 2009），飼料の全CP濃度は低下する（Broderick, 2006）。文献のメタ分析によると第一胃保護性メチオニンの補給によって乳タンパクの濃度と質量は増加する（Patton, 2010）。平均的に乳タンパク濃度は0.07%，タンパク量は27g/日，増加した。タンパク量の増加はタンパク濃度と乳量の増加を反映した。

以下は泌乳牛の飼料タンパク製造についてのガイドラインであり，タンパク利用，乳量，乳タンパクを最大限にし，過剰なCPを給与する必要性を最小限にするためのものである。

①最低限の粗飼料NDFを含む高品質の粗飼料を給与し、第一胃pHと第一胃の健康を維持する。

②第一胃デンプン消化性を最大限にするため、加工処理された穀類を給与する。泌乳期の多くの飼料のデンプン含量は、飼料DMの20〜26%であるべきと勧められている。

③デンプンに加えて、残りの非繊維炭水化物は微生物タンパク合成を最大限にするためにペクチン、グルカン、糖類を豊富に含んだ副産物で構成されているべきである。飼料DMの約5〜8%は糖、8〜12%は可溶性繊維であるべきである。

④飼料の約10〜11%をRDFとして給与し、微生物の成長のためのNH_3窒素、アミノ酸、ペプチドを適切に給与する。必要であれば、第一胃におけるNH_3窒素を増加させるためにRDFのごく一部を尿素由来にしてもよい。RDFの過剰または不足の給与を避ける。前者は泌乳に有益とはならず、過剰な窒素を処理するためのエネルギーを増加させてしまう。後者は微生物の成長を制限し、繊維消化性とDMIを低下させる。

⑤腸管消化性が高いリジンとメチオニンが豊富なRUP源を補給し、飼料CP含有量16.5〜17.5%に達するようにする。大豆ミール、キャノーラミール、血粉、魚粉を主体とするタンパク源はその必須アミノ酸含量と消化性によって最もよく使用される。蒸留穀類やコーングルテンミールのようなタンパクが利用される場合、リジンの補給の必要性は大いに増加する。RUP源、特にRDPの代わりに過剰給与することは避けるべきである。

⑥第一胃保護性メチオニンまたはメチオニンの水酸化類似体（HMBi）のイソプロピルエステルを補給する。後者は第一胃分解を逃避する2-ヒドロキシ4-メチルチオ酪酸を50%持つことが推測され、末梢組織、特に腎臓でメチオニンに変換される。リジン：メチオニンの割合を3：1にするためのMPの望ましいパーセントはリジンとメチオニン、それぞれ6.9と2.3である。

⑦乳汁尿素をモニタリングし、タンパクが不足または過剰に乳牛に給与されていないかを確認する。サンプルはDMIのピーク期である分娩後3〜5カ月の間に採取するべきであり、乳汁尿素の目標濃度を10〜16mg/dLとする。

ミネラル

摂取される総DMのミネラル量は低いが、完全な飼料が給与されている泌乳牛は適切な濃度のミネラルを容易に摂取できる。実際多くの場合、乳牛の飼料に含まれるミネラル濃度は、最適な生産量と健康のための要求量よりも多い。NRC（2001）は各ミネラルに吸収性のモデルを使用して、体重の変化、乳汁合成、胎子および子宮の組織増加、内因性の糞便排出と尿排出を考慮している。要求量が確立されると、異なる飼料源のミネラル利用は特定の吸収係数を用いて考慮される。給与する各ミネラルの合計量は、要求量（グラムまたはミリグラム）にそれぞれの吸収係数を割って決定される。

表5-10は多量ミネラルと微量ミネラルを表示し、確立された乳牛の要求量、代謝の重要な役割、不適切な摂取（欠乏症と毒性）、最も一般的な飼料源とその濃度とミネラルの生体利用率、飼料内の推奨濃度、体組織内の正常な濃度を表示している。

飼料にミネラルを補給する時には成分の適切な分析を行うことが重要である。現代の多くの検査機関は誘導結合プラズマ原子発光分析法（ICP-AES）を利用し、多くの多量ミネラルといくつかの微量ミネラルを測量することができるが、その他にも原子吸光、分子蛍光法、燃焼元素分析法が用いられる。

検査機関ではICP-AESを用いてCa, P, Mg, K, S, Na, Fe, Zn, Cu, Mn, Mo, Coのミネラル分析が行われ、さらにClイオンは滴定法を用いて測定される。土壌を分析する検査機関によっては飼料サンプル内のセレンを分析することができるが、ヨウ素分析を行う機関は少ない。有機物の分析に一般的に用いられる近赤外分光（NIR）法をミネラル分析に応用するべきではない。NIRはミネラルを直接的に定量化しないが、他の化合物との関連性に基づいて測定する。

標準的な濃厚飼料（トウモロコシ、大麦、ソルガム、キャノーラミール、大豆ミール、綿実ミール）のミネラル濃度は、副産物や粗飼料の濃度よりも変動が少ない。標準的な濃厚飼料中のミネラル濃度の薄価は、飼料の製造に役立つと思われるが、副産物と粗飼料には役立たない。あらかじめ混合されたミネラルを酪農飼料に添加する場合、基本の飼料中のミネラル組成をまず考慮しないと、ミネラルの過剰給与が生じてしまう。これは多量ミネラルや民間検査機関でルーチンに定量化されるFe, Zn, Cu, Mn, Mo, Coのような微量ミネラルにも言えることである。

表5-10 泌乳牛のミネラル

ミネラル	機能	不適切な摂取や不適切な代謝による問題	一般的な飼料源と成分濃度	生体利用率	飼料中の濃度	組織と正常濃度
多量ミネラル						
Ca（カルシウム）	骨と歯の形成。筋肉収縮、血液凝固、初乳（2.0～2.3g/L）と牛乳（1.0～1.2g/L）の主要ミネラル。	くる病：分娩後数日間またはまれに発情期に認められる低カルシウム血症。	炭酸カルシウム（38%）、石灰岩（20～33%）、第一リン酸カルシウム（15%）、第二リン酸カルシウム（20%）、第三リン酸カルシウム（30%）	・粗飼料の30% ・ミネラル源の50～70%	0.65～0.80%	血清、8.5～11.0mg/dL
P（リン）	骨と歯の形成。ATPの一部としてエネルギーを移動させる。DNA、RNA、リン脂質の合成に重要。	リン欠乏は異食症をもたらし、骨の摂取によってボツリヌス中毒症の重大なリスクとなる国もある。低リン血症：血中リン不足による池緩性麻痺、低リン血症による産褥性血色素尿。過剰なリン摂取は分娩後の最初の過剰で低カルシウム血症をもたらす。	第一リン酸カルシウム（21%）、第二リン酸カルシウム（18.5%）、第三リン酸カルシウム（18%）	60～70%	0.35～0.45%	血清、4.5～8.0mg/dL
Mg（マグネシウム）	骨と歯の形成。筋肉弛緩のコントロールに重要。細胞通信における二次メッセンジャーの補因子。	硬直麻痺を伴う低マグネシウム血症：低い血中Mgは低カルシウム血症の症状を悪化させる。過剰摂取は下痢を引き起こし、乳生産量を低下させる。	酸化マグネシウム（54%）、無水硫酸マグネシウム（19%）または硫酸マグネシウム・7水和物（9%）	飼料Kの摂取によって異なる。30～70%の範囲。硫酸Mgは酸化Mgよりも生体利用率が高い。	0.25～0.35%（高Kと不飽和脂肪酸が豊富な飼料には0.4%のMgが必要になることがある）	血清、2.0～3.0mg/dL
K（カリウム）	電解質と酸塩基平衡の維持。組織内の電位の維持。牛の汗の主要な電解質、浸透圧調節、水分平衡、筋肉収縮、神経インパルス伝達、いくつかの酵素反応に重要である。細胞内の主要な陽イオン。	低カリウム血症（血清K2.2mEq/L以下）は筋肉の脆弱化、筋肉けいれん、不整脈をもたらす。泌緩性麻痺、テタニー、死直前の呼吸抑制が認められる。脱水している牛にミネラルコルチコステロイド治療を受けている牛によく認められる。代謝性アシドーシスを引き起こす。過剰摂取はMg吸収を阻害し低マグネシウム血症を引き起こす。	炭酸カリウム（55%）、重炭酸カリウム（39%）、塩化カリウム（51%）	90%	1.0～1.6%（上限値は飼料の陽イオン陰イオンのバランスを増加する目的でKを補給する必要がある場合に望ましい）	血清、4.0～6.0mEq/L
S（イオウ）	組織タンパクの構成成分。イオウを含むアミノ酸、たとえばメチオニン、システイン、ホモシスティン、タウリンの構成成分。微生物タンパク合成に重要。	欠乏症は微生物タンパク合成を低下させ、食欲を低下させ、S含有アミノ酸を必要とする組織タンパクの合成を阻害する。飼料Sの過剰摂取（飼料DM0.4%以上）はCuとSe吸収に影響する。大脳皮質壊死症（灰白脳軟化症とも知られる）を引き起こし、主に穀類含有量の高い混合飼料に認められる。	その他の硫酸塩ミネラル、例えば硫酸カルシウム（17%）、硫酸アンモニウム（24%）、硫酸マグネシウム（13～26%）。硫酸が豊富な、アミノ酸を含むタンパク源は重要な飼料源である。	NRC（2001）は硫酸源のSの生体利用率を100%と考えている。他の源では60%と考えられている。S要素は硫酸塩源と比較するとたった30～35%でありS源として補給すべきではない。	0.20～0.22%	組織内の多くのSはアミノ酸を含むSの形であるため一般的に測定されていない。血清が使用されれ正常な濃度範囲は100～120mg/dLである。

第5章 泌乳牛の栄養管理 85

表 5-10（つづき）

ミネラル	機能	不適切な摂取や不適切な代謝に関連した問題	一般的な飼料源と成分濃度	生体利用率	飼料中の濃度	組織と正常濃度
Cl（塩素）	電解質と酸塩基平衡の維持。	欠乏症は NaCl をまったく給与されていないかまたは第四胃変位を示していない限り、一般的ではない。低 Cl 血症は代謝性アルカローシスをもたらす。	塩化ナトリウム（61%）	90%	0.28～0.35%	血清、95～110 mEq/L
Na（ナトリウム）	電解質と酸塩基平衡の維持、組織内の電位の維持、筋肉と神経の機能に重要。主要な細胞外陰イオン。	欠乏症は塩分の渇望を引き起こす。摂取と生産量の低下、脱水、不整脈、水の制限による中毒症は消化器系と神経系の症状、例えば逆流、下痢、腰痛、運動失調、盲目、発作をもたらす。	塩化ナトリウム（39%）、重炭酸ナトリウム（27%）、セスキ炭酸塩（31%）	90%	0.28～0.45%（上限値は飼料の陽イオン陰イオン平衡を増加する目的で Na を補給する必要がある場合に望ましい）。	血清、135～155 mEq/L
微量ミネラル						
Fe（鉄）	ヘモグロビンとミオグロビン合成に利用されるへムの構成要素。細胞の酸素運搬の重要要素。	欠乏症は血液喪失または吸血性内部寄生虫、例えば Haemonchus placei に感染していない限り、成熟動物には非常にまれである。中毒症は一般的ではない。飼料 Fe の過剰摂取は Cu と Zn の吸収に影響する。組織内で蓄積され細胞内酸化物質の必要性を増加する。	炭酸鉄（38%）、硫酸鉄一水和物（30%）、硫酸鉄七水和物（20%）	多くの飼料源では 10%。酸化物は利用できない。	50 mg/kg。泌乳飼料に Fe がほとんどに過剰な Fe が含まれるため補給されることはまれである。	血清（溶血していない）または肝組織。血清、0.6～1.6 μg/mL
Zn（亜鉛）	組織の統合性。金属酵素の構成成分、例えばスーパーオキシドジスムターゼ、RNA ポリメラーゼ、アルカリ性ホスファターゼ、炭酸脱水素酵素。炭水化物、タンパク質、脂質、核酸の代謝に関わる。情報伝達と遺伝子発現に重要である。免疫応答に影響する。	不適切な Zn 摂取は飼料摂取と成長を阻害する。免疫抑制、角化、不妊症、飼料 Zn の過剰摂取は皮膚疾病を引き起こす。成長阻害、腎毒性、消化管粘膜の潰瘍。	硫酸亜鉛（36%）	15%	45～55 mg/kg	血清または肝組織。血清、0.8～1.4 μg/mL
Cu（銅）	骨形成。多くの酵素の補因子。スーパーオキシドジスムターゼとチトクロームc酸化酵素の成分。被毛の色素沈着、ヘモグロビン合成および骨形成と骨修復におけるコラーゲン合成に重要である。	欠乏症は下痢、被毛の脱色、骨の異常な成長および形成、不適切なコラーゲン形成、貧血、免疫抑制を引き起こす。S と Mo が高い飼料は Cu の吸収と代謝に影響する。中毒症は一般的になぜなら安全域は要求量の 2～3 倍だけであるからである。重大な溶血、重度な胃腸炎、粘膜潰瘍を引き起こす。ジャージー牛は感受性が高い。	硫酸銅（25%）、塩化銅（58%）、炭酸銅（55%）。酸化型は生体に利用されないため Cu の補給源に使用するべきではない。	5%	12～16 mg/kg	肝組織は理想的だが血清も注意すれば使用できる。正常な肝臓 Cu は 100～200 mg/kg 湿組織。正常血清 Cu は 0.6～1.5 μg/mL である。

元素	機能	欠乏症	補給源	推奨量	血液・組織値
Mn（マンガン）	骨形成。多くの酵素の補因子。スーパーオキシドジスムターゼの成分。	欠乏症は成長阻害、骨と骨格異常、運動失調、先天異常をもたらす。	炭酸マンガン (48%)、無水塩化マンガン (43%)、塩化マンガン四水和物 (28%)、酸化マンガン (60%)、無水硫酸マンガン (60%)、硫酸マンガン一水和物 (32%)、硫酸マンガンセチ水和物 (22%)	1%	45～55 mg/kg	肝組織、10～24 mg/kg。全血、0.07～0.20 μg/mL。
Se（セレン）	グルタチオン・ペルオキシダーゼの成分。細胞膜の抗酸化物質。	欠乏症は筋ジストロフィー（白筋症）、細胞膜過酸化、免疫抑制、胎盤停滞の発生率の増加、乳房炎を引き起こす。中毒症は蹄の異常な成長、高体温、被毛の喪失、下痢、呼吸困難と関連している。	亜セレン酸ナトリウム (45%) とセレン酸ナトリウム (37%)	NRC (2001) は生体利用率を100%と考えているが、他の研究ではより低い40～70%と考えられている。	0.3～0.5 mg/kg（飼料中に補給できる最大量の Se は 0.3 mg/kg）	全血、0.08～0.14 μg/mL。血清値は全血値よりわずかに低い。
I（ヨウ素）	甲状腺ホルモンの合成。エネルギー代謝。	欠乏症は甲状腺腫（甲状腺の過形成）、流産、虚弱で無毛な子牛の誕生、不妊症をおこす。飼料 I の過剰摂取は流涙過多、流涙、水様性鼻汁をもたらず。乳汁にヨウ素が移行し、過剰な飼料 I は乳濃度の上昇をもたらす。	ヨウ素酸カルシウム (62%)、ヨウ素酸カリウム (57%)、ヨウ化カリウム (68%)、ヨウ化ナトリウム (71%)、ヨウ化ジヒドロエチレンジアミン (80%)	NRC (2001) はすべてのヨウ素を85%と考えている。	0.45～0.60 mg/kg	血清、0.10～0.40 μg/mL
Co（コバルト）	第一胃のビタミン B12 合成。ビタミン B12 は糖新生においてプロピオン酸を組み込むのに必要であり、メチオニン-葉酸サイクル；第一胃の微生物成長と繊維消化性に関与する。	欠乏症は飼料摂取の低下、エネルギー代謝の障害、飼料効率の低下、体重減少、貧血、免疫抑制と関連している。	無水炭酸コバルト (46%)、炭酸コバルト六水和物 (24%)、硫酸コバルト一水和物 (33%)、硫酸コバルトヘプタ水和物 (21%)	NRC (2001) は 100% と考えている。	0.11 mg/kg として 20 ng/mL 以上。広い安全域とエネルギー代謝の役割のため泌乳牛の多くの飼料に 0.3～0.6 mg/kg を含む。	第一胃液の Co 濃度 0.11 mg/kg として 20 ng/mL 以上。肝組織の B12 濃度 0.3 mg/kg 以上。

第 5 章　泌乳牛の栄養管理

表5-11　第一胃のビタミンB合成と摂取量のうち，第一胃分解を逃避する割合
(Zinnら，1987；Santschiら，2005；Schwabら，2006)

ビタミンB	第一胃合成 mg/日	可消化性有機物の総量 mg/kg	第一胃逃避率%
B1 (チアミン)	26-61	8.3	22.2-52.3
B2 (リボフラビン)	205.7-267	15.2	0.7-1.2
B3 (ナイアシン)	892-2213	107.2	1.5-6.2
B6 (ピリドキシン)	−14〜29.8	5.6	59-101
パントテン酸	NA	2.2	22.1
葉酸	13.0-21	0.42	2.7-3.0
ビオチン	−15.5〜−1	0.79	45.2-132.5
B12 (コバラミン)	73-102.2	4.1	10.0-37.1

　セレンとヨウ素の分析は行われにくいが，多くの酪農飼料にはセレンとヨウ素が含まれており，セレンは法定限界域の上限値0.3mg/kgが使用され，ヨウ素は要求量が含まれる。これには他の飼料源からの供給は考慮されていない。

ビタミン

　ビタミンは適切な細胞代謝のために少量が要求される重要な化合物である。反芻動物においてビタミンは飼料からの摂取または第一胃微生物からの合成によって提供される。哺乳類の栄養には14種類のビタミンが関与するが，このすべてが反芻動物に必要であるわけではない。なぜなら微生物による合成は欠乏症を防ぐのに十分であると考えられている，または単純に，飼料にビタミンを補給することを支持するほど研究が十分に行われていないからである。

　一般的に泌乳期の飼料には脂溶性ビタミンであるビタミンA，D，Eが特定量添加されている。ビタミンAとEのみ要求量が確立されている。牛が日光を浴びている場合，ビタミンDは内因的に合成される。乳牛に特定量の補給を行うように勧められてはいるが，牛が生草を食べ日光を浴びているならば，補給が不足しても欠乏症は起こりにくい。

　ビタミンKはキノン分子のグループであり血液凝固カスケードに関わるタンパク合成に重要である。脂溶性ビタミンであり，消化管の微生物叢によって内因的に合成されるため反芻動物に必須と考えられていない。欠乏症は長期間の広域スペクトルの抗生物質を使用した集中治療後に微生物叢の喪失が起こった場合にのみ認められる。

　スイートクローバーを摂取した牛は，ビタミンKの影響によって出血が起こる。スイートクローバーにはクマリンと呼ばれる物質がさまざまな量で存在するが，カビによって汚染されている場合，クマリンはジクマリンと呼ばれる毒物に変換される。ジクマリンの構造はビタミンKと類似し，ビタミンK還元酵素やビタミンKエポキシド還元酵素のようなビタミンK依存酵素に結合し，その結果，凝固タンパクの合成が阻害される。これにより凝固時間は延長され，内出血をもたらす。この場合，輸血やビタミンKの注射による治療が推奨される。

　泌乳牛における水溶性ビタミンの要求量は確立されていない。ただし，これは泌乳牛へのビタミンBの補給が必要でないことを意味しているのではない。実際，第一胃によるビタミンBの合成は高生産牛には不十分のこともある (Zinnら，1987；Santschiら，2005；Schwabら，2006)。

　興味深いことに，飼料中の粗飼料を減らしてNFC濃度を増加させると，泌乳牛の第一胃によるビタミンB合成は影響されないか，または合成量は増加する (Schwabら，2006)。これはDMIの増加によって生じているが，粗飼料を減らされ第一胃発酵性の炭水化物を多く給与された牛で認められる。**表5-11**はビタミンBの第一胃における合成と分解についてのデータが要約されている。

　要求量が確立されていないビタミンBもあるが，これらのビタミンBが乳牛の健康と成績を向上させる役割を持つ実質的なエビデンス (証明) が発表されている。例えば，乳牛にビオチンを20mg/kg補給すると，泌乳成績 (Zimmerly and Weiss，2001；Majeeら，2003) と蹄の健康状態が向上したことが報告されている (Fitzgeralddら，2000；Hedgesら，2001)。泌乳牛への脂溶性ビタミン，水溶性ビタミンの生物学的役割と推奨される給与量については，**表5-12**に表示してある。

表5-12　泌乳牛のビタミン

ビタミン	機能	不適切な摂取や代謝による問題	1日の摂取量	組織と正常濃度
脂溶性				
A（レチノール）	視力，遺伝子転写，免疫機能，繁殖，骨代謝，上皮の統合性，抗酸化作用。	ビタミンA不足は夜盲，盲目の子牛，脳脊髄液圧の上昇，乳頭浮腫をもたらす。中毒症は必要量の10倍以上を補給された牛に認められる。妊娠牛への過剰投与は催奇形性を引き起こす。	NRC（2001）は110 IU/kg体重を勧めている。最近の文献は100,000 IU/日を支持している。Bカロチンが補給されている場合，ビタミンAの要求量は低下する。	血清，0.25-9.50 µg/mL，肝臓，25-100 µg/gL。
D₃（1, 25 (OH)₂コレカルシフェロール）	カルシウム恒常性，Caの細胞内輸送のためのCa結合タンパクの誘導，インスリンとプロラクチン分泌への新規役割，筋肉作用，皮膚と血液細胞の細胞分化。	牧草を摂取し日光を浴びている牛へのビタミンD3の補給の必要性は低い。欠乏症はくる病と呼ばれる骨疾患を引き起こし，特に若齢動物に認められ，骨のミネラル化の低下による，高齢動物では骨軟化症を引き起こす。ビタミンD3の不適切な摂取と日光への露出がない場合，Ca吸収を障害し，低カルシウム血症になりやすくする。ビタミンD過剰症はビタミンD3の過剰な補給または石灰沈着性植物（*Solanum malacoxylon*）の摂取によるCaとP吸収の増加のため軟部組織のミネラル化が起こることで認められる。	NRC（2001）は20,000 IU/日を勧めている。	血清，成熟牛の25-OH-コレカルシフェロール濃度0.02-0.10 µg/mL。
E（トコフェロール）	重要な脂溶性抗酸化物質，細胞膜を抗酸化から保護する，適切な先天性免疫応答のために重要，食細胞活性を向上させる。	ビタミンEの不適切な摂取は筋ジストロフィー（白筋症）を引き起こす。特に不飽和化脂肪酸を多く含む飼料で認められる。胎盤停滞や子宮疾患のリスク上昇，乳房炎のリスク上昇，好中球機能の障害。	分娩後，最初の3, 4週間は2,000〜4,000 IU/日，分娩から4週間後は1,000 IU/日。	血漿，3 µg/mL以上。
K（キノン）	血液凝固タンパク合成。	欠乏症は血液凝固時間の延長と内出血を引き起こす。	第一胃と小腸内の微生物によって合成される。要求量は特定されていない。	情報量は少ない，ビタミンK欠乏症の徴候のない牛では血漿濃度0.5 ng/mL。
水溶性				
B1（チアミン）	細胞代謝を含む酵素反応の補酵素，グルコース代謝による神経伝達物質の合成（アセチルコリン，カテコラミン，セロトニン，アミノ酸），神経インパルスのNaの受動輸送。	大脳皮質壊死症（灰白脳軟化症とも呼ばれる）はチアミン不足から生じることもあるが，最も多いのは第一胃においてチアミナーゼによるチアミンの分解，またはコクシジウム症の治療のためのアンプロリウムのようなチアミン拮抗薬の過剰投与による。	第一胃と小腸内の微生物によって合成される。要求量は特定されていない。150〜300 mg/日の補給が勧められている。	情報量は少ない。
B2（リボフラビン）	フラビンアデニンジヌクレオチド（FAD）とフラビンアデニンモノヌクレオチド（FMN）の構成成分，細胞反応におけるHの輸送。	牛での欠乏症は明らかではない。単胃動物では貧血，脱毛症，口腔内の炎症を引き起こす。	第一胃と小腸内の微生物によって合成される。要求量は特定されていない。ビタミンB2の補給を支持するデータがない	情報量は少ない。

表 5-12（つづき）

ビタミン	機能	不適切な摂取や代謝による問題	1日の摂取量	組織と正常濃度
B3（ナイアシン）	ニコチンアミド，NAD，NADP の補酵素，炭水化物，タンパク，脂質代謝に関わる，血管拡張を引き起こし体温に影響する。	欠乏症は皮膚炎（ペラグラ），下痢，肝リピドーシスを引き起こす。	第一胃と小腸内の微生物によって合成される。要求量は特定されていない。脂質代謝への作用のために第一胃を保護量として6～12g/日補給され，肝リピドーシスやケトーシスを予防する。血管拡張と体温調節の作用を持つ。	情報量は少ない。
B6（ピリドキシン）	ピリドキサル・リン酸は炭水化物，アミノ酸，脂質代謝に関わる，カテコラミンの合成，ヘモグロビンの鉄の取り込み，抗体産生。	成長抑制，皮膚炎，脱毛症，神経症状，免疫抑制。	第一胃と小腸内の微生物によって合成される。要求量は特定されていない。ビタミン B6 の補給を支持するデータがない。	情報量は少ない。
B12（コバラミン）	単層炭素輸送を含む酵素反応の補酵素，プロピオン酸代謝とクレブス回路への取り込み，赤血球合成，神経の統合性。	欠乏症は飼料中の Co の不足や第一胃微生物叢が崩壊している場合に認められる，巨赤芽球性貧血，神経細胞のミエリン喪失，食欲減退，脆弱性が認められる。	第一胃と小腸内の微生物によって合成される。要求量は特定されていない。500 mg/日が補給される。	情報量は少ない。
葉酸	補因子，一炭素単位の輸送における受容体と供与体として働く，細胞分化，DNA メチル化。	欠乏症は巨赤芽球性貧血，新生子に神経管欠損症のような異常をもたらす。	第一胃と小腸内の微生物によって合成される。要求量は特定されていない。3～6 mg/日が補給される。	情報量は少ない。
ビオチン	中間代謝のカルボキシラーゼ酵素の補因子，トリカルボン酸回路，糖新生，脂肪合成に関わる，角形成のケラチンの産生と蓄積に重要である。	皮膚炎，脆弱化，後駆麻痺，蹄の角質の統合性の低下。	第一胃と小腸内の微生物によって合成される。要求量は特定されていない。10～20 mg/日が補給される。	情報量は少ない。
パントテン酸	補酵素 A の構成成分，ミトコンドリアの酸化的代謝における脂肪酸の活性化。	反芻動物では明らかではない，脂肪酸代謝の障害，ケトン生成の増加と代謝性アシドーシス。	第一胃と小腸内の微生物によって合成される。要求量は特定されていない。パントテン酸の給与を支持するデータはない。	情報量は少ない。
C（アスコルビン酸）	酵素活性の補因子，抗酸化作用，ビタミン E を再生する，コラーゲン生合成に重要である細胞外マトリックスの合成に関わる，白血球の食作用活性，カルニチン生合成，副腎皮質ステロイドの合成。	欠乏症はまれである。コラーゲンの不適切な合成や免疫応答の低下を引き起こす，ヒトでは壊血病を引き起こす。	肝臓においてグルコースから合成される。要求量は確立されていない，ビタミン C の給与を支持するデータはない。	情報量は少ない。
コリン	ホスホリピドの合成，細胞膜の統合性，脂肪酸とコレステロールの吸収と輸送，アセチルコリンの合成，メチル基転移反応。	肝リピドーシス，ケトーシス，脆弱性。	一般的なビタミンではない。要求量は確立されていない。第一胃保護量15g/日が脂質代謝と泌乳成績の向上のために給与されている場合に有益である。	情報量は少ない。

飼料製造の一般的ガイドライン

　泌乳牛のための飼料製造は各飼料1kg当たりの成分量を計算するだけの作業ではない。栄養プログラムの成功には牛の受容性，摂取行動，そして異なる泌乳のステージでの要求に関する知識が必要となる。飼料の給与方法も非常に重要であり，第一胃の健康を維持するために粗飼料の粒子のサイズが主に重要となる。コンピューターソフトウェアによって製造された飼料（「紙面での飼料」とも呼ばれる）と実際に摂取される飼料が大きく異なることがある。ゆえに製造から牛に摂取されるまでの飼料の変動を最小化し，検出するプログラムを実行することは当初の計画通りに栄養と成分が確実に牛に摂取されるために重要である。

　飼料製造過程で考慮するべき点を以下に示す。

①牛のグループの栄養要求量を確立する。そのためには牛の泌乳ステージ，平均体重，乳生産量，乳成分について知る必要がある。
②飼料成分の正確な栄養分析を行う。特に栄養組成の変動が強い粗飼料や副産物に対して行う。
③飼料中のウェット成分のDM含有量を最低でも週に2回評価する。これによって飼料に混合される成分の正確な量を正確に測定することができる。
④泌乳成績の目標を確立する。これは飼料製造以外の要素がDMI，乳生産量，乳成分に大きく影響するため重要である。例えば温暖な環境下にいる牛の摂取量と乳生産量は，同じ飼料を給与されたヒートストレス下の牛よりも高い。
⑤異なるグループ（DMIが把握されている）の牛における1日の給与量と拒否量を評価するシステムを確立する。
⑥飼料の混合方法や給与方法を評価し，より好みや成分の選抜が行われにくい飼料を給与する。Penn State Particle Separatorを用いて配送の異なる時期（配送の始まりと終わり）に評価し，さらに混合と飼料選抜の適正を評価するために，クズを取り除く前にも行う。
⑦農場で正確に測定できない含量の少ない成分の使用は避ける。混合のエラーを最小限にするために穀類とドライの副産物に少量成分を事前に混合し，数日間貯蔵できるようにする。これらは1日の必要量が少ない牛への給与に重要である。
⑧可能なら特定グループの牛の要求量に見合った飼料にいつでも調整する。その場合はDMI，泌乳ステージ，生産指標について考慮する。多くの酪農場では泌乳牛への2,3種類の飼料が準備できるべきで，最初の3,4週間の泌乳牛への飼料，高生産量の牛への飼料，低生産量または泌乳後期の牛への飼料が扱われる。
⑨飼料は栄養分に基づいて製造し，これらの栄養源の成分について常に考慮する。栄養利用率は栄養源によって異なる。
⑩飼料を製造する際にはコストについても考慮する必要がある。泌乳牛の栄養要求量はいくつかの飼料成分が混合されることで満たされる。しかし生産量または牛の健康を犠牲にしてコストを抑えることは，通常非生産的である。ゆえに飼料を変更する時には生産と健康に及ぼす影響について，注意深く検討する必要がある。飼料製造における一貫性と給与への管理は給与プログラムの成功につながる重要な要素の1つである。

　表5-13では泌乳ステージの異なる牛への飼料を製造する際に考慮する点について表示してある。

飼料添加物

　さまざまな目的で泌乳牛の飼料に使用される添加物は，多種類存在する。一般的に飼料添加物は栄養価がなく，飼料の栄養利用率を増加させるために飼料に添加され，代謝疾患のリスクを最小限にする。場合によっては，栄養化合物として飼料に添加される添加物もあり，飼料の補給となる場合もある。Adesogan (2009) は乳牛の飼料に使用される特定の飼料添加物の一般的な有益性について次のように列挙している。

①第一胃pHの変動を最小限にし，第一胃液内の乳酸の合成を低下またはその除去を促進することで，乳酸濃度をコントロールする。
②新生子の腸疾患（下痢）や成熟牛の代謝疾患（第一胃アシドーシス，鼓腸症，ケトーシス，低カルシウム血症）のリスクを減らす。
③新生子の第一胃の機能を増強する。
④メタン生成の低下と乳汁，乳成分の合成の増加によって第一胃のエネルギー利用効率を向上させる。

表 5-13 泌乳ステージの異なる泌乳牛への飼料の製造に関する考慮点

項目	最初の 4 週間	ピーク期	後期 (低い生産量)
		泌乳ステージ	
粗飼料含量	高くするべき，一般的に飼料 DM の 45～60%。	中等量，飼料 DM の 40～50%。	高くするべき，飼料 DM の 45～60%。
粗飼料の種類	分解時間が遅く，第一胃保持時間が長い粗飼料。乾草のような乾粗飼料の 2～3 kg/日の追加は消化器疾患のリスクを低下させるのに有効。	分解時間と第一胃通過速度が速い粗飼料。乾草のような乾粗飼料の 2～3 kg/日の追加は消化器疾患のリスクを低下させるのに有効。	分解時間と第一胃通過速度が速い粗飼料。乾粗飼料の追加は重要ではない。
総 NDF	飼料 DM の 30～35% にする。	通常は飼料 DM の 28～31% である。	通常は飼料 DM の 30% 以上である。
粗飼料の NDF	飼料 DM の 21% 以上にする。第一胃充満を向上し，第四胃変位のリスクを減らすために確実に適切な粒子サイズにする。	通常は飼料 DM の 16～23% である。DMI を制限する可能性があるため，粗飼料 NDF の過剰投与を避ける。	低品質な粗飼料の代わりまたは可消化 NDF を増加させるために使用する。
非粗飼料繊維源	デンプン源の代わり，さらに可消化 NDF を増加させるために使用する。	低品質な粗飼料の代わりまたは可消化 NDF を増加させるために使用する。	低品質な粗飼料の代わりまたは可消化 NDF を増加させるために使用する。
デンプン含量	中等量 (飼料 DM の 20～22%)。	高 (飼料 DM の 22% 以上)。	中から高。
デンプンの分解性	中等度の分解性。	高い分解性。	中等度から高い分解性。
糖	飼料 DM の 5～8%。	飼料 DM の 5～8%。	飼料 DM の 5～8%。
ペクチンとグルカン	デンプン源の代わりに使用。	低品質な粗飼料の代わりに使用。	低品質な粗飼料の代わりに使用。
粗タンパク	飼料 DM の 17～19%。	飼料 DM の 16～17.5%。	飼料 DM の 15～16.5%。
RDP	飼料 DM の 10～11%。	飼料 DM の 10～11%。	飼料 DM の 10～11%。
RUP	リジンとメチオニン高含有量，腸管での高消化性の飼料源。	リジンとメチオニン高含有量，腸管での高消化性の飼料源。	リジンとメチオニン高含有量，腸管での高消化性の飼料源。
制限アミノ酸	コーンサイレージ，アルファルファ，トウモロコシ穀粒を主体とする飼料内のリジンとメチオニン。補給への好反応。	コーンサイレージ，アルファルファ，トウモロコシ穀粒を主体とする飼料内のリジンとメチオニン。補給への好反応。	アミノ酸補給に反応しにくい。
脂肪補給	中等量。粗脂肪の 4.5% 以上にする。脂肪酸補給は飼料 DM の 1.5% 以下にする。摂取量を抑えることがある。	中等量から高用量。粗脂肪の 4～6% にする。脂肪補給が飼料 DM の 4.5% 以上に増加した場合，第一胃不活化の脂肪源を使用する。	中等量から高用量。粗脂肪の 4～6% にする。脂肪補給が飼料 DM の 4.5% 以上に増加した場合，第一胃不活化の脂肪源を使用する。
多量ミネラル	表 5-11 を参照	表 5-11 を参照	表 5-11 を参照
微量ミネラル	表 5-11 を参照	表 5-11 を参照	表 5-11 を参照
ビタミン	表 5-12 の通りにビタミン A, D, E を補給する。コリンとビオチンは有益となり得る。	表 5-12 の通りにビタミン A, D, E を補給する。コリンとビオチンは有益となり得る。	表 5-12 の通りにビタミン A, D, E を補給する。

⑤タンパク分解，ペプチド分解，アミノ酸の脱アミノ化の低下により，第一胃の窒素利用率を向上させ，環境への NH_3 の産生と喪失を最小限にする。

⑥第一胃の有機物と繊維の消化性を増加する。

⑦脂質の動員を減らすことで中間物代謝を向上し，負のエネルギーバランス時に肝臓からの脂質輸送を促進させる。

⑧骨と腸管からミネラルを動員する細胞の働きを増強して，Ca, P, Mg の代謝を向上させる。

⑨牛の成績のレベルと効率を増加させる。

これらの有益性は使用する飼料添加物によって異なることは明らかである。飼料添加物の作用機序と動物の成績と健康に及ぼす作用について広範囲に研究されている。そのよい例としてイオノフォア・モネンシンが挙げられ，多くの国で牛のコクシジウム症（*Eimeria zuernii*, *Eimeria bovis*, *Eimeria auburnensis*）の治療に使用されるが，鼓腸症の治療，代謝疾患の予防，乳生産効率の向上に使用されることもある。ただし，国によっては乳牛の栄養として加えることに制限があり，実験的評価がされている段階である。

表 5-14 には泌乳牛に補給されることが多い飼料添

表5-14 泌乳牛の飼料に一般的に使用される飼料添加物

添加物	作用機序	適応	給与推奨量	摂取による影響と飼料消化性	泌乳と健康への影響	研究および農場利用性
第一胃保護コリン	リン脂質合成のためのコリン源。脂肪酸とコレステロールの吸収と輸送のために必要。アセチルコリンの合成に必要。メチル基転移反応。	泌乳初期のエネルギー代謝と乳生産量を向上させる。ケトーシスと脂肪肝のリスクを低下させる。	第一胃保護作用としてのコリンの1日摂取量は10〜20g/日。	おそらくなし。	乳生産量と乳脂肪含有量の向上。ケトーシスと脂肪肝のリスクの低下。	広範囲。
第一胃保護ナイアシン	脂肪組織の脂肪分解酵素を阻害することによって脂質動員を抑制する。末梢血管拡張を引き起こし、熱交換を増加させる。	脂質動員とケトーシスのリスクを低下させる。ヒートストレス下の牛の体温を低下させるマイナー作用。	第一胃保護作用としてのナイアシンの1日摂取量は6〜12g/日。	おそらくなし。	乳生産量と乳脂肪含有量の向上。ケトーシスへのマイナーな影響。ケトーシスが高リスクな栄養過多な牛と泌乳初期の牛により有益である。	中等度。
ビオチン	中間代謝のカルボキシル化反応の補因子。トリカルボン酸回路、グルコース新生、脂肪合成に関わる。角形成におけるケラチンの産生に重要である。	蹄の健康と乳生産量を向上させる。	1日摂取量10〜20mg。	繊維消化性に多少影響。DMIへのマイナーな影響。	乳生産量を1〜2kg/日増加させる。蹄の健康を向上させる。	広範囲。
βカロテン	ビタミンAの前駆体。黄体やその他の繁殖組織の機能に重要と考えられている。	繁殖成績と乳腺の健康を向上させる。	1日摂取量300〜500mg。	おそらくなし。	乳脂肪と脂肪、タンパク濃度は通常変化させない。潜在的に繁殖を向上させる。	中等度。
2-ヒドロキシ4-メチルチオブタン メチオニンのヒドロキシル化された類似体のイソプロピルエステル (HMB)	組織と乳タンパクの合成に利用される乳タンパク合成の前駆体源。	乳脂肪と乳タンパク濃度を向上させる。	飼料とメチオニンへの変換率によって変動する。後者は通常5〜20%のみである。一般的に8〜15g/日給与される。	おそらくなし。	乳脂肪濃度の向上。乳汁の純タンパク質へのマイナーな影響。	広範囲。
メチオニンのヒドロキシルキシル化された類似体のイソプロピルエステル	組織と乳タンパクの合成に利用されるメチオニン合成の前駆体源。	乳タンパク産生とタンパク利用の効率を向上させる。	飼料とメチオニンへの変換率によって変動する。後者は通常50%だけである。一般的に8〜15g/日給与される。	おそらくなし。	乳脂肪濃度の向上。真の乳タンパクへのマイナーな影響。	広範囲。
第一胃保護メチオニン	組織と乳タンパクの合成のためのメチオニン源。	乳タンパク生産とタンパク利用の効率を向上させる。	一般的な給与量はメチオニン8〜15g/日。	おそらくなし。	飼料のメチオニンが不適切な場合、乳生産量と乳タンパクを増加させる。	広範囲。
第一胃保護リジン	組織と乳タンパクの合成のためのメチオニン源。	乳タンパク生産とタンパク利用の効率を向上させる。	飼料によって変動する。一般的な給与量はリジン10〜25g/日。	おそらくなし。	リジン不足の飼料が給与されている場合、乳タンパクが増加し得る。現時点において、研究データは少ない。	中等度。

第5章 泌乳牛の栄養管理

表5-14（つづき）

添加物	作用機序	適応	給与推奨量	摂取による影響と飼料消化性	泌乳と健康への影響	研究および農場利用性
モネンシン	第一胃においてグラム陽性菌を選択的に殺菌し、酢酸塩、酪酸塩、メタンの代わりにプロピオン酸塩を生成する微生物集団の形成を好む。第一胃におけるタンパク分解を低下させる。	乳汁と乳成分の生産効率を向上させる。臨床型および潜在性ケトーシスと第四胃変位のリスクを低下させる。	完全飼料内にはモネンシンはDM含むべきである。泌乳牛は350～500mg/日を摂取するべきである。	DMIのマイナーな低下。飼料消化性には影響しないが第一胃におけるタンパク/kg含むべきである。DM下では高用量また低脂肪酸下では高用量または飽和脂肪酸の分解を低下させる。モネンシンによる飼料効率の向上は飼料と混合された場合に認められる。乳タンパクの含量へのマイナーな影響。	乳生産量を0.5～1.5kg/日増加させる。乳脂肪量の低下。2～3％のカロリー増加をもたらすと推測される。	非常に広範囲。
酵母培養液	第一胃内の酸素を除去し得る。第一胃の真菌増殖を好む。第一胃の乳酸利用細菌の増殖を好む。培養液に有機酸とビタミンを提供する。	繊維消化性向上、亜急性ルーメンアシドーシスのリスクを最小化し、乳生産量と乳成分を向上させる。	製造会社によって異なる。一般的な給与量は15～60mg/日である。	潜在的にDMIと飼料消化性へのプラス効果。第一胃の繊維消化性を向上させる。	乳生産量と乳成分を向上させる。一般的な乳汁増加量は1～1.5kg/日である。	広範囲。
生酵母	第一胃内の酸素を除去し得る。第一胃の真菌増殖を好む。第一胃の乳酸利用細菌の増殖を好む。培養液に有機酸とビタミンを提供する。	繊維消化性を向上し、亜急性ルーメンアシドーシスのリスクを最小化し、乳生産量と乳成分を向上させる。	製造会社によって異なる。一般的な給与量は0.5～1mg/日である。	潜在的にDMIと飼料消化性へのプラス効果。第一胃の繊維消化性を向上させる。	乳生産量と乳成分を向上させる。一般的な乳汁増加量は1～1.5kg/日である。	広範囲。
真菌性添加物	第一胃のセルロース分解性菌を増加させ、第一胃におけるセルロースの分解を刺激することで繊維消化性を増加させる。	第一胃の繊維消化性を向上する。第一胃における窒素代謝へのマイナーな作用。ヒートストレス下の牛の体温を下げる。	Aspergillus oryzaeを給与する場合は3g/日である。	第一胃の繊維消化性の割合と範囲を向上させる。DMIへのマイナーな向上。	乳生産量のマイナーな向上。乳タンパク濃度の向上。	中等度。
繊維分解酵素	第一胃においてセルロースとヘミセルロースの分解を刺激することで繊維消化性を増加させる。	第一胃の繊維消化性の割合と範囲を向上させる。DMIを向上させる。	酵素の種類、給与方法、製造会社によって異なる。	DMIと繊維消化性を向上させる。	乳生産量の反応は一貫していない。	中等度。
エッセンシャルオイル	タンパク質の脱アミノ化を低下させることで第一胃発酵とエネルギー利用とエネルギー供給を向上させる。第一胃のプロピオン酸のモル濃度を増加させる。	タンパク利用とエネルギー供給を向上させる。	0.5～1g/日。	実験途中。	実験途中。	実験的。
有機微量ミネラル-アミノ酸キレートとしてのCu	微量ミネラルCuの生体利用率の増加（高い消化性または組織保持性の増加による）。	硫酸塩や酸化物よりも生体利用されるCuを供給する。	飼料のCu 5～10mg/kg。一般的な給与量は有機Cuとして100～150mgである。	無機微量ミネラルが同量含まれた飼料と比較しても一般的に変化は認められない。	乳生産量のマイナーな向上。体細胞数の低下、免疫能力の向上。	中等度から広範囲。
有機微量ミネラル-アミノ酸キレートとしてのZn	Znの生体利用率の増加（主に組織保持性の増加による）。	硫酸塩や酸化物よりも生体利用されるZnを供給する。	飼料のZn 20-30 mg/kg。一般的な給与量は有機Znとして400～600mgである。	無機微量ミネラルが同量含まれた飼料と比較しても一般的に変化は認められない。	乳生産量のマイナーな向上。体細胞数の低下、免疫能力の向上。	中等度から広範囲。

種類	作用機構	給与理由	給与量	効果	応答
有機微量ミネラル—セレン酵母としてのSe	Seの生体利用率のマイナーな変化。メチオニンやシスチンの構成成分であるため，組織タンパク内のSeの取り込みの増加。	ナトリウム塩よりも生体利用されるSeを供給する。	飼料の1kg当たり0.15～0.3mgのSeの補給。一般的給与量はセレン酵母として3～6mgである。	無機微量ミネラルが同量含まれた飼料と比較しても変化は認められない。乳生産量は変化しない。免疫能力の向上。	中等度。
有機微量ミネラル—プロピオン酸塩としてのCr	インスリン作用とグルコース処理の向上。免疫系に関与し得る。	泌乳初期の牛へのCrの供給は有益である。	0.5mg/kg飼料。	DMIのマイナーな向上。乳生産量のマイナーな向上。ブドウ糖負荷試験の向上とインスリン抵抗性の低下。	中等度。
第一胃緩衝剤	一般的に重炭酸ナトリウムまたはセスキ炭酸塩。第一胃の酸を中性化し，第一胃の浸透圧を増加させて液相通過率を上昇させる。	第一胃pHを上昇し，Naを追加することで酸塩基平衡を向上させる。	一般的な給与量は飼料によって異なる。DMの0.7～1%である。牛は200～300g/日を摂取すると期待される。	基礎の飼料の第一胃の繊維消化性の向上と乳脂肪濃度を向上させる。過剰給与は摂取量を抑える。	非常に広範囲。
第一胃アルカリ化剤	一般的に酸化マグネシウム。第一胃浸透圧と液相通過率を上昇させ，第一胃pHを上昇させ，第一胃から酸を取り除く。	第一胃浸透圧と液相通過率を変化させることで第一胃pHを上昇させる。飼料の重要なMg源。	一般的な給与量は飼料によって異なる。DMの0.2～0.3%である。牛は40～60g/日を摂取すると期待される。	基礎の飼料の第一胃の繊維消化性の向上と乳脂肪濃度を向上させる。過剰給与はDMIを低下させ，下痢をもたらす。	広範囲。

加物が記載されており，さらにその作用機序，推奨例，泌乳成績と健康に期待される有益性について表示している。

給与頻度，給与バンク管理，飼料利用

　TMRを使用する多くの酪農場では飼料は1日2～3回泌乳牛に配送されるが，生産者によってはもっと多く給与することもある。牛に新鮮な飼料が行きわたり，早期の腐敗のリスクが少なくなるように，残った飼料は毎日取り除くことが重要である。これは特に熱帯地域やDM含有量の低い飼料にとって重要なことである。

　乳牛のDMIに影響する最も重要な要素は飼料利用とアクセス方法である。乳牛は1日最低でも22時間，飼料をいつでも摂取できるようにし，グループ内の最も地位の低い個体にも不断給餌されることを確実にする。多くの農場では飼料の提供量の3～5％が，24時間後に残ることでそれが確実となる。

　牛肉産業で一般的な方法は，次の給与サイクルの前にすぐに飼料バンクをスコア化し，十分量のDMが牛に給与されたかを決定する方法である。乳牛の給与不足は酪農経営の重大なエラーとなり，最も地位の低い牛のDMIの低下，攻撃的な行動，乳生産量の低下を引き起こす。飼料バンクを毎日評価する方法は取り入れるべきである。

　一般的なスコアプログラムは，以下の通りとなっている。

> スコア0：飼料バンク（飼槽）に飼料がまったく残っていない場合，迅速に給与量を見直す必要がある。
> スコア1：給与量の約3％以上の飼料が残っている。飼料バンクを注意してモニターし，給与量の増量が必要かどうかを検討する。
> スコア2：飼料バンクの底に薄い層の飼料が残っている。給与量の約5～10％に相当する。飼料バンクを注意してモニターし，給与量の減量が必要かどうかを検討する。
> スコア3：飼料バンクの底に4～6cmの飼料が残っている。給与量の約20～25％に相当する。次回の飼料サイクルまでに給与量を減らし，飼料の腐敗や無駄をなくす。
> スコア4：飼料バンクに7cm以上の飼料が残っている。給与量の30％以上に相当する。次回の飼料サイクルまでに給与量を減らし，飼料の腐敗や無駄をなくす。
> スコア5：飼料が手付かずになっている。乳牛は飼料にアクセスできていない。

　給与する適切な量が決定されたら，給与頻度を検討する。給与頻度は重要であり，乳牛は新しい飼料の配送に飼料行動として反応を示す。給与頻度を増やすと，飼料バンクに滞在する時間と頻度を増やし，1日を通して飼料にアクセスする機会が増える（DeVriesら，2005）。

　乳牛に1日最低でも2回給与することは，飼料，特にNDFの選別を最小限にし（DeVriesら，2005），第一胃の機能維持につながる。飼料を押し出すことは，新しい飼料を配送することによって牛が飼料バンクに集まるように刺激されることとは，同じ効果を持たないことが分かった（DeVriesら，2005）。ゆえに2～3時間おきに飼料を押し出すことによって牛は確実に飼料にアクセスすることが可能となるが，押し出しは新しい飼料の配送で認められるDMIを刺激しない（DeVriesら，2003）。

　給与通路に集まる頭数は一貫して日中から夕方遅くまでが最も集中しており，飼料へのアクセスは搾乳と新しい飼料の配送の直後に最も集中する（DeVriesら，2003）。

　これらの概念と囲いシステム内の牛の行動を踏まえると，乳牛に最低でも1日2回給与し，搾乳から戻って食欲が最大の時に，飼料バンク内には新鮮な飼料が提供されているように給与のタイミングを計り，望ましい量のDMが摂取できるように飼料を寝床の近くに押し出し，牛同士が喧嘩し攻撃的な行動をとらないように注意することが重要となる。最後に，飼料バンクは初回の給与の前に毎日1回清掃し，摂取量を低下させる原因となる飼料の腐敗を予防することが大事である。

文献

Adesogan, A. (2009). Using dietary additives to manipulate rumen fermentation and improve nutrient utilization and animal performance. In Proceedings: *20th Florida Ruminant Nutrition Symposium*, pp. 13–37. University of Florida, IFAS, Department of Animal Sciences, Gainesville, FL.

Allen, M.S. (2000). Effects of diet on short-term regulation of feed intake by lactating dairy cattle. *Journal of Dairy Science*, 83:1598–1624.

Allen, M.S., Bradford, B.J., Oba, M. (2009). Board-invited review: the hepatic oxidation theory of the control of feed intake and its application to ruminants. *Journal of Animal Sciences*, 87:3317–3334.

Broderick, G.A. (2006). Nutritional strategies to reduce crude protein in dairy diets. In Proceedings: *21st Annual Southwest Nutrition and Management Conference*, pp. 1–14. University of Arizona, Tempe, AZ.

Dann, H. (2010). Feeding low starch diets to lactating dairy cows. In Proceedings: *21st Florida Ruminant Nutrition Symposium*, pp. 80–91. University of Florida, IFAS, Department of Animal Sciences, Gainesville, FL.

DeVries, T.J., von Keyserlingk, M.A.G., Beauchemin, K.A. (2003). Short communication: diurnal feeding pattern of lactating dairy cows. *Journal of Dairy Science*, 86:4079–4082.

DeVries, T.J., von Keyserlingk, M.A.G., Beauchemin, K.A. (2005). Frequency of feed delivery affects the behavior of lactating dairy cows. *Journal of Dairy Science*, 88:3553–3562.

Doreau, M., Chilliard, Y. (1997). Digestion and metabolism of dietary fat in farm animals. *British Journal of Nutrition*, 78(Suppl. 1): S15–S35.

Fitzgerald, T., Norton, B.W., Elliott, R., Podlich, H., Svendsen, O.L. (2000). The influence of long-term supplementation with biotin on the prevention of lameness in pasture fed dairy cows. *Journal of Dairy Science*, 83:338–344.

Forbes, J.M. (2005). Voluntary feed intake and diet selection. In: *Quantitative Aspects of Ruminant Digestion*, ed. J. Dijkstra, J.M. Forbes, and J. France, 607–626. Cambridge, MA: CABI.

Frobish, R.A., Harshbarger, K.E., Olver, E.F. (1978). Automatic individual feeding of concentrates to dairy cattle. *Journal of Dairy Science*, 61:1789–1792.

Gäbel, G., Aschenbach, J.R. (2006). Ruminal SCFA absorption: channelling acids without harm. In: *Ruminant Physiology: Digestion, Metabolism and Impact of Nutrition on Gene Expression, Immunology and Stress*, ed. K. Sejrsen, T. Hvelplund, and M.O. Nielsen, 173–195. Wageningen, The Netherlands: Wageningen Academic.

Galey, F.D., Terra, R., Walker, R., et al. (2000). Type C botulism in dairy cattle from feed contaminated with a dead cat. *Journal of Veterinary Diagnostics Investigation*, 12:204–209.

Grummer, R.R., Mashek, D.G., Hayirli, A. (2004). Dry matter intake and energy balance in the transition period. *Veterinary Clinics of North America. Food Animal Practice*, 20:447–470.

Halachmi, I., Shoshani, E., Solomon, R., Maltz, E., Miron, J. (2006). Feeding of pellets rich in digestible neutral detergent fiber to lactating cows in an automatic milking system. *Journal of Dairy Science*, 89:3241–3249.

Halachmi, I., Shoshani, E., Solomon, R., Maltz, E., Miron, J. (2009). Feeding soyhulls to high-yielding dairy cows increased milk production, but not milking frequency, in an automatic milking system. *Journal of Dairy Science*, 92:2317–2325.

Hedges, J., Blowey, R.W., Packington, A.J., O'Callaghan, C.J., Green, L.E. (2001). A longitudinal field trial of the effect of biotin on lameness in dairy cows. *Journal of Dairy Science*, 84:1969–1975.

Hoover, W.H., Stokes, S.R. (1991). Balancing carbohydrates and protein for optimum rumen microbial yield. *Journal of Dairy Science*, 74:3630–3644.

Huhtanen, P., Ahvenjarvi, S., Weisbjerg, M.R., Norgaard, P. (2006). Digestion and passage of fibre in ruminants. In: *Ruminant Physiology: Digestion, Metabolism and Impact of Nutrition on Gene Expression, Immunology and Stress*, ed. K. Sejrsen, T. Hvelplund, and M.O. Nielsen, 87–138. Wageningen, The Netherlands: Wageningen Academic.

Jenkins, T.C. (1993). Lipid metabolism in the rumen. *Journal of Dairy Science*, 76:3851–3863.

Kim, C.H., Kim, T.G., Choung, J.J., Chamberlain, D.G. (1999). Determination of the first limiting amino acid for milk production in dairy cows consuming a diet of grass silage and a cereal-based supplement containing feather meal. *Journal of the Science of Food and Agriculture*, 79:1703–1708.

Kim, C.H., Kim, T.G., Choung, J.J., Chamberlain, D.G. (2000). Variability in the ranking of the three most-limiting amino acids for milk protein production in dairy cows consuming grass silage and a cereal-based supplement containing feather meal. *Journal of the Science of Food and Agriculture*, 80:1386–1392.

Kim, C.H., Kim, T.G., Choung, J.J., Chamberlain, D.G. (2001). Effects of intravenous infusion of amino acids and glucose on the yield and concentration of milk protein in dairy cows. *Journal of Dairy Research*, 68:27–34.

Kononoff, P.J., Heinrichs, A.J., Buckmaster, D.R. (2003). Modification of the Penn State forage and total mixed ration particle separator and the effects of moisture content on its measurements. *Journal of Dairy Science*, 86:1858–1863.

Majee, D.N., Schwab, E.C., Bertics, S.J., Seymour, W.M., Shaver, R.D. (2003). Lactation performance by dairy cows fed supplemental biotin and a B-vitamin blend. *Journal of Dairy Science*, 86:2106–2112.

Mertens, D.R. (1997). Creating a system for meeting the fiber requirements of dairy cows. *Journal of Dairy Science*, 80:1463–1481.

Moseley, J.E., Coppock, C.E., Lake, G.B. (1976). Abrupt changes in forage-concentrate ratios of complete feeds fed ad libitum to dairy cows. *Journal of Dairy Science*, 59:1471–1483.

Noftsger, S., St-Pierre, N.R. (2003). Supplementation of methionine and selection of highly digestible rumen undegradable protein to improve nitrogen efficiency for milk production. *Journal of Dairy Science*, 86:958–969.

NRC (2001). *Nutrient Requirements of Dairy Cattle*. 7th rev. ed. Washington, DC: National Academy of Sciences.

Onetti, S.G., Grummer, R.R. (2004). Response of lactating cows to three supplemental fat sources as affected by forage in the diet and stage of lactation: a meta-analysis of literature. *Animal Feed Science and Technology*, 115:65–82.

Orskov, E.R., Grubb, D.A., Kay, R.N.B. (1977). Effect of postruminal glucose or protein supplementation on milk yield and composition in Friesian cows in early lactation and negative energy balance. *British Journal of Nutrition*, 38:397–405.

Palmquist, D.L. (1998). Nutrition, metabolism and feeding of fats for domestic animals. In Proceedings: *31st Annual Convention of the American Association of Bovine Practitioners, Advanced Ruminant Nutrition Seminar: Dietary Fats and Protein*. Spokane, WA.

Palmquist, D.L., Jenkins, T.C. (1980). Fat in lactation rations: review. *Journal of Dairy Science*, 63:1–14.

Patton, R.A. (2010). Effect of rumen-protected methionine on feed intake, milk production, true milk protein concentration, and true milk protein yield, and the factors that influence these effects: a meta-analysis. *Journal of Dairy Science*, 93:2105–2118.

Penner, G.B., Aschenbach, J.R., Gäbel, G., Rackwitz, R., Oba, M. (2009). Epithelial capacity for apical uptake of short chain fatty acids is a key determinant for intraruminal pH and the susceptibility to subacute ruminal acidosis in sheep. *The Journal of Nutrition*, 139:1714–1720.

Reynolds, C.K. (2002). Economics of visceral energy metabolism in ruminants: toll keeping or internal revenue service. *Journal of Animal Science*, 80:E74–E84.

Santos, J.E.P., Huber, J.T. (2002). Nutrition—prediction of energy and protein in feeds: feed proteins. In: *Encyclopedia of Dairy Science*, ed. H. Roginski, P.F. Fox, and J.W. Fuquay, 1009–1018. London: Academic Press.

Santos, F.A., Santos, J.E., Theurer, C.B., Huber, J.T. (1998). Effects of rumen-undegradable protein on dairy cow performance: a 12-year literature review. *Journal of Dairy Science* 81:3182–3213.

Santos, J.E.P., Bilby, T.R., Thatcher, W.W., Staples, C.R., Silvestre, F.T. (2008). Long chain fatty acids of diet as factors influencing reproduction in cattle. *Reproduction of Domestic Animals*, 43(Suppl. 2): 23–30.

Santschi, D.E., Berthiaume, R., Matte, J.J., Mustafa, A.F., Girard C.L. (2005). Fate of supplementary B-vitamins in the gastrointestinal tract of dairy cows. *Journal of Dairy Science*, 88:2043–2054.

Schwab, C.G., Foster, G.N. (2009). Maximizing milk components and metabolizable protein utilization through amino acid nutrition. In Proceedings: *Cornell Nutrition Conference for Feed Manufacturers*, pp. 1–15. Cornell University, Syracuse, NY.

Schwab, E.C., Schwab, C.G., Shaver, R.D., Girard, C.L., Putnam, D.E., Whitehouse, N.L. (2006). Dietary forage and nonfiber carbohydrate contents influence B-vitamin intake, duodenal flow, and apparent ruminal synthesis in lactating dairy cows. *Journal of Dairy Science*, 89:174–187.

Theurer, C.B., Huber, J.T., Delgado-Elorduy, A., Wanderley, R. (1999). Invited review: summary of steam-flaking corn or sorghum grain for lactating dairy. *Journal of Dairy Science*, 82:1950–1959.

Urdaz, J.H., Santos, J.E.P., Jardon, P., Overton, M.W. (2003). Importance of appropriate amounts of magnesium in rations for dairy cows. *Journal of the American Veterinary Medical Association*, 222:1518–1523.

Virtanen, A.I. (1966). Milk production of cows on protein-free feed. *Science*, 153:1603–1614.

Wu, Z., Huber, J.T. (1994). Relationship between dietary fat supplementation and milk protein concentration in lactating cows: a review. *Livestock Production Science*, 39:141–155.

Zimmerly, C.A., Weiss, W.P. (2001). Effects of supplemental dietary biotin on performance of Holstein cows during early lactation. *Journal of Dairy Science*, 84:498–506.

Zinn, R.A., Owens, F.N., Stuart, R.L., Dunbar, J.R., Norman, B.B. (1987). B-vitamin supplementation of diets for feedlot calves. *Journal of Animal Science*, 65:267–277.

第6章

乳牛の繁殖管理

Julian A. Bartolome and Louis F. Archbald

要約

分娩から初回授精までの間隔，発情発見，受胎率，妊娠喪失，不妊による淘汰を評価することで，酪農場の繁殖成績を評価することができる。目標となる繁殖パラメーターは，生産のレベル，管理の種類，繁殖プログラム（周年繁殖か季節繁殖か）に関連した農場の特性によって決まる。

理想的には，分娩後の管理，乳生産のレベル，栄養，経済的考慮に基づいて決められた，規定の時間によってそれぞれの牛の分娩後の初回授精を行うことが望ましい。発情発見補助器具や定時授精により，発情発見率や授精率を高めることや，初回授精までの間隔をコントロールすることができる。

本章では，酪農場において高い繁殖成績を維持するために利用できる管理戦略について検討する。

序文

泌乳牛の繁殖成績が悪いと，群の平均泌乳日数（DIM）の増加，更新用の未経産牛数の減少，不妊による不本意な淘汰率の増加と，その結果起こる乳生産の減少が生じる（Weaver, 1986）。妊娠率，成牛の淘汰率，新生子牛の死亡率，未経産牛の淘汰率，初産の年齢といったパラメーターによって群の繁殖効率や生産性が決まる。妊娠率が増加することによる分娩間隔の減少や，不妊による淘汰の減少が及ぼす経済的な影響は，繁殖効率のレベルに左右され，繁殖成績の悪い群が最も大きな影響を受ける（de Vries, 2006）。

本章では，繁殖成績が悪くなる一般的な原因をどのように特定すればよいのか，また，それらを解決するための計画をどのように立てたらよいのかについて考察する。

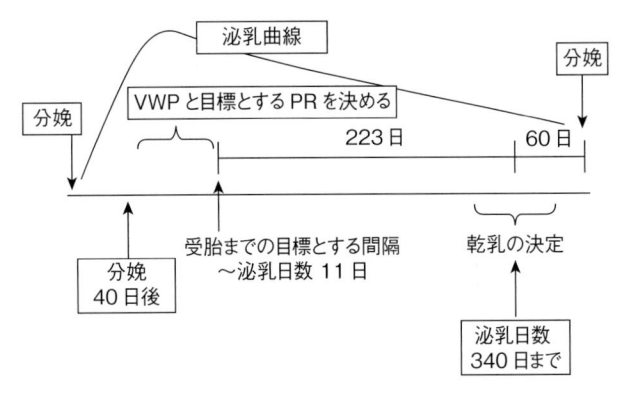

図6-1
分娩から初回授精までの間隔は乾乳時期と達成可能な21日後の妊娠率によって決まる

繁殖成績を評価する

泌乳牛群の繁殖効率は，さまざまな繁殖成績のパラメーターを計算する業務用ソフトウェアプログラムを用いて評価することができる。用いられる一般的なパラメーターは，平均初回授精日数，21日妊娠率，および妊娠喪失によって決まる分娩間隔である。分娩後に牛を授精させるまでの間隔は，任意待機期間（VWP：voluntary waiting period）であり，それは，管理上の決定，乳生産，乾乳基準に基づいて決める。**図6-1**に示したように，初回授精までの間隔の目標は，最初の21日以内に発情が発見され授精されたすべての牛において，VWPに11日を足した日数である。

21日妊娠率は，発情発見/授精率（授精した牛/21日以内に可能性のある牛）と受胎率（妊娠した牛/21日以内に授精した牛）を掛け合わしたものである。妊娠率は，VWPの終わりに，牛がどれくらい早い日数で妊娠したかを示す。妊娠喪失は，妊娠診断と分娩の間に起こり，分娩間隔を延ばすことの一因となる。

表6-1 周年繁殖プログラムを行う乳牛の群の目標とする繁殖パラメーター
(Risco and Archbald, 1999から引用)

パラメーター	目標とする値
発情発見率	70%
受胎率	40%
21日間の妊娠率	28%
分娩間隔	13カ月
空胎日数	115日
人工授精(AI)の間隔が18～24日の牛	>60%
平均泌乳日数(DIM)	155日
月ごとの群の妊娠率	9～10%[1]
泌乳日数150日以上の空胎牛	<15%
不妊による年間淘汰率	<10%
年間淘汰率	<25%

繁殖を1～2カ月中断する群には、これらの割合を比例的に調整する必要がある(「群維持の確実な妊娠数」やその他の繁殖に関する記録の解釈については、第22章参照)
[1] 泌乳牛から65～70%、未経産牛から30～35%

表6-2 季節繁殖プログラムを行う乳牛の群の目標とする繁殖パラメーター
(Cavalieriら, 2006から引用)

パラメーター	目標とする値
最初の3週間に受精する牛	95%
受胎率	50%
その後の発情発見/受精率	80%
最初の45日間に妊娠する牛	75%
繁殖シーズンの間に妊娠する牛の合計	95%
繁殖シーズンの最初の42日間に分娩する牛	<7%
不妊による年間淘汰率	<10%
年間淘汰率	<20%

　非妊娠牛を任意に淘汰することで人工的に妊娠率を上げ、分娩間隔を短くすることができるので、淘汰率について考えなければならないと強調することは重要である。理想的には、泌乳牛の数を保つ、あるいは未経産牛を育てたり売ったりすることさえできるように、乳牛の群の年間淘汰率は25%以内にすることが望ましい。

　非妊娠牛をどのくらい早く再授精させるかと、発情発見の正確さを反映する別のパラメーターは授精の間隔である。発見された発情のうちの60%以上を18～24日の間隔で授精させることが望ましい。間隔がそれより短いと発情発見が不正確だったことを示し、長いと発情発見の不正確さと非効率性、卵巣異常、あるいは早期胚死滅を示すことがある(Meadows, 2005)。

　繁殖成績を評価するために目標とするパラメーターは、群の乳生産のレベルと管理状況(牛舎、労働など)に基づいて定めるべきである。なぜなら、乳生産によって血中プロジェステロンとエストロジェンのレベルが下がり、集約管理によって多くの場合ストレスが生じ、発情の発現が弱まるため、生産が中程度か低い群に比較して、高い群では、繁殖効率が低いことが予期されるからである。牧草生産が最大の時に最大の乳生産を得るために、放牧を基本とした乳牛の群は多くの場合、季節繁殖を行い、繁殖効率は3カ月の1期間あるいは2期間に評価する必要がある。周年および季節繁殖プログラムの目標とする繁殖パラメーターを表6-1と表6-2に示した。

　直腸検査や超音波検査を用いた牛の臨床検査を、繁殖効率を評価するためのアプローチの一部として、特に正確な記録を取っていない群に用いるべきである。評価する牛のリストには、繁殖的に健康で交配するべきかどうかを見きわめる必要のあるVWPの終わりにいる牛、妊娠診断をする必要のある牛、DIM 60日か70日までに発情の徴候がない牛、発情徴候があり以前に妊娠したことのある牛、妊娠期間がおよそ220日で乾乳できる状態にある牛、発情行動が異常あるいは膣排出物が異常である牛が含まれる。

　ボディコンディションスコア(BCS)のカウサイド評価、牛の識別、牛のハンドリングを行う施設、農場職員によって牛がどのように扱われているかを評価することは、動物を適切に取り扱うことや、繁殖プログラムの順守を保証することに役立つ。妊娠診断を行う牛の数、評価期間内に授精した牛の数、超音波検査か直腸検査で妊娠が確認された牛の数を、触診妊娠率、発情発見率、受胎率を計算するために用いることができる(Barkerら, 1994)。

　容認可能な発情発見率を持つ群では、触診妊娠率(妊娠した牛/妊娠診断を行った牛)が70%以上である。さらに、発情発見率と受胎率は、初回授精かその後の授精のどちらかによっても計算できる。直腸検査や超音波検査は、膣排出物の異常、不十分な子宮修復、妊娠喪失、分娩後無発情、卵巣嚢腫、子宮内膜炎、子宮蓄膿症、子宮癒着を発見するのにも役立つ。発情発見率が基準を満たしている群でさえ、分娩後無発情と卵巣嚢腫の牛が多いと、牛に発情の徴候がみられないので触診妊娠率が下がるということを考慮することが重要である。

　繁殖異常の牛の割合が多い場合は、移行期の栄養と

表6-3 集約管理の高生産乳牛の群と放牧管理の低生産乳牛の群における繁殖異常の目標とするレベル

項目	集約管理の群	放牧管理の群
VWPの終わりの異常な排出物や遅延した子宮修復	< 5%	< 2%
35～100日の間の妊娠喪失	< 10%	< 5%
100日と乾乳との間の妊娠喪失	< 5%	< 2%
分娩後無発情	< 2%	< 10%
卵巣嚢腫	< 15%	< 5%
子宮内膜炎[1]	< 20%	< 10%
子宮蓄膿症	< 0.5%	< 0.5%

[1] 分娩後20～30日の間の臨床的子宮内膜炎

管理を評価し，見直す必要があろう。繁殖異常の推定される割合を**表6-3**に示した。

繁殖プログラムを立てる

泌乳牛の繁殖成績が悪い原因には，初回授精までの間隔が長いこと，発情発見/授精率が低いこと，受胎率が低いことが考えられる。原因を突き止めたら，繁殖効率を高めるような繁殖プログラムを立てるために，その各原因に影響を及ぼす要因と可能性のある解決法を考えるべきである。

●分娩から初回授精までの間隔をコントロールする

任意待機期間とは，分娩から牛が授精できるようになるまでの期間である。子宮修復が終わるには約40日かかり，この期間が過ぎれば牛は授精できる。しかし，牛を分娩後できるだけ早く授精させるのは必ずしもよい方法とは言えない。なぜなら，高生産の牛が妊娠するのが早すぎると利益性が下がることがあるからである（de Vries, 2006）。さらに，受胎能力はDIMとともに高まり，分娩後約75日で最大になる。したがって，初回授精までの間隔はこれら2つの要因を考えた上で決めるべきである。乳生産のレベルが低い群では，分娩から初回授精までの間隔は40～45日くらいで，乳生産のレベルが高い群では，55～60日くらいがよいだろう。さらに，初産牛には，分娩から初回授精までの間隔を10～15日余分に空ける。しかし，この戦略は，移行期と経済的要因の特性に関連した管理的な決定に左右されるだろう。

これらすべての要因について考えると，群にいる牛には個々に初回授精を行う最適の時期があり，群が均一であればあるほど，分娩から初回授精までの時間の管理がよりしやすいという結論に至る。繁殖プログラムに発情発見を含むと，**図6-2**に示したように，通常，分娩から初回授精までの間隔をコントロールすることが難しく，牛の授精が，受胎能力，経済的要素，生産要素を考えた場合の最適な時期に対して，早くなったり遅くなったりする。優れた発情発見法や定時授精を行うための実施計画書に加えて，牛の電子個体識

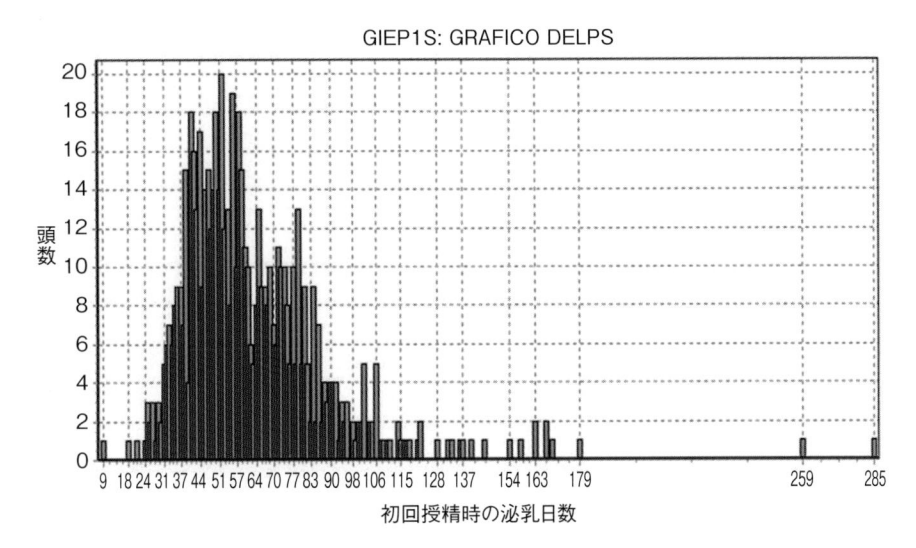

図6-2
初回授精のために発情発見法を用いた群の分娩から初回授精までの典型的な間隔（DairyComp 305, Valley Agricultural Software, Tulare, CAより引用）。DIM45日より前に授精された牛は，流産したが群から淘汰されなかった牛，あるいは記録の誤りである。牛は，初回授精の最適な時期より，早くまたは遅く授精されている。

別装置を用いることで，個々の牛を適切な時点で授精させることができるだろう。

季節繁殖プログラムを行っている放牧を基本とした乳牛の群においては，牛は10週間の間に授精を行い，分娩期間の最初の日に分娩した牛は分娩後約85日で授精されるだろう。また同時に，繁殖期の最初の40日の間に分娩する牛もおり，これらの牛の何頭かは，繁殖期の間に妊娠するために子宮修復を完了したり発情周期を回復たりするのに十分な時間がないだろう。一般的な管理手法としては，繁殖期の最初の日までに分娩しない牛に分娩を誘起することであり，それによってこれらの牛は子宮修復を完了するまでの十分な時間を持ち，繁殖期の最後の30日の間に妊娠できるようになる（Garcia and Holmes，1999）。

周年繁殖プログラムで，乳生産が低いか，または中程度の群においては，任意待機期間後，最初の21日間の授精率と受胎率を高くすることを目標とするべきである。これらの群は，授精率70％，受胎率40％を達成でき，その結果，21日妊娠率28％を達成できるであろう。したがって，目視観察や，歩数計，テールクレヨンやテールペンキ，ヒートマウントディテクター（Kamar® Heatmount detector patches, Kamar, Inc., Steamboat Springs, CO)，あるいはヒートウォッチシステム（DDx Inc., Denver, CO）のような発情発見補助器具を用いた発情発見を最大限に行うことで，放牧を基本とした乳牛の群の分娩から初回授精までの間隔をコントロールすることができる。

乳生産が多く，集約的な管理を行っている群では，受胎能力に及ぼすDIMの影響が高く，発情発見率は低い。したがって，分娩から初回授精までの間隔をコントロールするための戦略を持つことが必要となる。プレシンクーオブシンク法（Moreiraら，2001）は，プロスタグランジンF_{2a}（PGF_{2a}）を14日間空けて2度投与し，12日後に牛にオブシンク法を行う（ゴナドトロピン［性腺刺激ホルモン］放出ホルモン［GnRH］を0日目に，PGF_{2a}を7日目に，GnRHを48～56時間後に投与し，そしてGnRHの12～16時間後に定時授精を行う；Pursleyら，1995）。

管理的要因と経済的要因によって分娩から初回授精までの間隔が決まったら，PGF_{2a}による最初の処置を行う日を選ぶことができる。定時授精は，季節繁殖プログラムを行っている群や，夏の間に分娩することを避けるために繁殖を2～3カ月中断させる群が，繁殖期の初めの数日間に高い妊娠率を得ることにも役立つ。この場合は，プレシンクーオブシンク法やプロジェステロンとエストラジオールとを組み合わせた方法を使うことができる。

放牧を基本とした乳牛の群に使用する一般的な方法では，2.5mgの安息香酸エストラジオールと組み合わせて0日目に膣内プロジェステロン放出器具（PRID）を用い，7日目にプロジェステロン放出器具をはずし，PGF_{2a}の黄体退行用量を投与し，8日目に1.0gの安息香酸エストラジオールを投与し，その24～36時間後に定時授精を行う。放牧を基本とした乳牛の群に起こる大きな問題の1つは，分娩後無発情なので，プロジェステロン放出器具をはずす時に400IUのウマ絨毛性性腺刺激ホルモン（eCG）を投与することで，BCSの低い牛の受胎率が高まることが明らかになっている（Souzaら，2009）。

●発情発見率／授精率を向上させる

発情発見率／授精率（21日間以内に，発情を発見し，授精または定時授精を行った牛の数）は，発情の持続時間と強さ，無排卵の状態（分娩後無発情と卵巣嚢腫），発情発見法の管理や効率，定時授精法の使用に影響を受ける（Stevenson，2001）。

発情の持続時間と強さ（1回の発情ごとの乗駕の数）は，乳生産に影響を受ける。高生産の乳牛は循環エストロジェンのレベルが低い（Sangsritavongら，2002）ので，低生産の乳牛（持続時間：11時間，乗駕許容：9回）と比較して，発情の持続時間（6時間）が短く，乗駕許容の回数が少ない（乗駕6回）（Lopezら，2004）。発情の持続時間と強さを少なくする，管理状況に関連したその他の要因には，過密状態，好ましくない床（コンクリート，硬い土，ぬかるみなど），ストレスのかかるハンドリングが挙げられる。

牛は泌乳がピークに達している間に妊娠する必要があるので，負のエネルギーバランスの影響を受けやすく，分娩後無発情や栄養的無発情になることがよくある（Butlerら，1981）。これらの牛は発情を誘起する方法が行われなければ，発情の徴候をみせず，授精できないだろう。膣内プロジェステロン放出器具を7日間用いて，その器具をはずす時にウマ絨毛性性腺刺激ホルモン（eCG）を投与し，器具をはずす時か，はずしてから24時間後にエストラジオールを投与することで，表面的な分娩後無発情の牛の発情を促すことができる。

同じように，高生産の乳牛は，発情期間のプロジェステロンのレベルが低く，集約管理の影響でストレスのレベルが通常高く，GnRH放出のためのエストロジ

ェンの正のフィードバックが傷ついているので，卵巣嚢腫になりやすい。これらの牛は排卵せず，プロジェステロンがない中で卵胞を成長させ，治療または自然に回復しない限り，発情を発現しないだろう。最初の7日間に行う，膣内プロジェステロン放出器具を含めたオブシンクのような方法が，卵巣嚢腫に罹った牛の処置に成功している (Bartolomeら，2005)。

大規模な群でも小規模な群でも，管理の仕方によって発情発見がうまくいかないことがあるが，それぞれの原因は異なる。大規模な群では多くの場合に集約管理が行われており (1日3回の搾乳を含む)，乳生産が多く，通常，コンクリートの床で大きなグループで飼育されている。このような状況では，通常，発情の発現が減り，したがって，農場職員による発見が減る。小規模な群や放牧を基本とした群でも乳生産が多いかもしれないが，より少ない従業員で，搾乳，放牧地の管理，子牛飼育場の仕事のようなさまざまな仕事を行う必要があるため，通常，このような農場は労働問題を抱えている。それに加えて，これらの従業員が発情を発見し，選別し，授精を行わなければならない。

発情と排卵の同期化によって，定時授精ができるようになり，発情を発見する必要がなくなる (Stevenson, 2001)。定時授精の方法には，黄体期の長さをコントロールし，卵胞波を同期化し，排卵を促すような，GnRH，エストラジオール，膣内プロジェステロン放出器具の使用が含まれる。定時授精を行うことで，発情発見が必要なくなり，授精率が100％になる。このアプローチは，周年繁殖プログラムにも季節繁殖プログラムにも，初回授精の際には容易に実施することができる。

しかし，この方法には時間がかかり，授精と授精の間の間隔を遅らせるかもしれないので，その後の授精の際に実施するのは難しい。したがって，定時授精は，初回授精のための選択肢にはなるが，その後の授精には，効果的な発情発見プログラムと，非妊娠牛の早期発見と迅速な再同期化の戦略を組み合わせて行う必要がある。

さらに，「1度定時授精の方法を実施すれば，もう発情発見は必要ない」という間違った印象を職員に持たせてしまい，そのことで繁殖成績が悪くなるかもしれない。したがって，管理によって発情発見を完全に排除できるような特別なプログラムが確立されない限り，定時授精は補足であって発情発見の代わりになるものではないということを，農場職員が明確に理解しなければならない。

●受胎率を最大限に高める

受胎率，あるいは交配/人工授精 (artificial insemination：AI) 当たりの妊娠とは，授精された，あるいは自然交配された牛のうち妊娠した牛の数であり，それは，牛の受胎能力，精液の質，雄牛の生殖能力，授精の方法に影響を受ける。牛の受胎能力に影響を及ぼす要因はいくつかあり，移行期の栄養と健康管理，ヒートストレス，血中/乳中尿素窒素のレベル，乳生産のレベル，経産回数，発情発見の正確さ，授精の時期，感染性病原体が含まれる。移行期の適切な栄養管理と健康管理によって，VWPの終わりの子宮の健康と発情周期が決まる。乳熱や胎盤停滞のような分娩に関連した病気になった牛は受胎率が低い (Chebelら，2004)。栄養管理はBCSに反映され，BCSが2.5 (1～5段階) 以下の場合は，受胎が明らかに悪くなる。卵胞形成には約80日かかるので，交配時に生存能力のある卵母細胞が排卵するように，一貫してバランスのよい栄養を与えなければならない。

高泌乳牛は，血中プロジェステロンのレベルが低く (Sangsritavongら，2002)，黄体形成ホルモン (LH) の拍動性分泌に対する負のフィードバックが低下し，その結果，持続的な卵胞の発育，老化した卵母細胞の排卵，低受胎を生じる (Mihnら，1994)。経産牛は，初産牛に比べて受胎率が低く，これはおそらく乳生産のレベルで説明できるだろう (Chebelら，2004)。GnRHを使った卵胞波の同期化によって，高泌乳牛の健康な卵母細胞の排卵のチャンスを増し，受胎能力を高めることができるだろう。さらに，牛の受胎能力を最大限に高めるには，授精を排卵と関連させてちょうどよい時期に行う必要がある。LH (lutenizing hormone，黄体形成ホルモン) の急上昇から排卵までに26時間，精子輸送に6～12時間，精子の生存能力が24～32時間，卵子の生存能力が8～12時間ということを考えると，AIは最初の乗駕許容の12時間後に行うことが推奨される (A.M.-P.M. ルール) (Trimberger and Davis, 1943)。発情発現のよくない高泌乳牛の群では，徹底的な発情発見を含めたプログラムが，発情発見の不正確さによって受胎率を下げたかもしれない。発情発見と，牛の識別や選別の間違いが，牛の不適切なタイミングの授精と受胎率の低下を招く。

牛繁殖学協会が新鮮精液と凍結精液の性状に関する最低限の精子の活力と形態のパラメーターを確立した。しかし，高い遺伝的価値を持つ雄牛は理想的な精液性状や生殖能力を持たないかもしれないが，利用はできる。さらに，価値のある雄牛からの精液はふつう

第6章 乳牛の繁殖管理

その牛の最大限の生殖能力に必要な最低濃度でパッケージ化されており，牛の生殖能力が傷ついていたり精液の取り扱いに不備があったりした場合，これによって受胎率が下がりやすくなるかもしれない。またAIセンターから農場までの精液輸送，授精中の精液の取り扱い，授精師の腕前もまた受胎率に影響を及ぼす。よって高い受胎率を確保するために，精液性状と授精方法を監視するべきである。すべての精液貯蔵タンクに液体窒素が十分にあることを常に監視するべきである。さらに，授精師を適切に訓練し，定期的に再訓練を行わなければならない。

貯蔵場所と授精器具の衛生状態，水槽の温度と解凍時間（35～37℃で45～60秒），精液注入器と精液ストローと外鞘の準備を絶えず監視する必要がある。会陰部を十分洗浄し，滅菌した膣鏡を使用することで外子宮口の段階での精液注入器の清潔さを増すことができる。子宮頸へのカテーテル挿入はすばやく，ただし外傷を少なくするために優しく行い，子宮体部に精液を注入する。感染症により受胎率が低下したり，妊娠喪失が増加したりすることがあるので，監視するべきである。ワクチン接種計画を立て，群やその地域に存在する感染性病原体に応じてワクチンを選ぶ。受胎率を低下させたり，妊喪損失を増加させたりする病気には，カンピロバクター症，牛トリコモナス症（自然交配），牛伝染性鼻気管炎（IBR），牛ウイルス性下痢粘膜病（BVD-MD），ブルセラ病，レプトスピラ症，牛ネオスポラ症がある。

これらの病気をコントロールし根絶するさまざまな計画があり，確実に繁殖効率を最善にするためにそれらを応用するべきである。妊娠喪失の一因となり得る感染以外の別の要因は，妊娠早期のプロジェステロンのレベルが適切でないことである。泌乳量が非常に多くBCSが低下している牛のプロジェステロンのレベルを妊娠早期に高めるために，副黄体を生じさせるためのGnRHやヒト絨毛性ゴナドトロピン［性腺刺激ホルモン］（hCG）による治療を考えることもできる。

●自然交配の群について考慮すべき事項

乳牛の繁殖に使う最も一般的な方法は人工授精（AI）である。しかしAIの経済的利点にもかかわらず，自然交配だけ，あるいは自然交配とAIとの併用が，世界中で乳牛繁殖の共通の方法であり続けている（Limaら，2009）。発情発見の間違いを避けることができるので，一部の生産者にとって自然交配は実施がより簡単なのかもしれない。それゆえに自然交配を行っている生産者の間では，自然交配の方が繁殖成績がよいと考えられている。AIのペンにいる牛と，雄牛と一緒にされる牛とで，分娩から受胎までの間隔を比較したカリフォルニアで行われた研究によると，AIの方がすべてのDIM群において，妊娠に至るリスクが高かった（Overton and Sischo, 2005）。それに対して，繁殖効率はAIの群でも自然交配の群でも差がなかった（de Vriesら，2005；Limaら，2009）。

自然交配の群で繁殖成績を高く保つためには，雄牛の選択，管理，繁殖機能検査がきわめて重要である。雄牛を購入する前に，身体検査，生殖器の検査，感染病のテスト（ブルセラ病，結核，性病のコントロール，ウイルス性疾患のためのワクチン接種計画，内部寄生虫と外部寄生虫のコントロール）を含めた，雄牛の徹底的な繁殖機能検査を行わなければならない。

雄牛は，14カ月齢くらいで，経産牛に対して適度な大きさであるよう考慮することと，群との接触を持たせる前に40～60日間は隔離しておくことが重要である。その他に雄牛の管理に関するアドバイスとして，夏の間は生殖能力が下がること，1歳の雄牛の繁殖能力は低いこと，2.5歳以上の雄牛の危険な行動について考慮することが挙げられる（Riscoら，1998）。泌乳牛用飼料を雄牛に与えると，栄養過多と蹄葉炎を引き起こすことがあり，雄牛を回復のために休ませ乾乳牛用飼料を与える必要がある（Riscoら，1998）ので，雄牛のBCSと跛行について定期的にチェックするべきである。雄牛を14日毎に順番に変えることと，雄牛同士の有害な相互作用を避けるために，年齢や角があるかどうかなどのその他の特徴が同じようなグループで飼うべきである。また，年をとった雌牛は経験の浅い若い雄牛を嫌がるかもしれないので，雄牛の行動を定期的に監視するべきである（Riscoら，1998）。

自然交配を行う場合の主要な関心事は安全性であり，年をとった雄牛や気質の悪い雄牛の使用は避けるべきである。さらに，雄牛を扱う時や選別する時は用心するべきである。空胎の雌牛に対する雄牛の比は，約20：1～30：1が勧められている。また，交配日と妊娠日を推定するために，繁殖成績を頻繁に（30日ごとに），直腸検査または超音波検査を用いてより詳細に監視するべきである。

先に述べた，繁殖成績を評価するコンピュータープログラムもまた，自然交配の群の分娩から受胎までの間隔，21日妊娠率（発情発見と受胎率の区別なしに），妊娠喪失，150日までに妊娠した牛の割合，不妊による淘汰率を評価するために使うことができる。直腸検

査や超音波検査による牛検査を通して得られた，子宮癒着症，子宮蓄膿症，無発情，卵巣嚢腫，その他のような繁殖機能障害を持った牛の割合は，不妊の原因を特定したりそれに応じて治療を行ったりすることに役立つ．また，妊娠を再確認することで，妊娠の異なる時期での妊娠喪失を推定することに役立つ．

まとめ

分娩から初回授精までの間隔，発情発見と受胎率，妊娠喪失，不妊による淘汰を評価することで，繁殖成績を推定できる．繁殖効率は，群の生産性を高めるために，新生子牛の死亡率の低下，経産牛と未経産牛の死亡率と淘汰率の低下，そして初産の年齢の低下を結び付けて考える必要がある．

いくら投資できてどのくらい改善できるかを決めるために，これらのパラメーターを管理状況と乳生産のレベルに関連して評価する必要がある．繁殖プログラムを見直すことを決めたら，繁殖成績が悪い原因を突き止める必要がある．特別なコンピュータープログラムによって得られた記録の評価，牛のBCSの評価，できるだけ多くの牛の生殖器の臨床的評価，施設と一般管理の評価をすることが，繁殖成績が悪い原因を突き止めることに役立つであろう．初回授精までの間隔をコントロールすること，発情発見，授精率，受胎率を最大限に高めること，妊娠喪失や不妊による淘汰を減らすことのために利用できるいくつかの技術や管理戦略がある．

文献

Barker, R., Risco, C.A., Donovan, G.A. (1994). Low palpation pregnancy rate resulting from low conception rate in a dairy herd with adequate estrous detection intensity. *Compendium for Continuing Veterinary Education*, 16:801–815.

Bartolome, J.A., Thatcher, W.W., Melendez, P., Risco, C.A., Archbald, L.F. (2005). Strategies for the diagnosis and treatment of ovarian cysts in dairy cattle. *Journal of the American Medical Association*, 227:1409–1414.

Butler, W.R., Everett, R.W., Coppock, C.E. (1981). The relationships between energy balance, milk production and ovulation in postpartum Holstein cows. *Journal of Animal Science*, 53:742–748.

Cavalieri, J., Hepworth, G., Fitzpatrick, L.A., Shephard, R.W., Macmillan, K.L. (2006). Manipulation and control of the estrous cycle in pasture-based dairy cows. *Theriogenology*, 65:45–64.

Chebel, R.C., Santos, J.E.P., Reynolds, J.P., Cerri, R.L.A., Juchem, S.O., Overton, M. (2004). Factors affecting conception rate after artificial insemination and pregnancy loss in lactating dairy cows. *Animal Reproduction Science*, 84:239–255.

de Vries, A. (2006). Economic value of pregnancy in dairy cattle. *Journal of Dairy Science*, 89:3876–3885.

de Vries, A., Steenholdt, C., Risco, C.A. (2005). Pregnancy rates and milk production in natural service and artificially inseminated dairy herds in Florida and Georgia. *Journal of Dairy Science*, 88:948–956.

Garcia, S.C., Holmes, C.W. (1999). Effects of time of calving on the productivity of pasture-based dairy systems: a review. *New Zealand Journal of Agricultural Research*, 42:347–362.

Lima, F.S., Risco, C.A., Thatcher, W.W., et al. (2009). Comparison of reproductive performance in lactating dairy cows bred by natural service or timed artificial insemination. *Journal of Dairy Science*, 92:5456–5466.

Lopez, H., Satter, L.D., Wiltbank, M.C. (2004). Relationship between level of milk production and estrous behavior of lactating dairy cows. *Animal Reproduction Science*, 81:209–223.

Meadows, C. (2005). Reproductive record analysis. *Veterinary Clinics of North America. Food Animals*, 21:305–323.

Mihn, M., Baguisi, A., Boland, M.P., Roche, J.F. (1994). Association between duration of dominance of the ovulatory follicle and pregnancy rate in beef heifers. *Journal of Reproduction and Fertility*, 102:123–130.

Moreira, F., Orlandi, C., Risco, C.A., Lopes, F., Mattos, R., Thatcher, W.W. (2001). Effects of presynchronization and bovine somatotropin on pregnancy rates to a timed artificial insemination protocol in lactating dairy cows. *Journal of Dairy Science*, 84:1646–1659.

Overton, M.W., Sischo, W.M. (2005). Comparison of reproductive performance by artificial insemination versus natural service sires in California dairies. *Theriogenology*, 64:603–613.

Pursley, J.R., Mee, M.O., Wiltbank, M.C. (1995). Synchronization of ovulation in dairy cows using $PGF_{2\alpha}$ and GnRH. *Theriogenology*, 44:915–923.

Risco, C.A., Archbald, L.F. (1999). Dairy herd reproductive efficiency. In: *Current Veterinary Therapy 4: Food Animal Practice*, 5th ed., ed. J.L. Howard and R.A. Smith, 604–606. Philadelphia: W.B. Saunders.

Risco, C.A., Chenoweth, P.J., Smith, B.I., Velez, J.S., Barker, R. (1998). Management and economics of natural service bulls in dairy herds. *Compendium for Continuing Veterinary Education*, 20:3–8.

Sangsritavong, S., Combs, D.K., Sartori, R., Armentano, L.E., Wiltbank, M.C. (2002). High feed intake increases liver blood flow and metabolism of progesterone and estradiol-17β in dairy cattle. *Journal of Dairy Science*, 85:2831–2842.

Souza, A.H., Viechnieski, S., Lima, F.A., et al. (2009). Effects of equine chorionic gonadotropin and type of ovulatory stimulus in a timed-AI protocol on reproductive responses in dairy cows. *Theriogenology*, 72:10–21.

Stevenson, J.S. (2001). Reproductive management of dairy cows in high milk-producing herds. *Journal of Dairy Science*, 84(E. Suppl.):E128–E143.

Trimberger, G.W., Davis, H. P. (1943). Conception rate in dairy cattle by artificial insemination at various stages of oestrus. Nebraska Agricultural Experiment Station Bulletin Number 129, Lincoln.

Weaver, L.D. (1986). Reproductive management programs for large dairies. In: *Current Therapy in Theriogenology 2*, 2nd ed., ed. D.A. Morrow, 383–389. Philadelphia: W.B. Saunders.

第7章

泌乳牛の分娩後初回授精のための繁殖管理

José Eduardo P. Santos

要約

　乳牛群において，分娩後初回授精のために体系立てられた繁殖プログラムを実施することは，乳牛の繁殖管理に欠くことのできない部分になってきており，それにより，受胎能力を損なうことなく受精率を上げられるようになってきた。任意待機期間終了後の最初の3週間が，乳牛群の繁殖に最大の影響をもたらす発情周期と一致していることが知られている。

　したがって，この時期に高い妊娠率を確保することが，乳牛の繁殖を最適にするために非常に重要である。これは，分娩後に牛が妊娠するまでの日数によって影響される妊娠の経済的価値と，難しさや適合性がないという理由から実施できないようなシステムをつくらないようにして，大きなグループの牛を管理する必要性と，そして発情発現や発情発見の乏しさのような牛の受胎能力不足に対処する必要性と関係がある。

序文

　繁殖効率は，乳牛群における経済的成功の重要な要素である。高泌乳牛が生理的，環境的ストレスを受けると，発情発見と，妊娠の確立と維持にマイナスの影響が生じる。近年，米国の高泌乳牛の群における妊娠の平均価値は278米ドルであると推定された。その一方で，妊娠喪失にかかる費用はそれを大幅に上回っていた（De Vries, 2006）。

　乳牛の繁殖に影響を及ぼす数多くの問題として，管理，牛の繁殖生理学と代謝学，栄養学，遺伝学，病気などが挙げられる。さらに，大規模乳牛群を持つ産業の統合により，多数の牛を相手にした繁殖プログラムの実施という新しい課題が課されている。

　昔は，ほとんどの乳牛群で，特定の泌乳日数（DIM : days in milk）までは発情の観察に頼る繁殖プログラムを用いており，DIM が進んだ牛と授精しない牛にのみ，さらなる介入を行っていた。この介入は，通常，直腸検査に基づいており，卵巣構造の所見に基づいて決定がなされた。これらのより伝統的な繁殖プログラムは問題のある牛を発見しその牛を治療することに焦点を当てていた。しかし，人工授精（AI）に基づくシステムでは，焦点は非妊娠牛をタイミングよく妊娠させるために発見することである。伝統的なプログラムの成功の重要な指標は，初回授精時の DIM や，空胎日数，分娩間隔のような平均に基づいている場合が多かった。

　今日の繁殖プログラムは，少し違うアプローチをとっている。目標は，積極的になり，牛のグループに働きかけることである。多くの場合，焦点は妊娠に適した牛が妊娠する割合を増加させることである。そのために，体系立てられた繁殖プロトコールを用いることが乳牛の群の繁殖管理に不可欠な一部分になってきた（Caraviello ら, 2006）。

　最終的な目標は，分娩から初回授精までの間隔のばらつきを最小限に抑えること，妊娠に適した牛が妊娠する割合を増加させること，そしてその結果として，分娩から妊娠までの間隔を一貫した方法で短くすることである。

繁殖効率の指標

　乳牛群の AI プログラムの成功は，発情発見の正確さと効率のよさに左右される。しかし，発情発見の正確さと効率のよさにはばらつきがあり，牛側の要因，環境要因，管理要因に左右される（Lucy, 2006）。高泌乳牛では，卵胞の受容能の変化と，発情前期の間のエストラジオールの血中濃度がより低くなることが，発

情発見率と受胎能の低下に関係している（Wiltbank ら，2006）。

乳牛群の繁殖効率に影響を及ぼす4つの主な要因は，①初回授精時の分娩後日数，②発情発見率，③AIごとの妊娠率（P/AI）（訳注：日本では一般に受胎率と言う），④妊娠喪失である。第22章と同じように，この章では，発情発見率を，21日ごとに授精させた妊娠に適した牛の数と定義する。21日というのは，牛の標準的な発情周期の長さである。妊娠に適した牛とは，任意待機期間（VWP）をすぎたが妊娠しておらず，授精する必要がある牛である。AIごとの妊娠率は，妊娠した数をAIの数で割った比率と定義する。これは牛固有の受胎能力の一般的な評価基準である。最後に，妊娠喪失は，胚か胎子の喪失を経験した妊娠牛の割合と定義する。**表7-1**は，DIMの最初の134日間に妊娠に適した牛100頭がいる群の，DIM50日をすぎた21日間隔ごとの繁殖指標の数値計算例を表している。

概要を説明した要因のうち，初回授精時の分娩後日数と発情発見率は操作し，ある程度の効力を持ってコントロールすることが可能である。一方で，高泌乳牛のP/AIと妊娠喪失は，多くの場合，ほとんどコントロールできず，影響を及ぼすことが難しい。付加的要因である「淘汰」は，酪農場における繁殖活動に直接関係することなく，繁殖指標を偏らせることがある。

分娩から妊娠までの間隔を適切に維持し，群の大半の分娩間隔が13カ月以下になることを維持するために，VWPを分娩後60～80日の範囲内に収めるべきである。いったん授精を開始したら，受精率は100%，初回授精のP/AIは35%以上，21日発情周期ごとの妊娠率は20%以上にするべきである。分娩から分娩後初回授精までの間隔を操作することで，乳牛の繁殖効率に影響が出る。21日周期の妊娠率（PR）が維持されている場合，間隔を延ばすとふつう空胎日数は増える。

Ferguson and Galligan（1993）は，VWP終了後最初の21日のPRによって，乳牛の分娩間隔におけるばらつきの79%が説明できることを示した。このように影響力が大きいのは，群にいる授精に適した牛すべてが初回授精を受けなければならないからである。したがって，乳牛群の繁殖効率を高めるためには，VWP終了時のPRを最適にすることが重要である。いわゆるよく管理された高泌乳牛の群においては，DIM110日よりも前に50～55%の泌乳牛が妊娠していて，その結果，空胎日数の中央値が105日であることは珍しいことではない。これらの数値はふつう，分娩から初回授精までの間隔の操作と，授精率とP/AIの改善によってのみ得られる。

任意待機期間（VWP）と分娩後初回授精

VWPの継続期間は，大部分が容易に操作できる管理要因である。それは伝統的に，ほとんどの乳牛の群で分娩後40～90日まで幅がある。AIをいつはじめるかという決定は，妊娠を最適にするための生理学的な時間帯と，牛の初回授精に最適なのはいつかという経済的熟慮から下される。乳牛群の分娩から妊娠までの最適間隔は，分娩後100～120日であるという意見がある。特に泌乳量の持続性の増加が関連している場合は，牛ごとの生産量が増えるにつれて，分娩後の初回授精と妊娠までの期間の遅延は，妊娠の価値と酪農場の経済にあまり影響を与えなくなる（De Vries, 2006）。

分娩後，早期に授精すると，一般的にP/AIは減少し，分娩から90～100日後まで分娩後初回授精を遅らせると，ふつう受胎能は増加する（Tenhagenら，2003, Stevenson, 2006）。乳牛の受胎能が向上する理由の1つは，初回授精を，伝統的な期間である分娩後60～70日より遅く行うことにより，子宮修復の完了とともに子宮の健康性が向上するためである。さらに，無排卵牛の罹患率は泌乳が進行するにつれて減少する。

表7-1　異なる泌乳日数（DIM）ごとの繁殖指標の計算

DIM	妊娠に適した牛（頭数）	発情が発見された牛（頭数）	発情発見率（%）	妊娠牛（頭数）	AIごとの妊娠率（%）	妊娠率（%）
51～71	100	50	50.0	20	40.0	20.0
72～92	80	50	62.5	20	40.0	25.0
93～113	60	30	50.0	10	33.3	16.7
114～134	50	25	50.0	9	36.0	18.0
合計	290	155	53.5	59	38.1	20.3

分娩後初回授精がDIM70～90日まで遅れるとP/AIは増加するが，必ずしも非妊娠日数が減少したり，群の繁殖成績全体が向上するわけではない。獣医師と酪農業者は群のVWPを選ぶ際，何が自分たちの繁殖プログラムの主要目的なのかを決定しなければならない。典型的には，VWPが21日延びるごとに，分娩後初回授精の遅れを補うために，P/AIは8～10％単位で増加しなければならず，これにより分娩後の異なる間隔で，同様な空胎日数と妊娠率が得られる。言い換えると，もし乳牛群のVWPが60日で初回授精のP/AIが35％ならば，VWPを分娩後81日まで遅らせた場合，同じくらいの空胎日数の中央値と平均値を維持するためにはP/AIを43％まで増加させなければならない。

図7-1はVWPが分娩後50日で21日周期PRが15％（P/AIが30％，21日発情発見率が50％）の乳牛群の例を表している。泌乳早期には授精した牛がいないので，群の100％が非妊娠のままである。分娩後の日数が増えるにつれて，非妊娠牛の割合が減る。曲線より上の範囲は妊娠牛を表し，曲線より下の範囲は非妊娠牛を表す。直線の傾きは妊娠の割合を表す。したがって，より急に降下して下の範囲を狭くしている曲線は，よりPRが大きいことを示している。

この例では，妊娠喪失と牛の淘汰を無視すると，平均的な群（21日周期PRが15％でP/AIが30％，**図7-1**でPR15/15-VWP50）の非妊娠日数の期待中央値と期待平均値（±SD）はそれぞれ140日と158±9日になるだろう。

例示の群では，もし繁殖プログラムは発情周期を操作してVWPをすぎた最初の21日の授精率を50～100％に増加するように変えられるが，P/AIを30％に維持するとした場合，初回授精のPRが30％になる。しかしその後の発情周期は21日PRで15％のまま（PR30/15-VWP50）であるとしたら，その結果，非妊娠日数の中央値と平均値はそれぞれ100と139±8日に変わる。VWPが70日に延びた時にもしP/AIが30～40％に増加し，すべての牛をVWPをすぎた最初の21日（PR40/15-VWP70）に授精したら，非妊娠日数の中央値と平均値はそれぞれ120と143±8日に変わる。最後に，VWPをさらに延ばして分娩後90日にして，P/AIを50％に増加させ，この場合もすべての牛をVWPをすぎた最初の21日（PR50/15-VWP90）に授精したら，非妊娠日数の中央値と平均値はそれぞれ100と156±8日になるだろう。したがって，特定の群のVWPを何日にするかを決める際には慎重に検討しなければならないということを，これらのデータは表している。

分娩後初回授精を遅らせると，分娩後特定の間隔時の妊娠牛の割合を最大にできないかもしれない。しかし，泌乳のごく初期に牛を授精することもまた，初回授精時のP/AIが増加するとはいえ，魅力的なことではないかもしれない。おそらく，初回授精を行うべき分娩後の最適時期があり，そこで受胎能の向上と，適切な空胎日を持つ妊娠牛の最大化とのバランスがとれる。

実際には，牛に授精するための最適時期について議論する際には，それが群の繁殖成績に及ぼす影響について以下のようなことを考える必要がある。

---
①分娩は淘汰と死亡のリスクが最も高い期間であり，牛が一生のうちにより多く分娩することによる淘汰と死亡のリスクについて
②牛が一生のうちにより多く分娩することで更新用未経産牛がより増えるので，群の遺伝的進歩について
③分娩間隔日数ごとの乳量について

これらすべての要素が決定する上での経済的な影響を及ぼす。一般的に，泌乳の持続性がピーク乳量の95％を下回った牛（生産のピークをすぎて乳量が5％以上/月減少）では，分娩から妊娠までの間隔を延ばすと，乳量/分娩間隔日数が減少するというのが一致した意見である。一方，初産牛のような泌乳の持続性が高い牛，あるいは，非常に高泌乳の牛は，早期に妊娠させることで酪農場にとってマイナスの経済的影響が出ることがある（De Vries, 2006）。

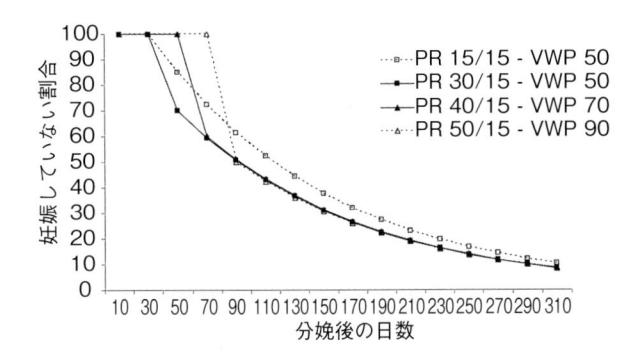

図7-1
任意待機期間と初回授精P/AIが非妊娠日数に与える影響。凡例は，初回授精とその後のAI（30/15＝初回授精で30％，その後のAIで15％）における妊娠率（PR）と分娩後50，70，90日の任意待機期間を示す。

第7章 泌乳牛の分娩後初回授精のための繁殖管理

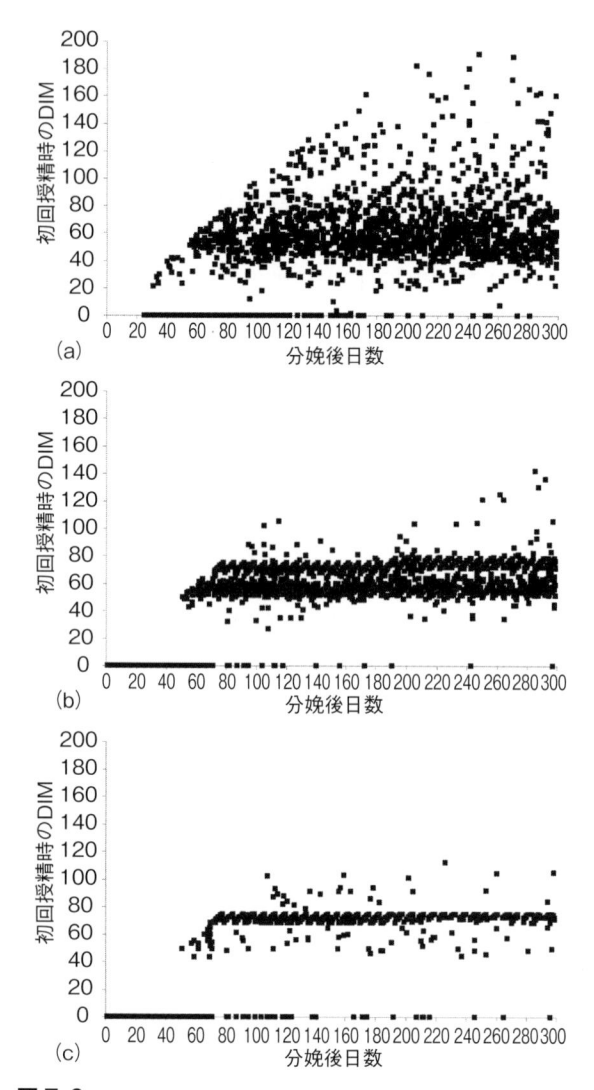

図7-2
3つの異なる乳牛群（A, B, C）に属する牛の分娩後の現在の日に対する初回授精時の泌乳日数（DIM）の散布図。四角の点はそれぞれ1頭かそれ以上の牛を表す。X軸上の四角の点は、現在の泌乳において初回授精を受けていない牛を表す。

図7-2に、初回授精までの間隔のコントロールの違いを表すために、分娩後初回授精に向けた繁殖管理プログラムが異なる3つの乳牛群の散布図を描いた。各点は、図の中で1頭かそれ以上の牛を表している。A群は、VWPが短いが、初回授精時のDIMに対して上限のコントロールがほとんどされていないことが明らかである。これは、牛の授精を発情発見だけに頼っている群の特色をよく示している。このような群では、何頭かの牛に起こる発情発見の不備と初回授精までの間隔が長いことを補うために、たいてい牛の授精を早くはじめる。B群は、分娩から約50日後に牛の授精をはじめるが、ほとんどすべての牛はDIM80日以内に初回授精を受ける。これは、AIを最初は発情発見に頼るが、一定のDIMの日数をすぎても授精しない牛には、いずれ何らかの定時授精プログラムを行う群の特色をよく示している。最後に、C群では、ほとんどすべての牛がDIM65日から75日の間に初回授精を受ける。これは、分娩後早期には牛を授精せずに、排卵同期化法にしたがってすべての牛の初回授精を行う群の特色をよく示している。

図7-2に示したようなA群が用いた方法は、大半の牛が初回AIを受けるのが早すぎるか遅すぎるかになるので、最も効率の悪い方法である。早期の授精によってP/AIが低くなり、また現在と将来の泌乳量が少なくなるかもしれない。分娩後、かなり早く妊娠する牛は、泌乳が短く、その後の泌乳のために身体状態を回復させる時間がないかもしれない。B群とC群の方法によって得られる繁殖成績はよく似ているようである（Chebel and Santos, 2010）。どちらにも利点と欠点がある。B群では、VWPの早期に授精した牛は、DIM70〜80日で授精した牛よりもP/AIが少ない可能性があるが、人件費と発情や排卵の同期化のためのホルモンにかかる費用は少なくて済む（Tenhagenら，2003；Chebelら，2006；Stevenson, 2006）。

一般的に、分娩後初回授精は、分娩後60〜90日の間に行うべきであるという考えが広く受け入れられている。分娩間隔を13カ月以下に維持する予定ならば、ほとんどの群で授精を分娩60日後からしばらくしてはじめるべきであり、群の半分は分娩後100〜110日までに妊娠させるべきである。

無排卵牛の管理

すべての牛には分娩後に無排卵の時期がある。言い換えると、分娩後の牛は18〜24日の間、規則正しい排卵期を示さない。一般的には、これは分娩直後に起こるが、分娩後最初の2〜3カ月まで延びる牛もいる。場合によっては、卵胞嚢腫を患う牛のように、泌乳中期で無排卵になる牛もいる。

無排卵牛は発情発現が少なく、P/AIが低く、妊娠喪失のリスクが増すので、分娩後の乳牛の発情周期の遅れは、一般的に群の繁殖成績の低下につながる。

無排卵牛の特徴の1つとして挙げられるのが、このような牛は、分娩後初回授精に先行する日々に、プロジェステロンの黄体維持濃度にさらされないということである。これによって、排卵卵胞の発育が変化し、黄体退行回路を引き起こすシグナルに対する子宮内膜の反応が変化して子宮内膜プロスタグランジン（PGs）

の早すぎる放出をもたらし、短い黄体期の発生が増加するようである。

多くのものが乳牛の発情周期の遅れの危険因子となり、その中には、牛の栄養状態、ボディコンディションスコア（BCS）、産次数、分娩季節、分娩時の病気の発生、牛の遺伝子構成、生まれた群の状況が含まれる。同一群内または遺伝子群内において、泌乳成績は、たとえ発情周期が遅れるリスクがあったとしても、少ししか関係がないと述べることは重要である。乳量は、発情行動中に変動し（Lopez, 2004）、特に発情活動中の乳量が35〜40kg/日を上回って増加するにつれて減少することと関係しているが、乳量がより多くなると牛の排卵能力を障害するという指摘はない。

無排卵牛を管理するための治療と方策は、農場の繁殖管理に非常に左右される。一般的に、排卵同期化プログラムと、プロジェステロン補充の有無にかかわらず、定時授精プログラムを使用することがホルモン療法の基礎を成す。

●乳牛の無排卵プロセスの病因と分類

無排卵になる明らかな理由の1つは、下垂体による黄体形成ホルモン（LH：luteinizing hormone）サージを阻止するプロジェステロンが存在することである。このプロジェステロンは、黄体由来の場合も副腎由来の場合もある。持続的に黄体を持つほとんどの牛は妊娠しているので、これらの牛はもはや群の繁殖成績に影響を与えないが、7〜10％の少数の牛は黄体遺残のまま残っている。これらの牛は妊娠していないが、これらの牛の黄体は、最後の発情と排卵の後25日をすぎても残存している。このような事象は分娩後早期に排卵する牛によくみられる（Ball and McEwan, 1998）。

時には、この現象は子宮蓄膿症のような子宮疾患と関係がある。また、子宮内膜がプロスタグランジンF_{2a}（PGF_{2a}）を拍動的に分泌することができないこととも関係がある。このような症例は、発情周期の同期化のために外因性PGF_{2a}の基本的な応用によって容易に解決することができる。実際、分娩後30〜60日の間にPGF_{2a}を適用することの利点の1つは、*Trichomonas foetus* 感染のような生殖器感染罹患牛を除けば、乳牛群からほぼ完全に子宮蓄膿症を排除できることである。

Wiltbank ら（2002）は、無排卵牛と分類された乳牛の卵胞の発育には3つの基本的な生理学的パターンがあると特徴付けた。1つ目は、「不活性な」卵巣を持つ牛で、卵胞の発育に障害があり、排卵能力のある主席卵胞を持つ牛にみられるものよりも、卵胞腔の直径が小さい主席卵胞が認められる。多くの場合、これは発情休止期と呼ばれる。これは、分娩後の肉用牛や、大規模な給餌停止と衰弱に耐えている牛にも共通にみられる現象である。不十分な性腺刺激ホルモン、特にLHによるサポートが不足することにより、泌乳牛の卵胞は直径8〜14mmまでしか発育しないと考えられている。多くの場合、乳牛では、最大卵胞の直径は、先の主席卵胞やその排卵能よりも劣っている（Sartoriら、2001）。

乳牛において、このパターンでは、過量の体脂肪を失いBCSが非常に低くなる。特に分娩後に疾患のあった牛に起こることが多い。おそらく、根本的な主要原因は、LHの拍動性が低いことであり、それによって主席卵胞の発育と排卵能の獲得が阻害される。これらの卵胞は退行し閉鎖を起こす。このような牛は、性腺刺激ホルモン放出ホルモン（GnRH）とLHサージを引き起こすことができるエストロジェン濃度に対して、血漿濃度を増すための十分なエストラジオールを分泌することができない卵胞を持つ。

GnRHとLHの拍動性を阻止し、それによって主席卵胞の成熟を妨げるためには、低い濃度の卵胞エストラジオールで十分であると示唆されている。これらの牛は過量の体脂肪を失った牛なので、脂肪組織からプロジェステロンの放出を行っているのかもしれない。それによってGnRHとLHの放出における負のフィードバックがさらに強まる。さらに、このような牛は、卵胞の正常な発育に重要なレプチン、インスリン、インスリン様成長因子1（IGF-1）のような代謝ホルモンの濃度も十分ではない。

分娩後の時期が進むにしたがって、乳牛は、より好ましいエネルギーバランスを取り戻すために、悪い栄養状態の期間から移行する。分娩後最初の4〜8週間のどこかで、ほとんどの泌乳牛は、エネルギーと栄養が正のバランスになり、正のエネルギー状態の期間を覆う。それに付随したホルモン変化と代謝変化が卵巣の活動に有利に働く。エネルギーバランスがより正である牛は、LHの分泌と卵胞の発育が増し、卵胞腔の直径が15mmよりも大きくなることがある。これらの卵胞は、より多くステロイドを生産するようになり、排卵に重要なGnRH/LHサージを引き起こすエストラジオールをより多く分泌することができるようになる（McDougallら、1995；Beam and Butler, 1999）。

排卵卵胞の直径に見合うくらい直径の大きな卵胞を発育させる牛もいるが、多くは優性を失い閉鎖する。

この2つ目のグループの無排卵牛は，分娩後に最も多くみられる無排卵のパターンを表す（Gümenら，2003）。

これらの牛の卵胞の直径は16～20mmに達するが，これらの卵胞は排卵しない。乳牛における成長ホルモン（GH）とIGF-1システムの分断は，卵胞のステロイド生産と排卵プロセスを回復させるためのきわめて重要な役割があると示唆されている。泌乳初期の牛はGHの濃度が高く，IGF-1の濃度が低い。飼料摂取量が増えエネルギーバランスが向上するにつれて，プロピオン酸塩の流入が大きくなることと肝臓によるブドウ糖合成によって血漿中のインスリン濃度も増える。エネルギーバランスの向上とともに起こるインスリンの血漿濃度の増加は，牛の肝臓内でGH受容体群を回復させるための重要な信号である（Butlerら，2003）。IGF-1の血漿濃度の十分な増加を引き起こし，卵巣卵胞のステロイド生産能力を高めるGH/IGF-1軸が，この肝組織内でのGH受容体1Aの増加によって再び連結する（Butlerら，2004）。

無排卵牛における卵胞発育の3つ目のパターンは，囊腫化卵巣疾患である。このような病気に罹った牛の卵胞は直径18mm以上で，時には35mmに達するような大きな卵胞が複数みられることが多いが，これらの卵胞には黄体がない。これは，GnRH/LHサージにおけるエストラジオールによって引き起こされる正のフィードバックの欠如が原因であると考えられている。Gümen and Wiltbank（2002, 2005a）は，LHサージを引き起こすエストラジオールにさらし，その後プロジェステロンにはさらさないと，大半の乳牛に卵胞囊腫が発達することを示した。

同じ著者（Gümen and Wiltbank, 2002；2005a）と別の著者（Nandaら，1991）は，囊腫牛は，視床下部の不反応性のためにエストラジオールに反応しないことを示した。これらの牛は，発情やLHサージの徴候を示さず，エストラジオールによる治療で排卵を示さない。基本的なメカニズムは，視床下部におけるエストロジェン受容体の活動不足であり，これはプロジェステロンにさらすことで回復させることができる。

● 無排卵牛の診断

無排卵牛の診断は，牛の卵巣に黄体が存在しないこと，あるいは血漿か血清内のプロジェステロン濃度が低いことで明白に示される。したがって，黄体活性の不足が無排卵牛を特徴付ける。超音波検査を用いた場合，目にみえるすべての黄体が，発情期間にある牛のプロジェステロン濃度に対応するような濃度を反映するわけではないことが知られている（Bicalhoら，2008）。異なるグループの牛では，卵胞や黄体の直径のような卵巣の形態の特徴がはっきりと異なる。泌乳牛の場合は，プロジェステロン黄体期濃度（1ng以上/mL）を最善に予測する黄体の直径は23mmかそれ以上であった。これは，プロジェステロン1ng/mL以上の感度と特異度が最高に結びついた結果の，黄体直径の分岐点であった（Bicalhoら，2008）。

無排卵牛を診断する別の方法は，7～14日の間を空けて採取した血中プロジェステロン濃度の連続測定である。これは，放射免疫測定（RIA）か，酵素結合免疫吸着測定法（ELISA：enzyme-linked immunosorbent assay）の技術を要するため，獣医臨床の現場で行うことがより難しい。無排卵牛を判別するためのプロジェステロンの測定は，一般的に研究現場で行われ，発情周期が遅延している牛の個体数を明確にするための究極の判断基準とされてきた。獣医師にとっては，超音波検査が無排卵牛をみつけるための最も実用的で正確な方法であると思われる（McDougall, 2010）。

これは検査の完了直後に結果の出るカウサイドテストであるが，それでもその牛が本当に無排卵かどうかを確かめるためには2回の連続的スキャンが必要である。直腸検査は，活動的な黄体をみつけるための感度と特異度が低いので行わない方がよい（Bicalhoら，2008；McDougall, 2010）。一般的に，直腸検査の適用は40～60％の牛の誤診につながる。言い換えると，機能的な黄体をみつけるために提示された，発情周期のあることが分かっている牛10頭のうち，6頭には正しい診断がなされるが，4頭は黄体がないと診断されるだろう。

発情周期には，周期的な牛が活動的な黄体を持たない一定の時期があるので，無排卵牛の罹患率が発情前期，発情期，あるいは発情後期の状態にある牛の存在によって水増しされていないことを証明するために，連続的検査を行うことが重要である。

理想的には，プロジェステロンが低い，あるいは黄体の存在が明らかではない周期段階にいる牛の数を最小限におさえるために，7日以上空けて14日以内のうちに2度診断を行うべきである。そうしないと，無排卵牛の罹患率を多く見積もりすぎる可能性がある。実践的なアプローチは，産後期の方策にしたがった時期に超音波検査を1回行うことである。その時の黄体の不在や，黄体機能の欠如が妊娠の結果を最も正しく予測する。PGF_{2a}による発情の同期化と，その後の排

卵同期化のためのプログラムを行った群においては，定時授精法の最初のGnRHの日が，無排卵牛を発見するための理想的な時点である（Silvaら，2007；Bisinottoら，2010a）。この日における，卵巣の1回の超音波走査による無排卵牛の発見の感度と特異度はそれぞれ85.7％と87.7％で，精度は87.3％であった（Silvaら，2007）。

● 乳牛群における無排卵牛の罹患率

乳牛群における無排卵牛の罹患率は，一連の要因に左右されるが，おそらく最も重要な要素の1つは，診断がなされた時の分娩後の日数である。分娩後早期に診断を行えば行うほど，無排卵牛の罹患率が高くなる。Walshら（2007）はカナダにある18の乳牛群において，分娩から約60日後の乳中プロジェステロン濃度を用いて，無排卵牛の罹患率を調査した。その著者らは，群内で罹患率に5〜45％までの幅があることを認めた。

Santosら（2009）が，4つの大規模な乳牛群において，分娩から65日後の無排卵牛の罹患率を調査したところ，抽出された6,393頭のうち24.1％が無排卵であると分類され，群の間で罹患率には18.6〜41.2％までの幅があった。

分娩後の乳牛の発情周期の遅れにはいくつかのリスク因子が存在し，それらの中で重要な因子には以下のものが含まれる。

①産次数，すなわち初産牛は2回以上分娩経験のある牛よりもリスクが高い。
②BCSが低い牛；分娩後1週間の間に過量のBCSを失った牛。
③難産であった，あるいは分娩後に病気に罹った牛。
④冬季に分娩した牛。
　　　　　　　　（Walshら，2007；Santosら，2009）

群内でより高泌乳な牛に分娩後，排卵の遅れが出るリスクが高いというわけではないことを述べておくことは重要である。実際，Santosら（2009）は，分娩後3ヵ月の平均乳量が32.1kg/日である，より低泌乳の牛が，分娩後65日までに再び排卵をはじめる可能性が，分娩後の同じ時期に50kg/日の乳を生産する牛よりも21％低いことを認めた。

Ribeiroら（2009）は，放牧システムで飼育されているホルスタイン種（n＝451），ジャージー種（n＝183），ホルスタイン種とジャージー種の交雑種（n＝602）における無排卵症の罹患率を特徴付けた。罹患率は，ジャージー種（17.5％）と交雑種（15.8％）よりもホルスタイン種（31.7％）の方が高かった（$P<0.001$）。舎飼いシステムに比べて，餌の入手可能度が限られている放牧システムにおいては，体がより大きく，維持要件が大きく，乳量の潜在力が高い牛は，分娩後最初の排卵の遅れが長くなる可能性があるようである。

Walshら（2007）は，分娩後66日の間に難産，双子分娩，胎盤停滞，第四胃変位，跛行に苦しんだ牛は，発情周期の遅れが50〜130％増加したことを示した。このことは，分娩後の牛の健康は，分娩後早期に発情周期を再開させる能力と密接に関係しており，乾乳期の間に健康問題を抱えた牛は，分娩後最初の排卵が遅れ，それによって繁殖成績が悪くなることを示唆している。

● 発情周期再開の遅れが乳牛の繁殖成績に及ぼす影響

無排卵牛の分娩後最初の発情は遅れることが予想される。したがって，繁殖が主に授精のための発情発見に基づいているような群においては，無排卵牛が繁殖成績に及ぼす影響が，より大きい可能性がある。これにより妊娠までの間隔が長くなり，牛が初回授精を受けて妊娠する時期に，より大きなばらつきが生じる。より高泌乳牛，特にコンクリートの床で飼育されている高泌乳牛の発情は短く，低活性であることが知られている（Lopezら，2004）。したがって，無排卵の時に，これらの牛は，発情発見による授精を主に行っている乳牛群の繁殖成績に計り知れない影響を及ぼす。

群に定時授精を可能にする排卵同期化のためのプログラムを使用している場合，無排卵牛の特徴の1つは，これらの牛がAI時に，第一次卵胞波から生じた卵胞，あるいはプロジェステロンの全身濃度が低い状態で発達した卵胞のいずれかを排卵することである（Bisinottoら，2010a，図7-3）。

無排卵牛は最初の排卵までプロジェステロンにさらされていない。また，このような牛はふつう，排卵が起こりAIが行われる発情後期か発情間期初期の状態にあるので，このような牛の排卵卵胞はプロジェステロン濃度が低い状態で発育する（Bisinottoら，2010a）。プロジェステロン濃度が低い状態での排卵卵胞の発育は，卵胞液の構成に影響を及ぼし（Cerriら，2011a,b），PGF_{2a}を放出するための子宮内膜の反応性を高め，それにより短い発情周期を増加させ（Cerriら，2011a,b），胚の質を変える（Riveraら，2011）。

最後に，プロジェステロン濃度が低い状態で発育す

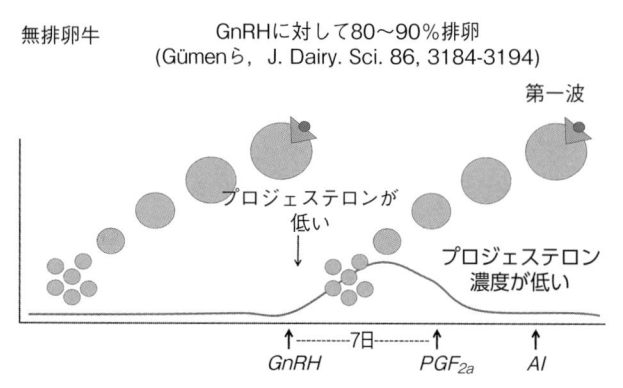

図7-3
オブシンク法のような定時授精プログラムを行った無排卵牛における卵胞の発育パターン。

る排卵卵胞を持つ牛の授精は，P/AIが低くなる（Bisinottoら，2010a）。無排卵牛のP/AIは，第一波主席卵胞を排卵している，発情が周期的な牛のP/AIと同じくらいであり，どちらもプロジェステロン濃度が低い状態で発育する（Bisinottoら，2010a）ということは興味深い。

無排卵牛は，初回授精後，P/AIが低くなるだけでなく，妊娠喪失のリスクが増加し（Santosら，2004；McDougallら，2005），PRが減少する（Walshら，2007）。全般的にみれば，繁殖成績が低下することによって，これらの牛が群から淘汰されるリスクが増加する。

● 乳牛群における無排卵牛の管理のための予防戦略と治療方針

妊娠後期と泌乳初期の牛の管理は，発情周期の遅れに関連したリスク因子を最小限に減らすためにきわめて重要である。泌乳初期の代謝性疾患の予防のためのプログラム，難産を減らすための分娩中の適切な看護，疾病牛の迅速な特定と治療を可能にするフレッシュ・カウ・プロトコールは，乳牛群の繁殖を向上させるために不可欠である。これらの方策を適切に実行することで，疾病によって生じる泌乳初期の体重およびBCSの減少を最小限に抑えることができると期待されている。

Gongら（2002）は，グルコース生成飼料とも呼ばれる，でんぷんが多く含まれる飼料によって，泌乳初期のインスリン濃度が増し，分娩後の最初の排卵が促進されることを示した。しかし，プロピオン酸塩は反芻動物に対して強力に食欲を減退させる作用がある物質であることが知られているので，発酵性糖質を過剰に与える際には注意が必要である（Allenら，2009）。

泌乳初期の牛に，分娩後の14日間，75IUの徐放性インスリンと30gのブドウ糖の連日静脈注射を行ったところ，最初の排卵までの間隔は変わらなかったが，発情発現は高まった（Casas，2010）。したがって，泌乳初期の飼料が，主に血漿グルコースと血漿インスリンを強化するためのグルコース新生を促す飼料成分によって，高カロリー摂取を促すことが重要である。それでもやはり，このような飼料の操作は，食欲と摂取量をおざなりにしてまで行うべきではない。そうしないと，牛による全体のカロリー消費量が最大にならないかもしれない。おそらく，重要なポイントは，確実にすべての牛が餌を食べられ，なおかつできるだけたくさんの飼料を食べられる状態にすることと，同時に，乳牛がよく罹る分娩前後の病気を抑制し治療するために，健康のための予防と治療のプログラムを行うことである。

無排卵牛が妊娠能に及ぼす影響を最小限に抑えるための1つの方法は，VWPを遅らせることである。初回AIまでの間隔が長くなるにつれて，無排卵牛の罹患率が減り，それにより初回授精時の妊娠能に及ぼす影響が少なくなる。Chebelら（2006）は，分娩後49日目に無排卵であった牛の30％が，分娩後62日目に発情周期を再びはじめたことを示した。同様に，Lopezら（2005）は，分娩後71日目に無排卵であった牛の53.9％が，分娩後100日目に排卵を再びはじめたことを認めた。それにもかかわらず，先に述べたように，無排卵牛がP/AIに及ぼす影響を最小限におさえるために初回授精を遅らせることによって，必ずしも群の繁殖成績が向上するわけではないかもしれない。

GnRH（ゴナドレリン）100μgで治療することで，無排卵牛の80％以上に排卵が起こる（Gümenら，2003；Galvãoら，2007）。したがって，無排卵牛に排卵と黄体形成を促す効果的な方法は，単純にそのような牛をGnRHで治療することである。別の方法は，プロジェステロンを補うことである。放出制御性の内用剤（CIDR；EAZI-BREED™ CIDR ®，Pfizer Animal Health, New York, NY）のようなプロジェステロンを含む膣内挿入器具を用いて無排卵牛を治療することで，これらの牛に発情周期を生じさせることができる（Gümen and Wiltbank，2005b）。

Gümen and Wiltbank（2005b）は，囊腫卵胞が発達した牛に，CIDRによる処置を3日間行ったところ，すべての牛に排卵が生じたことを明らかにした。数百頭の無排卵牛を用いた研究では，CIDRによる処置を

表7-2 定時授精プログラムの間の，放出制御性内用剤（CIDR）としてのプロジェステロン補充が無排卵の乳牛のP/AIに及ぼす効果

文献	対照区	治療 1 CIDR	2 CIDR
		％（頭数/頭数）	
Chebel ら (2010)	27.2 (60/221)	31.4 (70/223)	—
El-Zarkouny ら (2004)	20.0 (5/25)	55.6 (15/27)	—
Galvão ら (2004)	32.8 (20/61)	25.0 (13/52)	—
Lima ら (2009)	27.6 (24/87)	29.5 (23/78)	36.5 (31/85)
Stevenson ら (2006)	30.3 (29/96)	33.5 (30/88)	—
Stevenson ら (2008)	24.1[a] (28/116)	32.3[b] (50/155)	—
全体平均	27.4 (166/606)	32.3 (201/623)	—

[a, b] $P < 0.05$

7日間行うことで，処置した牛の50〜55％に発情周期が生じた（Chebel ら，2006；Cerri ら，2009a）。すなわち，プロジェステロンでは効果が出ない無排卵牛がまだ45〜50％いて，後者は，正常な排卵周期を回復させることができないということである。排卵を促すことにより，無排卵状態は解決できるが，妊娠を獲得するという最も重要な問題は解決できない。

オブシンクのような，決められた時点（0日目にGnRH，7日目にPGF$_{2α}$，9.5日目にGnRH，10日目にAI）に行う排卵とAIの同期化のための方法が進歩してから，無排卵牛の治療にこのようなプログラムを行うことが非常に興味を引くようになった。この方法によりほとんどの無排卵牛に排卵が起こり（Gümen ら，2003；Galvão ら，2007），同時に，そのような授精によって適度なP/AIが得られる。

De Vries ら（2006）は，無排卵牛の治療としては，CIDRと発情の観察を行うよりも，オブシンクと定時授精を行う方が経済的に優れていることを示唆した。最近になって，McDougall（2010）も，定時授精，この場合は，CIDRと組み合わせたオブシンクプログラムは，無排卵牛の治療としての経済的利益が最も高くなると結論付けた。

無排卵牛を治療するこのような方策の1つは，定時授精とプロジェステロン補充を組み合わせたものである。無排卵牛の定時授精の間にプロジェステロン補充を行うことの有効性を評価するための6つの実験が行われたが，その結果を**表7-2**に示した。それらのうち2つのP/AIのみが統計的に増加した（Stevenson ら，2008）。これらすべてのデータをまとめたところ，定時授精とプロジェステロン補充を行った無排卵牛のP/AIの全体的な向上は4.9％単位（32.3％ vs. 27.4％）であった。

他の方策は，発情周期を前同期化させる方法（プレシンク）を行うことで，これによっても排卵が起こる。これらのプログラムにはさらなるホルモン治療が含まれるが，AIプログラムの開始時には，より高い割合の牛の発情が周期的で発情間期の状態にあることが期待される。

Chebel ら（2006）は，プレシンクの間にCIDRを取り入れた。CIDRを取り出してから13日後にオブシンクプログラムをはじめた。その著者らは，CIDRを使用することで，定時授精プログラムを開始した周期的な牛の割合は増えたが，それが初回授精時の妊娠能を向上させるには十分ではなかったと結論付けた。同じような結果がBicalho ら（2007）によっても認められ，PGF$_{2α}$によるプレシンクの間にCIDRを取り入れることは，今のところ認可されていない。

2つ目の選択肢は，オブシンクプログラムをはじめる前にGnRHによって排卵を促す方法である。GnRHの注射によって排卵を促し，発情間期の早期の牛にオブシンク法をはじめるというような方法で発情周期をプレシンクすることが期待される（Bello ら，2006）。詳しい内容は，「他のプレシンク法」の節を参照してほしい。

初回授精のための繁殖プログラムの実行

高泌乳牛は，発情発現の持続時間と強さが低下している（Wiltbank ら，2006；Yaniz ら，2006）。したがって，乳牛群の繁殖効率を最適にするためには，発情同期化，排卵同期化，あるいはその両方に基づいた繁殖プログラムを行うことが必要である。

● 発情同期化法

　発情同期化法によって，授精の時期と授精される牛の総数をほとんど管理せずに牛を授精させることが可能になった。発情同期化法では排卵の時期を管理しないので，発情を発見する必要があり，このような方法は，発情発見率が良好またはきわめて優れている場合にのみ効力を発揮する。発情同期化のみに基づくプログラムの成功の妨げになる2つの主要要因は，高泌乳牛の発情発現が乏しいことと，分娩後60日間の無排卵牛の罹患率が多いことである（Wiltbankら，2006；Santosら，2009）。発情発現と発情発見は以下のような環境要因や牛側の要因によって，さらに低下することがある。

> ①乗駕活動のための足場の悪さと不適切な床面。
> ②跛行。
> ③産業が合併し農場がより大きくなり，牛1頭当たりの従業員の数が少なくなり，個々の牛に対する気配りが不足していること。
>
> （Lucy, 2006）

　発情の同期化は単純にPGF$_{2a}$を体系的に使用することで実現できる。発情を同期化するためにPGF$_{2a}$を使用することは，酪農場で最も一般的に行われている方法である。反応する黄体を退行させるためにPGF$_{2a}$か類似体を1回または数回注射すると，2〜7日で牛に発情が戻る。黄体はふつうPGF$_{2a}$に，発情周期の5日目をすぎてからのみ反応し，発情周期の無作為な段階でPGF$_{2a}$を1回注射することで，発情が周期的な牛の約60〜70％に発情が促される。PGF$_{2a}$の注射を10〜14日間を空けて2回行うと，発情が周期的な牛の90％以上が2回目の注射に反応することが期待される。

　しかし，無排卵牛が頻発すること，また最適な発情発見ができないことが，PGF$_{2a}$に反応する牛の数と発情を観察される牛の数に大きな影響を及ぼすことがある。多くの酪農場では，分娩後50日の間にPGF$_{2a}$を2回注射することで，2回目の注射後の発情発見率が50〜60％になる（Brunoら，2005；Chebelら，2006）。PGF$_{2a}$は卵胞の発達に影響を与えず，したがって卵胞波の発生をコントロールしないので，このプログラムを受けた牛は，授精と排卵の時期がほとんど正確ではなく，注射後，異なる日に発情する。

　PGF$_{2a}$に対する反応は，卵胞の成長をコントロールすること，また反応する黄体が治療の時点に確実に存在させることで高めることができる。GnRHの注射で卵胞のターンオーバーが起こり，それにより，LHの急増と，新卵胞群の動員が後に起こる主席卵胞の排卵が促される。しかし，新卵胞波を動員するためのGnRHの使用は，主席卵胞がLHに反応する場合にのみ有効である。一般的に，直径10mm以上の卵胞は受容閾値にあり，顆粒膜細胞においてLH受容体を発達させている。これが，卵胞がLHに反応するための直径の閾値であるように思われる（Sartoriら，2001）。

　GnRHに対する反応は，発情周期の5〜9日目に投与した時に最適になり，80〜90％までの排卵が起きることが可能になる（Vasconcelosら，1999；Belloら，2006）。発情周期の無作為の段階に与えた場合，治療を受けた牛の50〜60％がGnRHに反応して排卵することが期待される。GnRHの7日後にPGF$_{2a}$を投与する方法は，PGF$_{2a}$に対する反応を増し，発情の同期性を高めるための簡単なプログラムである。

　PGF$_{2a}$に対する発情反応を高めるための他の方法は，膣内プロジェステロン挿入と組み合わせることである。CIDRのような挿入は，高泌乳牛に副黄体程度のプロジェステロン濃度を生じ（Cerriら，2009a），それは発情と排卵を妨げるのに十分な量であり，発情発見の困難さを増す（Chebelら，2006）。

　PGF$_{2a}$の注射と組み合わせる場合は，プロジェステロン挿入の使用は，持続性の卵胞とその後の妊娠能の低下を避けるために，長くても7日以内に収めるべきである。最も一般的な方法は，膣内器具を7日間挿入し，6日目か7日目にPGF$_{2a}$の注射を行う。プロジェステロンとPGF$_{2a}$を組み合わせた治療に対する発情反応は通常高く，発情の状態になった牛の70％以上が，器具を取り外してPGF$_{2a}$を投与してから2〜4日後に反応する（Chebelら，2006）。分娩後の牛が7日間CIDRの治療を受け，器具を取り外した時にPGF$_{2a}$を投与された場合は発情の分布が変わり，PGF$_{2a}$のみの場合よりも牛をより早く授精できた（Chebelら，2006）。

　図7-4に示したように，新卵胞波を動員するためにCIDR挿入時にGnRHの注射を加えることで，この方法を改良することが可能である。

　他の方法は，プロジェステロン挿入とPGF$_{2a}$に組み合わせてエストロジェンを用いる方法である。よく用いられるプログラムは，安息香酸エストラジオール2mgをCIDR挿入と同時に投与する方法である。エストロジェンが血中のエストラジオール濃度を高め，それにより排卵卵胞の閉鎖が引き起こされる。エストラ

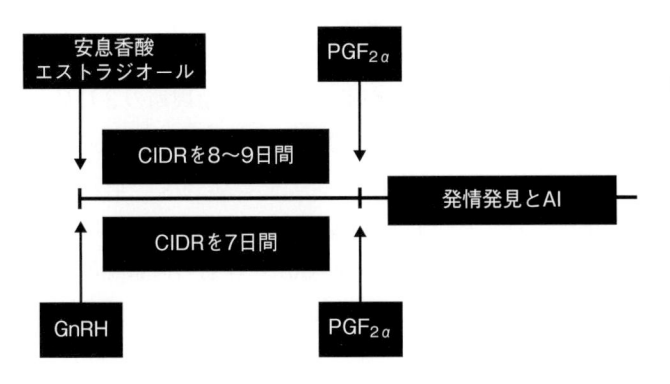

図7-4
7日間のプロジェステロン補充とともに GnRH / PGF$_{2a}$ を用いる，または 8～9日間のプロジェステロン補充とともに安息香酸エストラジオール/ PGF$_{2a}$ を用いることによる，発情同期化を高めるための方法。

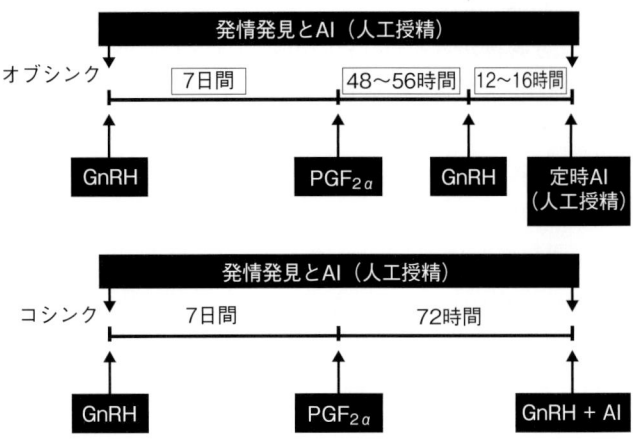

図7-5
乳牛の定時授精のためのオブシンク法とコシンク法。ここで留意すべきは，牛はこれらのプログラムの間に発情を示すかもしれないので，授精当たりの妊娠を最大にするために発情発見を行うことが勧められるということである。

ジオール濃度が低下した後で，卵胞発育の新しい波が動員されるが，それは安息香酸エストラジオールによる治療の 3.5～4.5日後に起こる。

このように新しい波の発生が遅れるので，エストロジェン処置と黄体退行の誘導との間隔は 8～9日間に保つことを勧める（**図7-4**）。エストロジェンは乳牛の発情周期の同期化に効果的に用いることができるが，食料生産動物にこれを使うことについては綿密に調べられてきた。そして多くの国では，このような製品を乳牛の繁殖管理に用いることが禁止されてきた。

● 定時授精（AI）

授精率と妊娠能の向上のために発情周期を操作することは，通常 PR にプラスの効果をもたらす。定時授精法は，決まった時期に授精して十分な P/AI を得られるように，卵胞発育の同期化，黄体退行の同期化，そして最終的には排卵の同期化により発情周期をコントロールすることに頼る方法である（Thatcher ら，2001）。乳牛には発情の発現と発見に問題があるいう認識があるので，このようなプログラムは多くの乳牛群において，繁殖管理になくてはならない部分になってきている（Lucy, 2006）。

米国の乳牛群で最も受け入れられている定時授精法は，オブシンク法とコシンク法であり，これらの方法は，GnRH の注射を発情周期の無作為の段階で行い，7日後に PGF$_{2a}$ の黄体退行量の投与を行う。

図7-5 に示したように，オブシンクでは，GnRH の最後の注射を PGF$_{2a}$ の 48～56時間後に行い，決められた時点での AI を 12～16時間後に実施する。コシンクを行う場合は，牛を PGF$_{2a}$ の 48時間後か 72時間後の決められた時点で授精させ，AI と同時に GnRH を投与する。これらの方法は，分娩後の初回授精の間の AI と非妊娠牛の再授精のための方策として，多くの商業的酪農場で非常に成功して行われてきた。定時授精法によって発情発見の必要なしに授精することができるようになったが，約 10～15％の牛がこの方法の間に発情徴候を示す。これらの牛は，もし最大の PR を得ようとするならただちに授精するべきである。

Pursley ら（1997a）は，オブシンク法か，PGF$_{2a}$ の注射のみを行う同期化プログラムの後に，AI を行った場合の泌乳牛（n = 310）と未経産牛（n = 155）の P/AI を評価した。PGF$_{2a}$ の処置を受けた牛において，発情の徴候がみられなかった場合には，14日の間を空けて 3回もの注射を受けた。このグループで 3回目の PGF$_{2a}$ 注射の後に発情を発見されなかった牛には，72～80時間後に定時授精を行った。2つのプログラムの AI 当たりの妊娠率は同じくらいで，平均して 38％であった。最初の 2回の PGF$_{2a}$ の注射を受けた泌乳牛の発情発見率の平均は各注射の後で 54％，28日間全体で 81.8％であった。PGF$_{2a}$ グループの発情発見率は低いため，オブシンク-定時授精法を受けた牛の方が PR が高かった。

同じ研究者らが行ったその後の研究では（Pursley ら，1997b），3つの商業的な群（n = 333）からの泌乳牛を無作為に以下の2つのグループに分けた。オブシンク法を行うグループと，PGF$_{2a}$ を定期的に使用するとともに発情発見に基づく AI を行うグループ。非妊娠牛は元の治療を用いて再授精された。発情発見の後

に授精された牛に比べて，オブシンク法を受けた牛は，分娩後から初回授精の中央の日数（54 vs. 83；$P < 0.001$）と空胎日数（99 vs. 118；$P < 0.001$）が少なかった。発情発見に基づく繁殖プログラムに比べて，定時授精が群の繁殖効率に及ぼすプラスの効果は，決まった時点で行う授精のP/AIが低下せず，発情発見が不十分な場合にのみ認められた（Tenhagenら，2004）。繁殖成績がはっきり異なる2つの群に定時授精を行った場合，体系的な繁殖プログラムによる利益は，発情発見率が低い群により明確に現れる。

●プレシンクによって定時授精に対する反応を高める

オブシンク法に対する反応は，プログラムの最初のGnRH注射で牛が排卵した場合と（Cerriら，2009b），反応するCLがPGF$_{2a}$処置の当座に存在する場合に（Chebelら，2006）最適になる。

Vasconcelosら（1999）が発情周期の異なる段階でオブシンク法をはじめてみたところ，2回目のGnRH注射に対する同期化率が，発情周期の12日目より前に最初のGnRH注射を牛が受けた場合に，より高くなった。また，オブシンク法を発情周期の5～9日目にはじめると，排卵率が最大になった。最初のGnRH注射に対する排卵と，新しい卵胞波の開始によって，P/AIが増加するはずである（Chebelら，2006）。なぜなら，それによってAI時に優性度が減少した卵胞が生じるからである（Cerriら，2009b）。

さらに，発情周期の12日目より前にオブシンク法を開始することで，プログラムの終了前に発情の状態になり排卵する牛の数を最小限に抑えることができるはずである（Moreiraら，2001）。

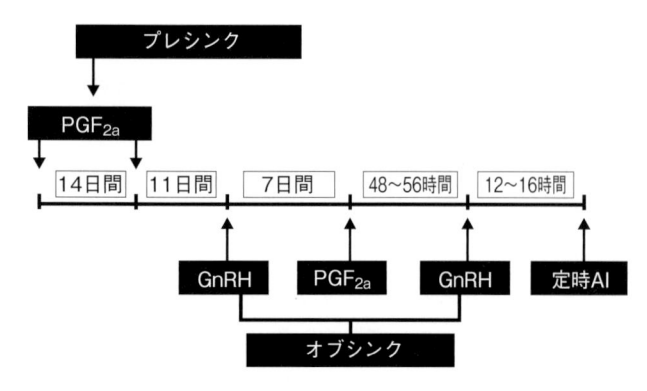

図7-6
乳牛の分娩後初回授精のための，PGF$_{2\alpha}$による発情周期のプレシンクのための処置と，その後に行うオブシンクについての略図

Cerriら（2009b）が過剰排卵していない泌乳早期の乳牛の胚の質を評価したところ，卵胞のターンオーバーを促すことの重要性が示された。発情周期の3日目に開始したオブシンク法を受けた牛は，発情周期の6日目にプログラムを開始した牛と比べて，最初のGnRHに対する排卵率が低かった。この低い排卵率（7.1% vs. 83%）は，最初のGnRH注射の時に主席卵胞がより小さいこと（9.5mm vs. 14.8mm）と，排卵卵胞の優性時期が長くなることと関係があった。AI後6日目に胚をフラッシュさせた場合，受精は処置間で同じくらいであったが，3日目にオブシンク法をはじめた牛の胚は，6日目にオブシンクをはじめた牛の胚に比べて，発育が遅れていて細胞が少なかった。

Moreiraら（2001）は，オブシンクプログラムに対する反応を最適にするためのプレシンク法を考案した。その方法では，PGF$_{2a}$の注射を14日の間を空けて2度投与するが，2度目の注射は，定時授精法の最初のGnRHよりも12日前に行う。

このプレシンクプログラムによって，発情が周期的な牛の，授精後32日目と74日目のP/AIが増加した。Moreiraら（2001）の研究結果はその後，El-Zarkounyら（2004）によって強められ，プログラムをはじめる前の発情の段階にかかわらず，オブシンク開始時のプロジェステロン濃度の高い牛の割合が増加し（59% vs. 72%），P/AIも増加する（37.5% vs. 46.8%）ことが示された。週の同じ日に注射を行うことができるという便利さから，多くの生産者は，オブシンク法の注射を行う同じ日にプレシンクのPGF$_{2a}$の注射を行うことを選択する。それによって，プレシンク（前同期化）とオブシンク開始との間隔が14日になる。

Navanukrawら（2004）は，14日間というプレシンクとオブシンク開始との間隔が，P/AIに有益であることを明確に示した。しかし，このような研究のすべて（Moreiraら，2001；El-Zarkounyら，2004；Navanukrawら，2004）において，対照区に割り当てられた牛に分娩後の期間にPGF$_{2a}$が投与されなかった。この投与は乳牛の子宮の健康，そしてその後の受胎能力を改善することがある。さらに，オブシンクをはじめる14日前に牛をプレシンクすることで，プレシンクしない場合よりもP/AIが増加した（Navanukrawら，2004）が，間隔は最適ではなく，オブシンクの最初のGnRHに対する排卵率が悪くなった（Chebelら，2006；Galvãoら，2007）。Galvãoら（2007）は，プレシンクと定時授精との間隔を14日から11日に減らした（図7-6）ところ，定時授精法の最初のGnRHに対する

表7-3　乳牛における定時授精後のP/AIに及ぼすプレシンク法の影響

文献	対照区	PGF	PGF-GnRH	ダブルオブシンク
Belloら (2006)	27.0[d] (7/26)	—	50.0[c] (13/26)	
Peters and Pursley. (2002)	38.3 (80/209)	—	41.5 (90/218)	
Galvãoら (2007)	—	40.5 (166/410)	39.8 (156/392)	—
Ribeiroら (2009)	—	45.1 (285/632)	43.3 (269/622)	
Ribeiroら (2011)	—	59.0 (514/871)	—	56.8 (501/882)
Souzaら (2008)	—	41.7[b] (75/180)	—	49.7[a] (78/157)

[a,b] $P < 0.05$.
[c,d] $P < 0.10$.

排卵が増え，P/AIが向上したことを示した。

まとめると，このデータは，乳牛群に定時授精を用いる際には，乳牛の受胎能を最適にするために発情周期をプレシンクさせる方法を考えることが重要であるということを示している。このような方法の1つは，PGF_{2a}を14日の間を空けて投与する連続治療であり，2回目のPGF_{2a}の11日後に定時授精を開始する（Galvãoら，2007）。

● 他のプレシンク法

PGF_{2a}によるプレシンクは，発情が周期的な牛にのみ有効である（Moreiraら，2001）。分娩後最初の60日は無排卵牛の罹患率が高い（Walshら，2007；Santosら，2009）ので，初回授精の前の牛には，GnRHかプロジェステロンを取り入れた方法が有益である可能性がある。PGF_{2a}によるプレシンクの間にCIDRを使用する方法については先に述べたが，PGF_{2a}のみによって得られるものを超えるさらなる利益は認められなかった。

Rutiglianoら（2008）は，初回AIのためのオブシンク法の前に行う2つのプレシンクのプログラムを評価した。牛に14日の間を空けてPGF_{2a}の注射を2回行ったが，2度目の注射は，オブシンク法の最初のGnRHの12日前に投与した。もう1つのプレシンクは，CIDRを7日間処置し，挿入器具を取り外した時にPGF_{2a}の注射をして，オブシンク法を3日後に開始する。プレシンクの方法によって，オブシンクの最初のGnRHに対する排卵反応が変わり複数排卵が増えるが，P/AIと妊娠喪失は2つの処置間で同じくらいであった。

現在では，発情前期に定時授精プログラムを始めることは，最初のGnRHに対する排卵反応にとっては有益であるが，プロジェステロンの全身濃度が低い状態で排卵卵胞が発育するために，乳牛の妊娠能が低下することがあると分かっている（Bisinottoら，2010a）。それにより胚の質も低下し（Riveraら，2011），黄体期が短くなるリスクが増す（Cerriら，2011a）。

表7-3は，定時授精法の前のプレシンクプログラムが異なり，乳牛の妊娠能がP/AIによって評価されている既存の文献をまとめたものである。概して，PGF_{2a}のみを用いたプログラムと比較すると，妊娠能に対する効用は少なかった。6日か7日後に開始したオブシンクのはじまりとともに，PGF_{2a}の後にGnRHを投与することは，PGF_{2a}のみを投与することよりも優れてはいなかった（Galvãoら，2007；Ribeiroら，2009）。実際，プレシンクのためにPGF_{2a}/GnRHを組み合わせて行う方法を，プレシンクをまったく行わない方法と比較しても，妊娠能に対する効用は限られていた（Peters and Pursley, 2002；Belloら，2006）。

より有望なシステムは，ダブルオブシンクプログラムを用いることである。牛に2回のオブシンク法を連続的に行い，2回目のプログラムの最後に授精を行う。Souzaら（2008）は，PGF_{2a}の2回投与に基づくプレシンクと比べて，この方策が初産の乳牛の妊娠能を向上させることを認めた。

Ribeiroら（2011）は，放牧と補足的濃厚飼料を与えられている3つの群で飼育されている1,754頭の泌乳牛を用いて，同じような方策を比較した。表7-3に示したように，ダブルオブシンクを行った牛と，PGF_{2a}の2回投与によりプレシンクを行った牛との間に，妊娠能の全体的な違いは認められなかった。反応を発情周期の状態に応じて分けたところ，周期的であると分類された牛（1,495頭）は，ダブルオブシンクを受けた場合とPGF_{2a}の2回投与のみを受けた場合でP/AIがそれぞれ，60.1%と63.2%であった。258頭の無排卵牛では，ダブルオブシンクを受けた場合とPGF_{2a}の2

表7-4 黄体退行が誘起された後の排卵誘起とAIのタイミングが乳牛のAI当たりの妊娠率に及ぼす影響

文献	コシンク[1] 48時間	コシンク[1] 60時間	コシンク[1] 72時間	オブシンク[2]	P
		%(牛の頭数)			
DeJarnette and Marshall. (2003)	—	22.0 (173)	—	28.6 (175)	0.16
Portaluppi and Stevenson. (2005)	22.8 (224)[b]	—	31.4 (220)[a]	23.5 (221)[b]	0.05
Hillegass ら (2008)	44.0 (486)	—	44.7 (485)	—	0.27
Brusveen ら (2008) 前同期化したAI	38.0 (108)[a,b]	—	27.5 (120)[b]	45.2 (115)[a]	0.05
Brusveen ら (2008) 再同期化したAI	23.6 (386)[b]	—	27.2 (397)[a,b]	33.0 (342)[a]	0.05
Sterry ら (2007) 前同期化したAI	29.5 (146)	—	36.9 (206)	—	0.13
Sterry ら (2007) 再同期化したAI	28.0 (236)	—	29.7 (222)	—	0.93

[1] 黄体退行が誘起されてから48, 60, 72時間後のいずれかの時点で, 最後のGnRHと定時授精を受けた牛。
[2] 黄体退行が誘起されてから48時間後 (Portaluppi and Stevenson, 2005) か56時間後 (Brusveen et al., 2008) に最後のGnRHを受けて, 黄体退行が誘起されてから72時間後に定時授精を受けた牛。
[a,b] 同列における上付き文字はP < 0.05で有意に異なる。

回投与のみを受けた場合では, P/AIがそれぞれ38.2%と34.7%であった。

●定時授精プログラムにおける排卵誘起と授精のタイミング

定時授精法における黄体退行後に排卵を誘起するタイミングと, その後の授精までの間隔が, 乳牛の妊娠能に影響を及ぼす。図7-5に示したように, Pursley ら (1998) は, 牛をGnRH注射の32時間後に授精するとP/AIが減少し, 牛にオブシンクの最後のGnRH注射の約16時間後に定時授精を行った場合に, 妊娠率と分娩率が最大になることを認めた。しかし, 最後のGnRHの16時間後に泌乳牛を授精するためには, 同じ日に2度牛を管理する必要があり, 酪農業者はこれを不便だと感じ嫌がることがよくある。

このような制約があるので, Portaluppi and Stevenson (2005) は, オブシンクに改良を加えたものを評価し, 以下のような結果を得た。牛が最後のGnRHをPGF_{2a}の48時間後に受け, 48時間か72時間後に授精された場合に比べて, 牛がPGF_{2a}の72時間後に最後のGnRHと定時授精を受けた場合, 牛の妊娠率と分娩率が増加し, 妊娠喪失が減った。しかし, 他の研究者が行った最近の研究では, 牛にコシンク法を48時間で行った場合も72時間で行った場合もP/AIに違いが認められなかった (DeJarnette and Marshall., 2003；Sterry ら, 2007；Brusveen ら, 2008)。

表7-4に示したように, Brusveen ら (2008) の研究によって, GnRHによる排卵誘起 (この際, 黄体退行の誘起の56時間後にGnRHを投与する) と定時授精との間隔を16時間に保つことで, 初回授精時にプレシンクされた牛と再同期化された牛の授精当たりの妊娠率が最適になることが示された。したがって, 泌乳牛には, オブシンクプログラム (この際, AIの16時間前にGnRHを投与する) の方が, コシンク法で行うように, 牛を最後のGnRH処置と同時に授精するよりも, 望ましい方法であると言える。

●定時授精プログラムにおいて卵胞の優位期間を短縮すること

卵胞波が3つあることの多い成長中の未経産牛の卵胞の成長と比較して, 泌乳牛の発情周期は, 卵胞の成長の波が2つ起こることが多いことで特徴付けられる (Savio ら, 1988)。

卵胞の成長の波が2つある牛は, 3つの卵胞波がある牛よりも, 卵胞の発生から発情までの間隔が約3.5日長い (Bleach ら, 2004)。卵胞の優位期間が長くなるにつれて, 胚の質が悪くなり (Cerri ら, 2009b), 妊娠能も悪くなる (Bleach ら, 2004) ことが示されている。実際, 卵胞の成長の波が3つある牛は, 2つしかない牛よりもP/AIが高い。Cerri ら (2009b) はオブシンク法を用いて, 優位期間が短い (5～6日) 排卵卵胞を持つ牛は, 優位期間が6.5日以上の排卵卵胞を持つ牛に比べて, より質のよい胚をより多い割合で生産することを報告した。

排卵卵胞の優位期間を短縮する1つの方法は, 卵胞の動員から黄体退行までの間隔を短くすることである。$GnRH/PGF_{2a}$に基づく伝統的な定時授精プログラムでは, 新しく生じた黄体が確実にPGF_{2a}の黄体退行作用に反応するようにするために, GnRHの最初の注射からPGF_{2a}の注射までの間隔を7日間にする。

これらのプログラムでは，85％以上の牛が黄体退行を経る（Santosら，2010）。しかし，このようなプログラムでは，最初のGnRHで排卵しなかった牛の卵胞優位の期間は長くなることがあり，10日まで延びることもある。GnRHの注射とPGF$_{2a}$の注射との間隔を7日間から5日間に減らすことで卵胞の優位期間を短縮すると，泌乳牛のP/AIが増加する（Santosら，2010）。このようなプログラムにおいては，最初のGnRHで誘起された新生黄体が確実に完全に退行できるように，PGF$_{2a}$注射の追加が必要である（**図7-7**，Santosら，2010）。

　2回のPGF$_{2a}$の注射による発情周期のプレシンクの後，牛を以下のどちらかのコシンク法に無作為に分けた。コシンク72時間法（0日目にGnRH，7日目にPGF$_{2a}$，10日目にGnRH + AI），あるいは，5日間コシンク72時間と2回のPGF$_{2a}$の注射（0日目にGnRH，5日目と6日目にPGF$_{2a}$，8日目にGnRH + AI）。黄体退行（96.3% vs. 91.5%）とP/AI（37.9% vs. 30.9%）はどちらも，コシンク72を受けた牛よりも，5日間コシンク72時間を受けた牛の方が多かった。黄体が退行した牛のみを調べてみても，やはりP/AIは5日間プログラムを受けた牛の方が多かった（39.3% vs. 33.9%）。したがって，GnRHから，誘起された黄体までの間隔を5日間に減らすことで，P/AIは増加するが，黄体が確実に完全に退行するためには，24時間の間隔を空けてPGF$_{2a}$を2回投与する必要がある。

　Bisinottoら（2010b）が，同じような方法を用いて大規模な実験を行ったところ，5日間プログラムによって得られたP/AIは，牛が最後のGnRHを，定時授精の16時間前に受けた場合か（0日目にGnRH，5日目と6日目にPGF$_{2a}$，7.5日目にGnRH，8日目にAI），あるいは先に述べたように，AIと同時に受けた場合と同じくらいであった（46.4% vs. 45.5%）。

　最近，年に7,000kgの乳を生産する放牧されている乳牛を用いて行われた大規模な研究によって，5日間コシンク72時間法によって得られた，3,000頭を超える分娩後初回授精を受けた牛のP/AIが50～66％の範囲であったことが示された（Ribeiroら，2009，2011）。このように，5日間コシンク72時間プログラムは，乳牛の受胎能を最適にするために有効な同期化プログラムである。

　まとめると，卵胞の発育の力，黄体の発育と退行の力，排卵と授精のタイミングを微調整したこのようなプログラムによって，すべての牛を既定の日に授精させ，高いP/AIを得ることが保証される。

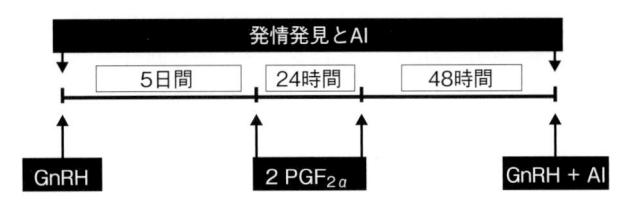

図7-7
5日間コシンク72時間と24時間の間隔を空けて2回のPGF$_{2a}$の注射を行う治療の略図

プレシンク後の授精

　米国の多くの農場に合った普及しているプログラムは，PGF$_{2a}$の注射を14日の間を空けて2回投与する方法で，この際，2回目の注射はVWPの終わりに行う。多くの場合，2回目のPGF$_{2a}$の注射は，分娩から約50～55日後に行う。それから，2回目の注射の後に牛を授精するが，その後11日間経っても授精しなかった牛には定時授精法を行う。45～55％の牛は発情を示し，プレシンクの2回目のPGF$_{2a}$の後に授精されるので，これらの牛は結局，分娩後早期に初回授精を受けることになる。乳牛のP/AIは，分娩後70～90日までは泌乳が進むにしたがって増えることが，研究によって示されている（Pursleyら，1997a；Tenhagenら，2003；Stevenson，2006）。プレシンク後の発情で授精された牛は，3週間後に（Brunoら，2005；Chebelら，2006），全プログラムの完了の後に授精された牛（プレシンクされ-定時授精）よりもP/AIが低い。しかし，プレシンクの間の発情で牛を授精することで，初回授精までの間隔と生殖ホルモンにかかる費用と人件費を減らすことができる。

　牛をプレシンク後に授精するべきか，それとも牛に定時授精を行うべきかを判断するために，Chebel and Santos（2010）は，泌乳初期の高泌乳ホルスタイン牛639頭を，プレシンク法の2回目のPGF$_{2a}$の後に授精を行うか行わないかによって，VWPの短いグループとVWPの長いグループに分けた。すべての牛は分娩後の35日目と49日目の2回のPGF$_{2a}$の注射を受けた。VWPの短いグループに割り当てられた牛は，分娩後49～62日に発情が認められたら授精し，授精しなかった牛には，オブシンク定時授精法を行った。一方，VWPの長いグループに割り当てられた牛はすべて，オブシンク法の後，DIM72日で授精した。VWPが短いグループで発情期に授精された牛の割合は58.9％と

なり，分娩から初回授精までの間隔は，VWP が長い牛よりも VWP が短い牛の方が短かった（64.7 ± 0.4 vs. 74.2 ± 0.5 DIM）。プレシンク法の 2 回目の PGF_{2a} の後に牛を授精することによる，分娩後初回授精の後の P/AI と分娩後最初の 300 日間の妊娠率に影響はなかった。

場合によっては，プレシンク法の 2 回目の PGF_{2a} の後に牛を授精すると，プレシンクを受けた牛やオブシンク法の後の決まった時期にだけ授精した牛に比べて，P/AI が低くなった（Bruno ら，2005）。しかし，P/AI が低くなるリスクがあるにもかかわらず，プレシンク後に授精した牛は初回授精をより早く受け，それによって P/AI の減少が相殺され，妊娠までの間隔が同じくらいになった（Chebel and Santos, 2010）。VWP が短くプレシンクの 2 回目の PGF_{2a} の後に授精した牛の妊娠までの日数の中央値は 125 日で，すべての牛が定時授精を受けた VWP の長い牛の中央値は，134.5 日であった（Chebel and Santos, 2010）。

これらの結果から，プレシンクの 2 回目の PGF_{2a} の後に牛を授精すると，P/AI が同じになるか，わずかに低くなるが，牛をより早く授精するため，分娩後から妊娠までの間隔は変わらないことが示唆される。これによって，プレシンクの 2 回目の PGF_{2a} の後に発情を示した牛を授精することを決める，あるいは定時授精ですべての牛を授精することを決める生産者が，柔軟に決定を下せるようになる。前者は処置にかかる費用が減るが，後者は初回授精の P/AI が最適になる。どちらも妊娠までの期間は同じくらいになる。言うまでもなく，群の発情発見効率が，発情発見に基づくプログラムの成功の重要な要因となる（Tenhagen ら，2004）。

● 排卵同期化法とともに行うプロジェステロン挿入の使用

CIDR のようなプロジェステロン挿入によって，黄体退行を妨ぐことができ，無排卵牛に発情周期を誘起するために十分な量のプロジェステロンを供給することができる（Chebel ら，2006；Cerri ら，2009a）。したがって，これらは，発情と排卵の同期性を強化するため，そして無排卵乳牛，あるいはプロジェステロン濃度の低い牛の妊娠能を向上させるための繁殖プログラムに使う，魅力的な道具となる。

牛の発情周期を PGF_{2a} によってプレシンクし，これらの牛すべてに定時授精を行う場合は，プログラムに CIDR を組み込むことは，通常，妊娠能にとって有益ではない（El-Zarkouny ら，2004；Galvão ら，2004）。一方，定時授精の間のプロジェステロン補充は，牛をプレシンクしない場合（El-Zarkouny ら，2004；Stevenson ら，2006），あるいはプレシンクしたならば，プレシンクの 2 回目の PGF_{2a} 注射の後の発情期に授精した場合には，妊娠能にとって有益である（Melendez ら，2006；Chebel ら，2010）。

プロジェステロン補充は，乳牛の発情周期に関係なく効果をもたらすようである。オブシンク法の間にプロジェステロンを補充した場合，発情が周期的な牛にも無排卵牛にも妊娠能に同じような向上がみられた（Stevenson ら，2006；Chebel ら，2010）。妊娠能に対する効果は，定時授精後の発情周期の同期化を向上させることによって大いにもたらされると考えられる（Lima ら，2009；Chebel ら，2010）。

したがって，生産者が，以前に発情周期をプレシンクしたことがない状態で，定時授精プログラムを用いることを選ぶ際には，排卵の同期性を高め受胎能を最適にするために，プログラムの間に CIDR を組み込むことが効果的である。同様に，プレシンクを用いる際，ただし発情が観察された牛を AI プログラムに至る前に授精する場合，残りの牛に CIDR を用いることが妊娠能にとって効果的であるようである。

要約

乳牛群において分娩後初回授精のために，体系立てられた繁殖プログラムを実施することは，乳牛の繁殖管理に欠くことのできないものになってきている。このようなプログラムにより，妊娠能を損なうことなく受精率を上げられるようになってきた。VWP 終了後の最初の 3 週間が，乳牛群の繁殖に最大の影響をもたらす発情周期であることが知られている。したがって，この時期に高い PR を確保することが，乳牛の繁殖を最適にするために非常に重要である。

生理学的原理にしたがった同期化法の発達が，妊娠能を最適にするために重要であるが，これらのプログラムは，それを行う農場のニーズと能力に合わせて作成するべきである。21 日発情発見率が優れている群（65％以上）では，積極的な同期化プログラムは群の繁殖成績に大きな影響を与えそうにない。一方，ほとんどの農場では発情発見効率が低いので，発情や排卵の同期化法を用いることが，多くの場合，魅力的で繁殖にプラスになる。

体系立てられた繁殖プログラムが正常に機能し酪農

場の経済にプラスになるためには，プログラムの各手順において高い適合性がなければならないことを強調しておくことは重要である。個々の農場は，確実に，牛が正しい日に正しいホルモン療法を受けられるようにシステムを開発しなければならない。

プログラムにしたがわないと，授精率と妊娠能が低下する。いくつかのプログラムでは，ホルモン療法を行うために何度も牛をハンドリングする必要があるので，重要な手順は抑えた上で，農場のニーズに合ったプログラムをつくることが重要である。

文献

Allen, M.S., Bradford, B.J., Oba, M. (2009). Board invited review: the hepatic oxidation theory of the control of feed intake and its application to ruminants. *Journal of Animal Science*, 87:3317–3334.

Ball, P.J.H., McEwan, E.E.A. (1998). The incidence of prolonged luteal function following early resumption of ovarian activity in postpartum dairy cows. *Proceedings of the British Society of Animal Science*, p. 187. Abstract.

Beam, S.W., Butler, W.R. (1999). Effects of energy balance on follicular development and first ovulation in postpartum dairy cows. *Journal of Reproduction and Fertility*, 54(Suppl.): 411–424.

Bello, N.M., Steibel, J.P., Pursley, J.R. (2006). Optimizing ovulation to first GnRH improved outcomes to each hormonal injection of Ovsynch in lactating dairy cows. *Journal of Dairy Science*, 89:3413–3424.

Bicalho, R.C., Cheong, S.H., Warnick, L.D., Guard, C.L. (2007). Evaluation of progesterone supplementation in a prostaglandin F2α-based presynchronization protocol before timed insemination. *Journal of Dairy Science*, 90:1193–1200.

Bicalho, R.C., Galvão, K.N., Guard, C.L., Santos, J.E.P. (2008). Optimizing the accuracy of detecting a functional corpus luteum in dairy cows. *Theriogenology*, 70:199–207.

Bisinotto, R.S., Chebel, R.C., Santos, J.E.P. (2010a). Follicular wave of the ovulatory follicle and not cyclic status influences fertility of dairy cows. *Journal of Dairy Science*, 93:3578–3587.

Bisinotto, R.S., Ribeiro, E.S., Martins, L.T., Marsola, R.S., Greco, L.F., Favoreto, M.G., Risco, C.A., Thatcher, W.W., Santos, J.E.P. (2010b). Effect of interval between induction of ovulation and AI and supplemental progesterone for resynchronization on fertility of dairy cows subjected to a 5-d timed AI program. *Journal of Dairy Science*, 93:5798–5808.

Bleach, E.C.L., Glencross, R.G., Knight, P.G. (2004). Association between ovarian follicle development and pregnancy rates in dairy cows undergoing spontaneous oestrous cycle. *Reproduction*, 127:621–629.

Bruno, R.G.S., Rutigliano, H.M., Cerri, R.L.A., Santos, J.E.P. (2005). Effect of addition of a CIDR insert prior to a timed AI protocol on pregnancy rates and pregnancy losses in dairy cows. *Journal of Dairy Science*, 88(Suppl. 1): 87. Abstract.

Brusveen, D.J., Cunha, A.P., Silva, C.D., Cunha, P.M., Sterry, R.A., Silva, E.P.B., Guenther, J.N., Wiltbank, M.C. (2008). Altering the time of the second gonadotropin-releasing hormone injection and artificial insemination (AI) during Ovsynch affects pregnancies per AI in lactating dairy cows. *Journal of Dairy Science*, 91:1044–1052.

Butler, S.T., Marr, A.L., Pelton, S.H., Radcliff, R.P., Lucy, M.C., Butler, W.R. (2003). Insulin restores GH responsiveness during lactation-induced negative energy balance in dairy cattle: effects on expression of IGF-I and GH receptor 1A. *The Journal of Endocrinology*, 176:205–217.

Butler, S.T., Pelton, S.H., Butler, W.R. (2004). Insulin increases 17 beta-estradiol production by the dominant follicle of the first postpartum follicle wave in dairy cows. *Reproduction*, 127:537–545.

Caraviello, D.Z., Weigel, K.A., Fricke, P.M., Wiltbank, M.C., Florent, M.J., Cook, N.B., Nordlund, K.V., Zwald, N.R., Rawson, C.L. (2006). Survey of management practices on reproductive performance of dairy cattle on large US commercial farms. *Journal of Dairy Science*, 89:4723–4735.

Casas, J.A. (2010). Impact of insulin on metabolism and ovarian activity in early lactation dairy cows. Thesis, Master of Preventive Veterinary Medicine, School of Veterinary Medicine, University of California Davis.

Cerri, R.L.A., Chebel, R.C., Rivera, F. Narciso, C.D., Oliveira, R.A., Amstalden, M., Baez-Sandoval, G.M., Oliveira, L.J., Thatcher, W.W., Santos, J.E.P. (2011a). Concentration of progesterone during the development of the ovulatory follicle: II. Ovarian and uterine responses. *Journal of Dairy Science*, 94:3352–3365.

Cerri, R.L.A., Chebel, R.C., Rivera, F. Narciso, C.D., Oliveira, R.A., Thatcher, W.W., Santos, J.E.P. (2011b). Concentration of progesterone during the development of the ovulatory follicle: I. Ovarian and embryonic responses. *Journal of Dairy Science*, 94:3342–3351.

Cerri, R.L.A., Rutigliano, H.M., Bruno, R.G.S., Santos, J.E.P. (2009a). Progesterone concentration, follicular development and induction of cyclicity in dairy cows receiving intravaginal progesterone inserts. *Animal Reproduction Science*, 110:56–70.

Cerri, R.L.A., Rutigliano, H.M., Chebel, R.C., Santos, J.E.P. (2009b). Period of dominance of the ovulatory follicle influences embryo quality in lactating dairy cows. *Reproduction*, 137:813–823.

Chebel, R.C., Santos, J.E.P. (2010). Effect of inseminating cows in estrus following a presynchronization protocol on reproductive and lactation performances. *Journal of Dairy Science*, 93:4632–4643.

Chebel, R.C., Santos, J.E.P., Cerri, R.L.A., Rutigliano, H.M., Bruno, R.G.S. (2006). Reproduction in dairy cows following progesterone insert presynchronization and resynchronization protocols. *Journal of Dairy Science*, 89:4205–4219.

Chebel, R.C., Al-Hassan, M.J., Fricke, P.M., Santos, J.E.P., Lima, J.R., Stevenson, J.S., Garcia, R., Ax, R.L., Moreira, F. (2010). Supplementation of progesterone via CIDR inserts during ovulation synchronization protocols in lactating dairy cows. *Journal of Dairy Science*, 93:922–931.

De Vries, A. (2006). Economic value of pregnancy in dairy cattle. *Journal of Dairy Science*, 89:3876–3885.

De Vries, A., Crane, M.B., Bartolome, J.A., Melendez, P., Risco, C.A., Archbald, L.F. (2006). Economic comparison of timed artificial insemination and exogenous progesterone as treatments for ovarian cysts. *Journal of Dairy Science*, 89:3028–3037.

DeJarnette, J.M., Marshall, C.E. (2003). Effects of pre-synchronization using combinations PGF$_{2α}$ and (or) GnRH on pregnancy rates of Ovsynch- and Co-Synch-treated lactating Holstein cows. *Animal Reproduction of Science*, 77:51–60.

El-Zarkouny, S.Z., Cartmill, J.A., Hensley, B.A., Stevenson, J.S. (2004). Pregnancy in dairy cows after synchronized ovulation regimens with or without presynchronization and progesterone. *Journal of Dairy Science*, 87:1024–1037.

Ferguson, J.D., Galligan, D.T. (1993). Reproductive programs in dairy herds. In: Proceedings of the Central Veterinary Conference, pp. 161–178.

Galvão, K.N., Santos, J.E.P., Juchem, S.O., Cerri, R.L.A., Coscioni, A.C., Villasenor, M. (2004). Effect of addition of a progesterone intravaginal insert to a timed insemination protocol using estradiol cypionate on ovulation rate, pregnancy rate, and late embryonic loss in lactating dairy cows. *Journal of Animal Science*, 82:3508–3517.

Galvão, K.N., Sá Filho, M.F., Santos, J.E.P. (2007). Reducing the interval from presynchronization to initiation of timed artificial insemination improves fertility in dairy cows. *Journal of Dairy Science*, 90:4212–4218.

Gong, J.G., Lee, W.J., Garnsworthy, P.C., Webb, R. (2002). Effect of dietary-induced increases in circulating insulin concentrations during the early postpartum period on reproductive function in dairy cows. *Reproduction*, 123:419–427.

Gümen, A., Wiltbank, M.C. (2002). An alteration in the hypothalamic action of estradiol due to lack of progesterone exposure can cause follicular cysts in cattle. *Biology of Reproduction*, 66:1689–1695.

Gümen, A., Wiltbank, M.C. (2005a). Follicular cysts occur after a normal estradiol-induced GnRH/LH surge if the corpus hemorrhagicum is removed. *Reproduction*, 129:737–745.

Gümen, A., Wiltbank, M.C. (2005b). Length of progesterone exposure needed to resolve large follicle anovular condition in dairy cows. *Theriogenology*, 63:202–218.

Gümen, A., Guenther, J.N., Wiltbank, M.C. (2003). Follicular size and response to Ovsynch versus detection of estrus in anovular and ovular lactating dairy cows. *Journal of Dairy Science*, 86:3184–3194.

Hillegass, J., Lima, F.S., Sá Filho, M.F., Santos, J.E.P. (2008). Effect of time of AI and supplemental estradiol on reproduction of lactating dairy cows. *Journal of Dairy Science*, 91:4226–4237.

Lima, J.R., Rivera, F.A., Narciso, C.D., Oliveira, R., Chebel, R.C., Santos, J.E.P. (2009). Effect of increasing amounts of supplemental progesterone in a timed AI protocol on fertility of lactating dairy cows. *Journal of Dairy Science*, 92:5436–5446.

Lopez, H., Satter, L.D., Wiltbank, M.C. (2004). Relationship between level of milk production and estrous behavior of lactating dairy cows. *Animal Reproduction of Science*, 81:209–223.

Lopez, H., Caraviello, D.Z., Satter, L.D., Fricke, P.M., Wiltbank, M.C. (2005). Relationship between level of milk production and multiple ovulations in lactating dairy cows. *Journal of Dairy Science*, 88:2783–2793.

Lucy, M.C. (2006). Estrus: basic biology and improving estrous detection. In Proceedings: *Dairy Cattle Reproduction Council Conference*, pp. 29–37. November 6–8, Denver, CO.

McDougall, S. (2010). Comparison of diagnostic approaches, and a cost-benefit analysis of different diagnostic approaches and treatments of anoestrous dairy cows. *New Zealand Veterinary Journal*, 58:81–89.

McDougall, S., Burke, C.R., MacMillan, K.L., Williamson, N.B. (1995). Patterns of follicular development during periods of anovulation in pasture-fed dairy cows after calving. *Research in Veterinary Science*, 58:212–216.

McDougall, S., Rhodes, F.M., Verkerk, G. (2005). Pregnancy loss in dairy cattle in the Waikato region of New Zealand. *New Zealand Veterinary Journal*, 53:279–287.

Melendez, P., Gonzalez, G., Aguilar, E., Loera, O., Risco, C., Archbald, L.F. (2006). Comparison of two estrus-synchronization protocols and timed artificial insemination in dairy cattle. *Journal of Dairy Science*, 89:4567–4572.

Moreira, F., Orlandi, C., Risco, C.A., Mattos, R., Lopes, F., Thatcher, W.W. (2001). Effects of presynchronization and bovine somatotropin on pregnancy rates to a timed artificial insemination protocol in lactating dairy cows. *Journal of Dairy Science*, 84:1646–1659.

Nanda, A.S., Ward, W.R., Dobson, H. (1991). Lack of LH response to oestradiol treatment in cows with cystic ovarian disease and effect of progesterone treatment or manual rupture. *Research in Veterinary Science*, 51:180–184.

Navanukraw, C., Redmer, D.A., Reynolds, L.P., Kirsch, J.D., Grazul-Bilska, A.T., Fricke, P.M. (2004). A modified presynchronization protocol improves fertility to timed artificial insemination in lactating dairy cows. *Journal of Dairy Science*, 87:1551–1557.

Peters, M.W., Pursley, J.R. (2002). Fertility of lactating dairy cows treated with Ovsynch after presynchronization injections of $PGF_{2\alpha}$ and GnRH. *Journal of Dairy Science*, 85:2403–2406.

Portaluppi, M.A., Stevenson, J.S. (2005). Pregnancy rates in lactating dairy cows after presynchronization of estrous cycles and variations of the Ovsynch protocol. *Journal of Dairy Science*, 88:914–921.

Pursley, R.J., Wiltbank, M.C., Stevenson, J.S., Ottobre, J.S., Garverick, H.A., Anderson, L.L. (1997a). Pregnancy rates per artificial insemination for cows and heifers inseminated at a synchronized ovulation or synchronized estrus. *Journal of Dairy Science*, 80:295–300.

Pursley, J.R., Kosorok, M.R., Wiltbank, M.C. (1997b). Reproductive management of lactating dairy cows using synchronization of ovulation. *Journal of Dairy Science*, 80:301–306.

Pursley, J.R., Silcox, R.W., Wiltbank, M.C. (1998). Effect of time of artificial insemination on pregnancy rates, calving rates, pregnancy loss, and gender ratio after synchronization of ovulation in lactating dairy cows. *Journal of Dairy Science*, 81:2139–2144.

Ribeiro, E.S., Cerri, R.L.A., Bisinotto, R.S., Lima, F.S., Silvestre, F.T., Thatcher, W.W., Santos, J.E.P. (2009). Reproductive performance of grazing dairy cows following presynchronization and resynchronization protocols. *Journal of Dairy Science*, 92(E Suppl. 1): 266. Abstract.

Ribeiro, E.S., Monteiro, A.P.A., Lima, F.S., Bisinotto, R.S., Ayres, H., Greco, L.F., Favoreto, M., Marsola, R.S., Thatcher, W.W., Santos, J.E.P. (2011). Effects of presynchronization (PRE) and length of proestrus (LP) on pregnancy per AI (P/AI) of grazing dairy cows subjected to the 5d-Co-Synch protocol. *Journal of Dairy Science*, 94:88. Abstract.

Rivera, F.A., Mendonça, L.G.D., Lopes Jr., G., Santos, J.E.P., Perez, R.V., Amstalden, M., Correa-Calderón, A., Chebel, R.C. (2011). Reduced progesterone concentration during superstimulation of the first follicular wave affects embryo quality but has no effect on embryo survival post-transfer in lactating Holstein cows. *Reproduction*, 141:333–342.

Rutigliano, H.M., Lima, F.S., Cerri, R.L.A., Greco, L.F., Villela, J.M., Magalhães, V., Silvestre, F.T., Thatcher, W.W., Santos, J.E.P. (2008). Effects of method of presynchronization and source of selenium on uterine health and reproduction in dairy cows. *Journal of Dairy Science*, 91:3323–3336.

Santos, J.E.P., Thatcher, W.W., Chebel, R.C., Cerri, R.L.A., Galvão, K.N. (2004). The effect of embryonic death rates in cattle on the efficacy of estrous synchronization programs. *Animal Reproduction of Science*, 82–83:513–535.

Santos, J.E.P., Rutigliano, H.M., Sá Filho, M.F. (2009). Risk factors for resumption of postpartum estrous cycles and embryonic survival in lactating dairy cows. *Animal Reproduction of Science*, 110:207–221.

Santos, J.E.P., Narciso, C.D., Rivera, F., Thatcher, W.W., Chebel, R.C. (2010). Effect of reducing the period of follicle dominance in a timed AI protocol on reproduction of dairy cows. *Journal of Dairy Science*, 93:2976–2988.

Sartori, R., Fricke, P.M., Ferreira, J.C., Ginther, O.J., Wiltbank, M.C. (2001). Follicular deviation and acquisition of ovulatory capacity in bovine follicles. *Biology of Reproduction*, 65:1403–1409.

Savio, J.D., Keenan, L., Boland, M.P., Roche, J.F. (1988). Pattern of growth of dominant follicles during the oestrous cycle of heifers. *Journal of Reproduction & Fertility*, 83:663–671.

Silva, E., Sterry, R.A., Fricke, P.M. (2007). Assessment of a practical method for identifying anovular dairy cows synchronized for first postpartum timed artificial insemination. *Journal of Dairy Science*, 90:3255–3262.

Souza, A.H., Ayres, H., Ferreira, R.M., Wiltbank, M.C. (2008). A new presynchronization system (Double-Ovsynch) increases fertility at first postpartum timed AI in lactating dairy cows. *Theriogenology*, 70:208–215.

Sterry, R.A., Jardon, P.J., Fricke, P.M. (2007). Effect of timing of Co-Synch on fertility of lactating Holstein cows after first postpartum and Resynch timed-AI services. *Theriogenology*, 67:1211–1216.

Stevenson, J.S. (2006). Synchronization strategies to facilitate artificial insemination in lactating dairy cows. In Proceedings: *Dairy Cattle Reproduction Council Conference*, pp. 39–50. November 6–8, Denver, CO.

Stevenson, J.S., Pursley, J.R., Garverick, H.A., Fricke, P.M., Kesler, D.J., Ottobre, J.S., Wiltbank, M.C. (2006). Treatment of cycling and noncycling lactating dairy cows with progesterone during Ovsynch. *Journal of Dairy Science*, 89:2567–2578.

Stevenson, J.S., Tenhouse, D.E., Krisher, R.L., Lamb, G.C., Larson, J.E., Dahlen, C.R., Pursley, J.R., Bello, N.M., Fricke, P.M., Wiltbank, M.C., Brusveen, D.J., Burkhart, M., Youngquist, R.S., Garverick, H.A. (2008). Detection of anovulation by heatmount detectors and transrectal ultrasonography before treatment with progesterone in a timed insemination protocol. *Journal of Dairy Science*, 91:2901–2915.

Tenhagen, B.A., Vogel, C., Drillich, M., Thiele, G., Heuwieser, W. (2003). Influence of stage of lactation and milk production on conception rates after timed artificial insemination following Ovsynch. *Theriogenology*, 60:1527–1537.

Tenhagen, B.A., Drillich, M., Surholt, R., Heuwieser, W. (2004). Comparison of timed AI after synchronized ovulation to AI at estrus: reproductive and economic considerations. *Journal of Dairy Science*, 87:85–94.

Thatcher, W.W., Moreira, F., Santos, J.E.P., Mattos, R.C., Lopes, F.L., Pancarci, S.M. (2001). Effects of animal drugs on reproductive performance and embryo production. *Theriogenology*, 55:75–89.

Vasconcelos, J.L.M., Silcox, R.W., Rosa, G.J., Pursley, J.R., Wiltbank, M.C. (1999). Synchronization rate, size of the ovulatory follicle, and pregnancy rate after synchronization of ovulation beginning on different days of the estrous cycle in lactating dairy cows. *Theriogenology*, 52:1067–1078.

Walsh, R.B., Kelton, D.F., Duffield, T.F., Leslie, K.E., Walton, J.S., LeBlanc, S.J. (2007). Prevalence and risk factors for postpartum anovulatory condition in dairy cows. *Journal of Dairy Science*, 90:315–324.

Wiltbank, M., Lopez, H., Sartori, R., Sangsritavong, S., Gumen, A. (2006). Changes in reproductive physiology of lactating dairy cows due to elevated steroid metabolism. *Theriogenology*, 65:17–29.

Wiltbank, M.C., Gümen, A., Sartori, R. (2002). Physiological classification of anovulatory conditions in cattle. *Theriogenology*, 57:21–52.

Yaniz, J.L., Santolaria, P., Giribet, A., Lopez-Gatius, F. (2006). Factors affecting walking activity at estrus during postpartum period and subsequent fertility in dairy cows. *Theriogenology*, 66:1943–1950.

第8章

乳牛の繁殖管理における超音波検査の適用

Jill D. Colloton

要約

　超音波は1980年代初めから牛の繁殖検査に利用されており，以来格段の進歩を遂げている．本章では，繁殖検査への超音波の利用と直腸検査に勝るメリットについて論じ，早期妊娠診断，胎子の性別判定，在胎期間，双子，胎子の生存能判定，卵巣構造の診断，子宮の病理診断について詳しく説明する．また，同期化や胚移植の付帯技術としての超音波の利用についても検討する．

序文

　1986年当時，超音波を牛に利用した先駆者として最も著名なDr. O. J. Gintherは「グレースケールで表示されるリアルタイムの超音波検査は，経直腸触診と血中ホルモンのラジオイムノアッセイ（RIA）が登場して以来，動物研究と臨床繁殖の分野の発展において，最も意義深い技術である」(Ginther, 1995)と語っている．1980年代初めには，馬の繁殖検査において，超音波はすでに手による触診に替わる診断ツールの選択肢の1つになりはじめていた．牛の定期的な繁殖検査への超音波利用が遅れを取った理由は，超音波検査器具のサイズの大きさと価格の高さにあった．

　しかし現在では，十分に持ち運べる程度の大きさになり，価格も適正になっている．牛の獣医師や研究者がこの技術のメリットを享受しない理由はもはや存在しない．

　本章では，牛の繁殖において早期妊娠診断，その後の妊娠評価と在胎期間，双子，胚および胎子の生存能，子宮の健康状態，卵巣構造，発情周期のステージ判定，同期化，胚移植に対して超音波を利用する理由とその方法を考察する．

超音波の物理学と専門用語

　診断用超音波を最も単純に説明すると，聞き取ることのできない音波であり，さまざまな密度の組織を貫通する，あるいは，これらの組織によって反射されるものとなる．トランスデューサーに内蔵された圧電性結晶が，装置の電力源から得た電気エネルギーを超音波に変換する．これらの波が組織に衝突すると，組織を通り抜けて散らばるか，あるいはトランスデューサーに跳ね返ってくる．トランスデューサーに跳ね返ってきた波は，圧電性結晶を再励起し，これによって音波エネルギーから再度変換されて元に戻った電気エネルギーが，画素としてモニターに読み込まれる．

　骨や線維組織，生殖結節などの密度の高い組織はほとんどの波を反射するため，モニター上で真っ白にみえる．これらの構造物を高エコー，あるいはエコー輝度が高いと言う．

　その反対に，液体はほとんどの波を通し，モニター上には黒く映し出される．このような体液には，卵胞液，妊娠初期の胎水，血液などがある．液体はエコー輝度をもたないか，あるいは無響である．骨と液体の中間の密度を持つ組織は，モニター上でさまざまな階調のグレーで表示される．

　ほとんどの牛用超音波検査器具には直腸用の線形（リニア：linear）トランスデューサーが装備されている．これらのトランスデューサーには最大126個の水晶振動子が面全体のリニアアレイに配列されている．これらの水晶振動子が矢継ぎ早に発振し，長方形のイメージを生成する．扇型（セクター：sector）あるいは曲線型（カーブリニア：curvilinear）のトランスデューサーが牛の検査で利用されることは，それほど多くない．牛の繁殖検査で使われる水晶振動子の周波数は5～9MHzの範囲内であることが多く，5MHzが

最も多い。周波数が低くなるほど組織への通過度は高まるが, 得られる解像度は低下する。その逆もまた同様である。比較的新しい検査器具は, 走査する組織の深度に応じて周波数を調整できる可変周波数型のプローブ（探子）を備えている。

モニター画面上の2次元画像は, 走査した組織を約2mm幅に「スライス」したものが表示される。このように, 超音波の静止画像だけをみれば, 病理組織学的検査の切片と同様であり, これらは検査される器官や組織のほんの小さな一部分だけしか示さない。しかし, 包括的に調べられる超音波検査は, 動的な検査である。超音波検査技師は, 重要な構造物を見逃さないように, 関与する領域全体にわたってトランスデューサーを動かすことが求められる。

経験の浅い超音波検査技師は, 超音波画像とは, 検査する器官や組織が白黒で表示された断面をそっくりそのまま映しているようなものであると認識しておくべきである。図8-1は, 胎齢約85日の雄胎子の腹部中央の横断面を示している。胎子の胃, 肝臓, 腸, 陰茎, 羊膜が容易に識別できることに注目する。超音波検査法は修練を要する技能だが, 「ロケット科学」のような難解なものではない。技能に優れ, 解剖学と生理学に関する相応な知識を持つ獣医師や動物科学者なら誰でも優秀な超音波検査技師になれる。

超音波のより詳細な考察については, Dr. O.J. Ginthter の良書『Ultrasonic Imaging and Animal Reproduction：Fundamentals』(Ginthter, 1995)を参照するとよい。

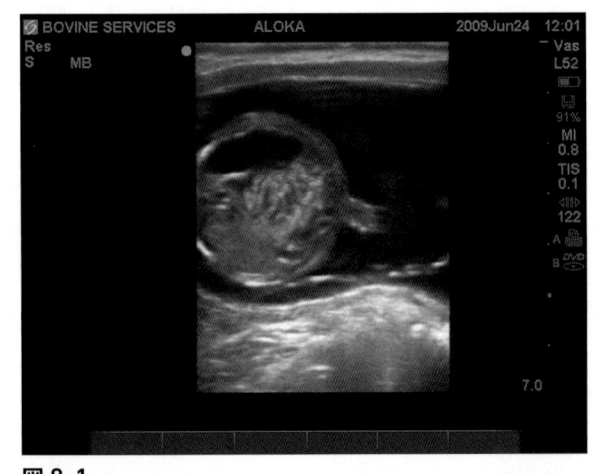

図8-1
雄胎子の腹部中央を走査した横断面画像。黒くみえる臓器が胎子の胃, 均質なグレーの組織が肝臓, その間にある不均質な塊が腸を示す。生殖結節は3時の方向に腹部から突出している。

早期の妊娠／空胎診断

妊娠の有無を調べる初回検査の目的は, 空胎の牛を発見することである。これらの牛を繁殖候補群に戻す時期が早ければ早いほど, 空胎日数をより短縮できるため, 酪農場主の利益向上につながる。コーネル大学（Cornell University）の 2004 年の調査によると, 交配からの日数の中央値は, 触診技術に十分な自信を持つ獣医師が空胎の牛にプロスタグランジンを投与し, 触診によって確認した場合には 35 日であった。一方, 超音波を利用する獣医師の場合は 28 日であった(Rosenbaum and Warnick, 2004)。

研究環境では, 未経産牛の胚胞は早ければ 11 日, 胚本体は早ければ 20 日で確認できる(Ginthter, 1998)。しかし, 酪農現場の環境においては, 早期検査の牛が妊娠しているか否かの誤診リスクの方が重要である。ある研究(Romano ら, 2006)によると, (妊娠が適正に確認されている牛に対する)超音波による妊娠鑑定の感度は, ベテランの技師が検査した場合, 成牛では 29 日目, 未経産牛では 26 日目で 100%に達する。特異性（空胎が確認された牛）の判定はこれよりも難しいが, これは妊娠の初期段階においてある程度の胚喪失が起こるのは正常だからである。

妊娠／空胎診断の開始時期を決定する場合には, いくつかの点を考慮する必要がある。第1に, すべての超音波検査技師は, 自分の技能レベルを正しく判定できなければならない。本章の筆者は牛の走査を14年間経験しているが, 27日目以前の成牛や26日目以前の未経産牛の空胎診断を行う際には, 今でも慎重の上にも慎重を期している。これは妊娠牛を空胎牛と誤診するリスクは絶対に避けなければならないからである。

第2に, 検査を実施しても迅速な経営上の判定ができなければ, 依頼農場主の利益にならないという点である。検査があまりにも早すぎて, 処置が指示される前に2回目の検査を要することは, コストと時間の両方の点から経済的でない。

第3に, 同期化のタイミングは, 妊娠／空胎診断が最善に実施される時期に影響する（本章後半の「同期化で利用される超音波」の節を参照）。

最後は, 農場巡回の頻度は, どの程度早めに検査を実施する必要があるかに影響を与えることがある。農場巡回の頻度が少ない（月1回）場合には, より頻繁（週1回）に巡回する場合に比べて, 妊娠／空胎診断をより早めに実施し, 空胎期間の長期化を避ける必要がある。

妊娠／空胎診断時には, 毎回, 両方の卵巣の状態を

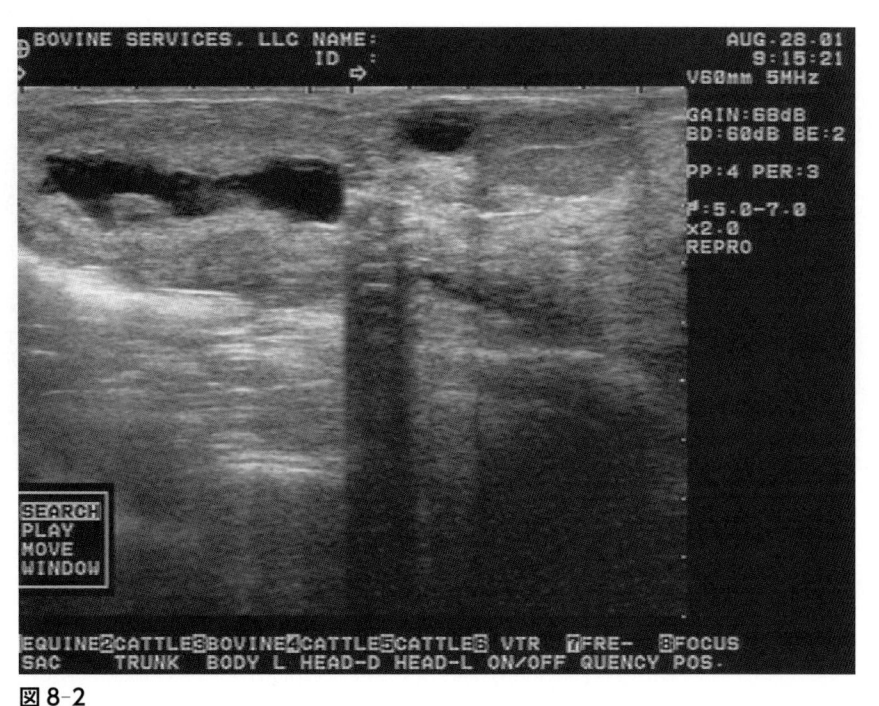

図 8-2
妊娠 28 日。画像左側の胎子の長さは約 1 cm。胎水は透明であり，モニター上には黒く映る。画像の右側には小卵胞を伴う成熟黄体がみえる。

走査しておくことはきわめて有用である。黄体の有無や位置，あるいは個数は，妊娠の可能性，受胎産物の位置，双子の可能性を把握する手掛かりとなる。さらに，牛が空胎と診断された場合には，卵巣の構造によって周期ステージや病変の存在を判定するのに役立つ。卵巣検査，双子，発情周期のステージ判定，同期化については，後半の節を参照してほしい。

　妊娠の初期段階では，胎水は透明でエコー輝度を持たないため，妊娠 28 日目の様相を示した**図 8-2**のように，モニター上には黒く映し出される。27 日目以前で，特に子宮壁のすぐ近傍に位置する場合には，胚そのものを確認することは難しい。30 日目までには，胚の位置は容易にみつかるようになる。胚の心臓は早期に発達して胚の大部分を占有するため，一般的には胚の位置が定まっている場合には，早ければ 24 日目には容易に視覚化される。胚の心臓の心拍数は正常であれば 130 bpm を超えているため，モニター上では常に振動しているようにみえる。

　約 35 日目まで，妊娠による目視できる胎水のほとんどは妊角の中に収まっている。35 日目以降になると，絨毛尿膜の胎水は通常，両方の子宮角にみられるようになる。この頃までには，羊膜が胚の周囲に薄い線として視覚化されることも多い。**図 8-3**の妊娠 38 日目の画像では，頭，肢芽，胎盤節が確認できる。55 日目までに，肢，骨格構造，器官が子牛の完成形のミ

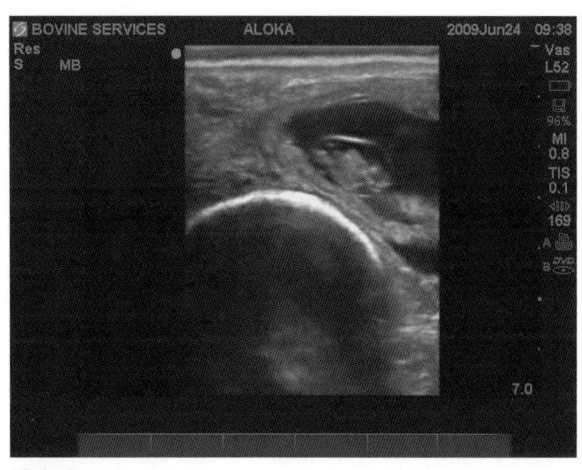

図 8-3
妊娠 38 日。胎子を取り囲む細い白線は羊膜嚢を示している。

ニチュアのようにみえるところまで成長する（Curran, 1986）。**図 8-4**を参照する。

その後の妊娠評価と胎子の性別判定

　乳牛の胚および胎子の喪失の現実を考えると，胚/胎子喪失曲線が下降する約 60 日目以降に 2 回目の検査を実施することが重要である。ここで行うのは，胎子生存能の確認，双子の識別，胎子の性別判定であり，難しい検査ではない。熟練した超音波検査技師であれ

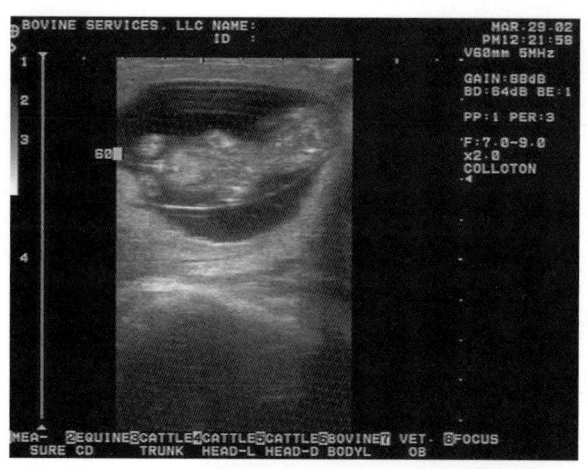

図8-4
60日目の雄胎子。この段階で胎子の将来の体型が明確に形作られている。この縦断面画像では，右側に頭部，四肢の横断面，雄の生殖結節がみえることに注目する。

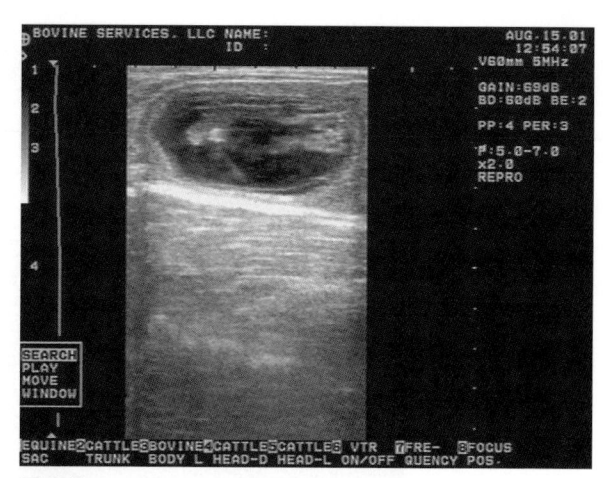

図8-5
70日目の雌胎子。胎子の最後面のこの横断面画像には，偶蹄，足根骨，および1個の尾根と複葉の雌の生殖結節を伴う会陰部が写っている。

ば，時間をかけず（平均すると1分以内）に胎子の性別を判定し，重要な情報を依頼農場主に提供できる。

商業的酪農場にとって，この情報の利用価値が最も高いのは淘汰の決定の場面においてである。低生産あるいは問題のある牛でも妊娠している胎子が雌の場合には雄の場合よりも資産価値が高い可能性がある。また，過剰飼育によって選択的淘汰が可能な場合には，雌胎子を妊娠している母牛を割り増し価格で売るという選択肢もある。その他，分娩ペンの管理，群の頭数管理，性別判定済み精液の評価などにも利用価値があるだろう。登録種畜業者が交配契約を結んでいる雄牛を飼育している場合には，業者は胎子の性別を知りたがるものである。雄胎子がいなければ，この雄牛は種牛としての寿命が尽きるまで，交配によってさらに多くの胚を生産することになる。

胎子の性別が正確に判定できる期間は，早ければ55日目から超音波検査技師の視野の範囲を超えるまでであり，時には130日目まで判定可能なこともある。多くの検査技師にとって最適な時期は60～80日目であり，この頃にはほぼ100％の確度に到達する（Curran, 1992）。この時点で生殖結節がはっきりと目視可能となり，最終的な定位置への移動が完了する。また，胎子はまだ視野の中に収まるほどの大きさであり，トランスデューサーの下で向きを変える余裕が十分にある。

生殖結節は，雄では陰茎に，雌では陰核に成長する。したがって，生殖結節は雄では図8-4に示すように臍の後部で大腿部の頭側，雌では図8-5に示すように尾根の下部で大腿部の尾側に位置するようになる。通常，どちらの生殖結節も高エコーの複葉構造として表示されるが，1つまたは3つの葉を持つ構造として示されることも少なくない。乳頭や陰嚢も視覚化されるが，これらの軟組織構造だけを捉えて胎子の性別を診断することは勧められない。性別判定の技術を習得するには，Brad Stroud（Stroud, 1996a, b）やO.J. Ginther（Ginther, 1995）製作のDVDなどの優れたトレーニングツールも揃っている。

在胎期間

超音波は，母体の羊膜嚢や胎水だけではなく，胎子そのものを判定するため，触診よりも正確に在胎期間を把握できる。胚や初期胎子の成長にはほとんど個体差がないが，胎水の量は個体や周囲の温度によってバラツキがある。ほとんどの超音波画像モニターには1cm単位のグリッド線や「#」記号が表示され，サイズ測定に利用できる。また「カリパス（測径器）」という胚や胎子のサイズをより正確に推定できる機能が付属しているものもある。さらには，胎子の測定値を基準にして推定受胎日や分娩予定日を計算するソフトウェアを搭載しているものもある。

頭尾長とは，胚あるいは胎子の尾根から頭蓋骨の頭頂部までの全長のことである。胎子の日齢は，胎子の体躯が弓なりに曲がりはじめる約50日目まで，この頭尾長を使って推定することができる。初期胎子の日齢の簡単かつ正確な計算式は，胎子の頭尾長（mm）の数値に18を加えたものが胎子の日齢（頭尾長（mm）＋18＝日齢）となる。この時期以降の胎子の日齢の測定に利用できる方法もいくつかある。これらの測定の計

表 8-1 胎子日齢表 (出典：White ら, 1985, Kahn, 1989)

胴幅直径	日齢	頭蓋直径	日齢	頭尾長	日齢	頭長	日齢
15	54	7	50	4	20	25	62
20	65	11	55	6	25	30	70
25	73	15	62	9	28	35	76
30	80	20	69	10	35	40	82
35	86	23	75	15	37	45	86
40	91	25	79	20	40	50	90
45	95	28	85	25	42	55	94
50	99	30	87	30	45	60	98
55	103	31	90	35	48	70	104
60	106	35	94	40	50	80	109
70	112	40	100	45	52	90	114
80	117	45	105	50	54	100	118
90	121	50	110	60	57	110	122
100	125	60	118	70	60	120	126
110	128	70	125	80	62	130	129
120	132	80	131			140	132

測定値は mm。

算式は一次関数では表せないため，**表 8-1**に示した胎子日齢表を使用しなければならない（White ら, 1985, Kahn, 1989）。頭蓋の直径は，頭蓋骨の最大直径上での両眼の尾側眼角の間隔を測定する。胴幅は，胸郭の最大幅部位での腹部頭側での前頭面を測定する。

触診では，120 日目以降の胎子日齢の推定は難しい。胎子に手が届かないことも多く，胎子の大きさのバラツキもよりはっきりとしてくる。その後の妊娠期の胎子の日齢判定には，胎盤節あるいは子宮動脈を用いることが提案されているが，どちらの方法も母牛によってサイズのバラツキが非常に大きくなる。

双子

乳牛における双子率は増加している。ある回顧的調査では，泌乳牛における双子率は 1983 年の 1.4％から 1993 年には 2.4％ に増加していた（Kinsel ら, 1998）。この研究では，双子の妊娠リスクが最大となるのは乳生産の最盛期であると示された。特定の群において双子率が際立って高くなることはそう珍しいことではない。酪農業において双子が問題視される理由は，妊娠喪失，死産，周産期疾患の増加，および将来的な繁殖能の低下を引き起こす可能性があるからである（Van Saun, 2001）。

それにもかかわらず，双子の中絶は次の 2 つの理由から一般に推奨されていない。1 つ目は泌乳牛を妊娠させることは難しく，中絶により空胎期間が過度に長期化する可能性があること。2 つ目は，双子を妊娠した牛はその後の周期でも 2 個排卵する傾向があり，結果的に再び双子を妊娠するリスクが高いことである。この例外として考えられるのは未経産牛が双子を妊娠した場合であり，特にタイミングよく授精できるほど若齢であれば，中絶も選択肢となり得る。

双子の妊娠が認知されている牛に対しては，発生し得る問題を最小化するために，分娩前後の管理をより慎重に行うことが可能である。何よりもまず重要なのは，これらの牛は妊娠期間を通じて妊娠喪失のリスクが高いため，60 日目に 2 回目の妊娠確認を行い，可能であれば乾乳期の前にもう一度確認することである。妊娠後期の母牛は，双子によって腹部がかなり膨張して飼料摂取量が減るため，ボディコンディションスコア（BCS）に注意することは特に重要である。双子の妊娠牛は，分娩が 2 週間ほど早まる傾向もある。このことから，専門家の中には，乾乳期を一般的に推

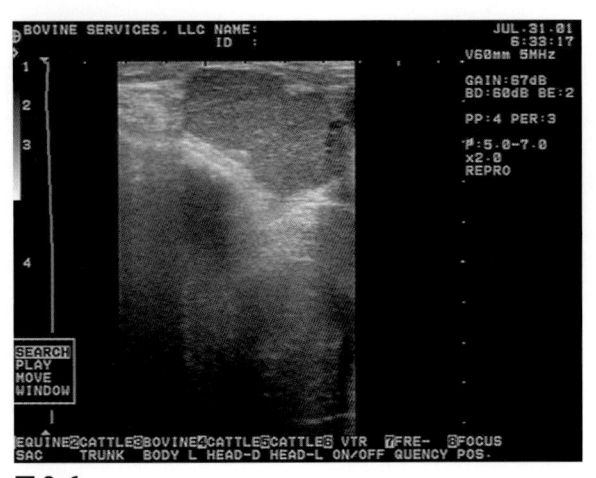

図 8-6
同一卵巣内の 2 つの黄体。複数の黄体を持つ妊娠牛に対しては入念な双子検査を実施すべきである。

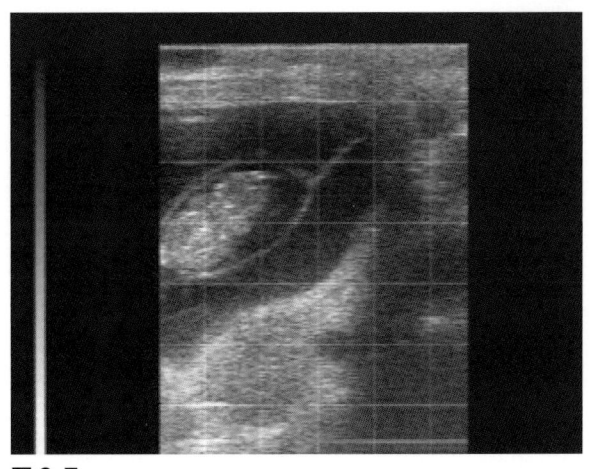

図 8-7
ツインライン。胎子から 2 時の方向に突出しているツインラインは，胎子がもう 1 体いることを示唆している。

奨されている 60 日間取るために，乾乳期に入る時期を繰り上げることを勧める者もいる。一方で，これらの牛は乾乳期が短くても，より高濃度の泌乳牛用飼料からメリットを得ているという理由から，乾乳期を調整しないことを勧める向きもある。分娩時においては，難産を避け，2 頭の子牛ともに生存させる可能性をできるだけ高めるために，格別の注意を払うことは言うまでもない。

手を用いた触診は双子の診断には不十分である。触診による双子判定について調査したある共同研究では，判定された双子はわずかに 64％であった (Callahan and Horstman, 1990)。また別の研究では，触診によって判定された双子は 49.3％にすぎないという結果も出ている (Day ら，1990)。通常の酪農現場においては，獣医師が時間に追われていることから，この判定率はさらに下がるであろう。

双子に対する超音波検査は診断の正確性を高めるばかりではなく，これらのハイリスク妊娠の生存可能性と妊娠喪失の評価もできる。双子の胚喪失と胎子喪失のリスクは，全妊娠期間を通じて単子よりも高く，特に双子が同一の子宮角の中にいる症例ではさらにリスクが高まる。ある研究では，36 日目から 42 日目の間に行った初回検査から，90 日目に行った再検査までの期間において，両側性双子の喪失率はわずかに 8％であったが，片側性双子では 32％に上った (Lopez-Gatius and Hunter, 2005)。興味深いことに，双子から単子への胎子の減数を経験する牛もいる。先に引用した研究ではこの割合は 6.2％であったが，11.2％の結果を示す研究もあった (Silvadel-Rio ら，2006)。

双子診断は両方の卵巣を徹底的に検査することからはじめるべきである。一卵性双子の割合はわずか 4.7％ (Silvadel-Rio ら，2006) であることから，複数の黄体を持つ牛に対しては特に入念に子宮検査を行い，双子の可能性を調べる必要がある。黄体を 2 個持つ妊娠牛の約 50％が双子を妊娠する可能性がある (Silvadel-Rio ら，2009)。また，片側性と両側性の双子では妊娠喪失のリスク評価に重要な違いがあるため，黄体の位置を調べておくこともどちらの双子かの判定に役立つ。

図 8-6のように，一つの卵巣内に 2 個の黄体が確認できる症例では，獣医師は片側性の双子の可能性があることを警戒すべきである。妊娠 32 日以前では，双子の存在の有無の確認に時間がかかることもある。検査を早めるには，黄体が複数存在している場合にはその点を付記しておくことで，再確認検査時に双子の最終判定をより迅速に行うことができる。

双子妊娠は単子妊娠に比べて，胎水と胎膜がより多くなる傾向がある。特に双子が 60 日に満たない場合は，**図 8-7**のようなツインラインが確認できることもある。このラインは 2 体の胎子が絨毛尿膜を共有していることを示し，その様相は口絵 P.13, 図 8-8 に明らかに示されている。絨毛尿膜が羊膜と異なるものであることは，胎子の周りを取り巻いているのではなく，胎子から遠ざかっていくことから区別できる。60 日以降は，羊膜と絨毛尿膜は伸長して折り重なるため，ツインラインの判定と混同しやすい。

言うまでもないことだが，双子の主要な徴候は唯一，胎子を 2 体発見することである。双子の喪失率は高いため，両方の胎子の生存能を評価することは特に重要である。胎子の生存能の詳細は，次の節を参照してほしい。

胚および胎子の生存能

　泌乳牛は，胚（42日目まで）と初期胎子（56日目まで）の死亡率が高く，これらの喪失率は妊娠早期において最も高くなる。Vasconcelosらの報告によると，28日目から42日目までの妊娠喪失は11％，42日目から56日目までは6.3％，残りの妊娠期間では9％であった（Vasconcelosら，1997）。喪失率は周囲温度と牛群管理によって異なるが，喪失曲線の形はいずれも類似している。筆者の経験では，暑熱ストレスのない管理の行き届いた健康な群において喪失率が高くなることはまれであり，ほとんどの場合，このような群での30日目から60日目までの喪失率は6～8％である。使用した妊娠診断法の種類にかかわらず，50日目以前での妊娠鑑定は60日目以降に再検査を実施すべきである。

　この喪失曲線について，超音波検査技師が依頼農場主に説明をすることはきわめて重要である。農場主は，検査のタイミングが早いほど，再検査の重要性が増すことを理解しておかなくてはならない。また，ある程度の胚および胎子喪失は自然なことであり，検査に起因するわけではないことも知っておくべきである。だからと言って，初期の妊娠喪失を理由に，早期の妊娠／空胎診断を思いとどまる必要はない。これらの早期検査は，空胎牛をできるだけ早く繁殖牛群に戻すために不可欠である。

　胚および胎子死亡の症例では，受胎産物が長期間子宮内に留まっていることが多い。Kastelic and Gintherは，42日目にコルヒチンを注射して胎子死亡の追跡調査を行った結果，受胎産物は死亡後平均2週間で排出されることが分かった（Kastelic and Ginther, 1989）。これと同じ状況は，自然な胚あるいは胎子死で，黄体が退行不全になった時にも起こる。これらの症例を手で触診した場合に明らかになるのは，胎水，胎膜スリップ，場合によっては羊膜や胎子が無傷であることであろう。それゆえ，超音波を利用しない場合には，その牛が空胎と判断されて繁殖候補群に戻されるまでに，かなりの時間を浪費することになる。

　超音波は胚／胎子の死亡を容易に識別することが可能であり，場合によっては胚／胎子の衰弱状態が分かることもある。56日までの胚や初期胎子の死亡の徴候には，①無心拍，②絨毛尿膜の分離，③高エコー域の拡大を伴う胎子の不均質化，④図8-9に示したような胎水の綿状化，のうちの1つまたは複数が当てはまる。しかし，心拍は，牛が動いている時には視覚化

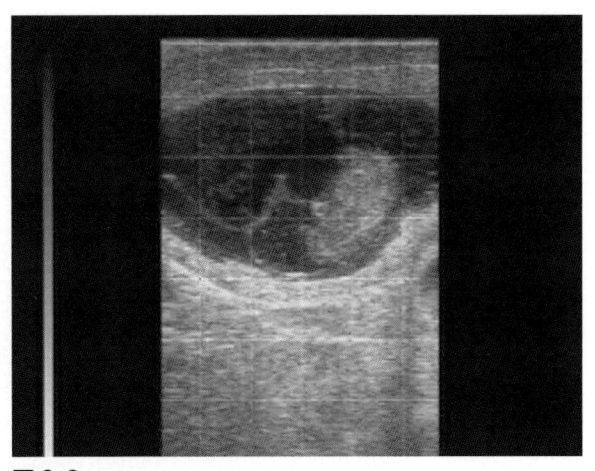

図8-9
綿状化した胎水。胎膜の分離，および胎子の形状喪失から胎子の死亡が示唆される。

することが難しいため，無心拍だけで胎子の死亡を判定することは勧められない。

　56日目以降は，すべての胎膜が伸長して折り重なりはじめるため，絨毛尿膜の分離を確認することは難しくなる。また，妊娠後期では，胎水は自然に綿状化する。しかし，この段階において胎子が死亡している場合には，胎動と心拍の消失や胎子の明らかな劣化が容易に確認できる。どちらの場合でも，双子の一方が死亡していても，もう一方が生存している可能性があることを獣医師は念頭に置きながら，双方の子宮角を入念に検査しなくてはならない（Lopez-Gatius and Hunter, 2005, Silva-del-Rioら，2009）。胚／胎子の死亡確認時にプロスタグランジンを使用すると，通常は2日以内に排出され，牛は次回の自然発情時あるいは同期化による発情時に再び交配できる。

　胚および胎子の衰弱は，胚または胎子の生存時において，心拍数の低下（130bpm以下），絨毛尿膜の分離，綿状化された胎水を伴うことや，あるいは，妊娠時期の想定よりも胎水が少ないか，胚あるいは胎子が小さいなどの所見，または，胎子異常が認められることがある。黄体の質が悪い，黄体が妊角の反対側にある，双子（特に同じ側の角にある場合）などの場合も，ハイリスク妊娠が示唆される。これらの症例では，次回の農場巡回時に再検査を行うべきである。

子宮

　非妊娠牛の子宮の超音波検査は，発情周期ステージを判定し，疾患の有無を診断するのに役立つ。正常な発情間期の子宮はエコー像の質感が比較的均質であ

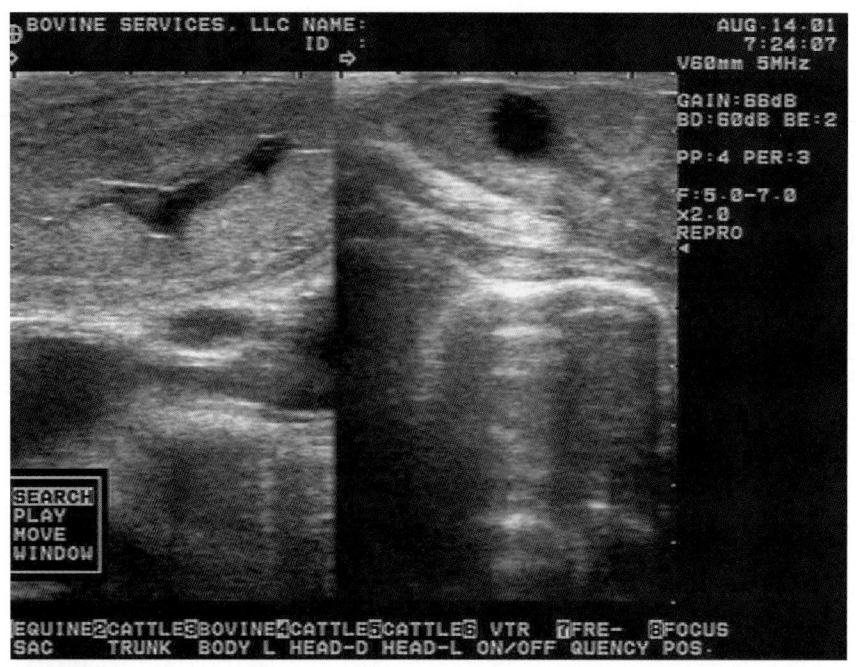

図8-10
発情期の子宮と卵胞のある卵巣。画像の左側にみえる，透明な液，鏡面反射，不均質な子宮壁は，発情期であることを示している。画像の右側には18mmの卵胞があり，その近くに退行黄体もある。

り，一般的には腔内に液はまったく写らない。発情前期および発情期の子宮は，血管の拡張や浮腫によって不均質感が増してくる。また，排卵の約3日前になると，低エコーの液が腔内に貯留しはじめる。この時期には，子宮腔と子宮内膜壁の接合面に明るく白い水平線がみられることが時々ある。これらは鏡面反射であり，通常は密度の著しく異なる物質の2種類の境界面が互いに水平方向に並び，超音波ビームに対して直角を成す場合に生じるものである。図8-10は発情期の子宮と卵巣の典型的な様相を示している。発情直後に腔内の液は消失し，プロジェステロンのレベルが上がるにつれて子宮壁の不均質さが低下し，周期の約2日目までにベースラインに戻る（Adams, 2005）。

子宮病変の発見は，触診よりも超音波を利用する方が格段に容易である。超音波ならば，液量がさらに少ない（2mmに減っても）場合でも検出可能であり，液の性状（透明，半透明あるいは濃厚）も判定できる。子宮炎や子宮蓄膿症では，膿状物質の密度の違いにより，子宮内容物はエコー輝度が低いものから高いものまで多様化することがある。時々，液の動きがみられ，特に子宮を揺さぶるとよくみえる。図8-10の発情期の正常な低エコーの液と，図8-11の子宮炎の不透明な液との様相の違いを比較してみる。どちらの牛も発情期であったが，図8-11の牛に受胎能がないことは明らかである。触診だけでは，これらの牛の液の性状を十分に評価することはできないであろう。

子宮粘液症は，子宮蓄膿症や子宮炎に比べるとはるかに少ないが，繁殖が著しく困難になる。通常，子宮粘液症の液は発情期の液よりも量が多く，発情間期にも消失しない。これらはまったくエコー輝度を示さないが，時にはエコー輝度を持つ小さな粒子により「キラキラ」と光ってみえることがある。子宮粘液症は卵胞囊腫を併発することが多く，時には周期が正常の牛でも発症する。未経産牛では，子宮粘液症が子宮の分節状異形成を示唆することがある。妊娠と子宮粘液症との区別には格別の注意を払わなければならない。子宮粘液症では，胎膜，胎盤節あるいは胎子の目視ができないことは明らかである。

子宮の膿瘍や腫瘍も，超音波を利用すれば，確認や識別が可能になる。膿瘍は厚いエコー性の壁を持ち，密度により多様なエコー輝度を持つ膿様物を包含する。リンパ肉腫は牛において最もよく発生する子宮の腫瘍である。罹患部位は高エコーで硬い。リンパ肉腫は，触診の場合，組織の硬さの点からミイラ変性胎子と誤診されることがあるが，超音波検査を行えば，その内容物ではなく子宮壁が罹患していることが明らかに分かる。リンパ肉腫の症例に，拡張した骨盤リンパ節が目視されることもしばしばある。発生のより少な

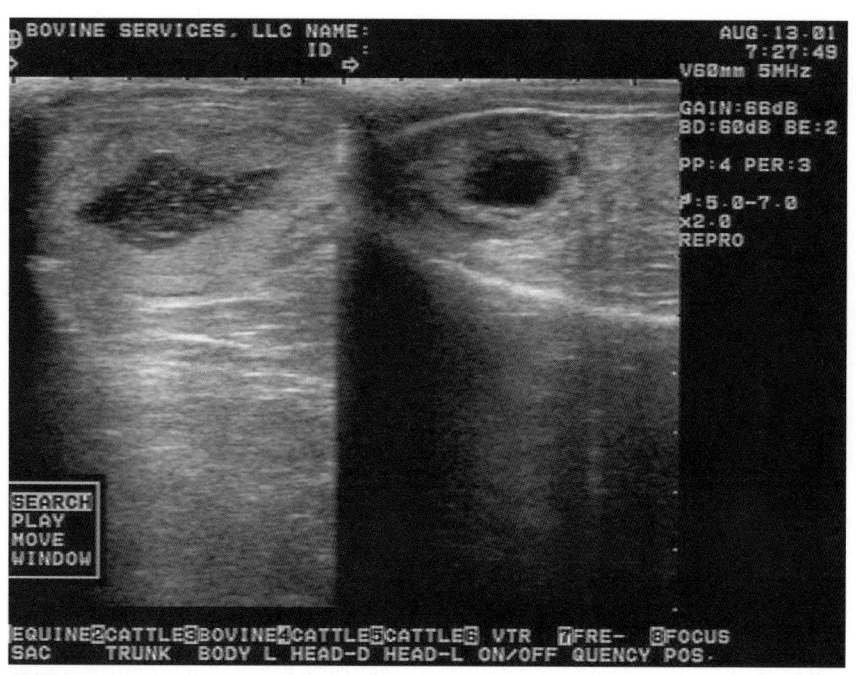

図 8-11
子宮炎と卵胞のある卵巣。子宮腔内の不透明な液は子宮炎を示している。

い腫瘍に対しても，超音波は罹患した組織の位置と罹患範囲を判定するために使用されることがある。また，検査機関での診断のために，超音波は針誘導バイオプシーにも利用される。

子宮頸，膣，卵管

　繁殖機能の定期検査で毎回調べるわけではないが，病気が心配される場合には子宮頸，膣，卵管を走査することもある。正常な子宮頸は，縦断面においては一連の比較的エコー性の柱状物として現れ，頸管リングを示す。横断面においては，個々の頸管リングがいくぶんドーナツ状にみえ，厚いエコー性の壁を持っている。小さな非エコーの中心は頸管内腔を示している。頸管炎では，頸管壁が肥厚し，エコー性の膿様物が内腔に認められることがある。

　正常な膣は，膣壁の流れを示す細い白い線として映し出される。膣炎を起こすと，膿様物が膣腔内にさまざまな階調のグレーで表示される。尿が貯留すると，液中のエコー度は低下するが，膀胱炎や随伴の膣炎による綿状物がみえることがある。気膣は，モニター上で垂直に並んだ，半月状の連続した高輝度の白線として示される。これらは反射による虚像であり，超音波ビームがガス状界面に達すると必ず生じるものである。

　通常，定期検査では正常な卵管をみることはない。卵管は，卵管炎を生じたり，閉塞したりした場合には，十分目視できるほど大きくなる。

卵巣

　超音波は，卵胞波パターンの観察が最初に行われた1984年以来，牛の卵巣の構造と動態への理解を大幅に改善してきた (Pierson and Ginther, 1984)。しかし，この分野における膨大な研究のすべてを振り返ることは，本節の目的の範囲外である。その代わりに，超音波を利用した卵巣の状態と病理のより正確な評価方法に関して，獣医師の役に立つ実践的なポイントを紹介していく。

●黄体

　黄体は，牛の繁殖状態を判定するのに，おそらく最も重要な卵巣構造物である。反復検査で黄体がない場合は，その牛が無排卵であることを示唆している。黄体が存在する場合は，その黄体の性質により，発情周期ステージを推定することができる (本章の次の節を参照)。超音波は，黄体の存在の検出に対して高い感度を持つ方法である。超音波技術が登場した当時のある研究によると，熟練した技師が高性能装置を使用した場合，解剖による結果と96.9％の確率で一致した (Lean ら，1992)。

　高性能の屋外型超音波検査器具を利用した場合，黄体の存在は早ければ排卵後2日目に確認可能であり，

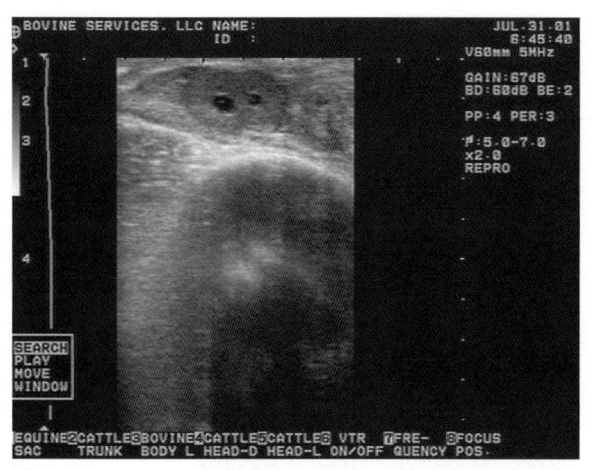

図 8-12
同じ卵巣にある典型的な7日目の2個の黄体。小型（約14mm）で中央部に内腔を持つこれらの黄体は、発情後期の7日目のものとして典型的であるが、さまざまな形状もよくある。

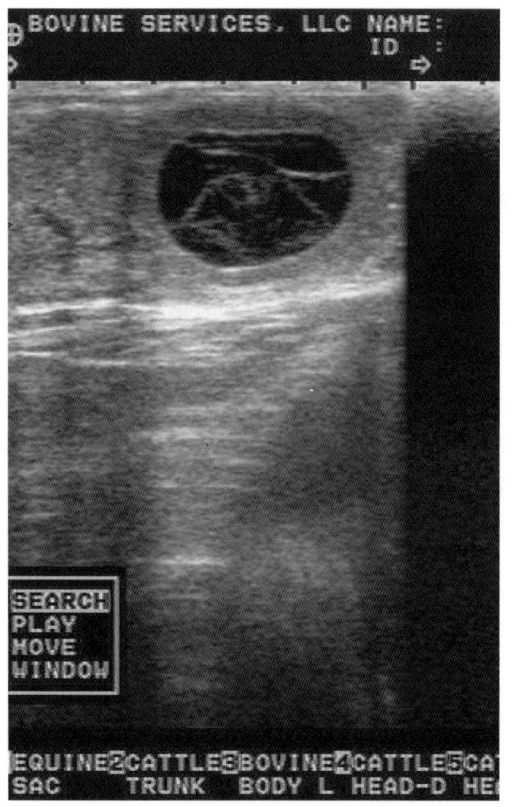

図 8-13
内腔を持つ成熟黄体。この黄体には大きな内腔があるが、その周囲に黄体組織の厚い輪がある。このタイプの黄体は、触診では卵胞嚢腫と間違われることが少なくないが、超音波検査なら判定可能である。

研究室レベルの機器ならば発見までの期間をさらに短縮できる。発情後期の黄体は、発情間期の黄体あるいは妊娠牛の黄体よりも不均質でサイズが小さい（Singhら，1998）。黄体の最大80％は、その成長過程のある時期、通常は初期の頃に内腔液を包含している（Kastelicら，1990）。これらの構造物は直腸検査では、卵胞あるいは卵胞嚢腫と間違われる可能性があるが、超音波検査ではこれらの壁面の厚さが厚いことから、容易に判断がつく。図8-12と図8-13に、若い黄体と成熟黄体の内腔をそれぞれ示した。「内腔を持つ黄体」と「嚢腫様黄体」との違いは、おそらくは学問的な語義の問題であろう。筆者は、「嚢腫様黄体」という用語を使うことをあまり好まない。しかし、この構造物が、黄体の正常寿命を超えても存続していることが反復検査によって証明された場合はこの限りではない。どちらの場合でも、黄体の構造物はプロスタグランジンや同期化に反応する。

典型的な成熟黄体（発情間期または妊娠期）は、平面の最大幅が約2.5～4cmで、均質な粒状の様相をしている。この黄体は図8-6に示されている。通常、この段階までには腔内は黄体組織で満たされるが、必ずと言う訳ではない。場合によっては、この内腔は妊娠後しばらく残ることもある。内腔が存在しない場合、線維組織を示す高エコーの中心部が示されることもしばしばある。突出部は走査部位によって視覚化されることも、されないこともある。

発情前期の黄体は、退行につれて再び不均質になり、小さくなっていく。この構造は、プロジェステロンを生産しなくなっているにもかかわらず、発情期を通じて維持されることも少なくない。そのため、小黄体の存在が必ずしも、牛が発情期あるいは発情間近であることを示すわけではない。

超音波の黄体識別に対する感度がきわめて高いことと、黄体の存在がプロジェステロンの有意な生産レベルを必ずしも意味しないことから、発情周期のステージ判定には黄体の大きさを考慮することが望ましい。2.2cmの限界サイズが、1ng/mL以上の血中プロジェステロン濃度を推測する特質を、大いに改善する（Bicalhoら，2008）。発情周期のステージ判定では、子宮および卵胞構造物の検査や牛の行動観察も重要なツールとなる。

● 卵胞

超音波を用いた研究において、経産牛および未経産牛にはそれぞれの発情周期中に2回または3回（まれに4回もある）の卵胞波があることが示された（Pierson and Ginther, 1987a, b）。卵胞波は妊娠中も継続される。卵胞は継続的に形成と閉鎖を繰り返して

いるため，これらの構造物の存在の有無だけを取り上げることには意味がない。しかし，それ以外に付随する状況も考慮に入れる場合には，卵胞の大きさや数は周期的な状況や発情周期ステージの推定に利用できる。

卵胞の壁面は常に極薄であり，液で満たされた構造物は超音波モニター上では黒く写し出される。優れた屋外超音波検査器具の解像度であれば，2mm ほどの大きさの卵胞を目視することが可能であり，直腸検査よりも格段に感度が高い。また超音波は卵胞と，内腔を持つ黄体あるいは軟らかい黄体とをより正確に識別できる。卵胞は次のように分類することが可能である。

① 成長中の小卵胞。個々の卵胞波の開始時に，小卵胞のグループが集められ，成長をはじめる。各卵胞波の発生から5日目までは，これらの卵胞は8mm以下であり，おそらくこれらはゴナドトロピン放出ホルモン（GnRH）に反応して排卵することはない。このことは周期中の個々の卵胞波についても当てはまる。

② 図8-10 には排卵する可能性のある卵胞が示されている。8～20mmサイズの卵胞はGnRHに反応して排卵する可能性がある。卵胞波の発生から約5日後に，1つの卵胞だけが他の卵胞よりもサイズが大きくなって成長を続け，他の卵胞は閉鎖していく。この主席卵胞はGnRHに反応して排卵する能力を持つ。主席卵胞が周期の最後の卵胞波から出てきたものである場合には，黄体の退行に伴ってプロジェステロンレベルが低下したときに，自然に排卵する。

③ 閉鎖卵胞。プロジェステロン濃度が高い期間に成熟した主席卵胞は最終的には閉鎖する。現行の屋外超音波検査器具では，主席卵胞と閉鎖卵胞を見分けることができない。しかし，ある卵胞が次の卵胞波を示す小卵胞の一群を伴っている場合には，それが閉鎖卵胞であると推測できることもある。

④ 無排卵小卵胞（卵巣静止）。8mm以下のサイズの卵胞は排卵しないと思われる。黄体構造物の不在下でこれらの卵胞がある場合には，この牛は無排卵である，あるいは初期の発情後期であることが示唆される。2，3日後に2度目の検査を行うと，このどちらの状態であるかの判定に役立つ。

⑤ 病的な無排卵大卵胞（図8-14 に示されている典型的な卵胞嚢腫）。これまで卵胞嚢腫の定義は，液で満たされた2.5mm以上の永続性のある構造物であること，とみなされていた。しかし，比較的最近，Bartolomeが提唱した定義では，18mm以上の卵胞が複数存在すること，黄体が存在しないこと，子宮の緊張性が低下していること，と規定されている（Bartolomeら，2005）。これらの構造物と良性の嚢胞（後述の6.を参照せよ）や内腔を持つ黄体，軟らかい黄体とを識別するには，触診はほとんど役に立たないことが証明されている。触診によって嚢腫と診断された51頭の牛のうち，機能的な卵胞嚢腫はわずか6頭のみであった（Stevenson, 2006）。その他は，正常な黄体を伴う良性の嚢胞が19頭，GnRH後に排卵があった正常な卵胞が12頭，内腔を持つ黄体が14頭であった（Stevenson, 2006）。超音波を用いて両側卵巣全体を入念に検査すれば，いかなる黄体構造物もその場所を特定できる。嚢胞を伴う黄体がない場合には，2，3日後に2度目の検査を実施すべきである。それでも黄体が存在せず，大卵胞が依然として残っている場合には，その卵胞が病的症状にあると推測できる。

⑥ 良性の大卵胞が図8-15 に示されている。ウィスコンシン大学（University of Wisconsin）のPaul Fricke博士は，彼の実地調査に基づく分類方法を考慮に入れることを提唱している（P.M. Fricke『Managing Reproductive Disorders in Dairy Cattle（乳牛の繁殖障害の管理）』ウィスコンシン大学マディソン校，未発表論文）。正常な発情周期を持つ牛，および妊娠牛からも，2.5cm以上の卵胞がみつかるのは非常によくあることである。黄体が存在するか，あるいは子宮の緊張を伴う正常サイズの卵胞が存在し，そして行動的な発情徴候がある場合は，随伴する大卵胞が良性であることを意味している。大卵胞が発情後期の初めに確認される症例において，黄体と正常な排卵卵胞のどちらも存在しない場合には，その牛の周期が正常であるか否かを判定するために，2，3日後に2度目の検査を実施すべきである。筆者の長年にわたる牛の超音波検査の経験に基づく私見では，大卵胞の約80%は良性である。

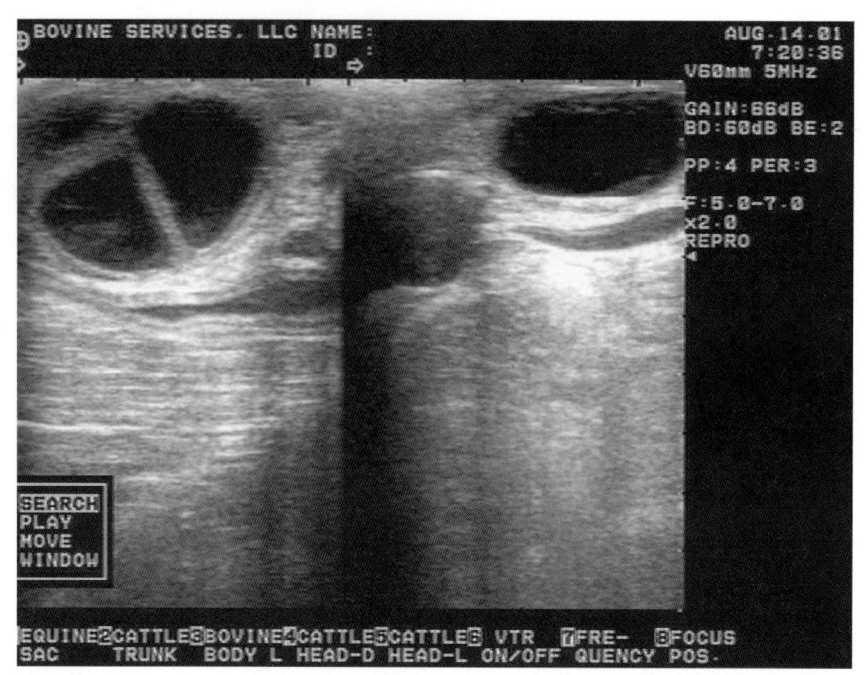

図 8-14
両側性の卵胞嚢腫。両側の卵巣に複数の嚢胞が存在し、黄体が存在しないことから、卵胞嚢腫が示唆されるが、2～3日後にフォローアップ検査をして、黄体が成長していないことを確認する必要がある。

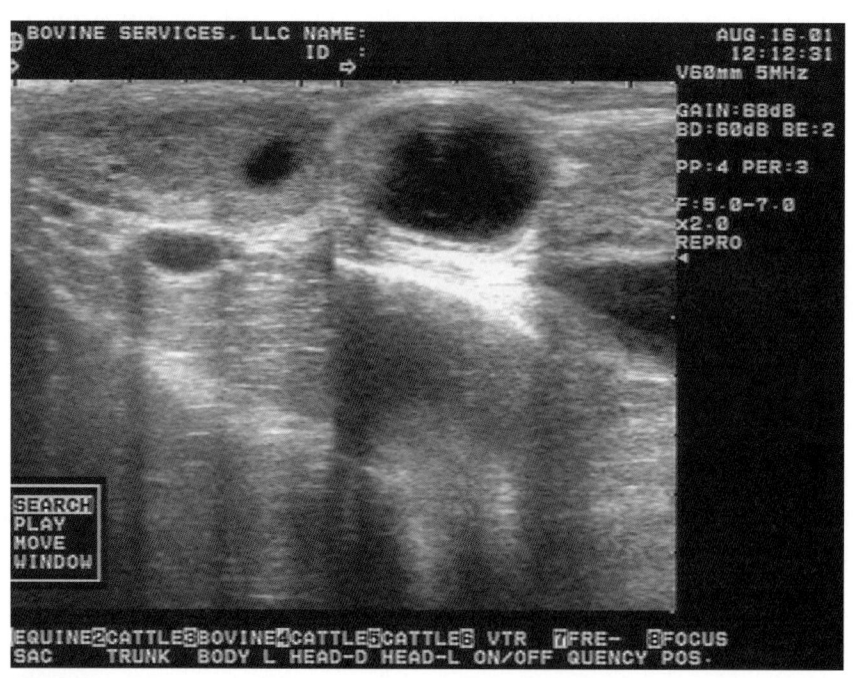

図 8-15
右卵巣にある良性の卵胞嚢腫と左卵巣の2個の小黄体。卵巣の活動が正常であれば、大卵胞嚢腫は良性である。

超音波検査に基づく発情周期のステージ判定

　超音波を用いると、直腸検査よりも格段に正確に発情周期ステージを推定できる。しかし、その前提条件が個々の牛に対して適切か否かを見きわめる必要があるという点に注意を要する。例えば、これまでは牛の発情周期は21日間が正常とみなされていたが、米国ウィスコンシン州のウィスコンシン・ホルスタイン協

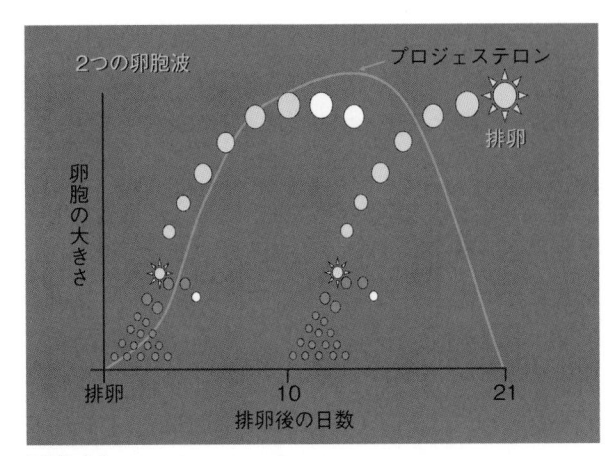

図8-16
2つの卵胞波を持つ卵胞動態の図解。提供：ウィスコンシン大学のPaul Fricke博士。

会（Wisconsin Holstein Association）は，23日サイクルが平均値であることを証明した（Savioら，1990）。また，各周期の卵胞波については，泌乳成牛が2回，未経産牛が3回とみなされていることも少なくない。この前提条件はおそらくほとんどの場合において正しいが，卵胞波が3回（場合によっては4回）の成牛や2回の未経産牛も存在する（Sartoriら，2004）。

この議論について考えるために，21日周期で卵胞波が2回あるモデルを仮定してみよう。卵胞の成長は周期ステージの推定に利用できるものであり，**図8-16**にこの様子を示した。周期ステージを推定するには，両方の卵巣と子宮全体を入念に調べることが重要である（Adams, 2005）。

● 発情後期（1～3日）

発情後期（発情後1～3日）の牛は，複数の小卵胞（8mm以下）を持っている。通常，目視できる黄体は存在しないが，もしあるとすれば，小さく不均質である。子宮は浮腫の影響によりどちらかと言うと不均質になり，少量の液が存在する場合としない場合がある。1回の検査では，発情後期と発情休止期を区別するのは難しい。

● 発情間期の初期（4～10日）

4日目までに，卵胞の中の1つ（2つのこともある）が他よりも大きく発育し，8日目までに約8mmに達する。4日目では，最初の卵胞波にみられたその他の卵胞はまだ目視できるが，しだいに閉鎖しはじめ，8日目までには目視困難になる。黄体は，4日目までには容易に目視できるようになり，内腔を伴っていることも少なくない。10日目までに黄体はかなり均質になり，内腔の中が組織で満たされていることもある。子宮は均質であり，通常は目視できる液を含まない。

● 発情間期の後期（10～18日）

成熟した大黄体が1個みられる。2回目の卵胞波を示すきわめて小さな卵胞の同時発生群は約10日目から目視できるようになる。約12日目に，1回目の卵胞波と同様に，卵胞のうちの1個が他よりも大きく発育して主席卵胞になる。18日目までに，閉鎖した非主席卵胞は目視困難になるが，黄体はなお存在している。18日目までに，この黄体は退行しはじめ，サイズが小さくなって不均質になる。黄体退行の初期は，屋外超音波検査器具で正しく評価するのは難しいことがある。このステージ初期の子宮はきわめて均質であるが，約16日目頃からは徐々に不均質になっていく。通常18日目より前には，目視できる液はない。

● 発情前期（19日～発情）

大卵胞（16～20mm）が1個存在し，退行する黄体を伴っていることが多い。不均質な小黄体は，発情期間中ずっと目視できることもあるが，感知できるほどの量のプロジェステロンは生産されていない。子宮は不均質で透明な液を含み，口絵P.13，図8-8に示されているように，内壁が鏡面反射してみえる。現行の屋外超音波検査器具では，牛の正確な排卵時間を推定することは不可能である。しかし，既存の技術であるカラードップラー法を利用すれば，将来的には排卵時間の推定が可能になることが有望視されている。

同期化に用いられる超音波検査

1980年代半ばに卵胞波の動態が図解されると（Pierson and Ginther, 1987a, b），研究者たちは発情周期をコントロールして定時授精（TAI：Timed Artificial Insemination）を可能にする方法を模索しはじめた。酪農業の近代化は発情発見率の低下をもたらしたが，この理由は，①高泌乳牛の発情行動期間の短縮（Lopezら，2004），②放牧飼育と異なり，発情発現に貢献しない屋内での飼養，③酪農場の大型化に伴う人と牛との親密なスキンシップの減少，などである。発情発見を回避することが可能な排卵同期化は，牛の繁殖研究者たちにとって究極の目標となった。最初にオブシンク法を開発したのはPursley, Mee, Wiltbankであり（Pursleyら，1995），その後，さまざ

まな方法が多数生み出された。

現在も完全な排卵同期化はないが，超音波は受胎率の向上に貢献できる。オブシンク法を成功させるには，次の4項目が重要であることが明らかになっており，これらすべてが部分的ではあっても超音波を利用することで評価できる。

①黄体が存在する牛は，黄体がない牛に比べて著しく妊娠率が向上する（Galvaoら，2007）。先の節で述べた通り，超音波検査は黄体の確認において直腸検査よりも格段に優れている。

②オブシンク法の最初のGnRH投与（G1）に反応した排卵は妊娠率を上げるが，黄体が存在する場合に比べるとなお低い（Galvaoら，2007）。筆者は，卵胞がGnRH投与に反応して排卵するか否かを予測することは，たとえ超音波を用いても困難であるが，周期のサイクル判定を適切に行えば（本章の前節を参照），合理的な予測を立てることができると考えている。

③最初の2項目に関連して，受胎率を最大限高めるオブシンクの開始時期は，発情周期の5～12日目であることが明らかになっている（Vasconcelosら，1999）。超音波を使えば，発情後期および発情前期にある牛を見い出し，オブシンク法を開始する群から除外することは比較的容易である。14～18日目になると，評価がより難しくなる。

④上記の全項目に関連して，血清プロジェステロン濃度が低い牛（嚢腫，無発情期，発情後期，あるいは発情前期）は，排卵同期化に対する受胎率が低下するが，オブシンク法と併用してプロジェステロン放出膣内挿入器具（CIDR：controlled internal drug release）を用いると有効なことがある（CIDRシンク）（Stevensonら，2006）。無排卵および嚢腫の牛は，プレシンク（前同期化）後のG1時に黄体が存在しない牛への評価でも，あるいは，プレシンクされていない牛への最初の検査時に黄体がみられず数日おいて2回目の検査を実施した場合でも，超音波で容易に見い出せる。前の節で論じたように，発情後期および発情前期の牛は，直腸検査よりも超音波の方がずっと簡単に確認できるのである。

酪農生産者はそれぞれに，各々の繁殖プログラムについて，異なる要求，ニーズ，能力を持っている。どのような選択をするかは，動機，処置法への適合能力，群の規模，牛舎のタイプなどによって決定される。

次に，筆者が担当している酪農場で使用されているさまざまな処置法の一部について，それを選択している理由と，まったく異なる4つの群における超音波の利用法を紹介する。

●農場A

牛群の状況：この農場では従来式のタイストール牛舎に70頭の牛を飼育している。牛が放牧地へ出ることはない。RHA（年間平均泌乳量，rolling herd average）は13,181 kg。牛の健康状態はきわめて良好である。オーナーは牛と接する時間が長く，発情の二次徴候を発見するのに長けている。この農場にとって，繁殖プログラムは最優先事項である。

繁殖プログラム：この群へは超音波検査を行うために4週間ごとに巡回している。潜在性子宮炎の発生率はきわめて低いという理由から，分娩後検査は行っていない。発情発見率と子宮の健康状態が良好であることから，この生産者は，第1回の定時人工授精のためのプレシンク処置を選択していない。ただし，60日間の任意待機期間（VWP）の終わりと次の超音波検査日との間に発情が発見されなかった牛には，検査を実施する。黄体が存在する牛には，その日にオブシンクを開始する。黄体が存在しない牛には，黄体の不在以外に健康上の問題がなければ，CIDRシンクを開始する。2008年の平均妊娠率は31%ときわめて高く，この成功要因は優れた群管理，慎重に計画された排卵同期化，受胎しなかった牛の発情発見の適正さにあった。

超音波検査がこの群に果たす役割：G1時の黄体を正確に予測できることにより，オブシンクでの受胎率が向上しており，また，CIDRシンクが適する無排卵または嚢腫が確実な牛のみを選定する能力も向上している。この群への巡回検査が4週間にわずか1回であることから，妊娠/空胎判定を27日以下に短縮する能力が空胎牛のより迅速な発見に貢献している。妊娠率が高いことから過剰な雌子牛は売却できるので，胎子の性別判定は，淘汰の判断に利用されている。高泌乳量のこの群は，結果的に双子率が高い。双子の発見は，これらの母牛を異なる方法で飼育管理するのに役立っている。

●農場B

牛群の状況：この農場では近代的なフリーストール

牛舎を備え，飼育している 1,200 頭の牛の RHA は 13,636 kg。牛の健康状態はきわめて良好である。繁殖プログラムは最優先事項であるが，これまでずっと発情発見が大きな問題となっている。農場職員は有能だが多忙をきわめている。

繁殖プログラム：発情発見が難しいという理由から，この群は 72～79 日目の初回 TAI（定時授精）を確立するために標準的なプレシンク／コシンクを，2 回目以降の授精では 56 時間コシンクを適用することを選択している。この群の管理者は CIDR を使用するつもりはない。牛は手で選別されて触診検査用の柵内に入れられるため，群の管理者は毎週の検査の頭数を最小限に抑えたいと考えている。そのため，妊娠診断や再検査／胎子の性別判定を受けるべき牛だけが選ばれる。この手法がうまく機能している理由は，次の 3 つである。①牛の健康状態がきわめて良好であり，70 日間の任意待機期間の終わりまで無排卵の牛がほとんどいないこと。②周産期ケアが優れているため慢性潜在性子宮炎の罹患牛が最小限に留まっていること。③プレシンクおよび注射の計画がほぼ完全に順守されていることから，G1 の周期性を検査する必要がないこと。2008 年の平均妊娠率は 23％であった。この群の管理者は，発情発見をほぼ完全に排除することによって労働力や精神的負担が軽減されていることを考え合わせれば，この妊娠率は許容できる数値であると考えている。

超音波検査がこの群に果たす役割：同期化に完全準拠したこの群においては，32～34 日目の妊娠／空胎検査で正確に判定できるため，適切な周期ステージで空胎牛だけに GnRH を投与し，オブシンクをはじめることが可能になる。胎子の性別判定は，淘汰の決定に利用されている。高泌乳量のこの群は，結果的に双子率が高い。双子の発見は，これらの母牛を異なる方法で飼育管理するのに役立っている。

●農場 C

牛群の状況：この農場では 50 頭の牛を，冬はタイストールバーン内で舎飼いし，夏は交替制で牧草地で飼育している。RHA は約 10,454 kg。農場オーナーは引退間近であり肉体的な制約が多少ある。彼が牛を飼育する理由は乳業から収入を得るためではなく，乳牛が好きだからである。繁殖プログラムは優先事項ではなく，オーナーは注射方式にしたがうつもりはない。

繁殖プログラム：この群には 4 週間ごとに超音波検査技師が巡回しており，泌乳開始から 50 日目以降の牛が検査を受けている。2 cm 以上の黄体を持つ空胎牛にはプロスタグランジンを投与し，オーナーのカレンダーに日付を記録して発情を待つ。1 度に複数の牛が発情すると発情発見率が上がるが，そうでない場合にはむらがある。2008 年 7 月～2009 年 7 月の平均妊娠率は 18％。農場巡回の頻度を増やしたり，発情発見を入念に行ったり，同期化を採用したりすれば，この妊娠率を改善できることは明らかだが，農場オーナーはあまり労力をかけない方法を望んでいる。

超音波検査がこの群に果たす役割：妊娠／空胎診断を 27 日まで引き下げることで，低頻度の農場巡回や発情発見のむらを部分的に補っている。黄体の発見や測定により，牛がプロスタグランジン投与に反応する可能性が高まる。胎子の性別判定は，淘汰の決定に利用されている。この群では双子の妊娠はあまりないが，もしみつかった場合には，オーナーがこれらの母牛に対して特別なケアを施す。

●農場 D

牛群の状況：この農場はホルスタインの登録牛生産者が経営し，牛乳よりも遺伝学関連からの収入の方が大きな割合を占めている。そのため，重視しているのは妊娠率の高さではなく，胚生産や受胚牛の管理である。RHA は約 12,272 kg。

繁殖プログラム：胚移植への超音波の利用について詳しくは，次の節を参照してほしい。この群への超音波検査の巡回は 2 週間ごとである。過剰排卵処置された供胚牛の胚の回収と胚の移植は超音波検査の翌日に予定されている。過剰排卵処置牛に対する超音波検査では，翌日に回収可能な胚の個数を見積もる。受胚候補牛（経産牛および未経産牛）に対しては，黄体が存在する場合には，その質と位置を確認する。過剰排卵処置を受ける準備が整っている牛に対しては，卵巣構造を走査し，黄体と，卵胞刺激ホルモン（FSH）に反応する可能性のある小卵胞の個数の両方を調べる。供胚牛と受胚牛のすべてにおいて，子宮の健康状態を評価する。胚移植プログラムに組み入れられていない牛は，A 群として管理される。

超音波検査がこの群に果たす役割：受胚牛の選定に触診を用いた場合には，その 30％が拒絶されるが，超音波を利用した場合の拒絶率はわずか 15％である。30 日目での胚の妊娠率は同一であり，未経産牛への移植では 65％，経産牛では 55％である。受胚牛を多数利用する理由は，内腔を持つ黄体と嚢腫とが確実に区別される，卵巣支質深部の黄体が検出される，良性

嚢腫近傍の黄体が視覚化される，などの点にある。触診では潜在性子宮炎の罹患牛を発見できないが，超音波を利用すれば，健康になるまでこのプログラムから除外しておくことができる。供胚牛の評価においては，過剰排卵の開始前日と胚回収の前日の2回実施すると，受胚牛の必要頭数の予測に役立つ。胚移植を実施する獣医師は，超音波検査技師を胚移植チームに加えると，移植日の作業が軽減され，良好な結果が得られる。

胚移植

超音波は胚移植プログラムにおいて，供胚牛のFSHへの潜在的な反応から受胚牛の選定まであらゆる側面を改善している。胚移植処置が依頼主にとって高額であること，受胚牛候補の維持費用，妊娠により高い価値が達成できることを考え合わせると，胚移植の実践獣医師が最高の結果を得るために超音波技術を利用しない理由は何ひとつみつからない。胚移植実践獣医師は必要な超音波検査を自ら行うこともできるが，超音波検査技師とチームを組むこともできる。

●供胚牛

供胚牛には，過剰排卵処置の開始数週間前に超音波検査を実施し，子宮の健康と卵巣周期を評価する。本章の前節で論じたように，超音波検査は直腸検査よりもずっと微細な病変を発見し，卵巣構造をより正確に検査できる。初回検査では，両方の卵巣の小卵胞（4mm以下）と中程度の卵胞（4～8mm）の個数のカウントが含まれることもある。通常，牛にはそれぞれ，各卵胞波で生産される卵胞のおよその固有数があるため，超音波検査技師は牛の将来的な胚生産の可能性を推定することができる（Brad Stroud 獣医師の私信）。

健全な周期を持つ供胚牛に過剰排卵処置を実施した場合には，次の3つの理由からその1日目に超音波検査を行うべきである。第1に，黄体の存在から，その牛が発情期であることとFSH投与開始の最適時期を確認するため，第2に，両方の卵巣にある小，中サイズの卵胞の個数をカウントすることで，供胚牛がどの程度うまく刺激されるかを予測するため（DesCoteauxら，2009），第3に，主席卵胞（8mm以上）を確認し，超音波ガイド下で卵胞を吸引して，残りの卵胞の排卵率を50％まで向上できるため（Guilbaultら，1991），である。

授精日の検査は任意であるが，実施する場合には，超音波を利用すべきである。卵胞が破裂したり，もっと悪いケースでは，卵巣嚢から大きな卵巣が変位したりしないように注意を払わなくてはならない。このため，授精日に受胚牛の触診を行うことは禁忌である。その点，超音波は卵巣を手で触ることなく，その上を穏やかに走査するだけなので安全に検査できる。当然のことながら，測定できるのは卵胞の合計数だけであり，実際に排卵する個数を推定することはできない。これらの牛への検査は，例えば，刺激に対する反応が鈍い場合には，希少あるいは高価な精液を使用しないなどの判断を下す必要があるケースで用いられることが望ましい。

胚の回収日に超音波を利用すると，小さな黄体，卵巣支質の深部にある黄体，近傍の黄体によって隠された黄体をより正確にカウントすることができる。しかし，超音波を使う場合でも，液で満たされた卵巣構造を評価するときには注意を要する。特に黄体が卵巣に多数存在する場合には，排卵後7日目に黄体が小さくなることがある。これらのうちのいくつかは，壁面がきわめて薄い内腔を持つ黄体組織になり，標準的な屋外超音波検査器具ではこれらの黄体組織と無排卵卵胞とを識別するのが難しい。また，明らかな無排卵卵胞の一部は，実際には次の黄体形成をすることなく排卵することもある。時には，胚回収前の検査によって，明白な黄体がなく，無排卵卵胞と思われるもののみがみつけられ，多数の生存胚が回収されることがある。このような場合，回収された胚の合計数は，予測された数を超えることもある。

●受胚牛

受胚牛は，胚を受けるための同期化に先立って，超音波検査を受けるべきである。供胚牛と同様に，この初回検査によって子宮の健康状態と卵巣周期を評価する。異常や無排卵の牛は繁殖候補群から除外すべきであり，その一方で，正常な牛に同期化を開始することになる。

Brad Stroud 獣医師は，胚移植日において「適切な黄体の存在を確認するための超音波検査は，移植器（ET gun）そのものと同じぐらい重要である」と感じている（DesCoteaux, 2009）。高能力の受胚牛では，黄体検査を直腸検査ではなく超音波で行った場合に拒絶される例はきわめて少ない。超音波を利用すると，明白な突起がない黄体，卵巣支質の深部にある黄体，良性嚢腫様構造物によって隠された黄体，複数の大卵胞で囲まれた黄体，内腔を持つ黄体が見逃しや誤診を

表 8-2　北米の超音波検査器具のサプライヤー

Aloka (Aloka)
　www.aloka.com
　800-872-5652

Alpine medical (WED-3000)
　www.AlpineMD.com
　866-747-7007

BCF (Easi-Scan)
　www.bcftechnology.com
　800-210-9665
　l.com (970) 66993

EI medical (Ibex, Bantam)
　www.eimedical.com
　866-365-6596

Products group international (Honda, Sonosite)
　www.productsgroup.com
　(800) 336-5299

Universal medical (Various brands)
　www.universalultrasound.com
　800-842-0607

Veterinary sales and service (Tringa Linear, PIE)
　www.vetsales.net
　888-234-5999

※訳注：電話番号は原著のまま。日本からのアメリカへのフリーコールは，国際電話認識番号＋国番号 (1) が必要となる。

表 8-3　超音波検査の研修プログラムと教材

Bovine services (牛の臨床)
　Dr. Jill Colloton
　715-352-2232
　www.bovineultrasound.net

- 獣医師のための牛繁殖への超音波利用。Jill Colloton 獣医師による研修コース。
- 牛繁殖のための超音波検査 (DVD)，Brad Stroud 獣医師編。リアルタイム画像を多数用い，牛の繁殖検査への超音波利用に関して詳細に論じている。
- 胎子性別判定の未編集，研修用 DVD，Brad Stroud 獣医師編。52 例のリアルタイム画像からクイズ形式で胎子の性別を判定する。

Equiservices (馬の臨床)
　Dr. O.J. Ginther
　608-798-4910
　www.equipub.com

- 超音波画像と繁殖イベント (DVD)。超音波の役割，さまざまな動物種への超音波利用の概観，研究への適用。
- 牛と馬の胎子性別判定
- 超音波画像と家畜繁殖。書籍 1〜4

University of Montreal (モントリオール大学)
　www.litiem.umontreal.ca

- 牛の繁殖システムの超音波検査法，モントリオール大学 Dr. Paul Crriere と Dr. Luc DesCoteaux 編。超音波検査の原理，解剖学，生理学，人為的ミス，妊娠診断，胎子の異常，胎子の性別など，包括的な内容が網羅されている CD-ROM。英語，フランス語，スペイン語，ドイツ語から選択可能。また，上記の Bovine services からも販売されている。

※訳注：電話番号は原著のまま。日本からのアメリカへのフリーコールは，国際電話認識番号＋国番号 (1) が必要となる。

することなく識別されるからである。バージニア工科大学 (Virginia Tech) の Bill Beal 博士による未発表研究では，直腸検査に基づいて胚移植を拒絶された受胚牛の 79％は，超音波検査に基づいて胚移植をされた結果妊娠に至った。Beal 博士は 13mm 以上のしっかりした黄体，あるいは 3mm 以上の辺縁を持つ内腔のある黄体を持つすべての受胚牛に対して，胚移植をすることを推奨している (Beal, W.E.『Practical Applications of Ultrasound in Bovine Embryo Transfer (ウシの胚移植への実践的な超音波応用法)』バージニア工科大学，未発表論文)。

胚移植後 21 日目 (妊娠 28 日目) に受胚牛の妊娠診断を行うと，空胎牛にすぐに再移植ができる可能性がある (Brad Stroud 獣医師の私信より)。空胎牛は黄体の存在を検査し，黄体があれば，その日に胚を移植する。

どの早期妊娠診断とも同じように，再検査は 60 日後に実施すべきである。胎子の生存性と性別をこの時に判定する。胎子に特定の性別を望む場合，望まない性別の胎子を妊娠した受胚牛は中絶処置を受け，後日また胚移植を受けることもある。

まとめ

超音波は，牛の繁殖検査のあらゆる部分において直腸検査よりも大きく進歩している。卵巣構造や子宮の病変，双子の診断においては格段に改善されてきた。妊娠/空胎診断は時間が短縮され，正確性が向上したことで，空胎牛をより早く繁殖候補群に戻せるようになっている。また，胎齢の判定もより正確になった。胎子の生存性と性別の判定は，どちらも直腸検査では不可能な検査項目であるが，超音波検査によってこれらが実用的に利用できるようになった。さらに，同期化や胚移植プログラムに超音波を組み込むことにより，卵巣診断の正確性が向上し，空胎牛を早期に判定

できるため，大幅な利益改善を実現できる。

　超音波検査器具は，価格が手頃になり，かなり小型化したことであらゆる状況で利用できるようになった。**表8-2**は北米にある獣医師用超音波検査器具のメーカーと販売代理店の一覧である。超音波利用をサポートするものには，研修コースと視聴覚教材の両方があり，いままで以上に選択肢が増えている（**表8-3**を参照）。

　生産者は超音波技術が自分たちに何をもたらすかを理解し，担当獣医師からこの診療サービスを受けることを望んでいる。生産者は，より正確な情報を提示するより高度な器具に，より多くのお金を喜んで支払う傾向がある（Rosenbaum and Warnick, 2004）。現在，動物科学者たちは牛の繁殖研究のあらゆる側面に超音波を利用している。今こそ臨床獣医師も，進んで難題に取り組み，依頼農場主に貢献し，自らの診療の質を向上する技術を広く適用する時であろう。

謝辞

　いくつかの超音波画像の収集のために用いた機器の貸し出しにご協力いただいた，Aloka 社および E.I. Medical Imaging 社に感謝します。

　Drost Project（www.drostproject.org）には，写真および牛の繁殖全般の両面に関して，非常に貴重な情報を提供していただきました。Dr. Brad Stroud は惜しみなく時間と知恵を出してくれ，胚移植の節に協力いただきました。

文献

Adams, G. (2005). Ultrasound and the bovine practitioner. American Association of Bovine Association Meeting American Association of Bovine Practioners, Bovine Ultrasonography, Pre-Conference Seminar, 2005, Salt Lake, City, UH.

Bartolome, J.A., Silvestre, F.T., Kamimura, S., Arteche, A.C.M., Melendez, P., Kelbert, D., McHale, J., Swift, K., Archbald, L.F., Thatche, R.W.W. (2005). Resynchronization of ovulation and timed insemination in lactating dairy cows. I: use of Ovsynch and Heatsynch protocols after non-pregnancy diagnosis by ultrasonography. *Theriogenology*, 63:1617–1627.

Bicalho, R.C., Galvao, K.N., Guard, C.L., Santos, J.E.P. (2008). Optimizing the accuracy of detecting a functional corpus luteum in dairy cows. *Theriogenology*, 70:199–207.

Callahan, C.J., Horstman, L.A. (1990). The accuracy of predicting twins by rectal palpation in dairy cows. *Theriogenolgy*, 1:322–324.

Curran, S. (1986). Bovine fetal development. *Journal of the American Veterinary Association*, 189:1295–1302.

Curran, S. (1992). Fetal sex determination in cattle and horses by ultrasonography. *Theriogenology*, 37:17–21.

Day, J.D., Weaver, L.D., Franti, C.E. (1990). Twin pregnancy diagnosis in Holstein cows: discriminatory powers and accuracy of diagnosis by transrectal palpation and outcome of twin pregnancies. *Canadian Veterinary Journal*, 36:93–97.

DesCoteaux, L., Colloton, J., Gnemmi, G. (2009). *Practical Atlas of Ruminant and Camelid Reproductive Ultrasonography*. Oxford, U.K.: Wiley-Blackwell.

Galvao, K.N., Sao Fihlo, M.F., Santos, J.E.P. (2007). Reducing the interval from presynchronization to initiation of timed artificial insemination improves fertility in dairy cows. *Journal of Dairy Science*, 90: 4212–4218.

Ginther, O.J. (1995). *Ultrasonic Imaging and Animal Reproduction: Fundamentals*. Cross Plains, WI: Equiservices.

Ginther, O.J. (1998). *Ultrasonic Imaging and Animal Reproduction: Cattle*. Cross Plains, WI: Equiservices.

Ginther, O.J., Curran, S. (1995). *Fetal Gender Determination in Cattle and Horses (DVD)*. Cross Plains, WI: Equiservices.

Guilbault, L.A., Grasso, F., Lussier, J.G., Roullier, P., Matton, P. (1991). Decreased superovulatory responses in heifers superovulated in the presence of a dominant follicle. *Journal of Reproduction and Fertility*, 91:81.

Kahn, W. (1989). Sonographic fetometry in the bovine. *Theriogenology*, 31:1105–1121.

Kastelic, J.P., Ginther, O.J. (1989). Fate of conceptus and corpus luteum after induced embryonic loss in heifers. *Journal American Veterinary Medical Association*, 194:922–928.

Kastelic, J.P., Pierson, R.A., Ginther, O.J. (1990). Ultrasonic morphology of corpora lutea and central luteal cavities during the estrous cycle and early pregnancy in heifers. *Theriogenology*, 34:487–498.

Kinsel, M.L., Marsh, W.E., Ruegg, P.L., Etherington, W.G. (1998). Risk factors for twinning in dairy cows. *Journal of Dairy Science*, 81: 989–993.

Lean, I.J., Abe, N., Duggan, S., Kingsford, N. (1992). Within and between observer agreement on ultrasonic evaluation of bovine ovarian structures. *Australian Veterinary Journal*, 69:279–282.

Lopez, H., Slatter, L.D., Wiltbank, M.C. (2004). Relationship between level of milk production and estrous behavior of lactating dairy cows. *Animal Reproduction Science*, 81(3–4): 209–223.

Lopez-Gatius, F., Hunter, R.H.F. (2005). Spontaneous reduction of advanced twin embryos: its occurrence and clinical relevance in dairy cattle. *Theriogenology*, 63:118–125.

Pierson, R.A., Ginther, O.J. (1984). Ultrasonography of the bovine ovary. *Theriogenology*, 21:495–504.

Pierson, R.A., Ginther, O.J. (1987a). Follicular populations during the estrous cycle in heifers. I. Influence of day. *Animal Reproduction Science*, 14:165–176.

Pierson, R.A., Ginther, O.J. (1987b). Follicular populations during the estrous cycle in heifers. II. Influence of right and left sides and intraovarian effect on the corpus luteum. *Animal Reproduction Science*, 14:177–186.

Pursley, J.R., Mee, M.O., Wiltbank, M.C. (1995). Synchronization of ovulation in dairy cows using $PGF_{2\alpha}$ and GnRH. *Theriogenology*, 44:915–923.

Romano, J.E., et al. (2006). Early pregnancy diagnosis by transrectal ultrasonography in dairy cattle. *Theriogenology*, 66:1034–1041.

Rosenbaum, A., Warnick, L.D. (2004). Pregnancy diagnosis in dairy cows by palpation or ultrasound: a survey of US veterinarians. In: *Proceedings 37th AABP Annual Meeting*, Forth Worth, TX, p. 198.

Sartori, R., Haughian, J.M., Shaver, R.D., Rosa, G.J., Wiltbank, M.C. (2004). Comparison of ovarian function and circulating steroids in estrous cycles of Holstein heifers and lactating cows. *Journal of Dairy Science*, 87:905–920.

Savio, J.D., Boland, M.P., Roche, J.F. (1990). Development of dominant follicles and length of ovarian cycles in post-partum dairy cows. *Journal of Reproduction and Fertility*, 88:581–591.

Silva-del-Rio, N., Colloton, J.D., Fricke, P.M. (2009). Factors affecting pregnancy loss for single and twin pregnancies in a high-producing dairy herd. *Theriogenology*, 71:1462–1471.

Silva-del-Rio, N., Kirkpatrick, J., Fricke, P.M. (2006). Observed frequency of monozygotic twinning in Holstein dairy cattle. *Theriogenology*, 66:1292–1299.

Singh, J., Pierson, R.A., Adams, G.P. (1998). Ultrasound image attributes of the bovine corpus luteum: structural and functional correlates. *Journal of Reproduction and Fertility*, 112:19–29.

Stevenson, J.S. (2006). What's all the fuss about cysts? *Hoards's Dairyman*, October:682.

Stevenson, J.S., Pursley, J.R., Garverick, H.A., Fricke, P.M., Kesler, D.J., Ottobre, J.S., Wiltbank, M.C. (2006). Treatment of cycling and noncycling lactating dairy cows with progesterone during Ovsynch. *Journal of Dairy Science*, 89:2567–2578.

Stroud, B. (1996a). *Bovine Fetal Sexing Unedited (DVD)*. Granbury, TX: Biotech Productions.

Stroud, B. (1996b). *Bovine Reproductive Ultrasonography (DVD)*. Granbury, TX: Biotech Productions.

Van Saun, R.J. (2001). Comparison of pre- and postpartum performance of Holstein dairy cows having either a single or twin pregnancy. *The AABP Proceedings*, 34:204.

Vasconcelos, J.L.M., Silcox, R.W., Lacerda, J.A., Pursley, J.R., Wiltbank, M.C. (1997). Pregnancy rate, pregnancy loss, and response to heat stress after AI at 2 different times from ovulation in dairy cows. *Biology of Reproduction*, •••(Suppl. 1):140. Abstract.

Vasconcelos, J.L.M., Silcox, R.W., Rosa, G.J.M., Pursely, J.R., Wiltbank, M.C. (1999). Synchronization rate, size of the ovulatory follicle, and pregnancy rate after synchronization of ovulation beginning on different days of the estrous cycle in lactating dairy cows. *Theriogenology*, 52:1067–1078.

White, I.R., et al. (1985). Real-time ultrasonic scanning in the diagnosis of pregnancy and the estimation of gestational age in cattle. *Veterinary Record*, 117:5–8.

第9章

泌乳牛における発情，排卵，定時授精の再同期化

Julian A. Bartolome and William W. Thatcher

要約

　人工授精（AI）と人工授精の間隔を短くすることは，高い繁殖効率を維持するためにきわめて重要である。授精後の発情発見は，泌乳牛を再授精するための最も一般的かつ迅速で低コストの方法である。エストラジオール使用の有無にかかわらず，AI後13～14日目と20～21日目の間にプロジェステロン膣内挿入器具を用いることで，再同期化が起こり，発情回帰の発見が容易になる。しかし，実務上の問題と，集約的に管理されている高泌乳牛の発情の発現が弱いこととが組み合わさると発情発見が少なくなり，その結果，AIとAIの間隔が長くなってしまう。したがって，非妊娠牛をできるだけ早く発見する必要がある。

　授精後の血中プロジェステロン，あるいは妊娠に関連した糖タンパク濃度を測定することで，非妊娠牛を早期に発見できる。しかし，再同期化法と併用した生殖器の超音波検査と直腸検査が，迅速な再人工授精のための最も一般的な方法である。超音波検査か直腸検査のいずれかによる非妊娠診断の7日前に，プロジェステロン膣内挿入器具使用の有無にかかわらず，ゴナドトロピン放出ホルモン（GnRH）処置を行うことは，以下のような方法で卵胞の発育を同期化する。

　非妊娠牛がプロスタグランジン$F_{2\alpha}$（$PGF_{2\alpha}$）を投与され，発情発見時に再人工授精を受ける（発情発見時の人工授精［AIDE：artificial insemination at detected estrus］か，あるいは，エストラジオールまたはGnRHをもう1回投与することによる排卵同期化後の定時授精（TAI）を受ける。生殖器の病態生理学の知識と，生殖器の直腸検査と超音波検査のような臨床的手技が，繁殖効率の管理的，経済的側面と相まって，特定の農場のための最良の再同期化プログラムの確立を可能にするだろう。

序文

　繁殖効率を高める方法には，分娩間隔を短くするために人工授精（AI）と人工授精の間隔を狭めることが含まれる。初回授精後，非妊娠牛の発情をできるだけ早く発見し，再授精する必要がある。発情発見は，非妊娠牛を特定し再授精するための最も簡単で迅速な方法である。しかし，集約的に管理されている高泌乳牛の大規模な群では，発情発見率が低い（Nebelら，1987）。

　同様に，放牧を基本とした乳牛の群の管理状況では発情発見が少なく，結果としてAIとAIの間隔が長くなることがある。発情発見の可能性を高めるため，あるいは定時授精（TAI）と併用した排卵の再同期化のために，非妊娠牛を発見し発情を早期に再同期化するための他の選択肢は，直腸検査と超音波検査である。非妊娠牛の発見が早いほど，AIとAIの間隔が短くなる。妊娠を早期に発見するために，妊娠に関連した糖タンパク（PAGs：pregnancy-associated glycoproteins）か，妊娠特異的タンパクB（PSPB：pregnancy-specific protein B）が測定されてきた（Humblotら，1988）が，この技術を再同期化法と併用するためにさらなる研究が必要である。したがって，発情発見の効率，直腸検査か超音波検査の使用，妊娠診断の頻度によって，授精と非妊娠牛発見との間隔が決まるだろう。

　直腸検査か超音波検査を使用する決定と，どのくらい頻繁に牛を診断するかの決定は，発情発見のレベルによって決まる。自然発情後の再AI，プロスタグランジン$F_{2\alpha}$（$PGF_{2\alpha}$）投与によって誘起された発情後の再AI，加えて$PGF_{2\alpha}$，エストラジオール，ゴナドトロピン放出ホルモン（GnRH），およびプロジェステロン膣内挿入器具を用いた排卵同期化とTAIの変法について説明する。

プロジェステロン膣内挿入器具と発情発見時の人工授精(AIDE：artificial insemination at detected estrus)

いったん，牛を授精したら，発情を発見することが，受胎しなかった牛を特定し再授精するために最も一般的な方策である (Macmillan ら，1999)。視覚的な発情発見は，テイルペイント，カマール(発情発見用腰殿部色素貼付布)，歩数計，ヒートウォッチシステムのような発情発見補助器具と組み合わせた方がより効果的である。しかし，発情発見の欠点の1つは，泌乳牛の 20 ～ 25 ％が 17 ～ 24 日の範囲以外に発情を示すことである。

AI 後 13 ～ 14 日目にプロジェステロン膣内挿入器具を付けて，20 ～ 21 日目に取り外せば，非妊娠牛の発情同期化が起こり発情発見の効率が高まる。また初回 AI 後 14 ～ 17 日目の間にプロジェステロン器具を付けて，21 日目に取り外したところ，対照群の牛に比べて，23 日目と 24 日目に授精した牛の割合が増し，先の授精に対する妊娠に影響がなく，再同期化した授精の受胎率が同様になった (Macmillan and Peterso, 1993)。さらに別の研究では，器具を取り外した後の3日以内の発情発見は，処置牛で 34.1 ％，対照群の牛で 19 ％であり，再同期化した授精の受胎率は，処置牛と対照牛で同様であった (Chenault ら，2003)。

安息香酸エストラジオール 1mg を AI 後 13 日目に投与すると，卵胞の成長と次の発情が同期化する (Burke ら，2000)。酢酸メドロキシプロジェステロンを染み込ませたスポンジとともにこの処置を行うと，18 ～ 25 日目の間に授精した牛の数が増加した (Cavestany ら，2003)。プロジェステロン膣内挿入器具の挿入のみ，あるいは器具の挿入か取り外しの際 (あるいは取り外してから 24 時間後) にエストロジェン処置をともに行うと，発情回帰を同期化することができる (Macmillan ら，1999；El-Zarkouny ら，2001, 2002)。

正常な受精率 (El-Zarkouny ら，2001；Moreira ら，2001) あるいは低い受精率 (El-Zarkouny ら，2001；Cavestany ら，2003) をもたらすこれらの方策には，妊娠の可能性がある牛に対するエストロジェン処置のリスクや発情発見の必要性のようなさらなる欠点がある。したがって，たとえこれらの処置によって発情発見が高まったとしても，集約管理下の高泌乳牛の発情発現は弱いかもしれないので，TAI を含めた他の方法が必要となるだろう。発情と排卵を同期化するためには，PGF_{2a} を投与する必要があり，したがって，非妊娠牛を特定するためには直腸検査か超音波検査が必要である。

直腸検査によって非妊娠が判明した牛の再同期化

経直腸による子宮触診を用いた妊娠診断は，授精後 34 日には正確で害のないことが証明されている。直腸検査時の非妊娠牛とは，受胎しなかった，あるいは受胎したが妊娠喪失し発情が発見されなかった牛である。直腸検査によって，非妊娠牛の発見に加えて，卵巣と子宮の臨床所見に基づく発情周期の特徴付けができる (Zemjanis, 1962)。

直腸検査時の非妊娠牛の約 50 ～ 60 ％に黄体 (CL) がみつかり，それらの牛は PGF_{2a} の黄体退行可能量の投与によって，発情を誘起することが可能である。CL を発見するための直腸検査の正の予測値は 80 ％ (超音波検査では ～ 90 ％) であり，PGF_{2a} の黄体退行効果は 5 ～ 9 日目で 76.9 ％，10 ～ 13 日目で 86.4 ％，14 ～ 19 日目で 95.7 ％である (Xu ら，1997)。PGF_{2a} 処置と発情発現の間隔は，治療時の卵胞波の段階に応じて 36 時間から 168 時間までの幅がある (King ら，1982)。直腸検査時に CL を持たない非妊娠牛は，PGF_{2a} 処置に反応しない。したがって，発情発見のための処置をせずに放置するか，プロジェステロン器具使用の有無にかかわらず GnRH で処置して，7 日後に PGF_{2a} を投与する。

この場合もやはり，この再同期化の方策は，70 ％に近ければならない発情発見に依存しており，それ以外には再人工授精効率を高めるために AIDE を TAI と組み合わせなければならない。オブシンク法を用いた排卵同期化と TAI (Pursley ら，1995) は，正常な発情周期を持つ牛 (Burke ら，1996) と，卵胞嚢腫変性を持った牛 (Bartolome ら，2000) に満足できる妊娠率をもたらす。

別の選択肢としては，オブシンク法は発情周期の 5 ～ 10 日以内に開始する方がより効果的である (Moreira ら，2001) ことを考慮すれば，発情発見が適度な群においては，CL を持つ牛は PGF_{2a} で処置し，12 日以内に授精しない牛にはオブシンク法を用いる (Bartolome ら，2002)。CL を持たない牛 (発情前期，発情期，発情後期，発情休止期，あるいは卵巣嚢腫を持つ) は，プロジェステロン器具使用の有無にかかわらずオブシンク法で処置するか，GnRH で処置して，8 日後にオブシンク法を行う。

非妊娠診断時に CL を持たない牛を防ぐ，あるいはそのような牛に対処するための別の選択肢は，妊娠診断の 7 日前に GnRH を投与する，あるいはオブシンク法にプロジェステロン器具を含めることである (Dewey ら，2009)。38 日目の直腸検査で非妊娠と診断され，オブシンク法の 7 日前に GnRH を投与された牛，または 38 日目にオブシンク法と一緒にプロジェステロン器具を挿入された牛は，オブシンク法のみを受けた牛に比べて，再同期化された授精に対する受胎率が高かった (GnRH ＋オブシンクで 33.6％，オブシンク＋ CIDR [controlled internal drug release] で 31.3％，オブシンクで 24.6％)。

AI と AI の間の時間を短くするためには，プロジェステロン器具と一緒にオブシンク法を直腸検査による妊娠診断の 7 日前にはじめる。初回授精後の発情の分布を考えると，初回授精の 28 ～ 30 日後にオブシンクをはじめるということは，ほとんどの牛が周期の約 6 ～ 8 日であるということを意味するだろう。GnRH 投与により第一卵胞波の排卵が誘起され，高プロジェステロン環境下で新たな卵胞波が動員されはじめる。初回授精の 35 ～ 37 日後に，直腸検査で非妊娠と診断された牛に PGF$_{2a}$ を投与することができる。それからこれらの牛に，GnRH と TAI をそれぞれ PGF$_{2a}$ 注射後 56 時間と 72 時間に実施する。

非妊娠牛を特定する際に直腸検査を用いることの欠点は，特に触診の頻度が多くなく農場の発情発見が少ない場合において，AI と AI の間隔が長くなることである。TAI を 7 日前にはじめることと，妊娠診断の頻度を増やすことに加えて，超音波検査を用いることによって，非妊娠牛の再 AI をもう 7 日間早めることができる。

超音波検査によって非妊娠が判明した牛の再同期化

生殖器の超音波検査による妊娠診断は授精 25 日後に実施することができる (Pierson and Ginther, 1984b)。**表 9-1** に示したように，経直腸触診と組み合わせて行う (Zemjanis, 1962)，卵巣 (Pierson and Ginther, 1984a) と子宮 (Pierson and Ginther, 1987) の超音波検査により，発情周期の段階を特徴付けることができる。

超音波検査時の非妊娠牛には，先に直腸検査で述べたのと同様の再同期化法を行うことができる。AI 34 日後に発見された牛の発情周期段階の分散とは対照的

表 9-1 生殖器の直腸検査と超音波検査による臨床所見に基づく発情周期の段階と異常

段階	臨床所見 卵巣	子宮
発情休止期	機能的な CL 卵胞 10mm 以上	中等度の緊張
発情後期	出血黄体 卵胞 10mm 以下	浮腫と中等度の緊張
発情前期/発情期	退行中の CL 卵胞 18mm 以上	強い緊張
卵巣嚢腫	CL がない 多数の卵胞 18mm 以上	弛緩
無発情期	CL がない 卵胞 18mm 以下	弛緩

出典：Zemjanis (1962) と Pierson and Ginther (1987)

に，25 ～ 28 日に超音波検査で妊娠していないことが判明した牛の発情周期段階は，**図 9-1** に示したように，もっと集中している。しかし，28 日目の超音波検査後の高泌乳牛の発情周期段階の分布や異常は，発情休止期で 46.1％，発情後期で 14.8％，発情前期/発情期で 22％，卵巣嚢腫で 14.4％，無発情期で 2.7％であった (Bartolome ら，2005a)。

米国フロリダ州の夏季に，高泌乳牛の発情発見が少ない群で，超音波検査時の非妊娠牛にオブシンクやヒートシンク (Heatsynch) のような TAI を応用することで，25％の妊娠率を達成することができた。発情後期の牛はヒートシンクを用いた方が妊娠率が高く，卵巣嚢腫のある牛はオブシンク法によりよく反応する (Bartolome ら，2005a) ということは興味深い。おそらく，発情後期の牛にとっては，卵胞波を同期化するために GnRH は有効ではなく，牛はもっと早く排卵し，ヒートシンクのエストラジオール処置が役に立ったのであろう (実際，発情後期の牛のほとんどがヒートシンクの 9 日目に授精された)。

それに対して，卵巣嚢腫の牛は，GnRH 放出におけるエストラジオールの正のフィードバックのメカニズムが傷ついているため，最初の GnRH に反応する機会がより多く，オブシンクの排卵同期化のための GnRH が有効であった。発情周期の段階が再同期化法に対する反応に影響を及ぼす可能性があるので，それに応じて方法を決めるために，直腸検査と一緒に超音波検査を用いることができる。満足できるほどの発情発見がある群では，CL のある牛には PGF$_{2a}$ と AIDE を用いることができる。

そして CL がなく，発情前期か発情期か無発情期に

第 9 章　泌乳牛における発情，排卵，定時授精の再同期化　149

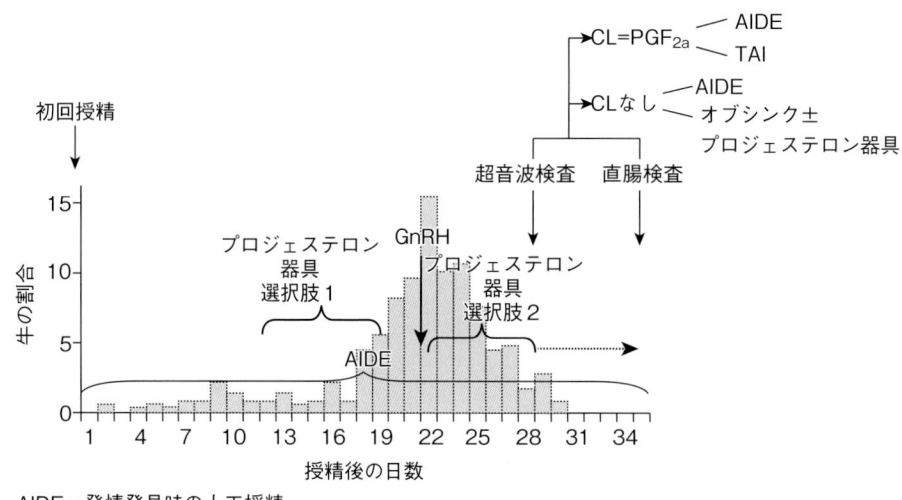

AIDE＝発情発見時の人工授精
TAI＝定時授精

図9-1
泌乳牛における発情回帰の分布と再同期化のための選択肢

ある牛，あるいは卵巣嚢腫がある牛には，PGF_{2a}の7日後に，プロジェステロン器具使用の有無にかかわらずGnRHを用いて，その後AIDEを行うという方法がある。主席卵胞の排卵を誘起し，卵胞波を同期化するためのGnRHの効果を増すために，GnRHの24時間後にプロジェステロン器具を挿入する。発情後期の牛にはおそらく，卵胞波を同期化するのにより効果的な安息香酸エストラジオールと組み合わせて，プロジェステロン器具を用いる再同期化法をはじめることが役に立つだろう。なぜならそれが，卵胞波の初期段階の間に卵胞閉鎖を引き起こすからである。

また，発情発見の少ない群では，TAIをプログラムの一部として用いるとよい。CLを持つ牛のPGF_{2a}投与後のTAIが，PGF_{2a}の24時間後にエストラジオールを使いPGF_{2a}の60時間後にTAIを行う（Stevensonら，2003）か，あるいは発情の発見ない牛にGnRHとその72時間後にTAIを行う（Archbaldら，1992）かのいずれかが試みられた。しかし，これらの選択肢は卵胞波を同期化せず受胎率が下がることにつながる可能性がある。別の方法もまた，妊娠診断の7日前にその方法をはじめることである（Moreiraら，2001）。AIの21日後にオブシンクを開始し，28日目に超音波検査をしたところ，この方法は先の妊娠に影響を与えず，受胎率は28日目にオブシンク法を開始した牛と同様であった（Chebelら，2003）。AI後の発情の分布に基づくと，オブシンクをはじめる最良の時期は，ほとんどの牛が発情前期であるという理由から23日目である。実際，オブシンクをAI後23日目に行い30日目に超音波検査を行うことで，適度な妊娠率を得ることができた（Bartolomeら，2005b）。この場合も超音波検査で妊娠していることが分かった牛の先の妊娠に対する悪影響は認められなかった。

超音波検査の7日前にGnRHを投与することで非妊娠診断時の発情周期の段階の割合が変わり，73％の牛が発情休止期で，6.4％の牛が発情後期で，9.8％の牛が発情前期で，8.6％の牛が卵巣嚢腫を持ち，1.7％の牛が無発情期であった。

さらに，卵胞嚢腫を持つ牛の50％が卵胞の不完全な黄体化を示した。発情休止期の牛が明らかに増加した（46％がGnRHなしで28日目に超音波検査，73％が23日目にGnRH，30日目に超音波検査）。しかし，何頭かの牛はそれでもやはり非妊娠診断時にCLを持たないだろう。23日目のGnRHに対する反応を高めるために，14日目と23日目の間にプロジェステロン膣内器具を挿入した。しかし，超音波検査時にCLを持つ牛の割合は変わらなかった（Bartolomeら，2009）。

したがって別の方法は，23日目にGnRHとともにプロジェステロン器具を用いて，CLの有無にかかわらず，30日目における非妊娠牛すべてに定時授精することである。この方策を用いたところ，CLを持つ牛と持たない牛の妊娠率は約30％であった。

まとめ

非妊娠牛の早期発見と再人工授精は，乳牛の繁殖管

理において繁殖効率を上げるために大変重要である。発情発見は，先の授精で受胎しなかった牛を再授精するためのより簡単で最も迅速な方法である。したがって，酪農場はこの適度な効率を維持するために努力する必要がある。

しかし，高泌乳牛の発情発現は弱く，管理状況が発情発見の効率に影響を及ぼすことがあるので，AIとAIの間隔を短く維持するために発情の再同期化が必要となる。理想的な状態は，非妊娠牛をできるだけ早く発見することと，非妊娠診断の直後に再人工授精ができるように，CLか高レベルのプロジェステロンと同期化した卵胞波を持つことである。

直腸検査と超音波検査は，非妊娠牛を発見するための2つの最も一般的な方法である。満足できる発情発見率を持つ群（放牧を基本としているか，低泌乳牛の群）には，AIDEとTAIを組み合わせたより保守的なプログラムを実施できるだろう。CLを持つ非妊娠牛にはPGF$_{2a}$とAIDE，CLを持たない牛にはTAIを行うことができる。発情発見の少ない群（集約的に管理されている高泌乳牛の群）には，妊娠診断の頻度を増やし，TAIを可能にする再同期化法を使う必要があるだろう。

妊娠診断の7日前にGnRHを投与しプロジェステロン器具を用いることと，先の授精の後の発情の分布を考慮した治療を開始することが，迅速な再授精のための最良のアプローチであると思われる。

繁殖の病態生理学と生殖器の直腸検査や超音波検査のような臨床手技が，繁殖効率の管理的，経済的側面と相まって，特定の農場のための最良の再同期化プログラムの確立を可能にする。

文献

Archbald, L.F., Tran, T., Massey, R., Klapstein, E. (1992). Conception rate in dairy cows after timed-insemination and simultaneous treatment with gonadotrophin releasing hormone and/or prostaglandin F2 alpha. *Theriogenology*, 37:723–731.

Bartolome, J.A., Archbald L.F., Morresey, P., Hernandez, J., Tran, T., Kelbert, D., Long, K., Risco, C.A., Thatcher WW. (2000). Comparison of synchronization of ovulation and induction of estrus as therapeutic strategies for bovine ovarian cysts in the dairy cow. *Theriogenology*, 53:815–825.

Bartolome, J.A., Sheerin, P., Luznar. S., Melendez, P., Kelbert, D., Risco, C.A., Thatcher, W.W., Archbald, L.F. (2002). Conception rate in lactating dairy cows using Ovsynch after presynchronization with prostaglandin F2a (PGF2a) or gonadotropin releasing hormone (GnRH). *The Bovine Practitioner*, 36(1): 35–39.

Bartolome, J.A., Silvestre, F.T., Kamimura, S., Arteche, A.C.M., Melendez, P., Kelbert, D., McHale, J., Swift, K., Archbald, L.F., Thatcher, W.W. (2005a). Resynchronization of ovulation and timed insemination in lactating dairy cows: I. Use of the Ovsynch and Heatsynch protocols after nonpregnancy diagnosis by ultrasonography. *Theriogenology*, 63:1617–1627.

Bartolome, J.A., Sozzi, A., McHale, J., Swift, K., Kelbert, D., Archbald, L.F., Thatcher, W.W. (2005b). Resynchronization of ovulation and timed insemination in lactating dairy cows: III. Administration of GnRH 23 days post AI and ultrasonography for nonpregnancy diagnosis on Day 30. *Theriogenology*, 63:1643–1658.

Bartolome, J.A., van Leeuwen, J.J.J., Thieme, M., Sa'filho, O.G., Melendez, P., Archbald, L.F., Thatcher, W.W. (2009). Synchronization and resynchronization of inseminations in lactating dairy cows with the CIDR insert and the Ovsynch protocol. *Theriogenology*, 72:869–878.

Burke, C.R., Day, M.L., Bunt, C.R., Macmillan, K.L. (2000). Use of a small dose of estradiol benzoate during diestrus to synchronize development of the ovulatory follicle in cattle. *Journal of Animal Science*, 78:145–151.

Burke, J.M., de la Sota, R.L., Risco, C.A., Staples, C.R., Schmitt, E.-J.P., Thatcher, W.W. (1996). Evaluation of timed insemination using a gonadotropin-releasing hormone agonist in lactating dairy cows. *Journal of Dairy Science*, 79:1385–1393.

Cavestany, D., Cibils, J., Freire, A., Sastre, A., Stevenson, J.S. (2003). Evaluation of two different oestrus-synchronisation methods with timed artificial insemination and resynchronisation of returns to oestrus in lactating Holstein cows. *Animal Reproduction Science*, 77:141–155.

Chebel, R., Santos, J.E.P., Cerri, R.L.A., Juchem, S., Galvao, K.N., Thatcher, W.W. (2003). Effect of resynchronization with GnRH on day 21 after artificial insemination on pregnancy rate and pregnancy loss in lactating dairy cows. *Theriogenology*, 60:1389–1399.

Chenault, J.R., Boucher, J.F., Dame, K.J., Meyer, J.A., Wood-Follis, S.L. (2003). Intravaginal progesterone insert to synchronize return to estrus of previously inseminated dairy cows. *Journal of Diary Science*, 86:2039–2049.

Dewey, S.T., Mendonça, L.G., Lopes, G. Jr., Rivera, F.A., Guagnini, F., Chebel, R.C., Bilby, T.R. (2009). Resynchronization strategies to improve fertility in lactating dairy cows utilizing a presynchronization injection of GnRH or supplemental progesterone: I. Pregnancy rates and ovarian responses. *Journal of Dairy Science*, 92(E Suppl. 1): E267.

El-Zarkouny, S.Z., Cartmill, J.A., Richardson, A.M., Medina Britos, M.A., Hensley, B.A., Stevenson, J.S. (2001). Presynchronization of estrous cycle in lactating dairy cows with Ovsynch + CIDR and resynchronization of repeat estrus using the CIDR. *Journal of Animal Science*, 79(E Suppl. 1): E249.

El-Zarkouny, S.Z., Hensley, B.A., Stevenson, J.S. (2002). Estrus, ovarian and hormonal responses after resynchronization with progesterone (P4) and estrogen in lactating dairy cows of unknown pregnancy status. *Journal of Animal Sciences*, 80(E Suppl. 1): E98.

Humblot, P., Camous, S., Martal, J., Charlery, J., Jeanquyot, N., Thibierland, M., Sasser, G. (1988). Diagnosis of pregnancy by radioimmunoassay of pregnancy-specific protein in the plasma of dairy cows. *Theriogenology*, 30:257–267.

King, M.E., Kiracofe, G.H., Stevenson, J.S., Schalles, R.R. (1982). Effect of the stage of the estrous cycle on interval to estrus after PGF$_{2\alpha}$ in beef cattle. *Theriogenology*, 18:191–200.

Macmillan, K.L., Peterson, A.J. (1993). A new intravaginal progesterone releasing device for cattle (CIDR-B) for oestrous synchronization, increasing pregnancy per AI and the treatment of post-partum anoestrus. *Animal Reproduction Science*, 33:1–25.

Macmillan, K.L., Taufa, V.K., Day, A.M., Eagles, V.M. (1999). Some effects of post-oestrus hormonal therapies on conception rates and resubmission rates in lactating dairy cows. *Fertility in High-Producing Dairy Cow*, 26:195–208.

Moreira, F., Orlandi, C., Risco, C.A., Lopes, F., Mattos, R., Thatcher, W.W. (2001). Effects of presynchronization and bovine somatotropin on pregnancy rates to a timed artificial insemination protocol in lactating dairy cows. *Journal of Dairy Science*, 84:1646–1659.

Nebel, R.L., Whittier, W.D., Cassell, B.G., Britt, J.H. (1987). Comparison of on-farm and laboratory milk progesterone assays for identifying errors in detection of estrus and diagnosis of pregnancy. *Journal of Dairy Science*, 70:1471–1476.

Pierson, R.A., Ginther, O.J. (1984a). Ultrasonography of the bovine ovary. *Theriogenology*, 21:495–504.

Pierson, R.A., Ginther, O.J. (1984b). Ultrasonography for detection of pregnancy and study of embryonic development in heifers. *Theriogenology*, 22:225–233.

Pierson, R.A., Ginther, O.J. (1987). Ultrasonographic appearance of the bovine uterus during the estrous cycle. *Journal of the American Veterinary Medical Association*, 190:995–1001.

Pursley, J.R., Mee, M.O., Wiltbank, M.C. (1995). Synchronization of ovulation in dairy cows using PGF2a and GnRH. *Theriogenology*, 44:915–923.

Stevenson, J.S., Cartmill, J.A., Hensley, B.A., El-Zarkouny, S.Z. (2003). Conception rates of dairy cows following early not-pregnant diagnosis by ultrasonography and subsequent treatments with shortened Ovsynch protocol. *Theriogenology*, 60:475–483.

Xu, Z.Z., Burton, L.J., Macmillan, K.L. (1997). Reproductive performance of lactating dairy cows following estrus synchronization regimens with PGF2a and progesterone. *Theriogenology*, 47:687–701.

Zemjanis, R. (1962). *Diagnostic and Therapeutic Techniques in Animal Reproduction*, 1st ed., pp. 29–78. Baltimore, MD: Williams & Wilkins.

第10章

乳牛の繁殖成績に影響を及ぼす疾患

Carlos A. Risco and Pedro Melendez Retamal

要約

経済的見地から言うと，酪農場での繁殖プログラムの成功とは，分娩後の任意待機期間が終わる頃に，タイミングよく妊娠牛の数を増やすことを意味する。周産期疾患および泌乳期疾患は，健康状態に悪影響を及ぼしたり，発情周期の回復を遅らせたり，受胎率および胎子生存率を低下させたりすることによって，このプロセスに支障を来す。

本章では，泌乳期の乳牛の繁殖プロセスに影響を与える疾患で頻度の高いものについて検討する。

序文

泌乳牛の繁殖成績については，発情発見，交配，受胎および妊娠持続などによる一連のプロセスとしてみるべきである。経済的な見地から言うと，酪農場でのこのプロセスの成果は，分娩後の任意待機期間が終わる頃にタイミングよく妊娠牛の数を増やすことにある。泌乳期の間に起こる疾患は，発情周期，受胎および胎子の生存に影響することによって，繁殖成績に大きな打撃を与えることがある。

本章では，この一連のプロセスを形成する事象の中で，泌乳牛の繁殖成績に影響を与える疾患について検討する。

低カルシウム血症に関連する疾患

牛の血中総カルシウム値は約10mg/dL（イオン化カルシウム〜5.0mg/dL）である。乳牛の場合，分娩中とその後しばらくの間に低カルシウム血症になるのは避けられず，血漿カルシウム値が7.5mg/dL以下になるのが特徴である（Goff, 2000）。乳熱または産褥麻痺といわれる疾患は低カルシウム血症の臨床症状とみられており，罹患牛の血中カルシウム値の低下は著しい。乳熱に伴ってみられる症状は，神経筋肉の緊張に変調を来す。これは，筋力低下が進行することによって起こるもので，初期段階での振戦から弛緩性麻痺まで多様であるが，最終的には昏睡状態になる（Van Saun, 2007）。乳熱には異常分娩，胎盤停滞，子宮感染および乳房炎など，乳牛の繁殖力を低下させるような疾患が伴う（Grohnら，1990）。

低カルシウム血症では，第四胃および第一胃のように，平滑筋を含む臓器の機能は影響を受けるが，動物が不全麻痺を起こすことはない（Huberら，1981）。この状態は潜在性低カルシウム血症と呼ばれ，子宮脱（Riscoら，1984），胎盤停滞（Riscoら，1994；Meléndezら，2002），第四胃変位（Masseyら，1993）などのさまざまな周産期障害をもたらす。分娩前の乳牛にアニオン性食餌を与えた酪農場では，乳熱が重大な健康問題になることはないとみなすところまで，臨床的低カルシウム血症の発生を抑えることができた。これとは対照的に，潜在性低カルシウム血症は，産後の牛の健康を脅かす主要問題であり続ける，というのが著者らの見解である。Goff and Horst (1998) は，産後10日以内の牛の10〜50％が潜在性低カルシウム血症の状態にあったと報告した。乳熱の症状はみられなかったが，胎盤停滞および子宮脱のあった牛で，産後から7日間，低カルシウム血症が認められた（Riscoら，1994）。

分娩中に低カルシウム血症になることによって，血漿コルチゾール値が上昇する。このことは免疫抑制に大きく関与している。通常，牛では分娩過程の一部として，血漿コルチゾール値が3〜4倍に上昇する。しかし，潜在性低カルシウム血症の牛では，分娩当日に血漿コルチゾール値が5〜7倍になることがあり，

乳熱牛の分娩当日の血漿コルチゾール値は，分娩前の値よりも 10～15 倍高い値を示す可能性がある (Horst and Jorgensen, 1982)。免疫抑制は分娩の 1～2 週間前にはじまると報告されおり (Horst and Jorgensen, 1982；Kehrli ら，1998)，コルチゾールサージは分娩日に限定されていることから，コルチゾールは免疫抑制という面では，因果的役割というよりも，主要な寄与的役割を担っているといえる。

免疫細胞の反応は複雑である。一般的に，サイトカインのような化合物は免疫細胞表面にあるレセプターに結合し，それによって細胞内のカルシウム濃度が上昇しはじめる。このことが細胞内代謝に変化を与える第 2 メッセンジャーとなって細胞の免疫反応を開始させる。この反応に必要なカルシウムは，細胞内小胞体およびミトコンドリアから供給されている。低カルシウム血症になると，免疫細胞の活性が抑制されるようである (Kimura ら，2006)。低カルシウム血症であることの影響が細胞外液に及んでくると，免疫細胞の小胞体内のカルシウムも減少してくる。小胞体のカルシウム貯蔵量が不足するため，低カルシウム血症の牛では，活性刺激に対する免疫細胞の反応が弱まる。このような低カルシウム血症による免疫機能への影響は，胎盤停滞や乳房炎のような免疫介在性疾患に乳熱が随伴することの説明になり得る。

● 低カルシウム血症の治療

低カルシウム血症の場合，臨床症状の有無に関係なく，カルシウム治療を施すことによって血漿カルシウム値を正常値に戻し，それを維持するように仕向ける。乳熱の場合，死を避けるために，迅速にカルシウム剤を静脈内投与するのが定石である。胎盤停滞または食欲不振の牛は潜在性低カルシウム血症のリスクを持つが，このような牛では，カルシウム治療によって血中カルシウム値が回復し，カルシウム依存性臓器の機能が正常化するであろう。

ほとんどの市販の静脈注射用溶液には，塩化カルシウムに比べて腐食性の少ないグルコン酸カルシウム (Ca 含有量：9.3%) か，またはボログルコン酸カルシウム (Ca 含有量：8.3%) のいずれかが含まれている。いずれも溶解性がよく安定的な溶液である (Van Saun, 2007)。

低カルシウム血症の場合，カルシウムの補充として必要な量は約 10g である。ほとんどの市販のカルシウム溶液には，500ml 中にカルシウム 8.5～11.5g が含まれている。例えば，23% カルシウムグルコン酸溶液 500ml は，標準的な静脈内投与によってカルシウム 10.8g を供給することができるので，血漿カルシウム値を正常レベルに回復させることができる。

経口補充のための水溶性カルシウム塩は，潜在性低カルシウム血症の治療薬，および臨床的低カルシウム血症の症例でカルシウム治療後の再発を防ぐ目的で市販されている。経口カルシウム剤は，第一胃内および腸管内で，イオン化したカルシウムが強固な細胞接合を経て受動拡散していけるように開発されてきた。受動拡散は用量依存性であり，受動的に吸収させるためには，カルシウム 50～75g を投与する必要がある (Goff and Horst, 1993)。

経口カルシウム剤は，5～7 時間の間，カルシウムの血中濃度を上げた状態に維持する (Goff and Horst, 1993)。静脈内投与と経口カルシウム剤とを併用すると心臓毒性のリスクが高くなり，カルシウム恒常性の安定を遅らせてしまう危険性があるので注意が必要である。下記の化合物は，獣医師が一般的に使用している経口カルシウム剤である。

- 塩化カルシウム (Ca 含有量：36%) は，効果的であるが，代謝性アシドーシスを起こすことがあるため，アニオン性飼料を与えている牛に使用する場合は注意が必要である。また，この化合物は腐食性で，食道の組織を壊死させる可能性がある。
- プロピオン酸カルシウム (Ca 含有量：21%) は，(前者に比べて) 刺激性が少なく，代謝性アシドーシスを起こさず，グルコースの前駆物質であるプロピオン酸塩を供給するため，好んで使用される。プロピオン酸カルシウム 250～400g からカルシウム 54～75g が得られる。プロピオン酸カルシウム 510g を経口摂取することによって，Ca 100g が腸管から吸収される。この量は，23% グルコン酸カルシウム溶液 500ml の静脈内投与することと同じで，血液中にカルシウム 10.8g を供給することになる。

負のエネルギーバランスに関係する疾患

乳牛は，分娩前に食欲不振になり，分娩後は，脂肪の他に，蓄えていたタンパクをも動員する。その結果，多くの乳牛が負のエネルギーバランスになり，分娩後まもなく潜在性ケトーシスになる可能性がある。子宮の状態は悪化し，細菌感染しやすくなる。ホルスタイ

ンの場合，分娩間近のエネルギーバランスは，子宮の状態および発熱に関係している（Hammonら，2006）。

発熱（分娩後1〜10日）と子宮内膜炎（分娩から10日目の細胞検査）のみられる牛は，分娩前1週〜分娩後5週までの期間，乾物の摂取量が低下し，分娩前2週〜分娩後4週までケトーシスであった。分娩後に一定期間，ケトーシスであった牛では（それ以前より）好中球の機能が低下していた。この論文の著者らは，分娩前に負のエネルギーバランスになってから子宮感染が起こり，子宮感染は泌乳初期まで続くという結論に至った。

分娩後の繁殖機能は，卵巣の卵胞活動の再開，排卵，および妊娠を維持する機能を十分に備えた黄体の形成に分けられる。分娩後30日の間に1回以上発情を示した牛が，分娩後の最初の授精に対する妊娠率は，無排卵牛に比べて高かった（Thatcher and Wilcox，1973）。このことは，発情に伴う生理的およびホルモン的事象が子宮と卵巣の機能を回復させ，妊娠成立へと導くのに役立っていることを示している。

分娩後60日間，無排卵状態の牛の割合は20〜40%であるが，60%に及ぶこともある（Limaら，2009）。分娩後の負のエネルギーバランスの重篤度および期間は，乳牛の分娩後の卵巣活動および発情周期の回復に影響する因子として重要である。Butler（2000）は，負のエネルギーバランスが底値となってから，分娩後，最初に排卵が起こるまでの期間を10日とした。分娩直後のホルスタイン牛54頭を用いて，9週間にわたって泌乳初期のエネルギー状態が卵巣活動全体に及ぼす影響を調べた研究がある（Staplesら，1990）。

牛の28%（n＝15）は，分娩から9週間，無排卵（発情周期が認められなかった）のままであった。このような牛を，分娩後，発情周期の認められた2種類の牛群と比較した。2種類の牛群とは，分娩後40日以内に発情周期を回復した牛25頭からなるグループと，分娩後40〜63日に発情周期を回復した牛14頭からなるグループであった。発情周期の認められたのが遅かった（分娩後40〜63日）牛群および無排卵牛群では，1週目よりも2週目の方が負のエネルギー状態が強かったことから，負のエネルギー状態が亢進中であった。

このことは，特に，無排卵牛群で明らかであった。無排卵牛群による食餌の摂取状態は，発情周期の認められた牛群に比べて，常に遅れをとっていた。無排卵牛群の食餌の摂取量は産後1週目に少なかっただけでなく，時間の経過とともに，発情周期の認められた牛の食餌の摂取量との差はますます大きくなっていった。無排卵牛群の1日の食餌の摂取量は，発情周期の認められた牛群に比べ，平均で2.5〜3.6kg少なかった。早く排卵の認められた（40日以内に発情周期を回復した）牛群は，1週目が過ぎると正のエネルギー状態へ回復しはじめた。

この研究では，無排卵牛群の初期のエネルギーの不足は，受胎に持ち越し効果を及ぼした。最終的に，（9週間）無排卵牛群では33%（5/15）が妊娠したに過ぎなかったが，早く発情のあった牛群では84%（21/25），遅く発情した牛群では93%（13/14）が妊娠した。Santosら（2009）の研究は，分娩後65日目の時点で発情周期の認められていた乳牛の方が，最初に精液を注入してから30日後の時点で妊娠していた確率（41.1%対29.0%）も，58日後の時点で妊娠していた確率（35.8%対24.8%）も，65日目まで無排卵のままであった牛群に比べて有意に高かったことを報告し，先のStaplesらの研究（1990）の研究結果を裏付けるものとなった。

ボディコンディションスコア（BCS）

分娩後のボディコンディションスコア（BCS）は，負のエネルギーバランスの大きさと重篤度に関係するもので，体の備蓄状態，特に脂肪の貯蔵量を評価するために用いられる。乳牛の場合，0.25単位で増加させながら1〜5段階で評価することが推奨されている（Fergusonら，1994）。泌乳初期にBCSの低下する牛は大きく負のエネルギーバランス状態にあり，繁殖能をより低下させる傾向がある。

Domecqら（1997）は，ホルスタイン720頭で，乾乳期，泌乳初期にみられるBCSの変化と，初回授精による受胎との関係を調べた。この研究は，泌乳開始から1カ月の間にBCS1ポイントを失った牛は，そうでなかった牛（BCS1ポイントを失わなかった牛）よりも1.5倍受胎しにくくなるとみられ，初回受精で受胎するには，BCSが示すように，健康障害やその他にリスクファクターとして挙げられているものよりも，乾乳期および泌乳初期のエネルギーバランスの方が重要であるという結論に達した。

BCSの1〜5のスケールを用いて泌乳牛を低BCS群（BCS2.5以下）とコントロール群（BCS2.5以上）に分け，初回授精時の定時授精に対する妊娠率を比較した（Burkeら，1997）。授精から27日目の妊娠率は，コントロール群（33.83%±4.55）に対して低BCS群（18.11%±6.10）で，45日目の妊娠率は，コントロー

表10-1　ケトーシスに関する牛群リスクを評価するための代謝プロファイルおよび乳製品記録

プロファイルまたは記録	時期	牛の頭数	ケトーシスのリスク
遊離脂肪酸	分娩前（14日前～3日前）分娩後（30日以内）	牛12頭のうち2頭以上のサンプルで，分娩前0.4mEq/Lまたは分娩後0.7mEq/L。	あり
βヒドロキシ酪酸	分娩後初期	牛10頭または12頭からのサンプル12個のうち2個以上が14.5mg/dL以上（1400μmol/L以上）。	あり
乳脂肪分	テスト1日目	牛の20％以上に乳脂肪分の上昇がみられた（ホルスタイン5％，ジャージー6％）。	あり
牛乳中の脂肪/タンパク比	テスト1日目	牛の40％が1.33。	あり

遊離脂肪酸＝NEFA (nonesterified free fatty acids)，βヒドロキシ酪酸＝BHB (beta hydroxy butyrate)

ル群（25.64％±4.10）に対して低BCS群（11.14％±5.49）で，いずれも低BCS群の妊娠率の方が低かった。分娩後120日または365日の累積妊娠率は，いずれも低BCS群の方が低かった。

Thatcherら（1999）は，上記の結果を基に，低BCS群（2.5以下）の占める割合を変えたシナリオで，動的プログラミングモデルを用いて牛1頭ごとの年間の追加収入をドルで算出した。低ボディコンディションの牛が牛群に占める割合が10％である場合と，30％である場合とでは，妊娠が増えることによって牛1頭ごとの年間の純収入は$10.33増加した。

このデータは，試験が実施された商業用牛群にのみみられるものであるが，ボディコンディションに関して，さまざまな牛群管理シナリオでの相対コストを提供している。一般的に，乳牛のBCSは分娩時3.50～3.75で，分娩後60日の期間にBSCが1ポイント以上の損失がないことが推奨されている。

ケトーシスのリスクに関する牛群診断

移行期に入る牛の数と移行期から離脱する牛の数が変動しているという意味から，移行牛の管理は流動的で給餌に関するエラーが起こりやすく，分娩後に牛を潜在性ケトーシスに追いやってしまうことになりかねない。そのため，生産獣医療の観点から，酪農場では，分娩間近の牛がスムーズに泌乳期に移行しているかどうかを見きわめるために，定期的に，牛群のケトーシスに関するリスク評価をする必要がある。ケトーシスのリスクがある場合には，移行期の牛の給餌や管理作業を調査し，業務内容を修正していく。牛群がケトーシスになるリスクがあるかどうかの決定は，選択された代謝プロファイルおよび乳製品記録の評価を基に実施される。この評価方法はVan Saun（2007）によって概説されている（**表10-1**）。

●ケトーシス牛の治療（臨床的または潜在性）

ケトーシス治療の主な目的は，適正な飼料摂取状態を再構築することである。低血糖および高ケトン血症を治療する必要がある。ケトーシスに伴う疾患（子宮感染，第四胃変位，乳房炎）を識別し治療すること，および牛群レベルの誘因に対処することが必須条件となる。

グルコースまたはデキストロース

牛ケトーシスの治療目的でグルコースを含む製品が多数承認されている。50％デキストロース（グルコースの右旋性異性体）500mlを単回投与することでグルコース250gを供給することになるが，これがケトーシスの最も一般的な治療法である。しかし，一過性に高血糖状態になるため，約80％は尿に排出され（牛のグルコースの腎閾値は相対的に低く，110mg/dl），通常，血糖値は輸液投与から2時間後には投与前の値に戻る。

牛の場合，血糖値を維持するには50～70g/h，高品質牛乳を生産するには200g/hを投与する必要がある。そのため，50％デキストロース500ml投与によって供給されるグルコースの量は，1日の必要量のほんの一部に過ぎない。しかし，デキストロースまたはグルコースはいずれにしても，ケトーシスの有効な治療薬であり，糖新生およびケトン生成を抑制する。上記の製品を静脈内投与することによって牛に必要なグルコース値にするというよりは，一過性の高血糖を引き起こすことによってエネルギー代謝の正常パターンを再構築させると考えられる。

グルコース前駆物質

プロピレングリコール（PG）は，肝機能に問題がなければ代謝されるはずなので，治療薬として有用である。第一胃の運動性は，混合と吸収を助ける役割を果

たす。投与されたPGのうち少量は第一胃でプロピオン酸塩に変化するが，ほとんどはPGとして吸収されて肝臓でグルコースに代謝される。血中PG値は投与後30分以内に最高値になり，グルコース値が最も高くなるのは投与後4時間程度である。PGは250～400g×2回/日で，3日間まで投与可能である。高用量では食欲が低下し，さらに用量が高くなると毒性を示す（中毒量[TD]$_{50}$は2.6g/kgで，500kg以上の牛の場合，PG 1.2kg）。プロピオン酸カルシウムは510gの用量で用いるのが適切であるが，ケトーシスのある牛は低カルシウム血症にもなっている可能性があるので，おそらくこれよりも多い用量が指示される。

グリセロール（PGと同量）およびプロピオン酸ナトリウムもグルコース前駆物質として用いられるが，いずれもPGに比べると劣る。

グルココルチコイドは，牛では糖新生の誘起よりも，グルコース分布とその利用状態を変化させることによって，高血糖症を引き起こす。グルココルチコイドによって牛乳の生産量は少なくとも20%低下するが，これがこの薬物の主要な効果である。糖新生の活性化もある程度起こる（肝臓においてアミノ酸の動員およびグルコースへの変換）。また，グルココルチコイドは食欲を刺激する。グルココルチコイドの単回投与に明らかな免疫抑制効果があるとは考えにくいが，感染症が併発している牛では，慎重に投与するべきである。グルココルチコイドのケトーシス治療の用量としては10～20mg筋注が推奨されており，必要ならば24時間後に再投与する。

子宮感染

子宮疾患に罹る経済負担としては，不妊症，非妊娠による淘汰牛の増加，乳量の減少および治療費などがある。子宮炎1症例にかかる費用は約292ユーロと試算された（Drillichら，2001）。乳牛は，EUに2,414万6,000頭（Ataide Diasら，2007），米国に849万5,000頭いる（USDA ERS [United States Department of Agriculture Economic Research Service]，2009）。Sheldonら（2009）が子宮炎の発生率が20%であることを用いて年間の経済的損失を算出した結果，EUでは14.11億ユーロ，米国では6億5,000万ドルとなった。

乳牛の子宮感染に大きなリスクとなるのは胎盤停滞（Grohnら，1990）で，分娩後12～24時間の間に胎膜が出てこない場合に一般的にこの疾患と診断される。多くの酪農場では，胎盤停滞という診断が下された時点で治療をしないという選択をすることが日常的になってきた。宮阜側の胎膜は子宮小丘組織からはがれ，完全な排出が診断から数日以内に生じる。

しかし，胎盤停滞の牛に初期治療が施されなかった場合，子宮感染による全身症状を生じることもある。その結果，生産者は全身症状の発現に注意して胎盤停滞の牛を監視し，迅速に対処する必要がある。これとは反対に，全身症状がみられなくても，この疾患であると診断された牛に対して，初期の段階で抗生物質による治療を開始することが子宮感染およびその関連疾患から防御することになると主張する獣医師もいる。

全身的な抗菌剤療法の目的は胎膜の排出ではなく，子宮感染を防ぐことにある。難産や胎盤停滞，あるいはその両者に罹患した乳牛において，セフチオフル（ceftiofur）を全身投与した牛は，抗生物質による治療を施さなかった牛またはエストラジオールシピオネートで治療した牛に比較して，子宮炎の発症を70%抑えることができた（Risco and Hernandez，2003）。

分娩後1週間以内の子宮感染は，乳牛の40%にも及ぶ。臨床症状の牛群における比率は36～50%であったという報告がある（Markusfeld，1987；Zwaldら，2004）。また牛の21%までに，発熱のような全身症状がみられたという報告もある（Drillichら，2004）。獣医学分野の文献には，子宮感染によって乳量および繁殖能力が低下することが示唆されている報告および研究が多数ある。

しかし，このような報告には子宮感染のタイプは明らかにされておらず，外見上，正常にみえる牛から，生命を脅かす敗血症に罹患している牛まで，症状に幅のある複合疾患として分類されていた。また，子宮感染について述べる時，臨床所見および繁殖能への影響についての考慮がなされないまま，「子宮炎」や「子宮内膜炎」の用語が使われてきた。このように用語の定義が一致していなかったことによって，獣医師の間で，子宮感染の診断および治療に用いられる定義が不確かなものになっていった。

子宮感染の定義と臨床的特徴

● 子宮炎

子宮炎は，子宮内膜の粘膜，粘膜下織，筋層および漿膜に重篤な炎症が起こったものである。一般的に，分娩後1週～21日の間に起こり，難産，胎盤停滞，および分娩時の損傷に伴う。罹患牛は敗血症を起こすこともあるし，発熱，沈うつ，食欲不振および乳量の減

少を伴うこともある。さらに，大量の悪臭のする膣排出物がみられることもある。この疾患の重篤度は臨床症状によって分類されている（Sheldonら，2009）。

全身症状はないが，子宮が異常に拡張し，膿性の子宮排出物がある牛をグレード1とする。さらに，乳量の減少，遅鈍，および発熱（39.5℃以上）など，全身症状が加わった牛をグレード2とする。毒血症（食欲不振，冷たい四肢，沈うつ，または虚脱）の症状がみられた牛をグレード3に分類するが，この段階での予後は悪い。グレード2および3は臨床的子宮炎の範疇に入り，生命を脅かす疾患とみなされ，全身性抗生物質治療が適用される。

● 臨床的子宮内膜炎

この病変の特徴は，子宮角の異常な拡張はないが，分娩後21日以上経過しても，膣内に膿性滲出物（50％以上が膿汁）または粘液膿性滲出物（約50％膿汁，50％粘液）が存在することである（Sheldonら，2009）。臨床的子宮内膜炎を診断するためのこれらの基準は，分娩から妊娠までの期間の増加に伴う臨床症状との関連によって確立されてきた（Lelankら，2002）。

さらに，臨床的子宮内膜炎を診断するための直腸検査のたびに子宮角の大きさを測ることは，その後の繁殖成績を予測する上で，診断的な正確性を欠いていた。臨床的子宮内膜炎に罹患した牛では，黄体退行が起こらないようである。炎症反応によって子宮内膜上皮細胞から分泌されるプロスタグランジンFが，プロスタグランジンEに切り替わるため，黄体期が継続する（黄体遺残）（Herathら，2009）。

黄体遺残の影響でプロジェステロンが子宮を支配し続けるため，子宮の防御機構が抑えられ，牛は子宮蓄膿症になることもある（Hussain，1989）。

● 潜在性子宮内膜炎

潜在性子宮内膜炎は，「膣内に膿様物がないのに，繁殖成績の有意な低下を生じるような子宮内膜の炎症」と説明されてきた（Sheldonら，2009）。分娩後の子宮に存在する病原細菌には，主として好中球が反応するため，子宮腔内に多形核（PMN）細胞が増加する。細胞学的検査によって子宮腔内に存在するPMN細胞の割合が示される。分娩後20～30日間が経過しても臨床的子宮内膜炎がみられなかった場合，PMN細胞が，子宮腔洗浄液の細胞サンプルで5.5％以上，または細胞採取ブラシによって採取された子宮内膜細胞のサンプルで10％検出されたら潜在性子宮内膜炎と定義する（Kasimanickamら，2005）。

● 子宮感染症の治療および管理

子宮感染症の治療法については，獣医師の間で議論が続いている。理由としては，正確な診断基準が定まっていないということと，さまざまな治療方法の選択肢が厳密に比較された対照試験がないということが考えられる。子宮感染症の治療としては，抗生物質の子宮内投与，抗生物質の全身投与，支持療法およびホルモン療法を挙げることができる（Hussain and Daniel，1991）。

Trueperella（旧 *Arcanobacterium*）*pyogenes* による子宮炎または臨床的子宮内膜炎に罹患した分娩後の牛に子宮内投与を行う場合，オキシテトラサイクリンが推奨されてきた。しかし，牛の子宮から回収された *T. pyogenes* を分離した研究では，その菌がオキシテトラサイクリンに抵抗性を示し，オキシテトラサイクリンを子宮内に大量投与しても *T. pyogenes* の分離頻度に影響しなかったことを示している（Cohenら，1995）。

また，多くのテトラサイクリン製剤は刺激性を持っており，化学的子宮内膜炎を引き起こす。米国では，泌乳牛に抗生物質を子宮内投与することは承認されていないということも記しておく必要がある。抗生物質の子宮内投与は牛乳を汚染する可能性があり，適当な出荷停止期間が定められていない（Bishopら，1984）。

子宮炎に罹患した牛に対する非経口的投与方法として，さまざまな広域性抗生物質が推奨されてきた。ペニシリンまたはその合成類似体の1つが最もよく推奨されている（20,000～30,000 U/kg，1日2回）。オキシテトラサイクリンは，子宮腔内に存在する *T. pyogenes* に必要な最小発育阻止濃度に到達するのが難しいため，全身投与の選択肢に入れるには適していないと考えられる。セフチオフルは，子宮炎の原因菌となり得るグラム陽性菌およびグラム陰性菌に対して広域活性を持つ第3世代のセファロスポリンである（Chenaultら，2004）。また，セフチオフルは子宮の全層に到達すると報告されており，牛乳中に残留することはない。セフチオフルが1 mg/kg用量で分娩後の乳牛に皮下投与されると，セフチオフルおよびその活性代謝産物の濃度は，血漿，子宮および悪露において，子宮炎に関与している病原菌の報告されてきた最小発育阻止濃度を越えた（Schmitt and Berwerff，2000）。

分娩後に子宮炎に罹患した乳牛（直腸温39.2℃以上，弛緩した子宮，悪臭のある膣排出物）に，セフチ

オフル2.2mg/kg/日を5日間連続投与すると，プロカイン・ペニシリンG投与，またはプロカイン・ペニシリンG投与とオキシテトラサイクリンの子宮内注入とを併用した場合と同等の効果を得ることができた（Smithら，1998）。分娩から14日後の牛406頭を対照にした多地域試験で，セフチオフル2.2mg/kgを5日間連続投与したところ，子宮炎（直腸温39.5℃以上，悪臭のある膣排出物）の治療として有効であった（Chenaultら，2004）。

セフチオフルは，米国で子宮炎に罹患した泌乳牛への全身投与が承認されている。セフチオフル使用の利点としては，牛乳中に抗生物質が残留しないので，治療中の牛を病牛用のペンに移動させる必要がなく，牛に対して移動によるストレスを与えずに済むことと，その牛から分泌された牛乳を捨てずに済むことが挙げられる。

フルニキシンメグルミン（1.1～2.2mg/kg体重）などの非ステロイド系抗炎症薬は，発熱した時の治療薬として用いられている。また，子宮炎に罹患した牛は，カルシウムおよびエネルギーの状態に影響するような食欲不振に陥ることがある。そのため，カルシウムおよびエネルギーを補充する治療が適用となる可能性がある。

分娩後の子宮炎の予防または治療の目的で，さまざまなホルモンが投与されてきた。分娩後にプロスタグランジンを投与すると，子宮炎以外の周産期疾患に罹患していない乳牛の繁殖成績が上がる可能性があることが臨床試験で示された（Youngら，1986）。

これと同じように，難産，胎盤停滞，またはその両方に罹患し，分娩後早期にプロスタグランジンF_{2a}（PGF_{2a}）で治療され，その14日後に2度目のPGF_{2a}を受けた牛は，正常分娩または異常分娩を問わず，治療を受けなかった牛に比べて，分娩後の初回授精に対する受胎率が高かった（Riscoら，1994）。初産後に子宮炎に罹患してセフチオフルによる全身治療を受けた牛で，分娩後8日目にPGF_{2a}を8時間空けて2回投与したことにより，子宮修復が改善され，炎症産物の濃度が下がり，初回授精受胎率が向上した（Melendezら，2004）。

乳房炎

牛乳生産量の低下，牛の更新および治療費などの理由から，乳房炎は乳牛にとって経済的に重要な疾患である。また，臨床型乳房炎は，初回授精までの日数，空胎日数，受胎までの授精回数がいずれも増加するだけでなく，流産のリスクも上がるため，繁殖成績に影響する。乳牛において，臨床型乳房炎を起こすグラム陽性菌は，炎症伝達物質の放出を刺激して発熱を引き起こすことにより，胚死滅を招く（Barkerら，1998）。このような炎症伝達物質の作用には，黄体形成ホルモン（LH）の放出および卵胞刺激ホルモン（FSH）の活性に変化を与えることも含まれているため，卵母細胞の発育，発情周期および胚機能に変調を来す（Hansenら，2004）。

これとは対照的に，グラム陰性菌由来のエンドトキシン（リポポリサッカライド[LPS]）は，血清PGF_{2a}を増加させる（Giriら，1984，1990；Jacksonら，1990）ので，黄体退行作用によって牛の発情周期を変化させて流産を起こす（Gilbertら，1990）。

潜在性乳房炎は，少なくとも2回連続して採取された乳汁サンプルに同一病原体が存在すると規定されており，泌乳牛がこれに罹患すると繁殖成績は低下し，臨床型乳房炎の罹患牛の繁殖成績と同程度となった（Schrickら，2001）。また，線形体細胞数（LNSCC）が4.5以上の場合，胎子の生存に負の影響をもたらすと報告された（Mooreら，2005）。

Pinedoら（2009）は，チリの中央部から南部までの牛群で，泌乳初期のLNSCCが4.5以上と高値である場合の繁殖成績への影響を評価し，そのような牛には流産のリスクがあると推測した。

有意差の検定をした後，初回授精の前に，少なくとも1度は高LNSCC値を示したことのある牛では，対照群に比べて初回授精までの日数が21.8日長かった。受胎した授精の前に，少なくとも1度は高LNSCC値を示したことのある牛が受胎に要する日数は48.7日増加しており，受胎までの授精回数は，平均で0.49回多く必要であった。授精前の30日間に高LNSCCを示したことのある牛が初回授精で受胎する可能性は，この期間に高LNSCC値を示したことのない牛に比べて低かった。妊娠初期の90日間で高LNSCC値を示した牛の流産のリスクは高く，高LNSCCを示さなかった牛に対し，流産の可能性は1.22（1.07～1.35；95％信頼限界）倍であった。

上記の研究から，乳牛においては，臨床型乳房炎か潜在性乳房炎かに関係なく，乳房炎が繁殖成績に有意な影響を与えることは明らかである。そのため，繁殖成績を最大にしたいと期待するなら，酪農場で繁殖管理に携わる獣医師は乳房炎の予防体制を確立する必要がある。

胚死滅

　乳牛の胚死滅に影響する要因を評価した研究で，妊娠23日目の牛の39％が27日目までに胚死滅を起し，27日目または28日目の時点で妊娠していた牛の18％が35～41日目には妊娠していなかったことが示された（Mooreら，2005）。いずれの期間に起こった胚死滅においても最大のリスク要因となったのは，妊娠牛への授精，低プロジェステロン濃度および高LNSCC値（4.5以上）であった。その論文の著者らは，獣医師が下記の3つを実施することによって，胚死滅の防止に重要な役割を果たすことができるという結論に達した。

---
①発情発見の精度を上げることによって，間違って妊娠牛を発情中とみなして授精してしまうのを減らせるように，授精師に適切な訓練をする。
②乳房炎は繁殖にも損失をもたらすので，その発生を抑えるために，獣医師は生産者と一緒に作業を行う。
③分娩後の負のエネルギーバランスはプロジェステロン濃度に影響することがある。長期化を避けるため，BCSを監視して飼料を検討する。

　さらに，前記の胚死滅に関するリスク要因に加え，妊娠喪失を招く感染因子が酪農場に大きな経済的打撃を与え得ることを認識しておかなければならない。世界的に，繁殖損失をもたらす感染疾患の二大要因として，牛ウイルス性下痢ウイルス（BVDV）およびレプトスピラを挙げることができる。これらの疾患には不妊，早期胚死滅および流産が伴う。このような疾患によって起こる繁殖損失を防ぐには，繁殖プログラムにしっかりとしたワクチン接種プログラムを導入することが急務となっている。

跛行と繁殖成績

　跛行には疼痛症状が伴うため，跛行は動物福祉の面で関心を引く。また，跛行があると乳牛の繁殖成績は低下する。そのため，酪農場は，繁殖管理プログラムの一環として，予防的に削蹄による跛行予防対策を講じる必要がある。

　乳牛では，跛行によって分娩後の発情周期の回復が遅れ，分娩から受胎までの間隔が長くなる（Garbarinoら，2004）。跛行牛では，跛行が重篤な方が，軽度の牛に比べて受胎時期への影響を大きく受ける（Hernandezら，2007）。

　Bicalhoら（2007）は，泌乳開始後70日間の跛行スコア（1：正常，2：軽度な左右非対称性歩様あり，3：1肢以上を明らかにかばっている，4：重度の跛行，5：1肢以上で負重不能）に従って牛の繁殖成績を評価した。スコア3以上の跛行牛はスコア2以下の跛行牛に比べ，分娩後305日までの妊娠率が15％低かった。さらに，スコア3以上の跛行牛は，分娩から受胎までの間隔が149日間であったが，スコア2以下の跛行牛は119日間であった。また，跛行によって，牛は正常な行動にも変化を来たし，歩様が不安定になる。負重する意欲のない肢が1肢以上あると，発情行動が障害され，発情発見率が低下する。

　予防的な削蹄は重度跛行の発生を減らせるので有用であることが報告されている（Hernandezら，2007）。分娩後200日前後に足の病変の有無の検査を受けて予防的削蹄を受けた健康牛（18％）は，検査を受けず予防的削蹄がなされなかった牛（24％）に比べ，その後跛行と診断される率が低い傾向にあった。予防的削蹄を受けなかった牛は，この処置を受けた牛に比べ，1.25倍跛行になりやすい傾向があった。

文献

Ataide Dias, R., Mahon, G., Dore, G. (2007). European Union cattle population in December 2007 and production forecasts for 2008. *Eurostat 2008*. http://www.eds-destatis.de/de/downloads/sif/sf_08_049.pdf.

Barker, A.R., Schrick, F.N., Lewis, M.J., Dowlen, H.H., Oliver, S.P. (1998). Influence of clinical mastitis during early lactation on reproductive performance of Jersey cows. *Journal of Dairy Science*, 81:1285–1290.

Bicalho, R.C., Vokey, F., Erb, H.N., Guard, C.L. (2007). Visual locomotion scoring in the first seventy days in milk: impact on pregnancy and survival. *Journal of Dairy Science*, 90:4586–4591.

Bishop, J.R., Bodine, A.B., O'Dell, G.D. (1984). Retention data for antibiotics commonly used for bovine infusion. *Journal of Dairy Science*, 67:437.

Burke, J.M., Staples, C.R., Risco, C.A., De la Sota, R.L., Thatcher, W.W. (1997). Effect of ruminant grade menhaden fish meal on reproductive and productive performance of lactating dairy cows. *Journal of Dairy Science*, 80:3386–3398.

Butler, W.R. (2000). Nutritional interactions with reproductive performance in dairy cattle. *Animal Reproduction Science*, 60–61:449–457.

Chenault, J.R., McAllister, J.F., Chester, S.T. (2004). Efficacy of ceftiofur hydrochloride sterile suspension administered parenterally for the treatment of acute postpartum metritis. *Journal of the American Veterinary Medical Association*, 224(10):1634–1639.

Cohen, R.O., Bernstein, M., Ziv, G. (1995). Isolation and antimicrobial susceptibility of *Actinomyces pyogenes* recovered from the uterus of dairy cows with retained fetal membranes and postparturient endometritis. *Theriogenology*, 43:1389.

Domecq, J.J., Skidmore, A.L., Lloyd, J.W., Kaneene, J.B. (1997). Relationship between body condition scores and conception at first artificial insemination in a large dairy herd of high-yielding Holstein cows. *Journal of Dairy Science*, 80:101–108.

Drillich, M., Beetz, O., Pfutzner, A., Sabin, M., Sabin, H.J., Kutzer, P., Nattermann, H., Heuwieser, W. (2001). Evaluation of a systemic antibiotic treatment of toxic puerperal metritis in dairy cows. *Journal of Dairy Science*, 84:2010–2017.

Ferguson, J.O., Galligan, D.T., Thomsen, N. (1994). Principal descriptors of body condition score in Holstein cows. *Journal of Dairy Science*, 77:2695–2703.

Garbarino, E.J., Hernandez, J.A., Shearer, J.K., Risco, C.A., Thatcher, W.W. (2004). Effect of lameness on ovarian activity in postpartum Holstein cows. *Journal of Dairy Science*, 87:4123–4131.

Gilbert, R.O., Bosu, W.T.K., Peter, A.T. (1990). The effect of *Escherichia coli* endotoxin on luteal function in Holstein heifers. *Theriogenology*, 33:645–651.

Giri, S., Chen, N.Z., Carroll, E.J., Mueller, R., Schiedt, M.J., Panico, L. (1984). Role of prostaglandins in the pathogenesis of bovine mastitis induced by *Escherichia coli* endotoxin. *American Journal of Veterinary Research*, 45:586–591.

Giri, S.N., Emau, P., Cullor, J.S., Stabenfeldt, G.H., Bruss, M.L., Bondurant, R.H., et al. (1990). Effect of endotoxin on circulating levels of eicosanoids progesterone, cortisol, glucose and lactic acid, and abortion in pregnant cows. *Veterinary Microbiology*, 21:211–231.

Goff, J.P. (2000). Pathophysiology of calcium and phosphorus, disorders. *Veterinary Clinics of North America Food Animal Practice*, 16:319–337.

Goff, J.P., Horst, R.L. (1993). Oral administration of calcium salts for treatment of hypocalcemia in cattle. *Journal of Dairy Science*, 76:101–110.

Goff, J.P., Horst, R.L. (1998). Factors to concentrate on to prevent periparturient disease in the dairy cow with special emphasis on milk fever. In Proceedings: *31st Annual Convention Proceedings of the American Association of Bovine Practitioners*, pp. 154–163. Spokane, WA.

Grohn, Y.T., Erb, H.N., McCulloch, C.E., Saloniemi, H.S. (1990). Epidemiology of reproductive disorders in dairy cattle: associations among host characteristics, disease and production. *Preventive Veterinary Medicine*, 8:25–32.

Hammon, D.S., Evjen, I.M., Dhiman, T.R., Goff, J.P., Walters, J.L. (2006). Neutrophil function and energy status in Holstein cows with uterine health disorders. *Veterinary Immunology and Immunopathology*, 113:21–29.

Hansen, P.J., Soto, P., Natzke, R.P. (2004). Mastitis and fertility in cattle-possible involvement of inflammation or immune activation in embryonic mortality. *American Journal of Reproductive Immunology*, 51:294–301.

Herath, S., Lilly, S.T., Fischer, D.P., Williams, E.J., Dobson, H., Bryant, C.E., et al. (2009). Bacterial lipopolysaccharide induces an endocrine switch from prostaglandin F2a to prostaglandin E2 in bovine endometrium. *Endocrinology*, 150:1912–1920.

Hernandez, J.A., Garbarino, E.J., Shearer, J.K., Risco, C.A., Thatcher, W.W. (2007). Evaluation of the efficacy of prophylactic hoof health examination and trimming during midlactation in reducing the incidence of lameness during late lactation in dairy cows. *Journal of the American Veterinary Medical Association*, 230:89–93.

Horst, R.L., Jorgensen, N.A. (1982). Elevated plasma cortisol during induced and spontaneous hypocalcemia in ruminants. *Journal of Dairy Science*, 65:2332–2340.

Huber, T.L., Wilson, R.C., Stattelman, A.J., Goetsch, D.D. (1981). Effect of hypocalcemia on motility of the ruminant stomach. *American Journal of Veterinary Research*, 42:1488–1492.

Hussain, A.M. (1989). Bovine uterine defense mechanism a review. *Journal of Veterinary Medicine. Series B*, 36:641–648.

Hussain, A.M., Daniel, R.C.W. (1991). Bovine endometritis: a review. *Journal of Veterinary Medicine. Series A*, 38:641–652.

Jackson, J.A., Shuster, D.E., Silvia, W.J., Harmon, R.J. (1990). Physiological response to intramammary or intravenous treatment with endotoxin in lactating dairy cows. *Journal of Dairy Science*, 73:627–632.

Kasimanickam, R., Duffield, T.F., Foster, R.A., Gartley, C.J., Leslie, K.E., Walton, J.S., Johnson, W.H. (2005). The effect of a single administration of cephapirin or cloprostenol on the reproductive performance of dairy cows with subclinical endometritis. *Theriogenology*, 63:818–830.

Kehrli, M.E., Nonnecke, B.J., Roth, A. (1998). Alterations in bovine neutrophil function during the periparturient period. *American Journal of Veterinary Research*, 50:207–214.

Kimura, K., Reinhardt, T.A., Goff, J.P. (2006). Parturition and hypocalcemia blunts calcium signals in immune cells of dairy cattle. *Journal of Dairy Science*, 89:2588–2595.

LeBlanc, S.J., Duffield, T.F., Leslie, K.E., Bateman, K.G., Keefe, G.P., Walton, J.S., Johnson, W.H. (2002). Defining and diagnosing postpartum clinical endometritis and its impact on reproductive performance in dairy cows. *Journal of Dairy Science*, 85:2223–2236.

Lima, J., Rivera, F.A., Narciso, C.D., Olivera, R., Chebel, R.C., Santos, J.E.P. (2009). Effect of increasing amounts of supplemental progesterone in a timed artificial insemination protocol on fertility of lactating dairy cows. *Journal of Dairy Science*, 92(11): 5436–5446.

Markusfeld, O. (1987). Periparturient traits in seven high dairy herds. Incidence rates, association with parity, and interrelationships among traits. *Journal of Dairy Science*, 70:158–166.

Massey, C.D., Wang, C., Donovan, G.A. (1993). Hypocalcemia at parturition as a risk factor for left displacement of the abomasum in dairy cows. *Journal of the American Veterinary Medical Association*, 203:852–853.

Meléndez, P., Donovan, A., Risco, C.A., Hall, B.A., Littell, R., Goff, J. (2002). Metabolic responses of Transition cows fed anionic salts and supplemented at calving with calcium and energy. *Journal of Dairy Science*, 85:1085–1092.

Melendez, P., McHale, J., Bartolome, J., Archbald, L. (2004). Uterine involution and fertility of Holstein cows subsequent to early PGF2a treatment for acute puerperal metritis. *Journal of Dairy Science*, 87:3238–3246.

Moore, D.A., Cullor, J.S., Bondurant, R.H., Sischo, W.M. (1991). Preliminary field evidence for the association of clinical mastitis with altered interestrus intervals in dairy cattle. *Theriogenology*, 36:257–265.

Moore, D.A., Overton, M.W., Chebel, R.C., Truscott, M.L., BonDurant, R.H. (2005). Evaluation of factors that affect embryonic loss in dairy cattle. *Journal of the American Veterinary Medical Association*, 226:1112–1118.

Pinedo, P.J., Melendez, P., Villagomez-Cortez, J.A., Risco, C.A. (2009). Effect of high somatic cell counts on reproductive performance of Chilean dairy cattle. *Journal of Dairy Science*, 92:1575–1580.

Risco, C.A., Hernandez, J. (2003). Comparison of ceftiofur hydrochloride and estradiol cypionate for metritis prevention and reproductive performance in dairy cows affected with retained fetal membranes. *Theriogenology*, 60:47–58.

Risco, C.A., Reynolds, J.P., Hird, D. (1984). Uterine prolapse and hypocalcemia in dairy cows. *Journal of the Veterinary Medical Association*, 185:1517–1521.

Risco, C.A., Drost, M., Thatcher, W.W. (1994). Effects of retained fetal membranes, milk fever, uterine prolapse or pyometra on postpartum uterine and ovarian activity in dairy cows. *Theriogenology*, 42: 183–190.

Risco, C.A., Donovan, G.A., Hernandez, J. (1999). Clinical mastitis associated with abortion in dairy cows. *Journal of Dairy Science*, 82:1684–1689.

Santos, J.E., Rutigliano, H.M., Sá Filho, M.F. (2009). Risk factors for resumption of postpartum estrous cycles and embryonic survival in lactating dairy cows. *Animal Reproduction Science*, 110:207–221.

Santos, J.E.P., Cerri, R.L.A., Ballaou, M.A., Higginbotham, G.E., Kirk, J.H. (2004). Effect of timing of first clinical mastitis occurrence on lactational and reproductive performance on Holstein dairy cows. *Animal Reproduction Science*, 80:31–45.

Schmitt, E.J., Bergwerff, A.A. (2000). Concentration of potentially active ceftiofur residues in plasma, uterine tissues and uterine secretions after post-partum administration of ceftiofur hydrochloride in lactating dairy cows. Kalamazoo, MI: Pharmacia Animal Health, Technology Notes, 2000.

Schrick, F.N., Hockett, M.E., Saxton, A.M., Lewis, M.J., Dowlen, H.H., Oliver, S.P. (2001). Influence of subclinical mastitis during early lactation on reproductive parameters. *Journal of Dairy Science*, 84:1407–1412.

Sheldon, I.M., Cronin, J., Goetze, L., Donofrio, G., Schuberth, H.-J. (2009). Defining postpartum uterine disease and the mechanism of infection and immunity in the female reproductive tract in cattle. *Biology of Reproduction*, 81:1025–1032.

Smith, B.I., Donovan, G.A., Risco, C.A., Littell, R., Young, C., Stanker, L.H., et al. (1998). Comparison of various antibiotic treatments for cows diagnosed with toxic puerperal metritis. *Journal of Dairy Science*, 81:1555–1562.

Staples, C.R., Thatcher, W.W., Clark, J.H. (1990). Relationship between ovarian activity and energy status during the early postpartum period of high producing dairy cows. *Journal of Dairy Science*, 73:938.

Thatcher, W.W., Wilcox, C.J. (1973). Postpartum estrus as an indicator of reproductive status in the dairy cow. *Journal of Dairy Science*, 56:608–612.

Thatcher, W.W., Staples, C.R., Van Horn, H.H., Risco, C.A. (1999). Reproductive and energy status interrelationships that influence reproductive-nutritional management of the postpartum lactating dairy cow. In Proceedings: *Proceedings of the 1999 S.W. Nutritional Conference*, Phoenix, AZ. February 27–28, 1999.

USDA ERA (United States Department of Agriculture Economic Research Service). (2009). United States Dairy Situation at a Glance. USDA ERS. www.ers.usda.gov/publications/ldp/xlstables/DairyGLANCE.xls.

Van Saun, R.J. (2007). Metabolic and nutritional diseases of the puerperal period. In: *Large Animal Theriogenology*, ed. R.S. Youngquist and W.R. Threlfall, 355–378. St. Louis, MO: Saunders.

Young, I.M., Anderson, D.B. (1986). Improved reproductive performance from dairy cows treated with dinoprost tromethamine soon after calving. *Theriogenology*, 26:199.

Zwald, N.R., Weigel, K.A., Chang, Y.M., Welpe, R.R.D., Clay, J.S. (2004). Genetic selection for health traits using producer-recorded data: I. Incidence rates, heritability estimates, and sire breeding values. *Journal of Dairy Science*, 87:4287–4294.

第11章

感染性生殖器疾患

Victor S. Cortese

要約

　妊娠中の牛の生殖器には多層性（上皮絨毛性）胎盤が備わり，胎子は無防備な環境の中で感染しやすい状態に置かれるため，感染因子によって起こる疾患を防御するのは非常に難しい。胎盤の感染，卵巣の炎症，胎子の死亡および子宮頸管栓の破壊によって，流産が起こる可能性がある。感染性生殖器疾患に対してワクチンを接種する場合には，ウイルス血症または敗血症の程度と期間を最小限に抑え，感染因子に子宮頸を通過させないことが鍵になる。

　本章では，生殖器疾患の感染要因の中で頻度の高いものを取り上げる。

序文

　妊娠中，多層性（上皮絨毛性）胎盤を備えた牛の生殖器は，感染を受けやすい無防備な状態に胎子を置いている。胎盤の感染，卵巣の炎症，胎子の死亡および子宮頸管栓の破壊によって，流産が起こる可能性がある。そのため，感染性の生殖器疾患は最も防御しにくい。ワクチン接種は，ウイルス血症または敗血症の程度と期間を最小限に抑え，子宮頸からの疾病の移行を阻止するようにしなければならない。

　感染性生殖器疾患およびワクチンによるそれらの予防は，生殖器疾患の防止に有用なワクチン接種計画の確立につながる，積極的な研究分野である。しかし，現時点では，生殖器疾患の防止に使われている多くのワクチンの繁殖効率に関する研究は皆無に近い。繁殖障害には数多くの原因がある（感染因子の比率は小さい）ため，感染による繁殖損失を防ぐためのワクチン接種は効率的とはいえないようである。これはしばしば，診断検査が実施されなかったり，繁殖障害の原因が確定されなかったことによる。原因が感染によるものでない時にワクチン接種プログラムが不適切に実施されたり，または現行のワクチン接種計画が有効でないという不当な見方をされることもある。

　本章では感染性生殖器疾患の一般的な原因を取り上げる。

繁殖研究が実施された感染性疾患

●牛ウイルス性下痢ウイルス（BVDV）

　BVDVは，幼牛でよくみられるウイルスの中で最も致死性が高いウイルスである。また，BVDVは，北米はもちろん，それ以外の地域にも広く存在するウイルスで，経済面で重要度の高い牛病原ウイルスである（Cortese，1991；Thielら，1996；Houe，1999）。

　成牛でよくみられるように，感染してもまったく症状を顕さない場合もあるが，粘膜病のように重篤な症状を引き起こすこともある（Bolin，1990；Bolin and Ridpath，1992）。

　上記の感染には常に免疫抑制が伴う。疾患の重篤度と免疫抑制の重篤度は，いずれも牛に感染しているウイルス株に関係しているようである（Bolin，1992；Bolin and Ridpath，1992；Thielら，1996；Houe，1999）。ほとんどの感染症例では，感染動物が免疫抑制状態になっている間に別の病原体に曝露されることがなければ回復するが，別の病原体が存在していれば，致死率および罹患率が急上昇する可能性がある（Cravens and Bechtol，1991；Donis，1995；Thielら，1996；Pollreiszら，1997；Pennyら，2004；Daly and Neiger，2008）。

BVDVの分類

　BVDVの生物型には細胞変性型と非細胞変性型の

2種類がある．非細胞変性型の方が一般的であり，培養細胞で細胞毒性を示さないのが特徴である．一方，細胞毒性型はまれにしかみられず，感受性細胞で培養すると細胞死を引き起こす．通常，細胞毒性型は，粘膜病の症状を示している牛の組織から非細胞毒性型 BVDV とともに分離される．BVDV のゲノムはプラス鎖 RNA の一本鎖である（Hollandら，1982；Domingoら，1998）．

BVDV は他の RNA ウイルスと同様に急速に突然変異を引き起こすため，多数の BVDV 株が存在する．遺伝的に安定した BVDV 変異株は遺伝子型（遺伝的に類似したウイルスの主要なグループとして1型および2型）に分類され，さらに細かい遺伝子グループに分けられることもある（遺伝子型の中で遺伝子的に関連性のあるウイルスの亜型として1a, 1b, 2a および2b；Pellerinら，1994；Ridpathら，1994；Becherら，1997；Vilčekら，2001）．2型対1型という表記はウイルスの毒性を示しているわけではない．ウイルス株がどちらの遺伝子型に分類されたとしても，重篤な死亡による損失が起こり得る．グループに特異的疾患として挙げることができるのは血小板減少のみで，数種類のタイプの株にしかみられない．

BVDV による生殖器症候群

細胞毒性ウイルス株によって起こる生殖器症候群と非細胞毒性株によって起こる生殖器系症候群の違いを把握しておくことは，それが牛群で何を意味するかという点で，重要である．BVDV に免疫のない妊娠牛では，細胞毒性ウイルス株と非細胞毒性ウイルス株はそれぞれ違った反応を示す．非細胞毒性ウイルス株は，生殖器系に対して細胞毒性ウイルス株よりもはるかに高い親和性を示す傾向がある．

BVDV に対して免疫のない牛が，妊娠初期に非細胞毒性ウイルス株に暴露されると，早期胚死滅，流産，ミイラ変性または持続感染（PI）子牛が起こり得る．妊娠中期に暴露されると，主に神経組織の関係した先天異常がみられたり，時には持続感染になる．妊娠後期に感染すると，通常，胎子への影響はみられず，子牛は BVD に対する抗体をもって出生する．まれに大量感染によって妊娠末期流産が起こる．

●牛ヘルペスウイルスタイプ1（BHV-1）

感染性牛鼻気管炎は「レッドノーズ（赤鼻）」とも呼ばれており，感染牛の呼吸器，眼および生殖器からの分泌物を介して容易に伝播する．ウイルスは被感染牛の三叉神経節に潜伏感染した状態で留まる．BHV-1 に感染した牛は重篤な呼吸器感染症を引き起こし，5～10％が死亡する．BHV-1 に暴露されることによって流産が起こることはよく知られている．BHV-1 の野外暴露があると，25～50％の牛が流産することがある（Miller, 1991）．

BHV-1 による流産の多くは妊娠後期にみられるが，どの妊娠期にも起こり得る．胎子の排出は，ウイルスに暴露されてから100日程度まで遅れる可能性がある．哺乳期の肉用子牛が BHV-1 に暴露された後，または BHV-1 の修正生ワクチンを接種された後で，BHV-1 に免疫のない母牛の元に戻された時，IBR 流産が起こった（Kellingら，1973）．しかし母牛が適切に BHV-1 に免疫されていた場合には，この問題を心配する必要はない．だが，暴露を受ける頻度が多くなると，卵巣組織に BHV-1 の影響が現れ，受胎障害もみられるようになる．BHV-1 に感受性のある雌牛が，交配の3～4日前または交配14日後に BHV-1 に暴露された場合，妊娠率は約30％低下した（Bruner, 1979；Miller and Van Der Maaten, 1984；Chiangら，1990）．

このメカニズムには卵胞壊死（Hollandら，1982；Millerら，1989）と発育黄体の退行をもたらす感染が関係していると考えられる（Miller and Van Der Maaten, 1986）．ウイルスは卵胞を壊死させることによって一時的不妊を引き起こしている可能性がある．この後の発情周期では，受胎率が30～50％低下したことが明らかとなった．受胎率の低下は BHV-1 の修正生ワクチンの接種によっても起こる可能性がある（Millerら，1989；Chiangら，1990）．それ以前にワクチンを接種されていた未経産牛では，卵巣の変化は認められなかったことも示された（Spire and Edwards, 1995；Bolton and Brister, 2007）．

また，このウイルスは生殖器疾患（感染性膿疱性陰門腟炎）を起こすことによって受胎障害を生じることもある．陰門と腟に膿疱性病変および壊死性病変がみられ，雄牛では亀頭包皮炎がみられることもある．雌牛の感染期には粘液膿性排出物がみられることもある．ウイルスは，主に，感染種雄牛によって伝播されるが，時には牛の臭い嗅ぎ癖が伝播の担い手となる．

●レプトスピラ症

通常，流産と関係しているが，*Leptospira interrogans* および *Leptospira borgpetersenii* はまた，重篤な肝疾患や腎疾患，血管炎の原因となり，状況によっては乳

房炎の多発を招く。6種のレプトスピラ菌が，牛の臨床疾患，繁殖障害および流産に主に関与していることが分かっているが，病原株であればどれも偶発感染によって対応疾患を引き起こす可能性を持っている。それらは，*L. interrogans* serovar hardjo-prajitno，*L. borgpetersenii* serovar hardjo（以前は *Leptospira interrogans* serovar hardjo-bovis），*L.interrogans* serovar pomona，*Leptospira kirschneri* serovar grippotyphosa，および *L. interrogans serovar icterhaemorrhagiae* である。*L. borgpetersenii* serovar hardjo-bovis と *L. interogans* serovar hardjo-prajitno は，牛が維持宿主となっている血清型で，牛のレプトスピラ感染の大半を占めている（White ら，1982；Ellis and Thiermann，1986）。*L. interrogans* serovar pomona は，豚やその他の哺乳動物で維持されており，牛で診断されるレプトスピラ症の原因菌としては2番目に多い。牛のレプトスピラ症は人獣共通感染症であることが明らかになった。

上記のレプトスピラ菌は，短期間で多数の牛に流産させる「流産ストーム」を引き起こすことがある。死産および未熟子・虚弱子出生の発生頻度が高くなる可能性もある。serovar pomona は妊娠後期に流産を起こす傾向があるが，2つの serovar hardjo は，どの妊娠期にも流産を起こす可能性がある。通常，流産は胎子が感染後に死亡することによって起こる。また，*L. borgpetersenii* serovar hardjo-bovis は，主に，受胎障害または早期胚死滅の症例で認められてきた（Dhaliwal ら，1996）。この菌は，卵管で増殖することができるので受胎率を低下させる。牛はレプトスピラ菌に感染後は持続感染の状態になり，長期間にわたってスピロヘーターを排出する可能性がある（Ellis and Thiermann，1986；Bolin，1992；Ellis，1994）。可能なら，生殖器攻撃試験を経たレプトスピラワクチンでワクチン接種するのが望ましい。

● ブルセラ症

生殖器疾患のコントロールにおいて，ブルセラ菌のワクチンは，ワクチン接種の有効性を最もよく示してきた。北米の多くの地域で *Brucella abortus* のコントロールと撲滅に成功したことは，プログラムに用いられた検査や選択が有効であったことを示すもので，ワクチン接種によって生殖器疾患をコントロールすることは可能である（Nicoletti，1986）。ブルセラ菌の19株またはRB51株のいずれかによるワクチンの接種が有効であることが明らかになったが，複数の州でブルセラ菌はいないと宣言されたため，多くの牛群でワクチン接種は中止された。

B. abortus による流産は，通常，妊娠5カ月以降に起こる。胎盤停滞になり，通常，子宮筋炎が後に続く。流産は重篤な胎盤炎によって起こる。また，ブルセラ菌感染によって受胎率が低下し，受胎に至るまでの交配回数が増加する。感染牛群では死産および虚弱子牛が増えることも明らかになってきた。雄牛では，精巣炎や精嚢炎が *B. abortus* 感染の特徴と言える（Nicoletti，1986）。

未経産牛に限ってはブルセラ症に対するワクチン接種をすることがある。承認されている *B. abortus* のワクチンは2つとも修正生ワクチンで，雄牛に接種した場合には精巣炎を起こすことがある（Lambert ら，1964）。19菌株のワクチンを用いる場合，法的には4～12カ月齢の未経産牛に限定されているが，理由としては，それ以上の月齢の牛に19株菌のワクチンを接種すると，ルーチンで実施されるブルセラ菌のスクリーニングテストで偽陽性になる可能性があることが挙げられる。19菌株のワクチンは，敗血症，臨床疾患，場合によっては死を招くこともあるので，病気の牛，不健康な牛，またはストレスのある牛に対しては，接種を避ける必要がある（Roberts ら，1962）。RB51株は *B. abortus* 2308株のO抗原欠損変異株で，この株をワクチンに用いることには3つの大きな利点がある（Confer ら，1985）。

①このワクチンによって産生される抗体は，ルーチンでブルセラ感染の診断に用いられる血清学的検査で陽性反応を示さない。
②特殊な事情で米国農務省の承認を取得した場合には，成牛に低容量で接種することができる。
③従来より用いられてきた19株に比べ，ワクチン接種後の発熱やストレスが少ない傾向にある。

ブルセラ菌のワクチン接種によって得られる長期免疫は細胞性免疫によるものである。子牛の時期にワクチンを接種しても，将来的に *B. abortus* の感染から群を守ることはできない。しかし，検査で陽性反応を示す牛をみつけて殺処分していくと，流産についてはほぼ回避することができるし，群にいる牛の65～75％を感染から守ることができる。

上記のように，*B. abortus* のコントロールプログラムにはワクチン接種および検査を組み入れ，検査で陽性となった牛はすべて殺処分するべきである。

●トリコモナス症

牛トリコモナス症は，原虫 Trichomonas fetus によって起こされる生殖器感染症である。感染初期に5％の牛に子宮蓄膿症を伴う流産がみられる。このような流産は妊娠初期に起こる。しかし，最もよくみられる症状は不妊症で，交配間隔が長くなる。早期胚死滅が起こると，その後に受胎障害の時期が続く。感染後，自然抵抗力を得るが，キャリアとなった牛はこの疾患の疫学に重要な役割を持つ。まれに，子宮損傷のために感染後に不妊症になることもある。トリコモナス原虫のワクチンの有効性は不確かで，せいぜい60％程度とみられている（Dawson, 1986）。

●牛生殖器カンピロバクター症

Campylobacter fetus subspecies venerialis は，以前はビブリオ菌属に分類されていた菌で，牛に生殖器感染を起こす。本菌は，感染した雄牛との自然交配，または感染した精液を用いた人工授精によって体内に入る。通常，雄牛は感染雌牛との交配によって感染するが，菌に汚染された牛床によって接触感染する場合もある。

高齢種牛（4歳以上）はより感染を受けやすい。カンピロバクター菌が膣に蓄積すると，膣および子宮頸で急速にコロニーを形成する。25％の牛で，卵管にも菌が認められるだろう。上記の部位では，感染後数カ月間にわたって菌が存在し続ける可能性がある（Hoerlein and Carroll, 1970）。

牛カンピロバクター感染牛に最も多い症状は，早期胚死滅と長発情周期である。また，早期流産もみられる。このような症状は未経産牛に圧倒的に多く，感染後4～6カ月で免疫ができる。感染牛の中には不妊症になって回復しないものもあり，卵管炎の後，損傷のために永久的な不妊症となることもある（DeKeyser, 1986；Hoerlein, 1986）。

未経産牛の膣粘液の培養検査でカンピロバクター菌が検出された場合でも，ワクチン接種によって感染から守ることができることが明らかになった（Hoerlein and Carroll, 1970）。これはワクチン接種によって，カンピロバクター菌に対する子宮の抵抗性が非常に強化されることによるものと思われる。ワクチンを接種した牛群では，繁殖効率が改善したという研究結果が示された（Berg and Firehammer, 1978）。また，ワクチンの2回接種は，キャリア雄牛から菌を排除するのに有効であることも示された（Bouters ら, 1973；Clark ら, 1975）。

ワクチンの有効性試験データがない生殖器疾患

●ネオスポラ症

牛の *Neospora caninum* による流産は比較的よくみられるもので，経済的見地からの重要性が高い。犬科の動物が終宿主であり（McAllister ら, 1998；Gondim ら, 2004），中間宿主を犬が食べた後，糞便中に卵を排泄する（Gondim ら, 2002）。他の野生動物介在の役割は明らかでない（Gondim, 2006）。

通常，妊娠中期に起こる流産，先天異常および早期胚死滅は，すべてネオスポラ感染によるものであった。感染母牛はその子牛に感染を移行させることがあるが，これまでに牛から牛への水平感染の報告はない。ネオスポラによって流産した後も感染に対する免疫ができるわけではなく，流産をくり返すことが多い（Dubey ら, 2006）。ネオスポラに関連した問題が高頻度で発生する牛群では，免疫抑制状態が内在している可能性がある。

●サルモネラ症

牛の流産胎子から，多種類のサルモネラ菌株が分離されてきた。流産は胎盤炎，内毒素誘発性黄体退行または胎子死によって起こる（Hall and Jones, 1977；East, 1983；Hinton, 1986）。早期胚死滅，流産，死産，および新生子敗血症はすべてサルモネラ感染によるものであった。母牛は流産を起こす前に下痢になることがあり，しばしば妊娠後期の流産に続いて胎盤停滞がみられるが，無症状のままであることも多い。通常，胎子の排出は，母牛の感染から1～4週間の間に起こる。

通常，サルモネラ菌感染は菌に汚染された飼料または水を摂取することによって起こる。感染牛が短期間，菌を排出する場合もあるが，宿主適合株である *Salmonella dublin* では，生涯を通じて無症状のキャリアであり続ける牛がみられるほか，長期間にわたって宿主非適合血清型の菌のキャリアになっている牛も確認されている（通常は腸管型）。母牛が敗血症になった場合には，子宮などの多くの組織に限局性の感染病巣が認められる。子宮小丘の壊死や胎子敗血症が起こることもある。もし内毒素がプロスタグランジン放出による流産の原因であれば，培養検査で胎子からはサルモネラ菌が検出されないことが多い。牛の流産胎子から分離される血清型の中で最も多いのは *Salmonella dublin* および *Salmonella typhimurium* である。

●ソムナス症（Histophilus somnis）

　Haemophilus somnus は，最近，*Histophilus somni* に改名された。本書では新しい呼称を用いることにする。*Histophilus somni* は，牛に血栓性髄膜脳炎（TME），敗血症および繁殖障害を引き起こす。また，ほとんどの疫学的調査で，肺炎に罹患した肉牛から分離される細菌の中で3番目に多い菌である。*H. somnis* は，正常な妊娠中の牛と同様に，妊娠初期に流産した牛の生殖器から分離される。*H. somni* は牛膣内の常在菌と考えられている。

文献

Becher, P., Orlich, M., Shannon, M. (1997). Phylogenetic analysis of pestiviruses from domestic and wild ruminants. *Journal of General Virology*, 78:1357–1366.

Berg, R.L., Firehammer, B.D. (1978). Effect of interval between booster vaccination and time of breeding on protection against campylobacteriosis (vibriosis) in cattle. *Journal of the American Veterinary Medical Association*, 173:467–471.

Bolin, S.R. (1990). The current understanding about pathogenesis and clinical forms of BVD. *Veterinary Medicine*, October:1124–1149.

Bolin, C.A. (1992). *Leptospira interrogans* serovar *hardjo* infection of cattle. *The Bovine Practitioner*, 24:12–14.

Bolin, S.R., Ridpath, J.F. (1992). Differences in virulence between two noncytopathic bovine viral diarrhea viruses in calves. *American Journal of Veterinary Research*, 53(11):2157–2162.

Bolton, M., Brister, D. (2007). Reproductive safety of vaccination with Vista 5 L5 SQ near breeding time as determined by the effect on conception rates. *Veterinary Theraputics*, 8(3):177–182.

Bouters, R., Dekeyser, J., Vandeplassche, M. (1973). Vibrio fetus infection in bulls: curative and preventive vaccination. *British Veterinary Journal*, 129:52–57.

Bruner, D.W. (1979). The effect of artificial insemination with semen contaminated with IBR-IPV virus. *The Cornell Veterinarian*, LVII(1): 1–11.

Chiang, B.C., Smith, P.C., Nusbaum, K.E. (1990). The effect of infectious bovine rhinotracheitis vaccine on reproductive efficiency in cattle vaccinated during estrus. *Theriogenology*, 33:1113–1120.

Clark, B.L., Dufty, J.H., Monsbourgh, M.J. (1975). A dual vaccine for immunization of bulls against vibriosis. *Australian Journal of Veterinary Research*, 51:531–532.

Confer, A.W., Hall, S.M., Faulkner, B.H. (1985). Effect of challenge dose on the clinical and immune responses of cattle vaccinated with reduced doses of *Brucella abortus* strain 19. *Veterinary Microbiology*, 10:561–575.

Cortese, V.S. (1991). The prevalence of bovine virus diarrhea and bovine respiratory syncytial virus in Mexico. *The Bovine Practitioner*, 24:22–34.

Cravens, R.L., Bechtol, D. (1991). Clinical responses of feeder calves under a direct IBR and BVD challenge: a comparison of two vaccines and a negative control. *The Bovine Practitioner*, 26:154–158.

Daly, R.F., Neiger, R.D. (2008). Outbreak of *Salmonella enterica* serotype Newport in a beef cow-calf herd associated with exposure to bovine viral diarrhea virus. *Journal of the American Veterinary Medical Association*, 233(4): 618–623.

Dawson, L.J. (1986). Diagnosis, prevention and control of campylobacteriosis and trichomoniasis. *The Bovine Practitioner*, 21:180–183.

DeKeyser, P.J. (1986). Bovine genital campylobacteriosis. In: *Current Theriogenology*, 2nd ed., ed. D.A. Morrow, 263–266. London: W.B. Saunders.

Dhaliwal, G.S., Murray, R.D., Ellis, W.A. (1996). Reproductive performance of dairy herds infected with *Leptospira interrogans* serovar *hardjo* relative to the year of diagnosis. *The Veterinary Record*, 138:272–276.

Domingo, E., Baranowski, E., Ruiz-Jarabo, C. (1998). Quasispecies structure and persistence of RNA viruses. *Emerging Infectious Diseases*, 4:521–527.

Donis, R.O. (1995). Molecular biology of bovine viral diarrhea virus and its interactions with the host. *Veterinary Clinics of North America Food Animal Practitioner*, 11:393–423.

Dubey, J.P., Buxton, D., Wouda, W. (2006). Pathogenesis of bovine neosporosis. *Journal of Comparative Pathology*, 134:267–278.

East, N.E. (1983). Pregnancy toxemia, abortions, and periparturient disease. *Veterinary Clinic North American Large Animal Practitioner*, 5:607–612.

Ellis, W.A. (1994). Leptospirosis as a cause of reproductive failure. *Veterinary Clinics of North America*, 10(3): 463–478.

Ellis, W.A., Thiermann, A.B. (1986). Isolation of *Leptospira* from the genital tract of Iowa cows at slaughter. *American Journal of Veterinary Research*, 47:1649–1696.

Gondim, L.F. (2006). *Neospora caninum* in wildlife. *Trends in Parasitology*, 22:247–258.

Gondim, L.F., Gao, L., McAllister, M.M. (2002). Improved production of *Neospora caninum* oocysts, cyclical oral transmission between dogs and cattle, and in vitro isolation from oocysts. *Journal of Parasitology*, 88:1159–1167.

Gondim, L.F., McAllister, M.M., Pitt, W.C., Zemlicka, D.E. (2004). Coyotes (*Canislatrans*) are definitive hosts of *Neospora caninum*. *International Journal of Parasitology*, 34:159–170.

Hall, G.A., Jones, P.W. (1977). A study of the pathogenesis of experimental *Salmonella* Dublin abortion in cattle. *Journal of Comparative Pathology*, 87:53–60.

Hinton, M. (1986). *Salmonella* abortion in cattle. *Veterinary Annals*, 26:81–90.

Hoerlein, A.B. (1986). Vibriosis. In: *Current Therapy in Theriogenology*, 2nd ed., ed. D.A. Morrow, 596–598. London: W.B. Saunders.

Hoerlein, A.B., Carroll, E.J. (1970). Duration of immunity to bovine genital vibriosis. *Journal of the American Veterinary Medical Association*, 156:775–778.

Holland, J., Spindler, K., Horodyski, F. (1982). Rapid evolution of RNA genomes. *Science*, 215:1577–1585.

Houe, H. (1999). Epidemiological features and economic importance of bovine virus diarrhea virus (BVDV) infections. *Veterinary Microbiology*, 64:89–107.

Kelling, C.L., Schipper, I.A., Haugse, C.N. (1973). Antibody response in calves following administration of attenuated infectious bovine rhinotracheitis (IBR) vaccines. *Canadian Journal of Comparative Medicine*, 37:309–312.

Lambert, G., Deyoe, B.L., Painter, G.M. (1964). Post-vaccinal persistence of *Brucella abortus* strain 19 in two bulls. *Journal of the American Veterinary Medical Association*, 145:909–911.

McAllister, M.M., Dubey, J.P., Lindsay, D.S. (1998). Dogs are definitive hosts of *Neospora caninum*. *International Journal of Parasitology*, 28:1473–1489.

Miller, J.M. (1991). The effects of IBR virus infection on reproductive function of cattle. *Veterinary Medicine*, January:95–98.

Miller, J.M., Van Der Maaten, M.J. (1984). Reproductive tract lesions in heifers after intrauterine inoculation with infectious bovine rhinotracheitis virus. *American Journal of Veterinary Research*, 45(4): 790–794.

Miller, J.M., Van Der Maaten, M.J. (1986). Experimentally induced infectious bovine rhinotracheitis virus infection during pregnancy: effect on the bovine corpus luteum and conceptus. *American Journal of Veterinary Research*, 47(2): 223–228.

Miller, J.M., Van Der Maaten, M.J., Whetstone, C.A. (1989). Infertility in heifers inoculated with modified-live infectious bovine rhinotracheitis on postbreeding day 14. *American Journal of Veterinary Research*, 50:551–554.

Nicoletti, P. (1986). Brucellosis. In: *Current Veterinary Therapy (Food Animal Practice)*, ed. J.L. Howard, 589–594. Philadelphia: W.B. Saunders.

Paré, J., Fecteau, G., Fortin, M., Marsolais, G. (1998). Seroepidemiologic study of *Neospora caninum* in dairy herds. *Journal of the American Veterinary Medical Association*, 213:1595.

Pellerin, C., Van den Hurk, J., Lecomte, J. (1994). Identification of a new group of bovine viral diarrhoea virus strains associated with severe outbreaks and high mortalities. *Virology*, 203:260–268.

Penny, C.D., Low, J.C., Nettleton, P.F., Scott, P.R., Sargison, N.D., Honeyman, •••, et al. (2004). Concurrent bovine viral diarrhea virus and *Salmonella typhimurium* DT104 infection in a group of pregnant dairy heifers. *Veterinary Record*, 138:485–489.

Pollreisz, J.H., Kelling, C.L., Broderson, B.W., Perino, L.J., Cooper, V.L., Doster, A.R. (1997). Potentiation of bovine respiratory syncytial virus infection in calves by bovine viral diarrhea virus. *The Bovine Practitioner*, 31:32–38.

Ridpath, J.F., Bolin, S.R., Dubovi, E.J. (1994). Segregation of bovine viral diarrhea virus into genotypes. *Virology*, 205:66–74.

Roberts, S.J., Squire, R.A., Gilman, H.L. (1962). Deaths in two calves following vaccination with *Brucella abortus* strain 19 vaccine. *Cornell Veterinarian*, 52:592–595.

Spire, M.F., Edwards, J.E. (1995). Absence of ovarian lesions in IBR seropositive heifers subsequently vaccinated with a modified live IBR virus vaccine. *Agri-Practice*, 16(7): 33–38.

Thiel, H.J., Plagemann, P.G.W., Moenning, V. (1996). Pestiviruses. In: *Fields Virology*, 3rd ed., Vol. 1, ed. B.N. Fields, D.M. Knipe, and P.M. Howley, 1059–1073. Philadelphia/New York: Lippincott-Raven.

Vilček, Š., Patton, D.J., Durkovic, B. (2001). Bovine viral diarrhea virus genotype 1 can be separated into at least eleven genetic groups. *Archive of Virology*, 146:99–115.

White, F.H., Sulzer, K.R., Engle, R.W. (1982). Isolation of *Leptospira interrogans* serovars hardjo, balcanica and pomona from cattle at slaughter. *American Journal of Veterinary Research*, 43:1172–1173.

第12章

繁殖成績の経済的評価

Albert De Vries

要約

　繁殖は雌牛の次世代を提供し，分娩後の泌乳を開始させる。乳牛の泌乳量は増加していた一方で，繁殖成績は少なくとも40年間は低下していた。発情発見による人工授精（AI）と自然交配用雄牛の利用に加えて，定時授精（timed AI）プログラムが米国で一般的に行われている。未経産牛と経産牛の両方において，定時授精プログラムの方が，発情発見によるプログラムよりも一般的に利益が多い。

　妊娠率が16％から17％に増加することは，1年で1頭当たり約18ドルの価値があり，妊娠率が16％よりも低い場合には限界価値がより高くなる。空胎日数が1日長くなった場合にかかる費用は2.50ドルで，泌乳初期では2.50ドルより安く，泌乳後期では高い。分娩から受胎までの最適な間隔は，初産牛では約133日間，経産回数がさらに多い牛ではそれより2～3週間短い。初回授精は受胎の最適時期の約5週間前に行うべきである。新規妊娠の平均価値である278ドルは，泌乳初期でより低く，泌乳期半ば辺りでピークに達する。

　流産に伴う費用の平均は555ドルで，妊娠後期，泌乳後期にはさらに高くなる。繁殖成績の経済的評価は，農場と牛に左右される。

序文

　繁殖は雌牛の次世代を提供し，分娩後の泌乳を開始させるために必要であり，酪農場にとっての主要な収入源でもある。乳牛の繁殖成績の経済的評価に影響を及ぼすものには多くの要因がある。中でも重要なものは，乳用未経産牛の購入や育成にかかる費用，淘汰率，泌乳曲線の形，遺伝的進歩，授精率と受胎率，授精と更新の方策，乳価格，淘汰した雌牛と子牛の価格，および飼料代や人件費，繁殖プログラムにかかる費用である。

　非妊娠日数は，次の産次における乳生産と淘汰のリスクに影響を及ぼすことがある。さらに，群の牛数の構成についても考える必要がある。たとえば，繁殖失宜による淘汰数が増えると，群にさまざまな行動特性を持った初産牛が増えることになる。繁殖成績が向上すると，乾乳牛の割合が増えることになるだろう。これらの要因を考慮に入れた正確な経済分析は，必然的に複雑である。

　この章では，米国における乳牛の繁殖成績の状況を説明する。さらに，向上した繁殖成績の価値，初回授精と受胎までの最適日数，空胎日1日ごとにかかる費用，妊娠と授精の価値の見積もりを示す。

現在の繁殖成績と繁殖プログラムについての概要

　米国では乳牛の繁殖成績が，2002年前後に安定化するまでの間，少なくとも40年間低下した（USDA, 2010）。Washburnら（2002）は，米国南東部で飼育されていたホルスタインの群の平均非妊娠日数が1977年には124日であったが，1998年には168日になったと報告した。さらに，受胎ごとの授精と初回授精までの日数も増えたと報告した。発情発見率は，1985年から1999年にかけて一般的に減少した。

　De Vries and Risco（2005）は，フロリダ州とジョージア州で飼育されていたホルスタインの群の，妊娠に適した非妊娠牛1頭当たりの21日ごとの受胎数を測定した妊娠率が1978年から2002年の間に44％減少したと報告した。分娩後早期における妊娠率の方が，遅い時期における妊娠率よりも減少が大きかっ

ことを示した。妊娠率は，繁殖成績の重要な指標であると考えられている。繁殖成績の低下はまた，米国，ヨーロッパ，オーストラリアの各地でも報告されている（Lucy，2001）が，例外もある（Refsdal，2007）。

主として米国東部で飼育されていた12,311戸のホルスタイン牛群に基づいた乳牛に関する統計の平均を**表12-1**に示した。酪農場間で繁殖成績のばらつきが大きい。**口絵P.14，図12-1**は2010年3月9日直前の当時の妊娠率の分布を示している。繁殖成績は夏よりも冬の方がよく，当時の妊娠率の平均は17.1％である。

全体の半分よりも少し多い酪農場で，初回授精の交配業務として，自然発情に対して人工授精（AI）を行っている（USDA，2009）。米国全土にわたって，自然交配用雄牛が広く使用されている（Smithら，2004；De Vriesら，2005；Caravielloら，2006）。USDA（2007）の報告によると，すべての経営のうちの51％が乳用の経産牛や未経産牛の交配に少なくとも1頭の雄牛を用いていた。米国南東部において，De Vriesら（2005）は，Dairy Herd Information Association（DHIA）に登録している群の70％が雄牛を交配プログラムの一部に使用していると推定した。USDA（2009）の報告によると，調査された未経産牛を飼育している酪農場の3分の1，経産牛を飼育している酪農場の5分の1が初回授精に雄牛を使用していた。

ホルモンを用いた排卵の同期化の後に定時授精を行うことが，米国の酪農業者たちの間で高い人気を持ち続けている。USDA（2009）の報告によると，全酪農場のうちの3％が未経産牛の，16％が経産牛の初回授精に定時授精を行っていた。58％の酪農場が過去12カ月の間に少なくとも何頭かの経産牛に定時授精を行い，25％が少なくとも何頭かの未経産牛に行っていた。半数の酪農場が，非妊娠経産牛の遅れを取り戻すために定時授精プログラムを時々使うと報告した。酪農場の多くは，定時授精，自然発情に基づくAI，自然交配を組み合わせて行っている。

繁殖プログラムの比較

多種類の繁殖プログラムが使われていることから，「どのプログラムが最も利益を生むか」という質問はとても多い。一般的に，最も適したプログラムは，その酪農場の管理能力と管理者の興味によって決まる。

Limaら（2010）は，実際の農場のデータを用いて，定時授精と自然交配用雄牛の経済的評価を比較した。フロリダ州にある大規模酪農場における現地調査で，両方の交配プログラムを直接比較した。現地調査の間に，雄牛を用いたプログラムにかかった正味の経費は，100ドル/雌牛/年，定時授精プログラムでは，67ドル/雌牛/年であった。この際，初回授精のための任意待機期間（雄牛を用いたプログラム70日，定時授精プログラム80日）と妊娠率（雄牛を用いたプログラム25.7％，定時授精プログラム25.0％）の違いは未調整であった。妊娠率の違いが群の牛数の構成に及ぼす影響を含めて，その後の定時授精プログラムの経済的優位性は，1年につき10ドル/頭であった。これは雄牛の飼料代，精液の価格，精液の遺伝的メリット，同じペンの雌牛という雄牛の更新費用が主な要因であった。

他の研究には，繁殖プログラムの利益性を比較するためにシミュレーションを使ったものがある。たとえばLeBlanc（2007）は，カナダで飼育されている群で，定時授精プログラムを行った場合，発情発見に基づくプログラムよりも1年に30ドル/頭の利益の増加がみられたと報告した。

De Vries and Galligan（2009）は，未経産牛と経産牛において，定時授精プログラムと自然発情発見に基づくAIとの間で経済的評価を比較した。定時授精プログラムは自然発情に基づくAIプログラムよりも，一

表12-1　主として米国東部で飼育されていた12,311戸のホルスタイン牛群に基づいた乳牛に関する統計（DRMS, Raleigh, NC, 2010年3月9日統計より）。

統計項目	数値
群のサイズ（頭数）	155
泌乳日数	184
初産時の年齢（月数）	26
年間淘汰率（％）	35
年間平均泌乳量（kg）	9,577
乳脂肪（％）	3.8
乳タンパク（％）	3.1
体細胞数（×1000）	287
任意待機期間（日数）	58
発情発見率（％）	43
初回授精までの日数	95
初回授精受胎率（％）	43
妊娠までの授精回数	2.9
妊娠率（％）	15.6
予測された最低空胎日数	158
実際の分娩間隔（月数）	14.1

出典：DRMS（2010）

般的に妊娠ごとにかかる費用が低かった。未経産牛では発情発見率が70％の場合，妊娠ごとにかかる平均費用は167ドルであった。定時授精プログラムにかかる費用は，初回授精の128ドルから，最初の4回の163ドルまでの範囲であった。定時授精プログラムの特性（定時授精までの日数，受胎率，人件費，薬剤と精液の費用，次回授精までの時間）が，妊娠ごとにかかる費用に大きな影響を及ぼした。経産牛では，AIと自然発情発見を用いた妊娠ごとにかかる平均費用は318ドルであった。定時授精プログラムの妊娠ごとにかかる費用は，170～238ドルの範囲であった。

繁殖成績が向上することの経済的価値

　繁殖成績が向上することによる実際の経済的利益を把握するのはやさしいことではない。繁殖成績が向上した時，その改善によってもたらされたキャッシュフローの変化のすべてを説明しなければならない。よい分析を行うためには，少なくとも以下に挙げるものを見積もることが必要となる。乳生産曲線，飼料摂取量，淘汰のリスク，乳，飼料，労働，精液，場合によっては繁殖ホルモン，子牛，更新用未経産牛，淘汰する経産牛の価格，である。

　De Vries（2004, 2006）は，繁殖成績の変化によってもたらされる経済的利益を評価するために，経済モデリング・コンピュータープログラム（DairyVIP：dairy value iteration program, 酪農評価反復プログラム）を利用した。DairyVIPはまず乳牛1頭ごとに，交配と更新の最適な決定を（動的計画法を用いて）計算する。それから，計算による交配と更新決定を受けて，管理された乳牛の群のための多くの技術的，金銭的な群の統計を（マルコフ連鎖法［Markov chain method］を用いて）計算する。

　デフォルト（初期設定，以下，初期値と表示）状態では，鍵となる想定は，乳価格が40ドル/100kg，子牛の価格が300ドル，淘汰価格が90ドル/体重100kg，未経産牛の価格が2,000ドルであった。体重と飼料摂取量は2001NRC勧告から取り出した（National Research Council, 2001）。また，初期値は，21日交配率を55％と想定し，受胎リスクを分娩91日後に37％に達してから徐々に減少し456日後に23％になると想定した。受胎の相対リスクは初産牛の100％から8産以上の経産牛の78％に減少した。妊娠1カ月より後の妊娠期間中の流産のリスクは8.2％であった。交配にかかる費用は20ドルであった。空胎牛は，泌乳のより早期に不本意にあるいは故意に淘汰されなければ，泌乳456日（15カ月）まで交配に適していた。最低任意待機期間は60日であったが，DairyVIPは経済的に有益であるならば，何頭かの経産牛の交配を延期するという決定を下す場合がある。

　費やす労働時間と費用は，分娩からの時間と，その牛が泌乳中か乾乳中かによって決まる。獣医師にかかる費用は，分娩から1カ月の間は牛1頭につき38ドルであったが，分娩4カ月後には月1ドルに減少した。

　標準的な初産牛の泌乳曲線は，分娩137日後に36.6kg/日に達した。305日総乳量は10,055kgであった。2産次の標準的な牛は76日後に45.0kg/日に達し，305日総乳量は11,844kgであった。3産次以上の標準的な牛も76日後ピークに達したが，その量は47.5kg/日で，305日総乳量は12,408kgであった。このように，初産牛の泌乳曲線のピークは，高齢の経産牛のピークに比べて，遅く，低く，持続性があった。泌乳量は，妊娠の5～7カ月にかけて，5％，10％，15％と減少した。乾乳期間の長さは2カ月（妊娠の最後の2カ月間）であった。個々の牛の泌乳量は，平均泌乳量の70％から130％まで異なっていた。

　DairyVIPは任意の更新と交配の決定を最適化したが，すべての牛にはまだ不本意な淘汰のリスクがあった（基本的には，即時に淘汰することが避けられなくなるような自然の変化が起こるリスク）。不本意な淘汰の基本的なリスクは，分娩後の1カ月では2.6％であったが，分娩後約137～350日では1カ月につき0.9％にまで減少した。350日の後は再びリスクが増加した。不本意な淘汰の相対リスクは産次数とともに増加し，初産牛の基本的リスクは100％であったが，8産次以上の牛では552％であった。

　初期値入力データを用いて表12-2に，牛1頭当たり，1年ごと，乳100kgごとの，結果として生じる費用と収入と，いくつかの他の群の統計を示した。交配物品費には精液の費用のみが含まれている。これらの結果は，米国にあるかなり先進的な酪農場で期待できる結果と一致している。同時に，それらは初期値の想定に信頼性を付与する。

妊娠率が変化することの経済的価値

　妊娠率の変化による経済効果を評価するためにDairyVIPを利用した。そのために21日交配率と受胎率をマイナス15％からプラス20％まで5％ずつ同時に増加させ変化をもたせた。これにより，妊娠率は7

表12-2　DairyVIPで計算した初期値における群の統計 (De Vries, 2006)

変数	牛1頭当たり1年ごと	100kg当たり	変数	
乳売上高 (ドル)	4,646	40.00	初回授精までの日数	76
経産牛売上高 (ドル)	186	1.60	受胎までの日数	143
子牛売上高 (ドル)	311	2.68	最終授精までの日数	303
総収入 (ドル)	5,143	44.28	分娩間隔 (月数)	13.7
飼料代 (ドル)	1,954	16.82	妊娠率	18%
交配物品費 (ドル)	55	0.47	全体的な淘汰率	34%
未経産牛購入費 (ドル)	682	5.88	不本意な淘汰率	24%
獣医師経費 (ドル)	79	0.68	故意の淘汰率	10%
可変の人件費 (ドル)	402	3.46	乳量/頭/年 (kg)	11,614
可変のその他の費用 (ドル)	343	2.95	総費用/妊娠 (ドル)	62
固定費 (ドル)	1,095	9.42	新規妊娠の価値 (ドル)	284
総費用 (ドル)	4,609	39.69	淘汰価格 (ドル)	545
利益 (ドル)	534	4.60	飼料代を上回る収入 (ドル/日)	7.38

表12-3　DairyVIPで計算した初期値想定下において，妊娠率が選択した群の統計に及ぼす影響 (De Vries, 2006)

群の統計	妊娠率							
	7%	10%	14%	18%	22%	27%	32%	38%
21日交配率	40%	45%	50%	55%	60%	65%	70%	75%
受胎率	18%	23%	28%	32%	37%	41%	46%	50%
初産牛の割合 (%)	52	44	39	36	34	33	32	31
2産牛の割合 (%)	28	28	27	27	26	25	25	25
泌乳牛の割合 (%)	92	90	89	88	88	87	87	86
泌乳牛の乳量 (kg/日)	34.5	35.2	35.7	36.1	36.5	36.7	36.9	37.1
すべての牛の乳量 (kg/日)	31.6	31.7	31.8	31.8	31.9	32.0	32.0	32.1
平均泌乳日数	232	234	233	231	229	226	224	222
年間淘汰率 (%)	48	41	37	34	32	31	31	30
受胎までの日数	172	162	152	143	136	130	124	120
新規妊娠の価値 (ドル)	646	494	375	284	216	166	128	102
妊娠当たりの交配費用 (ドル)	110	87	73	62	54	48	44	40
乳売上高 (ドル/頭/年)	4,614	4,626	4,635	4,646	4,656	4,666	4,673	4,680
経産牛売上高 (ドル/頭/年)	260	225	201	186	176	170	167	164
子牛売上高 (ドル/頭/年)	293	299	305	311	316	321	325	328
飼料代 (ドル/頭/年)	1,957	1,957	1,955	1,954	1,953	1,953	1,952	1,952
未経産牛購入費 (ドル/頭/年)	958	825	737	682	647	627	614	606
利益 (ドル/頭/年)	255	380	469	534	580	614	640	658

～38％になった。表12-3は，さまざまな妊娠率を示したいくつか選択した群の統計である．妊娠率を増加させると，初産牛と2産牛の数が少なくなり，淘汰率が低くなる．

この傾向は，経産牛売上高の減少と未経産牛購入費の減少にみられる．妊娠率が上がると泌乳期間が短くなるということが，泌乳牛ごとの乳量が多くなることと泌乳牛の数が少なくなることから分かる．トータルでは，乳売上高はあまり増加しなかった．なぜなら，牛はしばしば乾乳しているからであり，泌乳牛ごとの乳量の増加は，泌乳牛の数が少ないことで相殺されるためである．

飼料代はあまり変わらなかった．牛1頭当たりの1年ごとの利益は，妊娠率の増加とともに，255ドルから658ドルまで増加したが，増加率は減少していった．平均非妊娠日数は172日から120日に減少した．

妊娠率のわずかな増加，すなわち15％から16％への増加の価値は，妊娠率が1％単位で変化した場合

の，牛1頭当たりの1年ごとの利益の変化である。妊娠率の低い群では，限界価値が40ドル/頭/年以上であり，妊娠率が30％以上の群では，5ドル/頭/年以下であることを**図12-2**は示している。米国における平均妊娠率，約16％では，初期値の想定下での限界価値は16.41ドルである。妊娠率を上げるために費用がかかっている場合は，これらの限界価値はもっと小さくなるだろう。

改善後の早期には，妊娠に失敗したという理由から淘汰される牛が少なくなるので，未経産牛購入費は減少する。改善が行われてから9カ月後にはじまって，最初の余分な子牛が生まれた後，乳売上高の増加もみられる。その時の牛1頭当たりの利益の増加は，約3～4ドル/月である。約4年後に，群は再び受胎リスクレベルが高い定常状態に達する。

たとえば，**表12-4**に示したように，受胎率が，交配可能期間の最初の月の間の，泌乳量が少ない時期に増加すると，群全体の妊娠率と牛1頭当たりの1年ごとの利益が少し増加する。この例では，泌乳のさまざまな段階における30日間隔の間に，受胎率が5％上がった。牛1頭当たりの1年ごとの利益の変化は，91～121日の受胎率が上がった時に最大であった（初期値の想定と比較して5.23ドル）。平均で，牛が91～121日の間に交配される可能性は56％であった。牛がまだ非妊娠状態である可能性は低いので，泌乳後期に交配する見込みは減少した。交配当たりの利益は泌乳後期に増加した。したがって，群にとっては泌乳早期の繁殖効率の向上がより有益であるが，泌乳後期に交配する空胎牛には，泌乳後期の繁殖効率の向上がより有益である。

表12-5に示したように，入力データにおけるばらつきが，妊娠率におけるわずかな変化に異なる価値をもたらす。特に，妊娠率におけるわずかな増加は，未経産牛の価格が高い，あるいは牛が交配の機会をあまり与えられない場合にはより価値が高い。両方の影響は，妊娠率のわずかな変化の価値における淘汰の重要性を表している。乳価格と群の泌乳量の増加による影響はより少ない。

その他の研究は，発情発見率，受胎リスク，あるいは妊娠率のわずかな増加の価値に注目した。Marshら（1987）は淘汰と再交配の4つの異なる方策を用いて，発情発見率の1％増加（たとえば，40％から41％）の価値が1.15ドルから1.66ドルであることと，受胎リスクの1％増加の価値が1.92ドルから2.61ドル/頭/年であることを見い出した（1987年のUSドル）。

Pecsokら（1994）は，妊娠率が約45％の時，妊娠率の1％増加の価値が牛1頭当たり1年ごとに約0.86ドルの価値があると報告した（1994年のUSドル）。妊娠率がもっと低い（13％）場合，1％増加の価値は約16.60ドルであった。妊娠率がもっと高い場合，妊娠率のわずかな増加の価値が減少することは，Riscoら（1998）によってもフロリダ州の季節的条件において見い出された。彼らは，45％を上回る妊娠率の増加に

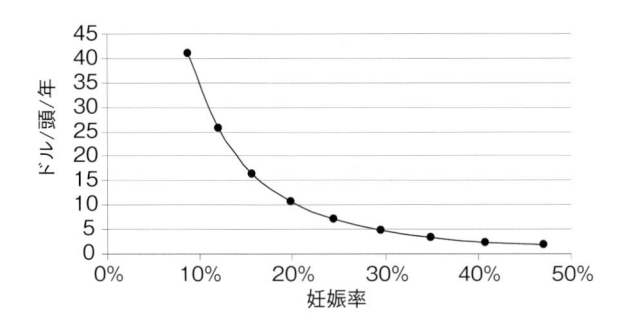

図12-2 DairyVIPによって計算した，妊娠率のわずか1％単位の変化（たとえば，15％から16％への変化）が牛1頭当たりの1年ごとの利益に及ぼす影響（De Vries, 2006）

表12-4 DairyVIPで計算した，5％の増加が泌乳量の少ない時期の受胎リスクに及ぼす影響（De Vries, 2006）

泌乳の段階	群の妊娠率	利益の変化（ドル/頭/年）	泌乳の各段階で牛が交配される見込み	交配当たりの利益の変化（ドル/年）
初期値	17.7%	0.00	—	
61～90日	18.2%	4.16	59%	6.99
91～121日	18.2%	5.23	56%	9.38
122～151日	18.1%	4.84	41%	11.69
152～181日	18.0%	4.40	31%	14.34
182～212日	17.9%	3.90	23%	16.78
213～243日	17.9%	3.28	18%	18.50
243～273日	17.8%	2.69	14%	19.79

表12-5 妊娠率のわずかな変化の価値に及ぼすいくつかの入力データにおけるばらつきの影響

入力データ	妊娠率							
	9%	12%	16%	20%	24%	29%	35%	41%
初期値	41.00	25.69	16.41	10.69	7.11	4.82	3.36	2.37
未経産牛の価格2,400ドル	49.59	30.44	19.00	12.13	7.93	5.28	3.55	2.53
未経産牛の価格1,600ドル	31.46	20.30	13.35	8.95	6.11	4.21	3.01	2.18
乳価格34ドル/100kg	40.39	25.20	15.91	10.28	6.84	4.61	3.15	2.27
乳価格46ドル/100kg	41.12	25.98	16.77	11.03	7.36	5.03	3.51	2.45
最大8カ月間交配	45.39	33.48	23.48	16.02	10.55	7.03	4.85	3.38
最大12カ月間交配	42.42	27.35	17.34	11.35	7.54	5.10	3.53	2.51
乳量＋30%	41.00	26.18	16.95	11.31	7.49	5.11	3.58	2.55
不本意な淘汰率－30%	44.03	27.62	17.72	11.62	7.77	5.30	3.67	2.66
不本意な淘汰率＋30%	38.36	24.25	15.40	9.98	6.63	4.47	3.09	2.17

よる経済的利益はみつけられなかった。Plaizierら(1998)は文献を再検討し，発情発見率の1％増加の価値の見積もりが，2ドルの損失から16ドル以上の利益まであるということをみつけた(1998年のUSドル)。彼らの結果は，もともと悪い繁殖成績を向上させることの方が，よい繁殖成績を向上させるよりも価値が高いということも示している。トータルでみると，繁殖効率が低い場合の方が，繁殖効率を向上させることの経済的価値が高いということを文献は示している。

米国の多くの地域においては，泌乳量と繁殖効率は暑く湿度の高い夏の間に減少する。たとえばフロリダ州では，夏は冬に比べて，泌乳量が25％，妊娠率が50％減少することがある。そのため，夏の繁殖効率を向上させることに多くの努力が注がれる。

Bellら(2009)は，基本的な受胎率が暑い季節よりもただでさえ高い，涼しい季節の初回受精の受胎率を上げることがより有益であると報告している。同様に，受胎の大半が涼しい季節に起こるような，より季節的な群に，このような向上がもたらされるだろう。涼しい季節は受精能力に有利に働くが，夏に牛を淘汰したら，通常はできるだけ早く更新するべきである(De Vries, 2004)。特定の期間当たりの固定費と純収益が低く季節性が高い場合は，更新を遅らせると経済的に有利なことがある。

非妊娠1日当たりの費用

初期値の入力データのための，分娩後1カ月ごとの非妊娠1日当たりの平均費用を**図12-3**に示した。61日目の非妊娠1日当たりのマイナスの費用は，平均すると，受胎までの最適日にはまだ届いていないことを

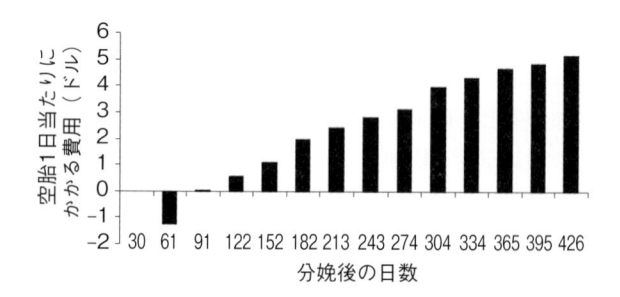

図12-3
初期値に比べて，分娩後の日数ごとの空胎1日当たりにかかる群の平均費用

表している。妊娠の1日後には，実際に利益が増すだろう。空胎1日当たりの実費の違いは，淘汰の方針によって大きく影響を受ける。

Plaizierら(1997)は，文献を再検討し，非妊娠日が1日追加されるごとにかかる費用の平均が-0.29ドルから2.60ドルであることを発見した。彼らが独自に行った推定によると，費用はおよそ3.36ドル/追加1日であった(1997年のUSドル)。French and Nebel(2003)は，非妊娠1日追加の費用は，空胎100日の0.42ドルから，非妊娠175日の4.95ドルであると推定した(2003年のUSドル)。Meadowら(2005)は，非妊娠1日の増加による損失が130日では0.44ドル/牛/年で，非妊娠190日における1日増加では1.71ドルであると推定した(2005年のUSドル)。

LeBlanc(2007)はカナダの群を反映することを目的とした入力データでGroenendaalのモデル(Groenendaalら，2004)を用いた。そして，分娩後90日，150日，210日の非妊娠1日当たりにかかる平均費用がそれぞ

表 12-6　さまざまな想定が初産牛と 2 産牛の受胎までの最適日数に及ぼす影響を乳生産量のレベル別[1]に示した表

	受胎までの最適日数					
	初産牛			2 産牛		
想定	-15%	平均	+15%	-15%	平均	+15%
初期値[2]	91	133	169	77	112	140
受胎リスク最大 25%	98	140	176	84	119	147
乳価格 0.46 ドル/kg	91	133	176	77	112	140
未経産牛価格 2,500 ドル	98	140	176	84	119	140
群の乳生産量 +15%	84	133	169	77	112	140
持続性がより低い[3]	63	105	133	56	91	112

[1] 平均泌乳曲線，平均 1 日乳量と比較して +15% と -15%
[2] 初期値の想定：未経産牛価格 2,000 ドル，乳価格 0.40 ドル/kg，受胎率最大 35%
[3] 持続性がより低い：乳量がピークに達した後に 1 日乳生産量がより早く低下する

れ 1.50 ドル，2.10 ドル，2.50 ドルであると報告した。LeBlanc（2007）はまた非妊娠 1 日当たりの費用を Overton（2006）から引用し，分娩後 100 日，150 日，210 日，250 日でそれぞれ 0.60 ドル，2.10 ドル，3.25 ドル，3.60 ドルであると報告した。

これらの分析には，もっと遅い受胎が次の分娩前後の死亡と生体淘汰のリスクに及ぼす影響が含まれていない。Pinedo and De Vries（2010）は，空胎日数が 90 日以下から 300 日以上に増加した場合，次の分娩前後の最初の 60 日間において，死亡と生体淘汰のリスクが 2.5% から 5.8% に増加したことを報告した。同じ時期の生体淘汰のリスクは 5.0% から 8.1% に増加した。妊娠に失敗した牛が淘汰されるリスクは，分娩 250 日後に大幅に増加した（De Vries ら，2010）。

口絵 P.14，図 12-4 は，初産牛が，分娩後，受胎最適日よりも早くあるいは遅く受胎した場合の経済的損失を示している。これは前述したものとは少し異なる一連の初期値の想定を用いている（De Vries, 2008）。経済的損失が 0 ドルの時に受胎最適日になる（曲線の下部）。標準的な初産牛の受胎最適日は 133 日，2 産次と 3 産以上の牛ではそれぞれ 112 日と 105 日である。低泌乳牛の受胎最適日はもっと早い。同様に，高泌乳牛の受胎最適日はもっと遅い。

受胎日がもっと遅い（受胎が遅すぎる）ことで生じる経済的損失は，2 産牛よりも初産牛の方が少ない。主な理由は，初産牛の泌乳曲線の方がもっとずっと平らだからである。この傾向は，分娩間隔が 13 カ月（受胎まで 115 日）よりいくらか短いか長い場合は利益性にはあまり影響がないということを見い出した Holmann（1984）の研究結果と一致している。歴史的に，最適な分娩間隔は 12～13 カ月（Stevenson, 2004）

とされており，これは受胎まで 90～120 日である。

口絵 P.14，図 12-5 に示されている曲線の傾きを用いて，個々の牛ごとの非妊娠が 1 日増えるごとにかかる費用を推定することができる。

予想されるように，非妊娠が 1 日増えるごとにかかる費用は，受胎最適日の前ではマイナス（金銭的には利益）で，受胎最適日の後ではプラス（金銭的には損失）である。分娩後 150 日目では，非妊娠が 1 日増えるごとにかかる費用は初産牛で 0.38 ドル，2 産牛で 1.17 ドルであった。分娩後 250 日目では，それぞれ 2.67 ドルと 3.56 ドルに増加した。非妊娠が 1 日増えるごとにかかる費用は一般的に分娩後の日数とともに増加し，泌乳後期では個々の牛で 6 ドルを超えることがある。このような傾向は，変化する群の平均空胎日数に基づいて計算された非妊娠 1 日当たりの費用と似ている。

受胎率，価格，乳生産量，あるいは季節性についてのさまざまな想定が，受胎までの最適日数と非妊娠 1 日当たりの費用に影響を及ぼすが，それを表 12-6 に示した。コンピュータープログラムの最低時間は 7 日間であることに注意する。2 産牛よりも初産牛の方が，泌乳量 15% の違いが受胎までの最適日数により大きな影響を及ぼす。最大の受胎率，乳価格，未経産牛価格，および群レベルの乳生産量における変動の影響は小さかった。群の乳生産量の持続がより低い時は，受胎までの最適日数はさらに早くなった。

夏に暑熱ストレスがかかる地域では，乳生産量と受胎機会が夏の間に低下する。牛の成績におけるこのような季節性は，受胎までの最適日数に大きな影響を及ぼす。分娩から受胎までの間隔を短くするか，分娩から受胎までの間隔を長くすることによって，夏の終わ

表12-7 新たに妊娠した牛（pregn.）と同質の空胎牛（open）を比較して，収益と費用の総額の差によって説明される新規妊娠の価値（ドル）

産次数	受胎時の泌乳日数	乳生産量(%)[1]	PRO妊娠牛	PRO空胎牛	新規妊娠の価値[2]	乳売上高	子牛売上高	更新費用[3]	飼料	交配費用	その他の費用
1	61	80	394	274	120	−106	34	−133	−31	−27	−1
1	61	100	1,015	933	81	−8	59	6	−16	−27	6
1	61	120	1,652	1,666	−14	−101	64	34	−38	−27	8
1	243	80	146	−7	146	−1,070	−110	−1,050	−201	−24	−51
1	243	100	712	299	413	26	7	−348	9	−28	−13
1	243	120	1,317	817	500	253	26	−238	53	−29	−7
2	61	80	429	258	171	−150	15	−235	−38	−25	−8
2	61	100	1,035	811	224	54	36	−104	−3	−26	−1
2	61	120	1,659	1452	208	98	48	−38	−1	−27	3
2	243	80	−42	−42	0	0	0	0	0	0	0
2	243	100	304	23	281	−524	−73	−744	−71	−25	−38
2	243	120	798	247	551	86	−25	−479	38	−26	−23

[1] 平均泌乳曲線と比べて
[2] 新規妊娠の価値（ドル）＝ 乳売上高＋子牛売上高−更新費用−飼料費−交配費用−その他の費用の差の合計。四捨五入したので，差の合計が新規妊娠の価値と同じにならないことがある。
[3] 更新費用＝未経産牛購入費用−経産牛売上高
PRO＝留保額（ドル）
出典：De Vries (2006)。

りでの受胎を避けられる。

このように，1月の分娩は受胎までの最適日数が短く，7月の分娩は受胎までの日数が長い。受胎までの最適日数に及ぼす季節性の影響の多くは，冬に比較して夏に泌乳量のピークが減少することによって引き起こされる。したがって，受胎までの最適日数に影響を及ぼすのは受胎能の低下だけではなく，同じくらい重要なのは，夏の泌乳量の減少である。これらの結果は，夏に暑熱ストレスがかかる地域の多くの酪農業者が交配業務を遅らせて行っていることを支持することにもなる。言うまでもなく，季節性の影響は1年を通した暑熱ストレスの変動に左右される。

新規妊娠の価値

口絵 P.14，図12-6は，初期値の想定のための，1～3産次の牛ごとの分娩後の日数別の，新規妊娠の価値を示す。新規妊娠の価値は，再び減少しはじめる泌乳後期までは泌乳経過中に増加する。個々の乳生産量が異なる牛では，新規妊娠の価値は，泌乳初期の低泌乳牛でより大きいが，それらのピーク値は高泌乳牛よりも低く早い。

入力データが異なるため，表12-7（De Vries, 2006）に載っている値は表12-5の値と少し異なるが，傾向は似ている。表12-7は産次数，受胎時の泌乳日数，相対的な乳生産量によって分類した12頭の牛別の，新規妊娠の価値を決定する，収益と費用の総額の差を示している。

たとえば，平均的泌乳曲線の80%の乳生産量を持ち61日目に受胎した初産牛とその牛の更新未経産牛は，同質の空胎牛に比べて，乳売上高が106ドル，更新費用が133ドル，飼料代が31ドル，交配費用が27ドル，その他の費用が1ドル少なかった。子牛売上高は空胎牛よりも34ドル多く，総収入は72ドル減り，総費用は192ドル減った。したがって新規妊娠の価値は120ドルであった。

いくつかの相互作用がみられ，初産牛の泌乳早期においては，相対的な乳生産量が増加した時に新規妊娠の価値は低下した。低泌乳牛（平均の80%）は，淘汰される前に妊娠する機会が少なくなるため，このような牛の更新費用は高くなる。乳生産量が120%の際のマイナス14ドルの価値は，交配を遅らせた方が有益であるということを示唆している。泌乳後期では，新規妊娠の価値は高泌乳牛の方が高い。2産次の61日目では，平均乳生産量時の新規妊娠の価値は，乳量が低い（80%）あるいは高い（120%）時よりも大きい。243日

目での新規妊娠の価値は，低泌乳牛では0ドルである。なぜなら妊娠の有無に関係なく，その牛に対する最適決定は淘汰だからである。別の場合は，高泌乳牛の新規妊娠の価値はより高い。

De Vries (2006) の研究による新規妊娠の平均価値は，米国の一般的な群で278ドルであった。これは，泌乳，産次数，乳生産量の各段階にいる牛の割合に応じた加重平均である。Eicker and Fetrow (2003) は，酪農管理情報システム DairyComp 305 (Valley Agriculture, Software, Tulare, CA) で計算して，新規妊娠の平均価値が約200ドルであると報告した。Stevenson (2001) は，プログラム化された人工授精繁殖計画によって，新規妊娠の価値が，発情に基づく伝統的な交配に比べてその計画にかかる追加費用を除いて，約264ドルであると推定した。

流産のコスト

通常，妊娠期間1カ月を過ぎてからの妊娠喪失（流産）にかかる費用は，妊娠した牛を淘汰しなければならないというまれなケースを除いては，新規妊娠の価値よりも高い（De Vries, 2006）。これは，時々泌乳後期の低泌乳牛に起こるものだが，淘汰価格は妊娠の有無に関係ないと想定されるので，妊娠喪失にかかる費用はその場合0ドルであった。費用は0ドルから1,373ドルの範囲であった。妊娠喪失にかかる費用は，受胎時の泌乳段階と妊娠段階によって増加した。初産牛の泌乳早期に喪失が起こった場合を除いては，費用は一般的に高泌乳牛の方が多くかかる。初産牛はより高齢牛に比べて，かかる費用が泌乳早期には低く，泌乳後期には高い。

De Vries (2006) は妊娠喪失にかかる平均費用が，妊娠喪失に関連した健康への悪影響を除いて，1事例あたり555ドルであると計算した。555ドルというのは，泌乳の各段階にいる牛の割合，妊娠期間の段階，産次数，乳生産量に応じた加重平均である。その他の研究者たちは，流産によって引き起こされる損失が，624ドル（Pfeiffer ら，1997），640ドル（Thurmond and Picanso, 1990），600〜800ドル（Eicker and Fetrow, 2003），600〜1,000ドル（Peter：2000），1,286ドル（Weersink ら，2002）であるということを見い出した。これらの推定値のほとんどは，群やグループの平均ではなく，特別な事例を説明したものであった。

表12-8に示したように，入力データの現実的な変化は群の統計に重大な影響を及ぼすことがある。予想できるとおり，1日乳量の増加，泌乳の持続性の増加，乳価格の増加，未経産牛価格の低下，妊娠率の増加，空胎牛を交配させる機会の増加，泌乳の時期尚早の淘汰リスクの減少は，1年当たりの牛ごとの利益の増加と関係している。

年間淘汰率，新規妊娠の価値，妊娠喪失にかかる費用の変化は，1年当たりの牛ごとの利益の変化と，明確には関係していなかった。しかし新規妊娠の価値の増加は，妊娠喪失にかかる費用の増加と常に関係があった。また，妊娠の価値の増加は，1日乳量の増加，泌乳の持続性の低下，乳価格の増加，未経産牛価格の増加，妊娠率の減少，空胎牛を交配させる機会の減少，時期尚早の淘汰リスクの減少と関係があった。

そして妊娠の価値の重要な決定要因は，泌乳の持続性，未経産牛価格，妊娠率であった。そして，経産牛が淘汰される前に妊娠する機会をもっと多く与えられた時，あるいは更新費用が減少した時には，妊娠の価値はより小さくなった。

初回授精までの最適日数

繁殖効率は完全にはコントロールできないので，子宮の修復と発情の回帰が大体終わったら，分娩後できるだけ早く牛を交配させることを伝統的に目標としてきた（Weller and Folman, 1990；Stevenson and Phatak, 2005；LeBlanc, 2007）。1994年のrbST（recombinant bovine somatotropin：遺伝子組み換え牛成長ホルモン）と，遺伝学や管理の向上を介したより高泌乳でより持続性のある牛の出現によって，初回交配の最適時期が見直されている。さらに，rbSTをもはや利用できない地域の酪農業者たちもまた，自分たちの交配プログラムを見直しているが，それは牛を泌乳期のもっと早期に妊娠させることがより重要になってきたと信じているためである。

受胎最適日と新規妊娠の価値の計算は，以下の2つの条件下の2頭の同質の牛からのキャッシュフローの比較に基づいている。その1つが泌乳期のあらかじめ定められた異なる段階で受胎した2頭であり，もう1つが泌乳期のある段階で1頭は最近妊娠して，もう1頭は妊娠していないという2頭である。だが，現実面では，酪農業者はその牛が受胎しないというリスクとともに交配の決定を行うことに直面している。

口絵 P.14，図12-7は，初回授精最適日よりも早く，あるいは遅く初回授精を開始したことによる経済的損失を表している（前述した初期値の想定）。これらの

表12-8　新規妊娠の価値と妊娠喪失にかかる費用を含む選ばれた群の統計に及ぼす入力データの変化の影響

入力データ	乳量(kg/頭/年)	受胎までの日数	年間淘汰率(%)	利益(ドル/頭/年)	新規妊娠の価値	妊娠喪失にかかる費用
1日乳量[1]						
＋20%	13,840	133	39	908	280	565
－20%	9019	141	33	－193	271	536
持続性[2]						
＋0.025kg/day	11,602	163	33	414	227	488
－0.025kg/day	11,442	129	38	337	314	603
乳価格						
0.37ドル/1b	11,552	133	40	1067	280	565
0.25ドル/1b	11,230	142	32	－348	269	531
未経産牛価格						
1,920ドル	11,233	143	32	242	332	674
1,280ドル	11,672	128	44	484	216	420
妊娠率						
19.2%	11,437	131	33	393	235	529
12.8%	11,408	145	40	302	331	589
交配までの泌乳最終日 (DIM：Day in milk)[3]						
365	11,445	134	37	351	282	560
274	11,479	125	39	334	310	594
時期尚早の淘汰リスク[4]						
＋20%	11,423	137	38	323	268	540
－20%	11,431	137	34	387	289	573

[1] 初期値の泌乳曲線と比較して
[2] 乳量がピークの日と分娩後305日の間の1日当たりの乳量の直線的な低下として定義した
[3] 交配が許容される泌乳最終日
[4] 初期設定の早期淘汰リスクと比較した時期尚早の淘汰リスク
出典：De Vries（2006）

結果から，初回交配の機会の時期は，たとえば同期化交配計画などで酪農業者が決めることができると思われる。受胎率が非常に低い場合には逆になることもあるが，一般的に，初回授精最適日は受胎最適日よりも早い。受胎最適日が泌乳後期の場合は，その差がより大きくなる。ここでも初産牛は高齢の牛よりもカーブが平たく，受胎までの日数の経済的意損失を表すカーブと同様であった。すなわち，カーブが平たいほど，非最適日と比較して，初回授精最適日があまり重要ではなくなる。初回授精最適日は，平均的な初産牛で77日，平均的な2産牛と3産牛で70日であった。低泌乳牛には交配期間をより早くはじめるべきで，高泌乳牛の初回授精は，通常1週間か2週間遅らせることができる。

想定における変動が及ぼす影響は，受胎までの最適日数に対してよりも初回交配までの最適日数に対する方が小さい（De Vries, 2007）。初回交配までの最適日数における傾向は，受胎までの最適日数における傾向に追随する。同じ群にいる牛の間の乳生産量における相対的差異は，群の乳生産量の絶対水準よりも初回交配までの最適日数により大きな影響を及ぼした。

これらの結果は，実際には平均任意待機期間は約56日で（DeJarnetteら，2007；Millerら，2007），さらに，より高泌乳の牛，特に初産の高泌乳牛の初回授精は，2～3週間遅れることがある，という観察結果と一致している（Weller and Folman, 1990；DeJarnetteら，2007）。初回交配を発情発見に頼っている群では，任意待機期間は必然的に初回授精の時期よりも短い。

授精の価値

個々の牛の授精の価値とは，排卵という交配の機会にその牛を授精しないことに対して，その機会に授精することの価値の推定である。

表12-9 初産牛と2産牛の授精の価値（ドル）を分娩後の日数と乳量[1]別に示した表

分娩後の日数	授精の価値（ドル）					
	初産牛			2産牛		
	-15%	平均	+15%	-15%	平均	+15%
42日	4	-8	-21	6	-1	-11
155日	106	109	99	97	124	130
267日	107	164	190	29	139	189
365日	19	127	188	-20	34	133

[1] 平均乳生産量，平均1日乳量に対して+15%と-15%

表12-9に示したように，一般的に，泌乳期の間に授精の価値は最大まで上昇し，それから再び下降する。初産牛は，高齢の牛よりもかなり後の泌乳期に授精の価値がピークに達する。これは，泌乳曲線がより持続的であるためである。

授精の価値は新規妊娠の価値と高い相関性がある。しかし，妊娠の価値の増加は授精の価値の増加よりも，泌乳期に長く続く。泌乳の早期と後期では，新規妊娠の価値がプラスでも授精の価値はマイナスになることがある。したがって，新規妊娠の価値は授精の価値に比べて，交配決定にはあまり適していない。しかし，授精の決定に新規妊娠の価値を使うことの経済的損失は少ない。

表12-9に示した授精の価値では，次の交配の機会が3週間以内にあり，交配の機会の後に授精が続くというリスクが55％である（授精と授精の間が38.2日であるのと等しい）と想定している。前述した初回授精最適日では，酪農業者が初回交配の機会の週をコントロールすると想定した。その結果，泌乳初期における授精の価値はプラスになり得る。そして，それは牛に授精するべきであるということを示唆している（なぜなら次の交配の機会は，平均で3÷55％＝5.45週後であるから）。しかし，初回授精最適時期はたったの1～2週間後になることがある。したがって，初回交配の機会をコントロールしない群では，初回交配の機会のタイミングをコントロールする群よりも，牛を早く授精するべきである。

乳生産量は授精の価値に有意な影響を及ぼす。低泌乳の牛（-15％）は，泌乳早期の授精価値が高いが，これらの価値は泌乳期の後期に低くなる。低泌乳牛は，泌乳中に淘汰されるまでの妊娠するための期間が少ない。それゆえに，このような牛は泌乳早期に妊娠させることが重要である。泌乳後期には，高泌乳の牛を（もしまだ妊娠していなかったら）妊娠させることが重要になる。高泌乳の牛が淘汰されるまでには，妊娠するために期間を長く持つことが許されている。高泌乳の牛は低泌乳の牛よりも，受胎までの平均日数が一般的に長く，これは実際の現場でもみられる（Stevenson, 2004）。

高泌乳の牛は泌乳後期に受胎することが許されるので，受胎までの平均日数が長くなる。一般的に，繁殖効率が高くなると，泌乳初期の授精の価値は低くなるが，泌乳後期の授精の価値は高くなった。さらに，持続性が増加することによって泌乳初期の授精の価値が低くなった。これらの結果は，以前に示された結果と一致する（Dekkersら，1998）。

文献

Bell, A.A., Hansen, P.J., De Vries, A. (2009). Profitability of bovine somatotropin administration to increase first insemination conception rate in seasonal dairy herds with heat stress. *Livestock Science*, 126:38–45.

Caraviello, D.Z., Weigel, K.A., Fricke, P.M., Wiltbank, M.C., Florent, M.J., Cook, N.B., Nordlund, K.V., Zwald, N.R., Rawson, C.L. (2006). Survey of management practices on reproductive performance of dairy cattle on large USA commercial farms. *Journal of Dairy Science*, 89:4723–4735.

Dairy Records Management Systems (DRMS). (2010). DairyMetrics. Available at www.drms.org (accessed March 9, 2010).

De Vries, A. (2004). Economics of delayed replacement when cow performance is seasonal. *Journal of Dairy Science*, 87:2947–2958.

De Vries, A. (2006). The DairyVIP program to evaluate the consequences of changes in herd management and prices on dairy farms. University of Florida EDIS Document AN177.

De Vries, A. (2007). Economics of the voluntary waiting period and value of a pregnancy. In Proceedings: *The Dairy Cattle Reproduction Conference*, pp. 1–9. November 2–3, Denver, CO (sponsored by Dairy Cattle Reproduction Council).

De Vries, A. (2008). Optimal culling and breeding decisions for individual dairy cows. In Proceedings: *13th International Congress of ANEMBE (Spanish National Association of Specialists in Bovine Veterinary Medicine)*, pp. 165–176. Salamanca, Spain, May 9–10.

De Vries, A., Galligan, D.T. (2009). Economics of timed AI programs. In *Proceedings of the Dairy Cattle Reproduction*

Council Conference, pp. 71–81. November 12–13, Minneapolis, MN, and November 19–20, Boise, ID.

De Vries, A., Risco, C.A. (2005). Trends and seasonality of reproductive performance in Florida and Georgia dairy herds from 1976 to 2002. *Journal of Dairy Science*, 88:3155–3165.

De Vries, A., Steenholdt, C., Risco, C.A. (2005). Pregnancy rates and milk production in natural service and artificially inseminated dairy herds in Florida and Georgia. *Journal of Dairy Science*, 88:948–956.

De Vries, A., Olson, J.D., Pinedo, P.J. (2010). Reproductive risk factors for culling and productive life in large dairy herds in the eastern United States between 2001 and 2006. *Journal of Dairy Science*, 93:613–623.

DeJarnette, J.M., Sattler, C.G., Marshall, C.E., Nebel, R.L. (2007). Voluntary waiting period management practices in dairy herds participating in a progeny test program. *Journal of Dairy Science*, 90:1073–1079.

Dekkers, J.C.M., Ten Hag, J.H., Weersing, A. (1998). Economic aspects of persistency of lactation in dairy cattle. *Livestock Production Science*, 53:237–252.

Eicker, S., Fetrow, J. (2003). New tools for deciding when to replace used dairy cows. In Proceedings: *The Kentucky Dairy Conference*, pp. 33–46. Cave City, KY.

French, P.D., Nebel, R.L. (2003). The simulated economic cost of extended calving intervals in dairy herds and comparison of reproductive management programs. *Journal of Dairy Science*, 86(Suppl. 1): 54. Abstract.

Groenendaal, H., Galligan, D.T., Mulder, H.A. (2004). An economic spreadsheet model to determine optimal breeding and replacement decisions for dairy cattle. *Journal of Dairy Science*, 87:2146–2157.

Holmann, F.J., Shumway, C.R., Blake, R.W., Schwart, R.B., Sudweeks, E.M. (1984). Economic value of days open for Holstein cows of alternative milk yields with varying calving intervals. *Journal of Dairy Science*, 67:636–643.

LeBlanc, S. (2007). Economics of improving reproductive performance in dairy herds. *Western Canadian Dairy Seminar Advances in Dairy Technology*, 19:201–214.

Lima, F.S., De Vries, A., Risco, C.A., Santos, J.E.P., Thatcher, W.W. (2010). Economic comparison of natural service and timed artificial insemination breeding programs in dairy cattle. *Journal of Dairy Science*, 93:4404–4413.

Lucy, M.C. (2001). Reproductive loss in high-producing dairy cattle: where will it end? *Journal of Dairy Science*, 84:1277–1293.

Marsh, W.E., Dijkhuizen, A.A., Morris, R.S. (1987). An economic comparison of four culling decision rules for reproductive failure in the US dairy herds using Dairy ORACLE. *Journal of Dairy Science*, 70:1274–1280.

Meadows, C., Rajala-Schultz, P.J., Frazer, G.S. (2005). A spreadsheet-based model demonstrating the nonuniform economic effects of varying reproductive performance in Ohio dairy herds. *Journal of Dairy Science*, 88:1244–1254.

Miller, R.H., Norman, H.D., Kuhn, M.T., Clay, J.S., Hutchison, J.L. (2007). Voluntary waiting period and adoption of synchronized breeding in dairy herd improvement herds. *Journal of Dairy Science*, 90:1594–1606.

National Research Council. (2001). *Nutrient Requirements of Dairy Cattle*, 7th rev. ed. Washington, DC: National Academy of Sciences.

Overton, M.W. (2006). Cash flows of instituting reproductive programs: cost versus reward. In Proceedings: *39th Annual Conference of the American Association of Bovine Practitioners*, 39:181–188.

Pecsok, S.R., McGilliard, M.L., Nebel, R.L. (1994). Conception rates: derivation and estimates for effects of estrus detection on cow profitability. *Journal of Dairy Science*, 77:3008–3015.

Peter, A.T. (2000). Abortions in dairy cows: new insights and economic impact. *Advances in Dairy Technology*, 12:233–244.

Pfeiffer, D.U., Williamson, N.B., Thornton, R.N. (1997). A simple spreadsheet simulation model of the economic effects of *Neospora caninum* abortions in dairy cattle in New Zealand. In Proceedings: *8th International Society for Veterinary Epidemiology and Economics (ISVEE)*, Paris, France, July 8–11, 1997. Special issue of *Epidemiologie et Santé Animale* 31–32:10.12.1–10.12.3.

Pinedo, P.J., De Vries, A. (2010). Effect of days to conception in the previous lactation on the risk of death and live culling around calving. *Journal of Dairy Science*, 93:968–977.

Plaizier, J.C.B., King, G.J., Dekkers, J.C.M., Lissemore, K. (1997). Estimation of economic values of indices for reproductive performance in dairy herds using computer simulation. *Journal of Dairy Science*, 80:2775–2783.

Plaizier, J.C.B., King, G.J., Dekkers, J.C.M., Lissemore, K. (1998). Modeling the relationship between reproductive performance and net-revenue in dairy herds. *Agricultural Systems*, 56:305–322.

Refsdal, A.O. (2007). Reproductive performance of Norwegian cattle from 1985 to 2005: trends and seasonality. *Acta Veterinaria Scandinavica*, 49(1): 5. doi: 10.1186/1751-0147-49-5.

Risco, C.A., Moreira, F., DeLorenzo, M., Thatcher, W.W. (1998). Timed artificial insemination in dairy cattle—part II. *The Compendium on Continuing Education for the Practicing Veterinarian*, 20:1284–1289.

Smith, J.W., Ely, L.O., Gilson, W.D., Graves, W.M. (2004). Effects of artificial insemination versus natural service breeding on production and reproduction parameters in dairy herds. *Professional Animal Scientist*, 20:185–190.

Stevenson, J.S. (2001). Reproductive management of dairy cows in high milk-producing herds. *Journal of Dairy Science*, 84(Suppl. E): E128–E143.

Stevenson, J.S. (2004). Factors to improve reproductive management and getting cows pregnant. In Proceedings: *Southeast Dairy Herd Management Conference*, pp. 10–38. Macon, GA.

Stevenson, J.S., Phatak, A.P. (2005). Inseminations at estrus induced by presynchronization before application of synchronized estrus and ovulation. *Journal of Dairy Science*, 88:399–405.

Thurmond, M.C., Picanso, J.P. (1990). A surveillance system for bovine abortion. *Preventive Veterinary Medicine*, 9:41–53.

United States Department of Agriculture. (2007). Dairy 2007, Part I: Reference of Dairy Cattle Health and Management Practices in the United States, 2007. USDA-APHIS-VS, CEAH. Fort Collins, CO.

United States Department of Agriculture. (2009). Dairy 2007, Part IV: Reference of Dairy Cattle Health and Management Practices in the United States, 2007. USDA-APHIS-VS, CEAH. Fort Collins, CO.

United States Department of Agriculture. (2010). Bovine genetic trends. Available at http://aipl.arsusda.gov (accessed March 8, 2010).

Washburn, S.P., Silva, W.J., Brown, C.H., McDaniel, B.T., McAllister, A.J. (2002). Trends in reproductive performance in Southeastern Holstein and Jersey DHI herds. *Journal of Dairy Science*, 85:244–251.

Weersink, A., VanLeeuwen, J.A., Chi, J., Keef, G.P. (2002). Direct production losses and treatment costs due to four dairy cattle diseases. *Advances in Dairy Technology*, 14:55–75.

Weller, J.I., Folman, Y. (1990). Effects of calf value and reproductive management on optimal days to first breeding. *Journal of Dairy Science*, 73:1318–1326.

第13章

暑熱ストレスがかかる時期の乳牛の繁殖管理

Peter J. Hansen

要約

　世界中の多くの地域で，暑熱ストレスによって泌乳牛の繁殖機能に障害が起こり得る。繁殖機能の低下に関連した重要事項には，発情発現の低下，卵胞や卵母細胞機能の障害，胚死滅の増加，胎子発育の低下が挙げられる。暑熱ストレスを減少させるように牛舎を改良することで，暑熱ストレスがかかる時期の繁殖機能を高めることができる。さらに，生理的機能を操作することで，暑熱ストレスの悪影響をいくらか減らすこともできる。発情発見に及ぼす影響は，発情発見補助器具を取り入れることによって減らすことができ，また，定時授精計画を用いることで排除することができる。受胎能に及ぼす影響は，胚移植を用いることで少なくすることができる。

　抗酸化剤給与のような他のアプローチは受胎能向上にある程度有効であるが，一方，ホルモン処置のような他の方法は，暑熱ストレスがかかる時期の受胎能向上に一貫した結果が得られていない。将来，生理学的および細胞レベルで耐熱性を示す遺伝子マーカーが特定できれば，暑熱ストレスに耐性のある牛を選抜することが可能になるかもしれない。

乳牛の受胎能に及ぼす暑熱ストレスの影響 〜広範囲に及ぶ深刻化しつつある問題〜

　乳牛を飼育している世界の大部分の温帯地方において，暑熱ストレスは乳牛の受胎能に悪影響を及ぼしている。季節的暑熱ストレスがかかる間に低下する受胎能の程度と持続時間は，世界のより暖かい地方の方が大きい（Al-Katananiら，1999；Huangら，2008）。しかし，それでもなお，温帯地方においても夏の間は受胎能が低下する（Oseniら，2003）。北はカナダ・エドモントンまで，受胎能は冬よりも夏の方が低いことが報告されている（Ambroseら，2006）。さらに，受胎能に及ぼす暑熱ストレスの影響の程度が徐々に大きくなっているという証明もある（López-Gatius，2003；Pszczolaら，2009）。

　繁殖機能が制限されることの重大さを考えると，ほとんどの酪農場において暑熱ストレスの管理は重要な優先事項となる。本章では，繁殖をコントロールしている生理的機能に及ぼす暑熱ストレスの影響について分かっていることを復習し，これらの影響を最小限にするために用いる方法を再検討する。

暑熱ストレスの生理学

　すべての哺乳類や鳥類と同様に，牛は恒温動物である。すなわち，概日リズムの制限の中で，自分の体温を一定の高い水準（牛で38.3〜38.6℃）に調節しようとする。調節は，維持のための体内熱産生とその他の活動を，環境への熱損失と釣り合わせることによって行われる。

　熱は，①伝導，②対流，③放射，④蒸発によって環境とやりとりされる。最初の3つの様式を通した熱交換の大きさは，牛の表面温度と周囲環境の気温との勾配によって決まる。牛では，蒸発は発汗とあえぎを通して，また皮膚を強制的に濡らされた時（例えば，牛がスプリンクラーや噴霧器に接した時）に起こる。蒸発による熱損失量は，周囲空気の湿度と蒸発に関与している動物の有効表面積（発汗している，また強制的に濡らされた皮膚の表面積と，呼吸熱損失のための分時拍出量）によって決まる。

　高体温は，熱産生が環境に失われた熱量を超えた時に起こる。この状態はむしろ環境への熱損失を最小限に抑えた時に起こる。「高い気温」と「強烈な太陽放

射」が高体温を引き起こす最も重大な要素のうちの2つであるが，高い湿度と低風速も熱損失を少なくする原因となる（Buffingtonら，1981；Berman，2005）。

また牛の特徴は熱産生と熱損失の大きさを決定づける。乳牛にとって最も重要なのは泌乳であるが，乳合成は，大幅な熱産生の増加と関連している。例えば，1日に平均31.6kgの乳を生産している牛の熱産生は，乾乳牛の熱産生よりも48％高い（Purwantoら，1990）。泌乳に伴う高い熱産生により，暑熱ストレスがかかる間の体温調節能力が低下するので，泌乳牛は非泌乳牛よりも低い気温で高体温になる。例えば，ウィスコンシン州で行われた研究（Sartoriら，2002）によると，気温25℃にいる非泌乳未経産牛の平均直腸温がほぼ38.4℃であったのに対して，同じ気温にいる泌乳牛の平均直腸温は39.1℃以上であった（**図13-1**）。

さらに，高体温時の体温調節能力は乳量が増えると低下することがある（Bermanら，1985；Berman，2005）。当然のことながら，受胎能の季節的変動は，非泌乳牛よりも泌乳牛の方がはるかに顕著であり（Badingaら，1985；Chebelら，2007），**図13-2**に示したように，ノンリターン率の季節的変動は，低泌乳牛よりも高泌乳牛の方が顕著である（Al-Katananiら，1999）。にもかかわらず，非泌乳未経産牛も暑熱ストレスを感じることがあり，その場合，冷却によって受胎能を高めることができる（Moghaddamら，2009）。

乳量，熱産生，体温調節の間には関連があるにもかかわらず，亜熱帯環境で集約管理されている（Dikmen and Hansen，2009），あるいは放牧管理されている（Dikmenら，2009）泌乳牛に暑熱ストレスがかかっている間の乳量と体温には関連がない。この研究結果について考えられる理由の1つは，高温気候下で優れた体温調節能力を持つ牛は，結果として高泌乳量である可能性が高いということである。

暑熱ストレスがかかっている間の生理学的適応により熱産生量が減少したり（例えば，飼料摂取量や乳量の減少），熱損失が増加したりする（例えば，末梢血管抵抗の減退，発汗，あえぎ。詳しくはKadzereら，2002を参照）。適応は長い期間にわたって起こるので，数週間の間，暑熱ストレスにさらされた未経産牛は，ストレスの悪影響を最小限にする能力を獲得する（Weldyら，1964）。そのようなことから，急性の暑熱ストレスの影響は，暖かい環境で飼育されている牛よりも涼しい環境で飼育されている牛の方がより重度になるだろう。

適応は遺伝子レベルにまで及ぶ。耐暑性には，空胎期間を含んだ（Oseniら，2004）遺伝的差異があり（Aguilarら，2009），乳量に及ぼす暑熱ストレスの影響の大きさに関連した遺伝子マーカーが特定されてい

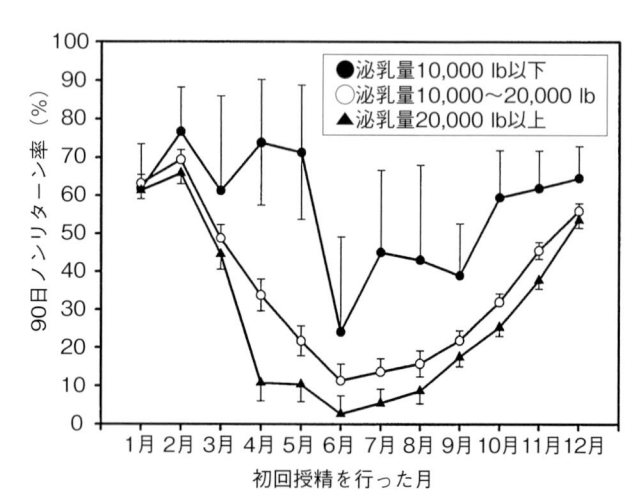

図13-1
気温と体温の関係に及ぼす泌乳の影響。ウィスコンシン州で飼育されている泌乳中の経産牛と未経産牛のデータ。各記号のそばのカッコ内の値は，観察数を示す。Sartoriら（2002）から引用。Journal of Dairy Scienceの承諾を得て複製した。

図13-2
フロリダ州とジョージア州南部で飼育されている乳牛の90日ノンリターン率の季節変動に及ぼす乳量の影響。90日ノンリターン率とは，受精後90日間に発情を示さなかった牛の割合を表す。直線は，泌乳量が1泌乳期に10,000lb（4,500kg）以下（黒丸），10,000〜20,000lb（4,500〜9,000kg）（白丸），20,000lb（9,000kg）以上（三角）である牛のデータを示す。データはAl-Katananiら（1999）から引用し，図は，Journal of Dairy Scienceの承諾を得て複製した。

る（Hayesら，2009）。したがって，耐暑性の選抜が可能である。暑熱ストレスにさらされた放牧牛の体温は，ジャージー種×ホルスタイン種の方が，どちらかの種よりも低かったので（Dikmenら，2009），暑熱ストレスがかかっている間の体温調節のための雑種強勢もあるかもしれない。細胞レベルでは，*Bos indicus* 胚は，*Bos taurus* 胚よりも高温に耐性がある（詳しくは Hansen，2004，2007a を参照）。

暑熱ストレスに起因する繁殖機能障害

●発情発見

いくつかの測定から，発情行動が暑熱ストレスによって減退することが明らかになっている。実験的に暑熱ストレスを加えると，発情の長さが短くなり（Gangwarら，1965；Abilayら，1975），また，夏に発情している牛は，歩行や（López-Gatiusら，2005）乗駕行動が減る（Nebelら，1997）。発情行動の減退は，暑熱ストレスによって生じる身体的無気力だけでなく，おそらく血中エストラジオール17β濃度の排卵前上昇の低下（Gwazdauskasら，1981；Giladら，1993）と関係がある。

発情行動に及ぼす暑熱ストレスの影響を考えると，発情発見は難しくなる。例えば，あるフロリダ州の商業的酪農場では，発見できなかった発情周期の割合は10月～5月が44％～65％であったのに対して，6月～9月は76～82％であった（Thatcher and Collier, 1986）。

●卵母細胞と卵胞の発育

受精のための卵母細胞の能力と，その結果として胚盤胞期へと発育する胚になるための卵母細胞の能力は，暑熱ストレスがかかっている間に傷付く（Rochaら，1998；Zeronら，2001；Al-Katananiら，2002a）。傷付いた卵母細胞の発育は，少なくともある程度は，卵胞発育パターンが狂うことの結果として起こる。卵胞の優勢性は暑熱ストレスによって弱まり，そのため主席卵胞の成長が低下し，よりサイズの小さい卵胞の数が増える（Badingaら，1993；Wolfensonら，1995）。さらに，暑熱ストレスによって，卵胞（Wolfensonら，1997）や血中エストラジオール17β濃度（Wilsonら，1998a, b）だけでなく，卵胞アンドロステンジオンとエストラジオール17β産生（Rothら，2001a）も低下することがある。卵胞機能に及ぼす暑熱ストレスの影響には，卵胞ステロイド合成に及ぼす高温の直接的作用（Wolfensonら，1997；Bridgesら，2005）と同様に，黄体形成ホルモン分泌の減少（Wiseら，1988a；Giladら，1993）がある。

牛の卵胞と卵母細胞の発育のプロセスは非常に長い。原始卵胞が優勢になるには16週間かかると推定されている（Webb and Campbell, 2007）。したがって，排卵前の数日あるいは数週に及ぶ時点で，暑熱ストレスが卵母細胞の発育を傷付ける可能性がある。

このような考えは，羊において実験的に明らかになっている。交配前の発情周期12日目に暑熱ストレスを受けると，その後の受精率と分娩率が下がる（Dutt, 1964）というものである。牛にみられる，暑熱ストレス終了後，秋の受胎能の回復に生じるいくらかの遅れは（Al-Katananiら，1999；Huangら，2008），卵母細胞の発育に及ぼす暑熱ストレスの影響を示しているようである。牛において，暑熱ストレスの影響を受けやすい排卵前の正確な時期は，厳密には明らかになっていない。しかし，Rothら（2001a）は，卵胞機能に及ぼす暑熱ストレスの持ち越し効果を見い出した。特に，卵胞ステロイド産生は，20～26日前，すなわち卵胞の直径が0.5～1mmの時に，実験的に加えられた暑熱ストレスによって傷付けられた。このように，少なくとも排卵3週間前に生じた暑熱ストレスがその後の受胎能に影響を及ぼす可能性がある。

●卵母細胞の成熟

卵母細胞が成熟する過程で，暑熱ストレスが卵母細胞機能を破壊させることがあることを証明する，ある見事な実験がPutneyら（1989a）によって行われた。過剰排卵させた未経産牛に，環境室で発情開始時から10時間暑熱ストレスを与えた。牛をその後冷やし，発情が開始してから15～20時間後に授精した。したがって，牛は，授精時には暑熱ストレスにさらされていなかった。

対照群と比較して，この処置を受けた牛に受精率の低下はみられなかったが，発情後7日目に，正常だと分類された回収胚の割合が減少した。また，体外でも，成熟する間に高温にさらされることによって，核成熟が完成した卵母細胞の割合が減少し，異常な紡錘体形成とアポトーシス前核の割合が増加することがある（Paytonら，2004；Roth and Hansen, 2004, 2005；Juら，2005）。排卵前の時期に暑熱ストレスを受けるその他の影響は，黄体形成ホルモンとエストラジオールの排卵前のサージの程度が低下することである（Gwazdauskasら，1981；Giladら，1993）。

●受精のプロセス

　泌乳牛の受精率は夏の間低下するが（Sartoriら，2002），この場合の受精の失敗の多くは，おそらく前の段落で述べたような卵母細胞の成熟不良を表している。受精プロセスそれ自体が暑熱ストレスによって傷付けられるかどうかについての情報はほとんどない。体外で，暑熱ストレスを加えた射精された精子の受精能は低下せず（Monterrosoら，1995；Hendricksら，2009），熱ショックを与えた精子から形成された胚の，胚盤胞期に発達するための能力は正常である（Hendricksら，2009）。

●初期胚発育の抑制

　着床前の胚は，暑熱ストレスを非常に受けやすい生物体から，暑熱ストレスにもっと耐性のある生物体に急激に変貌を遂げる。過剰排卵させた牛に発情後1日目に暑熱ストレスを加えると，発情後8日目に胚盤胞である胚の割合が減少するが，発情後3，5，7日目に暑熱ストレスを加えても，発情後8日目の胚盤胞への発育に何の影響も与えない（Ealyら，1993）。

　カリフォルニア州で行われた遡及研究（Chebelら，2004）によると，受精前に生じた暑熱ストレスと受胎率との間には関係がみられたが，受精後に生じた暑熱ストレスと受胎率には何の関係も認められなかった。体外においても，発育中の2〜4細胞期の胚は，より発育が進んだ胚よりも，高温にさらされることで発育が阻害される可能性が高い（Edwards and Hansen, 1997；Sakataniら，2004）。

　暑熱耐性を生じる生化学的機序についてはよく分かっていないが，熱ショックによって生じるフリーラジカル産生に対して胚がより強くなるようにする抗酸化系と，フリーラジカル産生との間のバランスの変化が含まれるだろう（Hansen, 2007b）。

●妊娠喪失と胎子発育

　泌乳牛において，暑熱ストレスによって後期胚や胎子の死滅が起こるかどうかについては，文献上，意見の相違がある。カリフォルニア州では，Chebelら（2004）が，受精前か受精後に生じた暑熱ストレスと，妊娠31〜45日間の妊娠喪失との間に関係がないことを見い出している。またフロリダ州で研究を行ったJousanら（2005）は，妊娠40〜50日，70〜80日，70〜80日と分娩予定日との間の妊娠喪失に季節的変動がないことをみつけている。

　それに対して，García-Ispiertoら（2006）は，スペインで飼育されている牛において，暖かい季節と，妊娠35〜45日，90日の妊娠喪失の増加との関連性を見い出した。妊娠後期に受けた暑熱ストレスの持続的な影響の1つは，胎子の発育減退と，その後の乳量の減少である（Collierら，1982；Wolfensonら，1988；do Amaralら，2009）。

暑熱ストレスのリスク評価

　牛の体温がどのくらい上がったら，あるいは，どのくらい長く高温状態が続いたら牛の繁殖機能が傷付くかは明らかになっていない。おそらく，高体温の影響を推定した最も優れた研究は，Gwazdauskasら（1973）によるものだろう。この研究では，授精日に子宮温度が38.6℃を超えて0.5℃上がると，受胎率が12.8％下がった。子宮温度は直腸温よりも0.2℃高いので，受胎能は直腸温が38.9℃（38.4℃の直腸温より0.5℃高い）になると傷付き始めると推定できる。

　牛が高体温になるほど暑熱ストレスにさらされているかどうかを見きわめる1番の方法は，直接，直腸温を計ることである。これは，直腸に1分間，水銀体温計を入れるだけで簡単に行うことができる。暑熱ストレスにさらされている牛は，呼吸数の増加（1分間に60回以上），開口呼吸，よだれをたらす，頭をうなだれるなどの他の症状も示す。

　暑熱ストレスを予測できるような環境測定を特定するために相当な努力がなされてきた。泌乳牛では，それ以上になると高体温が生じる気温として定義される，上限の臨界温度は，25℃と28℃の間であると推定されている（Bermanら，1985；Dikmen and Hansen, 2009）。暑熱ストレスの大きさを推定するために，いろいろな環境状態の測定を組み合わせたさまざまな指標も作られている。最もよく使われているのは，不快指数（THI：temperature humidity index）である。少なくとも湿っぽい環境では，THIは直腸温を予測することにおいては，乾球温度とあまり変わらない（Dikmen and Hansen, 2009）。それ以上になると乳量が低下するTHIは72〜74で（Bohmanovaら，2007），それ以上になると直腸温が上昇するTHIは78であると推定されている（Dikmen and Hansen, 2009）。

暑熱ストレスの大きさを低減する冷却法

　乳牛への暑熱ストレスの影響を少なくするための最も一般的な方法は，牛が感じている暑熱ストレスを少

なくするために環境を変えることである。環境の改善には、日陰をつくる、風速を増すために扇風機をつける、牛の表面（スプリンクラー）あるいは周囲空気（霧吹き、噴霧器）の蒸発性放熱を促進させるためにスプリンクラー、霧吹き、噴霧器を付け加える、牛が冷却池を利用できるようにすることが含まれる（Tomaszewski ら，2005；Collier ら，2006；Nienaber and Hahn, 2007）。日陰やスプリンクラーは、放牧管理システムにもうまく取り入れることができる（Kendall ら，2007）。

環境の改善を行うかどうかの決定は複雑で、ある程度、牛舎システムの建設と運用にかかる費用に対する生産される乳の価値によって決まる。したがって、牛舎の一方の端（トンネル換気）か、側面（通気）に取り付けられた扇風機によって、加湿空気が牛舎から送り出される仕組みのトンネル換気牛舎や通風牛舎のような、牛を冷却するための精巧なシステム（Smith ら，2006a, b）は、どのような状況においても費用効率性が低いかもしれない。気候もまた、牛舎システムの選択に影響を及ぼす。広範囲にわたって湿度が高い状況では、空気中に水分を蒸発させるための噴霧器や霧吹きシステムの効果が制限されるし、広範囲にわたって気温が高い状況では、対流冷却のための扇風機の効果が制限される。水を利用できるかどうかや、廃水排出が可能かどうかによっても行うことができる蒸発冷却の種類が変わってくる。

残念ながら、乳牛のさまざまな冷却システムの相対的有効性についての科学的情報はほとんどない。サウジアラビアで行われたある研究によると、扇風機とスプレーの組み合わせによって冷却された牛は、外気の流れを制限するカーテンと高圧霧吹き（ミスター）の併用によって冷却された牛よりも受胎能が低かった（the Korral Kool ® system, Mesa, AZ）（Ryan ら，1992）（表13-1）。霧吹きをかけられたグループの平均直腸温が低かったわけではないのにもかかわらず、このような受胎能の違いが認められた。

先に述べたように、繁殖プロセスには、暑熱ストレスが妊娠成立につながる可能性が最大になるような一定の期間がある。熱感受性の期間は、卵母細胞発育の最終段階（排卵～21-30時間前；卵母細胞の熱感受性の範囲はあまり明らかになっていない）から授精1～3日後にまで及んでいる。この事実を踏まえると、排卵前後の重大な意味を持つ数日間に牛を冷却すれば、受胎能にいくらかの改善をもたらすことができる（表13-2）。

牛舎の改良だけで、受胎能に及ぼす暑熱ストレスの影響を完全に防ぐことは難しい。例えば、フロリダ州

表13-1 サウジアラビアで飼育されている泌乳牛の初回授精の妊娠率に及ぼす2つの異なる蒸発冷却法の効果[1]

不快指数	扇風機とスプレー 頭数	妊娠率(%)	Korral Kool® 高圧霧吹き（ミスター）システム 頭数	妊娠率(%)
<78.5	22	22.7	18	27.8
78.5～80.7	23	17.4	27	29.6
>80.7	29	20.7	30	33.3

[1] Ryan ら（1992）から引用。
注：分娩から受胎までの日数は Korral Kool グループの方が少なかった（118日対147日）（$P < 0.05$）。

表13-2 卵母細胞発育末期，排卵，受精，胚発育の前後の限られた数日間冷却された泌乳牛における受胎能の向上

場所	冷却法	冷却期間[a]	妊娠頭数/授精頭数(%) 対照群	冷却群	P[b]	出典
アリゾナ州	エアコン	0日間から+4～6.5日間	13/61 (22%)	19/63 (30%)	N.S.	Stott and Wiersma, (1976)
グアドループ島	スプレー	12日間，人工授精後10日目まで	2/15 (13%)	8/15 (53%)	0.05	Gauthier, 1983
イスラエル	扇風機とスプリンクラー	発情に対して-1日間から+8日間	8/22 (36%)	9/29 (31%)	N.S.	Her ら，1988
アリゾナ州	さまざま	プロスタグランジン投与後8～16日間	3/18 (16.7%)	10/35 (28.6%)	0.05	Wise ら，1988b
フロリダ州	扇風機とスプリンクラー	プロスタグランジン投与後8日間	2/32 (6.2%)	8/50 (16.0%)	0.02[c]	Ealy ら，1994

[a] 特に記述していなければ，発情に対する日数。
[b] N.S. = 有意差がない。
[c] ANOVA では，$P = 0.02$ であるが，CATMOD では有意差がない。

では，スプリンクラーと扇風機で冷却された牛群の妊娠率に季節的変動が続いた（Hansen and Aréchiga, 1999）。イスラエルでは，Flamenbaum and Ezra（2006）が，集中的に冷却された群の夏の乳量は，冬の乳量の96～103％であったことを発見した。しかし受胎率は，高泌乳牛群では夏に19％，冬に39％であり，低泌乳牛群では夏に25％，冬に40％であった。冷却システムの効果が限られているということは，暑熱ストレスがかかっている間の繁殖を最大限にするためには，繁殖機能を向上させるための他の方法も行う必要があるということを意味している。

発情発見に及ぼす暑熱ストレスの影響を減らすための牛の管理

●発情発見補助器具

発情発見補助器具は，暑熱ストレスによって発情の行動上の徴候が減退した牛の発情の発見を高めることができる。フロリダ州で夏に行われたある研究によると，テイルチョークを発情発見補助器具として使用することで，プロスタグランジン$F_{2\alpha}$（$PGF_{2\alpha}$）注射後96時間以内に発情を発見した牛の割合が24％から43％に増加した（Ealyら，1994）。

夏にノースカロライナ州の乳牛を用いた研究で，Peraltaら（2005）は，目視観察とともに遠隔検出装置（HeatWatch ™, CowChips LLC, Manalapan, OR, またはALPRO ™, DeLaval, Kansas City, MO）を用いることで，発情発見効率が高まることを見い出した。

雄牛

自然交配は，暑熱ストレスが発情発見に及ぼす影響を回避するための別の方法となる。事実上，米国全域で人工授精（AI）を用いて行われる繁殖の割合は，夏に若干減少する（Powell and Norman, 1990）。その理由は，酪農家は妊娠結果が低い時期に人工的に牛を授精するという努力をあまりしたがらないことと，雄牛を使うことで受胎能が向上するという信念からである。すべての場合でそうだというわけではないが，自然交配システムの大半は，人工授精プログラムよりも費用がかかる（Overton, 2005）。さらに，雄の受精能は暑熱ストレスによる影響を60日後まで受ける場合があり，人工授精は，精液性状に及ぼす暑熱ストレスの影響を避けることができる技術である。

予期できる雄牛を使用することによって得られる最大の利点は，発情発現が乏しいことにより起こる繁殖のチャンスの見逃しを避けられることである。De Vriesら（2005）は，フロリダ州とジョージア州で飼育されている群の妊娠率（21日間に繁殖適期にあって妊娠した牛の割合，すなわち，発情発見率×授精して妊娠した牛の割合）を，主に雄牛を用いた群（自然交配群：自然交配90％以上），一部雄牛を用いた群（混合群：自然交配11～89％），ほとんど雄牛を用いていない群（人工授精群：自然交配10％以下）で比較した。その結果，冬の間の妊娠率は3つの群で差がなかった（人工授精群，混合群，自然交配群の妊娠率，それぞれ，17.9％，17.8％，18.0％）。一方，夏では，雄牛を用いた群で妊娠率の若干の増加がみられた（人工授精群，混合群，自然交配群の妊娠率，それぞれ，8.1％，9.1％，9.3％）。

●定時授精（TAI）

授精を，定時に，そして発情発見する必要なしに行えるように，排卵のタイミングを計画するためにTAIが実施される。このような処置を夏に行うことで，牛が任意待機期間の後に妊娠する割合を増やすことができる。この恩恵は，牛の受胎能がより高くなるからではなく，牛をより頻繁に授精できることから生まれる（言い換えると，発情を発見した牛だけを授精するのではなく，繁殖適期にあるすべての牛を授精する）。

その結果，全体的な妊娠率（繁殖適期にあって妊娠した牛の割合）と，分娩後の特定の期間の妊娠率（例えば，分娩後90日間に妊娠した牛の割合）が向上するが，1回の授精当たりの妊娠率は通常向上しない。典型的な結果を**表13-3**に示した。

受胎能に及ぼす暑熱ストレスの影響を減らすための牛の管理

●ホルモン療法

大部分は失敗に終わったが，暑熱ストレスを受けた牛の受胎能を高めるためのホルモン療法をみつけるために相当な努力がなされてきた。慢性的に暑熱ストレスを受けている牛によくみられる特徴の1つに血中プロジェステロン濃度の低下がある（Wolfensonら，2000）。しかし，血中プロジェステロン濃度を増すために発情周期5日目にhCG（ヒト絨毛性ゴナドトロピン）を注射しても，暑熱ストレスを受けた牛が授精後に妊娠する割合は増加しなかった（Schmittら，1996；Santosら，2001）。

ウシ成長ホルモン（STH）療法は，IGF-1（インス

表 13-3 フロリダ州（試験 1～3）とカンサス州（試験 4）で暑熱ストレスのかかる時期に泌乳中のホルスタイン牛の妊娠率を増加させるために行った定時授精（TAI）計画の効果[1]

試験[2]	処置[3]	頭数	分娩から初回授精までの間隔（日）	妊娠率 初回授精時	妊娠率 分娩後 90 日目	妊娠率 分娩後 120 日目
1	発情	184	82.4 ± 1.0	12.5 ± 2.5	9.8 ± 2.5	30.4 ± 3.5
	TAI	169	72.4 ± 1.0***	13.6 ± 2.6	16.6 ± 2.6*	32.7 ± 3.6
2	発情	35	58.1 ± 1.7	8.6 ± 5.1	14.3 ± 7.2	37.1 ± 8.3
	TAI	35	51.7 ± 1.7*	11.4 ± 5.1	34.3 ± 7.1 †	62.9 ± 8.3*
3	PGF	156	91.0 ± 1.9	4.8 ± 2.5		16.5 ± 3.5
	TAI	148	58.7 ± 2.1*	13.9 ± 2.6*		27.0 ± 3.6*
4	SS	128		32.0	17.9[5]	
	TAI	207		33.3	33.3**	

[1] データは，最小二乗平均±標準誤差を示す。
[2] 試験 1 と 2：Aréchiga ら（1998a）；試験 3：de la Sota ら（1998）；試験 4：Cartmill ら（2001）。
[3] 発情＝分娩後，70 日目（試験 1），50 日目（試験 2）以降に発情が観察された時に授精した；TAI＝分娩後 70 日目（試験 1），50 日目（試験 2），60 日目（試験 3），50～70 日目（試験 4）に計画した定時授精と，その後の期間に観察された発情すべてで授精を行った；PGF＝分娩後 57 日目の PGF$_{2\alpha}$ の注射と，その後の期間に発見した発情すべてで授精を行った；SS＝Select Synch；GnRH 投与後 7 日目に PGF を投与し，その後の 21 日間に発見した発情で授精を行った。
[4] TAI 群の牛 100％に対して，Select Synch 群の牛 58.7％に，PGF 投与後 7 日以内に授精を行った。
[5] 授精予定日の 27～30 日後に測定された（分娩後 77～100 日）。
* $P < 0.05$
** $P < 0.01$
*** $P < 0.001$
† $P < 0.10$（$P = 0.055$）

リン様成長因子 1）の分泌を促し，夏の間の胚生存を向上させることができるので，それによって暑熱ストレスを受けた牛の受胎能を増やすことが期待できるかもしれない（Block and Hansen, 2007）。しかし，実際には，ウシ成長ホルモンの投与によって，暑熱ストレスにさらされた泌乳牛の受胎能に有意な効果は認められなかった（Jousan ら，2007；Bell ら，2008）。

ゴナドトロピン放出ホルモン（GnRH）の投与によって暑熱ストレスがかかっている間の受胎能を向上させることができるのではないかという指摘がいくつかあるが，これを裏付けるにはさらに試験が必要である。López-Gatius ら（2006）は 1 回の授精当たりの妊娠率が対照群の牛で 20.6％だったのに対して，授精時に GnRH を投与した牛群で 30.8％，授精時と 12 日後に GnRH を投与した牛の群で 35.4％に増加したことを見い出した。別の一連の実験では，黄体退行を遅らせるために発情後 14～15 日に GnRH を注射したが，ほとんどの場合，受胎能に影響はなかった（Franco ら，2006）。

抗酸化剤

活性酸素類（ROS）産生の増加は，胚発生に及ぼす高温の悪影響と関連がある。特に，体外で胚を 41℃にさらすと，受精の 0 日目と 2 日目の ROS 産生が増加するが，4 日目と 6 日目には増加しない（Sakatani ら，2004）。ROS が増加する胚発育の段階は，熱感受性が最大になる時である（Ealy ら，1993；Edwards and Hansen, 1997；Sakatani ら，2004）。さらに，細胞質ゾルの抗酸化物質グルタチオンの細胞内濃度は，ウシ胚では初期の卵割過程で最も低い（Lim ら，1996）。したがって，酸化還元状態が，暑熱ストレスに対する胚の抵抗力における発育変化に重要な役割を果たしているのかもしれない。

これらの見解にもかかわらず，暑熱ストレスにさらされた泌乳牛の受胎能は，多くの場合，抗酸化剤を与えても向上しない。効果のなかった療法には，授精時のビタミン E の投与（Ealy ら，1994），授精の 6 日前，3 日前，0 日目の β カロチンの注射（Aréchiga ら，1998b），分娩前後のビタミン E とセレニウムの頻回注射（Paula-Lopes ら，2003）がある。分娩後 15 日目から少なくとも 90 日間 β カロチンを補助的に与えることで，分娩 120 日後に妊娠している牛の割合を増加させた（35％ 対 21％）ことを示す報告がある（Aréchiga ら，1998a）。

同じ研究で，初回受精で妊娠した牛の割合が β カロチンを補助的に与えることで増加するかどうかを調べ

たが，有意な傾向は認められなかった（14.6％対9.3％）。暑熱ストレスがかかっている間の受胎能を向上させるために，長期にわたって抗酸化剤を与えることの効果を調べるさらなる試験が必要である。

● 暑い季節の終わりの卵胞のターンオーバー

夏に暑熱ストレスによって傷付いた卵胞のターンオーバーによって秋の受胎能の回復を早めることに取り組んだ研究がイスラエルで行われた。体外で卵割し胚を形成する能力で測定された，秋の卵母細胞の能力は，卵胞を繰り返し吸引すること（Rothら，2001b），あるいはFSH（卵胞刺激ホルモン）やウシ成長ホルモン（STH）によって卵胞の発育を刺激することで高めることができる（Rothら，2002）。

したがって，これらの処置や，オブシンク法のような卵胞のターンオーバーを刺激する排卵同期化手順を繰り返すことで，暑熱ストレスが終わってから1カ月か2カ月後の受胎能を高める効果があるかもしれない。

● 胚移植

夏の受胎能を高めるための最も効果的な方法は，**図13-3**に示したような胚移植を用いる方法である。胚は一般的に発情後7日目に桑実胚や胚盤胞の形で移植され，この時までには，胚は母牛の高体温による破壊に対して十分な耐性を持つようになる（Ealyら，1993）。さらに，暑熱ストレスが卵母細胞の能力，受精，初期発育に及ぼす影響は回避される。いくつかの試験により，暑熱ストレスを受けた泌乳牛の受胎率を高めるための胚移植の有効性が確認された。過剰排卵によって作り出された胚（Putneyら，1989b；Drostら，1999；Rodriquesら，2004），あるいは体外受精の胚（Ambroseら，1999；Al-Katananiら，2002b）を用いた場合に肯定的な結果が得られた。実際，ブラジルで行われた大規模な研究では，胚移植を用いることで受胎能の季節的変動がなくなった（Rodriquesら，2004）（**図13-3**）。

暑熱ストレスを受けた牛の繁殖介助技術として胚移植を使用することには限界がある。胚生産にかかる費用が非常に高くなることがあるためである。最も費用のかからない胚は，食肉処理場の牛から採取した卵巣から集めた卵母細胞によって，体外で作り出された胚だろう。残念ながら**図13-3**に示したように，体外で作り出された胚の受胎率は，体内で作り出された胚の受胎率よりも低く（Hansen and Block，2004），体外で作り出された胚は低温保存で生き残る可能性が低い（Al-

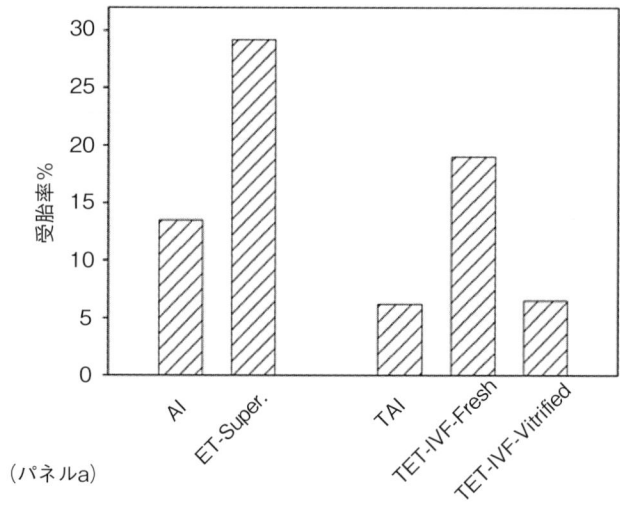

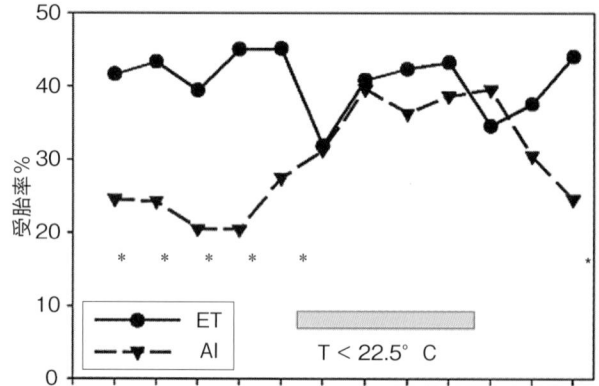

図13-3
暑熱ストレスにさらされた泌乳牛の胚移植を用いた受胎能の向上。夏にフロリダ州で，人工授精を行った牛の受胎率（妊娠した牛/授精した牛）と，胚移植を受けた牛の受胎率（妊娠した牛/胚移植を受けた牛）を比較した2つの研究の結果をパネルa（図上）に示した。左から2つの縦棒は，人工授精（AI）を受けた牛と，過剰排卵によって作り出された新鮮な胚の移植（ET-Super）を受けた牛とを比較したものである（Putneyら，1989b）。残りの縦棒はオブシンク法を行った後で，人工授精した（TAI）牛，体外受精によって作り出された新鮮な胚を移植された（TET-IVF-Fresh）牛，体外受精によって作り出されガラス化された胚を移植された（TET-IVF-Vitrified）牛を比較した研究結果を示す（Al-Katananiら，2002b）。パネルb（図下）は，ブラジルで行われた研究結果を示し，人工授精したホルスタイン泌乳牛（AI）と，過剰排卵によって作り出された新鮮な胚か凍結胚を移植されたホルスタイン泌乳牛（ET）を比較したものである（Rodriquesら，2004）。周囲の大気温度の平均が22.5℃以下だった月は灰色の横棒で示されている。この図は，*Theriogenology* の承諾を得て，Hansen（2007a）から複製した。

Katananiら，2002b）。これらの障害の多くは胚生産技術を改良することで克服でき，そして胚移植は依然として，暑熱ストレスがかかっている間の受胎能を高めることに大きな効果をもたらす唯一の技術である。

●遺伝的選抜

乳牛における暑熱ストレスの影響を減らすための，概して未開拓のアプローチは，暑熱ストレス耐性の遺伝的選抜である。優れた体温調節能力を持つ乳牛の選抜を進展させることは可能であり（Aguilarら，2009），熱耐性の遺伝子マーカーの特定（Hayesら，2009）により，分子遺伝学に基づいてそれを行うための新たなチャンスが生まれる。

交雑育種によって熱耐性を増すことも可能かもしれない。ジャージー種×ホルスタイン種の牛は，ホルスタイン種やジャージー種の牛よりも暑熱ストレスがかかっている間の放牧地での体温が低い（Dikmenら，2009）。興味深いことに，暑熱ストレス下で，ホルスタイン種の精液を用いた時よりもGyr種（ジール，ゼブー系の牛）の精液を用いた時の方が，泌乳ホルスタイン牛の1回の授精当たりの受胎率が高かった（Pegorerら，2007）。このような効果は，発育中の胚によって示された雑種強勢を表す，あるいは *B. indicus* 胚が優れた熱耐性を持つという事実を表している（詳しくは，Hansen, 2004を参照）。

文献

Abilay, T.A., Johnson, H.D., Madan, M. (1975). Influence of environmental heat on peripheral plasma progesterone and cortisol during the bovine estrous cycle. *Journal of Animal Science*, 58:1836–1840.

Aguilar, I., Misztal, I., Tsuruta, S. (2009). Genetic components of heat stress for dairy cattle with multiple lactations. *Journal of Dairy Science*, 92:5702–5711.

Al-Katanani, Y.M., Webb, D.W., Hansen, P.J. (1999). Factors affecting seasonal variation in 90-day nonreturn rate to first service in lactating Holstein cows in a hot climate. *Journal of Dairy Science*, 82:2611–2616.

Al-Katanani, Y.M., Paula-Lopes, F.F., Hansen, P.J. (2002a). Effect of season and exposure to heat stress on oocyte competence in Holstein cows. *Journal of Dairy Science*, 85:390–396.

Al-Katanani, Y.M., Drost, M., Monson, R.L., Rutledge, J.J., Krininger, C.E. III, Block, J., Thatcher, W.W., Hansen, P.J. (2002b). Pregnancy rates following timed embryo transfer with fresh or vitrified in vitro produced embryos in lactating dairy cows under heat stress conditions. *Theriogenology*, 58:171–182.

do Amaral, B.C., Connor, E.E., Tao, S., Hayen, J., Bubolz, J., Dahl, G.E. (2009). Heat-stress abatement during the dry period: does cooling improve transition into lactation? *Journal of Dairy Science*, 92:5988–5999.

Ambrose, J.D., Drost, M., Monson, R.L., Rutledge, J.J., Leibfried-Rutledge, M.L., Thatcher, M.-J., Kassa, T., Binelli, M., Hansen, P.J., Chenoweth, P.J., Thatcher, W.W. (1999). Efficacy of timed embryo transfer with fresh and frozen in vitro produced embryos to increase pregnancy rates in heat-stressed dairy cattle. *Journal of Dairy Science*, 82:2369–2376.

Ambrose, D.J., Govindarajan, T., Goonewardene, L.A. (2006). Conception rate and pregnancy loss rate in lactating Holstein cows of a single herd following timed insemination or insemination at detected estrus. *Journal of Dairy Science*, 89(Suppl. 1): 213–214. Abstract.

Aréchiga, C.F., Staples, C.R., McDowell, L.R., Hansen, P.J. (1998a). Effects of timed insemination and supplemental β-carotene on reproduction and milk yield of dairy cows under heat stress. *Journal of Dairy Science*, 81:390–402.

Aréchiga, C.F., Vázquez-Flores, S., Ortíz, O., Hernández-Cerón, J., Porras, A., McDowell, L.R., Hansen, P.J. (1998b). Effect of injection of β-carotene or vitamin E and selenium on fertility of lactating dairy cows. *Theriogenology*, 50:65–76.

Badinga, L., Collier, R.J., Thatcher, W.W., Wilcox, C.J. (1985). Effects of climatic and management factors on conception rate of dairy cattle in subtropical environment. *Journal of Dairy Science*, 68:78–85.

Badinga, L., Thatcher, W.W., Diaz, T., Drost, M., Wolfenson, D. (1993). Effect of environmental heat stress on follicular development and steroidogenesis in lactating Holstein cows. *Theriogenology*, 39:797–810.

Bell, A., Rodríguez, O.A., de Castro, E., Paula, L.A., Padua, M.B., Hernández-Cerón, J., Gutiérrez, C.G., De Vries, A., Hansen, P.J. (2008). Pregnancy success of lactating Holstein cows after a single administration of a sustained-release formulation of recombinant bovine somatotropin. *BMC Veterinary Research*, 4:22.

Berman, A. (2005). Estimates of heat stress relief needs for Holstein dairy cows. *Journal of Animal Science*, 83:1377–1384.

Berman, A., Folman, Y., Kaim, M., Mamen, M., Herz, Z., Wolfenson, D., Arieli, A., Graber, Y. (1985). Upper critical temperatures and forced ventilation effects for high-yielding dairy cows in a subtropical climate. *Journal of Dairy Science*, 68:488–1495.

Block, J., Hansen, P.J. (2007). Interaction between season and culture with insulin-like growth factor-1 on survival of in vitro produced embryos following transfer to lactating dairy cows. *Theriogenology*, 67:1518–1529.

Bohmanova, J., Misztal, I., Cole, J.B. (2007). Temperature-humidity indices as indicators of milk production losses due to heat stress. *Journal of Dairy Science*, 90:947–1956.

Bridges, P.J., Brusie, M.A., Fortune, J.E. (2005). Elevated temperature (heat stress) in vitro reduces androstenedione and estradiol and increases progesterone secretion by follicular cells from bovine dominant follicles. *Domestic Animal Endocrinology*, 29:508–522.

Buffington, D.E., Collazo-Arocho, A., Canton, G.H., Pitt, D., Thatcher, W.W., Collier, R.J. (1981). Black globe-humidity index (BGHI) as comfort equation for dairy cows. *Transactions of the American Society of Agricultural Engineers*, 24:711–714.

Cartmill, J.A., El-Zarkouny, S.Z., Hensley, B.A., Rozell, T.G., Smith, J.F., Stevenson, J.S. (2001). An alternative AI breeding protocol for dairy cows exposed to elevated ambient temperatures before or after calving or both. *Journal of Dairy Science*, 84:799–806.

Chebel, R.C., Santos, J.E., Reynolds, J.P., Cerri, R.L., Juchem, S.O., Overton, M. (2004). Factors affecting conception rate after artificial insemination and pregnancy loss in lactating dairy cows. *Animal Reproduction Science*, 84:239–255.

Chebel, R.C., Braga, F.A., Dalton, J.C. (2007). Factors affecting reproductive performance of Holstein heifers. *Animal Reproduction Science*, 101:208–224.

Collier, R.J., Doelger, S.G., Head, H.H., Thatcher, W.W., Wilcox, C.J. (1982). Effects of heat stress during pregnancy on maternal hormone concentrations, calf birth weight and postpartum milk yield of Holstein cows. *Journal of Animal Science*, 54:309–319.

Collier, R.J., Dahl, G.E., VanBaale, M.J. (2006). Major advances associated with environmental effects on dairy cattle. *Journal of Dairy Science*, 89:1244–1253.

De Vries, A., Steenholdt, C., Risco, C.A. (2005). Pregnancy rates and milk production in natural service and artificially inseminated dairy herds in Florida and Georgia. *Journal of Dairy Science*, 88:48–956.

Dikmen, S., Hansen, P.J. (2009). Is the temperature-humidity index the best indicator of heat stress in lactating dairy cows in a subtropical environment? *Journal of Dairy Science*, 92:109–116.

Dikmen, S., Martins, L., Pontes, E., Hansen, P.J. (2009). Genotype effects on body temperature in dairy cows under grazing conditions in a hot climate including evidence for heterosis. *International Journal of Biometeorology*, 53:327–331.

Drost, M., Ambrose, J.D., Thatcher, M.-J., Cantrell, C.K., Wolfsdorf, K.E., Hasler, J.F., Thatcher, W.W. (1999). Conception rates after artificial insemination or embryo transfer in lactating dairy cows during summer in Florida. *Theriogenology*, 52:1161–1167.

Dutt, R.H. (1964). Detrimental effects of high ambient temperature on fertility and early embryo survival in sheep. *International Journal of Biometeorology*, 8:47–56.

Ealy, A.D., Drost, M., Hansen, P.J. (1993). Developmental changes in embryonic resistance to adverse effects of maternal heat stress in cows. *Journal of Dairy Science*, 76:2899–2905.

Ealy, A.D., Aréchiga, C.F., Bray, D.R., Risco, C.A., Hansen, P.J. (1994). Effectiveness of short-term cooling and vitamin E for alleviation of infertility induced by heat stress in dairy cows. *Journal of Dairy Science*, 77:3601–3607.

Edwards, J.L., Hansen, P.J. (1997). Differential responses of bovine oocytes and preimplantation embryos to heat shock. *Molecular Reproduction and Development*, 46:138–145.

Flamenbaum, I., Ezra, E. (2006). Cooling cows in summer almost eliminates seasonality in milk production and fertility. In: *The Dairy Industry in Israel 2006*, ed. D. Hojman, Y. Malul, and T. Avrech, 23–25. Israel: Israel Cattle Breeders Association and Israel Dairy Board.

Franco, M., Thompson, P.M., Brad, A.M., Hansen, P.J. (2006). Effectiveness of administration of gonadotropin-releasing hormone at days 11, 14 or 15 after anticipated ovulation for increasing fertility of lactating dairy cows and non-lactating heifers. *Theriogenology*, 66:945–954.

Gangwar, P.C., Branton, C., Evans, D.L. (1965). Reproductive and physiological response of Holstein heifers to controlled and natural climatic conditions. *Journal of Dairy Science*, 48:222–227.

García-Ispierto, I., López-Gatius, F., Santolaria, P., Yániz, J.L., Nogareda, C., López-Béjar, M., De Rensis, F. (2006). Relationship between heat stress during the peri-implantation period and early fetal loss in dairy cattle. *Theriogenology*, 65:799–807.

Gauthier, D. (1983). Technique permettant d'améliorer la fertilité des femelles francais frissones pie noire (FFPN) en climat tropical. Influence sur l'évolution de la progestérone plasmatique. *Reproduction Nutrition Développement*, 23:129–136.

Gilad, E., Meidan, R., Berman, A., Graber, Y., Wolfenson, D. (1993). Effect of tonic and GnRH-induced gonadotrophin secretion in relation to concentration of oestradiol in plasma of cyclic cows. *Journal of Reproduction and Fertility*, 99:315–321.

Gwazdauskas, F.C., Thatcher, W.W., Wilcox, C.J. (1973). Physiological, environmental, and hormonal factors at insemination which may affect conception. *Journal of Dairy Science*, 56:873–877.

Gwazdauskas, F.C., Thatcher, W.W., Kiddy, C.A., Paape, M.J., Wilcox, C.J. (1981). Hormonal patterns during heat stress following PGF2α-tham salt induced luteal regression in heifers. *Theriogenology*, 16:271–285.

Hansen, P.J. (2004). Physiological and cellular adaptations of zebu cattle to thermal stress. *Animal Reproduction Science*, 82–83:349–360.

Hansen, P.J. (2007a). Exploitation of genetic and physiological determinants of embryonic resistance to elevated temperature to improve embryonic survival in dairy cattle during heat stress. *Theriogenology*, 68(Suppl. 1): S242–S249.

Hansen, P.J. (2007b). To be or not to be—determinants of embryonic survival following heat shock. *Theriogenology*, 68(Suppl. 1): S40–S48.

Hansen, P.J. (2009). Effects of heat stress on mammalian reproduction. *Philosophical Transactions of the Royal Society of London, Series B*, 364:3341–3350.

Hansen, P.J., Aréchiga, C.F. (1999). Strategies for managing reproduction in the heat-stressed dairy cow. *Journal of Animal Science*, 77(Suppl. 2): 36–50.

Hansen, P.J., Block, J. (2004). Towards an embryocentric world: the current and potential uses of embryo technologies in dairy production. *Reproduction, Fertility and Development*, 16:1–14.

Hayes, B.J., Bowman, P.J., Chamberlain, A.J., Savin, K., van Tassell, C.P., Sonstegard, C.S., Goddard, M.E. (2009). A validated genome wide association study to breed cattle adapted to an environment altered by climate change. *PLoS One*, 18:e6676.

Hendricks, K.E., Martins, L., Hansen, P.J. (2009). Consequences for the bovine embryo of being derived from a spermatozoon subjected to post-ejaculatory aging and heat shock: development to the blastocyst stage and sex ratio. *Journal of Reproduction and Development*, 55:69–74.

Her, E., Wolfenson, D., Flamenbaum, I., Folman, Y., Kaim, M., Berman, A. (1988). Thermal, productive, and reproductive responses of high yielding cows exposed to short-term cooling in summer. *Journal of Dairy Science*, 71:1085–1092.

Huang, C., Tsuruta, S., Bertrand, J.K., Misztal, I., Lawlor, T.J., Clay, J.S. (2008). Environmental effects on conception rates of Holsteins in New York and Georgia. *Journal of Dairy Science*, 91:818–825.

Jousan, F.D., Drost, M., Hansen, P.J. (2005). Factors associated with early and mid-to-late fetal loss in lactating and nonlactating Holstein cattle in a hot climate. *Journal of Animal Science*, 83:1017–1022.

Jousan, F.D., de Castro e Paula, L.A., Block, J., Hansen, P.J. (2007). Fertility of lactating dairy cows administered recombinant bovine somatotropin during heat stress. *Journal of Dairy Science*, 90:341–351.

Ju, J.C., Jiang, S., Tseng, J.K., Parks, J.E., Yang, X. (2005). Heat shock reduces developmental competence and alters spindle configuration of bovine oocytes. *Theriogenology*, 64:1677–1689.

Kadzere, C.T., Murphy, M.R., Silanikove, N., Maltz, E. (2002). Heat stress in lactating dairy cows: a review. *Livestock Production Science*, 77:59–91.

Kendall, P.E., Verkerk, G.A., Webster, J.R., Tucker, C.B. (2007). Sprinklers and shade cool cows and reduce insect-avoidance behavior in pasture-based dairy systems. *Journal of Dairy Science*, 90:3671–3680.

Lim, J.M., Liou, S.S., Hansel, W. (1996). Intracytoplasmic glutathione concentration and the role of β-mercaptoethanol in preimplantation development of bovine embryos. *Theriogenology*, 46:429–439.

López-Gatius, F. (2003). Is fertility declining in dairy cattle? A retrospective study in northeastern Spain. *Theriogenology*, 60:89–99.

López-Gatius, F., Santolaria, P., Mundet, I., Yániz, J.L. (2005). Walking activity at estrus and subsequent fertility in dairy cows. *Theriogenology*, 63:1419–1429.

López-Gatius, F., Santolaria, P., Martino, A., Delétang, F., De Rensis, F. (2006). The effects of GnRH treatment at the time of AI and 12 days later on reproductive performance of high producing dairy cows during the warm season in northeastern Spain. *Theriogenology*, 65:820–830.

Moghaddam, A., Karimi, I., Pooyanmehr, M. (2009). Effects of short-term cooling on pregnancy rate of dairy heifers under summer heat stress. *Veterinary Research Communications*, 33:567–575.

Monterroso, V.H., Drury, K.C., Ealy, A.D., Howell, J.L., Hansen, P.J. (1995). Effect of heat shock on function of frozen/thawed bull spermatozoa. *Theriogenology*, 44:947–961.

Nebel, R.L., Jobst, S.M., Dransfield, M.B.G., Pandolfi, S.M., Bailey, T.L. (1997). Use of radio frequency data communication system, HeatWatch®, to describe behavioral estrus in dairy cattle. *Journal of Dairy Science*, 80(Suppl. 1): 179. Abstract.

Nienaber, J.A., Hahn, G.L. (2007). Livestock production system management responses to thermal challenges. *International Journal of Biometeorology*, 52:149–157.

Oseni, S., Misztal, I., Tsuruta, S., Rekaya, R. (2003). Seasonality of days open in US Holsteins. *Journal of Dairy Science*, 86:3718–3725.

Oseni, S., Misztal, I., Tsuruta, S., Rekaya, R. (2004). Genetic components of days open under heat stress. *Journal of Dairy Science*, 87:3022–3028.

Overton, M.W. (2005). Cost comparison of natural service sires and artificial insemination for dairy cattle reproductive management. *Theriogenology*, 64:589–602.

Paula-Lopes, F.F., Al-Katanani, Y.M., Majewski, A.C., McDowell, L.R., Hansen, P.J. (2003). Manipulation of antioxidant status fails to improve fertility of lactating cows or survival of heat-shocked embryos. *Journal of Dairy Science*, 86:2343–2351.

Payton, R.R., Romar, R., Coy, P., Saxton, A.M., Lawrence, J.L., Edwards, J.L. (2004). Susceptibility of bovine germinal vesicle-stage oocytes from antral follicles to direct effects of heat stress in vitro. *Biology of Reproduction*, 71:1303–1308.

Pegorer, M.F., Vasconcelos, J.L.M., Trinca, L.A., Hansen, P.J., Barros, C.M. (2007). Influence of sire and sire breed (Gyr vs. Holstein) on establishment of pregnancy and embryonic loss in lactating Holstein cows during summer heat stress. *Theriogenology*, 67:692–697.

Peralta, O.A., Pearson, R.E., Nebel, R.L. (2005). Comparison of three estrus detection systems during summer in a large commercial dairy herd. *Animal Reproduction Science*, 87:59–72.

Powell, R.L., Norman, H.D. (1990). Impact of changes in genetic improvement programs and annual cycles on Holstein service sire merit. *Journal of Dairy Science*, 73:1123–1129.

Pszczola, M., Aguilar, I., Misztal, I. (2009). Short communication: trends for monthly changes in days open in Holsteins. *Journal of Dairy Science*, 92:4689–4696.

Purwanto, B.P., Abo, Y., Sakamoto, R., Furumoto, F., Yamamoto, S. (1990). Diurnal patterns of heat production and heart rate under thermoneutral conditions in Holstein Friesian cows differing in milk production. *Journal of Agriculture Science (Cambridge)*, 114:139–142.

Putney, D.J., Mullins, S., Thatcher, W.W., Drost, M., Gross, T.S. (1989a). Embryonic development in superovulated dairy cattle exposed to elevated ambient temperatures between the onset of estrus and insemination. *Animal Reproduction Science*, 19:37–51.

Putney, D.J., Drost, M., Thatcher, W.W. (1989b). Influence of summer heat stress on pregnancy rates of lactating dairy cattle following embryo transfer or artificial insemination. *Theriogenology*, 31:765–778.

Rocha, A., Randel, R.D., Broussard, J.R., Lim, J.M., Blair, R.M., Roussel, J.D., Godke, R.A., Hansel, W. (1998). High environmental temperature and humidity decrease oocyte quality in *Bos taurus* but not in *Bos indicus* cows. *Theriogenology*, 49:657–665.

Rodriques, C.A., Ayres, H., Reis, E.L., Nichi, M., Bo, G.A., Baruselli, P.S. (2004). Artificial insemination and embryo transfer pregnancy rates in high production Holstein breedings under tropical conditions. In Proceedings: *15th International Congress of Animal Reproduction* 2, 396. Abstract.

Roth, Z., Hansen, P.J. (2004). Involvement of apoptosis in disruption of oocyte competence by heat shock in cattle. *Biology of Reproduction*, 71:1898–1906.

Roth, Z., Hansen, P.J. (2005). Disruption of nuclear maturation and rearrangement of cytoskeletal elements in bovine oocytes exposed to heat shock during maturation. *Reproduction*, 129:235–244.

Roth, Z., Meidan, R., Shaham-Albalancy, A., Braw-Tal, R., Wolfenson, D. (2001a). Delayed effect of heat stress on steroid production in medium-sized and preovulatory bovine follicles. *Reproduction*, 121:745–751.

Roth, Z., Arav, A., Bor, A., Zeron, Y., Braw-Tal, R., Wolfenson, D. (2001b). Improvement of quality of oocytes collected in the autumn by enhanced removal of impaired follicles from previously heat-stressed cows. *Reproduction*, 122:737–744.

Roth, Z., Arav, A., Braw-Tal, R., Bor, A., Wolfenson, D. (2002). Effect of treatment with follicle-stimulating hormone or bovine somatotropin on the quality of oocytes aspirated in the autumn from previously heat-stressed cows. *Journal of Dairy Science*, 85:1398–1405.

Ryan, D.P., Boland, M.P., Kopel, E., Armstrong, D., Munyakazi, L., Godke, R.A., Ingraham, R.H. (1992). Evaluating two different evaporative cooling management systems for dairy cows in a hot, dry climate. *Journal of Dairy Science*, 75:1052–1059.

Sakatani, M., Kobayashi, S., Takahashi, M. (2004). Effects of heat shock on in vitro development and intracellular oxidative state of bovine preimplantation embryos. *Molecular Reproduction and Development*, 67:77–82.

Santos, J.E., Thatcher, W.W., Pool, L., Overton, M.W. (2001). Effect of human chorionic gonadotropin on luteal function and reproductive performance of high-producing lactating Holstein dairy cows. *Journal of Animal Science*, 79:2881–2894.

Sartori, R., Sartor-Bergfelt, R., Mertens, S.A., Guenther, J.N., Parrish, J.J., Wiltbank, M.C. (2002). Fertilization and early embryonic development in heifers and lactating cows in summer and lactating and dry cows in winter. *Journal of Dairy Science*, 85:2803–2812.

Schmitt, E.J., Diaz, T., Barros, C.M., de la Sota, R.L., Drost, M., Fredriksson, E.W., Staples, C.R., Thorner, R., Thatcher, W.W. (1996). Differential response of the luteal phase and fertility in cattle following ovulation of the first-wave follicle with human chorionic gonadotropin or an agonist of gonadotropin-releasing hormone. *Journal of Animal Science*, 74:1074–1083.

Smith, T.R., Chapa, A., Willard, S., Herndon, C. Jr., Williams, R.J., Crouch, J., Riley, T., Pogue, D. (2006a). Evaporative tunnel cooling of dairy cows in the southeast: I. Effect on body temperature and respiration rate. *Journal of Dairy Science*, 89:3904–3914.

Smith, T.R., Chapa, A., Willard, S., Herndon, C. Jr., Williams, R.J., Crouch, J., Riley, T., Pogue, D. (2006b). Evaporative tunnel cooling of dairy cows in the Southeast: II. Impact on lactation performance. *Journal of Dairy Science*, 89:3915–3923.

de la Sota, R.L., Burke, J.M., Risco, C.A., Moreira, F., DeLorenzo, M.A., Thatcher, W.W. (1998). Evaluation of timed insemination during summer heat stress in lactating dairy cattle. *Theriogenology*, 49:761–770.

Stott, G.H., Wiersma, F. (1976). Short term thermal relief for improved fertility in dairy cattle during hot weather. *International Journal of Biometeorology*, 20:344–350.

Thatcher, W.W., Collier, R.J. (1986). Effects of climate on bovine reproduction. In: *Current Therapy in Theriogenology*, 2nd ed., ed. D.A. Morrow, 301–309. Philadelphia: W.B. Saunders.

Tomaszewski, M.A., de Haan, M.A., Thompson, J.A., Jordan, E.R. (2005). The impact of cooling ponds in North Central Texas on dairy farm performance. *Journal of Dairy Science*, 88:2281–2286.

Webb, R., Campbell, B.K. (2007). Development of the dominant follicle: mechanisms of selection and maintenance of oocyte quality. *Society for Reproduction and Fertility Supplement*, 64:141–163.

Weldy, J.R., McDowell, R.E., Bond, J., Van Soest, P.J. (1964). Responses of winter-conditioned heifers under prolonged heat. *Journal of Dairy Science*, 47:691–692. Abstract.

Wilson, S.J., Kirby, C.J., Koenigsfield, A.T., Keisler, D.H., Lucy, M.C. (1998a). Effects of controlled heat stress on ovarian function of dairy cattle: 2. Heifers. *Journal of Dairy Science*, 81:2132–2138.

Wilson, S.J., Marion, R.S., Spain, J.N., Spiers, D.E., Keisler, D.H., Lucy, M.C. (1998b). Effects of controlled heat stress on ovarian function of dairy cattle: 1. Cows. *Journal of Dairy Science*, 81:2139–2144.

Wise, M.E., Armstrong, D.V., Huber, J.T., Hunter, R., Wiersma, F. (1988a). Hormonal alterations in the lactating dairy cow in response to thermal stress. *Journal of Dairy Science*, 71:2480–2485.

Wise, M.E., Rodriguez, R.E., Armstrong, D.V., Huber, J.T., Wiersma, F., Hunter, R. (1988b). Fertility and hormonal responses to temporary relief of heat stress in lactating dairy cows. *Theriogenology*, 29:1027–1035.

Wolfenson, D., Flamenbaum, I., Berman, A. (1988). Dry period heat stress relief effects on prepartum progesterone, calf birth weight, and milk production. *Journal of Dairy Science*, 71:809–818.

Wolfenson, D., Thatcher, W.W., Badinga, L., Savio, J.D., Meidan, R., Lew, B.J., Braw-Tal, R., Berman, A. (1995). Effect of heat stress on follicular development during the estrous cycle in lactating dairy cattle. *Biology of Reproduction*, 52:1106–1113.

Wolfenson, D., Lew, B.J., Thatcher, W.W., Graber, Y., Meidan, R. (1997). Seasonal and acute heat stress effects on steroid production by dominant follicles in cows. *Animal Reproduction Science*, 47:9–19.

Wolfenson, D., Roth, Z., Meidan, R. (2000). Impaired reproduction in heat-stressed cattle: basic and applied aspects. *Animal Reproduction Science*, 60–61:535–547.

Zeron, Y., Ocheretny, A., Kedar, O., Borochov, A., Sklan, D., Arav, A. (2001). Seasonal changes in bovine fertility: relation to developmental competence of oocytes, membrane properties and fatty acid composition of follicles. *Reproduction*, 121:447–454.

第14章

乳牛の免疫学とワクチン接種

Victor Cortese

要約

酪農業のあらゆる分野の管理のために免疫システムについて深く理解することが重要である。分娩前の免疫システムを間違って取り扱うと，分娩後に起こる問題を増やし，乳量を減少させ，繁殖障害を増加させることにつながる。免疫システムの間違った知識によって，子牛の問題が増加し，それにより，生涯にわたって乳量が減少し，健康問題や淘汰率が増加することにつながるだろう。

本章では，乳畜の免疫システムについての最新情報を取り上げ，免疫学的機構と健康を向上させることができるような方法について議論する。

序文

ワクチンを科学的に選ぶ，あるいは今日の酪農業にふさわしい特別なワクチン接種プログラムをデザインするためには，多くの変数について考える必要がある（Senoglesら，1978）。今日のような大きな群で飼育されている牛にみられる，移動と購買の増加により，疾病リスクが増加したため，ワクチン接種プログラムにさらなるストレスがかかっている。

したがって，これまでよりもっと科学に基づいた予防接種プログラムを行う必要がある。ワクチン接種プログラムをデザインする際，プログラムを作る前に詳しい経歴が必要となる。これには以下のことを含めなければならない。

①酪農場における特定の病気の存在と課題の難易度。
②ワクチン接種プログラム実施に役立つような，あるいはプログラムの実施の妨げになるような設備の管理実務。
③どのような時，あるいはどのような年齢で疾病問題が起こっているのか。また，それらは何らかのストレスと関連しているのか。
④群の状況は，屋外飼育なのか，屋内飼育なのか。牧場主は牛を購入しているのか。その場合，何歳の牛を購入しているのか。子牛はその牧場で育てられたのか，それとも他の牧場で育てられたのか。牛は何歳で戻ってくるのか。
⑤繁殖プログラムはどのようなものか。クリーンアップ（清浄化された）ブル（雄牛）が使われているか。購入する際の雄牛の入手先と年齢はどうなっているか。

また，接種プログラムに使用することを考えているワクチンに関する基本的な問いもある。

①さまざまな病気を予防するためには，どのような免疫システムの構成要素が必要なのか。
②いくつかの基本的な免疫学の概念。
③使用を考えている製品に関して入手できる情報と，その情報の発信元と質。
④免疫の持続時間に関するラベル表示と移行抗体による干渉。
⑤特定のワクチンの使用に関する警告あるいは制限。

攻撃

酪農場や特定の動物において，疾患の攻撃・防御の程度は頻繁に変動する。防御のレベルは，生物学的変動やワクチン接種された動物が受ける日々のストレスによって，個体によって異なる。また病原体にさらさ

れる量についても同様である。

口絵 P.15, 図 14-1 に示したように，抗し難い攻撃によって免疫が抑えられ，十分ワクチン接種された牛でさえ病気になることがある。

病気のタイミング

多くの農場では，特定の病気が一貫して起こる時期があるだろう。そのタイミングによって，牛を管理する際に起こっているストレスがどれほどか分かるかもしれない。これらのストレスをなくすことで，ワクチン接種にプラスの効果を与え，疾患感受性を低めることができる。さらに，このような病歴はワクチン接種のタイミングを決めるのに役立つ。

これは多くの場合，獣医学において十分に活用されていない概念である。過去に問題がいつ起こったかを知ることで，最大の免疫反応を得られる時にワクチン接種のスケジュールを立て，予測された攻撃に備えることができるだろう。原則として，予想された問題が起こる少なくとも 2 週間前にワクチン接種を行うべきである。

乳牛の免疫学

●出生前の免疫システムの発達

すべての種の哺乳類において，免疫システムは妊娠のかなり初期に発達しはじめる。胎子が成長するにつれて，免疫システムは，細胞が現われ分化しはじめるのに伴い多くの変化を遂げる。一般的に，妊娠期間が短いほど出生時の免疫システムは未発達である（Senogles ら，1978）。しかし，子宮内にいる間に胎子は多くの病気に対して免疫応答力を持つようになる。このことは，子牛では，多種多様な病気について証明されている（Senogles ら，1978；Hawser ら，1986；Tizard, 1992；Hein, 1994）。

これらの種類の病気は，新生子からの初乳前の抗体価が，胎子期に暴露された疾病の診断の確定に用いられる。羊と牛，両方の胎子が 27～30 日胎齢の時に始原の胸腺が上皮の索状物としてみられる（体重の割合として，胸腺は妊娠中期近くに最大になり，その後，出生後に急激に減少する）。胸腺の実際の退行は性成熟期頃にはじまり，その退行の程度やスピードは飼養管理や遺伝によって変化する。初回発情周期までには，免疫腺としての胸腺の機能はほぼ完全になくなる。

胸腺に最初に侵入する細胞の源は不明であるが，胸腺の発達と，胸腺細胞が分化して特定の分化細胞系の群（CD, cluster of differentiation）になることは妊娠中に起こる。この発達と分化のいくつかは，二次的なリンパ器官にも起こり得る。それに反して，B 細胞は胎子の骨髄で発達し分化する。妊娠期間を通して，末梢リンパ球は一定に増加する（Senogles ら，1978）。

これらの循環胎子リンパ球の大部分は T 細胞である。胎子のリンパ球の発達と同時に，他の白血球集団の発達と増加が起こっている。

新生子の免疫システム

出生時の新生子において，全身免疫システムは，未熟ではあるが完全に発達している。しかし，局所免疫システムは，出生後に急速に発達する。新生子が病原体に感染しやすいのは，生まれつき免疫反応を備え付けられないからというわけではなく，彼らの免疫システムが抗原刺激を受けておらず，局所免疫が十分に発達していないからである。新生子にはより多くの食細胞があるが，これらの細胞の機能は低下している（子牛では，これらの低下は 4 カ月齢までみられる。Hawser ら，1986）。

出生時の補体は，大人のレベルの 12～60% である。子牛は，6 カ月齢になるまで補体が大人のレベルに達しないだろう。哺乳類の免疫システムは成熟するのが遅い。動物が性成熟に近づき，発情周期がはじまるにつれて，免疫システムも成熟する。牛では，ほとんどの免疫システムの成熟が 5～8 カ月齢でみられる。

例えば，T 細胞（CD4＋，CD8＋，TCR$\gamma\delta$＋）は，動物が 8 カ月齢になるまでピーク水準に達しない（Hein, 1994）。これは，子牛が抗原に反応できないということを意味するのではなく，抗原に打ち勝つには，反応が，弱く，遅く，ゆるいということである。すべての実際的な目的のためには，この未熟さが，完全な予防よりもむしろ，病気の緩和に役立っている。食用動物（牛，豚，羊）の胎盤は上皮絨毛タイプなので，抗体や白血球の胎盤を介した移動はない。それゆえに，新生子牛の防御機構の重要な構成要素である「初乳」についての議論なしには，牛の新生子の免疫学は完成しない。

初乳

初乳は受動免疫の最も重要な例である。分娩後に存在する乳腺からの「最初の」分泌物と定義される初乳

は，多くの既知の，そして未知の特性と構成要素を持つ。子牛における初乳の短期的な効果と長期的な効果に関する情報は増え続けている。適切な受身伝達は，子牛の罹病率と死亡率に影響を及ぼすだけでなく（Rischen, 1981；Boland ら，1995；Robison ら，1998），長期にわたって健康と生産にプラスの効果を与える（Wittum and Perino：1995；Faber ら，2005；Dewell ら，2006）。

初乳の構成物質は，高濃度の抗体と多くの免疫細胞（B細胞，CD細胞，マクロファージ，好中球）を含み，それらは子牛が初乳を吸った後に完全に機能するようになる（Riedel-Caspari and Schmidt, 1991）。さらに，インターフェロンのような免疫システムの構成要素が，多くの重要な栄養素とともに（Schnorr and Pearson, 1984）初乳を介して移動する（Jacobsen and Arbtan, 1992）。ほとんどの家畜種における一次初乳抗体は免疫グロブリン（Ig）Gクラスであり，反芻類については，これはさらにIgG1と定義される。初乳にみられるさまざまな細胞の機能については，いまだに多くが研究段階である。

細胞は，新生動物において以下のような方法で防御機構を高めることがわかっている。細胞性免疫の伝達，Igsの強化された受身伝達が新生子の抗原提示細胞の発達を促す，消化管における局所的な殺菌活性と食作用活性，増加したリンパ球活性（Saif ら，1984；Duhamel, 1993；Reber and Hippen, 2005）。最近の研究では，初乳環境にさらされた細胞だけが吸収され，新生子の血流に入り込むことが明らかになっている。これらの細胞はまた，異なるホーミング（帰巣）パターンを示す。最終的に，母体初乳白血球を奪われた子牛は，生理的ストレスに関連した受容体を発現増加させる（Osterstock ら，2003）。

初乳に含まれるこれらの細胞は，凍結によって破壊され，子牛が3〜5カ月齢の間に自然に消滅する（Saif ら，1984）。現時点では，これらの細胞が子牛の健康や生産に及ぼす長期的な影響についてはよく分かっていない。

初乳の吸収

子牛が生まれた時，飲作用を介して，消化管の内側を覆う上皮細胞が，初乳タンパクを吸収できるようになる。何かを摂取することによって消化管が刺激されるとすぐに，この細胞集団は，吸収ができない細胞集団になりはじめる。出生6時間後には吸収容量が50％しか残っておらず，8時間後には33％になり，24時間後には通常，吸収がみられない（Jacobsen and Arbtan, 1992）。

そこで初乳の移行には，初乳を与えるタイミングと同様に，初乳の質と量の働きが出てくる。ホルスタイン種では，初めての餌として，高品質で清潔な初乳を最低3ℓ（3qt），できれば3.78ℓ（4qt）与えることが望ましい。また，赤血球を多く含んだ初乳を与えると，グラム陰性菌が原因の下痢を悪化させることがある（Riedel-Caspari, 1993）。

子牛に初乳を与えることの重要性に関する情報が多くあるにもかかわらず，肉用子牛においてさえ，受身伝達がうまくいっていないことがよくある（Schnorr and Pearson, 1984；United States Department of Agriculture, 2002b）。経口投与あるいは全身投与用の製品ばかりでなく，初乳サプリメントも市販されており，それらには，特定の抗体や一般的なIgGの濃縮物が含まれている。初乳サプリメントのIgG濃縮物には，かなり多くの多様性がある（Haines ら，1990）。これらの製品の効能に関しては，さまざまな結果が出ているが，初乳を与えなかった子牛の死亡率や，病気の重症度を軽減することにおいて，これらの製品には重要な価値がある（Godden, 2008）。

初乳の質を向上させるワクチン接種

分娩前の母牛にワクチンを接種することによって，特定の抗原に対する初乳抗体が増すと長い間考えられてきた。これは，新生子に下痢を起こさせる病原体に対するワクチンを母牛に投与することによって最もよく証明されてきた。これらのワクチンは，大腸菌，ロタウイルス，コロナウイルスなどのような，子牛に下痢を起こさせる特定の微生物に対する初乳抗体濃度を増やす目的で作られている（Saif ら，1983；Saif ら，1984；Murakami ら，1985）。

しかし，その他のワクチンやそれらが初乳抗体に与える影響については，ほとんど研究されていない。改良された生ウイルスワクチンを母牛に投与すると，初乳抗体が増えることを明らかにした研究（Ellis ら，1986）がある一方で，不活化ウイルスワクチンを母牛に投与した場合，同じような反応がみられなかったという最近の研究がある（Osterstock ら，2003）。

実際に，イスラエルで行われた研究では，分娩前に母牛にワクチンを投与することで初乳抗体が減ったことが明らかにされている（Brenner ら，1997）。もし，

表14-1 移行抗体による妨害について研究された牛の病気

細胞性防御を主とする―ワクチンが移行抗体によって阻害されない	一次抗体防御―ワクチンが移行抗体によって阻害される
BRSV BHV-1 パラインフルエンザウイルス Leptospira borgpetersenii オーエスキー病	牛ウイルス性下痢症 Mannheimia haemolytica Pasteurella multocida

　初乳を介した抗体の移行を向上させることを主な目的としてワクチンをプログラムに取り入れるのならば，望んだ効果を生むワクチンの能力を証明するような研究を行う必要がある。

移行抗体による妨害についての再検討

　新生子の免疫学において一般的に信じられていることの1つは，移行抗体の存在がワクチン接種に関連した免疫反応を妨げるだろうということである。これは，動物にワクチン接種をし，その後，抗体価のレベルを調べることに基づいている。移行抗体が高レベル存在する際に，動物にその抗原に対するワクチン接種をすると，ワクチン接種後の抗体価の増加がみられないことが多くの研究によって明らかにされている（Brarら，1978；Menanteau-Hortaら，1985）。

　しかし，最近の研究によって，弱毒化ワクチンを使えば，移行抗体があっても，B細胞メモリー応答の形成（Parkeretら，1983；Kimmanら，1989；Pitcher，1996）と細胞性免疫反応（Parkeretら，1983）が起こることが明らかにされている。同様の反応が実験動物においても報告されている（Jewett and Armstrong，1990；Forsthuberら，1996；Ridgeら，1996；Sarzottiら，1996）。

　これらの研究から，移行抗体によるワクチンへの妨害はこれまで考えられてきたほど絶対的なものではないということは明らかである。移行抗体があるかもしれない場合にワクチン接種プログラムを計画する際には，その動物の免疫の状態，特にその抗原や特異抗原に対する免疫の状態，そしてその抗原の提示について考慮しなければならない。

　要約すると，表14-1に示したように，今まで発表された研究から，移行抗体がある場合，細胞性防御機構を主とする病気のワクチン接種は，液性免疫が一次防御機構である病気のワクチン接種よりももっと，免疫反応を刺激する可能性が高いことが明らかになっている。

ストレスによる影響

　ストレスは，成牛に対するのと同様に子牛の免疫システムに影響を及ぼす。新生子特有の免疫システムに影響を及ぼすいくつかの要因がある。コルチコステロイド遊離に起因して，分娩過程は新生子の免疫システムに劇的な影響を及ぼす。さらに新生子のサプレッサーT細胞が増えている。これらの要因とその他の要因によって，生後1週間に全身性免疫反応が劇的に低下する。最近の研究で，実際に，新生子牛の免疫反応が低下したことが明らかになっている。出生3日後まで免疫反応が低下し，3日目で最低レベルになる（Rajaramanら，1997）。

　5日目までには，出生日にみられた免疫反応のレベルにまで戻るが，反応が低下している間の全身投与ワクチン接種は避けるべきである。出生直後のワクチン接種には望ましくない効果さえある（Bryan and Fenton，1994）。さらに，免疫学的に虚弱な新生子が完全に免疫システムを試し維持できるように，その他のストレスを与えることも避けるべきである。去勢，除角，離乳，移動などの行為は，免疫システム機能を一時的に低下させる可能性があるストレスとみなす必要がある。より成長した牛に及ぼすストレスの影響は広く研究されている（Wegner and Schuh，1974；Blecha and Boyles，1984；Binkhorst and Hendricks，1986；VonTungeln，1986；Cai and Weston，1994）。

　免疫機能の低下が測定できるようになるのは分娩4週間前で，分娩5週間までは正常レベルに回復しない。これらの免疫反応の低下には，好中球の免疫学的監視能力低下による遅発性の炎症，食細胞機能の低下，$\delta\gamma$T細胞の上皮部位への移動の増加，リンパ球によるIFN-γ分泌の低下，B細胞による抗体生産の低下，Th1反応の低下が含まれる。この免疫抑制はワクチンに対する反応を遅らせたり弱めたりするかもしれない。それゆえに，分娩後やストレス後のワクチン接種は，十分な免疫反応が期待されるまで先延ばしにするべきである。

ワクチンの選択

●ワクチンの有効性の評価

　ワクチンの有効性は，臨床獣医師が評価するのが非常に難しいことがある。伝統的に，ワクチン接種前と

接種後の抗体価を示す血清学的データが防御能を表すとされてきた。多くの病気では，動物において，測定された抗体とワクチンによって作り出された防御の間には相関性が乏しい（Kaeberle, 1991）。近年，ワクチン接種後の免疫反応をより詳しく調べるために，細胞性免疫機能テストが加えられた（Abbas ら，1991）。

これによりワクチンに関するより多くの情報が得られるが，ワクチンには実際にどのくらい防御作用があるのかといった基本的な質問にはまだ答えが出ていない。答えを出せるのは，よく計画された攻撃試験のみである。攻撃試験を評価するためには，以下のような情報が必要となる。

①動物の特徴を含んだ試験計画
②結果の統計的解析
③攻撃物の投与ルート
④攻撃微生物の特徴
⑤臨床的スコア割り当ての方法
⑥論文審査のある雑誌への結果の発表
⑦対照群における攻撃に対する影響

残念ながら，多くの病気に関しては，挑戦のモデルは十分に確立されていない。

野外試験は評価がより難しいが，有効性（例えば，特定の状況における効能）やワクチンの効率のよさ（費用効果比；Naggan, 1994）を調べるには役立つ。野外の解析についていくつかの優れた文献がある（Meinert, 1986；Ribble, 1986）。

ワクチンの解析をはじめるのに最もよいのは，ラベルと添付書類を用いることである。米国農務省はワクチン使用許可のために提出されるデータに基づいて，5つの異なる防御レベルのうちの1つを供与する（United States Department of Agriculture, 2002a；Cortese, 2009）。また，添付書類には免疫試験の期間，警告，注意も載っているだろう。ワクチン接種プログラムを適切に計画するためには，ラベルに書かれていることを熟知すること，そしてプログラムに使用することを勧められたすべてのワクチンを定期的に再検討することが重要である。

修正生ワクチン vs. 不活化ワクチン

牛のワクチンの開発と製造は企業ごとに異なる。したがって，ワクチンの構成は製造業者の間で著しく異なるだろう。製品の大要は製造業者ごとに独占所有権がある。しかし，技術的資料やマーケティング資料の中からいくらかの情報をみつけることができる。

例えば，いくつかのウイルスワクチンは牛由来の腎細胞株に培養されるが，他のワクチンは豚由来の腎細胞株に培養される。いくつかのワクチンは子牛の血清にのみ培養され，またいくつかのワクチンは子牛とウシ胎子，両方の血清に培養される。継代の違いもみられる。以下の分野にばらつきがみられる。

①ワクチンに選んだ株
②培養において選んだ継代の数
③増殖培地
④ワクチン粒子中片におけるウイルス粒子あるいは細菌粒子の数

現在，牛のウイルスワクチンと細菌ワクチンには，基本的に3つの異なる技術が利用できる（Duffus, 1989；Tizard, 1992）。

①修正（弱毒）生ワクチンは生菌または生ウイルスを含んでいる。それらはふつう，野外疾病から採取され，病原体を変化させる，あるいは弱毒化させるために，異常なホスト細胞（ウイルス）あるいは培地（細菌）で培養される。病原体が複製を通して培養されるたびに（継代と呼ばれる），発病率が高いかどうか調べるために動物に戻して投与される。これらの非天然ホスト細胞において「病気」を引き起こすことができないので，病原体は何度かの継代の後，毒性因子を失いはじめる。病原体がもはや対象動物に「病気」を引き起こすことができなくなった時点で，それが防御の効果をもたらすことができるかどうか調べるための試験を行う。最終的なワクチンは，ふつう，毒性がなくなってから多くの継代を経てできている。これによって毒性が病原体に復帰するリスクが減少する。これらのワクチンには多くの場合，ワクチンに汚染物質が混入するリスクを減らすために，高品質な管理が要求される。

②不活化された（殺された）ワクチンは，培養した後の毒性が問題とならないため，もっと簡単に開発できる。病気が発生したら同じ病原体を分離する。病原体は培養され，それから化学的にあるいは物理的に殺される。不活化はふつう，病原体に

化学薬品を加えるか，紫外線を使って行われる。不活化において最も心配なのは，重要なエピトープを喪失する可能性があることである。通常，免疫反応を増すために，アジュバント（抗原性補強剤）を不活化ワクチンに加える。それからワクチンの有効性をテストする。

③遺伝子工学によって作られたワクチンは，ふつう突然変異を通して遺伝的に変えられてきた。この突然変異はいくつかの異なる方法によって引き起こされるが，結果として生じた細菌やウイルスは，毒性や発育性状の変わった以前と異なる性質を持っている。これらのワクチンのほとんどは，修正生突然変異体（温度感受性ウイルスワクチン：ストレプトマイシン依存性のパスツレラ）であるが，不活性化されたマーカーワクチンもまた遺伝子工学によって作られている。これらのワクチンは，遺伝子を取り除き，抗体における，ある種のエピトープに対する免疫反応を不完全にするために操作される。それによって，ワクチン（遺伝子を取り除いた牛伝染性鼻気管炎ワクチン[IBRVs：infectious bovine rhinotracheitis vaccines]）と自然暴露反応を区別するための診断が可能になる。

ワクチンプログラムをデザインすること

牛の飼育におけるワクチンプログラムは，群特有のニーズに合わせてデザインする必要がある。更新用家畜におけるワクチンプログラムには達成すべき2つの特別な目的がある。第1の目的は，子牛にまん延しているあらゆる病原体から子牛を守ることである。第2の目的は，子牛に病原体からの防御が備わっている状態で成牛の群に入れるように準備することである。それによって集団免疫が築かれる。

多くの異なる種類のワクチンの使用は，食肉用子牛（ビール子牛），乳肉兼用牛，および乳用牛の更新用雌子牛において，多種類のワクチンが使用されており，特に早期の疾患予防が必要な際には，とても早い時期に日常的に行われている。これらのプログラムの有効性は，抗原（例えば，IBR対 *Pasteurella hemolytica*）やワクチンの種類（例えば，修正生ワクチン，あるいは不活化ワクチン），子牛の年齢，移行抗体の存在，ワクチン接種時に存在するその他のストレス要因，病原体への暴露のタイミングなどを含んだいくつかの要因の相互作用で決まる。

粘膜免疫系を利用したワクチンは，新生子を含めた子牛への使用がテストされ許可されてきた。これらのワクチンには，修正生ワクチンの経鼻投与IBR/パラインフルエンザ タイプ3（PI3），修正生ワクチンの経口投与ロタウイルス/コロナウイルスワクチン，牛ウイルス性下痢（BVDV）タイプ1と2，牛ヘルペスウイルス（BHV）-1，PI3，牛RSウイルス（BRSV），PI3とアデノウイルスと組み合わさったBRSVのいずれかを含んだ新しい経鼻投与ワクチンがある。BRSVでは，全身性の修正生ワクチン接種によって限定的な複製が起こるので，経鼻投与が最も効果的なルートである（Ellisら，2007）。

早期のワクチン接種の厳密なタイミングは，多少，抗原や子牛の月齢によって異なるだろう。ある研究によると，4つの主要なウイルス性疾患（BVDV，IBRV，BRSV，PI3）の最初の全身性ワクチン接種を3～5週齢の乳用子牛に行った場合，ほとんど効果がなかった（Abbasら，1991）。これは，母由来のT細胞が子牛から消失する期間と一致するからである（Saifら，1983；Hainesら，1990）。

その他の複数の研究で，3週齢前の子牛にワクチン接種を行い，よい反応が認められている（Parkerら，1983；Cortese，1998；Corteseら，1998）。一般的には，子牛へのワクチン接種は，免疫システムが暴露前に反応できるように，病気が予測される時期や過去に起こった時期よりも少なくとも10日前に行うべきである。もし，ブースター（追加免疫投与）が必要ならば，ブースターを予期される病気が発生する少なくとも10日前に与えるべきである。まだはじまったばかりであるが，若い食用動物に対するワクチン接種プログラムの使用は普及してきている。そして，新生子に対するさまざまなワクチンによる防御とそのタイミングをさらに明らかにしていくために，より多くの研究が必要である。

先に述べたように，ワクチン接種プログラムは，酪農場ごとに適したものを作成すべきである。しかし，今日の乳牛群に向けた，いくつかの基本的なワクチン接種に関する勧告がある。群のプログラムの基盤は，まず，感染が起こった時に，酪農場に壊滅的な影響を及ぼすような罹患率の高い疾病に対する防御に基づいている。北アメリカや世界の多くの地域では，最低限のワクチン接種プログラムを，4つの主要なウイルス性疾患「BVDVタイプ1」，「BVDVタイプ2」，「BHV-

1」，「BRSV」に関して計画すべきである。多くの地域では，流産率が高い可能性のある5つの主要な牛のレプトスピラ血清型や，主要なクロストリジウム感染症，コア・エンドトキシンワクチン，ブルセラ菌に対するワクチン接種も行うだろう。

これらをプログラムの基盤とすべきである。それから，その他の病原菌に関してはオプションとして，群の問題や潜在的リスクに応じて加える。少なくとも1回の5種混合修正生ウイルスワクチンは，BVDV，BRSV，BHVに対する強力な基本免疫を確立するために，更新用動物のワクチン接種プログラムに最初の交配前に加えるべきである（Blecha, 1990；von Boehmer and Kisielow, 1991；Godsonら，1992；Hoffman, 1992；Denisら，1994）。

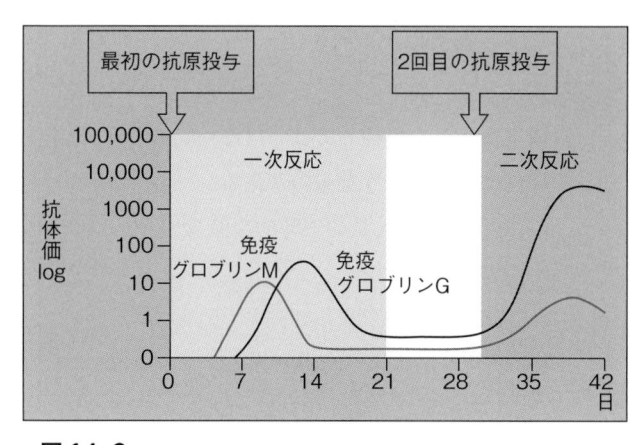

図14-2
必要な際の追加免疫投与の重要性をこのグラフで示す。
（出典：Roitt, I., Brostoff, J., Male, D. (1998). *Immunology*, 4th ed. Philadelphia : Mosby Press.）

●追加免疫の重要性

ワクチン投与の際には，ラベルに記載された指示に従うことが重要である。ほとんどの不活化ワクチンは，防御が完全になる前に追加投与が必要である。初めて不活化ワクチンが投与されると，最初の反応が起こる。この反応はかなり短く，そしてそれほど強くなく，主に免疫グロブリンM（IgM）からなる。追加免疫ワクチン接種の後にみられる反応は，二次反応や既往反応と呼ばれる。この反応はずっと強く，長く続き，主に免疫グロブリンG（IgG）からなる（Rude, 1990；Tizard, 1992）。

T細胞は，**図14-2**に示した既往反応と同様のパターンを示す。追加免疫を与えるのが早すぎると，既往反応は起こらない。追加免疫を与えるまでの時間が長すぎると，追加免疫としてではなく最初の投与として働いてしまう。修正生ワクチンのほとんど（ほとんどのBRSVワクチンを除く）では，ウイルスやバクテリアは動物内で複製しているため，追加免疫の必要がなく，最初のワクチン接種で二次反応も促される。

●副作用

副作用はどんなワクチン接種にも伴う潜在的リスクである。しかし，乳牛は他の牛に比べてワクチン接種後のリスクが高いようである。これらの反応は主に3つのタイプに分けられる（Jewett and Armstrong, 1990；Johansenら，1990；Mueller and Noxon, 1990；Rude, 1990；Schusterら，1991；Rietschel and Brade, 1992；Tizard, 1992；Henderson and Wilson, 1995；Ridgeら，1996；Forsthuberら，1996；Sarzottiら，1996）。

①免疫グロブリンEと，好塩基球とマスト細胞からの微小体の放出が，即時の過敏性反応を仲介する。この反応はワクチン接種の数分以内にみられ，震えや発汗ではじまることが多い。これらの動物の大半はエピネフリンに反応するだろう。

②遅発性の過敏性反応は，補体に付着する抗原抗体複合体と，それに続く補体カスケードの活性化によって仲介される。結果として起こる反応は，局所的あるいは全身的に起こる。複合体が生じ，カスケードがはじまり，それに続いて副作用が起こるので，反応が遅れることがある。徴候は即時の過敏性反応と同様で，治療にはエピネフリンを用いる。

③乳牛にみられる，より一般的な反応の1つは，ほとんどのグラム陰性菌ワクチンにみられるエンドトキシンとその他の細菌成分に関係している。今のところ，牛用ワクチンに含まれるエンドトキシンの量をモニタリングや報告するよう要求されることはないが，エンドトキシンのレベルは，ワクチン間や同じワクチンのシリーズ間によって劇的に異なる。さらに，エンドトキシンの効力はさまざまなグラム陰性菌間で異なる。これは，いくつかの遺伝学的素因の原因によって，主にホルスタイン種にみられ，グラム陰性菌ワクチンを投与した後で起こることがある。みられる徴候は，農場や個体のグラム陰性菌成分に対する感受性によって異なる。同時に施されたワクチン接種プログラムにおけるグラム陰性菌の分画の数や程度もま

た，これらの反応を引き起こすきっかけとなる。原則として，乳牛に同じ日に2つ以上のグラム陰性菌ワクチンを接種してはいけない。これらの副作用には以下のようなものがある。

  a. 食欲不振と乳量の一時的な減少
  b. 初期胚死滅
  c. 流産
  d. グラム陰性菌（内毒素性）ショックで，フルニキシン，ケトプロフェン，ステロイド，抗ヒスタミン剤，輸液が必要となる

まとめ

ワクチン接種プログラムをデザインするには，個々の農場における病歴の把握と免疫システムに関する基本的な理解が必要である。

ワクチンは，その製品が農場や放牧飼育のニーズを確実に満たすことができるように，効能（できれば有効性と効率も）に関する確かな研究がなされたものを選ぶべきである。しかし，使用する製品の潜在力を最大限に生かせないような経営上の意思決定がなされるかもしれない。獣医師はすべての製品の現実的な予想を，それらを使用する前に生産者によく説明しなければならない。ワクチンを決定する過程にオーナーを参加させ，製品に関するすべての情報を共有しなければならない。

更新用未経産牛の優れた基礎免疫を確立することと，ワクチン接種プログラムを作ることで，群の健康と利益性に劇的な効果を与えることができるので，うまく計画する必要がある。

文献

Abbas, A.K., Lichtman, A.H., Pober, J.S. (1991). Antigen presentation and T-cell recognition and molecular basis of T cell antigen recognition and activation. In: *Cellular and Molecular Immunology*, ed. M.J. Wonsiewicz, 115–168. Philadelphia: W.B. Saunders Co.

Binkhorst, G.J., Hendricks, P.A.J. (1986). Phagocyte cell defense is depressed by stress in calves. *Biochimica et Biophysica Acta*, 801:206–214.

Blecha, F. (1990). New approaches to increasing immunity in food animals. *Veterinary Medicine*, November:1242–1250.

Blecha, F., Boyles, S.L. (1984). Shipping suppresses lymphocyte blastogenic responses in Angus and Brahman X Angus feeder calves. *Journal of Animal Science*, 59(3): 576–582.

Boland, W., Cortese, V.S., Steffen, D. (1995). Interactions between vaccination, failure of passive transfer, and diarrhea in beef calves. *Agripractice*, 16:25–28.

Brar, J.S., Johnson, D.W., Muscoplat, C.C., et al. (1978). Maternal immunity to infectious bovine rhinotracheitis and bovine viral diarrhea: duration and effect on vaccination in young calves. *American Journal of Veterinary Research*, 39:241–244.

Brenner, J., Samina, I., Machanai, B. (1997). Impact of vaccination of pregnant cows on colostral IgG levels and on term of pregnancy. Field observations. *Israel Journal of Veterinary Medicine*, 52:56–59.

Bryan, L.A., Fenton, R.A. (1994). Fatal, generalized bovine herpesvirus type-1 infection associated with a modified-live infectious bovine rhinotracheitis/parainfluenza-3 vaccine administered to neonatal calves. *Canadian Veterinary Journal*, 35:223–228.

Cai, T.Q., Weston, P.G. (1994). Association between neutrophil functions and peripartient disorders in cows. *American Journal of Veterinary Research*, 55(7): 934–944.

Cortese, V.S. (1998). Clinical and immunologic responses of cattle to vaccinal and natural bovine viral diarrhea virus (BVDV). PhD thesis, Western College of Veterinary Medicine, University of Saskatchewan.

Cortese, V.S. (2009). 9 myths about vaccines. *Hoard's West*. June W-84.

Cortese, V.S., West, K.H., Hassard, L.E. (1998). Clinical and immunologic responses of vaccinated and unvaccinated calves to infection with a virulent type-II isolate of bovine viral diarrhea virus. *Journal of the American Veterinary Medical Association*, 213:1312–1319.

Denis, M., Splitter, G., Thiry, E. (1994). Infectious bovine rhinotracheitis (Bovine herpesvirus-1): helper T cells, cytotoxic T cells and NK cells. In: *Cell-Mediated Immunity in Ruminants*, ed. B.M.L. Goddeeris and W.I. Morrison, 157–173. Boca Raton, FL: CW Press.

Dewell, R.D., Hungerford, L.L., Keen, J.E. (2006). Association of neonatal serum immunoglobulin G1 concentration with health and performance in beef calves. *Journal of the American Veterinary Medical Association*, 228:914–921.

Duffus, W.P.H. (1989). Immunoprophylaxis. In: *Veterinary Clinical Immunology*, ed. R.E.W. Hallwell and N.T. Gorman, 205–211. Philadelphia: W.B. Saunders.

Duhamel, G.E. (1993). Characterization of bovine mammary lymphocytes and their effects on neonatal calf immunity. PhD thesis. *Univerity of Michigan Dissertation Services*, Ann Arbor, MI.

Ellis, J.A., Hassard, L.E., Cortese, V.S. (1986). Effects of perinatal vaccination on humoral and cellular immune responses in cows and young calves. *Journal of the American Veterinary Medical Association*, 208:393–399.

Ellis, J.A., Gow, S., West, K. (2007). Response of calves to challenge exposure with virulent bovine respiratory syncytial virus following intranasal administration of vaccines formulated for parenteral administration. *Journal of the American Veterinary Medical Association*, 230:233–243.

Faber, S.N., Pas, Faber, N.E., McCauley, T.C., Ax, R.L. (2005). Case study: Effects of colostrum ingestion on lactational performance. *Professional Animal Scientist*, 21:420–425.

Forsthuber, T., Hualin, C.Y., Lewhmann, V. (1996). Induction of T_H1 and T_H2 immunity in neonatal mice. *Science*, 271:1728–1730.

Godden, S. (2008). Colostrum management for dairy calves. *Veterinary Clinics in Food Animal*, 24:19–39.

Godson, D.L., Campos, M., Babiuk, L.A. (1992). The role of bovine intraepithelial leukocyte-mediated cytotoxicity in enteric anti viral defense. *Viral Immunology*, 5(1): 1–13.

Haines, D.M., Chelack, B.J., Naylor, J.M. (1990). Immunoglobulin concentrations in commercially available colostrum supplements for calves. *Canadian Veterinary Journal*, 31:36–37.

Hawser, M.A., Knob, M.D., Wroth, J.A. (1986). Variation of neutrophil function with age in calves. *American Journal of Veterinary Research*, 47:152–153.

Hein, W.R. (1994). Ontogeny of T cells. In: *Cell Mediated Immunity in Ruminants*, ed. B.M.L. Godderis and W.I. Morrison, 19–36. Boca Raton, FL: CRC Press.

Henderson, B., Wilson, M. (1995). Modulins: a new class of cytokine-inducing, pro-inflammatory bacterial virulence factor. *Inflammation Research*, 44:187–197.

Hoffman, M. (1992). Determining what immune cells see. *Research News*, 255:531–534.

Jacobsen, K.L., Arbtan, K.D. (1992). Interferon activity in bovine colostrum and milk. In Proceedings: XVII *World Buiatrics/ XXV American Association of Bovine Practitioners Congress*, 3:1–2.

Jewett, C.N., Armstrong, D.A. (1990). Timely vaccination of the veal calf. *Agri-Practice*, 1–15.

Johansen, K.A., Wannameuhler, M., Rosenbusch, R.F. (1990). Biological reactivity of *Moraxella bovis* lipopolysaccharide. *American Journal of Veterinary Research*, 51(1): 46–51.

Kaeberle, M. (1991). The elements of immunity. *Large Animal Veterinarian*, July/August:26–28.

Kimman, T.G., Westenbrink, F., Straver, P.J. (1989). Priming for local and systematic antibody memory responses to bovine respiratory syncytial virus: effect of amount of virus, viral replication, route of administration and maternal antibodies. *Veterinary Immunology and Immunopathology*, 22:145–160.

Meinert, C.L. (1986). *Clinical Trials; Design, Conduct and Analysis*, 3–18. New York: Oxford University Press.

Menanteau-Horta, A.M., Ames, T.R., Johnson, D.W. (1985). Effect of maternal antibody upon vaccination with infectious bovine rhinotracheitis and bovine virus diarrhea vaccines. *Canadian Journal of Comparative Medicine*, 49:10–14.

Mueller, D., Noxon, J. (1990). Anaphylaxis: pathophysiology and treatment. *Continuing Education*, 12(2): 157–171.

Murakami, T., Hirano, N., Inoue, A. (1985). Transfer of antibodies against viruses of calf diarrhea from cows to their offspring via colostrum. *Japan Journal of Veterinary Science*, 47:507–510.

Naggan, L. (1994). Principles of epidemiology. Class notes, Johns Hopkins School of Public Health and Hygiene, Summer Graduate Program in Epidemiology.

Osterstock, J.B., Callan, R.J., Van Metre, D.C. (2003). Evaluation of dry cow vaccination with a killed viral vaccine on post-colostral antibody titers in calves. In Proceedings: *American Association of Bovine Practitioners*, 36:163–164.

Parker, W.L., Galyean, M.L., Winder, J.A. (1983). Effects of vaccination at branding on serum antibody titers to viral agents of bovine respiratory disease (BRD) in newly weaned New Mexico calves. In Proceedings: *Western Section of the American Society of Animal Science*, 44–56.

Pitcher, P.M. (1996). Influence of passively transferred maternal antibody on response of pigs to Pseudorabies vaccines. In Proceedings: *American Association of Swine Practitioners*, 57–62.

Ragaraman, V., Nonnecke, B.J., Horst, R.L. (1997). Effects of replacement of native fat in colostrum and milk with coconut oil on fat-soluble vitamins in serum and immune function in calves. *Journal of Dairy Science*, 80:2380–2390.

Reber, A.J., Hippen, A.R. (2005). Effects of the ingestion of whole colostrum or cell-free colostrum on the capacity of leukocytes in newborn calves to stimulate or respond in one-way mixed leukocyte cultures. *American Journal of Veterinary Research*, 66(11): 1854–1860.

Ribble, C. (1986). Assessing vaccine efficacy. *Canadian Veterinary Journal*, 31:679–681.

Ridge, J.P., Fuchs, E.J., Matzinger, P. (1996). Neonatal tolerance revisited: turning on newborn T cells with dendritic cells. *Science*, 271:1723–1726.

Riedel-Caspari, G. (1993). The influence of colostral leukocytes on the course of an experimental *Escherichia coli* infection and serum antibodies in neonatal calves. *Veterinary Immunology and Immunopathology*, 35:275–288.

Riedel-Caspari, G., Schmidt, F.W. (1991). The influence of colostral leukocytes on the immune system of the neonatal calf. I. Effects on lymphocyte responses (pp. 102–107). II. Effects on passive and active immunization (pp. 190–194). III. Effects on phagocytosis (pp. 330–334). IV. Effects on bactericidity, complement and interferon; Synopsis (pp. 395–398). *Dtsch Tierarztl Wsch*, 98:102–398.

Rietschel, E.T., Brade, H. (1992). Bacterial endotoxins. *Scientific American*, 267:54–61.

Rischen, C.G. (1981). Passive immunity in the newborn calf. *Iowa State Veterinarian*, (2):60–65.

Robison, A.D., Stott, G.H., DeNise, S.K. (1998). Effects of passive immunity on growth and survival in the dairy. *Journal of Dairy Science*, 71:1283–1287.

Rude, T.A. (1990). Postvaccination type I hypersensitivity in cattle. *Agri-Practice*, 11(3): 29–34.

Saif, L.J., Redmen, D.R., Smith, K.L. (1983). Passive immunity to bovine rotavirus in newborn calves fed colostrum supplements from immunized or nonimmunized cows. *Infections and Immunology*, 41:1118–1131.

Saif, L.J., Smith, K.L., Landmeier, B.J. (1984). Immune response of pregnant cows to bovine rotavirus immunization. *American Journal of Veterinary Research*, 45:49–58.

Sarzotti, M., Robbins, D.S., Hoffman, F.M. (1996). Induction of protective CTL responses in newborn mice by a murine retrovirus. *Science*, 271:1726–1728.

Schnorr, K.L., Pearson, L.D. (1984). Intestinal absorption of maternal leukocytes by newborn lambs. *Journal of Reproductive Immunology*, 6:329–337.

Schuster, D.E., Harmon, R.J., Jackson, J.A., Hemken, R.W. (1991). Reduced lactational performance following intravenous endotoxin administration to dairy cows. *Journal of Dairy Science*, 74:3407–3411.

Senogles, D.R., Muscoplat, C.C., Paul, P.S. (1978). Ontogeny of circulating B lymphocytes in neonatal calves. *Research in Veterinary Science*, 25:34–36.

Tizard, I. (1992). Immunity in the fetus and newborn. In: *Veterinary Immunology, an Introduction*, 4th ed., 248–260. Philadelphia: W.B. Sanders.

United States Department of Agriculture. (2002a). Center for Veterinary Biologicals Veterinary Services Memorandum 800.202.

United States Department of Agriculture. (2002b). Transfer of maternal immunity to calves. National Animal Health Monitoring System (NAHMS).

von Boehmer, H., Kisielow, P. (1991). How the immune system learns about self. *Scientific American*, October:74–81.

VonTungeln, D.L. (1986). The effects of stress on the immunology of the stocker calf. *The Bovine Proceedings*, 18:109–112.

Wegner, T.N., Schuh, J.D. (1974). Effect of stress on blood leukocyte and milk somatic cell counts in dairy cows. *Journal of Dairy Science*, 59(5): 949–955.

Wittum, T.E., Perino, L.J. (1995). Passive immune status at postpartum hour 24 and long-term health and performance of calves. *American Journal of Veterinary Research*, 56:1149–1154.

第15章

乳用子牛の出生から離乳までの管理

Sheila M. McGuirk

要約

　子牛は酪農業の将来を象徴するものである。よって出生から離乳までの臨界期の管理は，発育，健康，生産性，将来の更新用雌牛になる可能性にとって重要な意味がある。周産期は子牛の一生のうち最も弱い時期の1つであり，分娩と出生直後の子牛の生存能力について細かく注意を払うことで，生後48時間によく起こる損失を防ぐことができる。

　初乳管理についての新しい考え方は，子牛の健康における初乳の免疫学的要因の重要性を強めるだけでなく，それが腸や第一胃や代謝の発達に及ぼす長期的な影響と，内分泌状態，成長，生産性，生存性に及ぼす影響も重視する。

　栄養管理の考え方は変わってきており，今日では，福祉，行動，将来の生産性を促進させるような構成成分とその輸送システムをもって，目的とする成長に適切に焦点を合わせている。

　子牛を個別で飼おうがグループで飼育しようが，離乳前子牛の健康と福祉を守るために飼育管理の重要な原則を生かすことができる。健康を最大限に高め，ストレス，費用，危害を与える可能性を最小限にするために，日常の健康維持業務，予防衛生スクリーニング，効果的な治療プロトコールを，戦略的に子牛の管理に組み入れるべきである。

序文

　乳用子牛の出生から離乳までの管理は，集中的で困難であり，費用がかかるものであるが，この臨界期における労働，飼料，牛舎，設備，敷き藁，投薬，ワクチン接種への投資は，将来の更新用雌牛の健康と生産性への投資となる。米国ウィスコンシンで行われた研究（Zwaldら，2007）によると，乳用雌子牛を出生から，離乳後にグループペンに移動させるまで育てるのにかかる平均費用は326USドルであり，1日につき5.31USドルとなっている。更新用雌牛育成への投資は，初産前には経済的利益の見込みはほとんどないが，生後早期の管理が，更新用乳用雌牛の健康，生産性，利益性に長期的影響を及ぼすのは明らかである。

　本章では，乳用子牛の管理に最小費用アプローチを用いるのではなく，周産期生存を向上させ，罹患率を減少させ，離乳を早めることによって子牛育成費用を減らし，そして，更新用乳用雌牛の群内の成長性，改善された繁殖成績，乳量を通じて長期的な利益性を高めるような業務について検討する。

　乳用子牛の出生から離乳までの管理には多くの課題があり，これらが本章の焦点である。なぜなら，これらの課題が，更新用乳用雌牛の健康，行動，生産性，将来の利益性への短期的および長期的成果において重要となるからである。リスクの高い子牛を特定し観察するために適切な手段を導入できるように，出生時の子牛の生存に影響を及ぼす変数を特定する。子牛の健康に及ぼす初乳免疫学的要因の重要性だけでなく，腸と第一胃の発達，育成未経産牛の代謝と内分泌の状態，成長，生産性，生存性における，初乳の長期的な重要性を強調することで，初乳管理についての新しい考え方について述べる。

　子牛の出生から離乳までの栄養状態は，乳用子牛が目標まで成長できるかどうかを決定づけるだけでなく，健康と長期的な発達に影響を及ぼす。よって，子牛の出生から離乳までの健康と生産性にとって重要な栄養管理と牛舎に関する考えについても取り上げる。健康を最大にし，ストレス，費用，危害を与える可能性を最小限にするために，日常的な健康維持業務，処置，予防衛生，治療プロトコールについて戦略的に述

べ，組み入れ，示す。

周産期の看護

　子牛の一生における最初の48時間として定義される周産期は，子牛が一生のうちで最も弱い時期の1つである。分娩と出生直後の子牛の生存能力について細かく注意を払うことで，子牛の死を防ぐことができる。明確化したプロトコール，分娩環境から子牛を移動させるという行動を一貫して行うこと，質のよい初乳を与えること，臍帯の処置，リスクの高い子牛を特定することなどにより，群の健康，成長，生産性，利益性，寿命に即時に，また将来的に影響が現われる。

　周産期における子牛の死亡率に対する関心は高まってきており，牧草地飼育で4.3%（Meeら，2008），舎飼い飼育で8.0%と報告されている（Silva del Rioら，2007）。周産期の子牛の死亡の10%が分娩前に起こっているが，大半が分娩時と分娩後に起こっている（Mee, 2004）ので，おそらく防ぐことが可能である。周産期死亡の半分は難産か子牛の異常胎位によるものなので（Colleryら，1996；Lombardら，2007；Gundelachら，2009；Mee, 1999），難産のリスクを減らすことができる要因と，コントロールできる要因を管理することが重要である。初産時の年齢，分娩時のボディコンディションスコア（BCS），直接の周産期死亡率に対する種雄牛の遺伝的メリット，性判別精液の使用，栄養，観察，監視，適切な分娩介助を含む牛に関する要因は，本章のテーマではないが検討に値する（McGuirkら，1999；Meyerら，2001；Ettema and Santos, 2004；Pryceら，2006；Berryら，2007；Meeら，2008；Mee, 2008a）。

　分娩介助した場合もしなかった場合も，周産期死亡が起きた時には必ず，子牛，出生時の母牛年齢，分娩介助レベル，死因について記録を取るべきである。分娩介助や難産は死亡原因ではないので，子牛の不明な死はすべて，剖検によって調べるべきである。分娩介助しなかった後に起こった，あるいは明らかな原因なしに起こった子牛の周産期死亡のいくつかは，長引く陣痛，低出生時体重，異常な妊娠期間，胎盤機能不全によるものである（Bittrichら，2002, 2004；Berglundら，2003；Johanson and Berger, 2003；Kornmatitsukら，2004；Gundelachら，2009）。

　乳用子牛の周産期の死亡を減らすためには，原因を追究すること，リスクのある子牛を特定すること，変化を起こすこと，リスクを減らす処置を実施すること

などに着目する必要がある。

　知識が豊富で有能で思いやりのある従業員が新生子牛を見守ることが，乳用新生子牛の生存と健康を向上するための重要事項の1つであるに違いない。早産の未熟子牛（妊娠期間270日以内），長引く分娩や強制的な分娩の後に生まれた子牛，薬理学的に分娩を誘起して生まれた子牛，早期胎盤剥離の子牛，双子の子牛は，反応が遅い可能性が非常に高いので，早急に対応する必要がある。新生子牛がとると予期される行動のスケジュールと，バイタルサインパラメーターの情報を**表15-1**に示した（Mee, 2008b）。

　これは，子牛の生命力を最初に評価するための最良の基準となる。出生時の生命力の低下は，代謝性アシドーシスと呼吸性アシドーシスの複合異常によるものである（Szenci, 1982, 2003）。しかし，カーフサイドテストに応用される血中pHと血中乳酸濃度の携帯用分析器は，すぐに利用できるわけでも十分にテストされたわけでもない。実験室での試験に代わる，改良されたAPGAR得点システム（appearance：様相，pulse：脈拍，grimace：顔のゆがみ，activity：活動，respiration：呼吸）を**表15-2**に示した。これは，血中乳酸値とよく相関しており（Sorgeら，2009），新生子牛の生命力を評価する際に使うことができる。

　APGAR（Sorgeら，2009）や，他の生命力スクリーニング法（Szenci, 1982）による得点が低い子牛は，リスクが高いと思われる。リスクの高い子牛には迅速な対応が必要であり，観察を増やし，病気の定期的なスクリーニングを行うために（これについては本章で後

表15-1　新生子牛の行動とバイタルサインの時系列
（Mee, 2008bから引用）

時間	正常な乳用子牛に予期される行動やバイタルサイン
出生時	被毛が胎盤で覆われているが，変色してはいない。
生後すぐ	力強く頭を振って，刺激に反応する。
5分以内	頭を真っ直ぐに立てる。
5分	胸を地面に付けて腹ばいになる。
15分以内	立とうとする。
1時間以内	立つ。
2時間以内	乳を吸う。
1時間以内	直腸温が102～103°F（39～39.5℃）で安定している。
1時間以内	心拍数100～150bpm。
1時間以内	口を開けてあえぐことなく，主に胸の動きによる呼吸数1分間に50～75回。

表15-2 新生子牛を評価するための改良された APGAR 得点システム (Sorge ら, 2009)

テストした反応	スコア0	スコア1	スコア2
頭に冷水をかける	無反応	反応が弱い, あるいは遅い	頭を上げて振る
蹄を両側から強く押す	無反応	肢をゆっくり, 弱々しく引っ込める	すぐに力強く肢を引っ込める
粘膜の色	白か青	青白い, 灰色がかっている, あるいは青色がかっている	ピンクで湿っている
呼吸のパターン	無呼吸	呼吸の頻度とパターンが不規則	呼吸の頻度とパターンが規則正しい

ほど取り上げる), チョークによるマーキングや, イヤータグ識別や, 個飼い室のマーキングをしてすぐに識別できるようにするべきである (口絵 P.15, 図15-1)。新生子牛の生命力評価スコアを, 子牛の永久的な記録として残すと, 後の子牛の管理に関する分析, 将来の子牛の健康や雌牛の成績とスコアとの関連性の分析, 個々の子牛に関して決断する際などに使用することができる。

処置を明確に定めること, 方法を完全に理解すること, 新生子牛の蘇生を実用的かつ効果的に行えるように, 分娩場所にある設備をすぐに利用できるようにしておくこと。弛緩した筋肉, 刺激に対する無反応, 青白色の粘膜が確認された子牛は, 低い台 (おがくず袋を敷いた低い台, 手押し車, テーブル) に置く。口や鼻から出る液体の排液姿勢をとるために, 台の縁から頭頸部を10～15秒間垂らす。子牛を台に引き戻し, 座らせてみる。乾いたタオルで子牛の背線部を, 尾部からはじめて, 頭部に向かって移動しながら力強くこする。頭までいったら鼻を乾かし, 鼻孔からさらに出てきた粘液や液体をふき取る。それから, 耳とまぶたをタオルによって刺激する。

この時点でまだ呼吸していない子牛には, 呼吸努力や発咳をさらに促すために, 2つの鼻孔の間の鼻鏡部 (口絵 P.16, 図15-2a) や, 鼻道を挟んで鼻孔の中隔 (口絵 P.16, 図15-2b) を指圧してもよいし, 左右から気管を圧迫してもよい (口絵 P.16, 図15-2c)。子牛の頭や耳の中に冷水を流し込むことも, 呼吸を引き起こすあえぎ反射を促すために用いることができる (Uystepruyst ら, 2002)。子牛が呼吸をはじめていて, 鼻汁や鼻汁音が呼吸努力を弱めているならば, この時点で, 鼻汁を吸引することも有効である。

酸素療法は有効で, 酸素を新生子牛の鼻内に注入することによって呼吸機能が改善されることが示されている (Bleul ら, 2008) とはいえ, 必要な設備や長期投与の必要性により, その使用は, コントロールされた診療所や病院に限られている。実際には広く用いられているが, 子牛に対する薬理学的呼吸刺激の効果は限られており, あるいは禁忌でさえある (Mee, 1994; Garry and Adams, 1996)。一時的に明らかな改善がいくらかみられるにもかかわらず, ドキサプラムが脳血流を減少させ, 一方, 脳の酸素需要量と消費量を増加させると考えられている (Plunkett and McMichael, 2008)。アトロピン (0.01 mg/kg) やエピネフリン (0.1 mg/kg 1:10,000) もまた, 心肺補助に対する一時的な効果があり, 特に, 徐脈の子牛に効果がある。高張の (7.5%) 食塩液 (HYSS) を3～4mL/kg, 5分以上急速投与することもまた, 子牛を蘇生させるための有効な方法である (Garcia, 1999; Nagy, 2009)。

高張食塩液投与後に, 温水を2qt (1.88ℓ) 与える。どんな液でも吸乳によって摂取されない場合は, 食道投与器 (フィーダー) によって与える。HYSS 投与を補完するために温水は必要であり, 子牛の正常な体温を維持したり回復させたりすることの補助として役立つ。低血糖が心配されるならば, 少量, 5gのブドウ糖丸剤 (50%デキストロース溶液10mL) を投与してもよい。薬理学的介助が終わったら, 子牛を胸を地面に付けて腹ばい (胸骨位) にさせ, 左右に動かし, 立つように促す。受動的な四肢運動が, 筋肉活動を通して体温調節を改善させる。

新生子牛を出生後15分以内, あるいは子牛が立とうとしはじめる前に, 分娩エリアや分娩ペンから移動させることは, 24時間すべての酪農場において目標とするべきことである。成牛の環境に置かれた子牛が繰り返し立とうとすることは, 病原菌の糞口感染の重大な危険要因となる。分娩近くになると, 分娩する牛の大腸菌の糞便排出が増え, 糞1g当たり, 10^4～10^7 cfu/g (糞便1g当たりのコロニー形成単位数) になる (Pelan-Mattocks ら, 2000)。糞口摂取がなくても, 新生子牛が成牛の環境に置かれたままだと, 臍帯から感染性病原体が入り込む危険性がある。分娩エリアに残された子牛は, 子牛飼育エリアに移動する時に, 分娩ペンにいる微生物叢を運ぶ。多くの酪農場では, 子牛を暖め, 乾かし, 臍帯を処置し, 評価し, 識別し, 初乳を与え, その他の新生子牛プロトコールを行うために, 新生子牛を飼育ペンに入れる前に, 一時的に別の場所に入れ

ておく．しかし，清潔で乾いていて敷き藁を深く敷き詰めた個別ペンに，直接，乾かした子牛を連れていくことが有益な場合もあり，そこで子牛は離乳まで飼育される．出生後すぐにそこに子牛を連れていかないならば，子牛を集団で入れておく暖かいエリアは勧められない．これらのエリアは，分娩ペンに長居した子牛の皮膚についた分娩ペンの微生物叢によって容易に汚染される．

さらに，暖かい当座の場所に長期滞在することで，新生子牛が移動させられた時に，55°～68°F（12.7～20.0℃）(Gonzalez-Jimenez and Blaxter, 1962；Scibiliaら，1987)，あるいは，59°～77°F（15～25℃）(Schramaら，1993；Arieiliら，1995)の温熱中間帯を外れた環境温度に子牛が適応することがより困難になるかもしれない．寒い子牛用牛舎では，麦わらを深く敷き詰めたり，子牛に胴衣を着せたりすることで，必要な営巣行動や断熱を与えることができる．

ほとんどの子牛の臍帯は分娩中，あるいは分娩直後に自然に断裂する．分娩介助を行っている最中に起こることのある，人の手による断裂よりも，自然に起こる断裂の方が好ましい．断裂後，臍帯の血管が収縮し，腹部に後戻りする．これは，血液喪失と感染から子牛を守るための作用である．臍帯の処置については意見が分かれており，手引きとなるような研究データは限られている．臍帯感染の処置を行っていると答えた酪農場は，30％以下であり（USDA, 2009），この数値は，子牛の5～15％に起こるという報告（Virtalaら，1996）と一致する．離乳前の乳用子牛の死亡原因の2％は，臍帯感染（臍炎）であると常に言われている（USDA, 2009）．生き残った子牛は，その後，発熱や，肺，関節，腸管，脳への感染が広がるとともに，これらの子牛は間欠的に細菌をばらまくもとになることがある．臍帯に関する問題はそれほど多くはないが，感染は，危険な結果をはらんでおり，予防可能である．

臍帯消毒はほとんどの酪農場で一般的な管理実務となっているが，清潔で十分な敷き藁を敷いた分娩エリアで子牛を分娩させた後，臍帯が自然に断裂することと，子牛を同じように管理の行き届いた子牛用ペンかハッチにすぐに移動させ，3～4qt（2.8～3.8L）の良質の初乳を与えることが何よりも大切である．臍帯に関する問題（感染やヘルニアは子牛の5％以下に起こる）の前歴がないのなら，分娩エリアを衛生的に保つこと，子牛をすぐに清潔な子牛用ペンに移動させること，初乳を与えることに重点的に取り組む．5％以上の子牛に臍帯に関する問題が生じたら，改善する必要

があり，その時は臍帯消毒を早期に行い，さらに12時間の間隔で1度か2度それを繰り返す．臍帯を消毒剤に浸す（ディップする）場合も，臍帯に消毒剤のスプレーをかける場合も，臍帯だけに消毒剤が付くようにして，臍帯のまわりの皮膚には付かないようにすることで，化学物質による皮膚への刺激を避ける．

研究によって有効性が示され報告されている臍帯消毒剤は，1％，2％，7％のヨードと，0.5％のクロルヘキシジンである（Mee, 2008b）．筆者の病院では，Nolvasan溶液（2％のクロルヘキシジン）25mLに蒸留水を加えて，100mLの臍帯消毒剤を作っている．個別の実施カップに2～4oz（60～120mL）のディップ溶液を入れて使用し，その子牛の最後のディップが済んだらカップは捨てる．スプレーボトルを使用すれば，溶液を清潔に保つことがもっと簡単にでき，何頭かの牛に使うことができる．次亜塩素酸ナトリウム（漂白剤）のような刺激性の溶液は，臍帯消毒に使うべきではない．

● 初乳

初乳管理は乳用子牛の出生から離乳までの健康と生存に重大な影響を及ぼす（McEwanら，1970；Brignole and Stott, 1980；Blom, 1982；Gay, 1984；National Animal Health Monitoring System, 1993；Wells, 1996）．子牛の生存と離乳前の健康に及ぼす直接的な利益を超えて，初乳には，成長率と飼料効率（Nocekら，1984；Robisonら，1988），繁殖効率（Waltner-Toewsら，1986e；Faberら，2005），乳生産（DeNiseら，1989；Faberら，2005），群全体の寿命（Robisonら，1988）に及ぼす長期的な影響もある．さらに，初乳の成分は，小腸の成長と発達と機能，第一胃の発達をサポートし，その他の代謝効果と内分泌効果に関与している（Hammon and Blum, 2002；Sauterら，2004）．

初乳は，免疫学的因子，ホルモン，成長因子，ビタミン，ミネラル，その他の主要栄養素を備えているが，群の初乳管理プログラムの成功を判断するテスト，あるいは個々の子牛への免疫の適切な移行を判断するテストの基準となるのは，免疫学的因子，免疫グロブリンG1（IgG1：immunoglobulin G1）である．

初乳を介したIgG1の子牛への移行は，1週齢未満の子牛が，最小血清IgG1濃度1,000mg/dLに達したら十分であると考えられている（Gay, 1984；Tylerら，1996；Wells, 1996；Weaverら，2000）．ほとんどの酪農場では，子牛が最適に健康であるためには，IgG1濃度が1,000mg/dL以上あることが望ましい．血

清IgG1濃度1,000mg/dL以下は，受動伝達不全（FPT：failure of passive transfer）と呼ばれる状態の基準となる。そしてこれは，疾患感受性，機能障害，死亡率から来る経済的損失と相関している（Gay, 1983；Hancock, 1985；Robisonら, 1988；DeNiseら, 1989；Wells, 1996）。子牛の大規模な研究によると，19～41％の子牛がFPTであり（National Animal Health Monitoring System, 1993；USDA, 2009），群内のFPT子牛の割合が増えると，死亡するリスクも増える（Hancock, 1985）。

最低限の血清IgG1濃度に達するために，子牛は150～200gの免疫グロブリンを摂取しなければならない（Besserら, 1991；Hopkins and Quigley, 1997；Tylerら, 1999a）。母牛からの初乳を与えるにしろ，代用初乳（CR：colostrum replacement）を与えるにしろ，CRと補助製品の併用（Quigleyら, 2002；Swanら, 2007；Smith and Foster, 2007）で与えるにしろ，吸収効率が最適な時に十分な免疫グロブリンの塊を子牛に与えなければならない。初乳のIgG1濃度はさまざまである（Pritchettら, 1994；Morinら, 1997；Swanら, 2007；Chigerweら, 2008）。初乳3〜4qt（2.8〜3.8L）で十分な免疫グロブリンの塊を届けるためには，50g/Lの最小IgG1濃度が含まれている高品質の初乳が必要である（Besserら, 1991）。しかし，このレベルの初乳品質を測定できる正確なカウサイドテストを利用できる可能性は限られている（Pritchettら, 1994；Chigerweら, 2005, 2008）。

初乳比重計（colostrometer）は，初乳品質のスクリーニングテストとして容認できるが，IgG1濃度を多く見積もり過ぎるし，初乳を定められた温度まで冷やす必要がある（Chigerweら, 2008）。低品質の初乳であるという結果が比重計で出た（浮いている間，黄色か赤のレベル）場合は，4qt（3.8L）では，十分な免疫グロブリンの塊を届けることができないことを的確に示している。初乳のIgG1濃度が少なくとも50g/Lであるということをより確信するためには，比重計で70g/L以上の値が出た初乳を選ぶとよい（Chigerweら, 2008）。

日常の初乳IgG1濃度スクリーニングによって，テストした初乳サンプルの20〜30％が不合格となることがあるが，これは，多くの初産牛（Tylerら, 1999b；Chigerweら, 2008）と，2ガロン（7.6L）以上の初乳を生産する牛（Chigerweら, 2008）においては，初乳品質を正確に表していると言える。これは，低品質のために不合格になってしまう初乳の量を最小限にするような，他の管理実務をみつけることにも利用できる。

初乳品質に影響を及ぼす多くの要因については最近報告されており（Godden, 2008），品種，母牛の年齢，分娩の時期などのいくつかの要因は，管理によって制御されていない。乾乳牛の乳房炎予防，栄養管理，ワクチン接種，乾乳期間の長さなどその他のいくつかの実務については，酪農場において母牛からの高品質な初乳の供給を最大限にするように変えることができる。初乳の前搾りは避けるべきである。特に高泌乳牛のフレッシュカウの初乳は，分娩2〜4時間以内に集めておくべきである（Mooreら, 2005）。初乳の低温殺菌のために必要がある場合を除いては，初乳を溜めておくことはやめるべきである（Weaverら, 2000）。

初乳品質の別の評価基準は，細菌汚染のレベルを計ることである。初乳に100,000cfu/mL以上の細菌がいたら（McGuirk and Collins, 2004），免疫グロブリンの吸収が妨げられ（Jamesら, 1981；Poulsenら, 2002；Johnsonら, 2007；Elizondo-Salazar and Heinrichs, 2009），*Mycobacterium avium* subsp. *paratuberculosis*，*Mycobacterium bovis*，*Salmonelola* spp.，その他の腸管病原体のような感染因子による感染源になる可能性がある（Streeterら, 1995；Steeleら, 1997；Walzら, 1997）ことが最近の研究によって示された。

フレッシュカウ（分娩直後の牛）の乳房を初乳を搾乳する前に適切に準備すること，初乳を集めるために清潔で消毒した搾乳設備を使うこと，搾乳後は，すぐに子牛に与えないならば，清潔で消毒した容器に初乳を入れ，それを冷蔵貯蔵することなどによって，初乳の汚染を防ぐことができる（Stewartら, 2005）。

また冷蔵して2日以内に子牛に与えなかった初乳は破棄するべきである。ただし防腐作用のあるソルビン酸カリウムを添加して，初乳中の終末濃度を0.5％にすれば，貯蔵した初乳の寿命を6日まで延長することができる（Stewartら, 2005；Godden, 2008）。各細菌の同定と定量とともに，標準平板細菌数が得られる初乳の培養は（Jayaraoら, 2004；McGuirk and Collins, 2004），初乳の採取と貯蔵のより緻密な管理の必要性を決定づけるだろう。

初乳の熱処理は，細菌汚染を少なくする最もよい方法である（Goddenら, 2006；Johnsonら, 2007；Elizondo-Salazar and Heinrichs, 2009）。初乳を140°F（60℃）で60分間バッチ（ひとまとめ）低温殺菌することが推奨

されており，それにより，病原菌濃度が減り，IgGの活動が維持され，初乳の望ましい水分濃度が保たれ，その結果，それを飲んだ子牛が優れたIgGレベルを持つことが示されている（Goddenら，2006；McMartinら，2006；Johnsonら，2007）。初乳のバッチ熱処理を140°Fで30分間しか行わなかった研究では，熱処理を施した初乳を飲んだ子牛の血清IgG1濃度は向上するが，高い細菌濃度によってIgGの吸収が妨げられることはなかった（Elizondo-Salazar and Heinrichs，2009）。初乳中の細菌は急速に増殖するので，初乳を集めたらすぐに低温殺菌するべきである。低温殺菌後，冷蔵した場合の保存可能期間は8～10日間である（Godden，2008）。初乳の低温殺菌の効果をテストによって確立し，その効果を貯蔵して子牛に与えるまでの過程を通して維持させるべきである。

少なくとも50g/L IgG1濃度を持った清潔な初乳3.75～5qt（3～4L）の給与は，望ましいとされる150～200gの免疫グロブリンの塊を新生子牛に届けるだろう。初乳の免疫グロブリンの塊が分からない時は，出生後4時間以内に子牛に初めて乳を与える時に，体重の10～12％を与えることが推奨されている（Godden，2008）。乳を自然に吸わせると，吸乳の遅れによる受動免疫伝達不全（failure of passive transfer：FPT）や（Edwards and Broom，1979），摂取量が不十分になること（Besserら，1991）が非常に高い確率で起こるので，乳用子牛には，人間の手で初乳を与えることが絶対に必要である。子牛への初乳の与え方には，酪農業者によって好みがある（USDA，2009）。哺乳瓶による哺乳，食道カテーテル，あるいはいくつかの方法の組み合わせにより，十分な量を飲ませることができれば，子牛に許容できる範囲の受動伝達が行われる（Adamsら，1985；Besserら，1991；Kaskeら，2005）。子牛に初乳を飲ませるために食道カテーテルを使うには，事前の訓練とプロトコールを一貫して順守することが必要である。食道カテーテルを使う際，子牛を立たせることが好ましいが，少なくとも，首を少し曲げて鼻が耳より下になるような姿勢で子牛を座らせる（口絵 P.16，図15-3）。

初乳を飲ませるために食道カテーテルを使う場合は，4qt（3.8L）を与える（Goddenら，2009b）。カテーテルの挿入が1度だけで済むように，4qt（3.8L）の初乳全量を入れられる容量の食道カテーテルを使う。与える初乳の量がもっと少ない酪農場では，初乳を与える方法として哺乳瓶による哺乳が望ましい（Goddenら，2009b）が，少なくとも3qt（2.8L）は与えること

が推奨される。中断せずに授乳すると，子牛は3qt（2.8L）の乳を飲む可能性が増えるので，初乳を与えるためには3qt（2.8L）用の哺乳瓶を使用する。

ほとんどの酪農場では，凍らせた初乳やCR製品を与えるより，母牛からの新鮮な初乳や冷蔵した初乳を与えることを好む（USDA，2009）。しかし，初乳の供給不足に直面した時や，増大した感染症をコントロールする期間に備えて，あるいは，厳選した酪農市場のために陰性の抗体価が要求される子牛のために，初乳のバックアッププラン（保存計画）を実施することは有利なことである。免疫，栄養，成長，発達に関わる成分すべてを備えた初乳は，効果的な冷蔵によって7日間は保存できると考えられている。免疫グロブリン，厳選された栄養，成長，発達に関わる要素は，初乳の冷凍貯蔵によって1年までは保たれるかもしれない。その際，凍結温度を保ち，初乳の水分が失われたり初乳が外気にさらされたりしないような貯蔵状態にしなければならない。貯蔵した初乳を解凍したり温めなおしたりする際，140°F（60℃）以上にならないようにするべきである（Godden，2008）。子牛の発達中の免疫システムに関して，最近，関心を集め，重要性を広く認められているものは，初乳の細胞成分であるが（Donovanら，2007；Reberら，2008a，b），それらは，熱処理（Godden，私信）や冷凍貯蔵の後には，生き抜くことができないようである。

初乳の給与を1回に限定し，大量に給餌すると，余分な初乳を蓄えることが可能になる。免疫グロブリンの吸収効率は時間とともに進行的に減少していく（Besserら，1985）ので，初乳を追加して与えることは，子牛にとってはほとんど，あるいはまったくプラスにならないかもしれない。低温殺菌されていない初乳を後から与えることは，1頭以上の初乳のドナー（提供牛）に子牛をさらすことや，細菌によってひどく汚染された初乳をうっかり与えてしまうことによって，疾病伝播の機会を増やす（McGuirk and Collins，2004）。初乳の給与を1回にすれば，子牛が食事を変更しなければならない回数が少なくて済み，最初と2度目の食事の間と，一貫した食事のパターンが確立する前だけになる。3日間初乳を与え続けると，腸，代謝，内分泌に関する発達上の利点がいくらかあるかもしれないが（Hammon and Blum，1997，1998，2002；Blättlerら，2001），初乳を長く与えることが健康と成績に及ぼす利益については証明されていない（Franklinら，2003）。

貯蔵した初乳がなかったら，代用初乳（CR）製品が

母牛からの初乳を与える代わりになる。市販されている業務用の粉末のCR製品には，初乳から抽出された最低100gの牛免疫グロブリン，乳清，あるいは乳漿が含まれており，水と混ぜて新生子牛に与えるようにつくられている。母牛からの初乳を与えることで，子牛の血清IgG1濃度が最低1,000mg/dLに達することが期待され，それにより免疫がうまく伝達したことが示唆される。この最低血清IgG1濃度に達することか，あるいは母牛からの初乳を与えられた子牛に匹敵する血清IgG1濃度であるかに焦点を絞ってきたCRに関する研究は，高投与量を与えない限り（Quigleyら，2001；Jonesら，2004；Fosterら，2006；Goddenら，2009a），これまで不本意な結果を出している（Meeら，1996；Quigleyら，2001；Smith and Foster, 2007；Swanら，2007）。

これらの研究は，母牛からの初乳と同様に，CR製品を与えた子牛が受動伝達をうまく行うためには，IgGを最低150〜200g投与することが必要であるという証拠を示した。母牛からの初乳を通した感染症伝播のコントロール手段のように，ヨーネ病コントロールのためにCR製品を与えることの利益について明らかになっている（Pithuaら，2009）。

乳牛の群における初乳管理プログラムの成功は確立されており，テストによって監視されている。群を基準とした受動免疫のためのテストにおける，個々の子牛のテスト結果により，決められた目標やカットポイント以下の子牛の割合が決まる。IgG1を量的に測定する究極の判断基準として確立された放射免疫拡散テストは，費用がかかり時間効率がよくないので，群を基準としたテストとしてはうまく応用されていない。屈折計を用いた血清総タンパク測定は，農場の使用に適しており，子牛の免疫グロブリンの状態を測定するのに有効であることが確認されている（Naylor and Kronfeld, 1977；Pfeifferら，1977；Tylerら，1996）。

さらに，子牛の疾病率と死亡率と相関があり（Naylorら，1977），群を基準としたテストに応用できるカットポイントを確立するためにも使われている（Tylerら，1996）。5.5g/dLの血清総タンパク濃度をカットポイントとして使用した1週齢以下の乳用子牛の群を基準としたテストと，警報レベルを20％に設定した1週齢以下の乳用子牛の群を基準としたテストが報じられている（McGuirk and Collins, 2004）。

推奨される最小限のサンプルサイズは12頭であるが，血清総タンパク濃度が5.5g/dL以下の子牛が，12頭のうち0（0％）か1（8.3％）か2（16.7％）頭であるならば，初乳管理がうまくいっていることを意味する。12頭のうち，4頭以上（テストされた牛の20％以上）の子牛の血清総タンパク濃度が5.5g/dL以下である場合は，FPTが群の問題となり，それを直さなければならない。FPTを調べるための群を基準としたテストを一貫して行い，報告し，議論することで，子牛の健康と成績にプラスになるような，建設的なフィードバック，管理の改革，有益な刺激が得られる機会を持てるであろう。

栄養管理

離乳までの乳用子牛の栄養管理は，労働集約的で費用がかかるが，うまくいけば，健康，成長，発達，将来の乳生産に重要となるプラスの影響が得られる。新生子牛の体重のわずか2〜4％が脂肪組織で，その最も大きな割合を占めるのが，褐色脂肪組織か熱産生脂肪である（Alexanderら，1975）。

新生子牛は体タンパク貯蔵も低いため，免疫学的因子だけでなく，栄養，成長，臓器発生に関する因子も初乳からの摂取に頼っている。初乳を与えた後は，子牛は，維持，成長，体温の発生，免疫系機能に必要なカロリー（タンパク，炭水化物，脂肪）を，飼料摂取に頼らなければならない。乳用子牛の栄養の重要な側面は，液体飼料の配合と量，スターター飼料，水を自由に飲める状態にすることである。今日では，福祉，成績，将来の生産を促進させるような構成要素とその輸送システムを目標とした成長に焦点を絞っている。乳用子牛の栄養について，さらに詳しく知りたい読者は，最近の報告（Drackley, 2008）を参照してほしい。

出生してから56〜60日齢で離乳するまでに，乳用子牛の体重を出生体重の2倍にしなければならないという意見の一致が，科学者，産業スペシャリスト，生産者の間に生まれつつある（15th American Dairy Science Association Discover Conference on Calves, Roanoke, VA；Dairy Calf & Heifer Association Gold Standards, www.calfandheifer.org）。この基準によると，90lb（41kg）で生まれたホルスタイン種の子牛は，56日齢で180lb（81kg）になり，1.6lb/日（0.73kg/日）の1日平均増体重を得ることになる。1日に1.8〜2.5lb（0.82〜1.14kg）の乳固形分を子牛に与えると，離乳までに目標の体重になり，体高が4〜5インチ（10.2〜12.7cm）増加すると推定される。49〜56日齢の間に，液体飼料を50％にまで減らすか，1日1回だけ与えて，スターター飼料の摂取を増やすことができ

表15-3　1gal（3.8L）に含まれる栄養成分の3種類の乳飼料における比較

	タンパク（%）	脂肪（%）	全固形分
全乳	27	30	12.7% 0.285lb（129g）タンパク/gal 0.317lb（143g）脂肪/gal
代用乳	20	20	11.4% 0.190lb（86g）タンパク/gal 0.190lb（86g）脂肪/gal
代用乳	28	20	15% 0.333lb（151g）タンパク/gal 0.238lb（107g）脂肪/gal

る。1日に2lb（0.91kg）の子牛用スターター飼料を常に食べている子牛は，離乳させる。従来の乳や代用乳の与え方で出生体重の8～10%を与えても，目標とする子牛の栄養のゴールには届かない。

自然状態により近く似せた量と質からなる液体飼料を乳用子牛に与えるアプローチ法は，加速成長，強化された栄養，あるいは，生物学的に適切な成長と呼ばれる。このアプローチを用いて，生後1週間に乳固形分として体重の1.5%を与え，その後，生後2週から離乳前の週まで体重の2%を与えれば，乳給餌率は従来の給餌率のほぼ2倍になる。そして離乳時には1日1回の液体飼料給餌に減少する（Stameyら，2005；Drackley，2008）。従来の代用乳給餌プログラムでは，子牛の成長率が，生後0～42日目に，1.1～1.3lb/日（0.50～0.59kg/日）であるのに対して，加速型代用乳給餌プログラムでは，1.3～1.8lb/日（0.59～0.82kg/日）になり，期待通りの成長率が得られる（Drackley，2008）。従来のプログラムと加速型プログラムの中間のプログラムでは，最初の42日間に期待成長率1.2～1.4lb/日（0.54～0.63kg/日）を達成でき，消化不良がより少なく，離乳に伴うスランプもより少ない（Hillら，2006；Drackley，2008）。2～3週齢の子牛の成長を増進し，栄養状態を向上させるのに加えて，免疫状態，健康，交配年齢，将来の乳量にもプラスになる（Drackley，2005；Ollivettら，2009；Van Amburghら，2009）。

代用乳は多くの酪農場で与えられているが，全乳，売り物になる乳，ならない乳，あるいは液体飼料の組み合わせが，離乳前の子牛の液体食となる。液体食の栄養分は，子牛に求められる成長率に合わせて，消化不良になる可能性を最小限にするために一貫性を持って，気候の寒暖に合わせて調整して与えなければならない。生後2～3週齢の子牛は，消化酵素が非効率的である，あるいは非ミルクタンパクや，デンプンのような多糖類を消化できないので，非ミルクタンパクは与えてはならない（Drackley，2008）。**表15-3**は，液体飼料1gal（3.8L）に含まれる栄養成分，タンパク，脂肪，全固形分の配合を，全乳と2種類の代用乳製剤で比較したものである。

100lb（45kg）の常温維持のためのエネルギー必要量は，乳固形分約0.7lb（325g）か，5.7lb（2.6kg）の全乳（約2.6qtか2.5L）である（Drackley，2008）。同じ子牛には，約0.8lb（380g）の代用乳（与えられるものとして，約3.2qtか3.0L）が維持のために必要である。なぜなら，代用乳は，全乳よりも脂肪が少ないからである。100lb（45kg）の子牛の維持のための1日当たりのタンパク所要量0.1lb（30g）は，低温ストレスや熱ストレスによって大幅に変わることはない。タンパク所要量の大部分は成長のためである。体重を2.2lb（1kg）増やすごとに，平均して0.4lb（188g）のタンパクが必要となり，それには，代用乳から約0.6lb（250～280g）の粗タンパクを摂取する必要がある（Drackley，2008）。成長のためのタンパクの体内の蓄積は，タンパクを使用するための十分なエネルギーがあるならば，食餌によるタンパク摂取によって決まる。22%以下の粗タンパクしか与えない代用乳では，離乳前に目標とする成長を得るのは難しい（Van Amburgh and Drackley，2005）。

温熱中間帯の範囲外の気温に必要な給餌調節は計算でき（National Research Council，2001），生後2週間の子牛や，まだ1.0lb（450g）のスターター飼料を食べていない子牛には最も重要なことである。熱ストレスに必要な変化に比べて，寒い気候の調節はより明確に確立されているが，どちらの状況下においても，給餌調節と付加的な支持処置を行うべきである。新鮮な水，雨風などから守られる牛舎，適切な寝床をすぐに利用できるようにすることが不可欠である。58°F（14.4℃）以下の気温では，1回ごとに与えるミルクの量を増やすか，できれば，従来の量のミルクや代用乳を与えている子牛に1日3回給餌する。3回目の給餌は，より大きな労働力を要するが，最も長く間隔の空いている給餌と給餌の間に行うのがよい。

また，3回給餌の代わりに，代用乳の固形分を増やすか，添加脂肪を加えることもできる（Jasterら，1992）。1度に1～2%徐々に増やすならば，最大18

％まで全固形分を増やすか，出生から離乳までの寒い気候の間，継続的に与えることが，1日3回給餌することの代わりにできると報告されている。子牛が細菌数の少ないミルクか代用乳を自由に飲むことのできる新しい給餌システムが発達したことで，子牛は寒さの埋め合わせをし，離乳前に増大した成長目標に届く機会を得ることができる。

子牛が目標とする成長に達すること以上に，生産者は子牛の健康を促進することを考えて給餌しなければならない。子牛の給餌方法を一貫することで，鼓脹症，下痢，腸性毒血症のような消化器障害を防ぐことができる。給餌時間，ミルクや代用乳の温度，全固形分の配合，給餌パターン，哺乳瓶の乳首，哺乳瓶，バケツ，添加物などを変化させると，子牛にストレスがかかったり，胃内容排出が変化したり，腸運動を変えたりする。健康な子牛は，ストレスがかかっても給餌の変化に対して少しは自分で調節できるが，寒冷ストレス下の子牛や，感染潜伏期の子牛や，罹患子牛と接触している子牛は発病する。

子牛の給餌に全乳を利用することが増えているが，細菌の性状，栄養成分，供給については注意深く管理する必要がある。使用するミルクの質，低温殺菌装置の有効性，低温殺菌後のミルクの取り扱いが最善であるならば，低温殺菌によって病原性微生物を一貫してコントロールすることが可能である（Stabel, 2001；Stabel ら, 2004；Jorgensen ら, 2006；James and Scott, 2009）。農場において子牛に与える全乳の質をモニタリングするための実用的なテストとして，全固形分，ミルクのpH，エタノール凝固のテストモニタリングが推奨されている（Moore ら, 2009）。不用なミルクの供給と質をコントロールするために，バルクタンクからの売り物になるミルクの利用を含めることや，代用乳からの固形分，乳漿タンパク，脂肪サプリメントを添加することが推奨されている（James and Scott, 2009）。

抗生物質や，健康や成長によいとされている，ミルクや代用乳に添加するその他の添加剤は，その必要性，利益になるという可能性，マイナスの結果をもたらす可能性にかかる費用を比較検討し，それに基づいて使用するべきである。多くの子牛の代用乳には抗生物質が含まれており，薬の入った代用乳と入っていない代用乳を比較した研究結果によると，すべてではないがそのほとんどにおいて，体重増加や飼料効率や健康パラメーターに及ぼす何らかの効果が示されている（Waltner-Toews ら, 1986a, b；Braidwood and Shenry, 1990；Sivula ら, 1996；Donovan ら, 2002；Berge ら, 2005, 2009）。子牛の飼料への抗生物質の使用を最小限にしたりなくしたりするためには，強化された免疫，強化された疾患検出，明確に的を絞った治療的介入を提供するための優れた初乳管理が必要である（Berge ら, 2005, 2009）。

抗コクシジウム剤（デコキネート，ラサロシド），プロバイオティクス（生菌製剤）（*Lactobacillus* spp., *Bifidobacterium* spp., その他），有益バクテリアの成長のための基質を提供するプレバイオティクス（フラクトオリゴ糖，マンナンオリゴ糖類，その他），免疫グロブリン（IgG, IgY），植物成分，その他を添加することを考える際には，有意な効果の証拠を探し求め，害を及ぼすいかなる可能性も容認しないことが重要である。また，管理の不備，病気を引き起こす微生物に猛烈にさらされる環境，あるいは，子牛が不適切な初乳，過剰ワクチン接種，不十分な栄養によって病気に感染しやすくなることが，添加物によって帳消しになるわけではないということを認識することも重要である。

早く摂取量を増やすよう促すためには，生後3日以内に子牛用スターター飼料を新生子牛の餌として加えるべきである。与え方と処方がおいしさに影響を及ぼす。子牛がわずかしか残さないような量の初期スターター飼料を毎日与える。半ポンド（226g）増加することで給餌率を増やし，簡単に発酵する原料で作られた舌触りのあるスターター飼料を使用すれば，摂取を促すことができる（Franklin ら, 2003；Drackley, 2008）。確実に適正水準の摂取をさせるような与え方とアクセスを提供した上で，飼料効率と健康を向上させるために，抗コクシジウム剤（デコキネート，モネンシン，ラサロシド）を添加することが推奨されている（Hill ら, 2005；Drackley, 2008）。離乳の決定の基準として役立つように，スターター飼料を正確に2lb（0.91kg）量る。

水は，いつでも不可欠な栄養であるが，臨界温度範囲から外れた環境で飼われている子牛や全乳固形分の高い餌を与えられている子牛にとって，あるいは子牛が下痢をしている時に（Kertz ら, 1984）最も重要である。出生時でさえ，水分要求量は液体飼料からだけでは満たすことができない。水を生後3日以内に日常の飲食物として与え，できればいつでも飲めるようにしておくべきである。気温が低く水へのアクセスが限られてしまう場合は，1日に2回温めた水を与えるべきである。ミルクや代用乳を与えられた直後に水を与えられている子牛は，横たわる前に水をもらえるの

待つ。給餌と給餌の間に水を与えると，子牛は暖かい寝床を離れてまではあまり水を飲みたがらないので，水を飲むことが少ない。気温にかかわらず，水を飲むことでスターター飼料の摂取が促進される（Kertzら，1984）。

牛舎

子牛の牛舎は，乳用子牛の健康と成績に重要な影響を及ぼす。子牛は，生後10分以内に分娩エリアから，離乳までを過ごす場所に移動させられる。気温が58°F（14.4℃）以下の時は，そこには，乾いた安全な場所と，休息できる清潔な寝床と，子牛が正常な行動を快適に示すことができるほどの物理的なスペースを用意しておく。気温が68°F（20.0℃）以上の時は，熱ストレスを最小限にするために適切に調整することも必要である。

出生から離乳まで，子牛は1日の約75％を横になって過ごす（Panivivatら，2004）ので，下痢を引き起こす病原体の糞口感染を最小限に抑えるために，寝床の管理はきわめて重要になる。敷き藁を深く敷くことで，糞に含まれる微生物から子牛を遠ざけることができると同時に，子牛の快適さも増す。子牛が横になった時に脚が完全に隠れるくらい十分な深さに敷き藁が敷いてある寝床で，十分な休息がとれる（Lagoら，2006）。55°F（12.7℃）以下の状況で飼育されている子牛には，寝床に麦わらを使用するとよい。温熱中間帯内で飼育されている子牛には，他の種類の敷き藁でもよいが，敷き藁が細かければ細かいほど糞尿が残りやすいので，敷き藁内の細菌数がより速く増加する。長い麦わらや木の削りカスのようなザラザラした敷き藁の材料よりも，砂や花こう岩細粒のような細かい敷き藁の材料は，より汚れやすく下痢とより関連がある（Panivivatら，2004）。

一般に疾病対策（Waltner-Toewsら，1986e；Svenssonら，2003；Svensson and Liberg，2006）や個々の子牛の監視に役立つとして，酪農業界においては，カーフハッチや個別の子牛ペンが標準的とされている（USDA，2009）。カーフハッチは，うまく管理すれば子牛の健康に多くのプラス面があるが，極度の暑さや寒さの状況下では，季節による対応が必要となることがある。疾病対策のために，子牛同士の接触を遮るよう設置された屋外にあるカーフハッチでは，子牛が3つの異なる温度区域（小屋の奥，小屋の前方，小屋の外）を自由に選ぶことができる（Brunsvoldら，1985）。個別の子牛ペンを並べた子牛用バーンは，快適さ，低温ストレスからの保護，ペン内の空気の質，子牛を入れたり出したりするパターンについて十分に管理しなければならない（Lunborgら，2005；Lagoら，2006）。高床式ペンは，排泄物除去用流水システムの上に作られると，子牛が冷たい隙間風やエアロゾル化した糞便に含まれる病原体にさらされる危険性を高めることがある。出生から2カ月間は，子牛を個別ペンで飼う場合，最低32 sq ft（3 m^2）のスペースを与えることが推奨されている（Hoffman and Plourd，2003；Stull and Reynolds，2008）。次に飼われる子牛が来るまでの間に，清掃消毒，休息の時間を得るために，子牛の最大数よりも15％多い数のペンを用意するべきである（Heath，1992）。

自動給餌システムが以前より手に入りやすくなったことや，2頭や小グループで飼育された子牛に，行動学的利点，固形飼料摂取の増加，体重の増加，離乳の失敗の減少がみられたという研究結果（Warnickら，1977；Richardら，1988；Kungら，1997；Chuaら，2002；Faerevikら，2006；Svensson and Liberg，2006）によって，離乳前の乳用子牛をグループで飼育することに対する関心は高まっている。いくつかの利点は認められているが，グループ飼育によって子牛の罹病率や死亡率が高まる危険性も増す（Waltner-Toewsら，1986c, d）。乳用子牛のグループ飼育管理を成功させるためには，実証された十分な免疫を一貫して届けられる初乳給餌プログラム，小さいグループサイズ（Chuaら，2002；Svensson and Liberg，2006；Assiéら，2009），子牛1頭につき最低28 sq ft（3 m^2）のスペースがあるペン（Hoffman and Plourd，2003；Stull and Reynolds，2008），ミルク規定量の増加や不断給餌，確立された健康管理プロトコール，個々の子牛のハンドリング設備，安定した子牛の頭数，グループペンのオールイン・オールアウト管理（Sivulaら，1996；Pedersenら，2009）が必要である。

床には，個別飼育ペンにもグループ飼育ペンにも，土，砂利，コンクリート，網目状ワイヤー，スノコなどが使われる。表面が多孔質のものなら，子牛がペンにいる時には，糞尿と水分をフィルターにかけ子牛から遠ざけることができ，次に飼われる子牛が来るまでの間に表面をこすり，取り除き，元の状態に戻すことができるので適している。下部にタイルを敷いた10～15インチ（25.4～30.5 cm）の砂利の底部があると，液体がすばやく下に排水され，バーンの外へ出る。豆砂利の薄い層なら，ペンを利用した後に掃除するたび

に，取り除き交換することができる。消毒剤を使うなら，多孔質の表面が取り込むのに適したものでなければならない。小穴のない表面の床には，子牛を糞尿と水分から遠ざけるためと，気温が55°F（12.7℃）以下の時は，十分な断熱と休息を与えるために，もっと多くの敷き藁が必要となる。しかし，このような床は，次に飼われる子牛が来るまでの間に掃除や消毒がよりしやすい。コンクリートの床は，床暖房のある牛舎には必須であるが，給餌エリアから傾斜しているようにしなければならない。子牛ペンの床表面にどのようなものを選ぼうとも，表面と敷き藁は，子牛を熱によるストレスから守り，子牛が滑ったり，ケガをしたり，トラウマになったりする危険を最小限にし，正常な横臥行動をとる快適さを与え，子牛を清潔に保つようなものでなければならない。

子牛が飲食しなかったミルク，代用乳，水，スターター飼料を子牛飼育エリアから取り除き，子牛がいる環境の微生物の数と生存時間を抑制する。ペンのサイズを大きくし，子牛ペンを囲んでいる壁を少なくし，子牛ペンの気温を下げ，子牛の牛舎におけるエアゾール化した細菌の数を少なくするために，屋内の子牛ペンに外気をもっとたくさん入れる（Lagoら，2006；Nordlund，2008）。

感染症予防を向上させるために，個別飼育の子牛同士の接触を防ぎ，グループペンの子牛の密度を減らし，個別ペンとグループペンで，次に飼われる子牛が来るまでの期間を長くする。ペンの前方を延長できる子牛ペンと，同じ子牛ペンとの間の固いパネルは，子牛同士の接触を防げるので，個別飼育ペンとして望ましいが，空気の質を高めるために，ペンの前方と後方はできる限りふさがないようにする。

連続フロー飼育システムによって，個々の子牛が病気になる危険が生じ（Sivulaら，1996；Pedersenら，2009），農場においては，離乳前子牛に腸と呼吸器の風土病が広まる危険が生じる。最低1年に1度は，子牛用バーンや個別ペンの大きな場所を完全に空にして，掃除し，消毒し，休ませることができるようにすることは，子牛を飼育する環境内の常在微生物の数を減らすことで子牛の健康と成績を最大にできるような重要な機会となる。

健康管理

●新生子牛の看護

分娩中と分娩直後に子牛を十分に観察することについては，本章の周産期医療の部分で述べているが，子牛が立とうとする前に，子牛を清潔で乾いた敷き藁が深く敷いてある子牛ペンか一時的収容場所に連れていき，そこで新生子牛の看護に関するプロトコールを行う。臍帯が出血し続けていないか，大きさが異常でないか，見た目や体構造がどうなっているかについて調べる。臍帯処置では衛生面に重点を置くことになるが，臍帯の消毒を行う場合は，周産期医療の部分に書いてあるような方法で行う。

新生子牛が吸乳反射を示したらすぐに初乳を与えはじめるが，生後4時間よりも遅くなってはいけない。初乳抗体は子牛が効果的に免疫反応を産生することを妨げるかもしれないので，下痢予防のための経口ワクチンを投与することによって，初乳を与えるのが必然的に遅くなる（Van Zaaneら，1986）。

下痢予防の効果を上昇させるために，First Defense，Bovine Ecolizer，Colimune，Barguard，その他の経口抗体製品を与えられた子牛には，初乳を遅らせて与える必要はない。しかし，これらの抗体製品は，同じように，抗体吸収がまだ効果的に働いている生後のごくわずかな時間に与えなければならない。初乳管理に関する詳細は，本章の初乳の部分に記載されている。

●子牛のワクチン接種

出生から離乳までの子牛のために作られたどんなワクチンプロトコールも，目標とすべきことは，最も直面しそうな病原体や病気に対する最善の免疫を付けさせることである。子牛は，疾病攻撃を受けるリスクが最も高い時に，安全で効果的で費用効率性の高いワクチンによって保護される必要がある。害を及ぼす可能性が少しでもあるワクチンは避けるべきである。

離乳前の子牛に最もよくみられる感染性の問題は，下痢と呼吸器疾患である。それほど多くはないが，重要となる感染症に臍帯感染症と新生子敗血症があり，それらは，関節，脳，腎臓，その他の体器官系の感染症につながる。生後2週間以内の子牛は下痢を起こすリスクが最も高く，通常ピークがはじまるのは5～9日齢の間である（Waltner-Toewsら，1986a；Waltner-Toewsら，1986b；Curtis，1988；Sivula，1996）。乳用子牛に呼吸器疾患の初期症状が起こるのは3週齢以下の時である（Sivulaら，1996；Virtalaら，1996）。健康でワクチンを受けている牛から得られた初乳に含まれる免疫学的因子を摂取させ吸収させることが，これらの重大な病気に対する効果的な免疫を子牛に持たせるための最良の方法である。

子牛が初乳からの母牛由来の抗体を循環させている間は，効果的にワクチン接種を行うことができないという従来の考え方は変わってきている（Woolums, 2007；Chaseら，2008）。典型的には，特定の病原体に対する母牛由来の抗体がある時に測定可能なワクチン抗体が証明されてこなかったので，子牛に非経口のワクチン接種は推奨されてこなかった。母牛由来の抗体の減少はすべての病原体に対しては同時には起こらず，母牛由来の抗体がワクチン接種を妨げるのに十分なレベルであり続けたとしても，いくつかの疾病攻撃に対する防御はほとんどないので，この方法では子牛が脆弱なままになる。細胞障害性T細胞（CD8＋T cells），ガンマデルタT細胞，メモリーB細胞のような選択的細胞もまた，選択的病原体に対する抗原特異的免疫において重要な役割を果たすので，ワクチン接種に対する血清抗体反応を測定することでは，その効果の全体像はつかめないことが最近になって発見された（Endsleyら，2003）。

測定可能な抗体反応がなくても，ウシウイルス性下痢症ウイルス（BVDV），ウシRSウイルス（BRSV），ウシヘルペスウイルス1（BHV-1）のようないくつかの修正生ウイルスワクチンは，次のワクチン接種に対して子牛を準備させたり，攻撃に直面して防御を提供したりするT細胞反応を子牛に引き起こすことができる（Brarら，1978；Kimmanら，1989；Endsleyら，2003；Chaseら，2008）。出生から離乳までの子牛のワクチン接種に対する新しいアプローチが生まれて，母牛由来の抗体による妨害を避ける安全な方法を開発することは，関心を集め続けている。ワクチンの効果は，母牛からの初乳の重要性を過小評価するものではないし，現在のワクチンを承認外にしたり，また未試験で使用したりすることを奨励するべきではない。アジュバント技術，エピトープ改良，非従来型の投与法において新しいワクチンの開発をしながら，子牛のワクチン接種は，ただできるからという理由ではなく，ニーズに対応して行うべきである。

新生子牛における，経鼻投与用の温度感受性の修正生ウイルス，パラインフルエンザタイプ3（PI3）とウシ感染性鼻気管炎（IBR）のウイルスの組み合わせの使用は，子牛が生後数週間に罹る呼吸器疾患に対する，推定的特異的防御と非特異的防御のために役立つ。1週齢以上の子牛のワクチン接種を経鼻投与で行う方法は，母牛由来抗体の循環を妨げる可能性を回避することができる急速な免疫を生じさせるというプラス面がある（Kimmanら，1989；Brysonら，1999；Woolumsら，2004；Vangeelら，2007, 2009）ものの，新生子牛のワクチン接種の有効性について確立する必要がある。

●子牛の除角

子牛の除角には使用できるいくつかの方法がある。1週齢以下の子牛には，腐食性の薬品ペーストの局所使用が適している。ガスや充電式の電動の除角器は，熱を用いて角の組織への血液供給を焼灼するもので，4週齢までの子牛に使うことができる。ホットアイロンの除角器は，電気やガス充填式のアイロンを用いて角の付け根の皮膚を焼灼するもので，12週齢までの子牛に使うことができる。チューブ型除角器やスプーン型除角器は，角の芽の周りの皮膚をつくっている角を先のとがった金属のチューブで取り除くもので，4週齢までの子牛に適している。ガウジ（Gouge，切骨器）タイプやバーンズ（Barnes）タイプの除角器は，長さ4インチ（10cm）までの角を，角の付け根の周りの皮膚に沿って取り除くので，もっと成長した牛や，一度除角した後に角の瘢痕が生じた子牛に使う。子牛の除角は早めに行った方がよいが，離乳のストレスと一緒にならないようにし，どのような方法で除角を行うにしても，適切な保定，準備，疼痛コントロールを行う必要がある（Duffield, 2007）。

除角に腐食性の薬品ペーストを使う際には，新生子牛の角の芽がみえるように毛を刈り，子牛をうまく保定し，自分の手を手袋で保護し，角の芽を完全に覆うようにペーストを薄く塗る。ペーストを塗る間，子牛の目を保護する。この方法は，グループ飼育の子牛には適さない。

ガス，電気，ホットアイロン，チューブ，ガウジで除角する場合は，適切な保定が不可欠であり，その際，鎮静剤を使用すれば理想的に保定することができる。ベテランの作業者が保定するのならば鎮静剤は必要なく，子牛をしっかり保定し，専門的な局所麻酔を行ってもよい。鎮静剤注射を除角の5～10分前に行うことで，1つの角ごとに2カ所に局所麻酔を注射することが簡単になる。非ステロイド系抗炎症薬を局所神経ブロックの時に投与することで，除角後の疼痛コントロールを延長できる（Duffield, 2007）。

鎮静し局所麻酔をしてから子牛を除角すれば，効果的で正確に実施できる。角の根元の皮膚を焼灼するためにホットアイロンを使う際には，皮膚の色がしっかりと変わるように十分な時間をかける。この方法で角を抜かれたり焼灼されたりして出血する牛はいない。そ

して，子牛は通常20分から1時間以内には立ち上がっており，次の給餌までにはミルクを飲める状態になる。

鎮静剤を投与していることから，除角後1～2時間は子牛を厳重に監視し，鎮静剤が完全に切れるまでは餌や水を与えてはいけない。子牛が2時間以上，元気がなかったり，頭を下げていたり，頭の傾きが異常であったりしたら，獣医師による診察が必要である。

● 健康上問題のある子牛のスクリーニング（選別）

生後48時間から離乳までの乳用子牛の死亡率7.8%（USDA, 2009）という数字は，Dairy Calf & Heifer Associations Gold Standard（www.calfandheifer.org）で定められている5%以下という数値を上回る。離乳前の子牛の死亡は，多くの場合，下痢と呼吸器の問題によって起こり，それぞれ56.5%と22.5%である（USDA, 2009）。

問題の検出精度を高め，効果的な治療プロトコールをより速く実施することで，死亡率を減少させることができるが，そのためには健康スクリーニングの作業を定期的に行うことが必要である。液体飼料に対する食欲が減少したり，動作が鈍くなったりすることを基準に子牛の病気を発見しようとしても，特に，呼吸器疾患の，治療が最も効果的に効く初期には問題を発見できないかもしれない。食欲に基づいた肺炎の検出は，罹患子牛の50%を特定し損ね，通常は発病の4～5日後に特定される（Virtalaら，1996；Quimbyら，2001）。

病気の子牛や，詳しい診察を要する子牛を発見するための毎日のスクリーニングは，タイミングが適切ならば，ペンの外から行うことができる効率的かつ効果的な作業である。ミルクや代用乳を与えた後すぐに多くの子牛は横たわるが，その時か，あるいは子牛がまだ横たわっている次の給餌の直前が，病気の子牛の行動やみた目の異常を発見する最もよいタイミングである。給餌からだいぶ経って，ほとんどの子牛が横たわっているのに，立ったままの子牛やまだ飲んでいるようにみえる子牛は，詳しく診察するために印を付ける。さらに，次の給餌の直前，ほとんどの子牛がまだ横たわっている時に，立っていたり，異常な直立姿勢や休息姿勢をとっていたり，呼びかけに無反応だったり，腹部膨満があったり，毛がまっすぐに立っていたりしたら，さらに診察するべきである。

子牛の健康スコアリングチャートがhttp://www.vetmed.wisc.edu/dms/fapm/fapmtools/8calf/calf_health_scoring_chart.pdfから入手でき，下痢や呼吸器疾患の治療が必要な子牛を発見するための検査の詳細な基準として利用できる。ペンの外から糞便の異常な硬さや見た目を発見する際に口絵 P.17, 図15-4を参考にできる。静かな子牛は，鼻汁，眼漏，耳の位置の異常や，自発的な発咳によって，呼吸器疾患に罹っているかどうかをスクリーニングする。眼漏や鼻汁が中程度から重度に出ていて，耳の位置や頭の傾きが異常で，自発的な発咳が出ていたら，呼吸器疾患の可能性が高い。

これらの異常な徴候が2つ以上出ている子牛には，治療を考えるべきである。ペンの中で使い捨ての手袋をして，直腸温や，臍帯の触診，発咳をさせるための気管圧迫などの追加の診察を行うこともできる。さらに，敷き藁から採取した糞か体温計に付着した糞のどちらかから糞の硬さを調べるべきであるが，手袋をして潤滑剤を塗った指で直腸をやさしく刺激すると，ほとんどの子牛は排便する。

● 健康上問題のある子牛の治療

子牛の下痢治療のプロトコールで最も重要なことは輸液である。いつものミルクや代用乳給餌と水の不断給水に加えて，口絵 P.17, 図15-4aや口絵 P.17, 図15-4bのような下痢をしている子牛には2qt（1.9～3.8L）の電解質を含んだ輸液が必要である。ラベルに書かれている通りに経口電解質液を温かい水に混ぜる。脱水を治すには，電解質を含んだ液を，いつものミルク，代用乳，不断給水の水と取り換えるのではなく，付け加える。下痢をしている間も餌を与えることを推奨するが，もし強制給餌をする必要があるのならば，有効ではないかもしれない（Quigleyら，2006）。

口絵 P.17, 図15-4aのような下痢をしている子牛には，量を少なくして頻度を増やしてミルクを与える必要があるだろう。口絵 P.17, 図15-4bのような下痢をしている子牛には，ミルク，経口電解質液，水を混ぜた液体を1日最低10qt（9.5L）与える必要があるだろう。下痢をしている子牛に電解質を含んだ液を与えている時は，水を自由に飲めるようにすることが重要である。

下痢をしている子牛を診察した結果，体温が103°F（39.4℃）以上か，100°F（37.7℃）以下で，動作が鈍く，食欲がなく，液体を飲むのが遅く，背中が曲がった状態で立っている，あるいは糞便にかなりの量の血が混じっているのならば，抗生物質の3日間投与をするのが望ましい（Constable, 2004；McGuirk, 2008）。治療に用いる抗生物質は，糞便培養の結果か，適切なグラ

第15章 乳用子牛の出生から離乳までの管理 215

ム陰性菌スペクトル（薬効範囲）に基づいて選ぶ（Fecteauら，2003；Constable，2004）。非ステロイド系抗炎症薬の投与は，さらなる利点があるかもしれないが，体温の異常（103°F以上か，100°F以下：39.4℃以上か，37.7℃以下）やその他の全身疾患の徴候が持続している時にのみ，繰り返して投与するべきである。腸環境の正常化を促す液体飼料に添加するその他の添加剤も有効であるが，成功するという証拠と，餌の全固形物とナトリウムのレベルの一貫性を綿密に監視することが必要である。温熱中間帯よりも気温が低い時，病気の子牛に深く乾いた敷き藁や毛布を与えることも必要であろう。

http://www.vetmed.wisc.edu/dms/fapm/fapmtools/8calf/calf_respiratory_scoring_chart.pdf から入手できる Calf Respiratory Health Scoring Chart でスコア5かそれ以上の値が出た子牛には，呼吸器疾患の治療を行うべきである。

別の方法として，ペンの外からみて，呼吸器疾患の徴候が1つでもあり，熱が103°F（39.4℃）以上あったら，抗生物質による治療を行うべきである。あるいは，呼吸器疾患の徴候を2つ以上同時に示している発咳，色のついた（白，黄色，血の色を帯びた）鼻汁や眼漏が出ている，耳が垂れ下がったり痙攣したりしている，あるいは熱が低いか高い（100°F以下か，103°F以上：37.7℃以下か，39.4℃以上）子牛には抗生物質による治療を行うべきである。呼吸器疾患の治療は5～6日間行うべきである。かかりつけの獣医師が，検査（McGuirk，2008），有効性，適合性に基づいて，1度の投与か複数回の投与の治療プロトコールを勧めるであろう。非ステロイド系抗炎症薬の投与は，さらなる利点があるかもしれないが，体温の異常（103°F以上：39.4℃以上）や全身疾患が持続している時にのみ，静脈内に繰り返し投与するべきである。

追加の経口液，深く乾いた敷き藁，毛布などを与える支持療法も効果的である。離乳後の牛舎に移動する前に病気が治るように，呼吸器疾患の子牛を早期に効果的に治療することが非常に重要である。

下痢や子牛の呼吸器疾患の，持続的あるいは重度なハードプロブレム（群の問題）には，診断検査が役に立つだろう。すでに述べてあるように（McGuirk，2008），最も有益な診断情報は，リスクのある年齢集団の中に生きている，治療されていない子牛によってもたらされる。例えば，5日目の子牛の下痢が問題になった場合，それは標準的な発症日数であるが，4～5日齢の治療を受けていない子牛6頭から，糞の硬さを問わず，糞便サンプルを集め，ロタウイルス，コロナウイルス，*Salmonella* spp.，*Cryptosporidium parvum* の診断検査を行い，もしいずれかの子牛が *Salmonella* spp. を排出していたら，それは重大な問題であると考えられる。分離株の抗菌薬感受性パターンが，群の治療プロトコールの一部分の指標となる。サンプル採材された子牛の30％以上が，その他の潜在的な糞便病原菌のどれか1つ（ロタウイルス，コロナウイルス，*Cryptosporidium parvum*）を排出している時は，感染源を特定しそれを最小限にする試みを行うべきである。

すでに述べてあるように（McGuirk，2008），子牛の呼吸器疾患問題には，治療法の決定を導くため，原因をはっきりするため，あるいはその両方のために診断検査を用いることができる。リスクのある年齢集団にいる治療を受けていない子牛を選んで，鼻腔スワブ（抗菌薬感受性パターンに使われる），深部咽頭保護スワブ（病原菌分離と抗菌薬感受性パターンに使われる），あるいは，気管支肺胞洗浄液サンプル（細胞学的評価と潜在的な病原菌分離に使われる）を用いて，6頭以上の感染している子牛の個体群をサンプルする。群のプロトコールは，生きている動物では，診断検査によって最もよく導かれるが，子牛の看護を改善する機会をみつけるために，剖検を定期的に行うべきである。子牛の出生から離乳までの健康管理のみに要する労働と時間を軽視すべきでない。

ウィスコンシンで行われた研究（Zwaldら，2007）によると，子牛150～200頭ごとに0.5フルタイム労働に相当すると見積もられている。時間と努力に力づけられ，子牛の健康プロトコールは，知識と理解と問題解決能力のある作業者によって行われる（Vaarst and Sørensen，2009）。

記録

包括的な子牛の記録システムの実行が重要であることは言うに及ばない。継続的に集められ，記録され，分析され，モニタリングされた子牛のデータに基づいた管理実務は，詳細な情報を得た上で決断すること，傾向を特定すること，問題を分析すること，解決方法を検証すること，そして利益を向上させることに役立つ。

決断し傾向を分析するために記録されたデータを用いた，記録システムを実施する上での主要なことは，詳細な総説を参照してほしい（Bach，2008）。

文献

Adams, G.D., et al. (1985). Two methods for administering colostrum to newborn calves. *Journal of Dairy Science*, 68:773–775.

Alexander, G., Bennett, J.W., Gemmell, R.T. (1975). Brown adipose tissue in the newborn calf (*Bos taurus*). *Journal of Physiology*, 244:223–234.

Arieili, A., et al. (1995). Development of metabolic partitioning of energy in young calves. *Journal of Dairy Science*, 78:1154–1162.

Assié, S., Bareille, N., Beaudeau, F., Seegers, H. (2009). Management- and housing-related risk factors of respiratory disorders in non-weaned French Charolais calves. *Preventive Veterinary Medicine*, 91:218–225.

Bach, A., Ahedo, J. (2008). Record keeping and economics of dairy heifers. *Veterinary Clinics of North America: Food Animal Practice*, 24:117–138.

Berge, A.C.B., et al. (2005). A clinical trial evaluating prophylactic and therapeutic antibiotic use on health and performance of preweaned calves. *Journal of Dairy Science*, 88:2166–2177.

Berge, A.C.B., et al. (2009). Targeting therapy to minimize antimicrobial use in preweaned calves: effects on health, growth, and treatment costs. *Journal of Dairy Science*, 92:4707–4714.

Berglund, B., Steinbock, L., Elvander, M. (2003). Causes of stillbirth and time of death in Swedish Holstein calves examined post mortem. *Acta Veterinaria Scandinavica*, 44:111–120.

Berry, D.P., Lee, J.M., Macdonald, K.A., Roche, J.R. (2007). Body condition score and body weight effects on dystocia and stillbirths and consequent effects on post-calving performance. *Journal of Dairy Science*, 90:4201–4211.

Besser, T.E., Garmedia, A.E., McGuire, T.C., Gay, C.C. (1985). Effect of colostral immunoglobulin G1 and immunoglobulin M concentrations on immunoglobulin absorption in calves. *Journal of Dairy Science*, 68:2033–2037.

Besser, T.E., Gay, C.C., Pritchett, L. (1991). Comparison of three methods of feeding colostrum to dairy calves. *Journal of the American Veterinary Medical Association*, 198:419–422.

Bittrich, S., et al. (2002). Physiological traits in preterm calves during their first week of life. *Journal of Animal Physiology and Animal Nutrition*, 86:185–198.

Bittrich, S., et al. (2004). Preterm as compared with full-term neonatal calves are characterized by morphological and functional immaturity of the small intestine. *Journal of Dairy Science*, 87:1786–1795.

Blättler, U., et al. (2001). Feeding colostrum, its composition and feeding duration variably modify proliferation and morphology of the intestine and digestive enzyme activities of neonatal calves. *Journal of Nutrition*, 131:1256–1263.

Bleul, U.T., Bircher, B.M., Kähn, W.K. (2008). Effect of intranasal oxygen administration on blood gas variables and outcome in neonatal calves with respiratory distress syndrome: 20 cases (2004–2006). *Journal of the American Veterinary Medical Association*, 233:289–293.

Blom, J.Y. (1982). The relationship between serum immunoglobulin values and incidence of respiratory disease and enteritis in calves. *Nordisk Veterinaermedicin*, 34:276–284.

Braidwood, J.C., Shenry, N.W. (1990). Clinical efficacy of chlortetracycline hydrochloride administered in milk replacer to calves. *Veterinary Record*, 127:297–301.

Brar, J.S., et al. (1978). Maternal immunity to infectious bovine rhinotracheitis and bovine viral diarrhea viruses: duration and effect on vaccination in young calves. *American Journal of Veterinary Research*, 39:241–244.

Brignole, T.J., Stott, G.H. (1980). Effect of suckling followed by bottle feeding colostrum on immunoglobulin absorption and calf survival. *Journal of Dairy Science*, 63:451–456.

Brunsvold, R.E., Cramer, C.O., Larsen, H.J. (1985). Behavior of dairy calves reared in hutches as affected by temperature. *Transactions of the American Society of Agricultural and Biological Engineers*, 28:1265–1268.

Bryson, D.G., et al. (1999). Studies on the efficacy of intranasal vaccination for the prevention of experimentally induced parainfluenza type 3 virus pneumonia in calves. *Veterinary Record*, 145:33–39.

Chase, C.L., Hurley, D.J., Reber, A.J. (2008). Neonatal immune development in the calf and its impact of vaccine response. *Veterinary Clinics of North America: Food Animal Practice*, 24:87–104.

Chigerwe, M., et al. (2005). Evaluation of a cow-side immunoassay kit for assessing IgG concentration in colostrum. *Journal of the American Veterinary Medical Association*, 227:129–131.

Chigerwe, M., et al. (2008). Comparison of four methods to assess colostral IgG concentration in dairy cows. *Journal of the American Veterinary Medical Association*, 233:761–766.

Chua, B., Coenen, E., van Delen, J., Weary, D.M. (2002). Effects of pair versus individual housing on the behavior and performance of dairy calves. *Journal of Dairy Science*, 85:360–364.

Collery, P., et al. (1996). Causes of perinatal calf mortality in the Republic of Ireland. *Irish Veterinary Journal*, 49:491–496.

Constable, P.D. (2004). Antimicrobial use in the treatment of calf diarrhea. *Journal of Veterinary Internal Medicine*, 18:8–17.

DeNise, S.K., Robison, G.H., Stott, G.H., Armstrong, D.V. (1989). Effects of passive immunity on subsequent production in dairy heifers. *Journal of Dairy Science*, 72:552–554.

Donovan, D.C., Franklin, S.T., Chase, C.C., Hippen, A.R. (2002). Growth and health of Holstein calves fed milk replacers supplemented with antibiotics or Enteroguard. *Journal of Dairy Science*, 85:947–950.

Donovan, D.C., et al. (2007). Effect of maternal cells transferred with colostrum on cellular responses to pathogen antigens in neonatal calves. *American Journal of Veterinary Research*, 68:778–782.

Drackley, J.K. (2005). Early growth effects on subsequent health and performance of dairy heifers. In: *Calf and Heifer Rearing: Principles of Rearing the Modern Dairy Heifer from Calf to Calving*, ed. P.C. Garnsworthy, 213–235. Nottingham, UK: Nottingham University Press.

Drackley, J.K. (2008). Calf nutrition from birth to breeding. *Veterinary Clinics of North America: Food Animal Practice*, 24:55–86.

Duffield, T. (2007). Dehorning dairy calves to minimize pain. In Proceedings: *40th Annual Convention Proceedings American Association of Bovine Practitioners*, 40:200–202.

Edwards, S.A., Broom, D.M. (1979). The period between birth and first suckling in dairy calves. *Research in Veterinary Science*, 26:255–256.

Elizondo-Salazar, J.A., Heinrichs, A.J. (2009). Feeding heat-treated colostrum or unheated colostrum with two different bacterial concentrations to neonatal dairy calves. *Journal of Dairy Science*, 92:4565–4571.

Endsley, J.J., Roth, J.A., Ridpath, J., Neill, J. (2003). Maternal antibody blocks humoral but not T cell responses to BVDV. *Biologicals*, 31:123–125.

Ettema, J.F., Santos, J.E.P. (2004). Impact of age at calving on lactation, reproduction, health, and income in first-parity Holsteins on commercial farms. *Journal of Dairy Science*, 87:2730–2742.

Faber, S.N., et al. (2005). Effects of colostrum ingestion on lactational performance. *Professional Animal Scientist*, 21:420–425.

Faerevik, G., Jensen, M.B., Boe, K.E. (2006). Dairy calves social preferences and the significance of a companion animal during separation from the group. *Applied Animal Behaviour Science*, 99:205–221.

Fecteau, M.-E., et al. (2003). Efficacy of ceftiofur for treatment of experimental salmonellosis in neonatal calves. *American Journal of Veterinary Research*, 64:918–925.

Foster, D.M., et al. (2006). Serum IgG and total protein concentrations in dairy calves fed two colostrum replacement products. *Journal of the American Veterinary Medical Association*, 229:1282–1285.

Franklin, S.T., Amaral-Phillips, D.M., Jackson, J.A., Campbell, A.A. (2003). Health and performance of Holstein calves that suckled or were hand-fed colostrum and were fed one of three physical forms of starter. *Journal of Dairy Science*, 86:2145–2153.

Garcia, J.P. (1999). A practitioner's views on fluid therapy in calves. *Veterinary Clinics of North America: Food Animal Practice*, 15:533–543.

Garry, F., Adams, R. (1996). Neonatal calf resuscitation for the practitioner. *Agri-Practice*, 17:25–29.

Gay, C.C. (1983). Failure of passive transfer of colostral immunoglobulins and neonatal disease in calves: a review. In Proceedings: *4th International Symposium on Neonatal Diarrhea*, Veterinary Infectious Disease Organization (VIDO), Saskatoon, Saskatchewan, Canada, 346–364.

Gay, C.C. (1984). The role of colostrum in managing calf health. *The Bovine Practitioner*, 16:79–84.

Godden, S. (2008). Colostrum management for dairy calves. *Veterinary Clinics of North America: Food Animal Practice*, 24:19–39.

Godden, S., et al. (2006). Heat-treatment of bovine colostrum II: effects of heating duration on pathogen viability and immunoglobulin G. *Journal of Dairy Science*, 89:3476–3483.

Godden, S.M., Haines, D.M., Hagman, D. (2009a). Improving passive transfer of immunoglobulins in calves: I. Dose effect of feeding a commercial colostrum replacer. *Journal of Dairy Science*, 92:1750–1757.

Godden, S.M., Haines, D.M., Konkol, K., Peterson, J. (2009b). Improving passive transfer of immunoglobulins in calves: II. Interaction between feeding method and volume of colostrum fed. *Journal of Dairy Science*, 92:1758–1764.

Gonzalez-Jimenez, E., Blaxter, K.L. (1962). The metabolism and thermal regulation of calves in the first month of life. *British Journal of Nutrition*, 16:199–212.

Gundelach, Y., Essmeyer, K., Teltscher, M.K., Hoedemaker, M. (2009). Risk factors for perinatal mortality in dairy cattle: cow and foetal factors, calving process. *Theriogenology*, 71:901–909.

Hammon, H., Blum, J.W. (1997). Prolonged colostrum feeding enhances xylose absorption in neonatal calves. *Journal of Animal Science*, 75:2915–2919.

Hammon, H.H., Blum, J.W. (1998). Metabolic and endocrine traits of neonatal calves are influenced by feeding colostrum for different durations or only milk replacer. *Journal of Nutrition*, 128:624–632.

Hammon, H.M., Blum, J.W. (2002). Feeding different amounts of colostrum or only milk replacer modify receptors of intestinal insulin-like growth factors and insulin in neonatal calves. *Domestic Animal Endocrinology*, 22:155–168.

Hancock, D.D. (1985). Assessing efficiency of passive immune transfer in dairy herds. *Journal of Dairy Science*, 68:163–183.

Heath, S.E. (1992). Neonatal diarrhea in calves: investigation of herd management practices. *Compendium for Continuing Education of Practicing Veterinarians*, 14:385–395.

Hill, T.M., Aldrich, J.M., Schlotterbeck, R.L. (2005). Nutrient sources for solid feeds and factors affecting their intake by calves. In: *Calf and Heifer Rearing: Principles of Rearing the Modern Dairy Heifer from Calf to Calving*, ed. P.C. Garnsworthy, 113–133. Nottingham, UK: Nottingham University Press.

Hill, T.M., et al. (2006). Effects of feeding calves different rates and protein concentrations of twenty percent fat milk replacers on growth during the neonatal period. *The Professional Animal Scientist*, 22:252–260.

Hoffman, P.C., Plourd, R. ed. (2003). Raising dairy replacements. In: *Midwest Plan Service. Calf Environments and Housing*, 37–46. Ames, IA: Iowa State University.

Hopkins, B.A., Quigley, J.D. (1997). Effects of method of colostrum feeding and colostrum supplementation on concentrations of immunoglobulin G in the serum of neonatal calves. *Journal of Dairy Science*, 80:979–983.

James, R.E., Scott, M.C. (2009). Management of on farm pasteurizers in calf feeding programs. In Proceedings: *94th Annual Wisconsin Veterinary Medical Association Convention Proceedings*, pp. 278–286. Wisconsin Veterinary Medical Association, Madison, WI.

James, R.E., Polan, C.E., Cummins, K.A. (1981). Influence of administered indigenous microorganisms on uptake of I^{125}-γ-globulin in vivo by intestinal segments of neonatal calves. *Journal of Dairy Science*, 64:52–61.

Jaster, E.H., et al. (1992). Effect of extra energy as fat or milk replacer solids in diets of young calves on growth during cold weather. *Journal of Dairy Science*, 75:2524–2531.

Jayarao, B.M., et al. (2004). Guidelines for monitoring bulk tank milk somatic cell and bacterial counts. *Journal of Dairy Science*, 87:3561–3573.

Johanson, J.M., Berger, P.J. (2003). Birth weight as a predictor of calving ease and perinatal mortality in Holstein cattle. *Journal of Dairy Science*, 86:3745–3755.

Johnson, J., et al. (2007). The effect of feeding heat-treated colostrum on passive transfer of cellular and humoral immune parameters in neonatal dairy calves. *Journal of Dairy Science*, 90:5189–5198.

Jones, C.M., et al. (2004). Influence of pooled colostrum or colostrum replacement on IgG and evaluation of animal plasma in milk replacer. *Journal of Dairy Science*, 87:1806–1814.

Jorgensen, M.P., Hoffman, P., Nytes, A. (2006). Efficacy of on-farm pasteurized waste milk systems on upper Midwest dairy and custom calf rearing operations. *The Professional Animal Scientist*, 22:1036–1038.

Kaske, M., et al. (2005). Colostrum management in calves: effects of drenching versus bottle feeding. *Journal of Animal Physiology and Animal Nutrition (Berlin)*, 89:151–157.

Kertz, A.F., Reutzel, L.F., Mahoney, J.H. (1984). Ad libitum water intake by neonatal calves and its relationship to calf starter intake, weight gain, feces score, and season. *Journal of Dairy Science*, 67:2964–2969.

Kimman, T.G., Westenbrink, F., Straver, P.J. (1989). Priming for local and systemic antibody memory responses to bovine respiratory syncytial virus: effect of amount of virus, virus replication, route of administration and maternal antibodies. *Veterinary Immunology and Immunopathology*, 22:145–160.

Kornmatitsuk, B., et al. (2004). Endocrine profiles, haematology and pregnancy outcomes of late pregnant Holstein dairy heifers sired by bulls giving a high or low incidence of stillbirth. *Acta Veterinaria Scandinavica*, 45:47–68.

Kung, L., et al. (1997). An evaluation of two management systems for rearing calves fed milk replacer. *Journal of Dairy Science*, 80:2529–2533.

Lago, A., et al. (2006). Calf respiratory disease and pen microenvironments in naturally ventilated calf barns in winter. *Journal of Dairy Science*, 89:4014–4025.

Lombard, J.E., Garry, F.B., Tomlinson, S.M., Garber, L.P. (2007). Impacts of dystocia on health and survival of dairy calves. *Journal of Dairy Science*, 90:1751–1760.

Lunborg, G.K., Svensson, E.C., Oltenacu, P.A. (2005). Herd-level risk factors for infectious diseases in Swedish dairy calves aged 0–90 days. *Preventive Veterinary Medicine*, 68:123–143.

McEwan, A.D., Fischer, E.W., Selman, I.E. (1970). Observations on the immune globulin levels of neonatal calves and their relationship to disease. *Journal of Comparative Pathology*, 80:259–265.

McGuirk, S.M. (2008). Disease management of dairy calves and heifers. *Veterinary Clinics of North America: Food Animal Practice*, 24:139–153.

McGuirk, S.M., Collins, M. (2004). Managing the production, storage and delivery of colostrum. *The Veterinary Clinics of North America: Food Animal Practice*, 20:593–603.

McGuirk, B.J., Going, I., Gilmour, A.R. (1999). The genetic evaluation of UK Holstein Friesian sires for calving ease and related traits. *Animal Science*, 68:413–422.

McMartin, S., et al. (2006). Heat-treatment of bovine colostrum I: Effects of temperature on viscosity and immunoglobulin G. *Journal of Dairy Science*, 89:2110–2118.

Mee, J.F. (1994). Resuscitation in newborn calves—materials and methods. *Cattle Practice*, 2:197–210.

Mee, J.F. (1999). Stillbirths—what can you do? *Cattle Practice*, 7:277–281.

Mee, J.F. (2004). Managing the dairy cow at calving time. *The Veterinary Clinics of North America: Food Animal Practice*, 20:521–546.

Mee, J.F. (2008a). Prevalence and risk factors for dystocia in dairy cattle: a review. *Veterinary Journal*, 176:93–101.

Mee, J.F. (2008b). Managing the calf at calving time. In Proceedings: *41st Annual Convention Proceedings American Association of Bovine Practitioners*, 41:46–53.

Mee, J.F., et al. (1996). Effect of a whey protein concentrate used as a colostrum substitute or supplement on calf immunity, weight gain and health. *Journal of Dairy Science*, 79:886–889.

Mee, J.F., et al. (2008). Prevalence of, and risk factors associated with, perinatal calf mortality in pasture-based Holstein Friesian cows. *Animal*, 2:613–620.

Meyer, C.L., et al. (2001). Phenotypic trends in incidence of stillbirth for Holsteins in the United States. *Journal of Dairy Science*, 84:515–523.

Moore, M., et al. (2005). Effect of delayed colostrum collection on colostral IgG concentration in dairy cows. *Journal of the American Veterinary Medical Association*, 226:1375–1377.

Moore, D.A., Taylor, J., Hartman, M.L., Sischo, W.M. (2009). Quality assessments of waste milk at a calf ranch. *Journal of Dairy Science*, 92:3503–3509.

Morin, D.E., McCoy, G.C., Hurley, W.L. (1997). Effects of quality, quantity, and timing of colostrum feeding and addition of a dried colostrum supplement on immunoglobulin G1 absorption in Holstein bull calves. *Journal of Dairy Science*, 80:747–753.

Nagy, D.W. (2009). Resuscitation and critical care of neonatal calves. *Veterinary Clinics of North America: Food Animal Practice*, 25:1–11.

National Animal Health Monitoring System. (1993). National heifer evaluation project. Dairy herd management practices focusing on preweaned heifers. Ft. Collins, CO: USDA-APHIS Veterinary Services; Transfer of Maternal Immunity to Calves N118.0293.

National Research Council. (2001). *Nutrient Requirements of Dairy Cattle*, 7th ed., Washington, DC: National Academy Press.

Naylor, J.M., Kronfeld, D.S. (1977). Refractometry as a measure of the immunoglobulin status of the newborn dairy calf: comparison with the zinc sulfate turbidity test and single radial immunodiffusion. *American Journal of Veterinary Research*, 38:1331–1334.

Naylor, J.M., Kronfeld, D.S., Bech-Nielsen, S., Bartholomew, R.C. (1977). Plasma total protein measurement for prediction of disease and mortality in calves. *Journal of the American Veterinary Medical Association*, 171:635–638.

Nocek, J.E., Braund, D.G., Warner, R.G. (1984). Influence of neonatal colostrum administration, immunoglobulin, and continued feeding of colostrum on calf gain, health and serum protein. *Journal of Dairy Science*, 67:319–333.

Nordlund, K.V. (2008). Practical considerations for ventilating calf barns in winter. *Veterinary Clinics of North America: Food Animal Practice*, 24:41–54.

Ollivett, T.L., et al. (2009). Effect of nutritional plane on the health and performance in dairy calves after experimental infection with *Cryptosporidium parvum*. In Proceedings: *42nd Annual Convention Proceedings American Association of Bovine Practitioners*, 42:172.

Panivivat, R., et al. (2004). Growth performance and health of dairy calves bedded with different types of materials. *Journal of Dairy Science*, 87:3736–3745.

Pedersen, R.E., et al. (2009). How milk-fed dairy calves perform in stables versus dynamic groups. *Livestock Science*, 121:215–218.

Pelan-Mattocks, L.S., Kehrli, M.E., Casey, T.A., Goff, J.P. (2000). Fecal shedding of coliform bacteria during the periparturient period in dairy cows. *American Journal of Veterinary Research*, 61:1636–1638.

Pfeiffer, N.E., McGuire, T.C., Bendel, R.B., Weikel, J.M. (1977). Quantitation of bovine immunoglobulins: comparison of single radial immunodiffusion, zinc sulfate turbidity, serum electrophoresis, and refractometer methods. *American Journal of Veterinary Research*, 38:693–698.

Pithua, P., Godden, S.M., Wells, S.J., Oakes, M.J. (2009). Efficacy of feeding plasma-derived commercial colostrum replacer for the prevention of transmission of *Mycobacterium avium* subsp *paratuberculosis* in Hostein calves. *Journal of the American Veterinary Medical Association*, 234:1167–1176.

Plunkett, S.J., McMichael, M. (2008). Cardiopulmonary resuscitation in small animal medicine: an update. *Journal of Veterinary Internal Medicine*, 22:9–25.

Poulsen, K.P., Hartmann, F.A., McGuirk, S.M. (2002). Bacteria in colostrum: impact on calf health. In Proceedings: *20th Annual ACVIM Forum*, p. 773, Abstract 52. Mira Digital Publishing, St. Louis, MO.

Pritchett, L.C., et al. (1994). Evaluation of the hydrometer for testing immunoglobulin G_1 concentrations in Holstein colostrum. *Journal of Dairy Science*, 77:1761–1767.

Pryce, J.E., Harris, B.L., Sim, S., McPherson, A.W. (2006). Genetics of stillbirth in dairy calves. In Proceedings: *New Zealand Society of Animal Production*, 66:98–102.

Quigley, J.D., et al. (2001). Formulation of colostrum supplements, colostrum replacers and acquisition of passive immunity in neonatal calves. *Journal of Dairy Science*, 84:2059–2065.

Quigley, J.D., Kost, C.J., Wolfe, T.M. (2002). Absorption of protein and IgG in calves fed a colostrum supplement or replacer. *Journal of Dairy Science*, 85:1243–1248.

Quigley, J.D., Wolfe, T.A., Elsasser, T.H. (2006). Effects of additional milk replacer feeding on calf health, growth and selected blood metabolites in calves. *Journal of Dairy Science*, 89:207–216.

Quimby, W.F., et al. (2001). Application of feeding behaviour to predict morbidity of newly received calves in a commercial feedlot. *Canadian Journal of Animal Science*, 81:315–320.

Reber, A.J., et al. (2008a). Transfer of maternal colostral leukocytes promotes development of the neonatal immune system. I: Effects on monocyte lineage cells. *Veterinary Immunology and Immunopathology*, 123:186–196.

Reber, A.J., et al. (2008b). Transfer of maternal colostral leukocytes promotes development of the neonatal immune system Part II. Effects on neonatal lymphocytes. *Veterinary Immunology and Immunopathology*, 123:305–313.

Richard, A.L., Heinrichs, A.J., Muller, L.D. (1988). Feeding acidified milk replacer ad libitum to calves housed in group versus individual pens. *Journal of Dairy Science*, 71:2203–2209.

Robison, J.D., Stott, G.H., DeNise, S.K. (1988). Effects of passive immunity on growth and survival in the dairy heifer. *Journal of Dairy Science*, 71:1283–1287.

Sauter, S.N., et al. (2004). Intestinal development in neonatal calves: effects of glucocorticoids and dependence of colostrum feeding. *Biology of the Neonate*, 85:94–104.

Schrama, J.W., et al. (1993). Evidence of increasing thermal requirements in young, unadapted calves during 6 to 11 days of age. *Journal of Animal Science*, 71:1761–1766.

Scibilia, L.S., et al. (1987). Effect of environmental temperature and dietary fat on growth and physiological response of newborn calves. *Journal of Dairy Science*, 70:1426–1433.

Silva del Rio, N., et al. (2007). An observational analysis of twin births, calf sex ratio, and calf mortality in Holstein dairy cattle. *Journal of Dairy Science*, 90:1255–1264.

Sivula, N.J., Ames, T.R., Marsh, W.E. (1996). Management practices and risk factors for morbidity and mortality in Minnesota dairy heifer calves. *Preventive Veterinary Medicine*, 27:173–182.

Smith, G.W., Foster, D.M. (2007). Absorption of protein and immunoglobulin G in calves fed a colostrum replacer. *Journal of Dairy Science*, 90:2905–2908.

Sorge, U., Kelton, D., Staufenbiel, R. (2009). Neonatal blood lactate concentration and calf morbidity. *Veterinary Record*, 164:533–534.

Stabel, J.R. (2001). On-farm batch pasteurization destroys *Mycobacterium paratuberculosis* in waste milk. *Journal of Dairy Science*, 84:524–527.

Stabel, J.R., Hurd, S., Calvente, L., Rosenbusch, R.F. (2004). Destruction of *Mycobacterium paratuberculosis*, *Salmonella* spp., and *Mycoplasma* spp. in raw milk by a commercial on-farm high-temperature, short-time pasteurizer. *Journal of Dairy Science*, 87:2177–2183.

Stamey, J.A., Janvick Guretzky, N.A., Drackley, J.K. (2005). Influence of starter protein content on growth of dairy calves in an enhanced early nutrition program. *Journal of Dairy Science*, 88(Suppl. 1): 254.

Steele, M.L., et al. (1997). Survey of Ontario bulk tank raw milk for foodborne pathogens. *Journal of Food Protection*, 60:1341–1346.

Stewart, S., et al. (2005). Preventing bacterial contamination and proliferation during the harvest, storage and feeding of fresh bovine colostrum. *Journal of Dairy Science*, 88:2571–2578.

Streeter, R.N., et al. (1995). Isolation of *Mycobacterium paratuberculosis* from colostrum and milk of subclinically infected cows. *American Journal of Veterinary Research*, 56:1322–1324.

Stull, C., Reynolds, J. (2008). Calf welfare. *Veterinary Clinics of North America: Food Animal Practice*, 24:191–203.

Svensson, C., Liberg, P. (2006). The effect of group size on health and growth rate of Swedish dairy calves housed in pens with automatic milk feeders. *Preventive Veterinary Medicine*, 73:43–53.

Svensson, C., Lundborg, K., Emanuelson, U., Olsson, S.O. (2003). Morbidity in Swedish dairy calves from birth to 90 days of age and individual calf-level risk factors for infectious diseases. *Preventive Veterinary Medicine*, 58:179–197.

Swan, H., Godden, S., Bey, R. (2007). Passive transfer of immunoglobulin G and preweaning health in Holstein calves fed a commercial colostrum replacer. *Journal of Dairy Science*, 90:3857–3866.

Szenci, O. (1982). Correlations between muscle tone and acid-base balance in newborn calves: experimental substantiation of a simple new score system proposed for neonatal status diagnosis. *Acta Veterinaria Academiae Scientiarum Hungaricae*, 30:79–84.

Szenci, O. (2003). Role of acid-base disturbance in perinatal mortality of calves: a review. *The Veterinary Bulletin*, 3:7R–14R.

Tyler, J.W., et al. (1996). Evaluation of 3 assays for failure of passive transfer in calves. *Journal of Veterinary Internal Medicine*, 10:304–307.

Tyler, J.W., et al. (1999a). Detection of low serum immunoglobulin concentrations in clinically ill calves. *Journal of Veterinary Internal Medicine*, 13:40–43.

Tyler, J.W., et al. (1999b). Colostral immunoglobulin concentrations in Holsteins and Guernsey cows. *American Journal of Veterinary Research*, 60:1136–1139.

USDA. (2009). Dairy 2007, Heifer Calf Health and Management Practices on U.S. Dairy Operations, 2007. USDA:APHIS:VS, CEAH. Fort Collins, CO #550.1209.

Uysterpruyst, C.H., et al. (2002). Effect of three resuscitation procedures on respiratory and metabolic adaptation to extra uterine life in newborn calves. *The Veterinary Journal*, 163:30–44.

Vaarst, M., Sørensen, J.T. (2009). Danish dairy farmers' perceptions and attitudes related to calf-management in situation of high versus no calf mortality. *Preventive Veterinary Medicine*, 89:128–133.

Van Amburgh, M.E., Drackley, J.K. (2005). Current perspective on the energy and protein requirement of the pre-weaned calf. In: *Calf and Heifer Rearing: Principles of Rearing the Modern Dairy Heifer from Calf to Calving*, ed. P.C. Garnsworthy, 67–82. Nottingham, UK: Nottingham University Press.

Van Amburgh, M.E., Raffrenato, E., Soberon, F., Everett, R.W. (2009). What have we learned about calf nutrition and management over the last 10 years: a lot! In Proceedings: *94th Annual WVMA Convention Proceedings*, pp. 318–329. Wisconsin Veterinary Medical Association, Madison, WI.

Van Zaane, D., Ijzerman, J., De Leeuw, P.W. (1986). Intestinal antibody response after vaccination and infection with rotavirus of calves fed colostrum with or without rotavirus antibody. *Veterinary Immunology and Immunopathology*, 11:45–63.

Vangeel, I., et al. (2007). Efficacy of a modified live intranasal bovine respiratory syncytial virus vaccine in 3-week-old calves experimentally challenged with BRSV. *The Veterinary Journal*, 174:627–635.

Vangeel, I., et al. (2009). Efficacy of an intranasal modified live bovine respiratory syncytial virus and temperature-sensitive parainfluenza type 3 vaccine in 3-week-old calves experimentally challenged with PI3V. *The Veterinary Journal*, 179:101–108.

Virtala, A.M.K., Mechor, G.D., Grohn, Y.T., Erb, H.N. (1996). Morbidity from nonrespiratory diseases and mortality in dairy heifers during the first three months of life. *Journal of the American Medical Association*, 208:2043–2046.

Waltner-Toews, D., Martin, S.W., Meek, A.H., McMillan, I. (1986a). Dairy calf management, morbidity and mortality in

Ontario Holstein herds. I. The data. *Preventive Veterinary Medicine*, 4:103–124.
Waltner-Toews, D., Martin, S.W., Meek, A.H. (1986b). Dairy calf management, morbidity and mortality in Ontario Holstein herds: II. Age and seasonal patterns. *Preventive Veterinary Medicine*, 4:125–135.
Waltner-Toews, D., Martin, S.W., Meek, A.H. (1986c). Dairy calf management, morbidity and mortality in Ontario Holstein herds: III. Association of management with morbidity. *Preventive Veterinary Medicine*, 4:137–158.
Waltner-Toews, D., Martin, S.W., Meek, A.H. (1986d). Dairy calf management, morbidity and mortality in Ontario Holstein herds: IV. Association of management with mortality. *Preventive Veterinary Medicine*, 4:159–171.
Waltner-Toews, D., Martin, S.W., Meek, A.H. (1986e). The effect of early calfhood health status on survivorship and age at first calving. *Canadian Journal of Veterinary Research*, 50:314–317.
Walz, P.H., et al. (1997). Otitis media in preweaned Holstein dairy calves in Michigan due to *Mycoplasma bovis*. *Journal of Veterinary Diagnostic Investigation*, 9:250–254.
Warnick, V.D., Arave, C.W., Mickelsen, C.H. (1977). Effects of group, individual and isolated rearing of calves on weight gain and behavior. *Journal of Dairy Science*, 60:947–953.

Weaver, D.M., et al. (2000). Passive transfer of colostral immunoglobulins in calves. *Journal of Veterinary Internal Medicine*, 14:569–577.
Wells, S.J, Dargatz, D.A., Ott, S.L. (1996). Factors associated with mortality to 21 days of life in dairy heifers in the United States. *Preventive Veterinary Medicine*, 29:9–19.
Woolums, A.R. (2007). Vaccinating calves: new information on the effects of maternal immunity. In Proceedings: *40th Annual Convention Proceedings American Association of Bovine Practitioners*, 40:10–17.
Woolums, A.R., et al. (2004). Effect of a single intranasal dose of modified-live bovine respiratory syncytial virus vaccine on resistance to subsequent viral challenge in calves. *American Journal of Veterinary Research*, 65:363–372.
Zwald, A., et al. (2007). Economic costs and labor efficiencies associated with raising dairy herd replacements on Wisconsin dairy farms and custom heifer raising operations. Computer model: *Intuitive Cost of Production Analysis (ICPA)*. Research report, University of Wisconsin Department of Dairy Science, University of Wisconsin Extension and Cooperative Extension. www.uwex.edu/ces/heifermgmt/rearingcost.cfm.

第16章

未経産乳牛の栄養管理

Pedro Melendez Retamal

要約

未経産牛は，体重550～625kg，体高1.3m，ボディコンディションスコア3.25～3.75である約24カ月齢で分娩させるために，15カ月齢で交配するべきである。それゆえに，グループ分けを戦略的に考える必要があり，離乳から3カ月齢の間は5頭で，3～6カ月齢の間は15頭で，妊娠7カ月まではさまざまな異なる頭数で群飼すべきである。

給餌管理の方策としては，その利点とともに，環境条件（周囲の気温や湿度）について考慮しなければならない。

序文

未経産乳牛を22～24カ月齢で分娩させるためには，13～15カ月齢で交配するべきである。これによって乳生産とその寿命が最大限になるため，酪農業の利益を最適化することができる。この目標を達成するために，満足できる成長曲線が得られるように，栄養と給餌の管理を適切に行わなくてはならない。

1日増体重は，低くても高くても望ましくない。体が小さな未経産牛は，乳生産が少なく難産になりやすい。加速的に成長する牛は，太り過ぎになり，寿命が短く，乳量が少なく，難産になり，代謝性疾患になりやすい可能性がある。さらに，性成熟前の過度のエネルギー摂取は，乳腺実質組織の発達に影響し，乳腺胞細胞数や乳合成を減少させることがある。

これは，体重と成長速度の間に直線的な関係がないためである。それゆえに，性成熟前に過度のエネルギーが消費されると，乳管系が発達する前に，乳腺実質組織が脂肪沈着に変えられてしまう（National Research Council, NRC, 2001）。

グループ分けの方策

乳用子牛にとって離乳はストレスのかかる過程であるため，離乳される子牛は，3カ月齢までは「5頭未満の小さな群」で飼育することが強く推奨される。その後，子牛は6カ月齢まで「15頭の群」で飼うことができる。そして，6～15カ月齢では，農場ごとの状況に応じて，「さまざまな異なる頭数」の群で飼育するべきである。

群は，均質でバランスがとれていなければならない。10～12カ月齢の未経産牛は，「交配前群」として扱うべきであり，13～15カ月齢の未経産牛は，繁殖管理を始める「交配群」として扱うべきである。未経産牛の繁殖方策については，他の章で述べられているが，交配45日後に未経産牛の妊娠を診断し，確認したらすぐに，妊娠5カ月になるまでは「妊娠初期群」として飼育するべきである。妊娠5～7カ月の間は，「妊娠後期群」として飼育するべきであり，妊娠7カ月に「分娩前移行期群」に移し，分娩までそこで飼育するべきである。

体重，体高，ボディコンディションスコア（BCS）

ホルスタイン未経産牛は，分娩時に550～625kg（1,210～1,375lb）の体重がなければならない。体高は1.3m（54in.）で，ボディコンディションスコアは3.25～3.75でなければならない。よって，出生から分娩までの1日平均増体重は0.7～0.8kg/日（1.54～1.8lb/日）でなければならない。

成長率は，3～10カ月齢（性成熟前）では0.8kg/日（1.8lb/日）で，10～24カ月齢（性成熟後）では0.7kg/日（1.54lb/日）でなければならない（Gardner

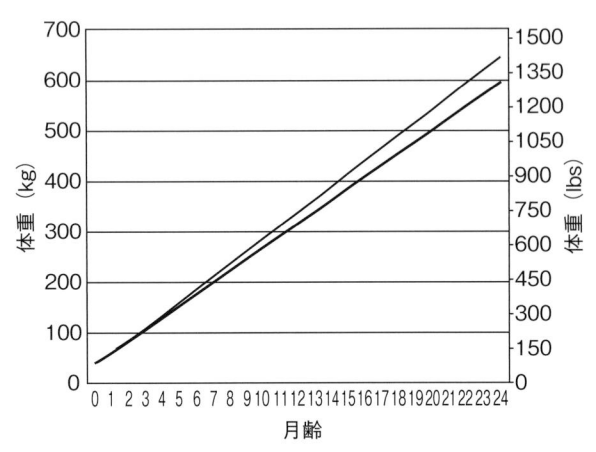

図16-1 ホルスタイン未経産牛の体重の上限と下限

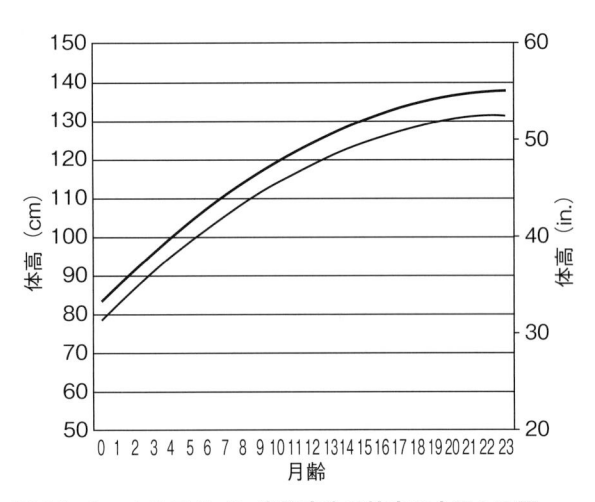

図16-2 ホルスタイン未経産牛の体高の上限と下限

ら，1988；Hoffman and Funk, 1991）。

図16-1に，ホルスタイン未経産牛の体重の上限と下限を，**図16-2**に，体高の上限と下限を示した。

未経産牛の成長に必要なエネルギーとタンパクは，成長の間に組織に蓄積されるエネルギーとタンパクによって計算される（NRC, 2001）。1日平均増体重0.7〜0.8 kg/日（1.54〜1.8 lb/日）という目標に達するためには，牛の毛がきれいで乾いていて，牛が自由に餌を食べることができ，健康で，20℃（68°F）の常温環境で飼育されていることが前提となる。それゆえに，栄養必要量は環境と管理の状況に応じて調整しなければならない。飼料摂取量は環境温度と反比例する。高温によって摂取量低下が起こる，あるいは寒冷な気候によって摂取量増加が起こるために，乾物摂取量の調整が必要となるかもしれない。気温が15℃（59°F）を下回ったら，乾物摂取量を増やすべきである。しかし，泥水や冷水や凍った水，餌などの要因が乾物摂取量にマイナスの影響を与えることもある。

NRC（1989）は，環境温度が20℃より1℃高い，または低い場合の維持のための正味エネルギー（NE）の調整を提案している。20℃より1℃高く，または低くなるごとに，維持のためのNE方程式 $0.086 (BW^{0.75})$ における定数0.086から0.0007を差し引く，または足さなければならない。寒冷な気候の間に飼料エネルギーを増やし損ねると，常温環境（20℃）で飼育されている牛に比べて，1日平均増体重が低くなることがある（0.1〜0.2 kg/日）。厳しい寒冷ストレスがかかると，エネルギー必要量が，第一胃の適切な活動を維持するための飼料の有効NDF（中性デタージェント繊維）の最低レベルに満たない可能性があるため，環境の改善は適切な成長曲線を維持する鍵となる。

放牧されている未経産牛は期待通りの成長率を示す。しかし，牧草の自由採食が，この目的に達するための鍵となる。夏の間や厳しい寒さの気候では，牧草が限られている。それゆえに，牧草が制限されている時は，補助飼料プログラム（サイレージや濃厚飼料）が必要となる。肥料をまかれ青々とした，涼しい季節の牧草地には，補助マグネシウム（酸化マグネシウム）が必要なことが多い。そうしないと，グラステタニーが問題となることがある。

もし，1歳以上の未経産牛が良質の牧草を摂取できるなら，それだけで，この成長ステージに必要な飼料は十分かもしれない。さらに，微量ミネラルや主要ミネラル（カルシウム，リン，マグネシウム，塩素，ナトリウム，カリウム，硫黄）を自由に選択して摂取できるようにすべきである。もし1日平均増体重が目標に届かなかったら，必要に応じてエネルギーやタンパクの栄養補助飼料（穀物）を与えるべきである。一般的に，未経産牛は，最初の発情を9〜12カ月齢，体重280〜300 kg（615〜660 lb）で示すものである。

未経産牛は，妊娠7カ月で分娩前群に移動させるべきである。彼らには，良質の粗飼料と，泌乳期飼料として使われるのと同等の組成を持った中等量の濃厚飼料（体重の1％）からなる移行期飼料を与えなければならない。初回泌乳牛に乳熱は多くないので，陰イオン塩は必要ない。乳房浮腫の発生を防ぐために，ナトリウムとカリウムは制限しなければならない。また，未経産牛を肥満にしてはならない（BCS 3.75以上）。骨盤の発達が未熟で，産道が肥満によって難産になりやすい。しかし，栄養不良の未経産牛も標準サイズの未経産牛に比べて，分娩の際に多くの分娩介助を必要とし，死産の発生や分娩時の死亡率が高くなる。NRC（2001）が定めている，異なる成長ステージにおける未経産牛の栄養要求量を**表16-1**に示した。

表16-1 NRC (2001) によって定められた、成長期のホルスタイン未経産牛が成長した時に680kgになるために必要な1日増体重を得るのに必要とされる栄養要求量

	6カ月齢、200kg、BCS3.0、の牛が24カ月齢で分娩するために必要な栄養	12カ月齢、300kg、BCS3.0、の牛が24カ月齢で分娩するために必要な栄養	18カ月齢、450kg、BCS3.0、の牛が24カ月齢で分娩するために必要な栄養
モデルによって予測された乾物摂取量 (kg)	5.2	7.1	11.3
モデルによって予測された乾物摂取量 (lb)	11.4	15.62	24.9
エネルギー			
代謝エネルギー ME (Mcal/日)	10.6	16.2	20.3
代謝エネルギー ME (Mcal/kg)	2.04	2.28	1.79
代謝エネルギー ME (Mcal/lb)	0.93	1.03	0.82
タンパク			
代謝タンパク：MP (g/日)	415	550	635
飼料中% MP	8.0	7.7	5.6
第一胃内分解性タンパク (RDP) (g/日)	481	667	970
飼料中% RDP	9.3	9.4	9.6
第一胃非分解性タンパク (RUP) (g/日)	176	226	88
飼料中% RUP	3.4	2.9	0.8
% RDP + % RUP (粗タンパク)	12.7	12.3	10.4
繊維と炭水化物			
酸性デタージェント繊維 ADF %、最小値	30-33	30-33	30-33
中性デタージェント繊維 NDF %、最小値	20-21	20-21	20-21
非繊維性炭水化物 NFC %、最大値	34-38	34-38	34-38
ミネラル			
吸収性カルシウム (g)	11.3	15	13
飼料中カルシウム%	0.41	0.41	0.37
吸収性リン (g)	9.1	10.6	13
飼料中リン (%)	0.25	0.23	0.18
マグネシウム%	0.11	0.11	0.08
塩素%	0.11	0.12	0.10
カリウム%	0.47	0.48	0.46
ナトリウム%	0.08	0.08	0.07
硫黄%	0.2	0.2	0.2
コバルト (mg/kg)	0.11	0.11	0.11
銅 (mg/kg)	10	10	9
ヨウ素 (mg/kg)	0.27	0.3	0.3
鉄 (mg/kg)	43	31	13
マンガン (mg/kg)	22	20	14
セレン (mg/kg)	0.3	0.3	0.3
亜鉛 (mg/kg)	32	27	18
ビタミンA (UI/日)	16,000	24,000	36,000
ビタミンD (UI/日)	6000	9000	13,500
ビタミンE (UI/日)	160	240	360
ビタミンA (UI/kg)	3076	3380	3185
ビタミンD (UI/kg)	1154	1268	1195
ビタミンE (UI/kg)	31	34	32

表 16-2　牛舎飼育と放牧飼育の 6, 12, 18 カ月齢の未経産牛に与える飼料の例

	6 カ月齢, 180kg, BCS3.0 (0.75kg/日)	12 カ月齢, 300kg, BCS3.0 (0.75kg/日)	18 カ月齢, 450kg, BCS3.0 (0.70kg/日)
完全な牛舎飼育における飼料 (1)			
牧草サイレージ	7.0	11.0	22.0
アルファルファの乾草 (粗タンパク量 17%)	1.4	0.5	0.5
トウモロコシ穀粒	0.5	2.0	1.75
大豆ミール, 可溶性. 粗タンパク量 48%	0.3	0.2	0.2
ミネラル+ビタミン	0.12	0.15	0.15
完全な牛舎飼育における飼料 (2)			
トウモロコシサイレージ	2.5	6.0	12.0
エンバクサイレージ	3.5	7.0	20.0
アルファルファの乾草	1.5	0.5	—
小麦ミルラン (品質未選別小麦)	1.0	2.0	1.0
大豆ミール. 可溶性. 粗タンパク量 48%	0.15	0.25	—
ミネラル+ビタミン	0.12	0.15	0.15
放牧飼育における飼料			
牧草 (ライグラス)	7.0	12.0	12.0
牧草サイレージ (粗タンパク量 10%)	4.7	8.0	18.0
アルファルファの乾草	1.0	—	—
トウモロコシ穀粒	0.35	1.5	1.5
大豆ミール, 可溶性. 粗タンパク量 48%	0.15	—	—
ミネラル+ビタミン	0.12	0.15	0.15

未経産牛を育成するためのハードヘルスプログラム

　離乳後, 子牛はコクシジウムに, より感染しやすい. この腸疾患の臨床的徴候は, 原虫のライフサイクルの終わりになって明らかになるため, サイクルの初期段階で薬理学的制御を行うべきである. この期間には薬がより効果的に効く. それゆえに, 薬の入った濃厚飼料やミネラルを最初から与えるべきである. デコキネートのような薬を体重 1kg 当たり 0.5mg, ラサロシドやモネンシンのような薬を体重 1kg 当たり 1mg 与えることが推奨される.

　外部寄生虫や内部寄生虫も問題となり, 乳用未経産牛の成長率に影響を及ぼすことがある. それゆえに, 必要に応じて一貫した駆虫プログラムを行うべきである. 放牧未経産牛には 2 カ月ごとの駆虫が必要であり, 牛舎飼育では 1 年に 2 回で十分であろう. しかし, 管理と予防についてモニタリングするために, 時々, 糞便卵をカウントする必要があるだろう.

実施上の配慮点

　異なる成長ステージの未経産牛に与える飼料のサンプルを**表 16-2** に示した. 牛舎飼育における飼料のサンプル 2 つと, 放牧飼育における飼料のサンプル 1 つを示した.

文献

Gardner, R.W., Smith, L.W., Park, R.L. (1988). Feeding and management of dairy heifers for optimal lifetime productivity. *Journal of Dairy Science*, 71:996–999.

Hoffman, P.C., Funk, D.A. (1991). Growth rates of Holstein heifers in selected Wisconsin dairy herds. *Journal of Dairy Science*, 74(Suppl. 1): 212. Abstract.

National Research Council. (1989). *Nutrient Requirements of Dairy Cattle*, 6th rev. ed., Washington, DC: National Academy Press.

National Research Council. (2001). *Nutrient Requirements of Dairy Cattle*, 7th rev. ed., Washington, DC: National Academy Press.

第17章

乳用未経産牛の繁殖効率を最適にするための管理戦略

Maria Belen Rabaglino

要約

酪農業者は未経産牛を交配させるために，さまざまな繁殖管理プログラムを利用することができる。発情や排卵の同期化法は，妊娠率を最適にできるものであることに加えて，実践しやすいものでなければならない。さもないと，順守できないという理由でその方法は失敗するだろう。

更新用未経産乳牛の生涯利益は，未経産牛が23～25カ月齢で分娩した場合に最大になる。したがって，遺伝的進歩を維持し利益性を最大にするために，未経産牛の繁殖プログラムには，人工授精と24カ月齢前後で分娩させることを含めるべきである。

この章では，乳用未経産牛において最適な分娩年齢を得るために実施することのできる繁殖管理戦略を説明する。

序文

更新用未経産牛とは，乳牛の群における将来の乳生産を意味するものである。遺伝的進歩を継続させ，乳生産をより多くすることによる経済的メリットを維持するために，酪農業者は，更新用未経産牛を，人工授精（AI）に使われる実績のある種牛と交配させるべきである。

例えば，AI-proven雄牛の娘牛の乳量は，自然交配用（NS：natural service）種牛と交配させた娘牛よりも，366～444kg多いと報告されている（Overton and Sischo, 2005）。更新用未経産乳牛の生涯利益は，未経産牛が23～25カ月齢で分娩した場合に最大になる（Head, 1992）。

しかし，実際には多くの群において，初産牛の分娩年齢はそれよりも上である。したがって，遺伝的進歩を維持し利益性を最大にするために，未経産牛の繁殖プログラムには，AIと24カ月齢前後で分娩させることを含めるべきである。

一般的に使われている繁殖管理の手法は，自然に示された発情を発見しAIを行うというものである（Stevensonら，2008）。当然なことだが，AIを効果的に用いて繁殖管理を行うためには，発情発見がきわめて重要である（Ferguson and Galligan, 1993）。未経産牛は発情を泌乳牛よりも頻繁かつ長く示すため，発情発見の効率は乳用未経産牛の方が高くなっている（Nebelら，1997）。

しかし，泌乳牛とは異なり，未経産牛の発情発見に費やす時間には制限がある。そのようなことから初回授精の時期が遅れ，初回分娩年齢が高くなることがあるので，追加費用がかかってくる（Caravielloら，2006）。

この章では，乳用未経産牛において最適な分娩年齢を得るために実施することのできる繁殖管理戦略を説明する。

発情同期化プログラム

発情同期化プログラムを用いることでAIの使用を最適化できる（Xu and Burton, 1999）。しかし，酪農業者はやはり目視による発情発見に頼らなければならない。

プロスタグランジン$F_{2\alpha}$（$PGF_{2\alpha}$）

$PGF_{2\alpha}$によって未経産牛のグループを同期化することで，発情期が7日以内に集中し，それが発情発見率の増加に役立つ。

未経産牛が繁殖適齢期になった時に，$PGF_{2\alpha}$の注射

を11～14日間を開けて2回投与することによって発情を同期化することができる。ほぼ100%の未経産牛がPGF$_{2a}$に反応する黄体（CL）を持つのに適した周期段階にあり，そのようなことから，ほとんどの未経産牛は最後の注射の後，7日以内に発情を示す（Jochleら，1982）。

しかし，このプログラムでは卵巣にCLが存在することが必要であるため，周期が起こっていない性成熟前の未経産牛には効果がないだろう（Shortら，1990；Pattersonら，1992）。

膣内プロジェステロン放出器具

発情の同期化を高めるためのその他の方法については，PGF$_{2a}$処置の前に7日間，外因性プロジェステロンを投与する方法がある（Macmillan and Peterson, 1993）。

7日間プロジェステロンにさらすことでPGF$_{2a}$注射に反応する成熟したCLの発達が可能になるので，これによりCLがPGF$_{2a}$に反応して確実に溶解または退行する。発情を同期化するために放出制御性の内用剤（CIDR；EAZI-BREED™ CIDR®, Pfizer Animal Health, New York, NY）挿入のような膣内挿入を7日間行い，6日目にPGF$_{2a}$の注射を投与することの有効性を，分娩後の肉用経産牛，性成熟前後の肉用未経産牛，および乳用未経産牛を用いて評価した（Lucyら，2001）。

乳用未経産牛（84%）にはPGF$_{2a}$処置を行った未経産牛（57%）よりも，授精時期の最初の3日間に発情がより多く発生していることが発見された。しかし，最初の3日間や31日の授精期間中のAI当たりの妊娠（P/AI）は，肉用経産牛と肉用未経産牛の方が高かったが，PGF$_{2a}$処置を行った乳用未経産牛よりもCIDR + PGF$_{2a}$の方が高くなるということはなかった。そのようなことから，研究者らは，PGF$_{2a}$と一緒にCIDR挿入を取り入れることにより，PGF$_{2a}$のみや対照区よりも，発情同期化率が高まったと結論付けた。発情の同期性が高まることで肉用経産牛と肉用未経産牛のP/AIが増加したが，乳用未経産牛のP/AIは向上しなかった。

排卵同期化法

●発情同期化法と比較した排卵同期化法の重要性

未経産牛に対するAIの利用は，多くの酪農場においてまだ十分には活用されておらず，NS（自然交配）のみやNSとAIを組み合わせた手法が好まれており，よく使用されている（Hogeland and Wadsworth, 1995）。

更新用未経産乳牛においてAIの利用に関する主な制約は，特に未経産牛が遠く離れた場所で飼育されている場合の，日々の発情発見に伴う時間と労力である（Erven and Arbaugh, 1987；Caraviello ら，2006）。しかし，定時授精（TAI）を含む排卵同期化法を用いることによって，発情を発見する必要がなくなり，未経産牛にAIをより多く使うことができるようになった（Peelerら，2004）。

酪農場において遺伝的改良を目的としたAIの利用が増えたことに象徴される利点に加えて，排卵同期化法の実施もまた酪農業者にとって経済的にも利点があることを示している。酪農場における目視による発情発見は，排卵同期化プログラムよりも牛1頭ごとに必要となる労働力がより多いため，コストが増える（Olynk and Wolf, 2008）。

米国の商業的酪農場で使われている繁殖管理戦略の全体的な経済的解析において，排卵同期化プログラムは，目視による発情発見プログラムよりも期待される正味現在価値（net present value, NPV）が大きかった（Olynk and Wolf, 2008）。

TAI管理プログラムによって，性成熟期から受胎までの期間が短くなるが，これは，飼料費の減少により負のキャッシュフローが低くなることと，また未経産牛の生涯利益の増加により，正のキャッシュフローが高くなることを表している（Moreira, 2009）。

●乳用未経産牛の排卵同期化法に関する「問題」

未経産牛の卵胞発育パターンは，泌乳牛のものとは異なる（Sartoriら，2004）。未経産牛は卵胞がより速い速度で発育し（Pursleyら，1997），3つの波の卵胞周期の頻度がより高い（Savioら，1988）。したがって，発情周期の無作為の段階で，ゴナドトロピン放出ホルモン（GnRH）を用いて排卵同期化法を開始した場合，TAIのための排卵同期化ができないことがある。最初のGnRH注射を卵胞波がはじまった時に投与する，すなわち周期の2日目か10日目に投与する場合，主席卵胞が存在せず，最初のGnRH注射に対する排卵頻度が低くなる（Moreiraら，2000）。

新たな卵胞波が現れた場合，卵胞波の第1日目の間，発育卵胞の顆粒膜細胞に黄体形成ホルモン（LH）受容体が発現しない（Xuら，1995）。これは，平均し

て卵胞波の出現の2.8日後に起こる最終的な主席卵胞と次席卵胞の間の卵胞発育率における偏差の時期よりも前である。そしてその際の主席卵胞の直径は8.5mmで，最も大きい次席卵胞の直径は7.2mmである（Ginther ら，1996）。

また，卵胞波が3つある未経産牛においては，発情周期の約57%が卵胞発育の段階にあり，排卵を促し新たな卵胞波を開始させるための最初のGnRH注射に反応しない。このように（例えば，3つの波の卵胞周期を持つ未経産牛に，周期の16日目に投与する）最初のGnRH注射に対して排卵しない結果として，先の自然排卵に由来するCLはPGF$_{2a}$処置の前に退行する。したがって，未経産牛はPGF$_{2a}$注射の時期の近くに，時期尚早に発情を示すことになるだろう（Rivera ら，2004, 2005）。

排卵同期化がはじまる発情周期の段階が，TAI法に対する生殖反応に影響を及ぼすことが事実上示されてきた。プロジェステロン濃度が高い環境の間（例えば，発情周期の5～10日目）にTAI法をはじめた場合，TAI法を周期の他の段階ではじめるよりも，TAI後の未経産牛の同期性と受胎能が高まる（Moreira ら，2000）。

● TAI法の間の発情発現を避けるための方策

同期化の期間中の発情発見を避けるために，未経産牛を黄体期の早期に同期化させることによって，TAI法の間の発情発現を克服するための方策が開発されている。これらの方策は主に以下の2つの要素に焦点を合わせている。

① TAI法の開始より前のプレシンク（前同期化）。
② 時期尚早の排卵と授精の非同時性を避けるための，同期化の期間中の外因性プロジェステロン補充。

①プレシンク（前同期化）プログラム

2回目のPGF$_{2a}$の12日後のオブシンク法の開始より前に，プレシンクのために14日間を空けた2回のPGF$_{2a}$の注射を投与することにより，泌乳牛の受胎能が増すことが明らかになってきた（Moreira ら，2001）。

このようなプログラムはプレシンク/オブシンクとして知られている。乳牛では，このプログラムによってTAI当たりの妊娠（P/TAI）が，プレシンクなしにオブシンクを受けた牛と比較して，72日目に17.3%単位で増加した（Moreira ら，2001）。

乳用未経産牛で，6日コシンク48時間TAI法の開始の7日前のGnRH注射の適用について評価されてきた（Rivera ら，2006）。この研究を行った著者らは，TAI法の前のGnRH注射により，主席卵胞の排卵とCLの産生によるプロジェステロン濃度の高い環境が生じるだろうと仮定した。しかし，プレシンクのためのGnRH応用の有無によって，計画されたTAIの前に発情を示した未経産牛の割合と，TAI法の間の発情発現の平均日は変わらなかった。

この事実は，まさに，乳用未経産牛の3つの卵胞波の頻度がより高いことと卵胞のターンオーバーがより急速であることが原因である。30日目のTAI当たりの妊娠に処置による違いはなかった（プレシンクなしで44%，プレシンクありで49%）。

著者らは6日コシンク48時間TAI法の開始より7日前のGnRHの注射によるプレシンクによって，周期が不規則な乳用未経産牛の同期化反応を高めることはできなかったと結論付けた。

②同期化の期間中の外因性プロジェステロンの補充

Rivera ら（2005）による研究で，CIDR挿入を含めた6日コシンク48時間法（6日コシンク48時間＋CIDR）によって同期化した未経産牛と，CIDR挿入なしの6日コシンク48時間法を受けさせた未経産牛で，TAIに送った牛の割合を評価した。

その結果，2つのグループでTAI当たりの妊娠は変わらなかった（CIDR挿入なしのグループで29%，CIDR挿入ありのグループで32%）。この実験では，P/TAIが群のAI技術者の間のばらつきによって大いに影響を受けた。しかし，処置と技術者との間の相関は検出されなかったので，実験のエンドポイントに及ぼす処置の主効果は有効であった。

この研究の主要目的の1つは，最初のGnRH注射とPGF$_{2a}$注射との間にCIDR挿入を含めることで，受胎能に影響を与えることなく発情を抑制させることができるかどうかを評価することであった。結果では，CIDR挿入を受けた未経産牛で，計画されたTAIの前の6日コシンク48時間法の間に発情を示した牛はいなかったが，CIDR挿入を受けなかった未経産牛の24%が，最初のGnRHの注射の4.5 + 0.4日後に発情を示した。

結論として，乳用未経産牛のTAI法にCIDRを含める方法は，発情発見がAIプログラムの制限要因になっている場合においては，うまく実施できる可能性がある。

図 17-1　オブシンク法

図 17-2　コシンク法

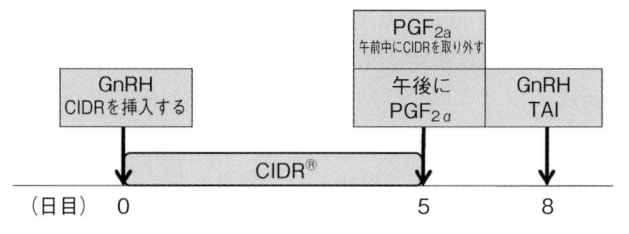

図 17-3　5 日コシンク + CIDR 法

オブシンク法

泌乳牛のために開発が成功した最初の排卵同期化法の 1 つは，オブシンクである（Pursley ら，1995）。同期化と受胎能を向上させるために，その後の研究によって元のオブシンクが改良された。このような改良には，PGF_{2a} を用いたプレシンク（Moreira ら，2001），排卵との関連で AI のタイミングを変えること，元の方法の注射の間隔をいろいろ変えてテストすることが含まれる（Fricke, 2004）。

図 17-1 に示したように，オブシンク法は，GnRH の投与，7 日後に行う PGF_{2a} の注射，48 時間後に行う GnRH の 2 回目の投与，16～24 時間後に行う TAI の 4 つから構成されている（Pursley ら，1995；Burke ら，1996）。

オブシンク法の生理学的原理については，Pursley ら（1995）によって概説されている。GnRH の最初の注射の目的は，PGF_{2a} の時に，大きくて機能する卵胞の排卵を引き起こすこと，新たな卵胞波を誘起すること，そして大きな発育卵胞の可能性を高めることである。この最初の GnRH 注射の別の働きは，1 回の PGF_{2a} の注射に対して同期化する牛の割合を増やすことである。なぜなら，GnRH を PGF_{2a} 投与よりも 6 日か 7 日前に注射した場合に，より高い同期化率が得られたからである（Thatcher ら，1989）。

最初の GnRH の注射と PGF_{2a} の注射の間の 7 日間という期間は，泌乳牛は発情から 7 日後まで反応する CL を持っているという事実に基づいていた。オブシンク法の 2 回目の GnRH 注射の目的は，排卵の同期性を増すために，正確な時間に，最初の GnRH の後に生じた卵胞波から，排卵前卵胞を排卵させることである。

乳用未経産牛に対するオブシンク法

乳牛への使用を目的としてオブシンク法が開発された際に，泌乳牛か，または未経産牛を用いて評価が行われた（Pursley ら，1995）。その著者らは，経産牛の 90％ は主席卵胞を排卵することで最初の GnRH 注射に反応するが，未経産牛では 54％ しか反応しないことを発見した。最初の GnRH 注射に対して排卵する未経産牛の割合がこのように低いために，未経産牛の 75％ しか同期化させることができなかった。このことから，オブシンク法は，未経産牛を同期化させる場合には，泌乳牛を同期化させるほどの有効性はないように思われた。

GnRH 作動薬注射の 7 日後に PGF_{2a} を注射し，発情発見時に AI を行うことで，オブシンク法と発情発見プログラムとを比較した（Schmitt ら，1996）。オブシンク法で GnRH 作動薬注射を PGF_{2a} 注射の 24 時間後（8 日目）ではなく，48 時間後（9 日目）に投与すると，P/TAI がより多かった（それぞれ 25.8％ vs. 45.5％）が，P/TAI は TAI 法では常に低かった。

これらの研究によって，乳用未経産牛はオブシンク法に反応しにくいという結論が導かれる。その結果，このプログラムを乳用未経産牛に適用することは勧められてこなかった。

コシンク法

コシンク法はオブシンク法と同じ生理学的原理に基づいているが，**図 17-2** に示したように，コシンク法は TAI を GnRH の 2 回目の注射と同時に行う点で異なっている（Geary and Whittier, 1998）。このように，コシンク法はオブシンク法よりも牛を取り扱う必要を 1 回少なくできるため，労働の面でより効率がよい同期化プログラムである。

5日コシンク+CIDR法

この方法は，Bridgesら（2008）によって開発され，コシンクプログラムを改良したもので成り立っている。最初のGnRH処置からPGF$_{2a}$の注射までの間隔を5日間に減らし，PGF$_{2a}$からGnRH/TAIの2回目の注射までの発情前期の間隔を3日間に増やす。最初のGnRHとPGF$_{2a}$の注射の間にCIDR挿入を行うので，この方法は5日コシンク+CIDR法と名付けられたが，それを図17-3に示した。

コシンクプログラムを改良したこの方法は，最初のGnRH処置からPGF$_{2a}$までの間隔を短くし，2回目のGnRH注射までの間隔（発情前期）を長くすることで，排卵前卵胞によるエストラジオールの分泌が増し，受胎能が高まるだろうという仮説に基づいていた。肉用経産牛では，この方法で，2回目のGnRHとTAIを60時間で同時に行う7日コシンク+CIDRよりも高いP/TAIを得た（それぞれ80.0% vs. 66.7%）。

ただし，5日コシンク+CIDR法では最初のGnRHからPGF$_{2a}$までの間隔が短いので，生じた副黄体（accessory CL）の退行がPGF$_{2a}$の1回注射で起こるのかどうかが分からないことから，2回目のPGF$_{2a}$注射を最初のPGF$_{2a}$注射の約12時間後に行った。これにより牛の取り扱いの労力と費用がさらに増えることになるが，肉用経産牛では，5日コシンク+CIDR法でPGF$_{2a}$注射を1回行ったところ，PGF$_{2a}$注射を2回行った場合よりもP/TAIが17%減少した（Kasimanickamら，2009）。

また泌乳牛では，5日コシンク72時間法でPGF$_{2a}$注射を1回行ったところ，2回のPGF$_{2a}$注射ほどは副黄体を退行させる効果がなく，CLの退行がPGF$_{2a}$注射1回と2回でそれぞれ58.7%と95.8%であった（Chebelら，2008）。

したがってこの方法を肉用経産牛や泌乳牛に用いる際には，2回のPGF$_{2a}$注射が必要であると思われる。

1回のPGF$_{2a}$注射とともに行う乳用未経産牛の5日コシンク+CIDR法

乳用未経産牛を用いた初期研究において，2回のPGF$_{2a}$注射とともに行う5日コシンク+CIDR法は，フルニキシンメグルミン（FM，PG拮抗薬，非ステロイド系抗炎症薬）が胚の生存とP/TAIを向上させるかどうかを判断するための基盤として用いられた（Rabaglinoら，2010a）。全体のP/TAIは45日で59.5%であった。FMの適用でP/TAIを増加させることはできなかったが，妊娠結果は乳用未経産牛にとって許容範囲内であったので，5日コシンク+CIDR法は乳用未経産牛の繁殖管理にうまく利用できることが示された。

次のステップは，肉用経産牛（Kasimanickamら，2009）や泌乳牛（Chebelら，2008）にとって必要であったように，この方法を乳用未経産牛に実施する場合に2度目のPGF$_{2a}$投与が必要かどうかを判断することである。この課題に取り組むために，フロリダ南部（South Florida：SF）とフロリダ中北部（North Central Florida：NCF）にある2つの商業的酪農場において一連の研究が行われた（Rabaglinoら，2010b）。

これらの実験の主な目的は，5日コシンク+CIDR法が，1回のPGF$_{2a}$注射とともに行う同期化されたTAIのために，第1回目と第2回目の授精の際に，乳用未経産牛に使用できるかどうかを判断することである。

この方法は，図17-4に示したような以下の①～③の作業からなる。①最初のGnRH注射（100μg；Cystorelin®, Merial, Ltd., Iselin, NJ）と1.38gのプロジェステロンを含んだCIDRの挿入を0日目に行う。②5日後（5日目）にCIDRを取り外し，PGF$_{2a}$注射（25mg i.m.；Lutalyse®, Pfizer Animal Health, New York, NY）を1回か2回（12時間の間隔）投与する。③3日後（8日目）に2回目のGnRH注射をTAIと同時に投与する。

実験1では，未経産牛を5日コシンク+CIDR法で，PGF$_{2a}$注射を1回（n = 295）か，2回（n = 298）受けるグループに無作為に振り分けた。1回の反復（n = 218）において，CLの退行を計測した。PGF$_{2a}$注射1回か2回かで，P/TAI（46.1%と48.6%）やCLの退行（86.9%と92.8%）に違いは認められなかった。

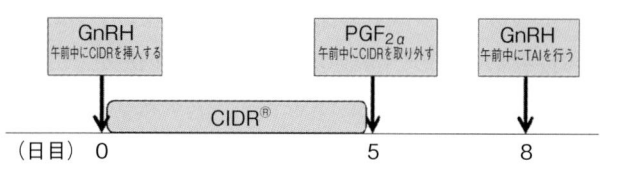

実験2では，非妊娠未経産牛（n = 86）を再同期化された5日コシンク+CIDR法で，1回のPGF$_{2a}$/TAIか，発情発見時の授精を受けるグループに振り分けた。グループ間でP/TAIに違いは認められなかった（52.2%と55%）。

図17-4 1回のPGF$_{2a}$注射とともに行う5日コシンク+CIDR法

実験3では，非妊娠未経産牛（$n = 110$）をTAIの再同期化のための5日コシンク＋CIDR法で，CIDR挿入処置を受けるグループ（$n = 54$）と受けないグループ（$n = 56$）に無作為に振り分けた。TAI当たりの妊娠はCIDR挿入なしのグループの方が低かった（39.3％ vs. 51.8％）。

商業的規模の現場における評価では，416頭の未経産牛を，PGF$_{2a}$注射1回とともに行う5日コシンク＋CIDR法を用いた最初のTAIと再同期化されたTAIで同期化された。

その結果，60日目のTAI当たりの妊娠は最初のTAIで58.2％，2回目のTAIで47.5％であった。しかし，2回目のTAIには種牛の影響があった。

これらの実験から得られた全体的な結論は，CIDRを取り外す時のPGF$_{2a}$注射1回とともに行う改良された5日コシンク＋CIDR法と，72時間後のGnRH/TAIは，乳用未経産牛の許容可能なP/TAIを得ることができる効果的な繁殖管理プログラムということである。

したがって，これは日々の発情の観察を効率よく行うことができない群にいる乳用未経産牛の繁殖を管理するための代替プログラムになる。

乳用未経産牛の5日コシンク＋CIDR法における性判別精液の使用

AIにおける性判別精液の使用目的は，望む性別の子牛を得ることである。性判別精液では，Johnsonら（1987）によって説明された蛍光標示式細胞分取法を用いたソーティングと選別の過程を通して，X精子とY精子の割合が自然の混合から変更されている。ソーティング処置によって精子の生存能が低下することと，使われる精子の投与量が少ないことから，性判別精液を用いた場合のP/AIは，従来の精液を用いた場合よりも低い（Seidelら，1999）。このように，従来の精液のP/AIは，70〜80％であることが期待できる（Seidelら，1999）。

許容可能な妊娠結果を得る可能性を高めるために，Select Siresは，性判別精液の使用を，発情を発現している未交配未経産牛の第1回と第2回目の授精のみに限るよう勧めている。発情が観察されていない場合はTAIプログラムを使用しないよう勧められている（Thorban, 2008；DeJarnetteら，2009）。

しかし，許容可能なP/AIが得られるならば，特に発情発見の効率が悪い群には（De Vriesら，2008），性判別精液の商業的入手性とTAIの実用性を組み合わせれば，乳用未経産牛の効果的な繁殖管理プログラムになり得ることが分かっている。

PGF$_{2a}$注射1回とともに行う5日コシンク＋CIDR法は，性判別精液を用いた乳用未経産牛のTAIのための許容できる繁殖管理プログラムであるだろうと仮定された。最初のTAIに従来の精液か性判別精液を用いた場合のP/TAIを比較することを目的として1つの実験が行われた。

最初のTAIに性判別精液を用いて，2回目のTAIに性判別精液，あるいは従来の精液を用いた繁殖管理プログラムを行った後の乳用未経産牛のP/TAIを，商業的現場の検証で評価した。

合計1,000頭の13〜14カ月齢のホルスタイン種の未経産牛を，PGF$_{2a}$注射1回とともに行う5日コシンク＋CIDR法で同期化した（Rabaglinoら，未発表の結果）。その実験で，198頭の未経産牛を，初回TAIの際，従来の精液（$n = 98$）か性判別精液（$n = 100$）のどちらかで授精させるグループに無作為に振り分けた。2頭の種牛から，性判別精液か従来の精液の入った商業用ストローを入手した。45日目のTAI当たりの妊娠は，従来の精液と性判別精液でそれぞれ51.0％と42.0％であった。性判別精液のTAI当たりの妊娠は，従来の精液の82.3％であった。

現地検証においては，2つの異なる酪農場（NCFとSFの酪農場）からの計802頭の未経産牛は，性判別精液を用いた初回授精に対するTAIであった。性判別精液を用いた初回授精時の全体的なP/TAIは，TAIの32日後で39.3％，60日後で35.9％であった。再同期化されたTAIのために，初回TAIの32日後の非妊娠未経産牛を5日コシンク＋CIDR法で再同期化し，性判別精液（SFの酪農場，$n = 114$）か従来の精液（NCFの酪農場，$n = 373$）でTAIを行った。P/TAIは，性判別精液を用いた方の45日目で40.4％，従来の精液を用いた方の60日目で59.2％であった。

予想通りに，P/TAIは従来の精液よりも性判別精液の方が低かった。しかし，PGF$_{2a}$注射1回とともに行う5日コシンク＋CIDR法を乳用未経産牛のTAIのための繁殖管理プログラムとして適用することで，性判別精液によっても許容可能なP/TAIを得ることができた。

発情発見という課題をなくし，生まれる雌牛の数を増やすことで，乳用未経産牛の繁殖を効率よく管理するために，性判別精液をTAIに使用することが可能であると結論付けたい。

文献

Bridges, G.A., Helser, L.A., Grum, D.E., Mussard, M.L., Day, M.L. (2008). Decreasing the interval between GnRH and PGF$_{2\alpha}$ from 7 to 5 d and lengthening proestrus increases timed-AI pregnancy rates in beef cows. *Theriogenology*, 69:843–851.

Burke, J.M., de la Sota, R.L., Risco, C.A., Staples, C.R., Schmitt, E.J.P., Thatcher, W.W. (1996). Evaluation of timed insemination using a gonadotropin-releasing hormone agonist in lactating dairy cows. *Journal of Dairy Science*, 79:1385–1393.

Caraviello, D.Z., Wiegel, K.A., Fricke, P.M., Wiltbank, M.C., Florent, M.J., Cook, N.B., et al. (2006). Survey of management practices on reproductive performance of dairy cattle on large US commercial farms. *Journal of Dairy Science*, 89:4723–4735.

Chebel, R.C., Rivera, F., Narciso, C., Thatcher, W.W., Santos, J.E.P. (2008). Effect of reducing the period of follicle dominance in a timed AI protocol on reproduction of dairy cows. In Proceedings: *American Dairy Science Association Proc. ADSA-ASAS. Annual Meeting*, 250–251. Indianapolis, IN.

De Vries, A., Overton, M., Fetrow, J., Leslie, K., Eicker, S., Rogers, G. (2008). Exploring the impact of sexed semen on the structure of the dairy industry. *Journal of Dairy Science*, 91:847–856.

DeJarnette, J.M., Nebel, R.L., Marshall, C.E. (2009). Evaluating the success of sex-sorted semen in US dairy herds from on farm records. *Theriogenology*, 71:49–58.

Erven, B.L., Arbaugh, D. (1987). Artificial insemination on U.S. dairy farms. Report of a study conducted in cooperation with the National Association of Animal Breeders, NAAB, Columbia, MO.

Ferguson, J.D., Galligan, D.T. (1993). Prostaglandin synchronization programs in dairy herds—Part 1. *Compendium Continuing Education Food Animal Practice*, 15:646–655.

Fricke, P.M. (2004). The implementation and evolution of timed artificial insemination protocols for reproductive management of lactating dairy cows. dysci.wisc.edu/uwex/rep_phys/pubs/ImplementationAndEvolutionofTAIProtocols.pdf (accessed May, 2009).

Geary, T.W., Whittier, J.C. (1998). Effects of a timed insemination following synchronization of ovulation using the Ovsynch or CoSynch protocol in beef cows. *Professional Animal Sciences*, 14:217–220.

Ginther, O.J., Wiltbank, M.C., Fricke, P.M., Gibbons, J.R., Kot, K. (1996). Selection of the dominant follicle in cattle. *Biology of Reproduction*, 55:1871–1194.

Head, H.H. (1992). Heifer performance standards: rearing systems, growth rates and lactation. In: *Large Dairy Herd Health Management*, ed. C.J. Wilcox and H.H. VanHorn, 422–433. Gainesville, FL: University of Florida Press.

Hogeland, J.A., Wadsworth, J.J. (1995). The role of artificial insemination on U.S. dairy farms survey report. Study conducted in cooperation with the National Association of Animal Breeders. NAAB, Columbia, MO.

Jochle, W., Kuzmanov, D., Vujosevic, J. (1982). Estrus cycle synchronization in dairy heifers with the prostaglandin analog alfaprostol. *Theriogenology*, 18:215–255.

Johnson, L.A., Flook, J.P., Look, M.V. (1987). Flow cytometry of X and Y chromosome bearing sperm for DNA using an improved preparation method and staining with Hoechst 33342. *Gamete Research*, 17:203–212.

Kasimanickam, R., Day, M.L., Rudolph, J.S., Hall, J.B., Whittier, W.D. (2009). Two doses of prostaglandin improve pregnancy rates to timed-AI in a 5-d progesterone-based synchronization protocol in beef cows. *Theriogenology*, 71:762–767.

Lucy, M.C., Billings, H.J., Butler, W.R., Ehnis, L.R., Fields, M.J., Kesler, D.J., et al. (2001). Efficacy of an intravaginal progesterone insert and an injection of PGF$_{2\alpha}$ for synchronizing estrus and shortening the interval to pregnancy in postpartum beef cows, peripubertal beef heifers, and dairy heifers. *Journal of Animal Science*, 79:982–995.

Macmillan, K.L., Peterson, A.J. (1993). A new intravaginal progesterone releasing device for cattle (CIDR-B) for oestrous synchronization, increasing pregnancy rates, and the treatment of postpartum anestrus. *Animal Reproduction Science*, 33:1–25.

Moreira, F. (2009). Economics of reproductive interventions. In Proceedings: *Attending the Dairy Wellness Summit Makes a Difference. Proceedings Pfizer Animal Health conference*, Dallas, TX.

Moreira, F., de la Sota, R.L., Diaz, T., Thatcher, W.W. (2000). Effect of day of the estrous cycle at the initiation of a timed artificial insemination protocol on reproductive responses in dairy heifers. *Journal of Animal Science*, 78:1568–1576.

Moreira, F., Orlandi, C., Risco, C.A., Mattos, R., Lopes, F., Thatcher, W.W. (2001). Effects of presynchronization and bovine somatotropin on pregnancy rates to a timed artificial insemination protocol in lactating dairy cows. *Journal of Dairy Science*, 84:1646–1659.

Nebel, R.L., Jobst, S.M., Dransfield, M.B.G., Pansolfi, S.M., Bailey, T.L. (1997). Use of a radio frequency data communication system, HeatWatch, to describe behavioral estrus in dairy cattle. *Journal of Dairy Science*, 80(Suppl. 1): 179.

Olynk, N.J., Wolf, C.A. (2008). Economic analysis of reproductive management strategies on US commercial dairy farms. *Journal of Dairy Science*, 91:4082–4091.

Overton, M.W., Sischo, W.M. (2005). Comparison of reproductive performance by artificial insemination versus natural service sires in California dairies. *Theriogenology*, 64:603–613.

Patterson, D.J., Perry, R.C., Kiracofe, G.H., Bellows, R.A., Staigmiller, R.B., Corah, L.R. (1992). Management considerations in heifer development and puberty. *Journal of Animal Science*, 70:4018–4035.

Peeler, I.D., Nebel, R.L., Pearson, R.E., Swecker, W.S., Garcia, A. (2004). Pregnancy rates after timed AI of heifers following removal of intravaginal progesterone inserts. *Journal of Dairy Science*, 87:2868–2873.

Pursley, J.R., Mee, M.O., Wiltbank, M.C. (1995). Synchronization of ovulation in dairy cows using PGF$_{2\alpha}$ and GnRH. *Theriogenology*, 44:915–923.

Pursley, J.R., Wiltbank, M.C., Stevenson, J.S., Ottobre, J.S., Garverick, H.A., Anderson, L.L. (1997). Pregnancy rates per artificial insemination for cows and heifers inseminated at a synchronized ovulation or synchronized estrus. *Journal of Dairy Science*, 80:295–300.

Rabaglino, M.B., Risco, C.A., Thatcher, M.J., Lima, F., Santos, J.E.P., Thatcher, W.W. (2010a). Use of a five-day progesterone-based timed AI protocol to determine if flunixing meglumine improves pregnancy per timed AI in dairy heifers. *Theriogenology*, 73(9):1311–1318.

Rabaglino, M.B., Risco, C.A., Thatcher, M.-J., Kim, I.H., Santos, J.E.P., Thatcher, W.W. (2010b). Application of one injection of prostaglandin F$_{2\alpha}$ in the five-day Co-Synch + CIDR protocol for estrous synchronization and resynchronization of dairy heifers. *Journal of Dairy Science*, 93:1050–1058.

Rivera, H., Lopez, H., Fricke, P.M. (2004). Fertility of Holstein dairy heifers after synchronization of ovulation and timed AI or AI after removed tail chalk. *Journal of Dairy Science*, 87:2051–2061.

Rivera, H., Lopez, H., Fricke, P.M. (2005). Use of intravaginal progesterone-releasing inserts in a synchronization protocol before timed AI and for synchronizing return to estrus in Holstein heifers. *Journal of Dairy Science*, 88:957–968.

Rivera, H., Sterry, R.A., Fricke, P.M. (2006). Presynchronization with gonadotropin-releasing hormone does not improve fertility in Holstein heifers. *Journal of Dairy Science*, 89:3810–3816.

Sartori, R., Haughian, J.M., Shaver, R.D., Rosa, G.J.M., Wiltbank, M.C. (2004). Comparison of ovarian function and circulating steroids in estrous cycles of Holstein heifers and lactating cows. *Journal of Dairy Science*, 87:905–920.

Savio, D., Keenan, L., Boland, M.P., Roche, J.F. (1988). Pattern of growth of dominant follicles during the estrous cycle of heifers. *Journal of Reproduction and Fertility*, 83:663–671.

Schmitt, E.J., Diaz, P.T., Drost, M., Thatcher, W.W. (1996). Use of a gonadotropin-releasing hormone agonist or human chorionic gonadotropin for timed insemination in cattle. *Journal of Animal Science*, 74:1084–1091.

Seidel, G.E. Jr., Schenk, J.L., Herickhoff, L.A., Doyle, S.P., Brink, Z., Green, R.D., Cran, D.G. (1999). Insemination of heifers with sexed sperm. *Theriogenology*, 52:1407–1420.

Short, R.E., Bellows, R.A., Staigmiller, R.B., Berardinelli, J.G., Custer, E.E. (1990). Physiological mechanisms controlling anestrus and infertility in postpartum beef cattle. *Journal of Animal Science*, 68:799–816.

Stevenson, J.L., Rodrigues, J.A., Braga, F.A., Bitente, S., Dalton, J.C., Santos, J.E., Chebel, R.C. (2008). Effect of breeding protocols and reproductive tract score on reproductive performance of dairy heifers and economic outcome of breeding programs. *Journal of Dairy Science*, 91:3424–3438.

Thatcher, W.W., Macmillan, K.L., Hansen, P.J., Drost, M. (1989). Concepts for regulation of corpus luteum function by the conceptus and ovarian follicles to improve fertility. *Theriogenology*, 31:149–164.

Thorban, D. (2008). Sexed semen: is it finally a reality? In Proceedings: *Proceedings Florida Dairy Production Conference*, p. 20. Univ. of Florida, Gainesville, FL.

Xu, Z.Z., Burton, L.J. (1999). Reproductive performance of dairy heifers after estrus synchronization and fixed-time artificial insemination. *Journal of Dairy Science*, 82:910–917.

Xu, Z., Garverick, H.A., Smith, G.W., Smith, M.F., Hamilton, S.A., Youngquist, R.S. (1995). Expression of follicle-stimulating hormone and luteinizing hormone receptor messenger ribonucleic acids in bovine follicles during the first follicular wave. *Biology of Reproduction*, 53:951–957.

第18章

乳房炎の管理と高品質乳の生産

Pamela L. Ruegg

要約

乳房炎は，成乳牛の疾病や死亡の主な原因であり，酪農業者の利益を低下させるものである。ほとんどの農場において，臨床型乳房炎の発見や診断，治療薬の投与は農場職員の責任下で行われており，獣医師に助言が求められるとすれば，致死的状況に陥った時に限られる。獣医師が乳房炎防除プログラムの計画と実施への関与を高めることにより，今後，生産獣医療の診療方法の多くが進歩する可能性がある。群の健康管理プログラムの一部に乳質向上プログラムをうまく導入できれば，酪農場の経済的な成績も改善するだろう。

序文

乳房炎は，成乳牛の疾病や死亡の最も深刻な原因の1つであり，その結果，酪農業の利益が縮小されている（USDA, 2008）。乳牛群の統合により，群の規模は大型化を繰り返してきた。2010年には，500頭以上の牛を持つ乳牛群は，米国のすべての乳牛群の約5％を占め，米国の全乳生産量の61％に達している（USDA, 2011）。大規模な酪農場では，牛をグループ単位で管理しており，専門分野別の労働力を持ち，場合によっては農業関連企業から提供される技術サービスを自由に利用できるところもあるようだ。

このような統計的な群頭数の変遷は，乳房炎防除プログラムの策定と導入を担当する獣医師の役割にも影響を及ぼしている。ほとんどの農場において，臨床型乳房炎の発見，診断，治療薬の投与は農場職員の責任で行われており，獣医師に助言が求められるのは，致死的状況に陥った時に限られている。いくつかの研究では，酪農獣医師の多くは乳房炎防除プログラムにごくわずかしか関与していないことが示されている。

ウィスコンシン州の乳質向上プログラムに参加する酪農業者（n = 180）のうち，乳質向上プログラムの策定に担当獣医師を利用しているのは24％であることが明らかになった（Rodriguesら，2005）。同時に実施した調査では，酪農獣医師（n = 42）の大半は，乳質を積極的に向上させるために自らの業務時間の最大10％を費やして乳房炎防除プログラムに参加することに興味を示していた（Rodrigues and Ruegg, 2004）。

獣医師が乳房炎防除プログラムの計画と実施への関与を高めることにより，今後，生産獣医療の診療方法の多くが進歩する可能性がある。成乳牛に投与される抗菌剤のほとんどの量が，乳房炎の治療や防除に用いられているので，生産獣医療の獣医師が乳房炎防除に関与することはとりわけ重要である（Pol and Ruegg, 2007）。獣医師が乳房炎防除プログラムへの関与を強めることについては，経済的にも社会的にもありあまるほどの理由が存在する。乳房炎の発症は，乳生産量の低下や廃棄乳量の増加，早期淘汰や生産コストの増大を招く（Fetrow, 2000）。さらに，臨床型と潜在性のどちらのタイプの乳房炎も，繁殖効率が低下することが証明されている（Barkerら，1998；Schrickら，2001；Santosら，2004）。

酪農業における生産獣医療の目的は，病気の予防，動物福祉の向上，治療の軽減，酪農業の利益性確保のサポートを行うことである。生産獣医療プログラムの一貫として乳質向上プログラムの導入を成功させることは，これらの目的の達成を後押しし，結果的に酪農業の経済的な成績向上を実現させるものである。

乳房炎は新たな感染の予防及び既存の感染の根絶によって防除できることはよく知られている。5項目の対策（①搾乳後の乳頭消毒，②乾乳時の包括的な乳房内抗菌薬投与の適用，③臨床型症例の適切な治療，④慢性感染牛の淘汰，⑤搾乳器の定期的メンテナンスの5

項目で構成)を実施することにより,伝染性乳房炎の病原菌をうまく防除できることは証明されているが,さらにこれに環境性病原菌への暴露を低減させる管理手順が追加され,合計10項目に拡大されている(NMC, 2009)。牛群が近代化し,これらの防除対策が普及してきたので,伝染性病原菌の有病率は減少した(Makovec and Ruegg, 2003b)。そのため現在は,環境性病原菌に起因する乳房炎の予防,また乳質に関する消費者意識に影響を与える問題に乳質向上プログラムの重点を置く傾向がある。

　元々乳質とは,乳製品加工業者が自ら購入した生乳の性状に基づいて独自に定義していたものである。ほとんどの地域において,品質基準は体細胞数(SCC),総菌数,抗菌薬残留量の測定値によって構成されている(著者不明,2009)。

　近代的な農場の大半は公的な規制基準にうまく適合しているが,乳質というものにはもっと幅広い概念が含まれるようになってきている。現代の消費者が牛乳に期待するのは,安全と価格の安さばかりでなく,動物愛護や環境的持続可能性などの発展的な要求を満たす方法で生産されたものであることも含まれている。これらの要求は,大半の生産獣医療プログラムの目的とも合致するものである。酪農業において生産獣医療プログラムを提供する獣医師は,乳質とは何かをしっかりと理解することで,個々の農場の乳質向上計画の発展を押し進め,計画の導入,評価,見直しを成功させるために他の酪農関係のアドバイザーと積極的に相談し合えるような協働体制を築くべきである。

乳質という言葉の概念と背景

●乳質の伝統的な定義

　長年にわたり,乳質基準はかなり安定しており,州の規制当局で規制されてきた。米国においては,国が酪農家に課しているバルク乳のSCCは750,000cells/mL未満であるが,ほとんどの加工業者はこれよりも厳しい基準を課し,SCCが400,000cells/mL未満の生産乳に対して追加の特別料金を支払うことも少なくない。1995年以来,米国の平均SCCは毎年約3%ずつ低下している(Normanら,2009)。2008年の酪農改善協会(DHIA)に所属するすべての群の平均SCCは262,000cells/mLであったが,牛群検定日に400,000cells/mLを上回った群が全体の22%を占めた。群の規模が縮小するほどSCCが増加する傾向が強くなることから,SCC改善の一部には群の規模との関係がみられる(図18-1, Normanらから引用, 2009)。

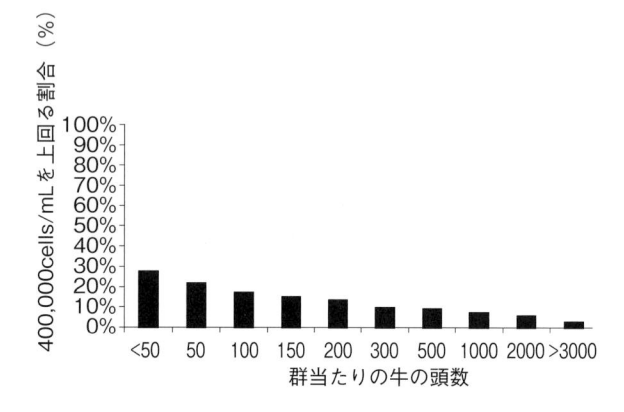

図18-1
2008年米国の牛群検定日における400,000cells/mLを上回る牛群規模別の割合(DHIAによる体細胞数の月例検定を使用,Normanら,2009)

　総細菌数(standard plate count, SPC)は乳汁の微生物集団の推定に利用される公認標準参照法であり,等級「A」の殺菌乳に関わる規則(PMO)に規定されている(著者不明,2009)。PMOは等級「A」の農場に対してはSPCを100,000cfu/mL未満に,それ以外にわずかに残る等級「B」の農場に対しては300,000cfu/mL未満に維持することを要求している。これらの規制上限値を経常的に上回る酪農業者はほとんどいない。1994年から1998年までに,ウィスコンシン州の等級「A」の農場で実施された804,575件の月例検定においては,全体の90%がSPC 34,000cfu/mL未満を示した(Ruegg and Tabone, 2000)。

　生乳購入業者の多くは,SCCとSPCに対して規制当局よりも厳しい基準値を設けている。SPCの合理的目標値は5,000cfu/mL以下であり,通常は100,000cfu/mLを超えると何らかの問題の発生を示している(Reinemannら,1999；Jayaraoら,2004)。

臨床型乳房炎

　乳房炎は臨床型と潜在性のどちらの形態でも起こる。臨床型乳房炎の症状は実に多種多様であり,搾乳開始時のわずかな乳房炎の徴候から発見される症例もあれば,分房が赤く腫れたり健康状態が致命的に悪化したりしてから判明することもある。また搾乳技法が臨床型乳房炎の認知に影響を及ぼすこともある。

　乳房炎のかすかな徴候の見過ごしや軽視は,多くの農場で発生している。搾乳ルーチンに前搾り乳の検査が含まれていない場合には,臨床型乳房炎が重症化してからでないと発見されない可能性がある。この場合

には，異常な乳汁がバルクタンクの中に入り込んでいることを，バルクタンク内のSCCのばらつきが大きいことや，あるいはミルクフィルター上の乳房炎の痕跡に気付くまで知るすべがない。

潜在性乳房炎

　潜在性の疾患とは，診断的検査や検査室検査でのみ発見される，機能の異常と定義されている。ほとんどの農場において最も蔓延している乳房炎は潜在性乳房炎であり，これらの発見には，基本的に体細胞数（SCC）の測定や乳試料の細菌学的解析などの間接的な試験が利用されている。

　潜在性乳房炎は発見されないことが多く，長期間にわたって乳量が減少するために経済的影響がきわめて大きい。米国の酪農業界において，潜在性乳房炎に起因した乳生産量の低下による損失は年間10億ドルに上ると見積もられている（Ott, 1999）。

伝染性病原菌

　乳房炎を引き起こす微生物は，多くの場合，主病原巣と感染形態に基づき，「伝染性」または「環境性」のいずれかに分類される。潜在型感染を持つ牛の乳房が伝染性病原菌の主病原巣となり，感染は非感染牛の乳頭が，感染した乳房から搾られた乳汁の中に生息する微生物に暴露された時に起こる。

　伝染性乳房炎の拡散機序として一般的なのは，搾乳装置や複数の牛の乳頭を拭き取るのに使ったタオル，搾乳者の手指，あるいは寝床の床面などの媒体に残された感染乳の液滴に，端を発する経路であろう。

　米国において，伝染性乳房炎の病原菌として最もよくみられるのは，*Staphylococcus aureus* と *Mycoplasma bovis* であるが，少数の群ではいまだに *Streptococcus agalactiae* による感染が起きることもある。また，持続性の潜在性乳房炎を引き起こし，乳汁に多量のコロニーを排出する宿主適合性のあるその他の微生物も伝染により拡散される（例えば，環境性の *Streptococci* 属の一部や *Klebsiella* 属などの微生物）。

　ほとんどの場合，伝染性病原菌に潜在的に感染された分房のSCCは，200,000～10,000,000 cells/mLに達する。伝染性乳房炎の防除プログラムを成功させるには，感染牛の乳汁に存在する病原菌に別の牛の乳頭を暴露させないようにするべきである。

環境性病原菌

　「環境性病原菌」とは，牛の飼育環境中に存在する日和見感染細菌によって引き起こされる乳房炎を意味する言葉である。一般的な環境性乳房炎の病原菌には，グラム陰性細菌（例えば，*Escherichia coli* や *Klebsiella* 属など）やグラム陽性細菌（例えば，*Streptococcus uberis* や *Streptococcus dysgalactia* など）が含まれる。

　通常，牛舎内の水分や泥，糞便などがこれらの病原菌の巣となる。環境性病原菌は乳房内での生存適合性が低い傾向があり，これらが乳房に感染した場合には，急性免疫反応を促進することも多い。

　環境性病原菌（例えば，*E. coli* など）の一部は，免疫反応によって除去されることから，結果的に自然治癒する確率が高くなる。その結果，感染の自然寿命は比較的短期間であり，乳房の外観上の変化の有無にかかわらず，ほんのわずかな期間に異常乳が生産される以外には，感染の徴候は何も示されないこともある。その他の環境性病原菌（例えば，*Streptococci* など）は，軽度な臨床例として発現される場合があり，これらが無症候性状態に戻った時に感染が消散したと勘違いされることもある。

　環境性病原菌への初期暴露が起こるのは，搾乳施設以外の場所（例えば，牛舎，牧草地，通路）であることが少なくない。環境性病原菌の防除を成功させるには，環境中に存在する病原菌への乳頭の暴露を低減することを基本とするべきである。

● 抗菌剤の残留

　乳房炎は，乳牛に対して抗菌薬治療を施した最初の疾患であり，現在でも最も多くみられる病気である。そのため，成乳牛へ抗菌剤を投与する最たる理由となっているのが，この乳房炎に対する治療である（Mitchellら，1998；Pol and Ruegg, 2007）。

　抗菌剤の残留に起因する規定違反に関しては，乳房内への抗菌剤の使用や牛乳出荷の停止期間を間違えることがその理由となる頻度が最も高い（McEwenら，1991）。FDAは，等級「A」PMOの付表Nを乳汁中の残留薬剤に関する公認標準試験法として認定している。付表Nでは，タンクローリーごとに荷下ろし前にβ-ラクタム残留量を検査することが要求されている。各農場から集められた個々のバルク乳試料は月1回程度，6カ月間に4回検査されている。さらに，ほかの薬剤分類に対する無作為検査も実施されているばかりでなく，各州の規制当局や乳製品加工業者の中にはこれよりも頻繁に検査を実施している所もある。毎年の公認薬剤検査の結果は，National Milk Drug Residue

Database（全国牛乳残留薬剤データベース, www.fda.gov/Food/FoodSafety/Product-SpecificInformation/MilkSafety/MiscellaneousMilkSafetyReferences/default.htm）に蓄積されている。

　抗菌剤残留の低減を目的とした規制および品質保証プログラムは成果を上げており，2010年にバルク乳タンクの乳試料に対して実施した抗菌剤残留検査で陽性を示したのはわずか0.025％であった。将来的には，複合的なスクリーニング方法が実用化され，牛乳に対して実施する定期的検査対象の抗菌剤の数と分類項目が増加されるようになるであろう。

● **臨床型乳房炎の疫学的な傾向**

　臨床型乳房炎の症例のほとんどは軽度から中等度の病態を示し，担当獣医師に助言を求めることなく，農場職員が治療に当たっている。生産獣医療獣医師の中で，酪農場における臨床型乳房炎の罹患率を意識していたり，あるいは大半の治療法の結果を熟知したりする者はほとんどいない。臨床型乳房炎の発症率は個々の研究によって著しいばらつきがあるが，これは発見への熱心さと症例の定義法の違いに起因する。

　26年間にわたる疾患研究を再度見直してみると，臨床型乳房炎の平均発症率は14.2％となるが，乳房炎についての定義付けがそれぞれの研究によって異なり，各研究が示した結果は1.7％〜54.6％までの幅があった（Keltonら，1998）。米国（USDA，2008）とカナダ（Olde Riekerinkら，2008）の両国でそれぞれ実施された全国調査では，毎年約16％の牛が臨床型乳房炎に罹患していると報告されたが，農場によってばらつきが大きいことも指摘されていた。

　獣医師が意識しなくてはならないのは，バルクタンクのSCCが臨床型の症例発生率と常に高い相関関係を示すとは限らないということである。バルクタンクのSCCを100,000cell/mL未満に維持している英国の乳牛群を対象にしたある研究では，臨床型乳房炎の分房罹患率は36.7％，罹患した群の平均比率は23.1％と報告されていた（Peelerら，2000）。米国で実施されたある研究では，SCCが150,000cell/mL未満の群において，臨床型乳房炎症例の報告数は，1カ月間で100頭当たり4.23件であった（Erskineら，1988）。

　臨床型乳房炎は泌乳サイクル全体を通じて発症することがあるが，重度の乳房炎は免疫が抑制されている周産期の泌乳初期にかなり多くみられる。罹病率をモニタリングすると，乳房炎の最初の症例の発生には明らかな経験則がみられ，これらは**図18-2**に示したように，初めの1週間，初めの1カ月間，その後の残りの泌乳期間において，それぞれ約10％，30％，60％になることが予想される。この経験則からずれている場合には，暴露に関連する危険因子を調査する必要があるとみなすべきであろう。

　乳房炎の原因となる一般的な微生物として環境性病原菌（**表18-1**）がどの程度出現するかは，治療結果の認識力に影響を与えると思われる。臨床症状が自然退行することが比較的多い病原菌の有病率が高まると，獣医師が「完全治癒」（無症状感染の除去を含む乳房内の感染除去）であることを把握する能力の低下を招くからである。産次数は臨床型乳房炎の重要な危険因子であり，高齢の牛ほどリスクが高まることを大半のデータが証明している。産次数の影響は伝染性（牛の年齢に応じて感染乳に暴露する期間が長くなるため）と環境性（高齢の牛は乳頭括約筋が弱くなり，感染抵抗力が低下することがあるため）のどちらの乳房炎に進展するリスクにも影響を及ぼす可能性がある。また，臨床型乳房炎の罹患牛は将来的に再発する可能性が高いという点からも，産次数は重要な危険因子となる。218頭の牛を対象にした研究によると，過去の泌乳期間において臨床型の乳房炎を経験した産次数2回以上の牛は，この症例を経験せずに過去の泌乳期を終えた牛と比較すると，次回の泌乳期の最初の120日間の間に症状が現れる可能性が4.2倍高まる（Pantojaら，2009a）。治療方法の決定時や牛の病歴作成時には，このリスクを重視すべきである。

● **潜在性乳房炎の疫学的な傾向**

　乳房炎は，細菌が乳頭端でのコロニー形成に成功して乳頭と全身の免疫防御機能を制圧するのに十分な数を確立し，乳房内に感染を定着した時に起こる。乳房炎の症例の多くは，感染した分房内で臨床型の症状（異常乳）と潜在性の症状（みた目は正常だが，免疫細胞が過剰に存在する乳汁）が交互に繰り返されるような症候群として発現する。

　潜在性乳房炎は，炎症細胞を多量に含む状態と定義されていることから，通常はSCCが所定の閾値（たとえば，200,000cell/mLなど）を超えていることを基準にして，潜在性乳房炎の診断を下す。健康な乳腺では，上皮細胞，マクロファージ，リンパ球が主要な細胞型であるのに対し，感染した乳腺では好中球が優勢となる（Leitnerら，2000）。細菌が乳房への侵入に成功した場合，常在細胞によって放出された免疫伝達物質が免疫系に信号を送り，好中球を感染した分房に引き付

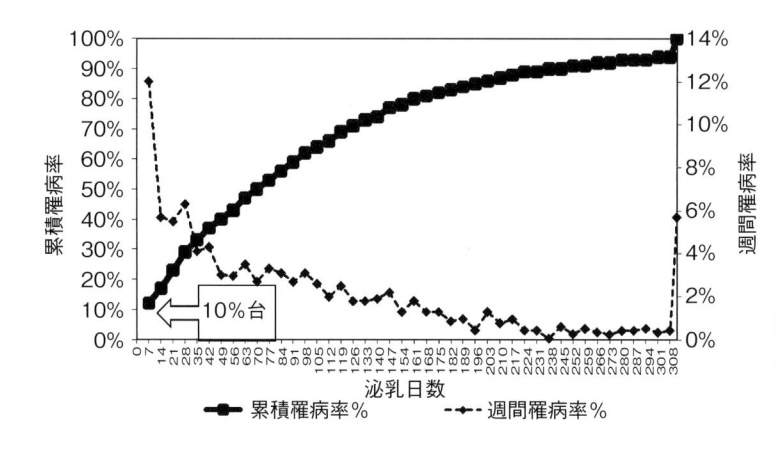

図 18-2 2005年ウィスコンシン州の2カ所の酪農場において発生した臨床型乳房炎1,150症例を対象にした最初の乳房炎症例の泌乳日数別発生率

表 18-1　米国の近代的な乳牛群において臨床型乳房炎を引き起こす病原菌の典型的な分布

病原菌	Nashら, 2002　7群中の686症例	Hoe and Ruegg, 2005　4群中の217症例	Pantojaら, 2009b　1群中の68症例	Hohmann, 2008　2群中の1,108症例	Lagoら, 2005　8群中の421分房例
Streptococcus agalactiae[1] または *Staphylococcus aureus*	6%	0%	1%	0%	6%
コアグラーゼ陰性ブドウ球菌	19%	14%	12%	26%	10%
環境性レンサ球菌	32%	24%	26%	28%	16%
大腸菌	17%	25%	29%	13%	25%
その他	11%	8%	9%	6%	10%
無発育	19%	29%	24%	25%	32%

[1] *S. agalactiae* が発見されたのは，2002年のNashらの症例だけである。

けて病原菌を破壊する。現在に至るまで，この細菌感染が唯一，体細胞の乳房内への流入に関与する作用因子とみなされている (Hortet and Seegers, 1998)。

感染していない分房のSCCはほとんどといっていいほど200,000 cell/mL以下であり，そのうちの過半数のSCCは100,000 cell/mLに満たないであろう。分房乳においてSCCが200,000 cell/mLを上回る場合には，たとえ分房から得られた乳試料が細菌学的に陰性であったとしても，乳房炎を示す有力な指標となる。

乳質向上計画の策定

乳房炎は個々の牛に起こる細菌性の疾患であるが，乳房炎防除プログラムは牛群レベルで導入する必要がある。乳房炎防除を成功させられるか否かは，効果的な発見，正確な診断，適切な治療選択肢の評価，そして乳房炎の病原菌への暴露に関連する群特有の危険因子を対象とした予防診療の導入にかかっている。

生産獣医療プログラムの1つとして，獣医師は定期的にSCCと臨床型乳房炎に関する群の記録を見直し，群の目標に関連する主要業績評価指標 (key performance indicators, KPI) を評価すべきである。このプログラムは，乳房炎の病原菌への暴露の一因となり得る牛側の要因，環境的な要因，さらに搾乳器の要因が評価できるように構成されるべきである。

生産獣医療を実践する獣医師は，乳牛の福祉促進の賛同者でなければならない。これらの獣医師は，各農場が適切な乳質向上計画を確立するための指導的役割を果たし，この見直しと情報更新を高い頻度で実施させるように努めるべきであろう。獣医師が関与すべき重要な分野には，次の項目がある。

- 乳房炎と乳質を判定し監視 (モニタリング) すること
- 適切な診断法が適用されていることの確認
- 治療に適用されている療法の効果的かつ賢明な使用法の確立
- 乳房炎の病原菌への暴露を低減する効果的な実践法の導入

表18-2 選定した研究から得られた臨床型乳房炎の重症度スコアの期待分布

重症度スコア	臨床症状	研究1[1] $n=686$	研究2[2] $n=169$	研究3[3] $n=212$	大腸菌症例のみ[4] $n=144$
1	異常乳のみ	75%	57%	52%	48%
2	異常乳と乳房の異常	20%	20%	41%	31%
3	異常乳，乳房の異常，牛の疾病状態	5%	23%	7%	22%

[1] Nash ら，2002
[2] Oliveira，2009
[3] Rodrigues ら，2009
[4] Wenz ら，2001 (種類は異なるが同等のスコアシステムが使用されている)

- 他の専門家との連携による最善の管理方法の導入

●乳房炎と乳質の判定とモニタリング

乳房炎の効果的な監視システムには，①臨床型および潜在性のどちらの乳房炎も発見可能な明確な定義と効果的なメカニズム，②危険因子のタイムリーな評価を可能にする記録システム，③管理担当者と獣医師の両方による乳質管理を可能にするフィードバック方法と言った3つの要素が含まれる。

臨床型乳房炎の定義と発見

臨床型乳房炎は，専門的には「続発症状の有無にかかわらず異常乳を生産する状態」と定義されているが，その実用的な定義付けは農場職員によって大きく異なっている。大規模農場では一般的に，乳房炎を発見できるか否かは搾乳技術者の観察スキルに委ねられており，一部の農場では言葉の壁によってその症例に関する情報伝達が妨げられていることもある。

獣医師は積極的に搾乳技術者や農場の管理担当者と意思疎通を図り，臨床型乳房炎の定義や発見努力のレベルを農場の目標と一致するようにするべきである。症例の定義は，シンプルかつすべての農場職員にとって分かりやすいものでなければならない。臨床型乳房炎の症例のほとんどは，軽度から中等度の病態であり，獣医師の診療を受けることはない。

臨床型症例に対する重症度スコアシステム（Wenz ら，2001）は，発見努力のレベルの重要なモニターとして使用することが可能であり，臨床獣医師はそれぞれの牛の恒久的な治療記録に個々の症例に対する重症度スコアを記録することを奨励するべきである。重症度スコアは，臨床症状に基づいた3段階評価を適用すれば，実際的および直感的であり，記録もシンプルになる。またこれらは，**表18-2**に示したように，発見努力のレベルを評価するのに重要な方法になり得るものである。3段階評価の適用時に，重症例の比率が全症例の20％を超える場合には，発見努力の程度と症例定義を調査するべきであるというサインになる。

臨床型乳房炎のモニタリング

牛の健康管理記録システムは，一時的な牛側の記録（日常的な意思決定のために使われることが多い）と長期的な傾向をまとめるために使用される恒久的な記録（牛のカードやコンピューター化された記録）の両方で構成されるべきである（Rhoda，2007a, b）。

一時的な記録（たとえば，搾乳施設内のホワイトボードやカレンダーに書き留めた治療の覚え書き）は一般によくみられるが，乳房炎の記録を取るための恒久的な記録システムを使用する機会ははるかに限られている。

ウィスコンシン州の乳牛群（$n=587$ 牛群）の代表的な調査では，臨床型乳房炎の記録システムとしてはカレンダーへの書き込みが最も一般的であり，乳房炎にコンピューター化された記録を使用するのは，200頭を超える牛群だけにほぼ完全に限定されていた（Hoe and Ruegg, 2006）。臨床型乳房炎の理想的な記録システムは，臨床獣医師が治療の成功可能性を定義する重要な牛側の要因を評価し，疫学的傾向を判断できるようにするものである（Wenz, 2004）。乳房炎防除プログラムへの関与に着手するために，生産獣医療獣医師はまず，次の質問に答えられるようにしておくべきであろう（Wenz, 2004 から引用，**表18-3**）

- 臨床型乳房炎の罹病率（新規症例の比率）は？
- 重症例（重症度スコア3）の割合は？
- 臨床型乳房炎を引き起こしている最も多い細菌は何か？
- 現行の治療プロトコール（実施計画法）は何か？
- 治療の結果により，廃棄される牛乳は何日分か？

表 18-3 臨床型乳房炎に対する推奨主要業績評価指標の計算方法。判読を容易にするために，1つ以上の分房に発症した1頭の牛の乳房炎を1症例として定義している（牛レベルでの定義）

指標	計算[a]	推奨目標値
罹病率	所定の期間[a]に発症した最初の症例の合計数を，同時期[b]の泌乳牛の平均頭数で割る。	25以下（年間100頭当たりの新規症例数，月間100頭当たり約2～3例）
スコア3（重度）の症例の割合	発症した重症度スコア3の症例数を，発症したすべての症例合計数で割る。	5～20%（全症例中の割合）
死亡症例の割合	乳房炎に罹患した結果死亡に至った牛の頭数を，乳房炎に罹患したすべての牛の頭数合計で割る。	2%[c]
臨床型乳房炎の病原菌の培養結果の分布	臨床型乳房炎の全部または大部分の培養データの結果	0% マイコプラズマ 0% *Streptococcus agalactiae* 2%以下 *Staphylococcus aureus* 25% 無発育 40% グラム陰性菌 15% *Streptocooccus* 属 15% CNS および他のグラム陽性菌 3%以下 汚染細菌
治療の変更を要する症例の割合	当初の治療プロトコールに反応しないという理由から治療プロトコールを変更または補足した症例数を，発見された症例数[e]で割る。	20%[d]以下
再発症例の割合（治療回数が2回以上）	治療後14日を超えて乳房炎症例を2回以上罹患した牛の頭数を，乳房炎の症例合計数で割る。	30%以下
2つ以上の分房が罹患した牛の割合	2つ以上の分房が罹患した症例数を，すべての症例数合計で割る。	20%以下
牛乳を廃棄した日数（症例当たり）	その期間中に牛乳を廃棄した日数の合計をすべての症例合計数で割る。	4～6日間（ただし，*S. aureus* の高有病率により長期治療を受ける牛が多くない場合）
3つ以下の分房から搾乳している牛の割合	3つ以下の分房[f]から搾乳している牛の頭数を泌乳牛の頭数で割る。	5%以下

[a] すべての指標の分子と分母には，「所定期間における」の説明を付けるべきである。所定期間は群の規模によって異なる。比較的小規模な群では3カ月ごとに指標を算出する必要がある。
[b] 分母をより正確にするには，その泌乳期内で臨床型症例をすでに発症した牛を除外する。発症例のある牛を含めると，控えめな推定値が算出されることになる。
[c] 臨床型乳房炎の15%がグレード3（重度），15%が致死という仮定に基づく推定値（Erskineら，2002）。
[d] Lagoら，2008
[e] 発見されたが，最初の抗菌剤治療を受けていない症例はこの計算に含めるべきである。
[f] 選定された分房からの牛乳廃棄に分房搾乳器を使用している群は，これらの牛を分子に含めるべきである。

- 次のような症例はいくつあるか？
  ① 独自の治療プロトコールに変更する必要がある症例
  ② 同一泌乳期間中に再発した症例
- 搾乳している分房が4未満の泌乳牛は何%か？
- 臨床型乳房炎に罹患した牛のうち，同一の泌乳期間に淘汰または死亡したのは何%か？

通常，小規模群を診療している臨床獣医師は，紙ベースの治療日記に記されたデータを精査することが大切であり，これらに長期間（2～3カ月間）にわたって収集されたデータを書き加えて，傾向をみることも必要だろう。また大規模群ではコンピューター化された乳牛管理記録システム（例えば，Dairy Comp 305，PCDart，DHIPlusなど）を，臨床獣医師が該当するデータをすぐに精査できるように構成しておくべきである（Rhoda, 2007a, b）。判読を容易にするために，データ入力構成は冗長にならないようにし，1例の乳房炎症例だけをそれぞれ個別の症例（牛レベルで定義されたもの）に対して入力させるべきである（Wenz, 2004）。

研究者らは一般的に，14～21日間隔で発症した臨床型乳房炎を別々の症例と定義しているが，この日数は妥当な調査に基づいて決定されたものではなく，おそらく農場のニーズを満たすために採用されているものであろう。個々の分房ではなく，牛レベル（1頭の牛の1つ以上の分房における乳房炎の発症）で定義されたKPIの方が，記録しやすく，乳房炎の重要な経済影響をよりよく反映させられる可能性がある（**表18-3**）。これらのKPIは群の牛数から得られ，個々の群の環境によって調整の必要があることもある。

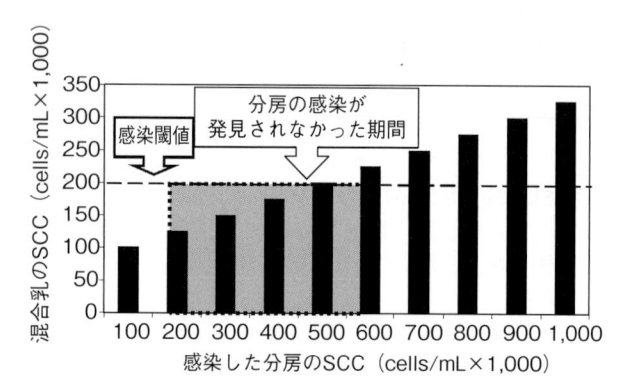

図18-3
1分房が感染し，非感染分房のSCC基準値が100,000 cells/mLの場合の混合乳の推定体細胞数の例（4分房すべてから搾乳した場合）

表18-4　潜在性乳房炎に対する推奨主要業績評価指標の計算方法

指標	計算	推奨目標値
有病率	リニアスコア4以上[a]のSCCを持つ牛の頭数を，体細胞数（SCC）を測定した牛の頭数で割る	15%以下（群全体中の割合）
発生率	所定期間[b]の初回時においてリニアスコア4以上[a]のSCCを持つ牛の頭数を，前期の閾値以下のSCCを持つ牛の頭数で割る	5%以下（発生率を泌乳期における閾値以上の初回SCCに基づいて規定した場合）；最大8%（SCCの前月比[b]変化に基づいて算出した場合）
初回DHIA検査時の有病率	初回DHIA検査時においてリニアスコア4以上[a]のSCCを持つ牛の頭数を，初回DHIA検査でSCCを測定した牛の頭数で割る	5%以下（初回泌乳牛中の割合） 10%以下（2回目以降の泌乳牛中の割合）
乾乳前の最終DHIA検査時の有病率	乾乳前の最終DHIA検査時においてリニアスコア4以上[a]のSCCを持つ牛の頭数を，最終DHIA検査でSCCを測定した牛の頭数で割る	30%以下（乾乳前の最終検査日の牛中の割合）

[a] 群のモニタリングを目的とする場合，体細胞リニアスコア4は200,000 cells/mLを超えるSCCと同じ意味合いとして使用される。
[b] 所定期間は，本指標の使用目的によって異なる。DHIAセンターやコンピューター管理プログラムの多くは2カ月間の変化に基づいてこの指標を算出している。その他では現行の泌乳期間で得られたSCCに基づいて算出していることもある。

潜在性乳房炎のモニタリング

どのような潜在性疾患も，有病率の明確な把握と発生状況を監視する仕組みがなければ，防除することはできない。乳房炎の有病率は，発生数（新規の潜在性乳房炎症例の発生）と発症の持続期間の関数で表される。群によっては，伝染性病原菌に起因する長期感染により，新規感染の発症が比較的少数であったとしても，潜在性乳房炎の有病率が目標値を超えることがある。あるいは，比較的持続期間は短いが新規感染の高い発生数を示す，環境性乳房炎のために，有病率が目標値を超える場合もある。

乳汁中の体細胞の存在について日常的に検査を行っていない乳牛群に対しては，潜在性乳房炎を的確に管理することはできない。そのため，潜在性乳房炎のモニタリングの第一段階は，基本的操作としてすべての牛から日常的にSCC（体細胞数）を確実に入手することである。一般的に，SCCが200,000 cells/mL（体細胞リニアスコアは約4.0）を超える牛はすべて，潜在性乳房炎に罹っていると考えてよい。この閾値は，感染への正常な生理学的反応と誤診を最小化する疫学的な特徴とに基づいている（Dohoo and Leslie, 1991）。ほとんどの群では，最も頻繁に得られるSCC（例えば，毎月のDHIA検査など）は4分房すべての混合乳に対して実施されている。

これらの混合物のSCCのモニタリングは群の傾向を評価するのにきわめて有効であるが，これらの数値が分房レベルでの潜在性乳房炎の実際の発生数よりも低く見積られることを念頭においておくことが重要である。例えば，ある1頭の乳牛が4つの分房から合計20 kgの乳汁を等しく（分房当たり5 kg）排出したものとし，そのうちの1分房が潜在性乳房炎に罹患していると仮定しよう。非感染の3分房からの乳汁のSCCが100,000 cells/mLだとすると，感染した分房から得たSCCが500,000 cells/mLを超えるまでは，混合乳のSCCは閾値である200,000 cells/mLには届かない（**図18-3**）。

このケースのように感染が長期間認識されないままだと，慢性乳房炎感染の発生をもたらし，外見上は健康な牛に，軽度から中等度の臨床型乳房炎が繰り返し生じる。臨床獣医師は，カリフォルニア乳房炎試験（CMT），Direct Cell Counter（体細胞直接計数器，DCC-Delaval社から販売），PortaSCC（PortaCheck社から販売）などの牛側のさまざまな検査法を使用することで，分房レベルでのSCC評価ができる。潜在性乳房炎の評価については，次の質問から着手すべきである（**表18-4**）。

- （SCCで規定された）潜在性乳房炎の有病率は？

- （SCCで規定された）潜在性乳房炎の発生数は？
- SCCが200,000 cells/MLを上回る牛から回収された最も多い細菌は何か？
- 慢性的（2カ月以上持続）な潜在性乳房炎の割合は？
- 泌乳日数と産次数からみた潜在性乳房炎の有病率は？
- 初回検査時と最終検査時での潜在性乳房炎の牛の割合は？

これらの質問に答えるためのデータはDHIA検査センターから提供されている要約報告書から得られることが多く，あるいはこれらのデータをカスタマイズした表計算シートや乳牛管理プログラムにダウンロードして利用することも可能である。潜在性乳房炎の有病率は新規感染率（新規の潜在性感染を発症した牛の割合%）と個々の潜在性感染の持続期間のわずか2つの要因に依存している。潜在性乳房炎の一般的なKPIは，SCCが200,000 cells/mL以下の牛の85%（有病率），1カ月当たりの新規潜在型乳房炎の発症牛は5%（発生率）以下（**表18-4**）である。

SCCは群レベルと牛レベルの両方において毎月見直されるべきである。群レベルでは，毎月のSCCのパターンを評価することが，潜在性乳房炎の問題の解決法として有力な診断ツールとなる。例えば，最初の検査で潜在性乳房炎の有病率が目標値（SCC 200,000 cells/mL以上と規定されている）を上回った群は，環境性乳房炎の病原菌の問題を生じていることが多い。これらの症例では，牛舎環境，乳房の衛生状態，乾乳期および周産期の牛の管理について調査するべきである。

一方，伝染性乳房炎が問題となっている場合には，潜在性乳房炎の有病率（200,000 cells/mL以上のSCCを使用した場合と規定されている）は，通常，感染乳への暴露機会が増えるという理由から，泌乳期の進行や牛の高齢化に伴って増加する。伝染性乳房炎が疑われる場合には，乳房炎の病原菌の搾乳時の伝播について特に重点的に調査し，ティートディッピングの不適切性や媒介物（複数の牛の乳房の洗浄や乾燥に使用したタオルなど）の有無を調査するべきである。

SCCが慢性的に上昇していると思われる牛の割合が高い場合（毎月の検査で2回以上連続して閾値を超えた場合）には，通常は伝染性で伝播する宿主適合性の病原菌によって牛が感染したことが示唆される。牛レベルでは，臨床獣医師はSCCで並べ替えた個々の牛のリストを見直すと，個別の治療介入を要する可能性のある牛の発見に役立つことが多いことが分かる。牛側の分房レベルでの迅速なSCC検査を用いると，牛の隔離，治療，培養，SCCの高い分房乳の出荷停止，または淘汰などの重要な管理判断を酪農家が行う際に役立つことがある。

バルク乳の細菌学的性状の測定とモニタリング

バルク乳の細菌学的性状のモニタリングに積極的に取り組んでいる獣医師はほとんどいないが，加工業者の方では，細菌学的性状を基準にして追加の特別料金を支払う傾向が強まっている。加工業者の多くは乳汁をタンクローリーに積載するたびに乳汁の細菌学的性状を測定し，オンラインで日々の乳質レポートにアクセスできるようにしている。獣医師も担当する酪農場の許可を得れば，これらのレポートにアクセスすることが可能である。

生乳に細菌学的汚染が起こる基本的な原因には，①環境由来の微生物による乳汁の汚染（特に搾乳過程中の汚染），②乳房内に存在する乳房炎を引き起こす微生物由来の汚染，の2つが考えられる（Reinemannら，1999）。健康な乳房から得られた生乳に含まれる総細菌数は通常1,000個/mL未満であり，そのためバルク乳の微生物の総数，あるいは冷蔵貯蔵中の細菌数の潜在的な増加に大きく影響することはない（Murphy and Boor，2000）。

乳房炎が生乳中の総細菌数の増加の主要因となることはあまりないが，乳房炎の罹患牛が微生物を多量に排出することは往々にして起こり得る。牛レベルでは，乳房炎が乳汁中の総細菌数に与える影響は病原菌のタイプと感染段階に依存するところが大きい。感染牛によっては，10,000,000個/mLを超える細菌を排出することもある（Bramley and McKinnon，1990）。群レベルでは，バルクタンクへの細菌排出による細菌数の影響は，群の規模，乳房炎罹患牛の頭数，乳房炎乳と非乳房炎乳との比率に依存する（Hayesら，2001）。

生乳の細菌学的性状の調査に着手するには，まず次の質問からはじめるべきである。

- 何回の細菌学的性状検査が実施され，その数値が，傾向あるいは「急上昇」を示しているか？
- SPCの平均値，最小値，最大値はいくつか？
- 他にはどのような乳質診断検査を実施し，それらをどのように比較しているか？

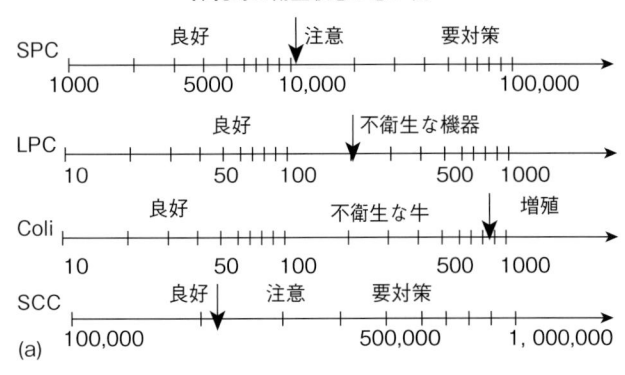

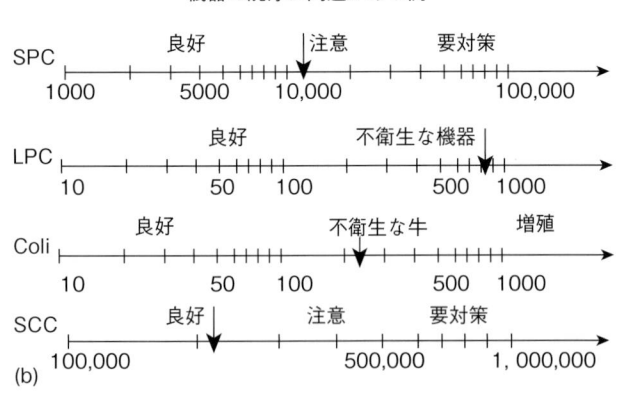

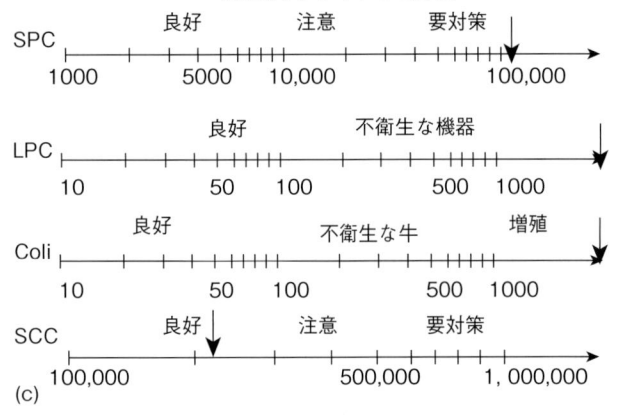

を強く要求している。SPCは乳質全体を表す測定値であるが，SPCだけを取り上げることは診断においてあまり有用ではない。SPCが一貫して上昇し続けている場合には乳質に問題があることが示唆されるため，この診断を的確に行うには全搾乳過程のさまざまなポイントにおいて乳試料を戦略的にサンプリングすることが最善策となる。診断的数値（SPC，LPC，大腸菌数，SCC）を比較すると，問題の原因を探し出す貴重な手掛かりが現れることもある（**図18-4**）（Reinemannら，1999）。

LPCは，基本的にはSPCの一種であり，乳汁を62.8℃まで加熱し，その温度で30分間保温した後に測定した値を示すものである（低温長時間殺菌）。LPCを実施する目的は，殺菌後にも生存可能な微生物（耐熱細菌）を特定することにある。乳房炎を引き起こす代表的な微生物が，殺菌後も生き残ることはない。耐熱細菌には，*Micrococcus*, *Microbacterium*, *Lactobacillus*, *Bacillus*, *Clostridium*などが含まれ，まれに*Streptococci*もこの仲間とみなされることもある。

LPCの増加は，不衛生な機器に生成した菌膜と関連することが少なくない。LPCは100～200 cfu/mL以下であることが要求されており，LPCが10 cfu/mLを下回る場合には機器の衛生状態が優れていることを示している（Reinemannら，1999）。

これらの問題の原因を**図18-4**にしたがって解決しようとする場合に最も陥りやすい過ちは，これらのうちの1つの数値だけを捉え，他のものを考慮せずに診断を公式化することがある。診断を公式化するには，3段階の決定樹を利用して，これらの数値を相対的に比較する必要がある。次に例を示そう。

---

①大腸菌数が100と1,000の間である。
- および，LPCが大腸菌数よりも低い。
- および，SPCが中等度に上昇している（5,000～20,000）。

　判読結果：搾乳牛の湿りや汚れが示唆される。

②LPCが100と1,000の間である。
- および，大腸菌数がLPCよりも低い。
- および，SPCが中等度に上昇している（5,000～20,000）。

　判読結果：搾乳器の洗浄に関する持続的な問題が示唆される。

③大腸菌数が1,000よりも大きい（あるいは多数で計測不能）。

図18-4
細菌数の問題調査に対する診断的細菌数の比較（Reinemannら，1999から引用）。SPC＝総細菌数，LPC＝耐熱菌数，Coli＝大腸菌数，SCC＝体細胞数。

- 可能な場合には，①耐熱菌数（低温殺菌後菌数，実験室殺菌後の細菌数，LPC），②前培養菌数（PIC），③大腸菌数（CC）の数値はいくらか？

米国ではほほどの酪農場も，バルク乳の細菌学的性状に対する規定目標値（SPC 100,000 cfu/mL以下）を容易に達成しており，加工業者の大半はSPC以外の測定値を含め，より一層厳しい標準値を設定すること

表18-5 バルク乳の細菌学的性状に関係する問題の解決に用いられる主要判定指標と代表的な細菌源

指標	検出された細菌の種類	一般的な発生源	推奨目標値
一般細菌数	乳中にみられる数量化されたほとんどが生存している好気性細菌	搾乳中の汚染；乳汁冷却に伴う問題；洗浄不良	10,000 cfu/mL 以下
耐熱菌数	耐熱細菌（バチルス，クロストリジウムなど）	洗浄不良に起因する搾乳器への菌膜形成；汚染に伴って時折起こる問題	200 cfu/mL 以下
前培養菌数	低温菌（シュードモナスなど）	搾乳中の汚染；冷却の問題	10,000 cfu/mL 以下
大腸菌数	大腸菌群（*Escherichia coli*, *Klebsiella*など）	搾乳中の汚染；まれに乳房炎	100 cfu/mL 以下

- および，LPCが100以上であるが大腸菌数よりは低い（あるいは多数で計測不能）。
- および，SPCが極度に上昇している（50,000～100,000以上，あるいは多数で計測不能）。

判読結果：乳汁処理システム内での増殖が示唆される。これらの細菌数の上昇の原因には複数の衛生上の問題があると考えられ，さらなる調査が推奨される（戦略的サンプリング）。

加工業者は高成績群の目標値を設定している。これらは業界全体で統一されていないが，SPCは5,000 cfu/mL以下，LPCは200 cfu/mL以下程度が高成績群の妥当な目標値であろう（**表18-5**，Jayaraoら，2004；Pantojaら，2009c）。

● 適切な診断法が用いられていることを確実にする

乳房炎は細菌性疾患であり，効果的な治療と予防戦略は，それぞれの農場において最も発生頻度の高い病原菌の性質を理解することが基本となる。実践的には，乳汁の微生物学的検査は，獣医師が次のような質問に答える際に役立つ。

- 牛が伝染性の乳房炎病原菌に起因する潜在性乳房炎に罹患しているか？
- 乳房炎の臨床例は，乳房内抗菌薬治療への反応性が高いと思われる病原菌によって引き起こされたものか？
- 乳房炎防除戦略は，最も優勢な乳房炎病原菌への適切な露出点に向けられているか？
- 乳房炎は，当該農場において「新種」の病原菌によって引き起こされたものか？

バルク乳の微生物学的検査

バルク乳の微生物学的検査は乳房炎防除プログラムの標準的な構成要素であり，乳質改善計画策定の第1段階でもある。バルク乳培養法（BTC）は泌乳牛の群（あるいはグループ）の乳房炎病原菌をスクリーニングするためにしばしば使用される。BTCの実施方法は検査所によって大きく異なる。試料採取の間隔，試料の収集，微生物の検査法，レポートの様式はまだ標準化されていないため，検査所間の結果を比較することは難しい。診断検査の結果の有効性を確保するためには，獣医師は乳試料を提出する専門検査所を1カ所に絞るべきであり，その検査所において乳汁の平板希釈法，および細菌コロニーの分離と計数用の選択培地を使用する検査法が採用されていることが条件となる。バルク乳培養法の術式はNMCのウェブサイト（www.nmconline.org）で閲覧可能である。ほとんどの場合，乳質検査所は，通常の診断術式にマイコプラズマのスクリーニングが含まれている。

BTCの結果はきわめて複雑で判読が難しいことがある。その理由は分離株が潜在性乳房炎による感染から検出されることもあれば，臨床型乳房炎の牛から搾った乳汁をバルクタンクから排除し損なったことが原因となる場合や，環境由来の病原菌によって汚染された乳汁が原因となる場合もあるからである。BTCの結果を最大限活用するには，伝染性の乳房炎病原菌（*S. aureus*, *M. bovis*, *S. agalactiae*など）に潜在的に感染した牛がいる群を特定するとよいであろう。

ほぼすべての場合において，バルク乳にこれらの病原菌が発生するということは，乳牛群の中に感染牛が存在することを高い確率で予測するものとなる（Wilson and Gonzalez，1997）。しかし，検査の感受性がそれほど高くないことや，BTCが陰性であると思われるにもかかわらず，感染牛がみつかることは珍しくないため，バルク乳から病原菌が検出されないからといって，群の中に感染牛がいないことを意味することにはならない（**図18-5**）。同様に，検出された微生物の数と群の感染牛の有病率との間に相関性はないた

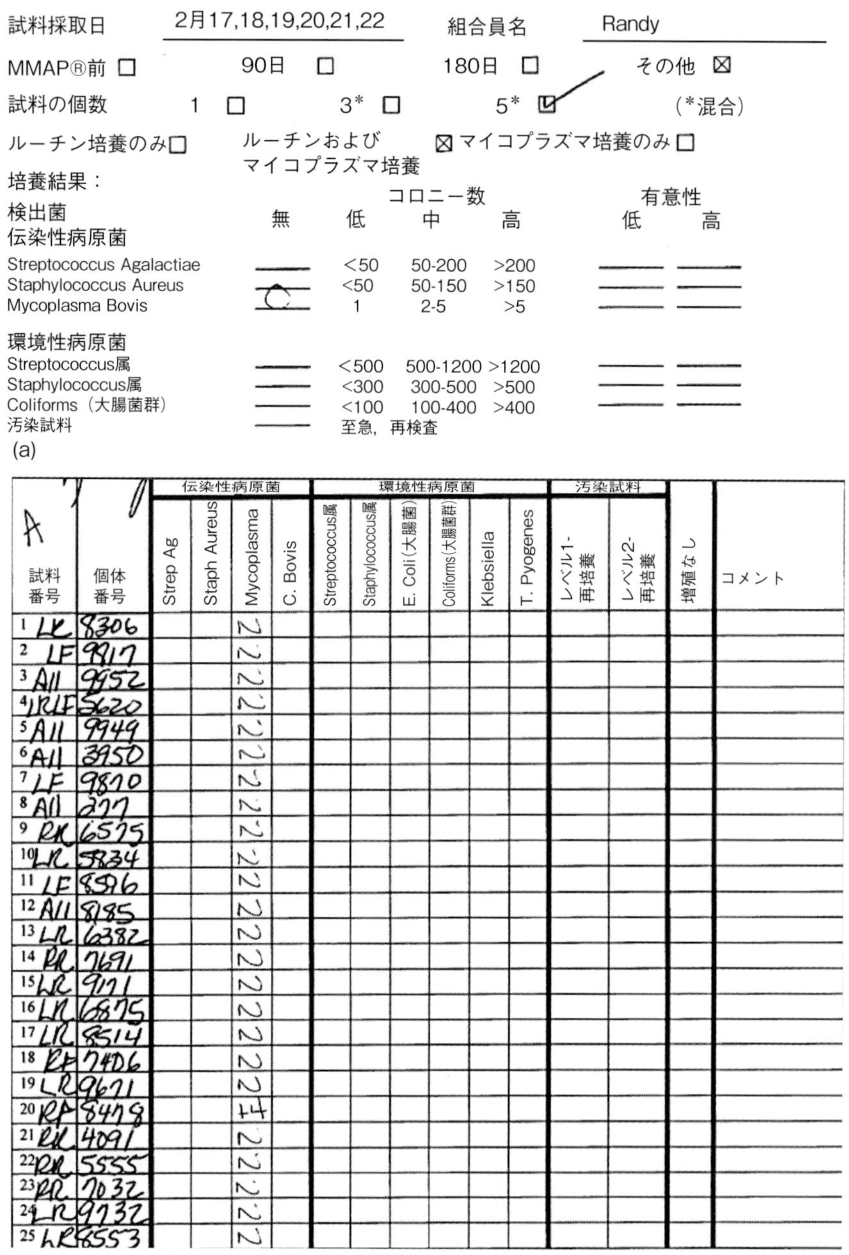

試料採取日	2月17,18,19,20,21,22	組合員名	Randy

MMAP®前 □　　90日 □　　180日 □　　その他 ☒

試料の個数　　1 □　　3* □　　5* ☒　　(*混合)

ルーチン培養のみ □　　ルーチンおよび ☒　　マイコプラズマ培養のみ □
　　　　　　　　　マイコプラズマ培養

培養結果：

検出菌		コロニー数			有意性	
	無	低	中	高	低	高
伝染性病原菌						
Streptococcus Agalactiae	—	<50	50-200	>200	—	—
Staphylococcus Aureus	◯	<50	50-150	>150	—	—
Mycoplasma Bovis		1	2-5	>5	—	—
環境性病原菌						
Streptococcus属	—	<500	500-1200	>1200	—	—
Staphylococcus属	—	<300	300-500	>500	—	—
Coliforms (大腸菌群)	—	<100	100-400	>400	—	—
汚染試料	—		至急, 再検査			

(a)

図 18-5
ある酪農場での同一期間におけるバルク乳培養法 (BTC) によるマイコプラズマの検出結果 (a) と個体別乳試料の結果 (b) の比較。バルク乳の結果報告が偽陰性であることに注目する。

め, 防除戦略の実施前後のコロニー数の比較を, 治療介入への誘いとして使用すべきではない。

BTC の結果は, 乳汁から回収された個々の微生物の性状を考慮しながら判読する必要がある。BTC 報告書の評価には代表的な KPI (**表 18-6**) を利用することも可能だが, 推奨内容の科学的妥当性に関しては十分に裏付けされた文書が揃っていない。バルク乳試料から発見された病原菌が, 感染された乳房, 乳頭の皮膚, あるいは搾乳時の汚染に起因することもある。agalactiae 以外の Streptococci は牛の環境中にふつうに存在している。

潜在性感染によって排出される細菌により, 環境性の Streptococci の数が著しく増加することがあるが, これらの微生物数が過剰に高いことが判明した場合や, その中でも特に BTC の結果において大腸菌群の数が著しく高いことを示している場合には, 搾乳前の衛生状態の調査を必ず行うべきである。大腸菌群に起因する乳房内感染は治療を行わない場合でも持続期間が短いことから, 大腸菌の過剰な数は, 搾乳前の衛生状態が悪かったことか, あるいは環境が汚染されていることを示唆する。

これはどの診断検査にも言えることであるが, 検査結果の信頼性が高まるのは, その検査結果に再現性がある場合である。BTC の結果が通常と異なることが

表 18-6　バルク乳の培養結果の主要業績評価指標 (KPI)，感染源，判読例[a]

細菌	目標値 (cfu/mL)	代表的な感染源	判読例
Streptococcus agalactiae	0	乳房炎感染	コロニーがわずかでも分離された場合には，感染牛が存在する可能性がある。
Staphylococcus aureus	0	乳房炎感染，乳頭の皮膚	どちらの病原菌でも，バルク乳から分離された場合には，感染牛が存在する可能性がある。有病率の高い群では，バルク乳からの分離が反復されることが多い。
Mycoplasma 属	0	乳房炎感染	
コアグラーゼ陰性ブドウ球菌 (CNS)	250 以下～500	乳頭皮膚の汚染	搾乳前の乳頭消毒について調査する。
環境性レンサ球菌	500 以下	汚れた乳房や搾乳器からの汚染（乳房炎感染に起因することも時々ある）	環境性レンサ球菌と大腸菌のどちらも目標値を超えた場合は，原因が搾乳時の衛生状態の不良であることが強く示唆される。
大腸菌群	100 以下		
その他	0	*Pseudomonas* 属	存在数が著しく多い場合は，乳汁への水の混入が示唆されることが少なくない。
	0	*Bacillus* 属	存在数が著しく多い場合は，乳試料の粗雑な取り扱いが示唆されることが少なくない。

[a] 出典：Farnsworth (1993) および Jayarao ら (2004)

判明したら，最初にやるべきことは，検査を繰り返し，その診断結果を検証することである。バルク乳試料の提出に関して，その感受性を高める方法として多くの検査所が推奨しているのは，連続した 4 日間の乳汁をそれぞれ別々に集め，それらを 1 度に提出する方法である (Farnsworth, 1993)。ほとんどの検査所では，コスト削減のために試料を混合して，1 つの試料として処理することになる。

分房乳試料の微生物学的検査

乳試料の微生物学的検査は乳房炎防除にとって重要なものであるが，実際には十分に活用されていない。乳試料の微生物学的検査は分房感染のゴールドスタンダードとみなされることが少なくないが，陰性の結果（感染が疑われる個体の試料から得られた細菌が増殖しないこと）がもたらされることがほとんどである。1994 年から 2001 年において，ウィスコンシン州にある主な乳房炎検査所に提出された乳試料のうち，細菌が検出されなかったのは全体の約 3 分の 1 であったが，結果が陰性となる割合は 23% から 50% に増加していた (Makovec and Ruegg, 2003b)。

結果が陰性となり得る理由としては，微生物の多量排出に起因する乳房炎の総数の減少（*S. agalactiae* など），検査所のルーチン手順では培養されない微生物に起因する乳房炎の総数の増加（*M. bovis* など），感受性が不十分なサンプリング方法や検査技術の使用などが考えられる。病原菌の回収確率は，サンプリング時の汚染防止に格別の注意を払い，SCC（CMT あるいはその他の牛側の SCC 検査を使用して検出した場合）が増加傾向にある分房のみから乳汁を採取することによって向上させることができる。潜在性感染が疑われる牛から採取した乳試料から得られるデータの有意性を高めるには，獣医師は担当酪農場に対して，個々の分房から少なくとも 25 個の試料を提出するようにアドバイスすべきである。

診断検査（乳汁培養など）は，その結果が経営判断に密接に関係する場合には，生産獣医療プログラムにおいて最も有効な手段となる。一般的な従来の技術（乳試料の提出など）では，乳試料を遠隔地の検査所に送る必要があるため，農場現場での意思決定に時間がかかりすぎるという理由から，これらのやり方は批判されることも少なくない。

ある事例調査によると，多くの農場が乳試料の培養検査を採用していないが，これは検査結果の利用方法がわからない，あるいは，検査結果に基づく意思決定の経済的な価値を認識していない，という理由に基づくものであった。乳汁培養の結果は，乳房炎病原菌の識別や治療，淘汰，隔離，疾病予防に関する経営判断に非常に有効な手段を与えることができるものである。農場培養 (on-farm culturing, OFC) プログラムは，検査結果を迅速に重要な経営判断に結び付ける方法を提供する手段として開発されたものである。OFC の結果を臨床型乳房炎（次項参照）の治療に直接利用することで，農場はよりよい治療判断を下し，乳廃棄に

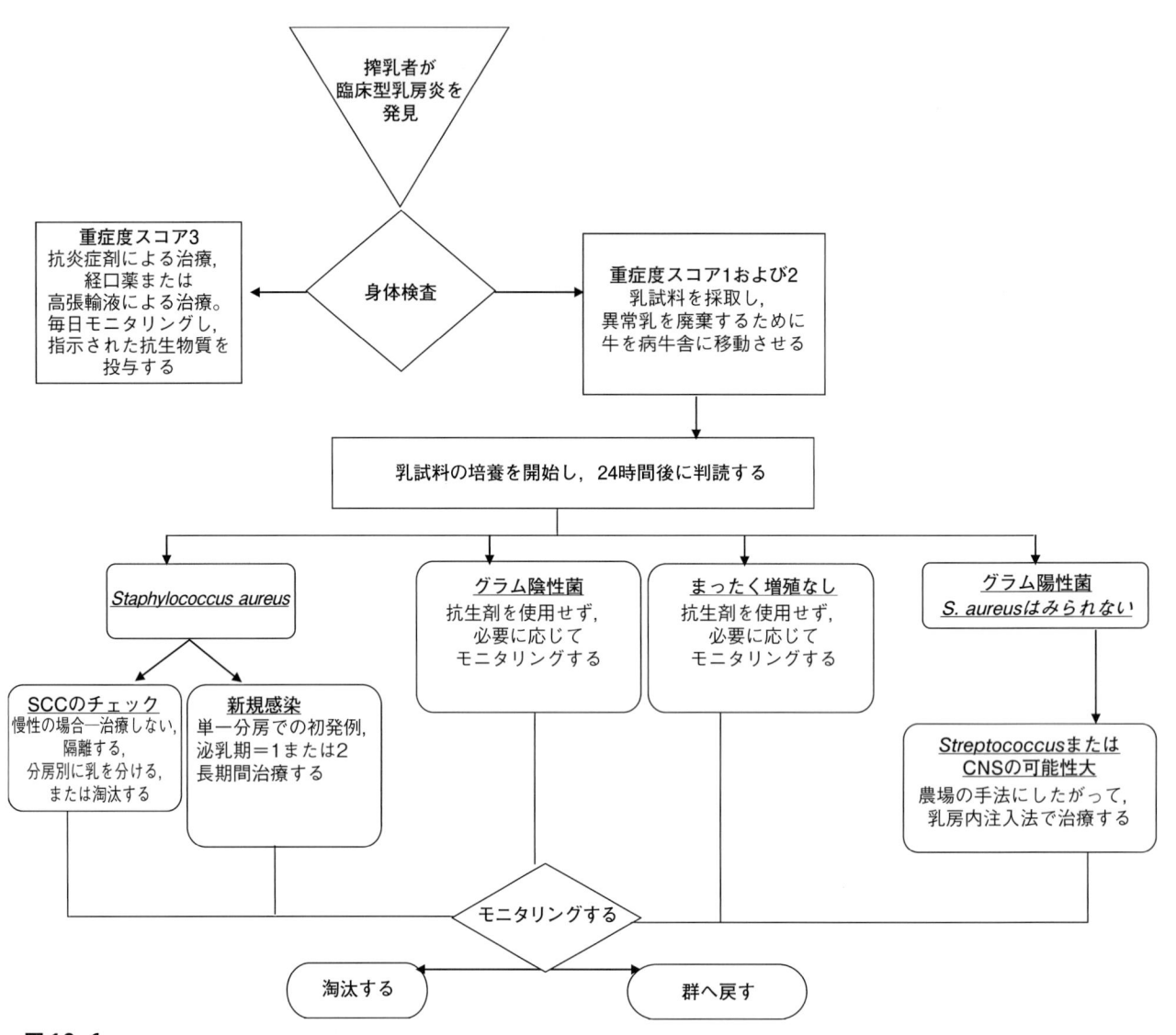

図 18-6
農場培養（OFC）をベースにした標準的な治療手法（出典：Hess ら，2003）

伴うコスト削減の機会を得ることが可能になる（Neeser ら，2006）。

　農場培養は多くの場合，適切な症例に対して適切な乳房内抗菌剤治療を計画し，適切な治療期間の判断を助けるに利用されている（**図 18-6**）。一般的に臨床型乳房炎の診断においては，農場職員が牛の検査を行い，乳試料を採取する。症例の重症度スコアがグレード 1 または 2（牛が病的な状態ではない）の場合は，OFC の結果が分かる（通常は 24 時間）まで，抗菌剤治療は行わない。

　OFC の最も基本的な方法は，グラム陽性病原菌とグラム陰性病原菌とを比較して判断するものである。この方法は乳房炎が伝染性ではないと思われる場合に適していることがある（S. aureus または Mycoplasma 属の乳房炎によって引き起こされる感染はきわめて少ない）。この場合には，グラム陽性菌感染症の治療に対して適切な乳房内抗菌剤を使用するが，グラム陰性菌感染症に対しては抗菌剤治療を行わない。一部の農場では，乳房炎の原因にさらに広範な多種類の病原菌が関わっていることがあり，Streptococci 属（長期的な乳房内治療を要する）あるいは S. aureus（選択した感染に対する長期的な乳房内治療，淘汰，分房の乾乳，慢性感染牛の隔離を要する）に対する診断が必要となることもある。これらの症例に対しては，より高度な培養システムが必要であろう。

　OFC では，推定診断と直接的な治療を実現するためにさまざまな種類の選択培地を使用している（**口絵 P.18，図 18-7**）。OFC システムで最も一般的に使用されている培地には次のものがある。①血液寒天培地：ほとんどの乳房炎微生物が増殖する非選択培地，

②マッコンキー寒天培地：グラム陰性の微生物のみが増殖する選択培地，③TKT寒天培地：*Streptococci*用選択培地，④ベアードパーカーまたはKLMB培地：*Staphylococcus*属用選択培地。OFCシステムで利用できる市販品には，複数に区切った区画に異なる培地を充たした平板もある（口絵P.18，図18-7）。

バイプレート（二分培地）型には異なる2種類の培地が充たしてある。通常，バイプレートでは半分にマッコンキー寒天培地を使ってグラム陰性微生物を選択増殖させ，残りの半分の培地で大部分の好気性微生物を増殖させることができる。また3種類の寒天培地を入れられるトリプレート（三分培地）型の培養平板もある。このプレートでは，マッコンキー寒天培地（グラム陰性菌用）とファクター寒天培地（グラム陽性菌用）に加え，もう1つの区画に*Streptococci*の選択増殖用のMTKT寒天培地を使うこともある。また，追加用の発色培地も市販されているため，より多くの種類の病原菌の中で目的の病原菌を識別することも可能である。

OFCプログラムの発展と管理は，乳房炎防除プログラムへの関与を強め，治療プロトコールを改善したいと考える生産獣医療獣医師にとって理想的な方法である。獣医師の中には，獣医療補助者を通して使用資材の補充，農場職員の研修，品質管理の監督業務を提供し，OFCシステムの技術面を全面的にサポートするという方法により，自らの関与を強めている者もいる。小規模な牛群が多い地域ならば，酪農生産者に獣医診療所まで急いで乳試料を届けてもらい，微生物学的検査の結果が出るまで治療を控えさせることで，獣医師はこれと同じシステムを実現することが可能である。このようにすれば，24時間後に培養結果と適切な治療手法をファックスや電子メールで生産者に知らせることが可能となる。

さまざまな選択培地を評価したいくつかの研究において，OFCシステムはグラム陽性病原菌とグラム陰性病原菌の識別において約80％の精度を持つことが示されている（Lagoら，2005；Hochhalterら，2006；Polら，2009；Rodriguesら，2009）。特定の病原菌に対してより適格な診断を下すためにOFCを使用しても，それほど高い精度は得られず，職員の研修や管理をさらに強化することが必要になる。

●乳房炎治療に適用される治療法の有効かつ慎重な利用の確立

生産獣医療プログラムは，獣医師と酪農生産者との間に強固な関係があり，この関係に基づいて獣医師が農場経営にプラスの影響力を与えられる場合に成功する。食肉中から検出される抗菌剤残留に対する違反の割合は，（肉牛と比較すると）乳牛の方が大きいが，これらの残留物の多くは獣医師が処方した薬剤を使用したことに関係がある。社会との関わりにおいて，抗生剤やその他の薬剤の使用を監督することは，生産獣医療に従事する獣医師が請け負うことのできる最も重要な役割の1つであろう。この役割は乳房炎治療に対して特に重要性が高いが，この理由はほとんどの農場で乳房炎治療に抗生剤が使用される割合が高いことと乳房炎の大半の症例は獣医師が診察や治療を行っていないことにある。

獣医師が適切な治療手法を作成できるか否かは，治療記録の作成や評価にかかっている。農場職員は少なくとも症例の重症度，使用した薬剤，治療に要した日数，推定診断（推定される病原菌やグラム染色の状態），食肉や牛乳の市場出荷適合日を記録し，さらに淘汰日や群への復帰日などの追加情報も記入するように努めるべきである。乳房炎治療によって乳汁が廃棄された平均日数は，治療手法への順守を評価するために獣医師が定期的にモニタリングすべきKPIの1つである。

乳房炎治療に抗生剤を選択する場合には，推定診断を基本とし，感染や個体および牛群特有の要因の主原因である可能性が最も高い病原菌の種類に着目するべきである。認定有機乳牛群を扱う臨床獣医師は，国の有機基準においてどの薬剤が許容されているかを認識し，また医薬品の承認外使用が人あるいは動物用の認定健康製品（非認定医薬品は対象外）に対してのみ許可されていることについても理解しておかなくてはならない。

抗生剤の慎重な利用に関するガイドラインは，FDA（www.fda.gov），AVMA，AABPから刊行されている。臨床獣医師は，どの抗生剤が承認外使用を認められているかを定期的に再確認することが重要である。たとえば，FDAのガイドラインには，あらゆるスルホンアミド系薬に対する承認外使用を認めないと記載されており，これは，サルファ剤の中に泌乳牛への使用が認められているものがあるとしても，この薬物群を乳房炎の治療に適用することは一切できないことを意味する。

一般的に慎重な使用に関するガイドラインが重視しているのは，予防的な健康管理，臨床獣医師の関与による効果的な治療手法の作成，および医薬品の承認外使用規制とこれらの規制への農場側での法令順守の両

面への十分な理解である。

　生産獣医療プログラムに携わる獣医師は，担当農場それぞれについて，次の質問に答えられるようにしておかなくてはならない。

- 農場の中で誰が治療判断の責任者であり，その人物は適切な研修を受けているか？
- 最新の治療手法が作成され，農場職員はその手法を完全に順守しているか？
- 治療を受ける牛は毎月何頭いるか？
- どこから薬剤を購入し，誰が処方箋を書いているか？
- 食肉や牛乳の保留期間はどのように規定されているか？
- 農場は医薬品の承認外使用について適正な文書管理をしているか？
- 臨床獣医師は，自らが許可したあらゆる医薬品の承認外使用について適正な文書管理をしているか？
- 農場は食肉または牛乳内の何らかの薬物残留について通知を受けていたか？

●効果的実践法の導入
乳房炎病原菌への暴露を低減する

　乳房炎防除の基本は，乳房炎病原菌への暴露を減らすことである。一般的に高品質乳が生産されるのは，清潔で乾燥した屋内環境において，乳頭の健康管理への配慮と伝染性乳房炎病原菌への暴露の最小化を実現した方法で穏やかに搾乳された場合である。乳房炎を効果的に予防していくためには，生産獣医療に携わる臨床獣医師は，次の問題を見直すことから着手すべきである。

- 居住エリア（乾乳牛用の牛舎も含む）には，泌乳周期の全段階を通じて清潔で乾燥した環境が提供されているか？
- 乳房は十分な清潔さが保たれており，乳頭端は健康か？
- 搾乳システムは適正に調整され，機能しているか？
- 日々の搾乳ルーチン作業には現在推奨されている最善の管理方法が組み込まれているか？
- 搾乳技術者は十分な研修を受けているか？

清潔で乾燥した環境の提供

　多くの酪農場では，搾乳者が乳房炎防除の主な責任者を務め，それ以外の農場職員がストール管理や給餌を受け持っているようである。乳房炎病原菌への暴露機会は搾乳施設以外の場所にも多く存在し，病原菌の暴露に影響を及ぼす可能性のある職員はすべて，乳房炎防除の重要性を認識し，責任を共有すべきである。牛の居住エリアでの水分や泥，排泄物との接触は臨床型乳房炎の発生率に影響することがあり，獣医師は泌乳周期のあらゆる段階の環境衛生について精通している必要がある。世話や搾乳をするために牛を急かせて早く動かそうとすると，排泄物が乳房に飛び散ることもあるだろう。

　牛の居住エリアに，当初計画していた頭数以上を詰め込むと，排泄物の量も予定以上に過剰になる。排泄物処理や牛の寝床の種類と手入れ方法はどちらも牛自身と乳房の衛生状態に大きな影響を与えるものである。ある調査によると，バルク乳のSCCが高い群は，バルク乳のSCCの低い群と比較すると，衛生管理面で満足度がより低い手法が取られている場合が多いことが証明された（Barkemaら，1998）。

　例えば，バルク乳のSCCが250,000 cells/mLを超える群が31％いる農場は，150,000 cells/mL以下の群が15％いる農場と比較すると，「汚れた搾乳施設」を持つ農場に分類された（Barkemaら，1998）。また，バルク乳のSCCが250,000 cells/mLを超える群は，排泄物の占有率が10％を超えるストール数が多い（19％対12％），ストールの洗浄頻度が低い（1.6回/日対2.2回/日），ストール内の寝床の使用率が低いことも明らかになった（Barkemaら，1998）。

　牛床管理は乳頭端の細菌数の決定的要因となり得る。牛の寝床に存在する湿気量と細菌量が特に重要である（Hoganら，1989；Huttonら，1990；Zdanowiczら，2004）。有機物素材の寝床は，有機物ではないものと比較すると細菌増殖を助長する傾向があるが，砂敷きの寝床でも*Streptococci*属や*Klebsiella*属に対して著しい暴露が起こる。臨床型乳房炎とグラム陰性菌数の間には直線相関があることが証明されている（Hoganら，1989）。この相関は*Klebsiella*属で特に顕著に示される。臨床型乳房炎においては，寝床の*Klebsiella*コロニー数が100 cfu/gramを超えると，上昇率が急激に高くなることが示された（Hoganら，1989）。

　寝床に有機物と湿気が多く含まれると，多量の細菌の増殖を助長することがある。通常，有機物を少なめ

に混ぜた砂敷きの寝床は細菌集団が最も少ないが，管理プロセスの過程で含水量や砂の中の有機物の量が増加すると，潜在性乳房炎の病原菌の増殖を加速させることがある。このため，酪農場は牛舎や搾乳施設に優れた衛生管理基準を持つことを目標とすべきであろう。汚れた施設は乳房炎のリスクとその他の病原菌への暴露機会も増やす。清潔で手入れの行き届いた施設は乳房炎の低減だけでなく，農場の作業者に誇りを持たせるのに一役買い，品質への真剣な取り組みを示す具体的な証拠ともなる。

家畜衛生の評価

　濃厚飼料を与えると，牛の便が軟化し，牛と施設の清潔さが損なわれる（Wardら，2002）。いくつかの研究において，牛の清潔度と乳質の測定値との関連性が明らかにされている（Barkemaら，1998；Reneauら，2003；Schreiner and Ruegg, 2003）。牛の体の隣接していない5つの部分をスコア1（最も清潔）からスコア5（最も汚れている）までの5段階で評価し，これを同じ個体から得られた体細胞リニアスコアと比較した（Reneauら，2003）。尾根，横腹，腹部の清潔度と体細胞数（SCC）との相関はみられなかったが，乳房と後肢下部が比較的清潔な牛のSCCは，乳房と後肢の汚れがひどい牛のSCCよりも低いことから，汚れている牛の方が潜在性乳房炎の有病率が高いことが示唆された（Reneauら，2003）。

　臨床獣医師は写真付きの評価チャート（**口絵P.18, 図18-8**）を利用して，搾乳中や，あるいはそれ以外の作業（直腸検査など）のために牛を保定する必要がある時に，乳房衛生状態スコア（udder hygiene score, UHS）を計測することも可能である。「汚れている乳房（UHSの3または4）」に分類される牛を群の20％を超えないようにするべきである（Schreiner and Ruegg, 2003）。乳房の汚れている牛は，SCCが高くなり，乳房炎リスクが高まる可能性が高いことが分かっている（Schreiner and Ruegg, 2003）。

　ちょうどボディコンディションスコア（BCS）が栄養管理のモニタリングに用いられているのと同じように，乳房の衛生状態スコア（UHS）を品質管理のモニタリングに日常的に用いるべきである。

搾乳プロセスの管理

　搾乳前の一貫した衛生管理と，適正に機能する搾乳器を統一した方法で装着することは，どちらも高品質乳の生産を確実に後押しするための基本的なプロセスである。ほとんどの酪農獣医師は，ミルキングパーラーの設計や搾乳器の保守に関して主体的な責任を負うことに不安を感じているが，獣医師が基本的な搾乳器の機能を理解することは不可欠である。搾乳器の適格性検査には専用の機器が必要であり，NMCが定義した手順に従わなくてはならない（NMC, 2007）。

　生産獣医療の臨床獣医師の中には，空気流量計やデジタル式真空圧記録計，特殊な乳汁流量計などの設備に投資したいと考える者や，その一方で，搾乳設備のサービス専門家が作成した報告書を判読しやすくしたいと考える者もいるだろう。適切に設計された機械式の搾乳システムは，乳頭端への安定的な部分真空と効率的な圧迫により，うっ血させることなくすばやく乳汁を排出させることができる。空気流量，脈動特性，真空圧レベルの調査が可能な測定機器は数多く存在する。搾乳器の機能の調査に着手する際には，KPIにはクロー真空揺動の平均値と最大値を含める。臨床獣医師は，すべての脈動装置が適正に機能し，脈動サイクルのマッサージ段階に十分な時間が当てられるように確実に調整しておくべきである。搾乳設備の検査は，搾乳システムに変更を加えたり，何らかの農場の状況により搾乳性能や乳房炎防除の向上が必要なことが示唆されたりした場合には，通常の保守プログラムの一環として搾乳時に実施すべきである。

　搾乳管理の目的は，ティートカップが明らかに衛生的に装着されていること，乳頭が十分に刺激されていること，迅速かつ効率的に搾乳されていること，搾乳が完了すると搾乳ユニットが取り外されることを保証することである。装置の装着前に，各作業員が担当する頭数を決めるのは，適切な搾乳施設のルーチン作業を設計する上で，重要な決定事項である。搾乳施設のルーチン作業の多くは，それらが適正な搾乳手法の原則に適合している限りは，問題なく利用されることができる。

　いくつかの一般的なルーチン作業は，泌乳までのラグタイムとプレディッピングの接触時間を確実に最適化するために，3〜4頭のグループ用に作成されている（**図18-9**）。パーラーのルーチン作業を設計する場合に，重要な原則として含めるべき事項には，搾乳前の乳頭消毒が有効になるように十分な接触時間を設ける，前搾り乳を取り除き乳頭を完全に乾燥させるための時間を取る，乳汁排出が最大化する一定時間内に搾乳器を装着する，乳流量が減少する前に乳汁を搾り出す，搾乳後の乳頭消毒を乳頭すべてに確実かつ適切に実施する，などがある。

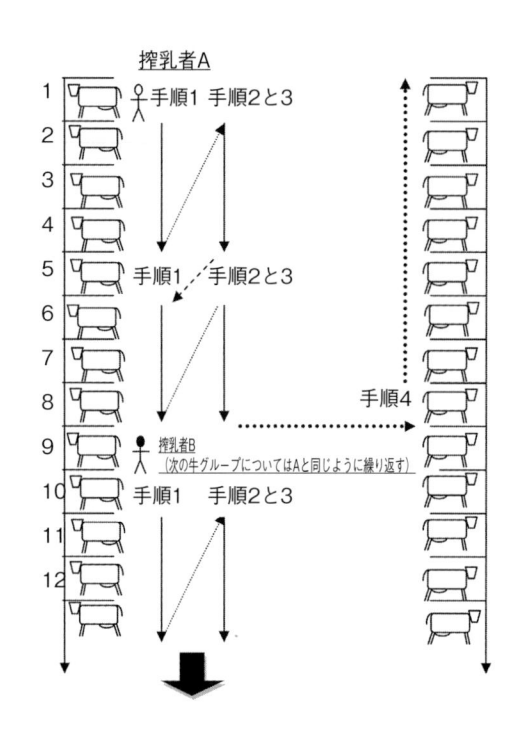

図18-9
搾乳ルーチン全体を適切なタイミングで実施できる，一般的な区画式ミルキングパーラーでのルーチン作業（これらのルーチンは，搾乳ユニットが自動的に脱離されるという仮定に基づいている）。作業員当たりのストール数はパーラーの設計，搾乳者の人数，搾乳ストールの数によって異なる。手順1には搾乳前の乳頭消毒と前搾りが含まれる。手順2には1頭に1枚の紙製または布製のタオルで乾燥させることが含まれる。手順3では搾乳ユニットを装着する。手順4にはユニットの自動脱離後に行う搾乳後のティートディッピングが含まれる。

　適正な搾乳手法を一貫して適用することは，乳房炎を抑制する上で欠かせないことである。乳質改善計画の一環として，生産獣医療に従事する臨床獣医師は搾乳プロセスを定期的に観察し，搾乳成績のKPIへの適合性を評価すべきである（**表18-7**）。搾乳プロセスの中には，特に注目に値する要素がいくつかある。

a. 搾乳前の乳頭の消毒。搾乳前の乳頭の準備方法については広範な研究がなされている（Galtonら，1984, 1986；Pankey, 1989；Ruegg and Dohoo, 1997）。乳頭消毒の最も効果的な方法は，効果の高い消毒剤を使ったプレディッピングであることに疑いの余地はない。ヨウ素を使ったプレディッピングは，その他の搾乳前の乳房準備方法との比較において，生乳中のSPCと大腸菌群数をそれぞれ5分の1と6分の1に低減することが証明されている（Galtonら，1986）。
　また，効果的なプレディッピングは食品安全性の改善にも貢献する。ニューヨークの乳牛群で使用されたミルクフィルターの調査において，プレディッピングを行った場合には *Listeria*

表18-7　搾乳システムと搾乳行動用に選定した主要業績評価指標（KPI）

発生源	指標	推奨目標値
搾乳器	平均クロー真空圧	10.5〜12.5" Hg（35〜42 kPa）
	最大クロー真空圧変動幅	3" Hg以下（10kPa以下）
	平均乳汁流量	5〜9 lb/分（2.3〜4.1 kg/分）
	搾乳のマニュアルモードの使用（自動脱離器が使用されている場合）	5%以下（全搾乳中の割合）
	脈動サイクルの「D」段階	少なくとも150〜200 ms（ミリ秒）
搾乳プロセス	搾乳前のティートディッピング液への接触時間	乾燥前に30秒[a]
	泌乳までのラグタイム（乳頭刺激から搾乳ユニット装着まで）	60〜120秒
	搾乳ユニットの装着時間	3〜8分（乳生産量に依存）
	搾乳後のティートディッピング液が75%以上浸漬されている乳頭の割合（%）	90%以上

[a] 製品特性により，より短時間で細菌の死滅作用があるものもある。公表された研究データが記載された製品ラベルの指示に従うこと。

monocytogenes の分離リスクがほぼ4分の1に低減されることが示された（Hassanら，2001）。細菌数を効果的に減少させるには，消毒薬を乳頭皮膚に十分な時間接触させ，細菌を適切に死滅させる必要がある。ティートディッピング液は適正に配合して清潔な容器に保管し，異物がまったく付着していない乳頭を十分な時間（通常は30秒以上）浸漬してから，薬液を取り除く作業に移る。

b. 前搾り乳の検査。搾乳ユニット装着前の乳の検査は，異常乳が人間の食物連鎖に入り込むことを回避させ，軽度の異常乳以外の症状が示されない初期の臨床型乳房炎を確実に識別するのに役立つ。前搾りを適切に行うには2～3回乳汁を絞り出す必要があり，この作業は泌乳促進にも効果をもたらす。プレディッピングと前搾りの両方を行った場合，これらの順序が乳質に影響を与えることを示すデータは存在しない（Rodriguesら，2005）。

搾乳者はニトリル製あるいはラテックス製の使い捨て手袋を着用し，汚染された手で乳房炎の病原菌が拡散する可能性の低減に努める。

c. 乳頭の乾燥。乳頭を効果的に乾燥させることは，衛生的に乳頭を準備するうえで，おそらく最も重要な手順であろう。乳頭を乾燥することで細菌数を減少できることが証明されており，洗浄したが乾燥させなかった乳頭が35,000～40,000 cfu/mLであったのに対し，さまざまな種類のペーパータオルを使って乾燥させた乳頭では11,000～14,000 cfu/mLを示した（Galtonら，1986）。

乳頭乾燥用に使用する布またはペーパータオルは，牛1頭に付き1枚とすべきである。乳房の乾燥に1枚のタオルを複数の牛で共用すると，臨床型乳房炎の月間発症率の増加につながる（タオル1枚を1頭に使用した場合は7.8％，複数頭に使用した場合は12.3％，Rodriguesら，2005）

d. 搾乳ユニットの装着。搾乳ルーチンの目的の1つは，十分に乳頭が刺激されて泌乳できる状態の牛に搾乳ユニットを装着することで，乳量を最大化させることにある（図18-10a）。乳頭刺激からユニット装着までの時間のことを，「泌乳までのラグタイム」と呼ぶこともある。最適なラグタイムを決定するための研究は数多く行われている（Rasmussenら，1992；Maroneyら 2004）。刺激に対する必要性は生産量，泌乳ステージ，搾乳間隔，品種によって異なる（Bruckmaier，2005）。長年にわたり，泌乳までのラグタイムは45～90秒が推奨されてきたが，ラグタイムが3分を超えない範囲ならば，マイナスの結果（乳量の減少）がもたらされるという報告はない（Rasmussenら，1992；Dzidicら，2004；Maroneyら，2004）。

十分な乳汁排出が達成されない場合には，乳量が二峰性（図18-10b）を示すことがあるため，乳頭を刺激せずに，あるいは刺激直後に搾乳ユニットを装着することは勧められない。泌乳までのラグタイムについては，90秒を超えても一概に有害性があるわけではないが，あまり早くに搾乳ユニットを装着することは避けるべきである（Dzidicら，2004；Maroneyら，2004）。

e. 搾乳後の牛の管理。当初，搾乳後の乳頭消毒は伝染性の乳房炎病原菌の伝播を低減することを目的として発展してきたが，現在では搾乳後に乳頭皮膚に残っている乳汁に存在する細菌を完全に死滅させることに重点を置いている。搾乳後のティートディッピングは酪農業界で最も多く適用されている実践方法の1つであり，搾乳完了後の感染に対する最後の衛生防御策となっている。

ティートディッピングは有用な実践方法として世界的に認められているが，ティートディッピングの効果的な実施方法にはさまざまなやり方がある。安全基準を高く維持しながら乳房炎をできるだけ低減させるためには，搾乳者に対して乳房炎管理の原則に関する教育を継続的に行う必要があることも少なくない。搾乳後のティートディッピングの有効性評価は，搾乳者が評価されていることに気付いていない時に実施するのが最もよい。有色のティートディッピング消毒液を使用している場合には，搾乳を終えて帰る牛の乳頭の着色状態を密かに記録するというのも有効な方法の1つであろう。

可能であれば，少なくとも20～30頭の牛の乳頭

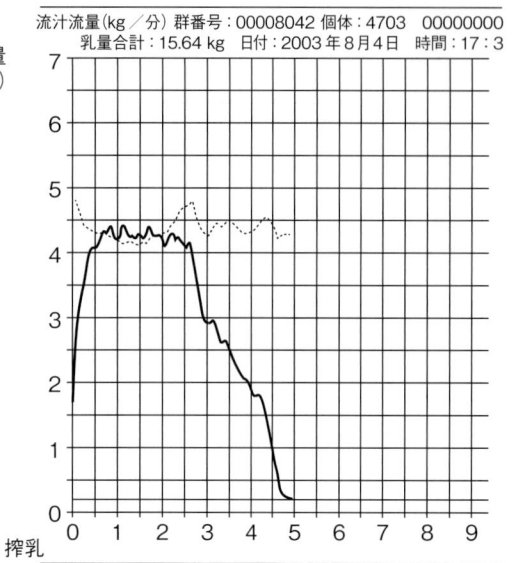

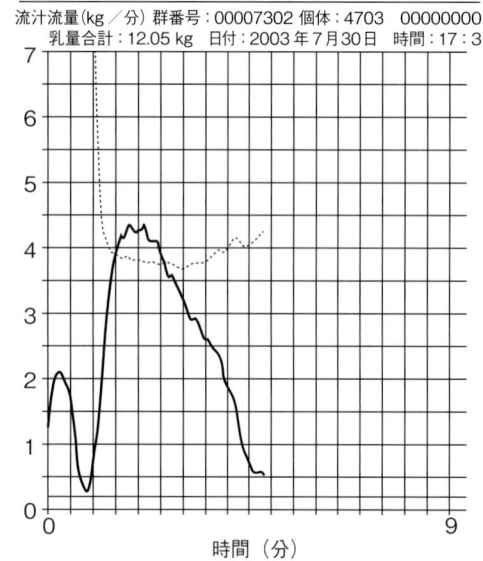

図 18-10
乳牛の乳汁流量曲線。(a) 正常な乳汁排出が促された牛の一般的な乳汁流量曲線。(b) 乳汁排出が促される前に搾乳器を装着したことが示唆される二峰性のカーブ。適切な刺激を受けた後でも,二峰性の乳汁流量を示すのが正常化している牛もいる。

を検査し,観察した乳頭のうち,ほぼ完全(全体の75%)に浸漬されているものが少なくとも95%に達することを目標とすべきである。浸漬状態が十分な乳頭と不十分な乳頭とを撮影したデジタル写真は,搾乳者に適正なティートディッピングとは何かを示すための優れた教材となるだろう(口絵 P.19,図 18-11)。

搾乳者の研修

標準的な搾乳プロセスを導入することは容易ではないことがあるが,この原因は多くの農場では複数の搾乳者が働き,その中には経験が浅くほとんど研修を受けていない者もいるからである。職員に望むことを明確に伝え,研修の場を提供するのは,生産獣医療に携わる獣医師の役割となることもある。

ウィスコンシン州の大規模農場(牛群の平均頭数が400頭)を対象にした統計によると,一般に,推奨されている搾乳実践法の利用率は高いものの,ミルキングパーラーの管理がおざなりにされていることが少なくない(Rodrigues ら,2005)。搾乳者に対する研修についてはあまり頻繁には実施されていないことが明らかになり,その内訳は頻繁に実施していると回答した農場がわずか22%,雇用時のみ実施している農場が49%,まったく実施していない農場が29%であった。搾乳ルーチンを文書化している,と回答した農場が全体の半分以下(41%)であることを考えると,どのような作業のやり方を期待されているのかを職員自身が理解することは難しいであろう。

この研究では,搾乳者への研修をより頻繁に実施している農場ほど,ミルキングパーラーの処理能力が高く,臨床型乳房炎も少ないと報告されている(Rodrigues ら,2005)。

●乳房炎病原菌への暴露を低減するための非泌乳の未経産牛と経産牛の管理

後継牛

乳房炎感染は泌乳開始前でも起こることから,乳質改善に日々努めている臨床獣医師は未経産牛への監視を怠ってはならない。未経産牛は,分娩前に乳房炎病原菌に潜在的に感染することがある(Oliver and Mitchell, 1983)。いくつかの研究では,分娩前の未経産牛の分房の50%以上から細菌が検出されたが,農場によって著しいばらつきがあったと報告されている(Oliver and Mitchell, 1983;Trinidad ら,1990;Fox ら,1995)。未経産牛から最も高い頻度で回収される分離株は *Staphylococci*(主にコアグラーゼ陰性 *Staphylococci* であるが,*S. aureus* も検出される)であるが,環境性病原菌が回収されることもある(De Vliegher, 2004)。

初産牛のSCCは非常に低いはずであるが(150,000 cells/mL 以下),初回検査でSCCがこの閾値よりも10%以上高い場合には,感染場所を特定するために危険因子を調査すべきである。感染の危険因子には子牛への乳房炎乳の授乳なども含まれるため,乳汁を殺菌しないかぎりは子牛への授乳を実施すべきではない。

いくつかの群においては，妊娠後期に乳房内抗菌薬治療を行うときわめて高い効果が示され，ブドウ球菌感染に対して90％以上の高い治癒率が示されている（Owensら，2001；Oliverら，2003）。分娩前治療が未経産牛の乳生産量に与える影響は，群によってバラツキがあるように思われる（Foxら，1995）。獣医師は，未経産牛乳房炎が明らかに問題になっている群に対してのみ，この方法を推奨すべきである。

乾乳牛の管理

乳房炎防除における乾乳期の重要性はよく知られており，泌乳周期のこの時期における乳房炎病原菌への暴露防止戦略の有効性を獣医師はモニターすべきである。乾乳期には乳腺に生理学的変化が起こり，乳房内の新規感染への感受性が高まる（Oliver and Sordillo, 1988）。既存感染（前泌乳期からの感染）と新規感染（乾乳から分娩後早期までの間に起源を持つ感染）のどちらも，後続の泌乳期の潜在性と臨床型乳房炎の発症原因となる（Greenら，2007；Pantojaら，2009a, b）。乾乳期に感染した乳腺は乳生産量が少なく，後続の泌乳期に臨床型乳房炎を発症する可能性が高まる（Oliver and Sordillo, 1988；Pantojaら，2009a, b）。

それゆえ，獣医師はこの重要な期間に，乳房炎病原菌への暴露のモニタリングと管理を組み込む必要がある。潜在性乳房炎のモニタリングにSCCを利用することは，乾乳期と分娩後の乳房全体の健康を評価するのに有用である。SCCを利用する際には，分娩後5日間に測定されたSCCは必ずしも感染を予測するものではないこと，分娩直後に感染が疑われる多くの分房のSCCは数日以内に正常値に戻る場合が多いことを認識しておく必要がある。また，初回DHIA検査でSCCをモニターし，乾乳期と分娩後の管理方法の有効性を評価することも可能である（**表18-4**）。

特に重要なのは，乾乳期と次の分娩時の両方においてSCCの高い牛をモニターすることである（慢性的な潜在性感染）。乾乳期全体を通してSCCが継続的に上昇したままの分房は，SCCの比較的低い分房と比べると，泌乳初期に臨床型乳房炎を発症する可能性が4倍になる（Pantojaら，2009a）。

乾乳期の管理は乳房の健康プログラムの重要な要素として認識されており，これは特に高齢牛の割合の高い牛群に当てはまる。ある研究では，乾乳期の新規乳房内感染の進行の度合いは初産牛では12％であったのに対し，高齢牛では20％を示した（Dingwellら，2002）。高齢牛にみられる乳房炎への感受性の増加は，既存の潜在性感染と乳頭括約筋の開存性の低下が影響していると思われる。原因を問わず，特に成牛の構成比率が高い牛群に対しては，乾乳期の予防戦略に力を入れる必要がある。獣医師は，乾乳期における乳房炎病原菌への暴露源となる危険因子の中でも特に環境的な清浄状態を定期的に監視し，また乳房内乾乳時治療やその他の予防戦略が適正かつ確実に実施されるようにするべきである。

伝染性乳房炎の病原菌の多くは潜在性感染を引き起こすが，既存の潜在性乳房炎感染を根絶するのに十分に確立されたコスト効率の高い方法は，乾乳時治療である。近年，乾乳期における環境性病原菌への暴露の重要性が知られるようになっている（Greenら，2007）。乾乳期の管理に最善を尽くさない場合には，グラム陰性（*E. coli*や*Klebsiella*属など）およびグラム陽性（*Streptococcus*属など）のどちらの環境性病原菌への暴露も起こり得る。乾乳時治療を受けていない分房の少なくとも8～12％が，乾乳期の間に感染すると推定されている（Eberhart, 1986）。

従来のあらゆる処置法においても，乾乳時には適正に処方された抗菌剤を使用した治療が奨励されるべきである。近年，抗生剤耐性細菌の発現への懸念から，あらゆる牛の全分房に抗菌剤治療を施すことが疑問視されているが，乾乳時治療の適用が抗生剤の耐性発現に寄与するという証拠はなく，一部の抗生剤においては耐性を低減させることも知られている（Erskineら，2001；Makovec and Ruegg, 2003a）。乾乳時治療を受けていない牛は，乾乳前に感染していなかった場合でも，乳頭内感染の発症数が増えるという有力な証拠が示されている（Berry and Hillerton, 2002）。乾乳時治療の実施の有効性は，廃棄される乳房内注入管内に残された薬剤の量を定期的に確認することでモニタリングすることができる。95％以上の注入管が完全に空になっているはずである。

●他の専門家との連携による最善の管理慣行を導入

乳房炎は，新規感染の予防と既存感染の根絶によって抑制できることはよく知られているが，酪農場のシステムは複雑であり，影響力のある関係者全員の同意がなければ乳質改善計画の導入は困難なことがある。酪農生産者と連携する獣医師やその他の専門家への調査により，乳質改善の障壁となっているのは，技術的な知識やスキルよりもむしろ意欲や実現力に関連する部分であることが指摘された（Rodrigues and Ruegg, 2004, 2005）。

MILK MONEY

乳質改善目標の設定

この様式を全４回のミーティングで使用すること

第１回ミーティングの日付＿＿＿＿＿＿＿＿ 農場名＿＿＿＿＿＿＿＿＿＿＿＿＿＿

チームで議論する：

あなたの農場で乳質改善のために取り組む必要のある要素は何ですか?
(当てはまるものすべてにチェックする)

□搾乳者の研修	□治療手法と薬剤使用	□伝染性乳房炎
□搾乳ルーチン	□乾乳牛プログラム	□環境性乳房炎
□搾乳システム	□初産牛プログラム	□臨床型乳房炎
□牛／パーラーの衛生状態	□乳頭端の性状	□潜在性乳房炎
□その他（あれば記入）＿＿＿＿＿＿＿＿		□低細菌数の維持

目標（３つ以内）と完了日を記入する

目標	各目標の明細	目標達成予定日	結果の評価方法
1.			
2.			
3.			

＞ ミーティングでは毎回この様式を使用し，必要に応じて当初の目標の評価と修正を行うこと

第２回ミーティング ― チームの目標を評価する：

内容の変更または追加の必要のある乳質改善目標はありますか? □はい □いいえ
はいの場合には，その内容を説明すること：

あなたの農場の乳質改善目標に向けてどのような進展がありましたか?＿＿＿＿＿＿

第３回ミーティング ― チームの目標を評価する：

内容の変更または追加の必要のある乳質改善目標はありますか? □はい □いいえ
はいの場合には，その内容を説明すること：

あなたの農場の乳質改善目標に向けてどのような進展がありましたか?

第４回ミーティング ― 乳質改善の目標を評価する：

第１回ミーティングからの目標は達成できましたか? 当てはまる□にチェックを入れること

目標	結果 完了	進展あり	進展なし	目標から除外
1.＿＿＿＿	□	□	□	□
2.＿＿＿＿	□	□	□	□
3.＿＿＿＿	□	□	□	□

＞第１回ミーティング後にこの様式の原本を提出し，次回は第４回ミーティング後に複写を提出すること

MILK MONEY 2-12 © 2007, Pamela L. Ruegg

図 18-12
農場固有の乳質改善チームの導入ガイドとして利用できる乳質改善目標の設定用様式の例

ウィスコンシン州の酪農獣医師とその他の専門家165人を対象にした調査では，農場が乳質改善を成功させられない主な理由として，その他に抱えている問題があまりに多いこと（55%）と高品質乳の生産を後押しする動機がほとんどないこと（48%）が挙げられている。回答者の中で，酪農現場でのさらなる研修の必要性を感じていると指摘したのは少数であった（24%）。多くの農場において，乳質改善計画の導入の成功率が高まるのは，獣医師とその他の主要専門家，そして農場職員が互いに合意した目標に向かって協力し合った時であろう。

乳房炎防除プログラムでは，研究ベースの実践手法を積極的に採用することに主眼を置き，乳房炎病原菌への暴露レベルを低減しようとすることが少なくない。また農場の経営チームの合意を得た農場独自の目標を組み入れた場合に，さらなる成功を収めることもある。ウィスコンシン州では，チーム主体の乳質改善プログラム（「ミルク・マネー」）が企画され，個々の酪農生産者が自らの農場にとって現実的な乳質目標の定義付けと実現をサポートすることを重視し，目標とする乳質改善計画の策定を支援していた（Rodriguesら，2005；Rodrigues and Ruegg, 2005）。

この自発的プログラムは高品質乳の生産を促進することを目的とし，自らがアドバイザーを選定してチームを編成することを基本としており，ほとんどすべてのチーム（88%）に地域の獣医師が主要メンバーとして参加していた。プログラムの実施中，酪農生産者はチームのメンバーと少なくとも４回のミーティング

MILK M$NEY

ミルク・マネー行動計画

この様式を全４回のミーティングで使用すること

農場名＿＿＿＿＿＿＿＿＿＿＿＿＿＿＿＿

＞ 乳質改善目標を達成するための行動と実行責任者を記入すること

行動計画 No.	第１回ミーティングの行動計画	実行責任者	第2回ミーティングまでに完了しましたか? はい	いいえ
1.			□	□
2.			□	□
3.			□	□
4.			□	□
5.			□	□
6.			□	□

第２回ミーティング

行動計画 No.	第２回ミーティングの行動計画	実行責任者	第3回ミーティングまでに完了しましたか? はい	いいえ
1.			□	□
2.			□	□
3.			□	□
4.			□	□
5.			□	□
6.			□	□

第３回ミーティング

行動計画 No.	第３回ミーティングの行動計画	実行責任者	第4回ミーティングまでに完了しましたか? はい	いいえ
1.			□	□
2.			□	□
3.			□	□
4.			□	□
5.			□	□
6.			□	□

第４回ミーティング（チームを継続する場合には記入すること）

行動計画 No.	第４回ミーティングの行動計画	実行責任者
1.		
2.		
3.		

＞第１回ミーティング後にこの様式の原本を提出すること　2-13

MILK M$NEY　© 2007, Pamela L. Ruegg

図 18-13
乳質改善計画の導入と進捗状況の追跡に利用できる乳質改善の行動計画用様式の例

18

（通常は連続４カ月間の月例ミーティング）を行い，独自の乳質目標に向けた乳質改善計画の策定と導入について話し合う。酪農生産者は，乳質改善チームの助言の下にプログラム資料（**図 18-12**，**図 18-13**）を活用して，目標の設定と経営改革の優先順位を決定する。月例ミーティングでは，次のミーティングまでに達成すべき１～６項目のシンプルな行動計画の策定，その実行責任者の任命，実行後の結果の評価方法の決定を行い，これらについての同意を得る（**図 18-13**）。そして，その次のミーティングのはじめにこの行動計画リストをレビューし，それぞれの任務の達成についてメンバーが責任を持つ。全４回のミーティングの終わりに，目標に対する達成度をチームで再評価し，今後のミーティングの必要性を判断する。

このシンプルな実行手順は，最善の経営慣行の導入促進の成果を収め，多くの酪農獣医師への乳房炎防除プログラムへの関与を強めた。ミルク・マネープログラムの実施前と全４回のミーティング終了後とを比較すると，乳質改善プログラムについて担当獣医師に相談すると答えた酪農生産者の割合は 20％から 84％に増加している（Rodrigues and Ruegg, 2005）。

この実行手順は，やる気のある生産獣医療獣医師ならば容易に再現できるものであり，特に管理チームがすでに編成されていればなおさらやりやすいであろう。ミルク・マネープログラムを終了した群を対象にした分析によると，チーム主体の目的のはっきりしたアプローチにより，結果的に乳質改善が早期に実現したことが指摘されている（Rodrigues and Ruegg, 2005）。

乳質改善に努める群をいくつも抱えている獣医師は

皆必ずといっていいほど失敗するものである。ほとんどの場合，失敗の原因は改革への強い覚悟が不足していることにある。自らが設定した乳質改善目標を達成できなかったあるプログラムでは，推奨された時間不足とその他の農場側の問題が主な足かせとなり，提示された変更計画を実施できなかったと報告されている（Hohmann, 2008）。

乳質改善計画の導入は，現行の農場の状況と農場の優先順位の変更に専念できるかどうかにかかっている。そして，この取り組みにおいては，農場職員をリードし，彼らのやる気を引き出させる獣医師の能力がきわめて重要なのである。

結論

獣医師が乳質改善プログラムを実施することは，生産獣医療プログラム全体において重要な部分を占めている。乳房炎予防と乳質改善は，アニマルウェルフェアの改善や農場の利益向上，さらには安全かつ持続可能な方法で生産された食品への信頼強化に貢献するきわめて大切な役割を担っている。

生産獣医療プログラムを提供する獣医師は，研究に基づく手法と乳房炎防除の進歩を重視した継続的な教育プログラムへの関与を模索するべきである。乳質改善プログラムは，病原菌の変化や搾乳施設の変更，さらには社会的要望の変化に伴う牛舎システムの進化に伴って進化し続けなくてはならない。

●乳質改善プログラムに参加する生産獣医療獣医師に関する主な出典
National Mastitis Council (NMC，米国乳房炎協議会)，ウェブサイト：www.nmconline.org
NMCから提供されている主要手引書：NMC Laboratory Handbook on Bovine Mastitis（NMC-牛乳房炎検査ハンドブック）
●搾乳時の真空圧と空気流量の評価に関する手順書
Troubleshooting Cleaning Problems in Milking Systems, University of Wisconsin（搾乳システムの洗浄に関する問題の解決法-ウィスコンシン大学），乳質に関するウェブサイト：www.uwex.edu/milkquality
● *Standard Methods for the Examination of Dairy Products*, 17th edition（乳製品の標準検査法 17版），H.M. Wehr and J.F. Frank（編集），American Public Health Association, 2004年 ワシントンD. C.
American Association Bovine Practitioners (AABP，米国牛臨床獣医師会)，ウェブサイト：www.aabp.org
● FDA, Center for Veterinary Medicine（米国食品医薬品局動物用医薬品センター），ウェブサイト：www.fda.gov/animalveterinary/default.htm
● American Veterinary Medical Association（米国獣医師会），ウェブサイト：www.AVMA.org

文献

Anonymous. (2009). Pasteurized milk ordinance, 2005 revision. U.S. Dept. of Health and Human Services. vm.cfsan.fda.gov/~ear/p-nci.html (accessed May 4, 2009).

Barkema, H.W., Schukken, Y.H., Lam, T.J., Beoboer, M.L, Benedictus, G., Brand, A. (1998). Management practices associated with low, medium and high somatic cell counts in bulk milk. *Journal of Dairy Science*, 81:1917–1927.

Barker, A.R., Schrick, F.N., Lewis, M.J., Dowlen, H.H., Oliver, S.P. (1998). Influence of clinical mastitis during early lactation on reproductive performance of Jersey cows. *Journal of Dairy Science*, 81:1285–1290.

Berry, E.A., Hillerton, J.E. (2002). The effect of an intramammary teat seal on new intramammary infections. *Journal of Dairy Science*, 85:2512–2520.

Bramley, A.J., McKinnon, C.H. (1990). *The Microbiology of Raw Milk in Dairy Microbiology*, Vol. 1, ed. R.K. Robinson, 163–208. London: Elsevier Science Publishers.

Bruckmaier, R.M. (2005). Normal and disturbed milk ejection in dairy cows. *Domestic Animal Endocrinology*, 29:268–273.

De Vliegher, S. (2004). Udder health in dairy heifers—some epidemiological and microbiological aspects. PhD Thesis, Department of Repro, Obstetrics and Herd Health, Faculty of Veterinary Medicine, Ghent, University, Belgium.

Dingwell, R.T., Duffield, T.F., Leslie, K.E., Keefe, G. (2002). The efficacy of intramammary tilmicosin at drying-off, and other risk factors for the prevention of new intramammary infections during the dry period. *Journal of Dairy Science*, 85:3250–3259.

Dohoo, I.R., Leslie, K.E. (1991). Evaluation of changes in somatic cell counts as indicators of new intramammary infections. *Preventive Veterinary Medicine*, 10:225–237.

Dzidic, J., Macuhova, C.A., Bruckmaier, R.M. (2004). Effects of cleaning duration and water temperature on oxytocin release and milk removal in an automatic milking system. *Journal of Dairy Science*, 87:4163–4169.

Eberhart, R.J. (1986). Management of dry cows to reduce mastitis. *Journal of Dairy Science*, 69:1721–1732.

Erskine, R.J., Eberhart, R.J., Hutchinson, L.J., Spencer, S.B. (1988). Incidence and types of clinical mastitis in dairy herds with high and low somatic cell counts. *Journal of the American Veterinary Medical Association*, 192:766–768.

Erskine, R.J., Walder, R., Bolin, C., Bartlett, P.C., White, D.J. (2001). Trends in antibacterial susceptibility of mastitis pathogens during a seven-year period. *Journal of Dairy Science*, 85:1111–1118.

Erskine, R.J., Bartlett, P.C., VanLente, J.L., Phipps, C.R. (2002). Efficacy of systemic ceftiofur as a therapy for severe clinical mastitis in dairy cattle. *Journal of Dairy Science*, 85:2571–2575.

Farnsworth, R.J. (1993). Microbiologic examination of bulk tank milk. *Veterinary Clinics of North America, Food Animal Practice*, 9:469–474.

Fetrow, J. (2000). Mastitis: an economic consideration. In Proceedings: *39th Annual Conference National Mastitis Council*, pp. 3–47. Atlanta, GA, February 13–16.

Fox, L.K., Chester, S.T., Hallberg, J.W., Nickerson, S.C., Pankey, J.W., Weaver, L.D. (1995). Survey of intramammary infections in dairy heifers at breeding age and first parturition. *Journal of Dairy Science*, 78:1619–1628.

Galton, D.M., Petersson, L.G., Merrill, W.G., Bandler, D.K., Shuster, D.E. (1984). Effects of premilking udder preparation on bacterial population, sediment, and iodine residue in milk. *Journal of Dairy Science*, 67:2580–2589.

Galton, D.M., Petersson, L.G., Merrill, W.G. (1986). Effects of premilking udder preparation practices on bacterial counts in milk and on teats. *Journal of Dairy Science*, 69:260–266.

Green, M., Bradley, A., Medley, G., Browne, W. (2007). Cow, farm, and management factors during the dry period that determine the rate of clinical mastitis after calving. *Journal of Dairy Science*, 90:3764.

Hassan, L., Mohammed, H.O., McDonough, P.L. (2001). Farm-management and milking practices associated with the presence of Listeria monocytogenes in New York state dairy herds. *Preventive Veterinary Medicine*, 51:63–73.

Hayes, M.C., Ralyea, R.D., Murphy, S.C., Carey, N.R., Scarlett, J.M., Boor, K.J. (2001). Identification and characterization of elevated microbial counts in bulk tank raw milk. *Journal of Dairy Science*, 84:292–298.

Hess, J., Neuder, L., Sears, P. (2003). Rethinking clinical mastitis therapy. In Proceedings: *42nd Annual Meeting National Mastitis Council*, pp. 372–373. January 26–29, Fort Worth, TX.

Hochhalter, J., Godden, S., Bey, R., Lago, A., Jones, M. (2006). Validation of the Minnesota easy culture system: II. Results from in-lab bi-plate culture versus standard laboratory culture, and bi-plate inter-reader agreement. In Proceedings: *Annual Meeting American Association Bovine Practitioners*, p. 298. September 21–23, 2006, St. Paul, MN.

Hoe, F.G.H., Ruegg, P.L. (2005). Relationship between antimicrobial susceptibility of clinical mastitis pathogens and treatment outcomes. *Journal of the American Veterinary Medical Association*, 227:1461–1468.

Hoe, F.G.H., Ruegg, P.L. (2006). Opinions and practices of Wisconsin dairy producers about biosecurity and animal well-being. *Journal of Dairy Science*, 89:2297–2308.

Hogan, J.S., Smith, K.L., Hoblet, K.H., Todhunter, D.A., Schoenberger, P.S., Hueston, W.D., Pritchard, D.E., Bowman, G.L., Heider, L.E., Brockett, B.L., Conrad, H.R. (1989). Bacterial counts in bedding materials used on nine commercial dairies. *Journal of Dairy Science*, 72:250–258.

Hohmann, K. (2008). Long term performance of Wisconsin Dairy herds after completion of a milk quality team. M.S. Thesis. University of Wisconsin, Deptartment of Dairy Science.

Hortet, P., Seegers, H. (1998). Calculated milk production losses associated with elevated somatic cell counts in dairy cows: review and critical discussion. *Veterinary Research*, 29:497–510.

Hutton, C.T., Fox, L.K., Hancock, D.D. (1990). Mastitis control practices: differences between herds with high and low milk somatic cell counts. *Journal of Dairy Science*, 73:1135–1143.

Jayarao, B.M., Pillai, S.R., Sawant, A.A., Wolfgang, D.R., Hegde, N.V. (2004). Guidelines for monitoring bulk tank milk somatic cell and bacterial counts. *Journal of Dairy Science*, 87:3561–3573.

Kelton, D.F., Lissemore, K.D., Martin, R.E. (1998). Recommendations for recording and calculating the incidence of selected clinical diseases of dairy cattle. *Journal of Dairy Science*, 81:2502–2509.

Lago, A., Leslie, K., Dingwell, R., Ruegg, P., Timms, L., Godden, S. (2005). Preliminary validation of an on-farm culture system. In Proceedings: *45th Annual Conference National Mastitis Council*, pp. 290–291. January 22–25, Tampa, FL.

Lago, A., Godden, S.M., Bey, R., Ruegg, P., Leslie, K., Dingwell, R. (2008). Effect of using an on-farm culture based treatment system on antibiotic use and bacteriological cure for clinical mastitis. In Proceedings: *47th Annual Meeting of the National Mastitis Council*, pp. 164–165. January 20–23, New Orleans, LA.

Leitner, G., Shoshani, E., Krifucks, O., Chaffer, M., Saran, A. (2000). Milk leucocyte population patterns in bovine udder infection of different aetiology. *Journal of Veterinary Medicine, Series B*, 47:581–589.

Makovec, J.A., Ruegg, P.L. (2003a). Antimicrobial resistance of bacteria isolated from dairy cow milk samples submitted for bacterial culture: 8905 samples (1994–2001). *Journal of the American Veterinary Medical Association*, 222:1582–1589.

Makovec, J.A., Ruegg, P.L. (2003b). Characteristics of milk samples submitted for microbiological examination in Wisconsin from 1994 to 2001. *Journal of Dairy Science*, 86:3466–3472.

Maroney, M., Ruegg, P.L., Tayar, F., Reinemann, D.J. (2004). Use of Lactocorder™ to evaluate milking routines. In Proceedings: *43rd Annual Meeting of the National Mastitis Council*, pp. 341–342. February 1–4, Charlotte, NC.

McEwen, S.A., Meek, A.H., Black, W.D. (1991). A dairy farm survey of antibiotic treatment practices, residue control methods and associations with inhibitors in milk. *Journal of Food Protection*, 54:454–459.

Mitchell, J.M., Griffiths, M.W., McEwen, S.A., McNab, W.B., Yee, A. (1998). Antimicrobial drug residues in milk and meat: causes, concerns, prevalence, regulations, tests, and test performance. *Journal of Food Protection*, 61:742–756.

Murphy, S.C., Boor, K.J. (2000). Trouble-shooting sources and causes of high bacteria counts in raw milk. *Dairy Food Environment Sanitation*, 20:606–611.

Nash, D.L., Rogers, G.W., Cooper, J.B., Hargrove, G., Keown, J.F. (2002). Relationship among severity and duration of clinical mastitis and sire transmitting abilities for somatic cell score, udder type traits, productive life, and protein yield. *Journal of Dairy Science*, 85:1273–1284.

Neeser, N.L., Hueston, W.D., Godden, S.M., Bey, R.F. (2006). Evaluation of the use of an on-farm system for bacteriologic culture of milk from cows with low-grade mastitis. *Journal of the American Veterinary Medical Association*, 228:254–260.

NMC. (2007). Procedures for evaluating vacuum levels and air flow in milking systems. Available for purchase online: www.nmconline.org (accessed November 19, 2009).

NMC. (2009). NMC recommended mastitis control program. Available online: www.nmconline.org/docs/NMCchecklistInt.pdf (accessed 25 August, 2009).

Norman, H.D., Miller, R.H., Ross, F.A. Jr. (2009). Somatic cell counts of milk from dairy herd improvement herds during 2008. USDA, AIPL Report. Available online: aipl.arsusda.gov/publish/dhi/current/sccrpt.htm (accessed May 4, 2009).

Olde Riekerink, R.G.M., Barkema, H.W., Kelton, D.F., Scholl, D.T. (2008). Incidence rate of clinical mastitis on Canadian dairy farms. *Journal of Dairy Science*, 91:1366–1377.

Oliveira, L. (2009). Characterization of *Staphylococcus aureus* isolated from clinical and subclinical cases of mastitis. M.S.

Thesis. University of Wisconsin, Madison. Department of Dairy Science.

Oliver, S.P., Mitchell, B.A. (1983). Susceptibility of bovine mammary gland to infections during the dry period. *Journal of Dairy Science*, 66:1162–1166.

Oliver, S.P., Sordillo, L.M. (1988). Udder health in the periparturient period. *Journal of Dairy Science*, 71:2584–2606.

Oliver, S.P., Lewis, M.J., Gillespie, B.E., Dowlen, H.H., Jaenicke, E.C., Roberts, R.K. (2003). Milk production, milk quality and economic benefit associated with prepartum antibiotic treatment of heifers. *Journal of Dairy Science*, 86:1187–1193.

Ott, S. (1999). Costs of herd-level production losses associated with subclinical mastitis in US Dairy Cows. In Proceedings: *38th Annual meeting of National Mastitis Council*, pp. 152–156. Arlington VA.

Owens, W.E., Nickerson, S.C., Boddie, R.L., Tomita, G.M., Ray, C.H. (2001). Prevalence of mastitis in dairy heifers and effectiveness of antibiotic therapy. *Journal of Dairy Science*, 84:814–817.

Pankey, J.W. (1989). Premilking udder hygiene. *Journal of Dairy Science*, 72:1308–1312.

Pantoja, J.C.F., Hulland, C., Ruegg, P.L. (2009a). Dynamics of somatic cell counts and intramammary infections across subsequent lactations. *Preventive Veterinary Medicine*, 90:43–54.

Pantoja, J.C.F., Hulland, C., Ruegg, P.L. (2009b). Somatic cell count status across the dry period as a risk factor for the development of clinical mastitis in subsequent lactations. *Journal of Dairy Science*, 92:139–148.

Pantoja, J.C.F., Reinemann, D.J., Ruegg, P.L. (2009c). Associations between bacterial and somatic cell counts in raw bulk milk. *Journal of Dairy Science*, 92:4978–4987.

Peeler, E.J., Green, M.J., Fitzpatrick, J.L., Morgan, K.L., Green, L.E. (2000). Risk factors associated with clinical mastitis in low somatic cell count British dairy herds. *Journal of Dairy Science*, 83:2464–2472.

Pol, M., Ruegg, P.L. (2007). Treatment practices and quantification of antimicrobial usage in conventional and organic dairy farms in Wisconsin. *Journal of Dairy Science*, 90:249–261.

Pol, M., Bearzi, C., Maito, J., Chaves, J. (2009). On-farm culture: characteristics of the test. In Proceedings: 48th Annual Meeting NMC. January 25–28, 2009, Charlotte, NC.

Rasmussen, M.D., Frimer, E.S., Galton, D.M., Petersson, L.G. (1992). The influence of premilking teat preparation and attachment delay on milk yield and milking performance. *Journal of Dairy Science*, 75:2131–2141.

Reinemann, D.J., Mein, G.A., Bray, D.R., Redland, D., Britt, J.S. (1999). Troubleshooting high bacteria counts in farm milk. University of Wisconsin Coop Ext Pub A3705, Madison, WI.

Reneau, J.K., Saylor, A.J., Heinz, B.J., Bye, R.F., Farnsworth, R.J. (2003). Relationship of cow hygiene scores and SCC. In Proceedings: *42nd Annual Conference of the National Mastitis Council*, 42:362–363.

Rhoda, D.A. (2007a). A herd plan for clinical mastitis. In Proceedings: *CVC West*, pp. 968–970. San Diego, CA.

Rhoda, D.A. (2007b). Evaluating mastitis records. In Proceedings: *CVC West*, pp. 971–973. San Diego, CA.

Rodrigues, A.C.O., Ruegg, P.L. (2004). Opinions of Wisconsin dairy professionals about milk quality. *Food Protection Trends*, 24:1–6.

Rodrigues, A.C.O., Ruegg, P.L. (2005). Actions and outcomes of Wisconsin dairy herds completing milk quality teams. *Journal of Dairy Science*, 88:2672–2680.

Rodrigues, A.C.O., Caraviello, D.Z., Ruegg, P.L. (2005). Management of Wisconsin dairy herds enrolled in milk quality teams. *Journal of Dairy Science*, 88:2660–2651.

Rodrigues, A.C.O., Roma, C.L., Amaral, T.G.R., Machado, P.F. (2009). On-farm culture and guided treatment protocol. In Proceedings: *48th Annual Meeting NMC*. January 25–28, 2009, Charlotte, NC.

Ruegg, P.L., Dohoo, I.R. (1997). A benefit to cost analysis of the effect of pre-milking teat hygiene on somatic cell count and intra-mammary infections in a commercial dairy herd. *Canadian Veterinary Journal*, 38:632–636.

Ruegg, P.L., Tabone, T.J. (2000). The relationship between antibiotic residue violations and somatic cell counts in Wisconsin dairy herds. *Journal of Dairy Science*, 83:2805–2809.

Santos, J.E., Cerri, R.L., Ballou, M.A., Higginbotham, G.E., Kirk, J.H. (2004). Effect of timing of first clinical mastitis occurrence on lactational and reproductive performance of Holstein dairy cows. *Animal Reproduction Science*, 80:31–45.

Schreiner, D.A., Ruegg, P.L. (2003). Relationship between udder and leg hygiene scores and subclinical mastitis. *Journal of Dairy Science*, 86:3460–3465.

Schrick, F.N., Hockett, M.E., Saxton, A.M., Lewis, M.J., Dowlen, H.H., Oliver, S.P. (2001). Influence of subclinical mastitis during early lactation on reproductive parameters. *Journal of Dairy Science*, 84:1407–1412.

Trinidad, P., Nickerson, S.C., Alley, T.K. (1990). Prevalence of intramammary infection and teat canal colonization in unbred and primigravid dairy heifers. *Journal of Dairy Science*, 73:107–114.

USDA. (2008). Dairy 2007, Part II: Changes in the U.S. dairy cattle industry, 1991–2007. USDA-APHIS-VS, CEAH Fort Collins, CO.

USDA. (2011). Farms, land in farms, and livestock operations, 2010 summary. February 2011. Available online: http://usda.mannlib.cornell.edu/usda/current/FarmLandIn/FarmLandIn-02-11-2011_revision.pdf (accessed April 29, 2011).

Ward, W.R., Hughes, H.W., Faull, W.B., Cripps, P.J., Sutherland, J.P., Sutherst, J.E. (2002). Observational study of temperature, moisture, pH and bacteria in straw bedding, and faecal consistency, cleanliness and mastitis in cows in four dairy herds. *Veterinary Record*, 151:199–206.

Wenz, J.R. (2004). Practical monitoring of clinical mastitis treatment programs. In Proceedings: *43rd Annual Conference of the NMC*, pp. 41–46. February 1–4, 2004, Charlotte, NC.

Wenz, J.R., Barrington, G.M., Garry, F.B., Dinsmore, R.P., Callan, R.J. (2001). Use of systemic disease signs to assess disease severity in dairy cows with acute coliform mastitis. *Journal of the American Veterinary Medical Association*, 218:567–572.

Wilson, D.J., Gonzalez, R.N. (1997). Evaluation of milk culture, SCC and CMT for screening herd additions. In Proceedings: *36th annual meeting of National Mastitis Council*, pp. 127–131. Albuquerque, NM. NMC Madison WI.

Zdanowicz, M., Shelford, J.A., Tucker, C.B., Weary, D.M., von Keyserlingk, M.A.G. (2004). Bacterial populations on teat ends of dairy cows housed in free stalls and bedded with either sand or sawdust. *Journal of Dairy Science*, 87:1694–1701.

第19章

乳牛の跛行

Jan K. Shearer and Sarel R. van Amstel

要約

牛の趾に影響を及ぼす跛行の非伝染性の原因で最も多くみられるものは，潰瘍，白帯病，そして過剰摩耗や過剰削蹄によって蹄底が薄くなったことで生じる薄層蹄底蹄尖潰瘍（TSTUs：thin sole toe ulcers）を含む蹄底の外傷性病変である。

これらの疾患のいくつかは，特に移行期の間に，第一胃アシドーシスや蹄葉炎を含めた代謝異常と，第三趾節骨の懸垂装置の無傷性に影響を及ぼすその他の生理的要因によって引き起こされる。すべてが硬い床面で生活することによって誘発されたいくつかの機械的な要因のために悪化する。その要因とは，促進された過成長と変化した体重の負荷，あるいは荒れた床面状態のために，または悪化された蹄底の外傷性病変の傾向である。

反芻類の趾に影響を及ぼす疾患の2つ目のグループは，趾皮膚への伝染性疾患である。これらは牛の跛行に最も多くみられるいくつかの重大な原因となる。しかし，特に蹄に影響を及ぼす蹄底潰瘍や白帯病とは異なり，これらの疾患は，趾間腔，蹄球，趾間の割れ目（趾間腔の上で肢の背側）の「皮膚」に影響を及ぼす。これらの疾患の進み方や現れ方には違いがあるが，少なくとも1つの共通点があり，それは炎症と跛行を起こし得る伝染性病原体によって引き起こされるというものである。

序文

●牛趾蹄の非伝染性疾患　蹄葉炎（非感染性びまん性肢皮膚炎，Pododermatitis Aseptica Diffusa）

蹄葉炎（laminitis）は，founder（蹄葉炎の意）と呼ぶ人もいるが，牛の趾に影響を及ぼす病気の重大な根本原因である。蹄葉炎の特徴は，炎症と蹄角質の皮膜内の第三趾節骨（P3）を懸垂している組織の損傷を引き起こすような真皮への血流の途絶であり，急性，慢性，潜在性の型がある。

蹄葉炎のさまざまな症状の要約について，この病気に関する組織と発病機序に起こる事象の概要とともに，以下に示す。

●急性蹄葉炎

蹄葉炎の急性型は散発的に起こる。しかし，初産牛が泌乳する最初の30日間に最も多く起こるように思われる。臨床症状には，こわばり，痛み，極度の歩行嫌悪が含まれる。馬は，両前肢を前に突き出して立ち，牛は，口絵P.19，図19-1に示したように，背をアーチ状に曲げ肢を真下にして，いわゆる「camped under」の姿勢で立つことがよくある。真皮の炎症による痛みのせいで，ほとんどの牛は大半の時間を横たわって過ごす。罹患牛を無理に立ち上がらせることで，不快症状と痛みが増すことがある。蹄冠帯の上と蹄負面の上の赤み，腫脹，圧痛に気付くことがある。その牛が触らせてくれるならば，蹄壁と蹄冠の上に熱を感じることができるだろう。

実際の治療には，痛みに対する処置が含まれる。残念ながら，牛には，アスピリンによる治療と，イネ科牧草地，土，砂地，敷き藁を敷き詰めた牛房のような表面の軟らかい場所，あるいはコンクリート，砂利，石のない場所に連れていく以外には方法がほとんどない。治療が効かない場合には淘汰すべきである。あるいは，特に重症な場合には，人道的理由から安楽死させるべきである。

●慢性蹄葉炎

慢性型の蹄葉炎の臨床症状は，時間とともに目立っ

てくる蹄壁の変化を除いては，ふつう軽度で目立たない。慢性蹄葉炎では，蹄が大きくなり，平らになり，「苦難の溝（hardship grooves）」と呼ばれることのある特徴的な水平隆起ができる。

真皮の病変は，上記の急性蹄葉炎と同様である。しかし，慢性型の場合は，もっと少しずつ起こるため，不快の症状が分かりにくい。

●潜在性蹄葉炎

　潜在性蹄葉炎は，この病気に多くみられる型である。名前からも分かるように，前述したような蹄葉炎の臨床症状がみられない。それゆえに，これは，第三趾節骨の沈下と，物理的ストレスにより弱く抵抗力が低い蹄角質の生成に続いて起こるさまざまな病変に関連する症候群と言われることがある。角質の質が悪いと，蹄の皮膜に軽度から中等度の構造的異常が起こりやすい。さらに，蹄角質の摩耗が早まり，蹄底の外傷や挫傷のリスクが増し，蹄に，特に白帯を通って細菌が侵入する危険性が高まる。

　白帯病や，蹄先，蹄底，蹄踵にできた潰瘍による跛行は，蹄葉炎に罹患した群で増えることがある。したがって，群に蹄の病気の発生が増えた時はいつでも，潜在性蹄葉炎の可能性を根本原因として捉えることが重要である。急性蹄葉炎や慢性蹄葉炎と同じように，初産牛が泌乳する最初の30日間に最も罹患しやすいように思われる。これにはいくつかの理由があるが，それらについてはこの章で後ほど詳しく述べる。

　潜在性蹄葉炎の最も特徴的な肢の病変には以下のものが含まれる。

> ①あざにみえるような蹄底からの明らかな出血か，蹄底角質がピンク色に染まっているか，条痕の形に並んでいる出血。
> ②非常に軟らかく，黄色がかった，あるいは，ろう様にみえる蹄底角質で，蹄刀で簡単に切れる。
> ③目にみえる病変が主として潰瘍と白帯病で，跛行が進む。削蹄時や跛行の治療の間に気付いた度重なる病変を定期的に再検討することが，潜在性蹄葉炎の問題があるという可能性を早く認識するための基礎となる。
> 　　　　　　　　　　（Van Amstel and Shearer, 2006）

●解剖学的・組織学的な観点

　真皮は，以下の4つの異なる領域からなる。

> ①蹄底真皮-蹄底の角質をつくり出す。
> ②角質縁真皮-皮膚の角質接合部のすぐ遠位の角質（人間の爪の甘皮に似ている）と，蹄踵の角質をつくり出す。
> ③薄層状の真皮-白帯の角質をつくり出し，また，第三趾節骨（P3）の懸垂帯器官を作るコラーゲン線維束を含む。
> ④冠状真皮-角質縁真皮より遠位にあり，薄層状の真皮部の近位にあり，蹄壁の角質をつくり出す。

　真皮に隣接した部分（角質嚢の外側か表面に向かって動いている）は，基底膜で，蹄角質を成す一連の上皮細胞層である。これらは，胚芽細胞か基底細胞の上皮，有棘層，透明層，そして，最外層となる角質層（stratum corneum）または角層（horn layer）である。胚上皮は2種類の細胞を含む。1つが，ケラチン生成細胞（内部にケラチンをつくり出し蓄積する能力を持つ最も豊富な細胞）で，もう1つが胚層とともに残る基底細胞である。ケラチンは，ケラチン生成細胞に強さを与える線維性の硬タンパク質で，物理的力と機械力に対する抵抗力を与える（Budrasら，1996）。

　これらの細胞それぞれの間は，ケラチン生成細胞を接着する細胞間接着物質であるリポタンパク質で，蹄壁のレンガの間のモルタルのようなものである。胚上皮と有棘層の下層の中の細胞は，基底膜全域の拡散によって真皮から受け取る栄養素の定流の効力による「生細胞」である。ケラチン生成細胞の自然な発達と活動は真皮の外で起こり，栄養源から離れているので，これらの細胞は有棘層の上層と透明層に近付くにしたがって継続的にゆっくり死んでいく。最外層は角質層であり，その層ではケラチン生成細胞が栄養素の届く範囲を超えていき，死んで角化するか角質のようになる。

　蹄葉炎のような，真皮への血流の阻害を招く病気は，真皮だけでなく，後に蹄角質になる上皮層の中のケラチン生成細胞にも影響を及ぼす。**口絵 P.19，図 19-2**に示したように，蹄の蹄壁が広がること（蹄がヒレ状になった牛）や，蹄の背側壁が凹面になることは，角質の質の悪さ（角質化の割合が低いこと）のサインであり，蹄葉炎，特に慢性蹄葉炎の特徴である。

●蹄葉炎の発病機序

　蹄葉炎の発病機序は，真皮内の血液の微小循環の阻害に関係しており，それにより，蹄壁と骨（または蹄

の中のP3として知られている）の間の真皮-上皮接合部の断絶が起こる。第一胃アシドーシスが蹄葉炎の主な誘発因子であると考えられている。おそらく，第一胃アシドーシスの進行と同時に血流に放出される，さまざまな血管刺激物質（エンドトキシン，乳酸塩，場合によってはヒスタミン）を通じてその破壊作用が調節されているのだろう。これらの血管刺激物質が，細動脈の同時拡張と小静脈の収縮によって生じる血流低下を含んだ，次々に起こる出来事を真皮の血管系において開始させている。それにより，内皮細胞が傷付き，真皮の血管外組織に血液が溢出する。

これは，血栓症，虚血，低酸素症，そしていつかは動静脈短絡につながる，微小血管系内での血液の停滞によりさらに悪化する。結末は，浮腫，出血，真皮組織の壊死を伴う炎症である。P3の懸垂帯器官のコラーゲン線維束の質を下げるマトリックス・メタロプロテイナーゼ（MMPs）の活性化などの後に，機能障害が起こる（Lischerら，2002）。これらの変化は，表皮増殖と，基底膜と毛細血管壁に関わる構造変化の一因となる壊死因子の活性化によって悪化する（Ekfalckら，1998；Ossent and Lischer, 1998）。

これらの血管作用はまた，上皮の胚芽細胞層の中のケラチン生成細胞の分化と増殖を妨げる。これにより，有棘層における角質細胞のケラチン生成細胞が少なくなり，蹄角質の構造的硬直性と強度が低下する（Mulling and Lischer, 2002）。うまく角質化されていない角質は，より弱く，力学的侵入，化学的侵入，そして場合によっては微生物侵入に対する耐性がより少ない（例えば，おそらく蹄踵糜爛のような状態になりやすくなる）。

● P3（第三趾節骨）の懸垂装置

蹄の層状真皮（感覚層）は，P3の第一懸垂帯組織である。牛は基本的に，P3の反軸側，背側，軸側の表面に固定され，そして蹄壁の層板とともに趾間の外側に伸びている，一連の層状の襞の効力によって「蹄でふんばっている」（Ossent and Lischer, 1994；Blowey, 1996；Ossent and Lischer, 1998；Lischer and Ossent, 2002；Lischerら，2002）。

P3の下は，P3の根本的な支持構造物をつくる組織である。この組織は，蹄底真皮と角質縁の真皮からの疎性結合組織でできており，後方は趾のクッション（DC：digital cushion）でできている。DCは，疎性結合組織でできている重要な支持構造物で，脂肪組織の量が異なる。DC内の脂肪の大きさと種類が跛行の発生に重要な意味を持つ可能性があると，最近の観察結果から示されているので，これは近年，何人かの研究者たちの注目の的となっている（Raberら，2004；Bicalhoら，2009）。

真皮・上皮接合部の破壊につながる炎症により，懸垂装置が弱化し，P3の下方変位と回転が起こりやすくなる（Ossent and Lischer, 1994, 1998）。その結果，P3と蹄底の間にある真皮と支持組織が圧迫され，蹄底潰瘍が進行しやすくなる。時には，P3の先端の回転がひどく，この部分の真皮の機能障害が起こり，蹄先の潰瘍が起こりやすくなる。

一方，後ろの部分が最も深く沈んでいるようなP3の沈下であれば，蹄踵-蹄底接合部の圧迫によって，蹄底か蹄踵の潰瘍の進行を招くだろう。蹄底の潰瘍は乳牛に最もよくみられる蹄の病変の1つであり，跛行の中で最も費用のかかる疾患の1つである。そのことについては，以下の節で述べる。

代替機構によるP3の変位

第一胃アシドーシスが蹄葉炎を引き起こす主な原因であるとほとんどの人が考えていたが，跛行研究者は，近年，それが今まで考えられていたよりももっと複雑なのではないかと示唆している。実際，牛の蹄，特に未経産牛の蹄は，今まで考えられていたよりも，圧迫荷重力に対する耐久性が，特に周産期に乏しい（Mulling and Lischer, 2002）。

牛を固い床の上で舎飼いすることが，乳牛に跛行が生じる唯一最大の誘発因子の1つである可能性がある。

● 「Hoofase」によるMMPs（マトリックス・メタロプロテイナーゼ, matrix metalloproteinazes）の活性化

英国の研究者たちが，周産期の初産牛と，同じ年齢の未交配未経産牛のP3懸垂装置の支持能力について研究した（Tarleton and Webster, 2002；Tarltonら，2002）。その結果，初産未経産牛の蹄の構造的完全性に，緩みが増し，硬さが低下し，荷重負担能力が低下し，そして明らかな質の低下がみられた（Webster, 2001, 2002）。さらに，これらの変化は，分娩の2週間前から12週間後までの期間進行しているようであった。これらの蹄の特徴は，同じ年齢の未交配未経産牛にはみられなかった。研究者たちは，これらの変化によりP3の沈下が起こり，罹患した牛が真皮の圧迫を受けやすくなり蹄底潰瘍に罹りやすくなるのではない

かと示唆している。

これらの観察結果に対する生化学的な説明が研究され，その過程でユニークな～52kDのゼラチン分解酵素が発見され，「hoofase」と名付けられた（Tarleton and Webster, 2002；Tarltonら，2002）。この酵素は，分娩した初産牛から抽出したすべてのサンプルにみつかった。しかし，未交配未経産牛からのサンプルには1つもみつからなかった。

研究者たちは，結合組織のサンプルから取り出したマトリックス・メタロプロテイナーゼ（MMP）の種類とレベルと，hoofaseとの間に関係があるかどうかをみつけ出すために，各グループからサンプルを取った。興味深いことに，彼らは，分娩の約2週間前の妊娠未経産牛のhoofaseのレベルが最も高いことを発見した。さらに，彼らは，活性型メタロプロテイナーゼ-2（MM-2）に非常に有意な増加が起こることを発見した。これは，正常な動物において，コラーゲン再構築の調節に関与する非常に重要なメタロプロテイナーゼである。

一方，第一胃アシドーシスに関連した炎症に最も一貫して関わっている酵素，メタロプロテイナーゼ-9（MM-9）のレベルは，初産牛にも未交配未経産牛にも有意な量は発見できなかった。これによって，古典的な形の，第一胃アシドーシスによって引き起こされる蹄葉炎は，観察された変化の原因ではないことが示唆された。「proMM-2」（通常，結合組織の生理学的，病理学的再構築に関与しているメタロプロテイナーゼ）に最低限の増加がみられた。

これらの結果から，第一胃アシドーシスが関与している仕組みとはまったく異なる仕組みによって，hoofaseがMM-2の活性化と懸垂装置の弱化において非常に重要な役割を担っていることが示唆された（Tarleton and Webster, 2002；Tarltonら，2002）。hoofaseの活動が分娩の約2週間前をピークに起こり，分娩後初期になってもしばらく続くという，これらの研究者たちによる観察結果を考えると，hoofaseが蹄の病変の原因において非常に重要な役割を持つかもしれないという結論にたどり着く。

●周産期のホルモンの影響

英国の研究者たちは，さらに，蹄壁とP3との間の真皮・上皮部の弱化の別の仕組みも示唆している。通常，分娩前後に起こるホルモン変化の結果，懸垂装置の弱化が起こるかもしれないということが彼らの研究から示された。特に，エストロジェンやリラキシンと言った，分娩前後に骨盤の筋肉組織，腱，靭帯を弛緩させる作用を持つホルモンが，P3の懸垂装置にも同様の効果をもたらすことが考えられる。これはおそらく分娩前後の自然現象であるが，移行期（分娩の4週間前から4～8週間後まで）に牛を軟らかい床の上で飼育することが，これらの組織に永久的な病変を与える可能性を減らすか，緩和させるための重要な管理手段であるかもしれない。研究者たちのこの意見は，移行期に，敷き藁を敷いた飼育場で飼われた未経産牛は，フリーストールで飼われた未経産牛に比べて，蹄の病変が少なかったという観察結果に基づく。研究者たちは，初産牛は特に，移行期に軟らかい床で飼うことが有効であると結論付けた（Tarleton and Webster, 2002；Tarltonら，2002）。

ドイツの研究者たちは，P3の沈下と回転は，懸垂装置で支えられているP3の表面で起こる，まだ今のところ説明できない構造変化に関係しているのではないかと示唆している。給餌状態と第一胃アシドーシスと，蹄葉炎とのつながりに関する情報が圧倒的多数であるが，軟らかい床にすることや牛の快適さを考慮することは，移行期の牛にとって必要なこととして見過ごすことができないということは明らかである（Mulling and Lischer, 2002）。

蹄先，蹄底，蹄踵潰瘍（限局性趾皮膚炎，ルステルホルツ潰瘍／蹄底潰瘍，蹄先潰瘍，蹄踵潰瘍）

P3の変位の結果，蹄底圧迫と，P3と蹄底との間の蹄冠表皮縁の真皮の圧迫が生じる（Raven, 1989）。蹄先，蹄底，蹄踵の真皮の挫傷や損傷は，真皮の病変や機能障害の原因となる（**口絵P.20，図19-3**）。先端が極端に回転しているP3変位の場合，蹄先潰瘍が進行することがある。

一方，後部が最も深く沈んでいるようなP3の沈下の場合は，蹄底や蹄踵の蹄冠表皮縁の真皮圧迫が，蹄踵-蹄底接合部の蹄底潰瘍の発達（「ルステルホルツ潰瘍」）につながるだろう（Toussaint Ravenによって，通常，蹄底潰瘍の発達と関係している「典型的な場所」として特徴付けられた，**図19-4**の蹄ゾーン図のゾーン4）。

潰瘍とは，真皮をむき出しにするような表皮全層の異常か破損として定義される。蹄底潰瘍の進行を示す最も初期の症状は，蹄底，特に蹄踵-蹄底接合部に生じる出血である。

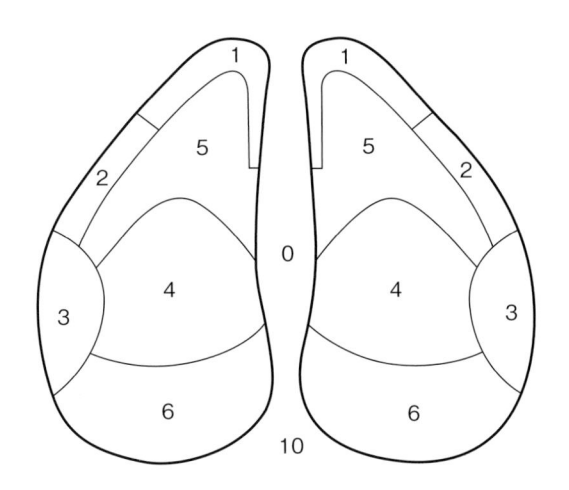

図 19-4
蹄ゾーンの略図。(1) 蹄先部の白帯, (2) 反軸側の白帯, (3) 反軸側の蹄踵-蹄壁接合部, (4) 蹄底-蹄踵接合部, (5) 蹄底の先端, (6) 蹄踵。

この部分を押した時に牛が痛がる場合は，潰瘍が臨床病期であるという十分な証拠である。さらなる時間の経過や，負重に関連した外傷によって，この病変は全層に及ぶ角質異常や潰瘍に進行する可能性が高い。発症前段階や発症初期段階においては，出血の程度にかかわらず，蹄テスターによる圧力によって牛が不快を感じることはほとんどない。このような場合の治療は，牛が休息し回復するために負重を減らす時間が持てるように，罹患している蹄の蹄踵を低くすることである。一方，蹄テスターでこの部分をやさしく押すだけで痛みが生じるならば，牛に負重がまったくかからないようにするために，罹患している蹄の蹄踵を低くするだけではなく，健康な蹄にフットブロックを付けることも考えるべきである（Raven, 1989；Shearer and Amstel, 2002）。早期に発見できれば，通常，これらの症状は非常に急速に（3～4週間以内に）回復するだろう。

成熟した潰瘍は通常は跛行を伴い，潰瘍部位を蹄テスターでやさしく押しただけで陽性疼痛反応を引き起こす（**口絵 P.20，図 19-5a, b**）。角質の上層を取り除くことで，非常に敏感な真皮の露出部をあらわにすることができる。真皮のごくわずかな損傷ならば，潰瘍の基部周辺の角質を薄くすることと，健康な蹄の負重がかかる表面に対して，この部分を低くすることによってこれらを治療できる。また，有機物が詰まるであろう，蹄にできたへこみや穴を放っておかないようにすることも賢明である。その代わりに，趾間部に向かって軸方向に蹄に傾斜を付ける。

潰瘍の回復時間は最低20～30日間であり，ヨーロッパの研究者たちが行った研究に基づくと，重症の場合は，50～60日間かかる（Van Amstel ら，2003a）。フットブロックを用いて，少なくとも1カ月間は罹患した蹄に負重がかからないようにし，2つの蹄の間の耐荷重性を調整するための矯正削蹄を20～30日間行うことを目的とするべきである（Shearer and Amstel, 2001）。真皮に著しい損傷があったら，回復が遅れるということを念頭に置くことが重要である。最初に付けたブロックが擦り切れて使えなくなったら，すぐに新しいブロックに付け替える必要がある牛もいる。

長期にわたる炎症によって肉芽組織形成が生じた慢性潰瘍には，まず前述の矯正削蹄処置を施す。次に，鋭利な蹄刀で肉芽組織を慎重に取り除く。隣接した真皮の正常組織を傷付けないように注意する。肉芽組織からは常時出血し，露出した肉芽組織のある潰瘍の再発率は高い（Van Amstel ら，2003a）。

潰瘍の発症機序を十分に理解するためには，それらの多因子性の病因を認識しなければならない。P3の沈下と回転の原因となる代謝因子には，第一胃アシドーシスと蹄葉炎，そして酵素活性と移行期の間に最もよくみられるホルモン変化の影響が含まれる。最も重要な素因は，蹄内および蹄間の不安定な耐荷重性に関係した素因である。Toussaint Ravenの研究によって，体重は均等にはかからず，蹄の外側にかかるということが明らかになった。このような負重の増加によって，角質の成長と蹄の外側の過負荷が早まり，その結果，真皮にかかる重量負荷と圧力が増す。

また，負重表面内の荷重の生物力学は，蹄先の長さにも影響を受ける。蹄先が長ければ，蹄先の部分の蹄底は常により厚い。これによって，体重が，蹄踵-蹄底接合部に向かって尾側にかかるようになり，それゆえに，蹄底や蹄踵の潰瘍が発達する原因になると考えられている。メンテナンスや予防的な削蹄処置の目的は，蹄への過負荷につながるような異常な過成長をさせないようにすることで，蹄内および蹄間の適切な負重を取り戻すことである（Raven, 1989；Shearer and Amstel, 2001）。

最後に，DC（digital cushion, 蹄枕）内の脂肪の大きさや種類も，蹄底潰瘍の発症機序を理解するための関心の源となってきている（Lischer and Ossent, 2002；Lischer ら，2002）。DCは，真皮の疎性結合組織の真上，P3の真下に位置する。それは，3つのほぼ平行な円筒（軸側の，中央の，反軸側の）からなり，主に，蹄踵の緩衝装置として役立つ脂肪でできている。

スイスの研究者たちによる研究から，成熟した雌牛

に比較して，若い雌牛のDCは大きさがより小さく，飽和脂肪をより多く含み，それにより緩衝材としての価値が劣るということが分かった（Lischer and Ossent, 2002；Lischerら，2002；Raberら，2004）。

　若い雌牛はDCのこのような特徴が原因で，若い牛の蹄の病気，特に蹄底や蹄踵の潰瘍に対する脆弱性が増すのかもしれない。さらに，蹄葉炎に罹っている牛の肢を観察したところ，P3の沈下が，DCの病変と，脂肪の，より固い結合組織（軟骨性あるいは軟骨のようなものの場合も）への交換につながることが示された。P3の沈下によって，より硬く柔軟性の低いDCと真皮の圧縮とが組み合わさることで，蹄踵の真皮にさらに大きな病変が起こり，その結果，蹄底と蹄踵の潰瘍のリスクがより高まる。

ボディコンディションが蹄病に及ぼす影響

　多くの人々は，跛行の牛は体重が減ると思うだろう。跛行は痛みを引き起こすので，牛は歩くことや立つことへの興味を失い，したがって，牛が進んで飼槽に行く回数が減るので，この考え方は理にかなっている。しかし，最近の研究から，跛行の牛が痩せるというよりはむしろ，痩せた牛が跛行になるという可能性が示唆された。

　研究者たちは，501頭の泌乳ホルスタイン牛を用いて，蹄の病変（潰瘍と白帯病）とDCの厚みとの関係を調査した。その結果，蹄底潰瘍と白帯病の発生が，DCの厚みが減少するとともに増加することを発見した。彼らはまた，DCの厚みは泌乳期を通じて減少し，分娩後120日で最低になる（すなわち，最下点）ことにも気付いた。牛のボディコンディションスコア（BCS）はDCの厚みと正の相関があり，BCSの増加は，それに伴って起こるDCの厚みの平均の増加と相関があった（Bicalhoら，2009）。

　この研究結果は，蹄の病気は外的要因，特に舎飼いシステムや硬い床での飼育などの外的要因と深い関係があるという考えのさらなる証拠となった。さらに，たぶん泌乳初期の脂肪の動員が，跛行の重大な危険因子であるに違いないと考えたくなる。衝撃を吸収するというDCの性質が傷付けられた場合，真皮が機械的病変を受けやすくなるということが，現在，いくつかの研究結果によって示されはじめている。牛は体の複数の場所から脂肪を集めているということを考えれば，牛はDCからも脂肪を集めているのではないかと考えるのが妥当である。研究者たちは，BCSが減少するとともにDCの厚みが減少し，DCの組成も変化するという証拠を指摘した（Bicalhoら，2009）。

　上記の研究は，牛の泌乳量が最大の時の近く（すなわち，泌乳60～100日目）に蹄底潰瘍が最も多く発生したことを明らかにした（DCの収縮が一番下に近付いている地点）。これは他の研究からの観察結果とは異なり，より薄く機能的でないDCとの関わりを支持する。しかし，第一胃アシドーシス-蹄葉炎複合，foofaceやメタロプロテイナーゼ活性の活性化の影響，あるいは周産期のホルモン変化の影響もすべて，同じような期間に起こるこれらの疾患の原因であると理論化できる。したがって，これらの観察結果によって，この章で前述したような他の原因要素の重要性が除外されたり減ったりするわけではない。むしろ，これらは，跛行の発病機序の複雑さと，その原因が多因子性であることを強調するだろう。

白帯病

　白帯病は，薄層真皮によってつくられる。これは外側帯，中間帯，内側帯からなる三部構造である（Mulling, 2002）。外側帯と中間帯は薄層角質からなり，（蹄底に隣接した）内側帯は，薄層角質と大まかに配置された小管の異種結合である。このような構造上の特性によって，それが，蹄被膜で最も柔らかく抵抗の最も少ない部分になり，機械的せん断力と，細菌や，ザラザラした土や砂利のような異物の侵入による病変を受けやすくなる。

　最も感染しやすい白帯の部分は，蹄側面の，反軸側の蹄踵-蹄底-蹄壁接合部である（蹄ゾーン略図：Claw Zone Diagramのゾーン3で，**口絵P.20，図19-6**に示されている）。この部分は，歩くたびに蹄踵が地面にぶつかる衝撃に耐えるため，この部分の白帯は自然と，移動の間により大きな機械的衝撃と摩耗を受けやすい。先に述べたように，外側の蹄の伸びすぎや過負荷によって耐荷重性が増幅する傾向があり，白帯病の問題が増える可能性がある（Mulling, 2002）。

　通常，白帯内にできる病変は，石，土，その他の種類の有機物質が入り込んだ小さな割れ目や空間からはじまる。白帯内を斜め方向へ走る1つかそれ以上の黒ずんだ線がみえることによって，この空間内に物質が閉じ込められたことが分かる。感染により分離が進み悪化した他の事例では，白帯内の広い面積に及ぶ緩んだ壊死性角質として病変が現れるかもしれない。白帯病に関連した膿瘍形成によって重度の跛行が起こる。

このような膿瘍と，関連した化膿性物質が，蹄底と蹄踵の蹄底下部に蓄積することがある。あるいは多くの場合，それらは蹄踵に向かって後方に，あるいは蹄壁の真下に上方に移動するだろう。最悪の場合，それらは皮膚角質接合部で洞管を形成しながら破裂する。時々，白帯病の膿瘍は，遠位趾節間関節，深屈筋腱，深部腱鞘，舟嚢，舟骨を含んだ肢のより深い構造に侵入する。白帯病は蹄葉炎によって罹りやすくなると考えられているということに注目することも重要である。先に述べたように，蹄葉炎とともに，真皮への血流が中断することにより，異常角化性角質の産生が起こるようである。これによって，白帯病に罹りやすいこの構造の自然抵抗力が減じる。

これらの病変の治療は，病変の上の角質を大まかに45度の角度で反軸側の方向に削り取る必要がある（Raven, 1989；Shearer and Amstel, 2001）。壊死した角質，緩んだ角質，弱体化した角質すべてを取り除き，排液（膿瘍形成の場合）が完了するまで，膿瘍につながる管を削る必要がある。それに伴って起こる正常で健康な組織への病変を最小限に抑えるように常に心掛ける。常に刀を牛から離しておき，膿瘍のできた部分に隣接した蹄壁を反軸側の方向に傾斜させる。膿瘍に隣接した蹄壁を取り除くことで，この部分の負重を減らし，排液を行うために削ってできた蹄底の欠陥に異物が入り込むことが防ぐことができるので，これは重要な手順である。この作業は痛みを伴うかもしれないので，場合によっては局所麻酔が必要である。

多くの牛にただちに改善がみられるが，膿瘍形成がより広範囲に及んでいたり，長期間にわたっていたりする場合には改善するまでに数日から数週間かかる場合もある。腫脹や重度の跛行から明らかなくらい肢の深い組織にまで感染が及んでいる場合を除いては，全身的抗生剤療法は必要ない。抗生剤療法を行っても腫脹や重度の跛行が続くようならば，手術，淘汰，安楽死を要するような深部の趾感染症の徴候が牛にないかどうか再検査をするべきである。蹄の病変に対する局所的治療や包帯法は必要ない（P.258「蹄の病変の局所的治療」を参照）。包帯法は，矯正削蹄処置の間，真皮の広い部分をむき出しにしておく時のような，真皮を一時的に保護することが望ましい場合にとっておくべきである（Whiteら，1981）。口絵P.21，図19-7a〜dを参照してほしい。

白帯病か潰瘍に続発した膿瘍は非常に痛みを伴うということを覚えておくべきである。先の蹄底潰瘍の治療の際に述べたように，罹患した肢の健康な蹄に蹄ブロックを付けることで，多くの場合，痛みを和らげることができる。罹患した蹄を上に上げることで負重がかかるのを一時的に止めることができ，不快感を減らし，回復を早めることができる。

蹄底の外傷性病変に伴う蹄底膿瘍（蹄底下膿瘍，敗血性肢皮膚炎，外傷性敗血性肢皮膚炎）

潰瘍や白帯病を超える，跛行のより重要な原因の1つが蹄底膿瘍である。蹄底膿瘍は通常，潰瘍，白帯病，そして口絵P.21，図19-8に示したような異物による蹄底の外傷性病変に続いて起こる二次的疾患である。このため，膿瘍のできた蹄の状態を述べる際には，膿瘍のできた蹄底潰瘍，白帯病膿瘍，あるいは異物による外傷によってできた蹄底下の膿瘍と表現することが最もよいだろう。

牛が飼育されている環境には，蹄底に外傷性病変を与える可能性のある，例えば，釘，石，歯牙，針金，その他の多くのさまざまな種類の異物が存在する。蹄底を破る異物は，ふつう敗血性の病変を作り，数日後にはそれが蹄底下の膿瘍に発展し，それによって蹄底の真皮と蹄底の間に膿がたまる。この症状に対する治療は，先に白帯病の病変について述べたことと同じである。蹄底の病変の周りにできた緩んだ角質と損傷を受けた角質をすべて取り除き，健康な蹄にフットブロックを付ける。真皮と下層組織の壊死がより広範囲に及んでいる場合は，第三趾節骨（P3）の敗血性骨炎を含んだ合併症が発症するかもしれない。通常，これらは病変が適切に治癒しない時に疑われ，蹄底表面の肉芽組織層の中に持続性の排液管を形成する。

いま一度，蹄疾患をまとめて蹄底膿瘍と呼ぶということに注意することが重要である。潰瘍や白帯病で膿瘍ができるということは事実であるが，蹄の病気を一般的に表す言葉として「蹄底膿瘍」という言葉を使うのはあまり有効ではない。その理由は，根底にある原因がそれぞれ異なるからである。一般的に言えば，ほとんどの人はまず栄養や給餌プログラムを調べがちである。飼槽の管理や飼料配合の不備を調べるために給餌プログラムを評価することは重要であるが，多くの場合，問題は別の所にある。

跛行疾患の管理と予防について，群の所有者に意味のある助言を与えるには，跛行の原因についての正確な情報が必要である。蹄底潰瘍の問題を抱えている群の所有者は，牛の快適さ，栄養，移行期前後の牛の管理について評価する必要があるだろう。白帯病の問題

はあるが蹄底潰瘍はほとんどない群に関しては，所有者が，栄養と給餌と床の状態についてもっとよくみることが必要である。蹄底の外傷性病変が主要な問題である場合は，床の状態を徹底的に調べることで是正措置のための適切なアイデアが浮かぶ可能性が高い（Shearer and Amstel, 2007）。

牛の蹄先の病変

　牛の蹄先の病変はよくみられ，多くの場合，管理が難しい。その1つの理由は，蹄先の病変は第三趾節骨にまで及ぶ傾向があるからである。骨炎が生じると病変がたいてい，慢性化し，治療が非常に難しくなり，炎症を起こした組織すべてを完全に取り除くことができなくなる。これまでの研究から，蹄先の病変に罹りやすくなる病気が少なくとも8つあるということが示されている。それらは，蹄先の潰瘍（ゾーン5），白帯病（ゾーン1と2），ゾーン1と2の接合部に隣接したゾーン5の薄い蹄底と薄い蹄底蹄先潰瘍（thin sole toe ulcer, TSTU），外傷性蹄底病変（異物）に関連した蹄底下の膿瘍，異物によるらせん状の蹄（ゾーン1と2），蹄壁のひび（特に水平の蹄壁のひび），蹄の先端か頂点にできた外傷性の病変，過削蹄や間違った削蹄技術が関係している医原性の原因である。

　蹄葉炎に関連した蹄先潰瘍は，比較的まれである。蹄先にできる白帯病の病変はやや多くみられ，間違った削蹄技術に関係していることがある（すなわち，軸側蹄壁の削りすぎのような）。蹄葉炎も蹄先（ゾーン1と2）の白帯病変の一因である可能性があるが，これらの病変の正確な発病機序は不確かである。

　らせん状の蹄は比較的よくみられ，蹄先病変によくなりやすく，いくつかの異なる経路によって膿瘍形成が起こる原因となる。蹄先の膿瘍形成の原因となる外傷性病変は，フィードロットにいる牛や未経産牛に起こることが多い。そこでは，作業中や牛の取り扱い中や運搬中に，過剰興奮状態の牛が蹄先の外傷性病変を受けやすい。米国南東部の至る所，近年では米国の他の地域でも，酪農業において最も頻度の高い病変の1つはTSTUである。この病変は，蹄角質が早く摩耗したことに関連して，蹄底が薄くなりすぎたことの結果，あるいは時には過削によるものである。この病変は特に多くみられ，治療が難しく，高い頻度で慢性的な跛行をもたらす病変になりやすい。

　潰瘍，白帯病，蹄底の外傷性病変についてはこれまで述べてきたので，これから先は，牛にみられる，薄い蹄底とTSTU，らせん状の蹄，蹄壁のひび，蹄の先端の外傷性病変，医原性または削蹄に関連した蹄先病変に限定して述べる（Van Amstel and Shearer, 2008）。

薄い蹄底とTSTU（蹄底蹄先潰瘍）

　跛行に進行した薄い蹄底の牛は一般的に以下に示した症状のうちの1つを示す。

> ①指で押すと曲がるような薄い蹄底であるが，潰瘍はなく，したがって下層の真皮がむき出しにはなっていない。
> ②指で押すと曲がるような薄い蹄底で，表皮に裂け目があり，下層の真皮がむき出しになっている（言い換えると，TSTU）
> ③潰瘍の段階をすぎて蹄先の蹄底下の膿瘍形成にまで進んだ，薄い蹄底（蹄先膿瘍）。
> ④蹄底下の膿瘍と第三趾節骨炎にまで進行した，薄い蹄底。
>
> （Van Amstel and Shearer, 2008）

　通常，後肢の蹄の外側が最もひどく罹患する。しかし，蹄底が薄い群では，四肢すべての蹄底が薄いことが認められる。蹄踵が浅く，蹄底を指で押すと自由に動くことにも気付くだろう。

　米国南東部で行われた研究によって，最もよくみられる病変はTSTUで，これは，蹄底が薄くなり，ゾーン1と2の接合部に隣接したゾーン5において，蹄底が白帯から分離することに続いて発症することが分かった（Van Amstelら, 2003b；Van Amstelら, 2004b；Shearerら, 2006；Van Amstel and Shearer, 2008；Sandersら, 2009）。

　病変の種類（すなわち，真皮をむき出しにする上皮の全層異常）と，その解剖学的位置に基づいて，著者らは，そのような病変，すなわち，蹄底が薄くなりすぎたことによってできた潰瘍を，TSTUと呼ぶよう提案した。「蹄先潰瘍」という言葉は，伝統的に蹄葉炎との関連で使われてきており，その場合，第三趾節骨の先端の下方変位が，蹄先部分の真皮の圧迫壊死を引き起こし，その結果，蹄先潰瘍になる。蹄先潰瘍という言葉はよくこのような病変に用いられ，たいてい，一次診断として示される。しかし，ここで述べてきたように，蹄先の病変には多くの原因がある。したがって，適切な抑制措置を実施するためには，**口絵 P.22, 図19-**

9a～cに示したような一次病因を究明しなければならない。

薄い蹄底に内在する原因

　蹄の被膜の役割は，真皮の下層の軟組織を保護することである。舎飼いや半舎飼いでの硬い床によって課せられる機械的圧力に耐えるには，1/4インチ（0.63cm）の厚さの蹄底が必要である。過成長の状態が起こると，蹄先が長くなり（すなわち，角質縁の下方のほぼ中間から蹄先の先端までの長さにおいて，背面突起部が3インチ［7.6cm］以上），蹄先の蹄底が厚くなる（1/4インチ［0.63cm］以上）。負重は蹄踵と蹄踵-蹄底接合部に向かって不均衡にかかる。それに対して，過度の摩耗が起きると，蹄先が短くなり（すなわち，背面が3インチ［7.6cm］以下），蹄先の蹄底が薄くなる（1/4インチ［0.63cm］以下，Raven, 1989；Shearer and Amstel, 2001）。

　蹄底角質の成長速度は，年齢，食餌，毎日の光周期の長さに影響を受ける。摩耗速度は，床表面の摩耗性，牛の快適さ，角質の質，蹄角質の水分含量に影響を受ける（Van Amstelら, 2002；Van Amstelら, 2004a）。したがって，蹄被膜の形は成長と摩耗によってつくられる。蹄底角質の摩耗速度が成長速度を超えるような飼育システムでは，蹄底が薄くなりすぎやすい。以前行われた研究によって，蹄角質の硬さは，栄養，糞尿スラリー（懸濁液）との接触，蹄角質の水分含量に影響されるということが明らかになった。

　夏の間の酪農環境では，特に高温多湿の夏の間は，蹄角質は絶えず高水分状態にさらされている。暑熱ストレスを軽減するための方法として，牛がスプリンクラーや扇風機，噴霧器，あるいは高圧噴霧システムを利用できるようにする必要がある。蹄角質の水分含量は，新鮮水やリサイクル水で牛舎，待機場所，移動通路の床を清掃するために洗い流す糞尿管理システムによっても影響を受ける。

　また摩耗速度は，牛が牛舎と搾乳場を行き来する際に，長い距離を歩かなければならないといったような，施設の空間配置によっても影響される（Shearer and Amstel, 2007；Sandersら, 2009）。急カーブや傾斜のある通路を含んだ，蹄がすり減るような床があるような施設では，摩耗速度がさらに加速する。蹄角質の過度の摩耗は，新しい施設において特に多く起こる。新しい施設では，コンクリート養生として床表面に表面骨材が自然にできるために，新たに硬化されたコンクリートは特に摩耗性の表面を作り出す。この見解は非常に一般的になったために，「新しいコンクリート病」という特有の名前ができた（Barnes, 1989；Cermak, 1998）。

　薄い蹄底の発生は，過密状態や間違ったストール（牛床）デザインによるストール使用の減少，不十分な寝わらのような，牛の快適さが満たされていないことの一因となるような状況にも影響を受ける。優越性の問題もまたストールの使用に影響を及ぼす。ストールの数が牛舎にいる牛の頭数と同じかそれ以下の場合は，若い雌牛のような臆病な牛が休息する機会が少なくなることがある。一般的な忠告としては，特に移行期前後には，酪農業者は牛の数よりも少なくとも10％多い数のストールを用意し，牛がもっと選択や横たわる時間を持てるようにすることが挙げられる。

　一般的に言えば，以下に示すような休息行動を牛がとれるようなストールデザインにするべきである。

---

①牛が前肢を前に伸ばすことができる。
②頭頸部に十分なスペースがある状態で牛が横たわることができる。
③牛が頭を体側に乗せて休むことができる。
④牛がフリーストール台に肢，乳房，尻尾を置く十分なスペースがあり，清潔で乾いていて軟らかい寝床がある。

　米国のホルスタイン牛のための勧告には，フリーストールの構造として，長さ8フィート（2.5m）（2つの向かい合った列の場合は，7フィート6インチ［2.28m］），幅4フィート（1.25m）で，ストールのふちから5フィート8インチ（1.72m）の位置に高さ15インチ（38cm）の胸前の板が付いていると言う内容が含まれている（Cook, 2003, 2006）。現在，一部の人々からは，最高9フィート8インチ（2.94m）までのもっと長いフリーストールが，特にストールが壁に面している場合は，推奨されている。

　薄い蹄底が群の問題として確認されている場合は常に，過削の可能性をなくすべきである。別の削蹄方法を用いることで蹄底の厚さに大きな違いが出ることがある。ある研究によると，一般にオランダ式削蹄法と呼ばれる方法は，白帯を参考にして蹄底の厚さを推定する別の方法と比べて，薄い蹄底の発生が少ないことが分かった。オランダ式削蹄法では，蹄底の厚さを推定する際に，蹄先の長さを参考にする（Raven, 1989；Shearer and Amstel, 2001）。標準的なホルスタインの

成牛は，蹄先の長さが3インチ（7.6cm）の場合は，蹄底の厚さは0.25インチ（0.63cm）であり，その厚さならば，通常の成長と摩耗の状況下では，真皮（蹄底角質のすぐ下にある）を保護するのに十分な蹄底角質である。

臨床的観察

●蹄底の薄い牛の治療と管理

蹄底の薄い牛の治療には，すべての蹄の蹄底を注意深く調べる必要がある。治療の第1の目的は，それぞれの肢の2つの蹄を調べて，どちらか健康な方の蹄にフットブロックを付けて，薄い蹄底にかかる負重をなくした場合，その健康な方の蹄がその肢にかかる体重を支えることができるかどうかを見きわめることである。もし答えがイエスならば，2つの蹄のうちの健康な方にフットブロックを付ける。

一方，どちらの蹄もそれぞれの肢の体重を支えられないだろうと判断したら，どちらの蹄にもフットブロックを付けるべきではない。そしてその牛をコンクリートや蹄がすり減るような表面のない場所で飼育するべきである。搾乳場に近くて，表面の軟らかい床でできた特別なニーズの場所が，罹患した牛にとってのよい牛舎である。回復と角質の成長のために蹄の休息が望ましいと思われる期間は，牛が表面の硬い所や蹄がすり減るような所をなるべく歩かなくて済むように，パーラーに近い草地や乾いた敷地で牛を飼育することも，特別なニーズの飼育場所の代わりになる（Shearer and Amstel, 2001；Van Amstelら，2003b；Sandersら，2009）。

病変が潰瘍，蹄底下の膿瘍形成，第三趾節骨炎にまで進行してしまったら，さらなる矯正削蹄と創面切除処置が必要である。病変に関係したすべての緩んだ蹄角質と弱体化した蹄角質を，真皮の周囲組織を傷付けないように注意深く取り除く。真皮からの蹄角質の分離は，蹄底の真皮が外傷を受けて蹄底下の膿瘍形成に感染している場合は，非常に大掛かりになることがある。蹄底下の膿瘍形成とは別に，感染が白帯の中に広がって，白帯が蹄壁から分離して壊死していることもある。蹄壁を覆っている分離した部分を，蹄壁と健康な真皮の間が明らかに再付着している所まで取り除かねばならない。

蹄底の薄い個々の牛の管理は，病気の重症度だけでなく，泌乳段階，妊娠の状態，年齢にも左右される。長期にわたって泌乳していて泌乳量が少ない，妊娠していない高齢の雌牛は，淘汰することを考えるべきである。すべての蹄底が薄く，1カ所以上の蹄先潰瘍と蹄底角質の潰瘍があり，歩行がひどく困難な牛は，年齢，妊娠，泌乳の状態にかかわらず予後が悪いと思われるので，経済的，動物福祉的判断に基づいて淘汰か安楽死を行うことを勧める。

蹄がすり減るような表面の床によって起こる問題を緩和するための1つの方法は，待機場，通路，あるいは餌槽に沿ってゴム製のベルトやマットを戦略的に敷くことである（Shearer and Amstel, 2007）。ゴムによって肢への衝撃が和らげられ，床表面が蹄をすり減らす性質を弱めることができるが，コンベアーベルトのようなものは滑りやすく，牛が転んで怪我をすることが増える場合がある。カナダの研究者たちは，ゴムを再加硫処理したコブのついた床 Animat（Animat, Saint-Elie d'Orford, Quebec City, Canada）によって，静止摩擦が増し，滑りが抑えられ，牛の床表面に対する自信が増すことを発見した（Rushen and de Passille, 2006）。この研究者たちは，静止摩擦は，質感の程度やゴム表面のデコボコと，その圧縮特性に左右されると結論付けた。

最後に，米国中西部で行われた研究では，ゴムの使用によって，跛行の発生が67％から33％に減少した。さらに，蹄底が薄いことで起こる初産牛にみられる跛行が，ゴムを設置したことで22％から4％に減少した（Van Amstelら，2006）。

らせん状の蹄（別名「スクリュー蹄」として知られている）

らせん状の蹄は，通常，牛の後肢の外蹄によくみられる。これは遺伝による病気だと報じられている。しかし，年齢，以前に罹った蹄の病気，飼育環境のようなその他の要因がその発生に影響を及ぼしている可能性が高い。これは，蹄底，軸側蹄壁，白帯を軸側方向に変位させるような，蹄先の回転に特徴付けられる。

この疾患の遺伝型に含まれるいくつかの重大な異常がある。第二趾節骨と第三趾節骨のずれ，反軸側から軸側方向に湾曲している長くて幅の狭い第三趾節骨。この蹄の湾曲とその内部構造が，反軸側の蹄壁の中央から尾側の部分にかけての負重を招く。またらせん状の蹄は通常より大きいので，肢にかかる体重の大部分を支えている。その結果，蹄の内側に負重がかからないために，その部分が退化することが多い。

これらの異常によって，蹄先の反軸側部分（ゾーン

1と2の接合部）が白帯病変になる可能性が増す。それは，真皮が，この部分の負重がかかる表面に異常に接近するおそれがあるためである。さらに，この部分の白帯角質はより弱く，外部要因によってより簡単に傷付けられることが多い。削蹄作業中，この部分の真皮はとても簡単にむき出しになってしまうので，削蹄は通常，細心の注意を要する。らせん状の蹄は伸びすぎることが多く，負重の増加によって蹄底潰瘍に進行しやすい。

らせん状の蹄の蹄先の病変は，以下の2つの方法で進行する。①ゾーン1と2における白帯の分離，②内側蹄壁が，らせん状に曲がり，さらに背側に変位するので，内側蹄壁自体を包み込むようになり，その襞の中に有機物質を閉じ込める（口絵 P.22，図 19-10a, b を参照）。これは，嫌気性細菌にとってはほぼ完全な環境で，後にさらなる壊死と膿瘍形成が起こり，最後には蹄先膿瘍として現れる。らせん状の蹄を持つ牛が罹る蹄先の病変のほとんどは，これらの方法のうちの1つによって起こる。病変を注意深く調べることと，らせん状の蹄があるという事実によって，この症状が蹄先膿瘍の素因である可能性を認識することに役立つ。このような問題が起こらないようにするための唯一の方法は，3〜4カ月間隔でらせん状の蹄を削蹄し，過度の伸びすぎ，過負荷，ひいては蹄底潰瘍や蹄先病変につながるような状態を防ぐことである。

この疾病の後天的な形は，餌槽で給餌されている乳用牛と肉用牛に一般的にみられる。らせん状の蹄の後天的な形は，前肢の内蹄に影響を及ぼし，餌槽で給餌されている牛の前肢の蹄に起こる，異常な体重移動に関係があると考えられている（Raven, 1989）。牛は餌槽から餌を食べる時，前肢を横に並べて立つ姿勢になる必要がある。牛が餌を食べようとする時に，異常なストレスと負重が前肢の蹄にかかり，それによって内蹄がらせん状になる。それに対して，放牧地にいる牛はふつう，前肢を広げた状態で草を食べる。この姿勢だと，蹄と蹄との間で負重のバランスがより正常にとれ，したがって，異常な荷重配分やらせん状蹄の発達を防ぐことができる。牛が餌を食べるのに努力しなくても済むように，餌の量を足し続けることが，この問題に伴う苦労を避けることに役立つ。

牛の裂蹄

蹄壁にできるひびや割れ目は，牛にはよくみられるものである。垂直方向（蹄冠部から負重面へ）に走るひびや割れ目は，「縦裂蹄」あるいは「砂状裂」と呼ばれる。発生率は，乳用牛が1％未満であるのに対して，肉用牛では64％であると報告されている。縦裂蹄のある牛が跛行になる可能性を示す割合は一般的に低いが，跛行が起こってしまった場合は，治療や管理が難しいことがある。ここから先の記述は「横裂蹄」に焦点を絞る。

水平方向に（すなわち，蹄冠に並行して）走るひびや割れ目は横裂蹄と呼ばれる。このようなひびは，肉用牛にも乳用牛にもよく起こり，ひどい場合は，深刻な跛行につながることがある。横裂蹄の原因は，縦裂蹄の原因よりもよく分かっている。時として，これは単に，冠状真皮の基底細胞層における角質の成長と形成が，軽度から中程度中断されるような「生理的変化」を示す。その他では，それらは，重大な「生理的ストレス」と，冠状真皮による角質形成の重度の中断につながるような（しばしば病気による障害に関連した）状況を表す。

このような角質形成における重度の阻害により，非常に明確な突起部と溝が現れ，それらは蹄壁に水平方向に走る。これらはよく「苦難による溝」や「ストレスによる線」と呼ばれる。割れ目が非常に深くて，蹄壁の全層に異常が起こるような最も極端な場合は，その病変はしばしば「はめ輪（シンブル）」と呼ばれる。蹄壁の負重面に最も近い部分は，負重面に近いために，時に動くようになる。これが起きると，下層の敏感な組織が挟まれ傷つくので，非常に痛い。

横裂蹄はふつう治療の必要はない。しかし，真皮が挟まれる状態になったら，蹄壁の一部を折り曲げた後で，矯正処置をする必要がある。この目的は，緩んだ部分を取り除くことで，蹄壁の失われた部分を安定させることである。反対側の蹄底にフットブロックを付けることで，より安定し，ブロックで支えられるならば，多くの場合，牛の苦痛を軽減することができる。

蹄先の外傷性病変

牛の作業場，雑で不注意な取り扱い，ある種の床の状態，過剰興奮により，蹄先の外傷性病変のリスクが高まることがある。このような問題は，通常，人による接触や取り扱いにあまり慣れていない，フィードロットにいる牛や若い牛にやや多く起こる。蹄被膜の亀裂，ときにはP3（第三趾節骨）を含む骨折は，非常に重度の跛行と腐骨形成のような合併症につながることがある。

腐骨は，怪我によりP3の骨が骨折し，その結果，変位した骨の部分への血液供給が失われた時に最も多く起こる。血液の供給が行われなければ，組織（この場合は骨）は壊死し，腐骨となる。体は自然にこの壊死した骨物質を排除しようとする。慢性的な蹄先病変において，緩んだ壊死した骨の一部分がみつかるのは珍しいことではない。多くの場合，この壊死骨を取り除くことで，完全に治癒するだろう。

医原性の過削と不適切な削蹄技術

最近まで北米の至る所では，削蹄技術は，主として経験を通して，あるいは経験を積んだ人の見習いとして働いて学ばれていた。多くの場合，牛に施す削蹄技術は，馬に使う削蹄技術と同じようであった。しかし，牛の肢の解剖学と生理学についてより多くを学ぶにつれて，削蹄に対するアプローチは変わってきた。

Toussaint Raven は，*Cattle Footcare and Claw Trimming*（牛の肢のケアと削蹄）という本で，削蹄技術における偉大な進歩を現代にもたらしたとされている。彼が紹介した機能的な削蹄処置を正しく行えば，過削を防ぎ，それぞれの肢の蹄自体の中および蹄と蹄の間で負重のバランスを取ることができ，それぞれの蹄に安定した負重面を持った肢をつくることができる（Raven, 1989）。

最も多く起こる削蹄の誤りの1つは過削である。削蹄法の違いによって蹄底の厚みが大きく変わってくる。例えば，ある研究によって，他のよく行われている方法に比べて，Toussaint Raven が示した削蹄法（オランダ式とも呼ばれる）は，過削することが少ないことが発見されている。オランダ式では，蹄底の厚さを推側する際に背側蹄壁の長さを目安とする。標準的なホルスタインの成牛では，蹄先の長さが3インチ（7.5cm）の場合は，蹄底の厚さは〜0.25インチ（〜0.63cm）であり，この厚さがあれば，正常な成長と摩耗の状況下なら，蹄底の真皮を保護するのに十分な蹄底角質がある。

しかし，蹄底を1/8インチ（0.3〜0.4cm）かそれ以下の厚さまで削蹄してしまうと，硬い床で飼育されている牛の場合は，蹄底が下層の蹄底真皮を保護できないことがある。先に述べたように，過削は，ゾーン1と2の白帯に隣接した蹄底の分離に特徴付けられる，ゾーン5の病変につながる（P.270の「薄い蹄底」を参照）。

蹄先病変の原因となり得る不適切な削蹄技術がいくつかある。それは，①蹄先の長さを短くしすぎる，②軸側蹄壁と白帯を削りすぎる，③蹄の先端の壁角質を削りすぎる，その他である。このような技術の多くは，真皮を直接さらすことや，罹患した蹄角質被膜の対称部位を弱くすることによって病変を引き起こす（Shearer and van Amstel, 2001）。

最後に，ケラチン生成細胞は上皮の基底細胞層から外側へ移動しながら，ケラチンを自らの細胞組織に組み込む。最も成熟した角質細胞と，それらが最大限に角質化したものは，角質層内にあるものである。これは，蹄被膜表面に達した最も外側にある層や角質に相当する。削蹄により，蹄角質被膜の最も成熟した，すなわち最も硬い角質層を取り除く。残った角質はより未成熟であり，したがってより軟らかい（すなわち，より急速に摩耗する）。蹄角質の過成長と変化した負重を修正する定期的な削蹄は，蹄と肢の健康に有用となる一方で，あまりにも攻撃的または頻繁な削蹄は，平均以上の摩耗率に関与する床面の状態と相まって，薄い蹄底の問題が起こる可能性を増加させる。削蹄スケジュールは，それぞれの農場に特有な蹄角質の摩耗と成長の特性を考慮して，農場ごとに立てなければならない。

蹄病変の局所的治療

蹄の病変は非常に痛みを伴う状態である。蹄の病変が起こると，治療の一環として，きっと何らかの形の局所治療と包帯法が不可欠であるという結論を下したくなるだろう。実際には，矯正削蹄とフットブロック以外の治療はおそらく逆効果になるだろう。実はこれらは Toussaint Raven によって示された矯正削蹄の原理であり，それには，緩んで傷ついた，あるいは壊死した蹄角質をすべて取り除くことと，負重を軽減することが含まれている。

これらの病変の発病機序を考えると，積極的治療処置や包帯法は理にかなっていない。例えば蹄底潰瘍は，蹄角質の伸び過ぎと過負重によって悪化したP3の沈下の結果として，特に外蹄に発達する病変である。しばらくの間これらの組織が外傷を受け続けると，この部分（典型的な場所）の角質形成が妨げられる。これが蹄底潰瘍形成のはじまりと同時に起こる。いずれは，私たちが削蹄の最中に病変を調べ発見しようとするきっかけをつくるような痛みや跛行を伴うくらいに，潰瘍が炎症を起こすようになる。

重要なことは，潰瘍は感染性微生物によって引き起

こされるのではなく，（蹄葉炎のような）P3の沈下を起こしやすくなる状況と，過度の負重により悪化した真皮への身体的外傷によって引き起こされるということである．これらの病変が感染によるものではないという事実を考えると，治療に局所的な抗生剤を用いることはあまり意味がないと思われる．治療や包帯法をしてもしなくても，矯正削蹄の後に，病変への雑菌混入が起こるだろう．

蹄に膿瘍を引き起こす細菌は嫌気性であるため，より重要な目的は，蹄病変の微小な環境に嫌気状態をつくっている可能性のある，緩んで弱体化した角質を取り除くことである．好気状態をつくることによって，蹄病変が膿瘍に発達する可能性が減る．

また，真皮組織の出血を促したいという衝動に駆られる人もいる．実際には，過度の出血は単に，健康な組織を傷付けているという合図にすぎない．矯正削蹄の過程でいくらかの出血は起こるであろうが，過度の出血は決して望ましくない．壊死組織や死滅組織からは出血しないし，これらの組織へつながる神経と神経供給は死滅しているので，感覚はない．蹄病変部位の削蹄は，痛みや出血がひどかったら中断すべきである．牛の体の中で蹄角質をつくれる組織は真皮だけである．このような独特な組織を過度に傷付けないようにするための努力を可能なかぎり行うべきである．

同じことが，止血のための熱いアイロンによる真皮組織の焼灼，あるいは，治療目的で，むき出しの真皮がある開いた傷に苛性処理剤を直接付けることについても言える．このような治療は真皮をさらに傷付け，痛みと回復に必要な時間を延ばすだけである可能性がある．pHバランスのとれていない，あるいは開いた傷への使用を特に目的としてつくられていない局所的な抗生剤でさえも，過度の刺激を引き起こすかもしれない．これらは，蹄病変の治療に際しては有用性が疑わしい．Toussaint Raven は同様の理由から，蹄病変のある牛に脚浴を通って歩かせないようにと警告している．

包帯下に局所治療をする必要がある場合は，ラベルに書かれている指示を読むことを勧める．多くの局所治療薬は，包帯や布を巻いて使用することを意図してつくられてはいない．局所的治療が必要と思われる場合は，敏感な真皮組織を傷付けないような薬剤のみを使用するように注意すべきである．要約すると，蹄病変の治療を考える際の，経験から言えるおそらく最もよいアドバイスは「自分の足にしないようなことは，牛の肢にもするな」ということである．

肢皮膚の感染症

●趾皮膚炎（DD：Digital Dermatitis）（Hairy Heel Warts：被毛で覆われた蹄踵のいぼ）

DDは，1974年に米国で初めて報告されたが（Lindley, 1974），この疾患は1990年代初めまでは大きな問題ではなかった．詳細な原因についてはまだ分かっていないが，今までに行われたほとんどの研究結果は，最も多くの病変においてみつかった細菌が，トレポネーマ属に属するスピロヘータ菌であることを示唆している．

臨床症状

DDという疾病は典型的に，後肢の肢底面の趾間裂に隣接した皮膚，あるいは蹄負面の皮膚-角質接合部に起こる．ときには，副蹄に隣接した部分，あるいは背面の趾間裂に隣接した部分（特に前肢）にみつかることもある．ほとんどの病変は円形か卵円形で縁がはっきりしている．病変の縁は肥厚した被毛によって囲まれており，その被毛は，しばしば慢性的な病変の表面から伸びる糸状乳頭とは区別するべきである．糸状乳頭のない慢性的な病変は，一般的に肥厚性で表面がザラザラしている．組織学的に，その病変は，皮膚乳頭の潰瘍化，錯角化と過角化とともに起こる表皮過形成，有棘層と皮膚乳頭に侵入している非常に多くのスピロヘータの存在とともに起こる炎症を含んだ，さまざまな潰瘍性変化と増殖性変化を表している（Read and Walker, 1998a, b）．

炎症を起こした組織の軽度の障害でさえ，極度の不快感と軽度から中程度の出血につながる傾向がある．したがって，牛は姿勢を変えるか，床やその他の物体と病変部の直接接触を避けるように歩くだろう．このような痛みの回避適応はまた，罹患した蹄の負重面の異常な摩耗にもつながる．肢底の趾間裂に関連した病変はたいてい，牛が負重を蹄先の方に変える原因となる．これによって，口絵P.23，図19-11に示したように，蹄先の摩耗が増し，蹄踵の摩耗が減り，罹患した蹄の負重表面が全体的に縮小する．

疫学

群におけるDDの流行は非常に変化しやすく，群の所有者はたいてい，過小評価する（Argaez-Rodriguezら，1997）．20％から50％以上の割合で報告されている（Shearer and Elliott, 1998；Shearerら，1998）．病気に悩まされている時，牛はひどい痛みを感じてい

るようにみえるにもかかわらず，この病気に関連した跛行には一貫性がなく，予想よりも低いことが多い（Shearer and Elliott, 1998）。跛行を起こす痛みは，病変が蹄の角質構造まで達しているために起こることが多いようである。

　最も一貫してDDの誘発因子になると思われる牛舎，環境，および管理状況には，大規模な牛群，濡れてぬかるんだペン，更新牛の購入が挙げられる。米国の全国的調査によると，その他の危険因子として，脚浴の使用，溝付きコンクリート床での飼育，別の農場の牛を削蹄した削蹄師の採用，牛ごとの使用のたびに道具を洗って消毒する際の不始末が挙げられている。

　最近の研究は，重要な疫学的関係を示唆しているが，原因と結果の区別がされていない。言い換えると，この研究で挙げられた脚浴とDDの関係を考えてみると，DDが脚浴によって引き起こされた，あるいはその逆であるということが，データの分析によって証明されてはいない。しかし，牛舎と環境衛生がこの病気のコントロールには重要な要素であると結論付ける必要があるだろう。さらに，上記の研究に基づいて，衛生の重要性を，酪農場で蹄の管理を行う人々（獣医師や削蹄師）にも認識させることができるだろう。

　DDの発生が最も多くみられるのは，通常，泌乳初期である。これは，いくつかの群において，初産前にその農場で育った若い雌牛や他の農場で育った若い雌牛にDDの発生率が非常に高いことによる。

　更新牛を購入する群では，多くの場合，DDのない牛を要求しなかったり，購入した牛を群に入れる前に，その牛にDDによる病変があるかどうかを適切に検査しなかったりする。乾乳状態から泌乳状態への移行は，牛の生涯でも特にストレスのかかる時期の1つである。牛は，泌乳開始に関連した生理学的変化に適応し，牛舎や給飼状態の変化に慣れ，群の仲間による優位性の問題にうまく反応しなければならない。分娩後初期にDDが多く発生する潜在的原因の1つは，分娩前後の免疫抑制による可能性があると示唆されている（Laven, 1999）。

　DDの潜在的保菌牛と伝播様式は，ほとんど不明であるが，臨床的または潜在性に感染している牛と媒介物があると考えられている。肢底の趾間裂は微生物にとってこの上ない環境を提供し，そして重要な保菌者となり得る。管理された状況下で病気を再現する試みは難しいことが分かったが，子牛にはそれができた。試験的伝播は，DDの傷から削り取ったものを，対象とする解剖学的部位に置き，酸素が枯渇した湿った微小環境をつくり出すために包帯を巻くことで実現した。数週間後，典型的な病変がみられた。

DDが成績に及ぼす影響

　DDが成績に及ぼす影響を調べようと試みた研究はほとんどない。米国で行われた研究によると，DDに罹患した牛は，健康な牛に比べて乳量が少なかった（153.3kg）。しかし，その差は有意ではなかった（Hernandezら，2002）。それより前に，600頭の牛がいるメキシコの酪農場で行われた研究でも同様の結果が出た。DDに罹患した牛は，同じ群の罹患していない牛に比べて乳量が121.6kg少なかった（Argaez-Rodriguezら，1997）。しかし，前述の研究と同じく，この差も有意ではなかった。

　しかし，繁殖成績には有意な影響が表れた。DDに罹患している牛は，分娩から受胎までの間隔が93日から113日に増加した。平均空胎日数は，同じ群の罹患していない牛に比べて約14日増加した。

治療と防圧のための方策

　過去に行われた治療方法については，以下の6つが含まれる。

> ①外科的切除
> ②脚浴
> ③さまざまな殺菌剤と抗生剤溶液を用いた局所的治療
> ④凍結外科手術と電気焼灼器
> ⑤局所的治療をした上に包帯を巻く
> ⑥全身的抗生剤療法

　凍結外科手術と電気焼灼器の可能性を除いて，これらの治療のほとんどは，この状況の管理において一定の地位を占めている。しかし，時としてこれらは実用的ではない。

　治療の方策については，以前に報告されている（Shearer and Elliott, 1998；Shearerら，1998）。抗生剤といくつかの非抗性物質製剤のスプレー式局所治療は，2週間を通して8〜10日間一貫して毎日治療を行うよう計画した場合は，効果的であることが示されている。

　局所的治療の大きな欠点は，趾間にできた病変には薬剤が届かないことである。局所的抗生剤治療をした上に包帯を巻くと非常に効果的で，ほとんどの牛が24〜48時間以内に著しい回復を示した。適切に行えば，この治療法には，趾間の皮膚に及んでいる病変に

届くという有力な利点もある。3～5％のホルマリン，5～10％の硫酸銅，20％の硫酸亜鉛，オキシテトラサイクリン1～4g/L，リンコマイシン1～4g/L，リンコマイシン/スペクチノマイシン1～4g/Lを含むさまざまな化合物を含んだ脚浴が推奨されている。結果にはばらつきが多い。

局所的抗生剤治療（局所的スプレーや包帯法）に対する反応は，病変の解剖学的部位にも左右される（Hernandez and Shearer, 2000）。蹄負面や偽蹄にできた病変に比べて，肢底の趾間裂にできた病変は反応しにくいことが，フロリダで行われた研究によって明らかになった。限られた証拠から，治療に対する反応は，病変の成熟度と，場合によっては病原体の抗生剤耐性パターンにも左右されることが示唆されている。治療に対する反応を評価すること，および新しい治療の方策を開発するためには，これらの要因を考慮するべきである。

● 趾間皮膚炎 (interdigital dermatitis, ID)（泥漿蹄踵）

IDは，趾間の皮膚に起こる，真皮にも及ぶ，急性，時には慢性の炎症である。これは，フリーストールで飼育されている乳牛，あるいは，肢が絶えず糞尿泥漿（スラリー）で濡れたりぬかるんだりしている床の上に置かれているような状態で柵囲いで飼育されている乳牛に非常に多くみられる (Raven, 1989；Somersら，2005）。

この病気はいくつかの細菌（壊死桿菌，スピロヘータ菌，場合によっては Dichelobactor nodosus）の混合によって引き起こされると考えられている。初期段階では，IDは，趾間皮膚の表在性びらんに特徴付けられ，それが放つ独特な悪臭によって認識できる人もいる。趾間の病変はたいてい，触られると痛く，感染が蹄踵角質にまで広がり，蹄踵のびらんにつながっており，それがこの病気の最も容易に目にみえる特徴である。

早い段階では，びらんした蹄踵角質は凹んだようにみえる。病気が進行するにつれて，粗面化して凹んだ蹄踵角質は割れ目となり，それによって蹄踵角質と蹄底の角質がひどくむしばまれる。このような蹄踵のびらんが起こるのと同時に，蹄角質形成が加速する。過度の角質形成は，罹患した蹄の伸び過ぎと過負荷を招くことになる。

IDのこれらの影響によって，IDが蹄の病気の問題，特に舎飼いされている乳牛の蹄底潰瘍の重要な誘発因子であると考えられている。IDが趾間皮膚に及ぼす影響もよく似ている。慢性的な炎症によって趾間皮膚が厚くなり，最終的には趾間線維腫の形成を招く。IDの臨床診断は，厚くなった趾間皮膚と鼻にツンとくる特徴的な臭いと触られた時の痛みの存在，そして，それらと同時に存在する蹄踵角質びらんに基づく。

● 趾間腐爛（趾間蜂巣炎）と超趾間腐爛

趾間腐爛は，趾間の病変，腫脹，中程度から重度の跛行の存在によって特徴付けられる趾間皮膚の感染性疾患である。急性期の間は，必ず39.4～40.6°C（もっと高いこともある）の熱が出る。証拠は確定的ではないが，ほとんどの人は，趾間腐爛は趾間皮膚の怪我や摩耗を受けて発達すると考えるだろう。このような趾間の怪我は，壊死桿菌（*Fusobacterium necrophorum*）のみによって，あるいは進行をよりひどくさせ，壊死タイプの傷にする微生物である *Bacteroides melaninogenicus* と一緒に，二次的に感染する。

病気の過程で早く治療を開始しないと，周囲の軟組織（腱，腱鞘，関節被膜，骨）を巻き込んだ合併症を引き起こし，最終的に，趾深部の敗血症をもたらす。この段階では，内科的治療に対する反応は得られないことが多く，したがって，外科手術か，あるいは特に重症の場合は安楽死のどちらかに選択肢が限られる。

フロリダ大学で行われた研究で，趾間腐爛と，罹患牛の乳量の10％減少との間に関連性があることが分かった（Hernandezら，2002）。これは，蹄の病気やDDに罹った牛にみられた乳量の損失よりも大きかった。ほとんどの牛が泌乳初期に，乳量がピークに近付くにつれて病気を発症することから，泌乳初期におけるこの病気の発生が，牛が乳量をピークに達する能力を妨げているのかもしれない。この病気が牛に痛みと衰弱を与えるからという理由だけでなく，口絵 P.23, 図 19-12 に示したように，趾深部敗血症（遠位趾骨間関節の感染）を二次性合併症として起こし得ることから，趾間腐爛を防ぐことは非常に重要である。

近年，英国と米国の臨床獣医師たちが，「超趾間腐爛：Super Footrot」と呼ばれる，この病気のより極端な形態に気づいた（David, 1993）。これは，急性の跛行の発症と，急速に上行性蜂巣炎に進行する肢の腫脹に特徴付けられる。「超趾間腐爛」に関連した趾間の病変は，きわめて重症なため，治療に成功することは特に困難である。

趾間腐爛と超趾間腐爛の治療

趾間腐爛は，一般的に牛に使われているほとんどの

第19章 乳牛の跛行 275

抗生剤に反応する。実際には，抗生剤の選択よりも，投与量と治療の継続期間の方が重要である可能性が高い。成功的治療結果を得るために重要なのは，早期発見と治療を早期に実施することにかかっている。全身的治療に加えた，趾間の病変に対する局所的治療が，好ましい治療法であると長年考えられてきた。合併症のない症例では，治療開始から24～48時間以内に著しい改善がみられ，3～4日以内に回復する。

治療の選択として，Naxcel® (Ceftiofur Sodium；Pfizer Animal Health, New York, NY)，ペニシリン，Albon® (Sulfadimethoxine；Pfizer Animal Health)，テトラサイクリン（乳牛では承認外治療）がある。趾間の病変も同時に治療することを好む人もいる。さまざまな防腐剤タイプの製品を局所治療に使うことができる。肢に包帯を巻く必要はない。とにかく，成功の秘訣は，病気の早期発見である。

超趾間腐爛を引き起こす細菌株は，ほとんどの抗生剤に非常に耐性がある可能性がある。培養と感受性試験が有効かもしれないが，病気が急速に進行するために，これが存在する症例における実行可能な選択肢とすることは不可能であろう。

蹄の健康の分析と解釈のための跛行データの保存

健康情報の記録において最も不足している分野は，蹄管理に関するものである。乳牛の病気の中で最も費用のかかる病気であるということがいくつかの計算から明らかになっているという事実にもかかわらず，Dairy Comp 305® (Valley Software, Tulare, CA) や，Dairy Herd Information Association (DHIA) の記録のような記録管理システムでも，跛行状況に関する情報を保存するシステムはいまだほとんど開発されていない。

この情報の不足は，削蹄師が情報を集めるのに失敗したからではなく，むしろこの情報を**図19-13**に示したようなさらなる分析を行えるような群の記録に，移せないという問題の方が重要である。

跛行データに関する2つ目の問題は，それらが統一性を欠くことである。全国にいる削蹄師たちは，肢の状態を表現するのにそれぞれ異なる用語を使う。潰瘍や白帯病のような蹄の状態は，まとめて蹄底膿瘍，あるいは蹄葉炎と呼ばれる。したがって，使われている用語が明確でなかったり，最悪の場合は，間違っていたり，不明だったりするために，削蹄師からの情報は

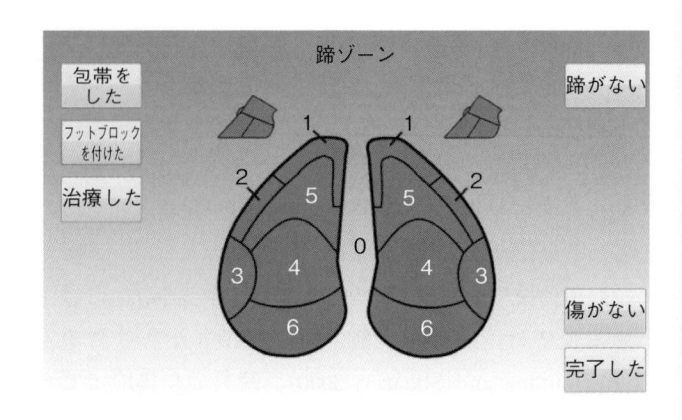

図19-13
Hoof Supervisor 1 (KS Dairy Consulting, Inc., Dresser, WI) における蹄ゾーンの略図。画面上のHoof Supervisorは，罹患した蹄のゾーンを表示している。表示は，最も罹りやすい病変に対応しており，ただ画面に触れるだけで罹患したゾーンを特定でき，それが選択された状態にすることができる。

評価に利用できるとしても，解釈するのが非常に難しい。削蹄師，特に酪農場に雇われている削蹄師は多文化圏からの出身である場合があり，さまざまな状況で用いる英語の用語に不慣れなことがあるという事実から，これはさらに困難になる。

このような困難に対処するために，フロリダ州の研究者たちは，タッチスクリーン・コンピューター技術を用いて，跛行情報を保存するというアイデアを開発した。デンマークのRebiltで開催された国際跛行シンポジウム (International Lameness Symposium) において，Greenough and Weaverによって初めて紹介された蹄/肢ゾーン略図 (claw/foot zone diagram) を用いて，研究者たちがFeed Supervisor（飼料監視プログラム）のソフトウエア開発者たちとともにHoof Supervisor（蹄監視プログラム，KS Dairy Consulting, Inc., Dresser, WI）を開発した。

これは，跛行情報のシュートサイド（落とし込み側）の入力を提供するタッチスクリーン・コンピューター技術である（**口絵P.23，図19-14**）。Hoof Supervisorはコンピューターのタッチスクリーンに内蔵されている蹄/肢ゾーンの略図を利用しているので，削蹄師は情報を記録する際に，ただ罹患している蹄/肢ゾーンに触れるだけでよい。蹄/肢ゾーンで認識されれば，自動的に病気の名前を特定してくれるので，人間が病名を記入する必要はない。たとえば，ゾーン4にできる病変は蹄底潰瘍，ゾーン3にできる病変は白帯病などである。**口絵P.23，図19-14**に示したように，このシステムは言語に対して中立で，入力された情報は均一

である。

　跛行情報は群の記録に容易に転送される（すなわちDairy Comp 305と互換性がある）。また，群のコンサルタントが解釈できるように，プログラムが自動的に跛行状況を円グラフや棒グラフで表すので，分析が簡単である。ソフトウエアは，無線周波数識別（Radio Frequency Identification：RFID）による伝達を受け取れるので，RFIDワンド（細枝）やプレート読み取り機を用いて容易に牛の番号を記録することができる。

　Hoof Supervisorのソフトウエアは過酷な気象条件における使用を目的に，1.2mの高さから落としても耐えられるくらい頑丈につくられたコンピューターに内蔵されている。このシステムの使用により，牛の番号と跛行情報を効率的で正確に保存することができるので，削蹄師が，転写エラーや視認性の問題が起こりやすい手書きの記録を管理する必要がない。正確なデータの収集とスムーズな解析のためにつくられたシステムがあれば，管理獣医師やその他の人が，酪農場において肢の健康をよりよく説明することができる。

跛行に関する情報の使い方

　跛行のある個々の牛について集めた情報は，これらの牛に特有な状況の管理，あるいは，淘汰が必要な時期を決定する際の手段として役立つ。

　例えば，削蹄師は個々の記録を，治療成果を評価するために，再評価のために牛を特定するために，あるいは獣医師による助けが必要な深刻な病変になる可能性のある牛を監視するために使うことができる。Hoof Supervisorのような記録保存システムを用いて，個々の牛だけでなく群としての蹄管理にかかる費用を見守ることもできる。

　群としての記録は，メンテナンスのための削蹄が必要な牛のリストをつくるために使用できる。また病変の発生頻度に関するデータは，季節的傾向や，産次数，泌乳段階，年齢，その他のパラメーターが跛行の発生に及ぼす影響を調べるために使うことができる。例えば，月間のトリム・シュート（削蹄枠場）に示されたDDの症例数に注目することで，脚浴処置の効果を全体的に評価することができる。

　これらのデータを産次数，泌乳段階などによってさらに分析することで，問題となる分野や牛のグループを正確に把握することに役立ち，それに応じて治療や対応戦略の方向性を決定することができる。

　跛行は，どのような疾病コスト評価基準を用いても，1番ではないとしても，乳牛において最も経済的に重要な病気の1つである。これらの状況の管理を向上させることが，情報不足によって妨げられている。情報を保存するための近年の進歩と，跛行に関するデータの分析と解釈のためのよりよいシステムが，酪農場でこれらの疾患をうまく管理するために不可欠なステップなのである。

文献

Argaez-Rodriguez, R.J.D., Hird W., Hernandez J., Read D.H., Rodriguez-Lainz A. (1997). Papillomatous digital dermatitis on a commercial dairy farm in Mexicali, Mexico: incidence and effect on reproduction and milk production. *Preventive Veterinary Medicine*, 32:275–286.

Barnes, M.M. (1989). Update on dairy cow housing with particular reference to flooring. *British Veterinary Journal*, 145(5): 436–445.

Bicalho, R.C., Machado, V.S., Caixeta, L.S. (2009). Lameness in dairy cattle: A debilitating disease or a disease of debilitated cattle? A cross-sectional study of lameness prevalence and thickness of the digital cushion. *Journal of Dairy Science*, 92:3175–3184.

Blowey, R.W. (1996). Laminitis (Coriosis)—major risk factors. *Proceedings of the North American Veterinary Conference*, pp. 613–614.

Budras, K.D., Habil, D.R., Mulling, C., Horowitz, A. (1996). Rate of keratinization of the wall segment of the hoof and its relation to width and structure of the zona alba (white line) with respect to claw disease in cattle. *American Journal of Veterinary Research*, 57(4): 444–4551.

Cermak, J. (1998). Design of slip-resistant surfaces for dairy cattle buildings. *The Bovine Practitioner*, 23:76–78.

Cook, N.B. (2003). Prevalence of lameness among dairy cattle in Wisconsin as a function of housing type and stall surface. *Journal of the American Veterinary Medical Association*, 223(9): 1324–1328.

Cook, N.B. (2006). The dual roles of cow comfort in dairy herd lameness dynamics. *Proceedings of the 39th Annual Convention of AABP*, 39:150–157.

David, G.P. (1993). Severe foul-in-the-foot in dairy cattle. *Veterinary Record*, 133:567–569.

Ekfalck, A., Funkquist, B., Jones, B. (1998). Presence of receptors for epidermal growth factor (EGF) in the matrix of the bovine hoof—a possible new approach to the laminitis problem. *Zentrablat Veterinaria Medicin Association*, 35:321–330.

Hernandez, J., Shearer, J.K. (2000). Efficacy of oxytetracycline for treatment of papillomatous digital dermatitis lesions on various anatomic locations in dairy cows. *Journal of the American Veterinary Medical Association*, 216(8): 1288–1290.

Hernandez, J., Shearer, J.K., Webb, D.W. (2002). Effect of lameness on milk yield in dairy cows. *Journal of the American Veterinary Medical Association*, 220(5): 640–644.

Laven, R. (1999). The environment and digital dermatitis. *Cattle Practice*, 7:349–356.

Lindley, W.H. (1974). Malignant verrucae of bulls. *Veterinary Medical Agricultural Practice*, 69:1547–1550.

Lischer, C.J., Ossent, P. (2002). Pathogenesis of sole lesions attributed to laminitis in cattle. *Proceedings of the 12th*

Lischer, C.J., Ossent, P., Raber, M., Geyer, H. (2002). The suspensory structures and supporting tissues of the bovine 3rd phalanx and their relevance in the development of sole ulcers at the typical site. *Veterinary Record*, 151(23): 694–698.

Mulling, C.K.W. (2002). Theories on the pathogenesis of white line disease-an anatomical perspective. *Proceedings of the 12th International Symposium on Lameness in Ruminants*, pp. 90–98. January 9–13, Orlando, FL.

Mulling, C.K.W., Lischer, C.J. (2002). New aspects on etiology and pathogenesis of laminitis in cattle. *Proceedings of the XXII World Buiatrics Congress*, pp. 236–247.

Ossent, P., Lischer, C.J. (1994). Theories on the pathogenesis of bovine laminitis. *Proceedings of the International Conference on Bovine Lameness*, pp. 207–209. Banff, Canada.

Ossent, P., Lischer, C. (1998). Bovine laminitis: the lesions and their pathogenesis. *In Practice*, pp. 415–427.

Raber, M., Lischer, C.J., Geyer, H., Ossent, P. (2004). The bovine digital cushion—a descriptive anatomical study. *The Veterinary Journal*, 167:258–264.

Raven, T. (1989). *Cattle Footcare and Claw Trimming*. Ipswich, UK: Farming Press Ltd.

Read, D.H., Walker, R.L. (1998a). Comparison of papillomatous digital dermatitis and digital dermatitis of cattle by histopathology and immunohistochemistry. *Proceedings of the 10th International Symposium on Lameness in Ruminants*, pp. 268–269. Lucerne, Switzerland.

Read, D.H., Walker, R.L. (1998b). Papillomatous digital dermatitis (Footwarts) in California Dairy Cattle: clinical and gross pathologic findings. *Journal of Veterinary Diagnostic Investigation*, 10:67–76.

Rushen, J., de Passille, A.M. (2006). Effects of roughness and compressibility of flooring on cow locomotion. *Journal of Dairy Science*, 89:2965–2972.

Sanders, A.H., Shearer, J.K., DeVries, A., Shearer, L.C. (2009). Seasonal incidence of lameness and risk factors associated with thin soles, white line disease, ulcers, and sole punctures in dairy cattle. *Journal of Dairy Science*, 92(7): 3165–3174.

Shearer, J.K., van Amstel, S.R. (2001). Functional and corrective claw trimming. *Veterinary Clinics of North America, Food Animal Practice*, 17(1): 53–72.

Shearer, J.K., van Amstel, S.R. (2002). Claw health management and therapy of infectious claw diseases. *Proceedings of the XXII World Buiatrics Congress*, pp. 258–267.

Shearer, J.K., van Amstel, S.R. (2007). Effect of flooring and/or flooring surfaces on lameness disorders in dairy cattle. *Proceedings of the Western Dairy Management Conference*, pp. 149–160. Reno, NV.

Shearer, J.K., Elliott, J.B. (1998). Papillomatous digital dermatitis: treatment and control strategies—Part I. *Compendium of Continuing Education Practice*, Vet 20:S158–S166.

Shearer, J.K., Hernandez, J., Elliott, J.B. (1998). Papillomatous digital dermatitis: treatment and control strategies—Part II. *Compendium of Continuing Education Practice*, Vet 20:S213–S223.

Shearer, J.K., van Amstel, S.R., Benzaquen, M., Shearer, L.C. (2006). Effect of season on claw disorders (including thin soles) in a large dairy in the southeastern region of the USA. *Proceedings of the14th International Symposium on Lameness in Ruminants*, pp. 110–111. Colonia, Uruguay.

Somers, J.G.C.J., Schouten, W.G.P., Frankena, K., Noordhuizen-Stassen, E.N., Metz, J.H.M. (2005). Development of claw traits and claw lesions in dairy cows kept on different floor systems. *Journal of Dairy Science*, 88:110–120.

Tarleton, J.F., Webster, A.J.F. (2002). A biochemical and biomechanical basis for the pathogenesis of claw horn lesions. *Proceedings of the 12th International Symposium on Lameness in Ruminants*, pp. 395–398. Orlando, FL.

Tarlton, J.F., Holah, D.E., Evans, K.M., Jones, S., Pearson, G.R., Webster, A.J.F. (2002). Biomechanical and histopathological changes in the support structures of bovine hooves around the time of calving. *The Veterinary Journal*, 163:196–204.

Van Amstel, S.R., Shearer, J.K. (2006). *Manual for Treatment and Control of Lameness in Cattle*. Ames, IA: Blackwell Publishing Professional.

Van Amstel, S.R., Shearer, J.K. (2008). Clinical Report—characterization of toe ulcers associated with thin soles in dairy cows. *The Bovine Practitioner*, 42(2): 189–196.

Van Amstel, S.R., Palin, F.L., Shearer, J.K., Robinson, B.F. (2002). Anatomical measurement of sole thickness in cattle following application of two different trimming techniques. *The Bovine Practitioner*, 36(2): 136–140.

Van Amstel, S.R., Shearer, J.K., Palin, F.L. (2003a). Case report—clinical response to treatment of pododermatitis circumscripta (ulceration of the sole) in dairy cows. *The Bovine Practitioner*, 37(2): 143–150.

Van Amstel, S.R., Palin, F.L., Rohrbach, B.W., Shearer, J.K. (2003b). Ultrasound measurement of sole horn thickness in trimmed claws of dairy cows. *Journal of the American Veterinary Medical Association*, 223(4): 492–494.

Van Amstel, S.R., Shearer, J.K., Palin, F.L. (2004a). Moisture content, thickness, and lesions of sole horn associated with thin soles in dairy cattle. *Journal of Dairy Science*, 87:757–763.

Van Amstel, S.R., Palin, F.L., Shearer, J.K. (2004b). Measurement of the thickness of the corium and subcutaneous tissue of the hind claws of dairy cattle by ultrasound. *Veterinary Record*, 155: 630–633.

Van Amstel, S.R., Shearer, J.K., Palin, F.L., Cooper, J., Rogers, G.W. (2006). The effect of parity, days in milk, season, and walking surface on thin soles in dairy cattle. *Proceedings of the14th International Symposium on Lameness in Ruminants*, pp. 142–143. Colonia, Uruguay.

Webster, A.J.F. (2001). Effects of housing and two forage diets on the development of claw horn lesions in dairy cows at first calving and in first lactation. *The Veterinary Journal*, 162:56–65.

Webster, A.J.F. (2002). Effect of environment and management on the development of claw and leg diseases. *Proceedings of the XXII World Buiatrics Congress (keynote lectures)*, pp. 248–256. Hanover, Germany.

Wells, S.J., Trent, A.M., Marsh, W.E., Robinson, R.A. (1993). Prevalence and severity of lameness in lactating dairy cows in a sample of Minnesota and Wisconsin herds. *Journal of the American Veterinary Medical Association*, 202(1): 78–82.

Wells, S.J., Garber, L.P., Wagner, B., and Hill, G.W. (1997). Papillomatous Digital Dermatitis on US Dairy Operations, USDA APHIS VS, NAHMS Dairy 1996, May 1997.

White, E.M., Glickman, L.T., Embree, C. (1981). A randomized field trial for evaluation of bandaging sole abscesses in cattle. *Journal of the Veterinary Medical Association*, 178:375–377.

第20章

牧草の質を最大限に高めることを目的とした酪農生産の管理戦略

Adegbola T. Adesogan

要約

本章は，乳牛の飼料としての牧草の重要性について述べるとともに，酪農生産システムにおいて放牧牧草（乾草やサイレージを含む）とグリーンチョップ（刻んだ青草飼料）を使用することの課題と利益について要約することからはじめる。米国において，乾草とサイレージが乳牛の飼料として広く使用されているので，それらの生産についてより詳細に説明し，特に牧草の栄養価に影響する要因について注目する。

また，出来の悪い乾草やサイレージは，牛にも人にもさまざまな病気を引き起こすことがあるため，安全な牧草を有害にしたり病原性をもたらしたりする微生物やその他の要因について説明する。

それぞれの種類の牧草については，栄養価，保存可能期間，安全性を最大限に高めるために必要な管理要因を紹介する。

序文

牧草が乳牛の飼料の重要な要素である理由はいくつかあるが，その主な理由は消化されやすい形でエネルギーを供給できるということである。

牛が牧草を噛んで反芻する時に出す唾液は，食べ物に含まれる穀物の第一胃内発酵によって生じる酸性度を和らげる。これにより，アシドーシスや，歩行困難，第四胃左方変位のようなそれに関連した合併症の発生が少なくなる。

さらに，飼料として与える牧草は，乳脂肪を十分に合成するためと第一胃内の繊維マットを形成するために必要である。繊維マットは，摂取した餌の粒子を吸着し，ルーメン微生物によるそれらの発酵を促進させる働きがある。

草地牧草

米国で飼育されている乳牛に与える主な牧草は，光合成経路の違いに基づいて，暖地型牧草と寒地型牧草に分類することができる。寒地型牧草またはC_3牧草は，暖地型牧草よりも葉肉組織と細胞間空間を多く含むので，消化されやすい（Wilson, 1993）。米国の重要な寒地型牧草には，ライグラス，ブロムグラス（スズメノチャヒキ），トールフェスク（ヒロハノウシノケグサ）が含まれる。バミューダグラスやバヒアグラスのような暖地型牧草またはC_4牧草は，C_3牧草よりも，水，炭素，窒素をより効率よく使い，より繁殖力に富む（Hanna and Sollenberger, 2007）。

しかし，C_4牧草は木質化し，壁が厚くなった柔組織維管束鞘をより多く含むので消化されにくい（Wilson, 1993）。気温が高くなると木質化と細胞壁合成が高まる。したがって熱帯や亜熱帯の気温の高さが，暖地型牧草の栄養価を悪くする原因の1つになる（Colemanら，2004）。

採食用牧草は，貯蔵した牧草や保存した牧草よりも栄養価が高いにもかかわらず，米国のほとんどの酪農場において，さまざまな理由によって，成長に富んだ時期に牧草を収穫し，乾草やサイレージとして保存している。

第1の理由は，乳牛を牧草地で管理するためには，十分な広さと適切な牧草地管理技術が必要であり，利用できる牧草地の質の変動に管理が左右されることである。第2の理由は，牛に保存した牧草を与えることによって，牧草を利用できる度合いと質，そして牛の生産性に及ぼす荒天の影響を減少させられることである。

米国の酪農生産において収穫した牧草が広く使われていることから，本章では収穫された牧草の管理に焦点を当てる。

グリーンチョップ

　グリーンチョップ牧草とは，収穫したその日に新鮮な状態で牛に与える，収穫した牧草を指す。牛に適時にグリーンチョップを与えることの利点には，栄養価が最大の成熟時に牧草を収穫することと，乾草やサイレージづくりに関わる費用や，それに伴う栄養損失や乾物（DM）損失を避けられることが含まれる（Vander Horstら，1998）。さらに，この方法では牛を牛舎で飼うことになるので，放牧管理の経験の必要性を減らすことができる。

　しかし，この方法は大きな労働力を要し，牛舎を放牧地の近くにつくる必要がある。また，グリーンチョップ牧草の収穫高は通常よりも低いことがある。栄養価を最大限にするために牧草を未成熟の段階で収穫した場合，水分含量がより高いだろう。グリーンチョップは，牧草の収穫と運搬のための道具が一貫して機能するかどうかにも左右される。

乾草づくり

　乾草は，微生物の成長を抑制する水分濃度まで，収穫した牧草をしおれさせるか天日乾燥してできたものである。

　乾草の乾燥期間は，収穫時の茎の直径，植物の水分濃度のような植物の特徴や，広い範囲の気温，太陽照射，湿度，降雨によって，数時間から数日間まで幅がある。乾燥の間，植物が継続して行う呼吸と微生物の作用によって，タンパク可溶性炭水化物と水溶性炭水化物，クロロフィル，カロチンが失われるが，ビタミンD濃度は高くなる（McDonaldら，1995）。

　乾草づくりの間に起こる物理的なダメージと保管中に起こる漏出によって，さらなるDM喪失が起こるかもしれない。その結果，乾草の栄養価は収穫したばかりの牧草の栄養価よりも低いことが多い。

●乾燥不十分な乾草に関連する危険性

　牧草を草刈り機やウインドローアで収穫した後，列に並べ，乾燥させ，丸い俵状に巻くか正方形や長方形の梱包に詰める。乾燥が不十分な状態で梱包した乾草は，通常の中温細菌の成長を促す代わりに，高温細菌の成長を促す（Slocombe and Lomas, 2008）。高温細菌の成長と活動によって高温（65℃以上）が生じることがあり，この温度がタンパクの変性，不消化メイラード（Maillard）産物の形成，およびタンパク利用性の低下につながる。さらに，生じた高温によって，乾草梱包が自然発生的に燃え出し，それが乾草小屋を巻き込んだり，隣接した家を燃やしたりする原因となり得る。乾燥が不十分なことによって，カビやアクチノミセス属の放線菌の成長が促されることもあり，それによって乾草による農夫肺（カビ性肺炎，farmer's lung）が生じる（Wild and Chang, 2009）。

　吸い込んだり摂取したりした時に直接病気を引き起こすことに加えて，カビにより牧草のおいしさが減り，マイコトキシンが産生する。それによって乳牛の生産性と健康が損なわれ，人にもさまざまな病気が引き起こされる。

　したがって，乾草づくりの重要な要因の1つは，梱包する前に，DM濃度85～90％かそれ以上になるまで，植物を急速に乾燥させるか，しおれさせることである。理想的な乾草づくりの条件は，高い気温，高い太陽照射，そして低い相対湿度である。それゆえに，熱帯地域や亜熱帯地域での乾草づくりは，夏の高い気温があっても，高い相対湿度と頻繁な降雨によって阻まれる。

●乾草の水分喪失速度を速めること

　乾草づくりの間の水分喪失を増すための，機械的，化学的，および他のさまざまな技術が研究されてきたが，広範囲の使用に役立つと証明されているのは，機械的技術だけである（Rotz and Shinners, 2007）。乾燥速度を速めるために何種類かの設備が開発されてきた。乾草乾燥機（tedder）は，乾燥を促すために乾草をフワフワに膨らませて列に広げるために使う。そして，広げた牧草を梱包する前にかき集めて列にする。草刈り機にはコンディショナー（調節機）やクリンパー（ローラー機械）が装備されていることがあるが，それらは穀物を切って波形にし，水分喪失の速度を速めるためにクチクラ（注：角皮素やろうでつくられる層で，主に水分の蒸発を防ぐ役割をする）を壊す鋼製の殻ざおである。

　乾燥を速めるために，列になった牧草をひっくり返し空気にさらすためにインバーター（裏返し機）も使われる。いくつかの国々では，通気を促すために，三脚の台やフレームの上で乾草をつくる。これらの多くの作業によって牧草の乾燥速度をかなり速めることができるが，方法によっては，葉が粉々になったり微粒子の損失が増えたり，牧草が砂によって汚れたりもする。これらの問題により牧草のタンパク濃度が減ったり，灰分濃度が増したりすることがある。

● 乾草の質を最大限に高めるための管理戦略

　乾草の栄養価，収穫高，衛生的品質を最大限に高めるためには，さまざまな戦略が必要である。はじめに，生産システムのニーズに応じて，その場所に適した牧草の改良種や改良品種を選ぶこと。牧草用農地が持つ成長の潜在力を十分に発揮させ，農地を雑草がない状態にするためには，優れた農業手腕が必要である。乾草の栄養価と収穫高を最大限に高めるためには，収穫時に成熟していることがおそらく最も重要な要因となるだろう。乾草づくりに使ういろいろな種類の牧草の，収穫時の最適な成熟ぶりを表すためにさまざまな農業指標が開発されてきた。

　例えば，アルファルファは蕾状期の中頃や後期に収穫することがよくあるが，バミューダグラスは，4～5週間の再生間隔で収穫するとよい。乾草の質を最大限に高めるために，これらの指標に細心の注意を払うことが重要である。予定していた収穫日の数週間前に，窒素肥料を戦略的に用いることで，粗飼料の粗タンパク（CP）濃度を増すことができるが，この投資に対する利潤をそれぞれのシステムごとに慎重に評価するべきである。

　雨の日や湿度の高い日や牧草に露が付いている日に収穫することのないように，乾草づくりは天気予報を注意深く調べてから計画するべきである。牧草を刈り取ったら，DM濃度85％かそれ以上になるまで，できるだけ短時間で適切な期間しおれさせる。乾燥補助器具が，過度に葉が混ぜ合わされたり，DM喪失を起こしたり，牧草が砂で汚れたりしないかぎり，必要に応じてその器具を使う。

　乾草の損傷を最小限にし，栄養価を増すために収穫時に添加物を加えることもある。プロピオン酸は強力な抗真菌薬であり，新鮮な乾草重量の1～2％の割合で使用し，カビの成長と乾草が熱を生じることを防ぐためにうまく使われてきた（Rotzら，1991）。

　無水アンモニアを約3％の割合で，ビニールで梱包された乾草に注入する方法は，乾草が熱を生じることやカビの成長を減らし，乾草のCP濃度と消化率を増すための非常に効果的な戦略である。アンモニアや有機酸は腐食性があるため，扱う際には適切な安全対策が必要である。緩衝化した有機酸は腐食性がもっと少ないが，等価のプロピオン酸塩を比較的高い割合（1％以上）で使えば，プロピオン酸と同じくらい効果的である（Rotzら，1991）。乾草梱包の切断端への尿素液散布が，重大な危害を招くことなく，アンモニア化の利点をある程度提供してきた。いろいろな乳酸菌の接種剤や酵素が，乾草の質を高めるために使われてきたが，結果はさまざまであった（Rotz and Shinners, 2007；Kruegerら，2008）。

　保管中の質の低下と劣化しやすさとカビの成長を最小限に抑えるために，乾草梱包を適切に保管する必要がある。乾草をカバーしないと栄養素が雨で外ににじみ出て，その損失は，屋根のある小屋で乾草梱包を保管した場合の損失と比べて2倍以上になることがある（**表20-1**）。質を保ち，気候，有害生物，腐敗性微生物が乾草に及ぼす悪影響を最小限に抑えるためには，乾草梱包を囲まれた小屋で保管することが最も効果的である（Rotz and Shinners, 2007）。もしそれができない場合は，乾草梱包を農地の水はけがよい場所に山のように積み重ねて置き，防水シートか適切なビニールシートで覆う。

　近年，ヘイレージ（乾草とサイレージの中間物）をつくるために，高水分（50～70％）の乾草梱包をビニールで包むことが注目されている。乾草の代わりにヘイレージをつくることの主な利点は，牧草から喪失する水分が少なくて済むこと，収穫時間帯が短くて済むこと，葉とDMの喪失が少ないこと，屋外で保管する場合に雨から梱包を保護できることである（West

表20-1　乾草の収穫作業と保管作業の間に起こる標準的な乾物喪失と養分変化（出典：Rotz and Shinners, 2007）

	平均DM喪失量（% DM）	養分濃度の変化（%単位）		
		CP	NDF	DDM
豆類				
刈り取る	1	−0.4	0.6	−0.7
広げる	3	−0.5	0.9	−1.2
かき集める	5	−0.5	1.0	−1.2
梱包する（大きな丸い形）	6	−1.7	3	−4.0
屋内で乾草を保管	5	0.7	2.1	−2.1
屋外で乾草を保管	15	0.0	5.0	−7.0
草類				
刈り取る	1	0.0	0.0	0.0
広げる	1	−0.2	0.4	−0.4
かき集める	5	−0.3	0.5	−0.6
梱包する（大きな丸い形）	6	−1.0	1.8	−2.0
屋内で乾草を保管	5	−1.3	3.2	−1.8
屋外で乾草を保管	12	0.0	8.0	−4.8

CP＝粗タンパク，NDF＝中性デタージェント繊維，DDM＝可消化乾物

表20-2 サイレージ細菌の主な発酵経路の酸性化効率と発酵効率 (Rooke and Hatfield, 2003より引用)

微生物	経路	基質	生成物	回収率(%) エネルギー	乾物
乳酸菌	同種発酵性	グルコース	2乳酸塩	96.9	100
乳酸菌	異種発酵性	グルコース	1乳酸塩+1酢酸塩+二酸化炭素	79.6	83
乳酸菌	異種発酵性	グルコース	1乳酸塩+1エタノール+二酸化炭素	97.2	83
イースト		グルコース	2エタノール+二酸化炭素	97.4	51
クロストリジウム		グルコース	1酪酸塩+二酸化炭素	77.9	66
腸内細菌		2グルコース	2乳酸塩+1酢酸塩+1エタノール+二酸化炭素	88.9	83

and Waller, 2007)。これらの要因によってヘイレージ内の可消化養分の回復が増し，収穫のタイミングの融通性も増す (West and Waller, 2007)。

これらの利点を実現するために，ヘイレージをつくるための牧草は，特定の種類では適切な成熟段階に収穫し，梱包する前にDM50～65％までしおれさせ，梱包のあと直ちに6～8ミル（注：1ミル＝0.0254mm）のビニールラップで6～8重に巻く。包んだ梱包は，水はけがよく，牛や有害生物によってビニールに穴を開けられないような場所で少なくとも3週間は保管し，損傷を最小限に抑えるために梱包を開けてから2～4日間以内に牛に与える。

サイレージづくり

サイレージは，嫌気条件下で保管した牧草に起こる単糖類と二糖類の細菌発酵による産物である。サイレージは，米国のほとんどの乳牛用飼料の重要な要素である。これらの主な役割は，可消化繊維と発酵性糖質からエネルギーを供給すること，唾液分泌を促すことで第一胃の酸産生を和らげること，乳脂肪合成を高めること，飼料栄養素の第一胃微生物発酵を促進させるルーメンマットを維持することである。コーンサイレージは，発酵性が高く，エネルギー価も高いことから，米国の乳牛用飼料の中で最も広く利用されているサイレージである。その他の重要なサイレージは，アルファルファ，小顆粒穀草類，暖地型牧草，寒地型牧草から作られる。

サイレージをつくるには，牧草を収穫し細断し，現場まで運搬し，そこでそれらを降ろし，サイロの中にまとめて，その後酸素が入らないように適切に密閉する。米国でよくみられるサイロのデザインは，バンカー，袋，ドライブ・オーバー・パイル，タワー・サイロだが，他の国々では，ピット（立坑）や小袋サイロが一般的である。

●サイレージ発酵

サイロに貯蔵している間，植物内の発酵性の糖は，嫌気性細菌によって有機酸に発酵する。酸産生によってpHが3.6～4.5に下がり，養分を低下させ正常な発酵を妨げるあまり好ましくない微生物の成長が抑制される。成長している植物にはサイレージの質を高めるか低めるさまざまな細菌が含まれている。したがって，サイレージの発酵と質は，どの種類の細菌が発酵に影響を及ぼしているかによって左右される。

最も望ましい細菌はホモ（同種）発酵性乳酸菌であり，これはDMを喪失させずに，ごくわずかなエネルギー喪失を生じさせるだけで植物の糖を乳酸に発酵させる（**表20-2**；McDonaldら，1991）。この経路の高い効率は，乳酸の強さと，乳酸が他の有機酸と比較してより急速にpHを低下させられる能力を示している。このような乳酸菌の例として，*Lactobacillus plantarum* と *Pediococcus pentosaceus* が含まれる。

次に望ましい細菌のグループはヘテロ（異種）発酵性経路を通して，糖を乳酸，酢酸，プロピオン酸，アルコール，二酸化炭素のようないくつかの最終産物に発酵させる。それゆえに，DMとエネルギー回収が，ヘテロ（異種）発酵性経路では低くなることがある (Rooke and Hatfield, 2003)。

一次発酵の間に作られた乳酸は，特に粗飼料の水分濃度が高い時に，二次発酵と呼ばれるプロセスの間に，クロストリジウムによってさらに酪酸に発酵されることがある。これによりpH減少の速度と度合いが減り，腸内細菌とともにクロストリジウムがタンパクとペプチドを加水分解し，サイレージタンパクの質が低くなるようにアミノ酸からアミノ基を取り去る。皮肉なことに，クロストリジウムサイレージの酪酸濃度が高いと，その抗菌特性によってサイレージの保存可能期間（好気的安定性）が長くなる。しかし，酪酸サイレージは鼻にツンとくる悪臭がするので，牛のサイレージ摂取量は減る。

● サイレージの望ましくない微生物

　フィードアウト（サイロに貯蔵している期間が終わった後）の間，不適切な管理によって，病原性があったり，熱を生じさせたり，栄養素やDMをかなり喪失させたりすることがある好気性微生物が増殖することがある。この節では，いくつかの主要な障害性微生物がサイレージに及ぼす影響について説明する。

イースト（酵母）

　イーストは，サイロを開けた直後に広がる酸性条件下で成長することができるので，ほとんどのサイレージで好気的障害をはじめる好気性菌である（Pahlowら，2003）。いくつかのイーストによる乳酸塩の利用により，pHが上がり，好気的障害をひどくする日和見真菌と日和見細菌の成長が起こりやすくなる。

　乳酸塩を利用するイーストの例は，*Candida*（カンジダ）種と*Pichia*（ピチア）種であり，*Saccharomyces*（サッカロミセス）種は乳酸塩を利用しない（McDonaldら，1991）。いくつかのイースト（例えば，*Saccharomyces cerevisiae*）は，植物の糖を嫌気条件下でアルコールや二酸化炭素に発酵させることもできる。それゆえに，サトウキビのような糖を多く含む粗飼料類は，主としてエタノール発酵をする。

カビ（真菌）

　サイレージのカビは，糖，タンパク，細胞壁構成成分のような栄養素を利用する日和見性の好気性真菌であり，サイレージの嗜好性を低下させ（McDonaldら，1991），サイレージの障害を増大させる。このような影響に加えて，*Aspergillus fumigatus*（アスペルギルス・フミガーツス）カビは，牛のアスペルギルス症や出血性腸症候群と関連がある（Puntenneyら，2003）。これらの病気は，アレルギー反応，呼吸器系疾患，肺炎，飼料摂取量や泌乳量の減少，腸出血，出血性下痢とそれぞれ関係がある。

　しかし，サイレージのカビの最もよく知られる影響は，おそらくそれらが産生するマイコトキシン（真菌毒素）によって起こり，それにより，牛に繁殖障害，肝臓障害，流産，そして飼料摂取量，成長，泌乳量の低下のようなさまざまなマイコトキシン中毒症や症候群が引き起こされる。サイレージのマイコトキシンには，青カビ（PR毒素，ミコフェノール酸，ロケフォルチンC，パツリン），フサリウム（デオキシニバレノール，ゼラレノン，T-2毒素），アスペルギルス種（アフラトキシン，グリオトキシン，フミトレモーゲン，フ

ミガクラビン）によって産生されるものが含まれるが，その他にも存在するかもしれない（Whitlow and Hagler, 2009）。

　マイコトキシン産生は，植物が農地で育っている間やサイロに貯蔵している間に起こることがある。収穫や充填の遅れ，不適切な梱包や密閉，フィードアウトの速度が遅いこと，貯蔵庫やビニール袋の損傷などでマイコトキシン産生の原因となるポケット（空隙）ができる（Whitlow and Hagler, 2009）。Queirozら（2009）は，サビの付着したトウモロコシサイレージのアフラトキシンのレベルが，米国食品医薬品局によって定められている違法レベルを超えていたことを示した。作物のその他の病気や虫害によっても，マイコトキシンに汚染されやすくなるだろう。

バチルス

　バチルスは通性嫌気性芽胞形成菌であり，芽胞があるので，牛乳殺菌や沸騰温度を含めた厳しい環境温度にも耐性がある（Pahlowら，2003）。バチルス種は，ある時はサイレージの好気的障害を引き起こすことに関わり（McDonaldら，1991），またある時は，劣化しているサイレージにおいてイーストの直後に発育する（Pahlowら，2003）。

　セレウス菌の芽胞は，無傷のままで消化管を通ることができ，乳牛の乳汁を汚染し，殺菌温度を乗り切り，牛乳やクリームの保存可能期間を短くする（Pahlowら，2003）。さらに，この細菌によって作られたエンテロトキシンは，食物経由の病気，特に嘔吐と下痢を引き起こす（Ankolekarら，2008）。

リステリア

　リステリアは日和見好気性細菌か通性嫌気性細菌で，免疫不全の動物や人に高い死亡率や，髄膜炎，脳炎，敗血症，胃腸炎，乳房炎，流産などの広範な病気を引き起こす（McDonaldら，1991）。リステリア菌がこれらの病気の主要原因であり，広範囲の気温，水中活力，pHに耐えられるので，この菌はいたるところに存在する（Pahlowら，2003）。リステリア菌は汚染されたサイレージから乳汁に感染することがあるが，十分な殺菌によって破壊できる（Griffiths, 1989）。

クロストリジウム

　クロストリジウムは土壌中で生育し，大部分は偏性嫌気性芽胞形成菌で，特に植物の水分レベルが高く（70%以上），pHが高く（4.6以上），温度が高く（30

℃以上),緩衝能力が高い場合に低糖サイレージでよく育つ。

サイレージにみられるこれらの菌には,糖分解のタイプ (例えば, Clostridia butyricum, Clostridia tyrobutyricum) と糖とアミノ酸の両方を発酵するタイプ (例えば, Clostridia sporogenes, Clostridia perfringens) が含まれる (Pahlow ら,2003)。クロストリジウムによるタンパク分解の間に産生される生体アミンのいくつかは毒性があり,ほぼすべてに刺激臭があり,摂食量,第一胃運動性,反芻動物の成長を低下させる (Van Os ら,1995; Phuntsok ら,1998; Fusi ら,2004)。サイレージからの Clostridia perfringens によって出血性腸症候群が引き起こされると考えられていたが,この見解は疑問視されている (Dennison ら,2002)。

サイレージで発生することはまれであるが (Driehuis and Elferink, 2000), Clostridia botulinum はサイレージ発酵が失敗して pH 5.3 以下にならなかった場合,サイレージで成長し神経毒を産生することがある (Notermans ら,1979)。サイレージから牛乳に感染したクロストリジウムの芽胞は,乳製品に後からダメージをもたらす酪酸発酵を引き起こすことがある (McDonald ら,1991)。これは,牛乳の鼻につく臭いと腐った風味,およびチーズの大きさを 2 倍にするような副産物によって特徴付けられる (Cocolin ら,2004)。

腸内細菌

腸内細菌は,pH が高い (6.5 以上; McDonald ら,1995) 場合に,水溶性の炭水化物を得るために乳酸菌と争う,グラム陽性の通性嫌気性菌である。エルビニア菌種は,サイレージによくみられるが,エンテロバクター属で最も悪名高いメンバーは,大腸菌 O157：H7 である。サイレージが肥料やかんがい用水を通して病原菌によって汚染されることがあるが (Weinberg ら,2004),サイロに貯蔵している間に pH が 4 ～ 5 以下になれば,通常,病原菌は除去される (Bach ら 2002; Chen ら,2005; Pedroso ら,2010)。

しかしサイレージ・フィードアウトの間の pH が高いと,病原菌の成長が促進されることがある (Reinders ら,1999; Queiroz ら,2009)。クロストリジウムのように,腸内細菌はサイレージのアミノ酸からアミノ基とカルボキシル基を取り去り,その結果,アンモニアと生体アミン産生が高まり,牛による摂取量が低下するリスクが増し,牛が非効率的に窒素利用を行うようになる。

サイレージに貯蔵された牧草の硝酸エステルの毒性量が蓄積されることで,牛や人間の血液の酸素運搬能力が低下したり,繁殖障害や死亡を引き起こしたりする (Hill, 1999; Weinberg ら,2004)。通常,サイレージの大腸菌は硝酸エステルを分解させる効果がある (McDonald ら,1991) が,それらは硝酸エステルを窒素酸化物に変質させ,それが,農場労働者が「サイロを詰める人の病気 (silo fillers disease)」として知られる呼吸器疾患に罹る原因となる (Weinberg ら,2004)。Muck and Kung (2007) は,少量の二酸化窒素 (NO_2) と四酸化窒素 (N_2O_4) の吸入によって慢性的な呼吸器系疾患や死亡が引き起こされることがあると指摘し,サイロに貯蔵する最初の 3 週間はこれらの化合物が産生するので,肉牛生産者や乳牛生産者はサイレージに近づかないようにすることを強調している。

● サイレージの品質と衛生状態を向上させるための管理戦略

確実に,衛生的で高品質のサイレージを家畜に与えるためには,いくつかの管理実務が必要である。容量比を緩和するために,水溶性が高い炭水化物を持つ牧草の種類のみが,サイロに貯蔵するのに理想的である。比率が低い作物は,理想的な発酵が起こるには,糖が不足しているか,あるいは過剰に緩和されているかもしれない。

DM 濃度,栄養価,収穫高を最適にする成熟期に収穫することもサイレージづくりできわめて重要である。粗飼料の収穫が遅すぎるとイーストやカビの成長に有利なポケット(空隙)の発生が増すので,品質が障害されやすくなる。収穫が早すぎると流出汚水ができる。流出汚水が水路に漏出すると,その高い生物学的酸素要求量によって海洋生物の重大な喪失が起こる可能性がある。それゆえに,サイロに貯蔵するさまざまな種類の牧草をいつ収穫するか正確に予測するために,牧草の水分濃度を測定するべきである。

収穫時の理想的な水分濃度は牧草の種類によって異なる。トウモロコシ,寒地型牧草,マメ科植物,暖地型牧草は,DM 濃度がそれぞれ 30 ～ 35％,30 ～ 35％,40 ～ 45％,40 ～ 45％ ならばサイレージづくりに成功している。立っている作物を水分濃度がより高い状態で収穫する場合,クロストリジウム発酵が起こらないように,農地でしおれさせるべきである。

収穫した牧草は,サイロにぎっしり詰められるような適切な大きさに細かく切るが,繊維の均質性が損なわれないようにする。穀物サイレージは,穀物の種皮を切り裂いて,穀物に入っている発酵性炭水化物を家

畜が利用できるようにするために，加工したり押しつぶしたりする必要のあることがある。この加工は，牧草収穫機に付いている狭い間隔で並んだ2つのローラーに，牧草を通過させることで行うことができる。このような場合，繊維の均質性を維持するために，作物の長さをより長くする必要があるかもしれない。

サイロに詰めている間，牧草を薄い層に広げ，バンカーサイロでは15cm以上にならないようにし，密度が約240kgDM/m^3か，それ以上になるようにぎっしり詰める。なぜなら，密度が高いと，酸素が十分サイレージから抜け，発酵が最大限になるからである。サイロを詰めたらすぐに，サイレージ塊の側面と上面をビニールシートで覆い，上部のシートの上にタイヤか砂袋を重しにして乗せ，酸素が入るのを防ぐ。

フィードアウト段階の間は，サイロへの酸素の侵入を最小限に抑える戦略が重要となる。それゆえに，サイロの表面のサイズを最小限にすることを目的としてサイロをデザインしなければならない。サイロのビニールに開いた穴やサイロの壁にできたひびはすぐに塞ぐ（Muck and Kung, 2007）。酸素の侵入と熱を生じさせることを最小限に抑えるために，ストレートサイロの表面のメンテナンスが必要である。このためには，シェーバーやブロックカッターのような機械装置が効果的である。サイレージ・フィードアウト速度を速くすることも，サイロの表面を酸素にさらす時間を減らすために重要である。このためには，少なくとも15cm/日の速度にすることが推奨されている（Muckら，2003；Whitlow and Hagler, 2009）。

乾草とサイレージの質を向上させるために，いくつかの添加物がうまく活用されている。例えば，約1％の割合でアンモニア処理を施すと，牧草中のリグノ多糖類の連鎖を加水分解し，窒素濃度を増し，カビの成長を抑えることがある。割合を高くすると，発酵が抑制され，4-メチル・イミダゾールが形成されやすくなるが，これは牛に対して毒性を持つことがある。蟻酸と硫酸はサイレージの発酵を促進するために使われており，プロピオン酸を添加するとフィードアウトの間に熱の生じることが減る。害の少ない緩衝化した酸を用いた製品は現在，一般に入手可能であり，その多くは，重量の2～3g/kgを用いて好気的安定性を高めるのに効果的である（Kungら，2000）。

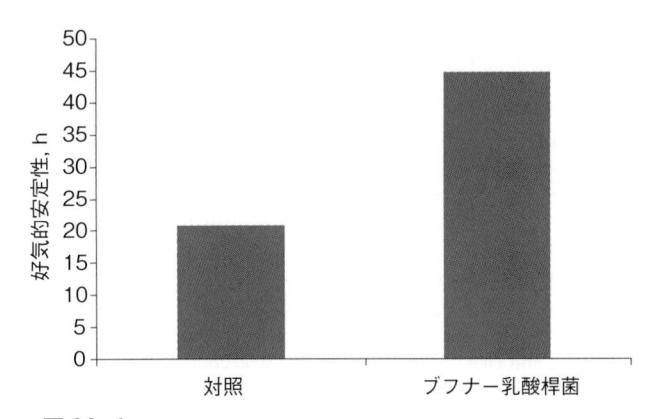

図20-1
トウモロコシサイレージの好気的安定性に及ぼすブフナー乳酸桿菌接種の効果（Pedrosoら，2010）

牧草の保存に使われる細菌接種源は，目的によって分類することができる。ホモ（同種）乳酸接種源には，水溶性炭水化物を乳酸塩に発酵させる細菌が含まれる。これによりpHが急激に下がり，DM喪失とエネルギー喪失が最小限に抑えられる。ヘテロ（異種）乳酸接種源には，ブフナー乳酸桿菌（*Lactobacillus buchneri*）のような細菌が含まれ，それにより，発酵がもっと緩やかになるが，**図20-1**に示したように，好気的安定性を増す酢酸のような抗真菌化合物の産生が増す。両方の種類の細菌を組み合わせたものも利用できる。一般的に，細菌接種源が効くためには，新鮮な牧草の10^5cfu/gの割合の接種が必要である。

まとめ

牧草は，エネルギーとさまざまな栄養素の大切な源であり，乳牛の第一胃機能，成績，健康を向上させるために，飼料として戦略的に用いることができる。しかし，栄養供給のための牧草の潜在力を生かすには，植物，気候，土壌，管理などの要因が，どのように結びついて収穫高や質に影響を及ぼすかについて，適切に理解することが必要である。

多くの酪農生産システムでは，採食用牧草よりも貯蔵された牧草の方がより幅広く使われているが，適切につくらなければ，有害になったり，病原性が高くなったりしやすい。したがって，衛生的で安全で栄養価が高いような牧草飼料を確保するためには，優れた乾草やサイレージの管理実務が不可欠である。

文献

Ankolekar, C., Rahmati, T., Labbe, R.G. (2008). Detection of toxigenic *Bacillus cereus* and *Bacillus thuringiensis* spores in US rice. *International Journal of Field Microbiology*, 128(3): 460–466.

Bach, S.J., McAllister, T.A., Baah, J., Yanke, L.J., Veira, D.M., Gannon, V.P.J., Holley, R.A. (2002). Persistence of *Escherichia coli* O157:H7 in barley silage: effect of a bacterial inoculant. *Journal of Applied Microbiology*, 93:288–294.

Brown, W.F., Adjei, M.B. (1995). Urea ammoniation effects on the feeding value of guineagrass (*Panicum maximum*) hay. *Journal of Animal Science*, 73:3085–3093.

Chen, Y., Sela, S., Gamburg, M., Pinto, R., Weinberg, Z.G. (2005). Fate of *Escherichia coli* during ensiling of wheat and corn. *Applied Environmental Microbiology*, 71:5163–5170.

Cocolin, L., Innocente, N., Biasutti, M., Comi, G. (2004). The late blowing in cheese: a new molecular approach based on PCR and DGGE to study the microbial ecology of the alteration process. *International Journal of Field Microbiology*, 90:83–91.

Coleman, S.W., Moore, J.E., Wilson, J.R. (2004). Quality and utilization. In: *Warm-Season (C4) Grasses*, ed. L.E. Moser, B.L. Burson, L.E. Sollenberger. 267–308. Madison, WI: Monograph 45, ASA-CSSA-SSSA.

Dennison, A., VanMetre, D., Callan, R., Dinsmore, P., Mason, G., Ellis, R. (2002). Hemorrhagic bowel syndrome in dairy cattle: 22 cases (1997–2000). *Journal of the American Veterinary Medical Association*, 331:686–689.

Driehuis, F., Elferink, S. (2000). The impact of the quality of silage on animal health and food safety: a review. *Veterinary Quarterly*, 22(4): 212–216.

Fusi, E., Rossi, L., Rebucci, R., Cheli, F., Di Giancamillo, A., Domeneghini, C., et al. (2004). Administration of biogenic amines to Saanen kids: effects on growth performance, meat quality and gut histology. *Small Rumuminant Research*, 53(1–2): 1–7.

Griffiths, M.W. (1989). *Listeria monocytogenes*: its importance in the dairy industry. *Journal Science of Food Agriculture*, 47:133.

Hanna, W.W., Sollenberger, L.E. (2007). Tropical and subtropical grasses. In: *Forages, The Science of Grassland Agriculture*, 6th ed., ed. R.F. Barnes, C.J. Nelson, K.J. Moore, and M. Collins, 245–256. Ames, IA: Blackwell.

Hill, J. (1999). *Nitrate in Ensiled Grass: A Risk or Benefit to Livestock Production*. London, UK: Royal Society of Chemistry.

Krueger, N.A., Adesogan, A.T., Staples, C.R., Krueger, W.K., Kim, S.K., Littell, R.C., et al. (2008). Effect of method of applying fibrolytic enzymes or ammonia to bermudagrass hay on feed intake, digestion, and growth of beef steers. *Journal of Animal Science*, 86:882–889.

Kung, L., Robinson, J.R., Ranjit, N.K., Chen, J.H., Golt, C.M., Pesek, J.D. 2000. Microbial populations, fermentation end products, and aerobic stability of corn silage treated with ammonia or a propionic acid-based preservative. *Journal of Dairy Science*, 83:1479–1486.

McDonald, P., Henderson, N., Heron, S. (1991). *The Biochemistry of Silage*, 2nd ed. Marlow, UK: Chalcombe.

McDonald, P., Greenhalgh, J.F.D., Edwards, R.A. (1995). *Animal Nutrition*. Harlow, UK: Longman Scientific & Technical.

Muck, R.E., Kung, L. Jr. (2007). Silage production. In: *Forages, The Science of Grassland Agriculture*, 6th ed. ed. R.F. Barnes, C.J. Nelson, K.J. Moore, and M. Collins, 617–634. Ames, IA: Blackwell.

Muck, R.E., Moser, L.E., Pitt, R.E. (2003). Postharvest factors affecting ensiling. In: *Silage Science and Technology*, ed. D.R. Buxton, R.E. Muck, and J.H. Harrison, 251–304. Madison, WI: American Society of Agronomy, ASA, CSSA, and SSSA.

Notermans, S., Kozaki, S., Van Schothorst, M. (1979). Toxin production by *Clostridium botulinum* in grass. *Applied Environmental Microbiology*, 38:767–771.

Pahlow, G., Muck, R.E., Driehuis, F., Oude Elferink, S.J.W.H., Spoelstra, S.F. (2003). Microbiology of ensiling. In: *Silage Science and Technology*, ed. D.R. Buxton, R.E. Muck, and J.H. Harrison, 31–93. Madison, WI: American Society of Agronomy, Crop Science Society of America, and Soil Science Society of America.

Pedroso, A.F., Adesogan, A.T., Queiroz, O.C.M., Williams, S.K. (2010). Control of *E. coli* O157:H7 in corn silage with or without various inoculants: efficacy and mode of action. *Journal of Dairy Science*, 93:1098–1104.

Phuntsok, T., Froetschel, M.A., Amos, H.E., Zheng, M., Huang, J.W. (1998). Biogenic amines in silage, apparent post-ruminal passage, and the relationship between biogenic amines and digestive function and intake by steers. *Journal of Dairy Science*, 81(8): 2193–2203.

Puntenney, S.B., Wang, Y., Forsberg, N.D. (2003). Mycotic infections in livestock: recent insights and studies on etiology, diagnostic and prevention of Hemorrhagic Bowel Syndrome. *Southwest Nutrition and Management Conference, Pheonix*, pp. 49–63. University of Arizona, Department of Animal Science, Tucson, AZ.

Queiroz, O.C.M., Adesogan, A.T., Kim, S.C. (2009). Can bacterial inoculants improve the quality of rust-infested corn silage? *Journal of Animal Science*, 87(Suppl. E): 543. Abstract 663.

Reinders, R.D., Bijker, P.G.H., Oude Elferink, S.J.W.H. (1999). Growth and survival of vertoxigentic *E. coli*. *Proceedings of the 2nd Verocytotoxigenic E. coli in Europe Meeting*, pp. 18–27. Athens: Agricultural University of Athens, Greece.

Rooke, J.A., Hatfield, R.D. (2003). Biochemistry of ensiling. In: *Silage Science and Technology*, ed. D.R. Buxton, R.E. Muck, and J.H. Harrison, 95–139. Madison, WI: American Society of Agronomy, ASA, CSSA, and SSSA.

Rotz, C.A., Shinners, K.J. (2007). Hay harvest and storage. In: *Forages, The Science of Grassland Agriculture*, 6th ed., ed. R.F. Barnes, C.J. Nelson, K.J. Moore, and M. Collins, 601–616. Ames, IA: Blackwell.

Rotz, C.A. Davis, R.J., Buckmaster, D.R., Allen, M.S. 1991. Preservation of alfalfa hay with propionic acid. *Applied Engineering in Agriculture*, 7:33–40.

Slocombe, J., Lomas, L. (2008). Control and prevention of hay fires. *Kansas State University Extension Report No. MF2853*. Kansas State University Agricultural Experiment Station and Cooperative Extension Service.

Van Os, M., Lassalas, B., Toillon, S., Jouany, J.P. (1995). In-vitro degradation of amines by rumen microorganisms. *Journal of Agricultural Science*, 125:299–305.

Vander Horst, A., Muir, J.P., Stokes, S., Prostko, E., Pope, J. (1998). Winter small grains for green chop and silage on the Vander Horst Dairy, Stephenville, 1997–1998. Forages of Texas. http://foragesoftexas.tamu.edu/pdf/hoerst.pdf (accessed May 15, 2011).

Weinberg, Z.G., Ashbell, G., Chen, W., Gamburg, M., Sela, S. (2004). The effect of sewage irrigation on safety and hygiene of forage crops and silage. *Animal Feed Science Technology*, 116:271–280.

West, C.P., Waller, J.C. (2007). Forage systems for humid transition areas. In: *Forages, The Science of Grassland Agriculture*, 6th ed., ed. R.F. Barnes, C.J. Nelson, K.J. Moore, and M. Collins, 313–322. Ames, IA: Blackwell.

Whitlow, L.W., Hagler, W.M. (2009). Mycotoxin contamination of feedstuffs—an additional stress factor for dairy cattle. www.cals.ncsu.edu/an_sci/extension/dairy/mycoto~1.pdf (accessed May 15, 2011).

Wild, L.G., Chang, E.E. (2009). Farmers Lung. emedicine. medscape.com/article/298811-overview (accessed May 15, 2011).

Wilson, J.R. (1993). Organization of forage plant tissues. In: *Forage Cell Wall Structure and Digestibility*, ed. H.G. Jung, D.R. Buxton, R.D. Hatfield, and J. Ralph, 1–32. Madison, WI: ASA, CSSA and SSSA.

※ 第21章

酪農生産における応用統計分析

Pablo J. Pinedo

要約

酪農生産の管理において，データ分析は重要である。応用統計分析および疫学の基本的概念は，酪農家の日常業務に有益である。

本章では，いくつかの基本的な分析および疫学の概念について触れ，農場の情報を実用的に分析できるようにして，一般的な専門用語や手順を獣医師に普及することを目的とする。

序文

この数十年間において酪農生産業は劇的な変化を遂げており，重点は個々から集団へとシフトしている。生産獣医療は統合された，積極的なデータに基づく，経済的な概念によって疾病の予防と成績の増進を目標としていると特徴付けられている（LeBlancら，2006）。これに関連し，酪農家は農場における群単位の健康管理システムによって得られた数値データを分析，解釈する頻度がますます増加している。定期的な報告書，「オン・ファーム」ソフトウェア，Dairy Herd Improvement Association（DHIA）のような業績管理プログラムによって日常的に大量のデータが得られる（Ruegg, 2006）。

しかし，さまざまな理由によって多くの場合，これらのデータから実質的な利益を得ることはできない。一方で酪農科学や獣医学に関する現在の科学文献は統計的方法論のデータ分析に基づいており，批評的解釈をするためには酪農家の予備知識が必要とされることがある。

本章は統計学的および疫学的分析に適用される一般的な概念について記載して，データおよび疫学的分析に使用される一般的な専門用語や手順を獣医師に普及すること，さらに牧場で得られるデータの実用分析に応用できる概念を明確にすることを目的としている。

データの特性

特性（nature）によって変数（variable）は質的（qualitative）および量的（quantitative）の2つのグループに分けられる。質的（カテゴリー，category）変数にはカテゴリー化されるデータ（data）を含み，2項式（binominal）（例：はい／1　いいえ／0）に分類，または複数のカテゴリーに分類されることもある。

例えば，妊娠によって起こり得る結果には，難産，死亡，またはヨーネ病感染などがある。カテゴリーに特有の順序（inherent order）が存在する場合，順序データ（ordinal）と呼ばれる。例として，疾患の重症度（下痢なし，軽度下痢，重度下痢）がこれである。

カテゴリー変数（categorical variable）が順序立てられていない場合は名義変数（nominal variable）と呼ばれる（Agresti, 1996）。量的データは特定の変数の量を測定する。これらの観測は連続尺度（continuous scale）によって行われることがあり（2点間のすべての可能値，例：乳量），あるいは整数値（integer value）のみ適用される拡散尺度（discrete scale）によって行われる（妊娠までの日数）。

量的変数として乳タンパク量，授精回数，体細胞数，細菌数，飼料の食べ残し量または体重が挙げられる。反応（response）（従属，dependent）変数の特性は適切な統計的検査（statistical test）を選択するのに重要であり**表21-1**に記載している。

データの要約と最も多い分布

データの要約に最も多く用いられる3つの統計値が

表 21-1 統計的検査およびデータの特性

結果変数の特性	例	適用される検査
量的	子牛の体重，乳生産量	t-検定，分散分析，相関分析，回帰分析
質的（カテゴリー）	子宮炎，ヨーネ病感染，淘汰，死亡の発生	カイ自乗検定，ロジスティック回帰分析，生存率分析

あり，それが①「中間値 (mean), 平均値 (average)」，②「中央値 (median)」，③「標準偏差 (SD, standard deviation)」である。

中間値と中央値はデータの中心 (center, 中心傾向：central tendency) を決定することに使用され，SD は平均の拡がり（分散，dispersion）を測定することに使用される (Freedman ら, 1998)。平均値は観測数値の合計を個数で割った数値に相当する。これらの統計は牛ごとの1日乳量，初回授精までの日数，妊娠ごとの授精回数を要約したDHIAの農場報告書に何度も登場する。中央値は中間観測値 (middle observation) であり，数値の分散 (distribution) を半分に割った値である (Dawson and Trapp, 2004)。平均値および中央値は中心値 (central value) からどれくらい分散しているかを示していない。

乳量は群単位の牛においては均一であることもあり，あるいは生産量の高い・低い部分母集団に分類されるほど個体差が認められることもある。しかし，どちらにしても平均値は同じになる。このように平均値から得ることは多いものの欠けている情報も存在する。その欠けている情報を提供するのがSDであり，中間観測値からの平方偏差 (squared deviation) 平均の平方根 (square root) と定義されている (Moore and McCabe, 2003)。

変数の特性によってデータは中間値の周囲に分散して，異なる度数分布 (frequency distribution) を示す。最も一般的に認められる分布は正規分布曲線であり，対称のベル型の確率 (probability) 分布を描く (Dawson and Trapp, 2004)。正規分布曲線を描く場合には，ほとんどの項目は平均値よりも1SD離れており，2SD離れていることは少ない。初回繁殖における乳量および体重は正規分布に近い分布を示す良い例である。

二者択一の回答（例：はい，またはいいえ）を得る項目であれば二項分布 (binominal distribution) を示す。この分布はある回数の独立試行 (independent trial) により特定の結果が得られる確率を予測する場合に適用される（例えばコインを100回投げた時，表と出る確率）。

● 確率および有意性

確率はデータ分析において重要な概念であり，ある回数の試行によって特定の結果が起こる回数のことと定義される (Dawson and Trapp, 2004)。母集団 (population) から抽出した標本を使用した試行のすべての結果はその母集団の真値 (true value) を意味している確率と関連している。標本 (sample) は母集団と同一ではないため標本平均または標本比の正確 (accuracy) 度を評価することが大切である (Ott and Longnecker, 2001)。

統計的有意性 (significance) は研究において頻繁に用いられる用語であり，ある結果が偶然のみによって生じるとは考えにくいことを示す。最も多く用いられる有意水準は95%であり（通常，P値が0.05または5%と表現する），100回試行した場合，95回とも結果は同じ結論になることを示している。言い換えると5%の測定誤差（治療方法，効果の多様性など）はランダム変動 (random variation) によって起こったと言える。つまり特定の結果が偶然のみによって起こった確率は5%であるということになる (Slenning, 2006)。

統計的推定 (inference) の応用における重要な概念は仮説 (hypothesis) を検証した場合に起こり得る誤差 (possible error) に関連している。誤差にはタイプⅠおよびタイプⅡがあり，タイプⅠの誤差は帰無仮説 (null hyoothesis：差または効果がないと仮定している) が正しいにもかかわらず棄却してしまう。アルファ (α：1-有意水準，P値) はタイプⅠ誤差を起こす確率である。簡単に言うと，差がないにもかかわらず誤って差があるとしてしまう確率である。

一方，タイプⅡ誤差は帰無仮説が誤っているのにもかかわらず棄却しない (β 誤差)。タイプⅠおよびタイプⅡ誤差に関連する重要な概念は検出力 (power) とP値である。検出力とは帰無仮説が真に誤っている場合に棄却するかまたは対立仮説 (alternative hypothesis) が正しいと適切に断定する（検出力 = 1 - タイプⅡ誤差）確率と定義されている (Dawson and Trapp, 2004)。P値は帰無仮説が正しければ得られた結果よりも極端な統計的検定結果が得られる確率である。得られた誤差は偶然によって生じた確率を表している。多くの研究者は5%の誤差が起こる確率は許容

範囲内としている。

信頼区間（confidence interval, CI）は統計的検定によって推定される数値に関連している。CIは推定値（resultant estimation）±誤差の限界（margin of error）として提供される。この限界は区間に母数（parameter）（真値）が含まれる確率を示し，検定における有意水準によって決まる。P値0.05（5％）が多く使用されるため，最も一般的なCIは有意水準95％であり，95％ CIと表現される。より実用的に言うと，データは変動するため推定を複数回繰り返すとそのうちの95％は信頼区間内に真値（中間値，割合，オッズ比（OR）など）が含まれることになる。

グループ間の比較

●中間値と割合

グループ間の比較のアプローチ法は主に以下の3つの要素によって決まる。データの特性（質的または量的），分布の仕方（正規分布，二項分布など）そして比較するグループの数である。

量的変数を分析する場合，2つのグループの中間値の違いが必ず問われる。初めに「t-検定」を適用する。そのためには以下の3つの仮定が必要である。

> ①各グループの観測値は正規分布に従う。
> ②2つのグループのSDは等しい。
> ③グループ間の観測値は互いに無関係である。
> （Dawson and Trapp, 2004）

1つでも仮定されない場合はデータの変換（例えばlogへの変換）またはノンパラメトリック（nonparametric）検定が適用される（例えばウィルコクソンの順位和検定，Wilcoxon rank sum test）。t-検定を適用したよい例としてProudfootら（2009）が提示したホルスタイン牛の行動に対する難産の影響の分析がある。分娩後，初回の食餌までの時間が難産牛と正常分娩牛で測定された。結果，難産牛の方が平均時間の短かったことが推定t-値によって示された（P = 0.01）。

結果がカテゴリー変数の場合には，アプローチ法は異なってくる。複数のグループにおける特定の結果の回数または頻度が材料となる。例えばBCS（ボディコンディションスコア）が3.5以上またはそれ以下のグループ内の分娩後早期の潜在性ケトーシス牛の頭数がこれに当てはまる。2つのBCSグループ間でケトーシスの割合が異なるかどうかが問題となる。比較グループが2つならばz-検定（z-test）を利用できる。

2つ以上のグループの頻度を比較する場合はカイ自乗（X^2）検定を利用する。この場合，2つの変数の独立性が検定され，母集団をグループ分けする変数がこれらのグループにおいて特定の結果が起こる頻度と関連しているかどうかが問題となる。

カテゴリーデータを解釈するのに役立つ分割表（contingency table）は非常に有用であり，**表21-2**にその一例がある。カイ自乗分析の一例はGulayら（2007）によって提示されており，分娩関連疾患への牛成長ホルモンサプリメントの効果を検証している。牛成長ホルモンサプリメント投与群と対照群を比較したところ，臨床型乳房炎，消化器障害，ケトーシスの罹患率に著しい差が認められ，サプリメント投与群に健康な個体が多く認められた。他の研究（Hernandezら，2005a）ではカイ自乗検定を利用し，「跛行していない・中等度に跛行している・跛行している」と分類された牛が泌乳期に群から離れた割合が比較されている。その結果，これら3つのグループ間に有意差は認められなかった（P = 0.97）。

結果が数的であり3つ以上のグループの中間値を比較する場合，分散分析（analysis of variance：ANOVA）のアプローチ法が適用される。ANOVAの結果に有意性が認められた場合，最低でも2つのグループの中間値が異なり，2つのグループ間またはグループの組み合わせで比較することが可能であることを示している（Dawson and Trapp, 2004）。

ANOVAを適用した場合，t-検定には以下の仮定をしなければならない。

> ①結果の変数は正規分布にしたがう。
> ②変数は各グループで同様でなければならない。
> ③観測値はランダム標本であり独立している。仮定されない場合は他のノンパラメトリック分析（例：Kruskal-Wallis one way ANOVA）を適用する。

表21-2　ヨーネ病の真の感染状況（糞便培養による）および血清ELISAの結果を示す分割表

	真の感染	非感染	合計
ELISA陽性	28	9	37
ELISA陰性	22	78	100
合計	50	87	

ELISA＝酵素結合免疫吸着検定

●反復測定

　データによっては異なる治療法や経時的変化のため，各個体の従属変数に対して複数回の測定が含まれることがある。これは異なる試行の反復として認められ，各試行は異なる状況下における同一の指標の測定を意味している。簡単な例として，ある特定の栄養添加物を与えられた牛と対照牛の1日乳量をある期間にわたって比較する。このような場合，同じ個体が複数回調査されるため，結果変数は独立しておらず（相互関係にある），これは考慮すべき点である。

　酪農生産業において反応変数（response variable）の測定は空間または時間と相互関係にある。例えば群の中にいる牛は空間と相互関係にあり，泌乳期間中に感染区間内にいる牛の感染状況は時間と相互関係にある（Grohnら，1999）。反復測定法はホルスタイン牛においてケトーシスが及ぼす乳生産量への影響を観察する際に適用されている。その結果，ケトーシスは305日間の乳生産量に影響を及ぼさなかった。しかし検査日の乳生産量には大きく影響し，これは同一個体への反復測定（repeated measures）の利点を示している。

変数間の関連性

　状況によって，変数間の関連性を検定することに分析の重点を置く場合や，説明変数（独立変数）の数値に基づく反応を推測する（従属変数）ことに重点を置く場合がある。

●相関と回帰

　相関分析は2つの数値変数（numerical variable）の関連性を測定する場合に適用される（この場合は直線関係，linear relationship）。−1から＋1までの実数値をとる相関係数（correlation coefficient）(r)は完全な負または正の直線関係を示す。結果として相関係数値0は2つの変数間に直線関係がないことを示している（Dawson and Trapp, 2004）。参考として0.5から0.75の相関係数値（または換算した負の値）は中等度の関連性を示し，0.75以上の数値は非常によい関係を示している。相関係数が2乗されている場合（r^2），決定係数はある変数の変動の割合を示し，他の変数の数値を知ることができる。

　変数間の関連性を知るだけが目的ではなく，反応変数の数値を推測することも目的とする場合，線形回帰分析（linear regression analysis）が適用される。この場合，説明変数（explanatory variable）の数値による反応変数を推測する方程式になる（Dawson and Trapp, 2004）。

　方程式に1つの説明変数が考慮される場合は単回帰（simple regression）という用語が用いられる。重回帰（multiple regression）では2つ以上の説明変数が考慮される。回帰分析を適用するのにはここでもいくつかの仮定をしなければならない。また説明変数の各々の数値による反応変数は正規分布を示さなければならない。同様に，これらの点ではSDも同じであるべきである。反応変数と説明変数の間には直線関係があり，反応変数の数値は独立していると仮定されている（Dawson and Trapp, 2004）。

　単回帰分析の一例はLinden (2009)によって提示され，分娩時の母牛の体高（cm）と出生子牛の体重（kg）に認められた関連性に適用されている。この場合には，相関分析から得られたr = 0.4は中等度の線形関連性を示している。他の研究では跛行による305日間の乳生産量の影響について多変数回帰分析が適用されている（Hernandezら，2005b）。跛行は低，中，高の3段階にスコア分けされており，潜在的交絡変数（potential confounding variable）を調整後，高スコアの個体は低スコアの牛よりも747kgも少ない牛乳を生産した結果となった（P = 0.01）。このモデルに含まれた変数は乳生産量の10％の変動を示していた（r^2 = 0.10）。

●ロジスティック回帰

　ロジスティック回帰（logistic regression）は酪農研究において，説明変数が数的およびカテゴリーデータを含み，反応がカテゴリー化している場合，多くは二項式（成功/失敗，または，いいえ/はい）に一般的に適用される。ロジスティック回帰モデルの最も普及されている解釈法はオッズ（可能性，odds）およびORである。オッズとはある事象が起こる確率を起こらない確率で割った尺度である[p/(1−p)]。ゆえにORは特定因子の異なるレベルのオッズ比を比較する方法である。これは，あるグループで事象が起こる確率と別のグループで事象が起こる確率の割合である。ロジスティック回帰の重要な利点は説明変数がランダムな状況と関連しており，これは症例管理研究のような遡及研究で認められる（Agresti, 1996）。

　ORの数値は0よりも大きい，または等しくなくてはならない。数値1は分析と説明変数において関連性はないことを示している。1以下（以上）の数値は負

(正) の関連性を示し，1から最も離れているのが OR であり関連性は最も強い。前述の統計的検定において OR 推定は有意水準 (significance level) に関連している。多くの場合，OR は関連性 95% CI を意味している。実用的に解釈すると，この区間で数値1を含む場合，推定は 0.05 レベルまで有意ではない。

ロジスティック回帰を Moore ら (1991) は牛における早期胚死滅の潜在的危険因子の評価に応用している。結果変数は二分 (胚死滅　はい/いいえ) していた。特に注目された独立変数は人工授精近くの臨床型乳房炎と潜在性乳房炎 (体細胞スコア 4.5 以上) であった。

OR = 2.4 は，もし牛が交配前に潜在性乳房炎に罹っていたら，乳房炎のない牛に比べて 28〜35 日目に 2.4 倍も多く胚死滅が認められることを示している。

ロジスティック回帰の応用の他の例として乳用子牛の健康と生存性への難産の影響が分析されている (Lombard ら，2007)。その結果，死産または生後 120 日以内に死亡した雌子牛のオッズは，無介助分娩であった雌子牛と比べると，重度難産で増加した (OR = 6.7)。別の言い方をすると，重度難産で生まれた雌子牛が分娩前後に死亡するオッズは，無介助分娩で生まれた雌子牛が死亡するオッズに比べて，6.7 倍であった。95% CI は 4.9-9.2 であり，その判定に統計的有意差を示している ($P \leq 0.05$)。ここでは CI が数値 1.0 を含んでいないことがポイントである。

● 時間分析

このカテゴリーでは主に生存率分析 (survival analysis) が行われ，特定の事象が発生するまでの時間が用いられる (Collet, 2003)。この分析方法は疾患の診断後の死亡率の研究のために開発されたが，今日では多くの場における事象の発生に応用される。生存率分析は事象の発生回数のみが含まれるデータにも応用できるが，それよりも事象のリスクが共変量 (covariates) に依存する予測モデル (predictive model) を推定する場合に適用されることが多い (Allison, 2004)。

生存率分析の持つ2つの主な特性はセンサリング (censoring) と時間依存性共変量である。センサリングは多くの場合，失ったデータと関連しており右と左センサリングに分けられる。右センサリングはある個体において興味の終点が認められない時に行われる。これはデータ分析の時点では興味の事象によって個体が苦しんでいない (生存した) ことを示している。さらにフォローアップをし忘れている個体でも同様であり，フォローアップ期間の終点以前までに生存したという情報のみが分かる。左センサリングは観察されたよりも，実際の生存期間が少ないケースに適用される (Collet, 2003)。

説明変数は生存データのモデルとして組み込まれることがあり，考慮される数値は始点で一致する。しかし研究によっては実験過程において特定の説明変数の数値を複数回決定することができる。時間依存性共変量は研究の過程においてその数値が変化し得る。

前述のように生存率分析のアプローチ法は確率 (probability) に基づいており，可変時間 (variable time) は分析モデルを決定する確率分布を示す。この確率分布を表現するのがハザード関数 (hazard function) であり特定の時間内に事象が発生する瞬間的リスク (instantaneous risk) を定量化する (Allison, 2004)。別の中心的関数 (central function) として生存関数 (survival function) があり，特定の事象がある時点においてまだ発生していない確率と定義されている (Collet, 2003)。

時間分析は2つのグループ間における生存率を比較する方法に応用できる。グループ間の違いの程度を定量化する方法は複数存在する。比例 (proportional) ハザードモデルは単純なモデルであり，あるグループ (例：治療群) の個体にいつでも起こり得る事象のハザードを，別のグループ (例：対照群) と比較する。このモデルに推定される統計法はハザード比である。2つのグループのハザードはいつでも比例していると仮定されることが重要である。

Cox 比例ハザードモデルは母牛の生存率に対する死産の影響を調査する際に適用されている (Bicalho ら，2007)。分析には 13,608 頭の牛が対象となり，2,142 頭は死亡または淘汰されており，対象の 84.2% の頭数がセンサリングされた。このモデルの変数は死産の発生，産次数別，難産の発生である。死産をした牛の死亡/淘汰のハザード比は生存子牛を産んだ牛に比べて 1.41 ($P < 0.001$) であり，死産をした牛の死亡/淘汰のハザード比は 41% も高いことを示している。カプラン・マイヤー法 (Kaplan-Meier analysis) を用いて結果をグラフ化することができ，調査の全期間における両グループ (死産 vs 生存子牛分娩) の母牛の生存率が比較された。生存率の中間値は両グループそれぞれ 255 および 270 日間 ($P < 0.001$) であった。

時間依存性共変量の応用は Grohn ら (1998) によって提示され，泌乳期の異なる段階における疾病の影響による淘汰のリスクをモデル化している。この方法に

よって共変量の影響は，調査期間中に変化することが示された。

乳熱，胎盤停滞，第四位変位，ケトーシス，卵巣嚢腫，乳房炎のすべてが泌乳期のある段階で淘汰のリスクを上昇させた。卵巣嚢腫について妊娠状態が考慮された時には，淘汰に対して保護的であった。とりわけ乳房炎は全泌乳期にわたって淘汰に影響を与えた。

最後に，Hernandezら（2005a）によって一例が示されている。妊娠障害のリスクが分析され，中等度の跛行牛と跛行牛のハザード比は1.04と1.21であり跛行のない牛の参考値1.0と比較されている。

疫学的概念

●定義

健康に関連する事象の発生の分析には疫学的概念の適用が求められ，適切な母集団と分析する期間を定義する必要がある。疫学的研究において一般的に使用される専門用語の定義はこれらの概念の適用を容易にし，さらに母集団の調査の解釈を容易にする。

割合（proportion）は酪農業においてしばしば推定され，0.0から1.0までの数値に相当し，分子は分母の部分集合（suset）である。そのため分母で表される各個体は分子内に存在するリスクがある。定時人工授精を行ったすべての牛のうち妊娠した頭数がこれに相当する。

一方で，分子が分母の部分集合ではない場合は比率（ratio）と呼ばれる。分娩のうちの流産の率（両方の事象は互いに排他的である）がこれに相当する。率は時間が考慮されなくてはならない場合に用いられる。数値は0より大きいかまたは等しく，ある時間内に事象を経験するリスクのあるグループの個体数に相当する。そのため分母はリスクのある動物数-時間に相当する。もう1つの例として牛1頭-月ごとのケトーシスの0.01症例数が相当する。他の一般的な例として21日間の妊娠率，年間流産率または年間更新率がある。

ある特定の期間に母集団内において発生した新しい事象の回数を発生率（incidence）と定義する。もし個々の牛が特別な状態を持つ確率が，ある期間の特定の時点で測定されるなら，その時は罹病率（prevalence）という用語が適切である。この指標は断面的研究（cross-sectional study）に多く用いられる。

症例死亡率はある期間内に特定の疾患を示す個体グループ内の累積死亡発生率を表す。同様に死亡率はある期間（通常1年間）内に死亡する母集団の個体の率であり因数（factor，100，1,000など）で掛け算された数値で表され，死因別に細かく分けられる。

リスク（risk）はよく用いられる用語であり，個体がある期間内に特定の状態を示す確率と定義される（通常は発生率または累積発生割合として定量化される）。これによるとリスク比（相対的リスク）は暴露グループ対非暴露グループ内において事象が発現する比率である。数値は0から無限大まで幅広く，これはリスク因子と特定の状態の関連性の強さを表す。1より大きい数値はリスクの上昇を示し，1より小さい数値はリスク因子に保護的であることを示す。Grohnら（1998）によって特定のリスク因子（産次数，分娩季節，疾患，現在の泌乳の乳生産量，および妊娠状況）を持つ牛が淘汰される相対的リスクについて提示されている。

高齢牛が淘汰されるリスクはかなり高い結果となった（初産牛に比べて6産以上の牛の相対的リスクは3.8～6.2）。牛が再び妊娠した場合，淘汰されるリスクは急激に減少した（妊娠前が7.5であったのが1.0に減少）。乳房炎は泌乳期間を通して重要なリスク因子であり，乳房炎のない牛に比べて相対的リスクは1.1～7.3であった。

リスク因子について，事象または状態と肯定的または否定的に関連している特性または暴露であると考えると，リスク因子が及ぼす影響を測定する方法は寄与リスク（attributable risk）を推定することである。寄与リスクはリスク因子にさらされているグループのリスクとリスク因子にさらされていないグループの差である。

●診断テストの分析

診断テストの評価は2つの概念，感受性（sensitivity）と特異性（specificity）がキーポイントである。感受性は特定の状態を検出する検査法の能力である。これは結果が陽性である罹患した（感染，発病等）個体の割合である。一方，特異性は特定の状態を持たない個体を検出する能力であり，結果が陰性である非罹患個体の割合である（Martinら，1987）。必然的に，感受性または特異性の決定には，個体の真の状態を把握する必要がある。正しい答えを常に提供してくれる金本位テスト（gold standard test）があれば可能となる（Mckenna and Dohoo, 2006）。

感受性と特異性が真の母集団において応用される場合，予測値（predictive value）と呼ばれる概念が重要である。陽性検査の予測値は陽性と結果が出た罹患動物の割合と定義されている。一方，陰性検査の予測値

は陰性と結果が出た罹患動物の割合に相当する。両予測値は検査の感受性と特異性，さらに各母集団における真の罹病率（感染，発病）に影響される。

特定の感染症または疾患を検出する診断テストは複数存在する。検査の一致（agreement）度を決定することが適用する検査を選択するのに役立つ。一致度を決定するのにカッパ係数（kappa coefficient）が使用され，偶然にのみ起こると予想されるレベル以上に一致度を推定することができる。係数は0（完全不一致）から1（完全一致）の範囲である（Mckenna and Dohoo, 2006）。

● サンプリング

母集団からサンプルを計画的に抽出する主な理由は2つある。1つ目の理由は調査している母集団の特性を把握するためである。2つ目の理由は母集団内における事象または因子の関連性を評価するためである（Martinら，1987）。いずれの場合も標的の母集団を象徴するサンプルを獲得するのが目標である。

サンプルを選択する方法は重要であり，偶然変数（chance variability）について考慮する必要がある（Freedmanら，1998）。しかし数多くの研究では必要なサンプルサイズの詳細は提示されておらず，有意な結果が分析に示されていない場合，より大きなサンプルサイズが有意性を示すことを結論付けている。

サンプリングの過程は非常に複雑であるが一般的にいくつかの鍵となる要因について考慮する必要がある。初めに，推定する指標と項目の単位（頭，群，地域）を決定する。平均値またはパーセンテージを推定することが目的である場合，母集団サイズ，予期されるSD（平均）または予期される罹病率（%），予期される誤差，信頼水準（通常95%）について考慮する。平均値またはパーセンテージの違いを決定することが目的である場合，グループ1と2の予期される平均値，予期されるSD，信頼水準，検出力（power，一般的に80%）が必要である。

疾患の検出をするためのサンプリングの場合，母集団サイズ，罹患動物の数，信頼水準が必要である。一方，ケースコントロール研究（case-control study）は症例ごとのコントロール比，コントロールに対する暴露率，ORが有意性を示すための数値，信頼水準，検出力を必要とする。最後にコーホート（cohort，同種の性格を持った集団）調査では暴露していない罹患動物のパーセンテージ，有意性と考えられる相対的リスク，信頼水準，検出力が必要である。

現場における統計的分析

● オン・ファーム（on-farm，農場で）の平均，率，比率，割合

データ集約の例は毎月のDHIA群の集約報告書に記載されている。多様な平均値が提示されている。特に，調査日における牛ごとの1日乳量，年間の群平均乳量，脂肪とタンパクのパーセント，初回授精までの日数が挙げられている。これらの変数によって中心傾向は分かるが，変数がどれほど分散しているか（範囲およびSD）は不明である。

酪農業において率は多様な状況で使用される。妊娠率は一般的によく推定され，発情発見率と受胎率の2つの率の結果と定義され，または特定の期間内（21日間ごと）に妊娠の資格がある牛の頭数を，授精され妊娠する資格のある牛の頭数（発情が発見され授精された頭数）で割った値と定義される（Fetrowら，2007）。これらは率であることから時間の概念も考慮しなければならない。

この場合，妊娠率はリスクのあるグループ（資格のある牛）内のうち，ある時間単位（21日間，6カ月間など）内で妊娠する個体数を示す。率は疾病の発生を分析する場合にも非常に役立つ。この場合でも疾病発生の頻度に基づく時間単位を定義するべきである。子牛の下痢の発生を調査する場合は月単位の調査が適している。一方，酪農業における流産率を調査する場合は年単位の調査が適している。

バイアス（bias，片寄り）を避けるためには常に推定量の分母に含まれる母集団について考慮しなくてはならない。例えば初回授精の妊娠率を分析する場合，授精していない牛のことは考慮していない。同様に，妊娠ごとの授精回数は授精に「成功した」牛のことしか考慮していない。この推定量は失敗した牛については何も情報を得ることはできない。

● 統計的工程の管理チャート

管理チャートは，正常と異常な変動性の間を識別し，区別する目的で作製され（Reneau and Lukas, 2006），解釈の手助けとなる管理限界（control limit）とともに経時的な観測（情報または結果）の描画からなっている。管理チャートはさらに業績が良好なのか，変わっていないのか，時間とともに悪化しているのかを決定するために使用することもできる。管理チャートはデータにおける正常なランダム変動を提示し，真の変化を示す観測を明確にし，生産量と利益の上昇を

もたらす要素を特定することができる。

　管理チャートには観測が持続的（牛乳の重量，体細胞数，体重），離散的（罹患動物の頭数）またはその両方（妊娠率）であっても，どのような観測も描画することができる。一般的にx軸は時間を表し，y軸は測定される指標の変数を表す。管理チャートは使用者が作成することもでき，さらに独立型のSPCソフトウェア（Reneau and Lukas, 2006）またはマイクロソフトエクセルのようなアドオン方式ソフトウェア（Microsoft Corp., Redmond, WA）も使用できる。

文献

Agresti, A. (1996). *An Introduction to Categorical Data Analysis*, 1st ed. Hoboken, NJ: Wiley.

Allison, P.D. (2004). *Survival Analysis Using the SAS System: A Practical Guide*. Cary, NC: SAS Institute.

Bicalho, R.C., Galvão, K.N., Cheong, S.H.R., Gilbert, O.L., Warnick, D., Guard, C.L. (2007). Effect of stillbirths on dam survival and reproduction performance in Holstein dairy cows. *Journal of Dairy Science*, 90:2797–2803.

Collet, D. (2003). *Modeling Survival Data in Medical Research*, 2nd ed. Boca Raton, FL: Chapman & Hall/CRC.

Dawson, B., Trapp, R.G. (2004). *Basic & Clinical Biostatistics*, 4th ed. Springfield, IL: Lange Medical Books/McGraw-Hil.

Fetrow, J., Stewart, S., Eicker, S., Rapnicki, P. (2007). Reproductive health programs for dairy herds: analysis of records for assessment of reproductive performance. In: *Current Therapy in Large Animal Theriogenology*, 2nd ed., ed. R.S. and W.R. Threlfall, 473–490.
St. Louis, MO: Saunders Elsevier.

Freedman, D., Pisani, R., Purves, R. (1998). *Statistics*, 3rd ed. London: W.W. Norton & Company Ltd.

Gröhn, Y.T., Eicker, S.W., Ducrocq, V., Hertl, J.A. (1998). Effect of diseases on the culling of Holstein dairy cows in New York State. *Journal of Dairy Science*, 81:966–978.

Gröhn, Y.T., McDermott, J.J., Schukken, Y.H., Hertl, J.A., Eicker, S.W. (1999). Analysis of correlated continuous repeated observations: modeling the effect of ketosis on milk yield in dairy cows. *Preventive Veterinary Medicine*, 39:137–153.

Gulay, M.S., Liboni, M., Hayen, M.J., Head, H.H. (2007). Supplementing Holstein cows with low doses of bovine somatotropin prepartum and postpartum reduces calving-related diseases. *Journal of Dairy Science*, 90:5439–5445.

Hernandez, J.A., Garbarino, E.J., Shearer, J.K., Risco, C.A., Thatcher, W.W. (2005a). Comparison of the calving-to-conception interval in dairy cows with different degrees of lameness during the prebreeding postpartum period. *Journal of the American Veterinary Medical Association*, 227:1284–1291.

Hernandez, J.A., Garbarino, E.J., Shearer, J.K., Risco, C.A., Thatcher, W.W. (2005b). Comparison of milk yield in dairy cows with different degrees of lameness. *Journal of the American Veterinary Medical Association*, 227:1292–1296.

LeBlanc, S.J., Lissemore, K.D., Kelton, D.F., Duffield, T.F., Leslie, K.E. (2006). Major advances in disease prevention in dairy cattle. *Journal of Dairy Science*, 89:1267–1279.

Linden, T.C., Bicalho, R.C., Nydam, D.V. (2009). Calf birth weight and its association with calf and cow survivability, disease incidence, reproductive performance, and milk production. *Journal of Dairy Science*, 92:2580–2588.

Lombard, J.E., Garry, F.B., Tomlinson, S.M., Garber, L.P. (2007). Impacts of dystocia on health and survival of dairy calves. *Journal of Dairy Science*, 90:1751–1760.

McKenna, S.L.B., Dohoo, I.R. (2006). Using and interpreting diagnostic tests. In: *Veterinary Clinics of North America, Food Animal Practice*, Vol. 22, No. 1, ed. P.L. Ruegg, 195–205. Philadelphia: Barnyard Epidemiology and Performance Assessment, W.B. Saunders.

Martin, S.W., Meek, A.H., Willeberg, P. (1987). *Veterinary Epidemiology. Principles and Methods*, 1st ed. Ames, IA: Iowa State University Press.

Moore, D.A., Cullor, J.S., Bondurant, R.H., Sischo, W.M. (1991). Preliminary field evidence for the association of clinical mastitis with altered interestrus intervals in dairy cattle. *Theriogenology*, 36:257–265.

Moore, D.S., McCabe, G.P. (2003). *Introduction to the Practice of Statistics*, 4th ed. New York: W.H. Freeman.

Ott, R.L., Longnecker, M. (2001). *An Introduction to Statistical Methods and Data Analysis*, 5th ed. Duxbury, CA: Brooks/Cole, Cengage Learning.

Proudfoot, K.L., Huzzey, J.M., von Keyserlingk, M.A.G. (2009). The effect of dystocia on the dry matter intake and behavior of Holstein cows. *Journal of Dairy Science*, 92:4937–4944.

Reneau, J.K., Lukas, J. (2006). Using statistical process control methods to improve herd performance. In: *Veterinary Clinics of North America, Food Animal Practice*, Vol. 22, No. 1, ed. P.L. Ruegg, 171–193. Philadelphia: Barnyard Epidemiology and Performance Assessment, W.B. Saunders.

Ruegg, P.L. (2006). Basic epidemiologic concepts related to assessment of animal health and performance. In: *Veterinary Clinics of North America, Food Animal Practice*, Vol. 22, No. 1, ed. P.L. Ruegg, 1–19. Philadelphia: Barnyard Epidemiology and Performance Assessment, W.B. Saunders.

Slenning, B.D. (2006). Hood of the truck statistics for food animal practitioners. In: *Veterinary Clinics of North America, Food Animal Practice*, Vol. 22, No. 1, ed. P.L. Ruegg, 148–170. Philadelphia: Barnyard Epidemiology and Performance Assessment, W.B. Saunders.

第22章

酪農記録の分析および成績の評価

Michael W. Overton

要約

　乳牛の健康および管理に重要なこととして、群の全体的な生産性のモニタリングとその評価が挙げられる。これには健康状態、生産性のレベル、カウコンフォートとアニマルウェルフェアの向上、さらに給餌の管理も含まれる。

　モニタリングには情報をルーチン作業として、組織的に収集し評価することが含まれる。記録の分析による酪農成績のモニタリングの目的は、生産システムにおける変化を検出することである。正確に真の変化を検出するためには体系的なアプローチをとるべきであり、ラグ（時間のズレ）、モメンタム（契機）、変動、バイアス（片寄り）などを注意深く観察することが求められる。

　獣医師は酪農記録のアプローチ方法や評価方法を改善し、成績の変化を特定して、牛の健康および農場の利益の向上に努める必要がある。

　本章では生産性の評価に関する概念、アプローチ法、注意事項について説明し、モニタリング、特に繁殖成績、移行牛の成績、乳生産量、乳房炎、若齢牛の成績について触れる。

序文

　乳牛の健康および管理サービスは、通常、日常的な農場への訪問を中心とし、昔ながらの診療内容で行われる。これには各個体の診断と治療、「群の健康」のための繁殖検査、管理、治療プロトコールの作成および修正、予防医療としてのワクチン接種、群健康モニタリングが含まれる。

　Brand and Guard（1996）によると群へのサービスの主な目的とは、以下を最適化することである。

①健康障害、生産障害、繁殖障害を予防することによる群の健康状況
②管理方法を改善することによる群の生産性
③動物福祉によって得られる生産性と環境の生態学的な質と継続的な酪農業の維持
④乳製品および肉製品の質および安全性
⑤酪農業の全体的な利益性

　上述したように乳牛の健康および管理に重要なことは特定の健康状態、生産性レベル、カウコンフォートと動物福祉の向上、給餌の管理を含めた群の全体的な生産性を管理し、評価することである。ほぼすべての酪農業の主な収入源は牛乳の生産と売上である。繁殖と移行牛の成績は乳生産量に大きく影響するため、これらを適切に評価することに特別な注意を払うことが求められる。

　続いての項では概念、アプローチ法、そして繁殖成績、移行牛の成績、乳生産量、乳房炎、若齢牛の成績に関する注意事項について説明するが、特に繁殖成績に注目する。DairyComp 305（Valley Agricultural Software©, Tulare, CA；www.vas.com/dairycomp.jsp）のソフトは適応性があり、世界的に使用されているため、本章でも用いることにする。

なぜモニタリングするのか？

　モニタリングとは行動、イベント（できごと）、生産量の通常の観測と記録であり、システム内における意図的または非意図的、陽性または陰性変化を観測し、評価することである。モニタリングには検出された変化に対するデータ収集、評価の組織的なアプローチ法、フィードバックの提供が含まれるべきである。

モニタリングの目的とは，①「通常」の成績を認識する，②管理または成績における意図的な変化の影響を検証する，③手順や成績における非意図的な傾向や減退を発見する，④異常な成績の潜在的要因について究明することである。しかし，モニタリング，記録，解釈法の詳細を述べる前に知っておくべき一般的概念，注意事項，用語がある。

目標とは生産者が達成しようとしている成績であり，通常は利益につながるものである。例えば農場の目標は，高い乳生産量，良好な繁殖成績，低い体細胞数となる。メトリック（測定法）とは結果を定量化する測定法であり，群の酪農成績が目標に達している場合，定量化できる要素を測定する。酪農生産業でモニタリングされるメトリックは一連の過程を表す数値であり，目標を達成するためには常に重要であるが目標と同じではない。目標を掲げるのはよいことであるが，目標をモニターとして使用するとうまくいかない。

例として，更新若牛の平均初産年齢が挙げられる。平均年齢が27カ月齢であれば目標を数カ月若くするのが望ましい。初産年齢は適切な目標であるがモニターとしては最低であり，これは初産年齢が，適切な給餌，飼育環境，ワクチン，繁殖のような多くの過程が行われた結果であるからである。

酪農業におけるモニタリングは情報収集をルーチン作業として，それを組織的に行い，評価することであり（パラメーターをモニタリングする），変化を検出することが目的である。これを行うためには一連の過程に注意しながらモニタリングすることが重要であり，目標を測定することが重要ではない。初産年齢を若くすることを目的とする場合，モニタリングすべき繁殖に関する適切なメトリックは，初回授精の年齢，授精リスク，妊娠リスクである。成績の分析は過程のモニタリングに焦点を置くべきであり，単純に結果のモニタリングに頼るべきではない。

酪農業の成績を伸ばすためにモニタリングは必須であるが，モニタリング手法の間違い，モニタリングの結果の解釈の間違いがしばしば起こる。「通常」，「変化」，「異常」の定義は難しく，これらは推定値と捉えれることが多いが，農場にいる牛のような生物系は多くの場合，同質のグループとして捉えないため，頻繁に問題となる概念である。

このモニタリングとデータ分析に悩まされることは多く，不正確な結論を導き，対応行動の延期，あるいは本当は問題が起こっていないのに対応行動をしてしまうことがある。これらについては下記に述べてあ

り，S.W. Eicker（私信），S. Stewart（私信），W.M. Sischo（私信），および他の成績のモニタリングに有名な人々のこれまでの研究を一部取り入れている（Fetrowら，1994；Farin and Slenning, 2001）。

● 格言1：データ収集過程を確認せずに「数値」を信用してはならない

農場からの情報が提示されると，初めに群の成績を評価しようとする。しかし提示された問題点に答えられるように，まずはその情報の質を確かめることからはじめるべきである。

必然的に牛の記録をする際のキーの打ち間違いのような単純なミスが起こることがある。幸いこのようなミスは群単位でみると比較的小さなミスである。しかし過去の記録が紛失（例えば淘汰された牛の情報が紛失），またはコンピューターによる記録の入力が最新ではないために完全な情報が得られない場合は，重大なミスとなり得る。

データを確認するためのツールには最小値と最大値の特定，総数（n），四分位数，数値の分布の描画が挙げられる。最小値と最大値は予想範囲内にあるべきであり，正常に分布すると思われるデータの中間値は範囲の中央付近にあり，データの平均値と類似しているべきである。データの散布図またはヒストグラムを単純に観察すると，極端な異常値や紛失しているデータの発見，データの分布型の確定を可能にすることが多々ある。

データ確認のもう1つのツールはDairyComp305の「Guide」機能である。コマンドキーの'Guide'キーを押すとメニューが表示され，多くの記録が立ち上がる。'Data Check'欄の下には多様な記録が記載されており，データが十分で完全なものかを判断するのに役立つ。これらのデータ確認は中間値と中央値のような特定の変数を計算することはなく，記録システムが完全かどうかの迅速な視覚的評価を可能にする。

データ確認を行う際，問われる内容の一例を以下に挙げる。

> 1. 現在と過去の泌乳の記録，群から離れた牛の記録を入手できるか？　口絵P.24，図22-1の頻度ヒストグラムは3年間における群の分娩状況を表している。月によって変動はあるものの，全体としては月ごとに約310頭が分娩していることが分かる。しかし保存記録がなければ，月ご

との分娩数はその数値の2倍以上と結論付けられた可能性もある。

2. 現在と過去の繁殖記録を入手できるか？　口絵P.24，図22-2に大型の乳牛群における3年間の繁殖イベントが記録されている。この群では妊娠の成立に一貫したパターンが認められ，最近の3年間の繁殖傾向を分析する十分な過去記録が存在していることが分かる。口絵P.24，図22-1と口絵P.24，図22-2に基づいてデータ分析を行うことができる十分な過去情報，保存記録が存在している。

●格言2：結果のラグによる影響に注意せよ

イベントが発生する時期と測定される時期の間の経過時間のことをラグと言う。受胎リスクのような繁殖パラメーターにラグは本来備わっており，それは交配してから妊娠結果が出るまで待つ必要があるからであり，その結果は発情期への回帰または妊娠確定のどちらかによって決定される。

受胎リスクのラグは結果の決定方法や農場訪問の頻度によって異なるが，たったの40＋/−20日間である。これに比較して分娩間隔（少なくとも2回の分娩に成功している牛に対して，次の分娩までの間隔と定義される）はさらに長いラグが備わっている。

牛の分娩間隔を実際に記録するためにはその牛は分娩し再び妊娠し，妊娠を維持し，淘汰を免れ，再び分娩しなければならない。この結果，牛がどれだけ早く妊娠できるかにもよるが10〜20カ月以上のラグが生じる。短い分娩間隔を妥当な目標として掲げられることもあるが，特有のラグによって生じる問題があるため，繁殖管理のモニタリングとしては非常に程度の低いやり方である。

●格言3：モメンタムの影響に注意せよ

モメンタムとは遠い過去のイベントが現在の成績に過剰な影響を与えることによる緩和または緩衝作用のことを言う。すなわち，過去の成績によって最近の変化が不明瞭になることがあり，その結果，成績が誤って解釈されることがある。実際の年間分娩間隔を繁殖モニターとして使用している群を例に挙げると，過去の数カ月に及ぶ低い成績による重度な緩衝作用のために，平均分娩間隔をメトリックとして使用しているならば，繁殖効率が向上していることに気が付かないことがある。

逆に，繁殖効率が急速に低下しているにもかかわらず，重度なラグおよびモメンタムの影響のために，実際の繁殖間隔をまずまずな成績と勘違いすることがある。酪農の日常記録のモメンタムの例として群の年間平均泌乳量（Rolling herd average, RHA）が最もよく挙げられる。

RHAは群全体の効率を推定するには妥当であるが，最近の乳生産量を評価するためのモニターとしては良くない。なぜならこのメトリックにはその月の数値を含むだけでなく，過去11カ月のデータも含むためである。結果は平準化された移動平均となり，乳生産に関する陽性または陰性変化がすばやく反映されない。

●格言4：バイアスに注意せよ

バイアスとは情報の収集，分析，解釈の組織的なエラーであり，誤った結論を導くことがある。より簡単に言うと，バイアスとは指標計算による牛の誤った包含または排除のことである。

酪農生産記録にはバイアスを豊富に含んだ変数が多く存在する。例えば一般的に使用される「空胎日数（days open）」という用語を考えてみる。空胎日数は分娩から次の妊娠までの日数のことと定義されている。空胎日数の概念を実際妊娠した牛に対して使用することは何も問題ないのだが，妊娠成績を評価する群メトリックとして使用するのは相応しくない。なぜならこれは群すべてのことではなく，一部の情報のみを表すからである。すなわち，成功した牛の結果のみが含まれた偏ったメトリックである。妊娠せずに群から去った牛の情報は得られず，どれくらいのパーセントの牛が妊娠に失敗したかを示していない。

空胎日数が繁殖成績として最悪な測定法であるもう1つの理由がある。ほとんどの群では最大生産牛の平均空胎日数は，乳生産量が平均以下の牛に比べて30〜100日間長い。その結果，生産量の高い牛の方が妊娠しづらいと多くの人が考える。しかしよく忘れられてしまうことだが，生産量の低い牛は生産量の高い牛より淘汰される時期が早く，妊娠できる日数は少ない。妊娠せずに群から淘汰される牛は空胎日数に貢献しないため，偏った推定結果が生じ，生産量の高い牛は繁殖力が低いと結論づけられてしまう。

このことについてもう少し詳しく説明するために再び分娩間隔について考えてみよう。このメトリックは妊娠した牛を反映するだけでなく，妊娠を維持しそして再び分娩した牛も反映するため，空胎日数よりも偏

ったメトリックである。さらに，初産牛は自動的に排除され，高齢牛は再び分娩した後，包含される。また妊娠できなかった牛，妊娠を維持できなかった牛，群から淘汰された牛に関しての情報は入っていない。これらの部分母集団を排除すれば数値はよくみえるが，群の本当の成績は適切に評価されず，偏ったメトリックとなる。

牛の記録が不完全な場合または妊娠結果を推定した場合，評価にバイアスが生じることがある。さらに，いまだに繁殖効率の推定を計算するためにノンリターン情報を使用する記録システムもある。交配が記録された牛に妊娠診断のフォローアップが行われておらず，追加の授精もない場合は特定の時間経過後，妊娠していると推定される。これらの群の Dairy Herd Information Association (DHIA) に記載されている見かけの繁殖効率は，実際よりも大幅に高いことがある。

酪農記録におけるバイアスのもう1つの重要な源は雄牛の使用に関わる。多くのDHIAシステムでは授精回数 (services per conception, SPC) がいまだに使用され，繁殖成績に関する経営決定をする際に使用される。しかしこの計算に雄牛と交配した牛を包含すると結果は偏り，人為的に低くなる。以下のシナリオを想定してみよう。

a. 人工授精 (AI) と雄牛交配の両方を行うが，2回目の授精後すべての雌牛を雄牛と交配させる群。この群の中で妊娠した牛は以下に当てはまる。(1) 初回AIで妊娠し，SPCは1である。(2) 2回目のAIで妊娠し，SPCは2である。(3) 2回のAIに失敗後，雄牛で妊娠し，SPCは3である。(4) 妊娠せず，淘汰される。この場合，2回目のAI後，雄牛と交配するためSPCが3より大きいことはない。
b. AIと雄牛交配の両方を行うが，AIを1度も受けずに多くの牛が雄牛と交配する群。この群の牛は前述の群よりもSPCはとても低いが (AIプログラムの同等な効率を仮定している)，それはAIを受けずに雄牛ペンに移動した牛が雄牛によって妊娠した場合，妊娠前に20回交配したとしてもSPCは1となるからである。
c. すべてにAIを行う群。初回と2回目の受胎リスクを伴いながら良い成績を収めることができ，全体のSPCはより高いが (ゆえに全体としての受胎リスクは低い)，それは単純に牛にAIをより多く行い，その情報が記録されているからである。

● 格言5：中間値と変動の影響に注意せよ

乳牛群の記録には中間値または平均値の計算に基づいたさまざまなパラメーターが含まれている。平均SPC，初回授精までの平均日数，平均泌乳日数，平均体細胞リニアスコア (LSCC) はよくみられるメトリックである。中間値はパラメトリック統計学に使用され，正規分布を示すと仮定された連続データの中心傾向を表す。正規分布により近付くためにデザインされた対数変換数値であるLSCCを除き，上記項目の分布は正規分布に従わず，中間値は真の中心傾向を実際は反映していないことがある。

2つの群における初回授精までの日数を示した**口絵P.25，図22-3**と**口絵P.25，図22-4**を参照してもらいたい。**口絵P.25，図22-3**では「A」群について表示している。初回授精までの平均日数が60日であり，初回授精のみ発情発見に頼っており，初回授精までの日数に傾斜分布が認められ，これは発情発見の効率の悪さ，または牛の周期がタイムリーに起きなかったことが原因である。中間値は真の中心傾向を象徴しておらず，これは70％の初回授精が泌乳60日までに行われたことによる。右側に長く伸びる形状はデータの歪みを表し，真の中央値から中間値を引き離している。

口絵P.25，図22-4の「B」群と比較してみよう。初回授精までの平均日数は73日であり，約50％の初回授精は泌乳73日までに行われている。さらに，データの拡散が少ないことが分かるが，これは初回授精に定時AIを行う，高いコンプライアンスレベルを維持する群に一般的に認められる。この場合，群の初回授精までの平均日数が73日と分かっているため，この群の牛の一般的な成績がより分かりやすい。

単独としての中間値によって分布の広がりは説明できず，2つの群における泌乳日数や初回授精までの日数といったメトリックのおよその中間値は同じであっても，分布の形状が異なったり変動の範囲が違ったりするため，真のデータがどれほど詳しく調べられたかによって，成績に関するまったく異なる結論が生じることがある。変動とは分布におけるデータ分散の測定であり，データが固まっているか，または広がっているかを表す。正規分布において，標準偏差 (SD) は中間値周囲の観測値の変動を測定し，中間値の両側の1 SDはデータの66％を表し，中間値の両側の2 SDがデータの95％を表す。本質的にSDは変動の量を表し，中間値によって得られた信頼レベルを明かし，母集団内の特有個体を示している。

変動はランダム変動と特別要因変動 (W.M. Sischo,

私信) の 2 つの異なる形で表れる。統計的観点からみるとランダム変動は重要であり,システムの特有の「ノイズ」であり,経営が向上しているかを判断する際に把握する必要がある。特別要因変動はシステムの変化に関わっており,予防かつ管理可能であるが,パラメーターの計算を行う際には把握されている必要がある。例えば,「C」群の初回授精までの日数の散布図を参照してみよう。この群は初回授精までのアプローチ法を変更している (口絵 P.26, 図 22-5 の黒矢印を参照)。「C」群は 2006 年にプレシンク-オブシンク修正版 (Thatcher ら,2002) を用いてプレシンク注射とオブシンクの開始の間隔を 14 日間設けて人工授精を行っている。繁殖管理プログラムの最中に発情期が検出された牛は授精され,その後の注射は投与されていない。「C」群は 2007 年の 1 月,プレシンクとオブシンクの間隔を 14 日間から 11 日間に修正している。この群が初回授精までの平均日数に従った場合,平均日数の小さな変化 (67 日から 64 日) が起こり,これによって発情発見に基づいて授精された牛が増加していると提示されることもあるが,より詳しく評価すると経営の変化が起きたことが明らかになる。

● 格言 6：データの種類に注意せよ

一般的にデータは質的,量的データに分類できる。質的データはカテゴリーデータまたは記述データとも呼ばれ,さらに名義 (名前が付けられているが固有の順位をもたない。例えば品種,性別,色,生産状況) または順序 (順序立てられたカテゴリー。例えば小,中,大または子牛,未経産牛,経産牛) データに分けられる。質的データはイベントや事象の回数を数えることで分析され,表 22-1 にみられるような度数分布を使用して表示または要約される。

一方,量的データは数値情報であり実際に数えられ,測定できる。このデータは不連続データと連続データに細分される。不連続データはボディコンディションスコアや分娩回数のような特異的なギャップを含む回数や数値であるが,リニアスコア 0 ～ 3 の牛のパーセンテージや乾乳期が 40 ～ 70 日間の牛のパーセンテージのような連続データを含むこともある。

連続データは理論的に可能な (上限または下限がなければ) すべての数値の測定であり,数値の間隔が専門的に無限大である交配時の未経産牛の体高,成乳牛のピーク時乳量,気温などの測定も行う。連続量的データは通常平均値のような中央傾向の測定や SD のような分散の測定によって要約される。

質的および不連続量的データの分析はリスク,率,比率,割合の計算が通常関わってくる。比率とは 2 つの数値または母集団の比較であり,例えば雄牛と未経産牛の比率または群内の初産牛と経産牛の比率である。比率の特質は分子と分母が互いに独立しており,0 から 1 の範囲内とは限らない。一方,割合は確率と表現された場合,0 から 1 の範囲内であり,パーセンテージと表現された場合は 0 ％から 100 ％であり,ある状況の頻度の測定法である。割合の分子は分母の部分集合である。例えば泌乳群において産次数が 1 である牛の頭数を明らかにする場合,割合を適用できる。

$$\frac{\text{泌乳している初産牛の頭数}}{\text{泌乳している牛の総数}}$$

$$= \frac{1,085}{3,100} = 35\%$$

分子が分母内に含まれている点ではリスクは割合と類似しているが,リスクは持続時間が特定または示唆されている。例えば 30 ～ 60 日前に分娩した牛が第四胃変位を示すリスクは以下のように計算する。

$$\frac{\text{30～60 日前に分娩し第四胃変位と診断された牛の頭数}}{\text{30～60 日前に分娩した牛の総数}}$$

$$= \frac{8}{245} = 3\%$$

リスクにおける問題の 1 つとして,この用語だけを耳にすると否定的な結果を意味していると勘違いされやすい。しかしこれは真実ではない。例えば繁殖関連によく用いられるメトリックは受胎率であり,ある期間内において「受胎した頭数」を「授精された牛のうち妊娠しているまたは妊娠していないことが分かっている牛で割った値と定義されている。厳密に言うと受胎率はむしろ受胎リスクと呼ぶべきであり,受胎した動物の割合が高いことが悪い結果とみなす状況はとても少ない。

「率」は非常に誤解されてきた用語である。疫学的に率はイベントの発生するスピードを表し,「新しいイベントの数」を「リスクのある母集団の時間」で割

表 22-1　大型乳牛群におけるカテゴリー別の度数分布

カテゴリー	頭数	相対頻度
哺乳子牛	258	4％
未経産牛	2,901	44％
経産牛	3,355	52％

表22-2 それぞれ4回の可能な繁殖サイクルを通じて，2組の仮定的な100頭の未経産牛について，その繁殖成績を取り上げた2つの典型的なシナリオ

サイクル数	適格牛の頭数	妊娠頭数	率
シナリオ1[1]			
1	100	55	55%
2	45	10	22%
3	35	7	20%
4	28	6	21%
合計	208	78	38%
シナリオ2[2]			
1	100	6	6%
2	94	7	7%
3	87	10	11%
4	77	55	71%
合計	358	78	22%

[1] 4回のサイクルを通しての妊娠率＝38%，累積妊娠リスク＝78%，妊娠：非妊娠の比率＝78：22
[2] 4回のサイクルを通しての妊娠率＝22%，累積妊娠リスク＝78%，妊娠：非妊娠の比率＝78：22

って計算できる。例えば生命保険会社はあらゆる階層の人の死亡率に非常に興味を抱いており，生命保険金をどれほど請求してよいかの判断材料とする。会社はこの死亡率を生命表分析（または生存分析）に使用して罹患密度率を計算する。罹患密度率は「ある母集団における死亡数を「死亡するまでリスクにさらされた日数または年数」で割った値である。生存分析は非常に似た概念だがグラフ化される。毎日，毎月，毎年，または他の時間間隔の各期間内，母集団内の個体はイベント（死）を経験するリスクにさらされている。その期間内に人が死亡する確率はリスク（死亡する人数／死ぬリスクのある人数）であるが，世代を超えて全体の母集団を観察すると母集団の死亡する真の「率」またはスピードを決定できる。

研究の場ではない酪農生産業において，真の率が使用される機会は少なく，興味の単位は単純に疾患のリスクまたは母集団内に起こるイベントのことである。計算アプローチ方法または考慮している期間によって時に率またはリスクとなる非常に複雑な酪農メトリックは妊娠率（または妊娠リスク）である。この概念は**表22-2**に説明されており，あり得る4つの繁殖サイクルにおける2つの異なるシナリオの繁殖成績を示している。各シナリオでは100頭の非妊娠動物が同時に繁殖を開始し，4つの21日間サイクルで交配（授精）可能，淘汰はなく，母集団に新しい動物が追加されないことが仮定されている。シナリオ1では繁殖成績がとても良好にスタートするが，残りの3サイクルで低下していく。シナリオ2ではシナリオ1と達成された妊娠動物の総数は同じであるが順序が逆である。

両シナリオにおける4つの繁殖サイクルの累積妊娠リスク（または累積妊娠割合）は78%（妊娠牛78頭／リスクのある牛100頭）であり，妊娠動物と非妊娠動物の比率は78：22である。「妊娠牛の総数」を「各サイクルのリスクのある牛の頭数」で割った値の各サイクルの妊娠リスクはシナリオ1では20～55%，シナリオ2では6～71%と幅広い。しかし，「達成された妊娠の総数」を「4つのサイクルの合計のリスクのある牛の総数」で割った値である妊娠率を比較すると，シナリオ1（38%）はシナリオ2（22%）より高かった。この単純な例では群がどのように妊娠の達成に成功したかの情報を含むメトリックは妊娠率であることは明らかである。シナリオ1の妊娠率は高く，シナリオ2よりも早く妊娠を達成しているが，累積期間からみると妊娠した頭数は同じである。

一般的に真の値を計算することでシステムの成功または失敗が明らかとなる。なぜなら母集団のリスク時間を考慮しているからであり，初期集団を単純に考慮しているからではない。しかし，商業の場では泌乳期のリスク時にどれほど早く特定のグループの牛が妊娠したかではなく，群がどれほど効率よく妊娠を達成しているかが問題となる。そのため群の視点から最近の繁殖情報が分かるように記録は21日間ごと頻繁に観察する。この場合は妊娠率または妊娠リスクのいずれかの用語を用いることが適切である。この2つの用語はまったく同じではないが交互に使用され，本章ではPRと略して表示する。PRについては後述する。

● 格言7：管理介入の成功または失敗を考慮する時のサンプルサイズに注意せよ

モニタリングは成績が上昇，下降，または変化していないのかを決定するのに便利な概念である。残念ながら経営の改革や技術者の影響に関わる重要な決定事項は質問に正確に答えられるような適切な数値がない状態で行われることが多い。技術者による受胎リスクの問題について考えてみよう。酪農場「X」は6カ月前に繁殖プログラムの管理人として新人（Joe氏）を雇用したが，これが正しい決断であったかどうかを調べたい。

受胎リスク（CR）をJoe氏とBob氏（前任）で比較したところ，Joe氏のCRは28%でありBob氏のCRは33%であった。両者のCRを観察すると数値の違

技術者	受胎リスク	妊娠した頭数	空胎牛の頭数	SPC	95% CI
Joe 氏	28%	186	473	3.5	25〜32%
Bob 氏	33%	125	256	3	28〜38%

いがあることは明らかである。しかし95%信頼区間(CI)の重複は両者の間に統計的な有意差がないことを示している。この時点では経営者はCRだけを大雑把に見てJoeを解雇し、Bob氏を雇い戻すと判断しかねない。しかしJoeとBobの業積の間には有意差がなく、異なるシーズンに異なる母集団の繁殖を行っていたと考えられる。Bob氏はより繁殖力のある初産牛を担当していたのか、または両者が担当していたそれぞれの母集団に異なる理由が他にあったと考えられる。多くの場合、記録は詳しく調べることができ、これらの異なる要素にさらなる階層が作成されるが、新しい階層が作成されるたびにサンプルサイズは小さくなり、真の違いが検出されにくくなる。

群のデータを観察する際、経営改革を決定するためのサポートとなる完全なる統計的証拠を得るまで待つことは多くの場合、特に小型から中型の群には実用的ではない。小さい集団は受胎リスクのような結果を比較するための十分な数値を得るためには、5年またはそれ以上待つ必要があり、この遅れは明らかに負担である。タイプⅠ対タイプⅡの潜在的エラーコストを天秤にかけて、どちらのエラーがより出費が多いかなどを決める場合、問題があると仮定して変化を起こす(本当は問題がない場合でも)、または問題がないと賭けてみて現状維持のままで進むのが、おそらく最良のアプローチ法である。

繁殖成績を評価する

ほとんどの酪農場の目標は牛の1日乳生産量を最適化することである。群のサイズを維持し、乳生産量を最適化するためには牛を定期的に繁殖させる必要がある。一般的に泌乳期が長いほど乳生産量は低い。ピーク期をすぎると1日平均約0.1〜0.2lb(0.05〜0.09kg)ずつ乳生産量が低下する。このデータに初産牛は除かれているが、初産牛ではこの半量が低下する。乳牛群の繁殖管理は群全体の利益に重要であり、新しい妊娠はフレッシュ牛、新しい泌乳の開始、群の泌乳日数の低下をもたらす。妊娠の遅滞は乳生産量の低下、分娩される子牛頭数の低下、妊娠できないために群からの早期の除去(淘汰)リスクの上昇につながる。繁殖成績のモニタリングのゴールは妊娠していない動物を妊娠させる効率を評価することである。

繁殖成績をモニタリングそして向上させるためにさまざまなアプローチ法が提示されている(Brand and Guard, 1996；Farin and Slenning, 2001；Fetrowら, 2007)。Dr. Steve Eicker と Dr. Steven Stewart は Valley Agricultural Software を用いて現行のアプローチ法をより改良している。現在の繁殖モニタリングに関わる以下の材料は彼らによって開発され、DairyComp305ソフトウェアに応用されている。

現在のコンピュータープログラムは多くのグラフや表を作成することができる。残念なことに多くの人はグラフや記録を読むことからはじめ、これらの報告が何を意味するかを究明しようとする。多くの場合、リスク集団は定義されておらず、リスク時間は特定されておらず、または報告されているメトリックは必ずしもシステムの真の状態を示していない。

正しいアプローチ法は、まず適切な質問をすることである。そして、結果よりも仮定に関する問いが望ましく、それからその問いの答えとなるデータを探すことである。このアプローチ法では経営者はまず質問(いわゆる問題)を考えてから、特定の期間を設定して答えを探す必要がある。繁殖を評価する場合、調査の基本となるいくつかの重大な質問事項があり、調査が続行すれば最初の結果によっては新たな質問が追加されることもある。

1. 群の成績に関する質問に回答できる記録が十分存在し、必要な形式はとられているか？ 記録は最新か？

不完全な記録は成績に関する間違った結論を導く。例えば成績と利益を向上させるためにコンサルティングを申し込んだ群について考えてみよう。群の記録を観察すると、22%しか妊娠しておらず、PRは6%(自然交配による)であった。さらに調査すると過去3〜4カ月の妊娠診断の結果が記録システムに導入されていないことが分かった。データを導入すると妊娠の割合は約40%に上昇し、希望するほど高くはなかったが、以前よりも改善された。

> a. 過去、最低でも1年間の記録(淘汰された牛や群に戻された牛も含む)があり、それは完全であるか？

表22-3 妊娠ハードカウントを用いて農場に必要な妊娠数を推測したアプローチ法の1つ

【妊娠ハードカウントの計算】
仮定：

乳牛の頭数	1,000	
年間の淘汰リスク	33%	
	経産牛	未経産牛
新しい妊娠%	67%	33%
流産リスク	12%	2%
その他の淘汰損失	2%	1%
喪失の総数	14%	3%
月間の新規妊娠（安定下での分娩）の数：		
	経産牛	未経産牛
月間の頭数	76	34
月間の泌乳群 (%)	7.6%	3.4%

b. 繁殖，淘汰，分娩そして最新の妊娠診断まで，データ入力は最新か？
c. 繁殖経営アプローチ法に関するペンや記号はAIまたは自然交配と正確に定義されているか？

　DairyComp305のような酪農記録プログラムはAIと自然交配牛を区別するためにペン（個々の牛舎）で描写される。ペンデザインがソフトにない場合，PR計算は繁殖管理オプションによって正確に行われない。例えば「AIの成績はどうか？」という問題が提示された場合，ペンが適切に表示されていないと間違った結論にたどりつくことになる。PCDartのような他のプログラムは牛レベルの記号を用いて牛の繁殖情報がAIまたは自然交配によるものかどうかを表す。「T」コード（雄牛を導入，PCDart記録システムのみ対応）を使用していない場合，自然交配の評価は正確に行われない。

2. 群はタイムリーかつ効率よく十分な繁殖を行っているか？

　十分な数の妊娠をタイムリーかつ効率的に達成し，群を維持または増やすことはゴールであるが，成功または失敗を評価する他のアプローチ法もある。「群サイズを維持するだけの最低限の妊娠を達成しているか？」の問題に対してよく用いられる方法は妊娠ハード（厳格）カウント（pregnancy hard count）と呼ばれる。サイズが安定しており，拡大しようとしていない，季節繁殖をしていない群は，毎月平均乳牛数の約10%を分娩するべきである。例えば1,000頭の乳牛がいる場合（乾乳牛を除く），1カ月に100頭を分娩するべきである。表22-3で示されているように年間の計画淘汰リスクに基づき，分娩の30〜35%は初産牛に頼るべきであり，残りの65〜70%は経産牛群で達成された妊娠に頼るべきである。表22-3で示されているように，達成されるべき妊娠の総数は希望する分娩数の最終の数よりも高い。

　この差は予想される淘汰と時間経過とともに，避けることはできない妊娠喪失が起こるためである。これらの予想される喪失は妊娠診断の時期によってさまざまである。このツールはモニターとして，または従業員のやる気を起こさせるツールとして使用されてきたが，多くの欠点があるため継続使用の中止が強く勧められる。

　このツールの重大な欠点の1つは，妊娠するリスク集団を考慮していないことである。多くの群は毎月分娩に大きな変動が生じ，これは高気温のストレス，システム内への更新牛の購入，過去の流産による大混乱の影響，または単純に乏しい繁殖成績による牛の蓄積が原因である。結果として各期間のリスク集団に一貫性がなくなる。時間を追って調査するとPRに一貫性が比較的認められてもリスク集団の変化によって妊娠ハードカウントに激しい変動が認められることがある。さらに，時間とともに多くの牛を累積することもあり，後にこれらの牛は泌乳はするが，妊娠しないこともある。リスクのある牛が妊娠する数は増加するが，全体の乏しい繁殖効率にもかかわらず，妊娠ハードカウントは安定しているようにみえ，群の繁殖問題が解決したかのように勘違いされる。PRによって評価された低い繁殖効率によって，多くの長期泌乳の非妊娠牛の蓄積が維持されることになる。

　毎月達成される妊娠のいくつかの理論的な目標を作成するために，コンサルタントによっては群の受胎リスクから毎月授精しなければならない「X」頭の提示をすることがある。数学的にはこのアプローチ法は正しいが，生物学的にはこれが災難となり得る。繁殖技術者にただ単純に今月110頭の牛に授精しないと35頭の新しい妊娠を達成できないと伝えるのは繁殖効率の改善に何も役立たない。このアプローチ法はリスク集団を無視し，潜在的に受胎リスクが低下し，人工授精者が医原的に後期胚死滅や流産をもたらす危険性を上昇させ，結果として全体の繁殖効率の低下をもたらしかねない。

　さらに妊娠ハードカウントは結果であるため，重要な過程を考慮せずに結果だけをモニタリングすること

は繁殖成績を評価する乏しいやり方である。以上のことを踏まえて，繁殖成績のモニターとして妊娠ハードカウントを使用すべきではない。

妊娠ハードカウント（より適切な用語は妊娠一覧表となるかもしれない）は分娩パターンや移行期管理の必要性の予測に応用できる。口絵 P.26，図 22-6 には乳牛 1,600 頭の群の妊娠一覧表が示されており，分娩予定の週が記されている。オレンジ，赤，青，緑はそれぞれ未経産牛，初産牛，2 産牛，3 産以上牛を表しており，x 軸に示されている週に分娩予定である。リスク集団に関する情報は不明であるため，この群の繁殖効率に関する妥当な結論を下すことはできないが，このグラフは分娩パターンを予測する時に応用できる。口絵 P.26，図 22-6 で提示された情報を基に検討すると，8 月から 10 月に分娩予定となる妊娠の数が通常よりも多いため，それに適切に対処できるように前もって計画を立てた方がよい。一団塊の妊娠が起きた場合，移行牛の設備は単純に混み合い，抑圧され，牛の健康が損なわれ，泌乳初期の淘汰の増加，乳生産量の低下，将来の繁殖成績の低下がもたらされる。

要約すると，PR によってリスク集団を説明することができるが，妊娠ハードカウントではできない。そのため PR は泌乳早期に起こる妊娠に対して信用できるが，妊娠ハードカウントではできない。搾乳日数 80〜120 日目で牛を妊娠させるのと 150〜180 日目で妊娠させるのでは大きな経済的違いがある（Overton, 2001, 2009）。そのため PR は繁殖成績の評価を行うための主要なメトリックであり，妊娠ハードカウントまたは妊娠一覧表は分娩パターンを予測するために保存しておくべきである。

3. 牛はどれくらい効率的に妊娠しているのか？

繁殖成績を評価するメトリックで優れているのは PR（妊娠率）であり，これは牛が妊娠した過去の率（妊娠した数/適格牛のサイクル数）と定義されている。適格牛または PR のリスクがある牛と考慮されるためには任意待機期間（VWP）を過ぎ，21 日間の開始時には妊娠しておらず，考慮期間の最後に認められる結果が分かっており，21 日期間の最低でも半分の期間内に妊娠のために存在し，妊娠適格でなければならない。授精してはならない 'do-not-breed'（DNB）は淘汰される運命の牛の記号である。これらの牛は繁殖または妊娠に不適格であり，将来の繁殖統計から除外される。DNB 牛に関する過去データは計算に含まれる。ほとんどの群では 1〜3％の牛が DNB と記号化されている。

DairyComp305 における基本の VWP は泌乳牛で 50 日間，未経産牛で 365 日間である。過去においてこれらの期間はよく使用され，繁殖プログラムのスタート時点として成功している。良好に管理された群では泌乳日数 50〜70 日の間，多くの牛はサイクルしているべきであり，多くの未経産牛は 12 カ月齢までに適切なサイズになりサイクルしているべきである。特定の VMP を示さないと DairyComp305 は初期設定値である牛の 50 日間，未経産牛の 365 日間を用いて PR を計算してしまう。

a. 群の年間 PR はどれくらいで，最近変化はあったのか？

21 日間 PR レポートの初期設定の VMP は泌乳日数 50 日間であり，設定期間は最も最近の年である。この単独のレポートには（表 22-4 を参照），授精リスクと PR が 21 日間内に認められ，さらに考慮している全期間中における平均授精リスクと PR も認められる。表 22-4 によると評価対象の全期間の平均 PR は 21％であり平均授精リスクは 61％である。

しかし成績は低下しており，特に最近の成績にその傾向がある。2008 年の 6 月，7 月を最近の成績と比較すると PR は 17〜20％から 10〜17％に低下していることが明らかである。同時に授精リスクも低下している。2009 年 9 月 22 日に作成されたこの記録を調査したところ，現在の 21 日間サイクルにおける授精リスクがより高いことが分かった。しかし現在のサイクルは前回の 21 日間サイクルで授精した牛を除外しており，非妊娠または再発情とまだ診断されていない。

この集団は時間の経過とともに，より多くの非妊娠牛が特定されると真の適格集団のサイズは拡大するが，授精される頭数は変化しない。ゆえに集団が次のサイクル，その次のサイクルと移動することで授精リスクは低下する。このグループの起こり得る低下を考慮すると，最近のサイクルの授精リスク 85 以上はよい目標である。同様に最近の 2 つの PR サイクル（グレー色の表示）も時間とともに移動することで変化し得るが，この場合は妊娠牛が特定されることで数値が増加する傾向にある。

この 2 つのサイクルでは考慮している適格牛の頭数は比較的安定しているが，授精の時期と妊娠評価の時期の時間差によって妊娠する牛は

表22-4 ある群の21日間隔のPR記録。この群は雄牛繁殖を行っておらず、発情発見に基づくAIのみを行っている。

日付	繁殖適格牛	授精した牛	授精リスク	妊娠適格牛	妊娠した牛	妊娠リスク
6/17/2008	401	240	60	390	74	19
7/8/2008	419	258	62	413	82	20
7/29/2008	467	294	63	460	79	17
8/19/2008	520	334	64	518	102	20
9/9/2008	574	382	67	564	118	21
9/30/2008	585	399	68	572	131	23
10/21/2008	544	348	64	535	117	22
11/11/2008	560	331	59	549	117	21
12/2/2008	550	333	61	533	120	23
12/23/2008	597	358	60	588	132	22
1/13/2009	610	374	61	599	146	24
2/3/2009	588	393	67	580	157	27
2/24/2009	538	338	63	525	139	26
3/17/2009	528	320	61	518	122	24
4/7/2009	528	342	65	519	123	24
4/28/2009	515	304	59	502	103	21
5/19/2009	517	298	58	510	108	21
6/9/2009	504	259	51	500	87	17
6/30/2009	543	338	62	531	63	12
7/21/2009	616	278	45	608	61	10
8/11/2009	711	407	57	0	0	0
9/1/2009	497	388	78	0	0	0
合計	10,704	6,521	61	10,514	21,81	21

増加する。PRが調査された過去をさかのぼるとまだ妊娠診断されていない牛が妊娠していることがあり、これは非妊娠牛が単純にいずれ発情発見され再授精される概念に基づいており、ゆえにリスク集団から除外される。

b. 産次数や季節による違いはあるか？

　高気温やその他の環境要因の影響によって群の繁殖成績は大きく変動する。口絵P.27、図22-7は2.5年間の期間のPRを表示しており、時間とともにPRと授精リスクの変動を表している。7月と8月の夏季の成績が目立って低下していることに注目できる。黒い部位は各21日間サイクルにおけるPRの95% CIを示している。多くの場合、初産牛は2産牛よりもPRが高く、初産牛と2産牛は3産以上牛よりもPRが高い。この傾向が観察されない場合、未経産牛がどのように育てられているか、周期に問題があるのか、分娩に関する問題があるのかなどを問題とするべきである。若齢の牛の繁殖成績に悪影響を与えるもう1つの要因として飼育密度の問題があり、若齢牛は成熟した大きな牛よりも小型の傾向があり、詰め込まれやすい。

c. 群はAIのみ、自然交配のみ、またはその両者を行っているのか？

　DairyComp305の初期設定の21日間PRはAIにのみ使用される。AIに続いてクリーンアップするための役割として雄牛を使用する群、またはオンファームにおいて妊娠を達成するためだけに雄牛が存在している群のPRを計算するための数学的アプローチ法は同じであるが、具体的な記録はわずかに異なる。

　雄牛の繁殖情報が評価される場合、実際の交配が記録されることは非常にまれであり、そのため見かけの授精リスクは価値がなく、無視するべきである。

　PR記録を用いてAIと雄牛繁殖を比較することは各シナリオにおけるリスク集団が異なることが多いため、望ましくない。例えば、雄牛を主に繁殖管理のクリーンアップ目的で使用している群は、AIに失敗した時のみ雌牛と接触させ

る。さらに繁殖能力に問題のある雌牛はAIグループで過ごす時間はまったくなく、直接雄牛のペン内に移動される。

4．妊娠牛は妊娠を維持しているか？

　乳牛群における流早産や死産はよく認められ、喪失が明らかな時期、それに気が付く時期は授精から妊娠診断が行われるまでの経過時間と群の流産リスクのベースラインによって異なる。一般的に妊娠喪失の多くは授精後17日以前に起こる。これらの喪失とは早期の胚死滅を意味する。17日以前の信頼できる妊娠診断法がないかぎり、受胎リスクの見かけ上の低下と表現される。交配後約17日から42日の喪失は後期の胚死滅を意味し、発情間隔の延長をもたらし、これは非妊娠牛で認められる正常な黄体退行の時期を通り越すからである。妊娠42日を過ぎた喪失は流産と呼ぶ。妊娠と診断されたが後に空胎と診断された繁殖を流産と定義されることが多く、牛が流産した正確な日を決して特定できないことが多い。

　妊娠診断がいつ行われたかによって妊娠喪失は受胎リスクの低下、胚死滅、または流産と解釈される。28日で妊娠診断を行う群の見かけ上の受胎リスクは、妊娠診断を40日目以降に行う群に比べて10～20％高い。同様に胚死滅（流産と誤って呼ばれることが多い）の見かけ上のレベルは超音波群で10～20％高く、これは早期診断の結果であり、早期診断によるダメージによるものではない（Vasconcelos, 1997；Santosら, 2004）。授精から約40日後に妊娠診断が行われると仮定して、典型的な妊娠の流産リスクを12％、その他の理由による淘汰による喪失を2％とすると、泌乳群で月に7.6％の新しい妊娠を達成、または21日間のうち5.3％の新しい妊娠を達成しなければ1年を通して定期的な分娩が行われる安定した群サイズになれない。未経産牛の流産喪失または淘汰のリスクは少ないが、新しい妊娠は未経産牛で月に約3.4％または21日間で約2.4％を目標とするべきである。

5．任意待機期間（VWP）および初回授精までの日数のパターンは？

　牛は分娩後、1度に正常な周期に戻らず、完全な子宮修復も同じスピードでは行われない。牛を初めて授精する時のさまざまな理性的アプローチがある。結果として牛の初回授精までの日数には大きな変動が認められる。群の管理者が設定した特定のVWPと、実際の繁殖記録はまったく違うことを反映していることが

表22-5　大型乳牛群における初回授精情報を搾乳日数で分類

範囲 (DIM)	範囲内の初回授精の回数	初回授精の総数	初回授精の累積パーセント
1～50	26	1,847	1.4%
51	18		2.4%
52	23		3.6%
53	60		6.9%

ある。初回授精までの日数のパターンと真のVWPを推定する時、真のVWPを実際に確立する前に3～5％の早期授精を許容することが一般的となっている。これらの早期授精は異常値として考えられ、オーナーの繁殖管理の意図していたことを通常反映しない。例えば表22-5と口絵P.27, 図22-8の情報に注目してみよう。これらのデータはDairyComp305を用いて発情発見と初回授精に定時授精の両方を行っている大型の乳牛群の記録である。「真」のVWPは泌乳日数約53日目と推定されており、初回授精の3.6％はこの時点までに行われている。この時点より以前の授精は個体の行動をより反映する（群にとって通常よりも早期に技術者によって授精した、発情を示している早期の周期牛の行動）。これは口絵P.27, 図22-8の水平線で表されている。

a. 任意待機期間をもとに、適格牛はどれくらい効率的に妊娠しているのか？

　VWPが確立されたならば初回授精された牛の繁殖効率は管理アプローチによる特定の目標を用いて評価することができる。例えば完全な発情周期効率の群では初回授精間隔は理論的にはVWP + 11日間であるべきであり、初めの21日間周期内ですべての牛は授精されているべきである（注記：21日間ごとにすべての牛はスタンディング発情を経験しすべての牛は周期牛であることを仮定している）。しかしこの目標は非現実的であることは明らかである。より現実的な目標（70％の授精リスクと21日間サイクルを仮定）はVMPの初めの45日以内に90％の初回授精が行われることである。

　初回授精を完全に定時授精アプローチ法で行う場合、プログラムが週ごとに行われるならば現実的な目標はVWPの7日間以内、または2週間内の分娩牛群を使用したプログラムならばVWPの14日以内に90～95％の牛が授精することを目標とするべきである。発情発見から成り

表22-6　8/20/2009のオンファーム記録から引用したDairyComp305内の大型のホルスタイン牛群のBredsum記録

A 日付	B 繁殖適格牛	C 授精した牛	D 授精リスク	E 妊娠適格牛	F 妊娠した牛	G 妊娠リスク	H 流産
8/7/2008	739	496	67	712	140	20	19
8/28/2008	818	563	69	792	167	21	20
9/18/2008	792	525	66	774	139	18	16
10/9/2008	814	543	67	785	177	23	19
10/30/2008	808	533	66	784	170	22	23
11/20/2008	763	481	63	737	159	22	24
12/11/2008	737	506	69	728	189	26	22
1/1/2009	731	458	63	719	194	27	18
1/22/2009	687	454	66	667	165	25	22
2/12/2009	674	461	68	660	153	23	19
3/5/2009	690	459	67	678	186	27	14
3/26/2009	637	464	73	622	172	28	11
4/16/2009	625	419	67	614	155	25	9
5/7/2009	659	436	66	644	139	22	5
5/28/2009	721	464	64	706	150	21	3
6/18/2009	736	491	67	725	137	19	1
7/9/2009	758	493	65	0	0	0	0
7/30/2009	625	528	84	0	0	0	0
合計	11,631	7,753	67	11,347	2,592	23	245

立っている混合プログラムに続いて定時授精が行われ，週ごとの分娩牛群を使用しているならば現実的なゴールはVWPの30日以内に90～95％が授精されることである。

群の実際のVWPを用いてPRを計算することは群の成績を評価するのに合理的なツールであるが，このアプローチ法には注意が必要である。初回授精を泌乳の後半に延期するようにアドバイスされる群もある。しかし，授精開始を待てば待つほど通常の50～60日間のVWPに追いつくためには各サイクルの成績は高くなければならない。PRをより改善させるために単純にVWPを変えることは（新しいVWPから分析して），万が一，牛が間に合わず空胎日数が長引いてしまった場合，群の全体的な繁殖効率に悪影響を及ぼしかねない。遅いVWPを確立した場合でも，繁殖成績を通常の50～60日間VWPと比較して評価するべきである。

b. 授精リスクに関する問題はあるか。授精リスクは適切なPRを達成するのに十分に高く，一貫性があるか？

授精リスクの評価は2つの方法で行うことができる。①21日間カレンダーによって，または②VMPにしたがってサイクル回数（初回の21日サイクル，2回目サイクルなど）によって行う方法である。現在の繁殖成績を調査する場合または最近の変化のエビデンスを探す場合，カレンダーを用いて授精リスクをみることが唯一の正当なアプローチ法であり，**表22-6**にPR記録の一例が示されている。

授精に関する情報はB，C，Dの欄に記載されている。Bは各21日間で適格牛であった頭数，Cは同期間に実際授精された頭数，Dのはじめは21日間の計算された授精リスク，そして下方には最近の2つのサイクルを除いた過去の年間の平均授精リスクが記されている。最近の2つのサイクル，2009年7月9日から7月29日と2009年7月30日から現在の日付（2009年8月30日）まで，特に後者のサイクルは予備情報を意味する。現在のサイクルでは授精に適格なのは625頭であり，528頭が授精され，その結果，授精リスクは84％であり，これは年間の平均67％よりも高い。しかしこれには非妊娠牛は含まれておらず，授精されたが妊娠診断に至っておらず発情期に戻る21日間で見落とされているためリスク集団は不完全である。

この群がシステムを移動すると真の非妊娠状況に関するさらなる情報が発見され，これらの牛は適格集団に再び戻され，ゆえに真の授精リスクは低下する。定時授精のみに頼らないAI群にとって各「通常」サイクルの授精リスクの達成可能な目標と平均は65〜68%である。ホルスタイン群が発情発見のみで70%以上になった場合は発情発見の正確性が問われる。しかし最近のサイクルの調査は真の非妊娠集団の不完全な情報により上方に偏っているため，このサイクルの達成可能な目標は85〜90%である。発情発見を少し行うまたはまったく行わない定時授精群において，授精リスクが100%に到達することがあるが，通常は1サイクルおきに認められ，それは確認された非妊娠牛のみ定時授精を用いて授精できるからである。結果としてこのような群のサイクル平均授精リスクは「オフ」サイクルが計算に含まれるため通常50〜60%となる。

　21日間カレンダーによって授精リスクを評価するアプローチ法はもう1つの方法（VMPにしたがってサイクル回数を評価する方法）よりもシステムの変化をより早く反映できるという明白な利点がある。VMPによる方法は成績の傾向をモニタリングするためには決して使用してはならず，最近の変化（陽性または陰性変化）は追加された牛によるモメンタムによって緩和され，変化を検出する能力が大きく減退してしまう。しかしサイクル回数による評価方法は繁殖の過去の経営アプローチ法の情報を明らかにする。

　例えば定時授精を多用した場合，初回の繁殖サイクルは95%以上の授精リスクを反映するべきであるが2回目はもっと少ない数値であるべきである。3回目のサイクルは高い授精リスクを反映するが初回よりもわずかに低い。時間とともに授精リスクの高一低数値は控えめになるが，それは再同期化計画のほとんどはきっちり42日間の再授精パターンに沿っていないために授精間隔が重複するからである。

c. 妊娠していない牛はどれくらい効率的に再授精されているか？

　高い繁殖成績を達成するための秘訣は迅速かつ正確に非妊娠牛を再授精することである。牛の再授精は発情発見，定時授精または自然交配を用いて行うことができる。定時授精を使用する場合，授精と次の授精の間隔は農場への訪問の頻度，授精後の検査の時期，使用される再同期化のタイプ，プログラムへのコンプライアンス（何パーセントの牛が実際に注射され，授精されるのか）によって異なる。発情発見を基にした繁殖プログラムにおける授精間隔は主に発情発見の効率と正確性によって決まるが後期胚死滅のリスクに影響されることもある。

　発情間隔分析記録は酪農管理ソフトウェアプログラムに一般的にみられるが，その使用は推奨されない。発情間隔分析は発情発見を基にした繁殖プログラムの授精問題を調査する際にかつて使用されていたが，その他の使用例はなく，これだけに限られていた。評価された間隔は長い期間であり（モメンタムの問題），各間隔に影響を及ぼすさまざまな要因による重要な繁殖問題をこのアプローチによって検出または回答することは困難であった。**表22-7**は期間ごとの理論的な予測を表し，各間隔の有力な解釈をいくつか提示している。発情同期化と排卵同期化プログラムの出現によって多くの場合，発情間隔分析の使用の価値は低くなった。定時授精を主体とする群では群への訪問頻度と牛の再導入にもよるが，大部分の間隔範囲は36〜48日間とするべきである。発情発見の他に，何らかの形で定時授精を使用している群では間隔ごとの分布は使用するプログラム，再同期化の策略，発情発見の効率によって変わってくる。

　例えば，初回授精の定時授精にダブルオブシンク（Souzaら，2008）を使用している群では初めの2つの間隔（1〜3日および4〜17日）に入る乳牛の割合の低下が一般的に認められ，それは実際に精液を受けるオブシンクに登録する前に牛をセットアップ・オブシンクプロトコールに組み込むからである。

　無発情の無排卵牛で，単回のオブシンク（単独またはプロスタグランジン製品を使用したプレシンク処置を事前に実施）を行ったが妊娠しなかった場合，オブシンク授精後の発情期は8〜12日間に認められる。これは卵胞のターンオーバーへのゴナドトロピン放出ホルモン（GnRH）注射の促進作用の結果である。しかしダブルオブシンクにおいて，セットアップのために初回オブシンクを行った結果，次に通常の授精オブ

表22-7 発情間隔, 目標, 解釈ガイドライン

発情間隔	発情発見の目標	コメント/説明
1〜3日間	5%以下	通常, 発情発見の正確性が問題となる。発情の最初の徴候が認められた時点で積極的に授精することで増加する, または疑わしい発情で再授精することで増加する。
4〜17日間	10%以下	多くの場合, 発情発見の正確性が問題となる。定時授精と発情発見を用いる群では, 2回目授精で急上昇が認められてこのカテゴリーに分類されるが, それはオブシンクプログラム終了時に無発情で無排卵の牛が初回授精を受け, その後周期を開始し8〜12日後に発情を示すことによる。
18〜24日間	40%以上	正常であり, 予想される発情間隔。18〜24と36〜48間隔の比率は発情発見に基づいた繁殖プログラムを使用している群では約3.5:1であるべきである。
25〜35日間	15%以下	後期胚死滅によるクラスの間隔。さらに前回の授精時に不正確な発情発見が行われ, 正常な発情期が見過ごされたことが原因となり得る。
36〜48日間	15%以下	正常に周期している牛の正常な予想された間隔であるが前回の発情が見過ごされている。さらに後期胚死滅の影響も考えられる。
48日間以上	10%以下	多くの問題が考えられる。低い発情発見率, 無発情無排卵状態の再開, 後期胚死滅または早期流産による。

シンクを行うとほとんどの無発情無排卵の牛はGnRH注射によって十分な刺激を受け, その結果プロジェステロンのプライミングが起こり, 発情期にすばやく戻ることがある。

発情または排卵同期化プログラムの使用は発情期と発情期の見かけ上の間隔を変えてしまう。もしGnRH注射を発情前期に行うと, 誘起された黄体形成ホルモン (LH) サージによって排卵するが, 多くの場合は発情徴候を示さない。さらに非妊娠牛にオブシンクを用いて再同期化を行った場合, 前回の授精から再授精されずにどこまでいけるかの限界をつくるが, これは妊娠診断が迅速かつ一貫して行われるプロトコールに順守していることが仮定される。

AIを用いる群の繁殖成績を改善させるのに, 発情発見の精密度と正確性, 妊娠診断の頻度, 妊娠診断が行われる妊娠時期, 初回授精に行われる定時授精のタイプ, 再同期化とプログラムへのコンプライアンスのすべては, 全体の授精リスクに影響する重要な要素である。単純に発情間隔を評価するよりも「空胎」と診断後, 妊娠するリスク (および率) を測定することの方がより良いアプローチ法である。例えば繁殖管理を完全に発情発見とAIに頼っている群 (「H」群とする) を考えてみよう。この群の平均授精リスクが50%として (北米の多くの群ではそうである), 発情または排卵同期化をまったく行わない場合, 再授精の平均間隔は約31日間である。

この結果を「S」群と比較してみよう。「S」群は発情発見を使用し, その効率は「H」群と同様である。しかし定時授精も使用し, 最後の授精から35〜41日で妊娠診断を週ごとに行い, 予定された妊娠診断の1週間前にGnRH注射を行っている。「S」群の次回授精までの平均日数は約24日であり, 「H」群と比較するとチャンスを逃した場合の7日間の猶予期間がある。「空胎」診断時から両群を比較した場合, その差はさらに大きい。妊娠診断の1週間前にGnRH注射を行って再同期化を図る群はほとんどの空胎牛を3日以内に再授精できる。もちろんただ単に授精することが目標ではなく, 妊娠させることが目標であるが, 牛を妊娠させるためにはまずは授精する必要がある。

d. 受胎リスクに関する問題はあるか?

受胎リスク (conception risk, CR) は過去において, 乳牛群の繁殖効率を評価するための非常に重要な測定項目であった。主要なメトリックとしてのPRはCRを上回るが, CRはPRに影響を与えるため評価しなくてはならない。しかしCRによる問題は複数の問題が関わっているため調査が難しく, 結果が二項式であり, 結果の信頼性を確立するためにはかなりの授精回数が必要である。

一般的に群の全体的なCRを調べることから開始し, 授精回数によって階層化する。北米地域の典型的な群のCRは通常30〜35%である。

発情発見のみによって授精される場合，初回授精のCRはその後の授精よりも数点高い傾向にある。適切な評価ができるほど十分な回数の授精が行われている場合，一般的に授精回数1～5回のCRは類似しており5回目以降はわずかに低下する。多くの群（最も大型の群を除く）では比較できるほど後半の授精回数は多くない。

CR関連の調査時に問われるその他の質問として以下の項目が挙げられる。

> i. 初回授精の受胎リスクは好ましいか？
> ii. 受胎リスクは時間とともにかなり変化しているか？
> iii. 産次数に問題はあるか？
> iv. 繁殖プログラムまたは方法に問題はあるか？
> v. 受胎リスクは季節またはカレンダーに影響されるか？
> vi. 技術者によって受胎リスクは影響されるか？

技術者の評価は重要であるがとても難しい問題であり，かなりの混乱を招くことがある。計画にしたがうと，ある技術者は同期牛を多く授精し，またある技術者はスタンディング発情牛を多く授精する。またはある技術者は授精を冬から開始し，ある者は1年にわたって授精している。より難しい問題となるのが新しい技術者の成績を評価する場合である。成功の前に失敗（再授精された牛）が起こるため，すべての繁殖の結果が分かるように最低でも42日前に実施された授精に関してのみ，新人技術者の成績を評価することが大事である。

e. 妊娠診断はどれくらいタイムリーに行われているか？

繁殖効率を向上させる秘訣の1つは非妊娠牛を迅速に特定し，近い将来妊娠できる可能性を促進するように行動することである。向上できるチャンスがあるかどうかを決定するために妊娠診断のタイミングと頻度について検討するべきである。妊娠診断によって妊娠していると診断された牛の授精から妊娠診断までの日数がここからの本題となる。授精から妊娠診断までの実際の日数は非妊娠牛がどれほど効率的に特定されて再授精されるかよりも重要性は低い。しかし妊娠牛の妊娠診断までの日数は管理アプローチ法と効果を評価する代わりとなり，発情発見によって複雑化しない。

□絵 P.28，図 22-9 は妊娠診断された牛の授精から妊娠診断までの日数を表した頻度ヒストグラムである。この群は定時授精と発情発見に基づく繁殖を行い，自然交配は用いていない。赤は授精から初回妊娠診断までの日数，青は授精から確定（または2回目の妊娠診断）までの日数を表す。緑は授精から牛を泌乳グループから乾乳グループに移動する前に妊娠診断するまでの日数を表す。

この群の目標は初回妊娠診断を最後の授精から35日目に開始することである。この群は週ごとに診断されるため，ほとんどの牛は前回の授精後35～41日に初回検査がされるべきである。この群では94％の牛がこの期間に検査されている。次週では残りのほとんどの牛が妊娠していると記録されている。これらの牛は「再診」と分類されているが，獣医師によって疑わしい所見が認められたのか，または誤診によって単純にミスされたか，あるいは牛が間違ったペン内にいたかなどの理由による。妊娠診断の早期実施，定時授精への大きな依存，システム内の良好なコンプライアンスの結果，妊娠診断までの平均日数は40日であった。注記：定時授精を使用せず，再診をほとんど行わず，優れた妊娠診断を行う群における授精から妊娠診断までの平均日数は区間の中央値の近くであるべきであり，またはこの場合は約38日とするべきである。

□絵 P.28，図 22-9 で示された群ではどの牛が妊娠を維持し，どの牛が喪失したかを表わす「確定診断」はAI後70日で開始されており，90％の牛は70～76日で診断されている。この2回目の妊娠診断は早期妊娠診断（AI後35～45日）を行っている群に推奨され，単純に発情発見だけに頼っていた場合よりも，もっと早期に流産した空胎牛を特定する手助けとなる。最終的な妊娠診断は泌乳グループから乾乳グループに牛を移動する直前で行う。この検査では流産した可能性のある牛を特定し，実際に空胎である牛の乾乳を防ぎ，治療を行う。この群の場合，授精から223～229日の間にすべての牛を診断する計画であり，94％の牛がこの期間中にチェックされている。□絵 P.28，図 22-9 の群は定めた妊娠診断の計画内で良好な成績を収めている。

反対に，□絵 P.28，図 22-10 の群を参照して

みよう。ここでも妊娠と診断された牛の授精から妊娠診断までの日数を表した頻度ヒストグラムが表示されている。この群は発情発見によるAI，自然交配，そして少しの定時授精の混合を行っている。赤は初回の妊娠診断，青は2回目の妊娠診断を表している。

　この群では妊娠診断をAI実施後41日目で開始し，2週間ごとにチェックしている。結果として初回の妊娠診断は41〜54日目で行われている。しかしこの範囲内では79％の牛しか診断されず，妊娠診断されるまでの平均日数は54日である。（注記：雄牛によって妊娠した牛はこの計算から除外されている。雄牛と交配した牛の授精後日数は診断の頻度と獣医師の技術によって決まる。）乏しいコンプライアンスの結果，多くの牛が見過ごされ，妊娠期間の後半まで診断されなかった。妊娠牛でこのような状況であれば非妊娠牛でも同様であり，その結果，再授精の間隔が遅延される。

　口絵P.28，図22-10では2つの妊娠診断が予定されている。これは妊娠期間の後半に初回診断を行う群でよくみられるパターンであり，この遅延のため妊娠喪失をしている牛を特定するための2回目妊娠診断の価値は低い。この群の2回目診断は妊娠165〜225日で行われる。自然交配を行う群では妊娠牛を自然交配グループのペン内に移動するのが一般的である。これらのペン内にいる牛は1.5〜2カ月ごとに診断を受け，ゆえに2回目診断の実施日のばらつきが生じる。

　最後に**口絵P.29，図22-11**を参照してみよう。最後の授精から妊娠診断までの日数を表しており，この群では定時授精に大きく依存している。また，自然交配は行っていない。この群は妊娠31〜37日目の牛の妊娠診断に超音波検査を行っており，ほとんどの牛はAI後32日で検査されている。妊娠28〜34日の牛に超音波検査を行う場合の1つの問題点として，多くの牛（多くは8〜15％の範囲）は約42日までに妊娠喪失を経験する。

　約70日目で行われる確定診断の前に追加して検査されない場合，妊娠喪失をしている牛の再授精のチャンスを多く逃してしまう。そのため35日前に妊娠診断をする群には早期の確定診断（一般的には初回検査の14日後）を行うことを推奨し，それによって後期胚死滅または早期胎子喪失をしている牛の特定が可能となる。

　早期診断に超音波検査を使用している群では初回診断時（従来の「妊娠チェック」ではなく，「空胎牛チェック」を行う）に非妊娠牛を特定し，2週間後に行う2回目診断で妊娠と診断されるまで記録しないことが潜在的によりよいアプローチ法である。

　このアプローチ法は超音波検査群でよく認められる人工的な高い流産リスクを低下させ，非妊娠牛への処置も可能にしてくれる。この群は早期にチェックそして再チェックしているため従来の確定診断はわずかに遅れて行われ（76〜82日），乾乳ペン内に移動する前の最終確定診断はAI後211〜217日で行われる。初回診断の2週間後に行う追加診断は早期の妊娠診断に超音波を使用することによってそのコストが隠されることが多い。

f. 繁殖管理に自然交配が行われる場合，記録分析のオプションはより限定されるが，それでもまだ以下に示すようないくつかの重要な質問が問われる。

> ⅰ．雄牛ペンへの移動パターンは？
>
> 　AIと自然交配の両方を行う多くの群では非妊娠牛は雄牛のペンに移動する時期が早すぎるが，これは経営者がAIを早期に中止し，自然交配の方がより妊娠できる可能性が高いと考えて，雄牛のペン内に移動してしまうからである。しかしAIと自然交配を混合しているカリフォルニア州の10戸の大型乳牛群を対象にした研究によると，AIペン内に居続けた方が妊娠しやすかった（Overton and Sischo, 2005）。
>
> ⅱ．雄牛のペンに移動後，どれくらい効率的に妊娠しているか？
>
> 　自然交配による繁殖効率はPRを用いて評価されるが，これは適切なコーディングまたは記録が維持され，妊娠診断が迅速に行われて記録システムが導入されているのが前提である。PR記録は授精リスクとともに表示されるが，一般的に雄牛による交配を記録しないため，授精リスクは実際の真の授精リスクよりも低く表示される。

g. 妊娠喪失に関する問題はあるか？

　妊娠喪失については既述されているが追記する。まず初めに，昔ながらの「流産率」を正確に計算するのはほぼ不可能であり，なぜなら多くの群では牛がいつ妊娠を喪失したかの時期を，知ることができないためである。代わりに牛がもはや妊娠していないと診断された時期を知ることができる。この情報と診断時の子宮の状態から真の流産が起きた時期が推定される。しかし診断の頻度と日常の観察レベルによってこの推定値は実際よりも大きく異なることがある。発生の正確な日が分からないかぎり，真の流産率を確定できない。

　2番目に，流産リスクの計算が行われた場合，分子と分母は明白に定義される必要がある。これは起こった流産の数に流産のリスクのある妊娠（流産の数/流産の数＋ある特定の期間においてまだ妊娠している数）で割った値である。記録システムによっては流産の定義，流産の起こった数，真のリスクにある妊娠の数はかなり不明瞭である。

　3番目に，年間の流産リスク（過去の成績）を正確に計算するためには，約20カ月前の記録から調査し，8カ月前までに起こった流産の数を調べる必要がある。（注：この12カ月間を使用する理由はこの期間が最も最近のデータであり，全妊娠期間においてリスクのあった牛の診断が行われている）。また同期間を使用してリスクのある妊娠の数もカウントするべきである。このアプローチ法は疫学的に思えるが実際は過去に基づいており（ラグが多すぎる），現在の成績を反映していない。

　妊娠喪失をタイムリーかつ効率的にモニタリングする最も良い方法は群を訪問ごとに，すばやく計算を行うことである。例えば妊娠診断を週ごとに行っている場合，特定期間の流産リスクは「70～76日の確定診断で非妊娠牛と特定された数」を「同じ検査で非妊娠牛と妊娠牛と特定された合計数」で割った数としてすばやく計算できる。

　例えばAI後35～41日の間に妊娠と特定された2頭の牛が確定診断（70～76日）で妊娠していないと特定され，47頭の牛は同じ初回診断と確定診断で妊娠していると特定されている。さらに同じグループ内の1頭の牛（35日前に妊娠が確認されている）で発情していることが分かり，先週再授精されている。

　この場合の推定される流産リスクは$(2+1)/(47+2+1)=6\%$である。このタイプの妊娠診断スケジュールを組む乳牛群は，5～7％の牛が初回の確定診断までに流産してしまう。同様のアプローチ法は後期の妊娠確定診断でも行えるが，リスクのある妊娠期間が長いのにもかかわらず，同様または低い流産リスクが予期される。

6．成績を向上させるためのチャンスは？

　記録を再調査することは授精リスクや受胎リスクを向上，妊娠診断の頻度を増加させるチャンスがあるかなどを決定する手助けになる。しかしその他のチャンスも考慮するべきである。

---

a. 授精するべき牛はいるか？

　典型的な初回授精の時期を過ぎても繁殖淘汰牛と確認されておらず，AIペン内にいまだ存在し，いまだ授精されていない牛はいるか？　いるならばこれらの牛を特定し，授精するための計画を立てるべきである。

b. 妊娠診断をするべき牛はいるか？

　典型的な妊娠診断の時期をすぎても診断されていない牛はいるか？　別の言い方をすると初回妊娠検査が35～41日で実施される場合，最終授精から42日以降でも検査されていない牛はいないか？

移行牛の成績モニタリング

　高い繁殖効率と高い乳生産量を獲得および維持するためには，移行牛を乾乳期から泌乳期に移す作業が大変重要である。移行期とは妊娠期間の最後3週間から泌乳期の最初の3週間として分類され，牛の泌乳にとって重要な時期であり，長い持ち越し効果を伴い，泌乳早期の非常に高い淘汰リスクにつながる。この6週間において免疫機能の低下が認められることが確認されている。

　乾物摂取量（DMI）が30％以上落ちることがあり，環境的，社会的ストレスまたは飼料に関するストレスの存在によってDMIと免疫力はさらに低下してしまう。泌乳早期の乳生産量，感染症の罹患と抗生剤の治療のリスク，低カルシウム血症やケトーシスのような代謝疾患の合併症，陽性のエネルギーバランスへの回

帰，そして繁殖効率のすべては移行期の成功に関わっている。

獣医師，栄養士，酪農コンサルタントは移行の失敗による問題を調査し，修正し，さもなければ対応するように依頼されることが多い。例えば低い繁殖効率を示す群では，民間またはオンファームの人工授精者を解雇するなど，繁殖プログラムを大きく変更することがある。栄養士は乏しい乳生産量，ピーク時の乏しい成績に関することで問われることがある。

通常これらの生産量や繁殖問題は3～6週間前に起きた管理不行き届きの結果である。繁殖問題をもたらす不適切な管理の例として，乾乳牛とフレッシュ牛の過密環境，気温ストレスの不十分な軽減が挙げられ，さらに栄養士の助言または牛自身による仕分けによって飼料が配給されないことも含まれる。また残念なことに，群のアドバイザー同志は互いの責任をぶつけ合うことがある。

しかし経営チームのそれぞれには各役割がある。酪農業の経済的な成功を確保するためには，経営チームすべての人からの賛同と協力を得ること，さらに分娩前後の問題を予防するための管理努力を行うことが必要である。

多くの問題は移行牛の健康と成績に影響する。泌乳していない妊娠牛から泌乳牛へと，どれくらい良好に移行しているかを判断するために記録分析は重要であるが，群と行動し，牛を観察し，飼育環境，カウコンフォート，栄養状態，牛の一般状態を積極的に観察かつ調査する代わりにはならない。移行牛の管理と分娩牛の健康状態を評価する場合，ここでも適切な質問をしてその質問の回答となるデータを探すことが重要である。現場での観察と記録分析の併用によって，多くの管理問題を発見することができる。移行牛の管理に関する重要な質問の例として以下が挙げられる。

1．経時的な分娩パターンは？

分娩牛の数は大きく変動しているか？　大量の更新牛の購入，長期間にわたる繁殖問題，季節的な繁殖試行，気温ストレスの期間の分娩を避けるために特定の月に授精を意図的に行わないなどの管理決定の結果，変動が起こる。分娩牛の数の変動は優れた移行プログラムであっても大混乱を引き起こすことがあり，これは単純に飼育施設を過密にした結果，またはフレッシュ牛の問題を適切にモニターする経営能力を上回ってしまった結果である。他に問われるべき質問には以下が挙げられる。

> a．過去における双子，性別，死産のパターンは？
> b．産次数による違いはあるか？

2．一貫して記録されるフレッシュ牛の疾患は何か？

多くの場合，群はフレッシュ牛の疾患を記録しようとするが，その記録に失敗する，記録システムに入力し忘れる，または一貫性なくフレッシュ牛のイベントを記録してしまう。もう1つの問題として検出バイアス（片寄り）が挙げられる。

例えばフレッシュ牛におけるケトーシスを評価する者が2人いる場合，1人は検出に力を入れ尿スティックやその他の検査をフレッシュ牛集団に行い，そしてもう1人は疾患の症状が表れてから検査を行う。この両者における同群のみかけ上の有病率はその検出方法や検査方法の違いにより，大きく異なることがあるため，ケトーシスのような疾患は群において比較するべきではない。

a．フレッシュ牛の疾患のパターンはさらなる調査を必要とするか？

農場を調査する際によく認められる問題は，所有者または経営者が乳房炎のような問題のリスクを，通常よりも高く感じることである。最初の質問は「診断される大体の症例数について単純に聞いているのか，または母集団における真の疾患リスクについて聞いているのか？」とするべきである。

例えば通常よりも大型の分娩グループの群があるとする。これはリスクのある大きな母集団でしかなく，治療を必要とする牛の数は通常よりも非常に多い可能性がある。

しかし必ずしも母集団における乳房炎の真のリスクが著しく上昇するわけではない。問題の重大さを測るためには，乳房炎のリスクを計算するべきである。牛は泌乳期の初めの14日間に乳房炎のリスクがあると考えられている。乳房炎のリスクは，「乳房炎が確認された牛」を「乳房炎になるリスクのある牛」で割ることで算出することができる。

例えば2月に12頭が乳房炎と記録されている。真の母集団リスクの計算は少し難しい。3月の最後10日間の間に分娩した牛が，3月に乳房炎があると記録されていなかった場合は，リスクがあると考えるべきである。

さらに4月に分娩したほとんどの牛はリスク

表22-8 ホルスタイン牛にみられる分娩後の諸問題の予想水準および無理のない達成可能な目標

疾患	平均(%)	範囲(%)	目標(%)
乳熱	8	1～44	<5
第四胃変位	3.3	1～14	<3
胎盤停滞	10	1～36	<8
子宮炎	12.8	2～36	<10～15
難産	13	2～36	<10
死産	6	1.4～11	<8

があるが，4月の最後の1日または2日に分娩した牛は除かれる（牛は一般的に分娩後0日または1日で乳房炎にならない）。5日間存在したが乳房炎を示す前に淘汰された牛はどうなるのだろうか。これらの牛は全期間においてリスク下になかった。このように，真の母集団リスクを決定することは難しいのである。

真のリスクを推定する迅速な方法は，その月における新しい症例の数をその月に分娩した牛の数で割る。このアプローチ法は月ごとに分娩する牛の数は比較的一定であることが前提とされる。

これは通常事実とは異なるが，農場におけるおおよその推定はこのアプローチ法によって大体同じになり，変化を検出することができる。分娩後24時間以内に認められる胎盤停滞のような問題には，このアプローチ法が非常に正確である。

第四胃変位のリスクのような問題は多くの場合，泌乳期の最初の30日間で認められるが，月ごとの牛数の変動の結果，バイアスが起こるリスクは大きい。**表22-8**はホルスタイン乳牛群に多く認められる分娩前後の問題，予期されるリスク，引用された範囲，達成できる目標を表示している（Curtisら，1983；Peelerら，1994；Keltonら，1998）。

b. 産次数と比較して，フレッシュ牛の疾患リスクの違いはあるか？

群サイズが把握されているのであれば，問題が疑われる時はいつでも，特定の産次数リスクを計算するべきである。臨床型低カルシウム血症のような特定の問題は産次数に関係しているため，問題があるまたは問題がないと述べる前に，フレッシュ牛の泌乳曲線について考慮する必要がある。

3. 経時的な泌乳早期の乳量はどうか？ 泌乳早期の成績（初回検定日の乳量，4週目の乳量，または305日推定乳量の最初の分画）は個体または特定グループにおける問題を表しているか？

フレッシュ牛の成績は農場の経済的安定性にきわめて重要であり，移行期プログラムが成功したか失敗したかを迅速に示すモニタリングを行うことが不可欠である。ピーク期の乳量は移行期の成績を評価するために使用されてきたが，このメトリックは移行期プログラムの成功または失敗を評価するにはラグが多く，さらにピーク期に達する前に淘汰された牛の成績を含まないため，バイアスが生じやすかった。

ピーク期に影響するいくつかの問題を除外するために，移行期管理や初回検定日乳量のような泌乳早期の成績を評価する，その他の乳生産量メトリックが存在する。しかしこのアプローチ法も同様に問題がある。個体またはグループにおける初回検定日の乳量を比較する場合，泌乳日数によって影響される。例えば泌乳10日で初回検定を実施する場合，泌乳30日で初回検定を受ける牛よりも少ない乳量を生産することが予想される。初回検定日の泌乳日数の影響は群によって異なり，分娩前後の栄養管理，分娩前後の疾患リスク，遺伝要因，季節，産次数によって影響される。

一般的に泌乳5～40日の初回検定の乳量は泌乳日数ごとに0.25～1.5lb（0.11～0.68kg）またはそれ以上に増加することがある。大型群において，グループごとの牛の成績を予想するために初回検定を行う泌乳日数の制限をすることができる。

例えば「6月に分娩した初産牛の成績はどうか？」という質問が提示された場合，6月に分娩した泌乳日数10～30日の初産牛の初回検定の平均乳量が計算される。しかしこのアプローチ法によってサンプルサイズが小さくなり，個体を除外してしまうことがあるため，すべての個体間の比較ができなくなってしまう。DC305においてDr. Eickerは特定の週，例えば4週目の乳量を検定した場合の結果を予想できるアプローチ法を開発した。このアプローチ法の個体レベルにおける正確性は少々欠けるが，グループに応用すると比較的正確である。

多くの処理システムは標準305日泌乳期間の期待される乳量の予測値を提示する。このメトリックは305日推定乳量の最初の分画と呼ばれ，牛の年齢と分娩季節を調整し，さまざまな泌乳ステージの産次数の異なるグループの比較を可能にする。最終的な305日生産量を完全に予測することはできないが，泌乳早期の成

績には役立つツールであり，淘汰牛の排除によるバイアスを減らし，異なる産次数と異なる分娩季節の比較を可能にし，ピーク期の乳量に関わるラグを減らし，乳量への泌乳日数の影響を除去する。

a. 泌乳早期の乳量の何パーセントが目標の切点を下回るのか？

牛グループの成績を迅速かつ大まかに評価する場合，生産量の最小切点以下の泌乳日数100日以下の牛のパーセントを計算する。例えば初産牛において，最初の100日の検定日の乳量が50 lb（22.6 kg）以下の牛は，10％以下というのが目標となる。

成乳牛（2産以上の牛）においては，最初の100日の検定日の乳量が70 lb（31.7 kg）以下の牛は，10％以下というのが目標となる。50または70 lb（22.6〜31.7 kg）以下の泌乳早期牛のパーセントに基づいて群の成績を単純に評価するよりも，産次グループ内の傾向をみつける方が有益である。

b. 初回検定の脂肪の結果は問題を意味しているか？

乳脂肪とタンパクの結果を健康および成績の評価に用いることに関しては意見が分かれるが，注意してアプローチを行えば利点もいくつかある。泌乳日数30〜45日の泌乳早期牛のボディコンディションスコアは0.5〜0.75低下すると予想される。乳生産をサポートするために動員される脂肪は非エステル化脂肪酸に分解され，多くの場で利用される。（1）エネルギーのために末梢組織に利用される，（2）肝臓に移動し酸化（完全または不完全酸化し，ケトン体となる）または再エステル化して脂肪になり肝臓に貯蔵される，（3）乳腺内に取り込まれた結果，乳汁中の脂肪量が増加する。乳腺はこれらの循環脂肪酸を効率的に取り入れ，乳腺内で合成され乳汁内にすでに存在する脂肪に加えて，乳汁内にそれらを添加する。一般的に循環レベルが高ければ高いほど乳汁中にプールされる。乳脂肪率を評価する場合，乳脂肪率と泌乳日数のさまざまな切点が使用されるが，一般的なアプローチ法は泌乳日数10〜40日で乳脂肪率が5.0％より高い牛（ホルスタイン牛）のパーセントを調査する。

一般的にこの数値は10％以下であるべきである。しかしこのスクリーニングアプローチは群レベルのツールであり，個体レベルではその正確性が劣ってしまうことを忘れてはならない。泌乳日数10〜40日で乳脂肪率が5％以上のホルスタイン牛が10％以上存在するならば，潜在性または臨床型ケトーシスを生じていないかを，詳しく調査するべきである。

群レベルでケトーシスになるリスクを評価するもう1つのアプローチ法は，乳脂肪：タンパクの比率をみることである。通常，ホルスタイン牛における比率は1.1〜1.25が正常と考えられているが，泌乳早期では体内の貯蔵されている脂肪の代謝によってこの比率は上昇する。乳脂肪：タンパクの比率を観察する際には泌乳日数10〜40日の牛に制限して分析する（臨床型ケトーシスになるリスクが長引くことによって60日目になる牛もいる）。一般的に乳脂肪：タンパク比が1.4以上の泌乳早期牛が群の40％以上存在するならば，さらなる調査が必要である。臨床型ケトーシスの診断の手助けのために，乳脂肪とタンパクを観察することに関する情報は，グェルフ大学のTodd Duffieldらの研究を参照する（Duffieldら，1997；Duffield，2000）。

4. 初回泌乳を開始しているフレッシュ牛に乳房炎や乳質の問題は生じているか？

フレッシュな初産牛の新たな感染リスク（LSCCスコアが4.0より大きいまたは実際の体細胞数が200,000以上の牛のパーセントと定義される）は10〜20％以下であるべきである。残念ながら一貫して20〜25％以上の群が多い。

5. 乾乳期における体細胞数のパターンに変化はみられるか？

乾乳期における体細胞数の変化を迅速に評価するために2×2の散布図がよく使用される。**口絵 P.29，図22-12**では初回検定日のLSCCスコアと前回の泌乳の最終検定日のLSCCスコアを示している。前回の泌乳の最終検定日と現在の泌乳の初回検定日の違いは，乾乳期における大きな変化を意味している。これは部分的には正しいが，最終検定日から乾乳期までの間隔，さらに分娩から次回泌乳の初回検定日までの間隔で起こった変化も反映している。

口絵 P.29，図22-12は4つに区画に分かれており，それぞれの牛の体細胞数が示されている。左下の区画（D）は前回の泌乳をLSCC 4.0以下で終え，現在の泌

乳を LSCC 4.0 以下ではじめた牛を表している。この「非感染」カテゴリーには 343 頭存在し，全体の牛の 64％を占めている。左上の区画 (A) は泌乳を低い LSCC で終え，次回泌乳の初回検定日では LSCC が 4.0 以上であった牛 (65 頭) を表している。このカテゴリーは「新しい感染」と呼ばれ，全体の 12％を占めている。

右上の区画 (B) は両方の検定日で高い LSCC であった牛 (34 頭) を表している。このカテゴリーの牛は一般的に「慢性牛」と呼ばれている。このグループは全体の約 6％を占める。右下の区画 (C) は「治癒」を表示している。これらの牛 (17％) の乾乳期前の LSCC は高く，初回検定日では LSCC が 4.0 よりも低い。

このデータによって 2 つの項目を計算することができる。1 つは乾乳牛の新しい感染リスクであり，これは「前回泌乳の最終検定日の LSCC は 4.0 より低いが次の泌乳の初回検定日の LSCC が 4.0 より高かった牛の頭数」を「前回泌乳の最終検定日の LSCC が 4.0 より低い牛の合計数」で割って計算できる。この場合，65/(65 + 343) = 16％である。このメトリックの目標値は通常 10～12％以下である。このデータから導き出せる 2 番目によく使用されるメトリックは，乾乳牛の治癒リスクである。これは「前回高かったけど現在は 4.0 以下の牛の数」を「前回泌乳の最終検定日で 4.0 以上の牛の数」で割った値である。この場合 91/(91 + 34) = 73％である。目標値は 75～80％である。

6. 泌乳早期牛の淘汰パターンは問題を示唆しているか？

移行期管理の成績を評価するに当たって，泌乳早期牛の淘汰記録は非常によく使用されるメトリックである。多くの人が提案するアプローチ法は，泌乳期の最初の 30 と 60 日間の淘汰リスクを計算し (売却牛と死亡牛は別々に計算されることが多い)，これを移行牛の管理の評価に用いる。しかしこのアプローチ法は問題が多いため使用するべきではない。まず，多くの群では淘汰リスクの真の推定値を正確に評価できるほど十分な分娩が行われない。

表 22-9 に示されている 2 つの異なる集団，グループ「A」とグループ「B」を例に挙げてみよう。「A」と「B」は同じ群のグループであり，2 つの連続月で分娩していると仮定する。反射的に思うのはグループ「B」において泌乳日数の最初の 30 と 60 日間に売却牛の割合がグループ「A」よりも倍であったことから，グループ「B」の牛に何か大きなことが起こったということ

表 22-9 泌乳早期牛の淘汰リスク。2 つの集団，グループ「A」とグループ「B」において，泌乳期の最初の 30 日間とその次の 30 日間において売られたかまたは死亡したかで分類されている。各結果，イベントの実際の数，イベントごとのリスク，95％信頼区間が表示されている。

イベント	合計	泌乳日数 30 以下	泌乳日数 31～60	合計
グループ「A」				
新規分娩牛	101			
売却牛		4	2	6
		4％	2％	6％
		(1～10％)	(0～8％)	(2～13％)
死亡牛		3	1	4
		3％	1％	4％
		(0～9％)	(1～6％)	(1～10％)
グループ「B」				
新規分娩牛	88			
売却牛		9	3	12
		10％	3％	14％
		(5～19％)	(1～10％)	(7～23％)
死亡牛		2	1	3
		2％	1％	3％
		(0～9％)	(0～7％)	(1～10％)

とが分かる。

しかしこのような比較的大きなグループの月ごとの分娩であっても，この 2 つの集団の淘汰リスクの真の推定値は異なると結論付けるほどの十分なサンプルサイズではない。

次にこれら 2 つのグループは異なる群であると仮定する。「B」群は移行期のトラブルがあったと結論付けられることがあるが，実はこの群は繁殖成績がとてもよく，多くの更新牛が分娩しており，群全体の乳質と成績を向上させるために，乳房形態の問題や高い体細胞数の状態で分娩する牛や，明らかな健康障害のない低い乳生産量の牛を，ただ単に積極的に淘汰しているかもしれない。ゆえに泌乳早期牛の淘汰記録は不明な群管理問題，サンプルサイズの制限によって混乱し，移行期モニタリングとしての実用性はかなり低い。

淘汰評価をする代わりに，疾患のよりよい治療法やモニタリングプロトコールの確立を行うべきである。部分集団の牛が淘汰を必要とするほど重度に罹患している場合，生存している残りの牛の生産や繁殖に悪影響を及ぼす。疾患リスク (例：子宮炎，乳房炎，第四胃変位) または乳熱や胎盤停滞のような疾患のリスク要因の変化をモニターするシステムによって，タイム

リーかつ適切な介入が可能となる。

7．前回の乾乳期の長さまたはクローズアップの日数パターンは経営プランに適合しているのか？

非常に短い乾乳期（30日以下）は次回の泌乳成績に悪影響を及ぼすことがある。同じく過度に長い乾乳期は農場に非生産牛を長く存続させることによって，コストがかかるため悪影響がある。一般的に過度に長い乾乳期は妊娠喪失や再交配の問題を示しており，その結果妊娠牛は早期に乾乳牛となり，これは低い乳生産量，または受胎日の推定の技術的なミスや記録システムへの導入ミス，乳生産量の低下によって通常の時期に到達する前に，（淘汰するのではなく）妊娠牛を乾乳期に移動する管理方法によって起こる。極端に短い乾乳期は受胎日の推定の技術的なミスや記録システムへの導入ミス，流早産による妊娠期間の短縮（正しい時期に牛を移行しなかったため）によって起こる。一般的にAI群における週ごとの妊娠診断と週ごとの乾乳ペンへの移動によって，群の乾乳期間の85％は目標の±14日以内であるべきである。自然交配群や牛をより少ない頻度で移動する群はこの変動が大きい。

さらにもう1つ重要なのは，乳牛がクローズアップ・ペン内で過ごす日数である。多くの群では従来の乾乳ペンに分娩前21〜30日で移動し，栄養学的観点から飼料内容を修正し，食餌中の陽イオンと陰イオンの違いをコントロールして低カルシウム血症を予防し，飼育密度を減らし，より厳密な観察を可能にする。クローズアップ・ペンに必要以上に存在するとコストがかかり，他のクローズアップ牛が使用する場所を占領してしまう。ただし10日間以下のクローズアップ期は分娩前後のリスクを上昇させてしまう。全体の最低でも90％の牛に最低でも10日間のクローズアップ期を与えることが目標の1つとなる。

乳生産モニタリング

高品質な牛乳の効率的な生産および売上は，大多数の農場にとって主要な収益源である。繁殖効率，移行期の健康および栄養管理は，どの群でも乳生産レベルに大きく影響を与える。繁殖管理と移行牛の健康モニタリングの基本はすでに述べているが，栄養管理は乳生産と全体の利益に大きな影響を与えるため非常に重要なものである。栄養管理には牧草の収穫と貯蔵，飼料の購入と在庫のモニタリング，飼料の給与，飼料効率が含まれる。これらの具体的な項目については記述しないが，乳生産をモニタリングするいくつかのアプローチ法について記載する。

乳生産モニタリングには多くのアプローチ法があり，それぞれに利点，欠点がある。RHAのような従来のメトリックは多くのDHIAシステムでいまだに使用されているが，モメンタムの影響と陽性または陰性変化の急な変化を検出できないために，この使用価値は非常に限られている。ゆえに，このメトリックについては記載しない。前述したように記録の再調査と評価をするための最初のステップは，群の成績に関する具体的かつ関連性のある質問をすることであり，その質問に適切に回答できるデータを探すことである。乳生産モニタリングに向けて提案されたアプローチ法を以下に述べる。

1．現在の乳生産レベルはどれくらいか？

乳生産は農場の利益となり，前述したすべてのモニタリングアプローチ法は重要であり，前述したメトリックは直接的または間接的に牛ごとの乳生産レベルに影響を与える。しかしコンサルタントは多くの場合，検定日の記録にとらわれすぎて，農場の牛乳の売上を完全に無視してしまうことがある。1日の売上を1日の乳生産量とともに描画してみることを考慮するとよい。牛乳の売上に影響する要素は泌乳牛の数，病舎にいる牛の数，牛ごとの乳生産量である。

a．現在，検定日乳量（あるいはその派生物）にパターンや傾向が認められ，特定の個体またはグループがよい成績を収めていることを示しているか？

泌乳日数による乳生産量の散布図（すべての牛が単一データとして含まれる）は，時間の経過に伴う乳生産量の変動レベルを視覚的に把握するのに役立つ。ラベル（ペン，品種，または泌乳グループ初産，2産，3産以上）を追加することでこの散布図はペン，品種，泌乳段階，産次数による傾向を把握することができる。

しかしこれらのアプローチ法を用いて成績の評価を行う場合，いくつかの注意事項がある。まず，泌乳日数が延長している牛は早期〜中期の泌乳期の牛に比べて淘汰のプレッシャーが大きい。淘汰牛の記録が見当たらない場合，淘汰バイアスが生じてしまい，現在よりも過去の分娩の方が成績が良かったという誤った評価が導かれる可能性がある。次に，散布図を観察する時には泌乳期の異なる牛が同様の成績であり，

同様に行動すると仮定される。例えば異なる泌乳日数による影響を調整した後，泌乳日数200～275日の牛は泌乳日数100～175日の牛と比較される。しかしどちらかのグループは移行期またはフレッシュ期に気温ストレスや密飼いを経験し，もう片方のグループよりも不利であることがある。

　泌乳日数によって乳量をグラフ化するよりも，分娩日によってグラフ化したアプローチ法の方が，観察者は季節による影響を把握することができる。さらに4週目の乳量と2回目の検定日乳量（8週目乳量）をフレッシュ日と泌乳グループによってグラフ化するアプローチ法もある。それぞれの検定日は泌乳日数の制限があるため，乳生産量推定のために特定の週を選ぶことは大きな変動源を除外してしまう。さらに電子乳量計を使用する群では，月ごとの検定日データがないことがある。散布図は大きな傾向を発見し，季節やその他の潜在的な影響を示すが，現実的にはこのアプローチ法はさらなる質問を提示する（そして回答する）ための第一歩として捉えるべきである。

　散布図に傾向線（通常はシンプルな一直線）を引きたくなるが，成績に関する誤った決断を招きやすい。既述したように特有の交絡因子が存在し成績に影響する。しかし直線にはめようとする単純な数学的アプローチが起きるため，直線傾向線の使用は問題を起こしやすい。多くの場合，データへの適合性は低い。さらに傾向線は1つの潜在的な傾向しか示さず，現実的には時間経過とともに成績は変動しているかもしれない。

b. 全体としての検定日乳生産量の変化は認められるか？

　月ごとの検定日乳生産量の評価はよく行われ，一般的なアプローチ法であるが，産次数や季節による影響または泌乳日数の変化や月ごとの検定日データの変化は，群の成功や失敗を表しているとは必ずしも言えない。

c. 乳量が切点の許容範囲を下回るのは全体の何パーセントか？

　泌乳早期における切点分析と同じように，泌乳日数によって乳量の散布図を観察することが多い。このアプローチ法によってスタートの成績が乏しい牛が過剰にいないか，または乳生産量の低い遅い泌乳牛に早期の乾乳または淘汰を考慮するべきか，などを視覚的に評価することができる。しかしこれらのような散布図は，さらなる注目が必要な牛に対する初期調査にのみ使用される。ほとんどのプログラムでは，牛を意味している散布図の点をクリックすると，その個体についてより調べることができる。

　よいアプローチ法とは経営者と話し合い，特定の切点以下の牛に関して説明できるかを確認することである。例えば，牛236は乳房炎があり，牛529は跛行を示している。このようにそれぞれの牛について説明ができることが大切である。乳生産量の低下を導く疾患が多く存在することは望ましくないが，問題があることに気が付かず，対処しないことの方がさらに悪い。

2．現在の群の泌乳日数はどれくらいか？

　牛ごとの平均乳量に影響する要因の1つは群の平均泌乳日数と群の泌乳日数の分布と産次数である。成乳牛は典型的に泌乳日数45～75日でピークを迎え，そこから除々に低下し1カ月ごとに約4～8％低下する。初産牛はより遅くピーク期を迎え，典型的には泌乳日数75～120日であり，その低下速度は1カ月ごとに2～5％と遅い。結果，この2つのグループの推定泌乳曲線は典型的に泌乳日数275±20日で合流する。繁殖成績が良好で，非季節的分娩パターンと合理的な淘汰パターンを示す群の平均泌乳日数は通常160～165日である。繁殖効率がうまくいかないと搾乳日数は伸び，牛ごとの平均乳量は低下してしまう。乳生産レベルを評価する時は泌乳日数の影響による要因について考慮するべきである。

3．305日に相当する推定乳量は産次数別グループ内の問題を示しているか？

　産次数別のグループの成績を評価するには産次数1，2，3以上ごとに305日推定乳量を比較することである。結果を解釈する時は1つまたはそれ以上のグループの成績が乏しい，または1つまたはそれ以上のグループが予想以上に成績がよいという可能性について考慮しなければならない。ほとんどの群において，初産牛グループの305日推定乳量はより高産次牛よりも2～5％低い。この所見は疑問に思われることが多い。

　なぜなら初産牛は理論上，農場の最新の遺伝子を意味しており，これらの牛が最も多くの乳量を生産する

と期待されるからである。しかし多くの群では乳生産の観点から初産泌乳牛に大きな淘汰プレッシャーを与えず，少なくとも泌乳期の後半までプレッシャーを与えないため，ゆえにこのグループの305日推定乳量は遺伝的に劣性の牛を多く含む。

3産以上の経産グループは最も古い遺伝子を意味しているが，305日推定乳量は最低でも2産牛と同様か，または高くなるべきであり，それはこれらの牛が淘汰プレッシャーのある泌乳期を複数回経験しているからである。初産牛の成績が予測よりも大きく劣る場合，分娩時の体格，飼育密度（特に産次数をミックスしたグループ），未経産牛乳房炎，初産牛特有の難産などを調査するべきである。

初産牛がその他の2つのグループよりも成績が優れている場合の一般的な理由は，より遺伝的に優れた更新牛の購入，性判別精液の使用に関連した供給量の増加による更新牛の積極的な淘汰，例えば乳房炎，分娩前後における代謝性疾患の挑戦，または跛行のような成乳牛の疾患が挙げられる。

群を拡大する際，跛行や乳房炎のリスクが高い場合または繁殖成績が伸び悩んでいる群の場合，高産次牛の305日推定乳量は2産牛よりも5～15％低い。1つ注意しなくてはならないことがある。マーカー利用による遺伝子選抜，いわゆるゲノムまたはゲノム選抜は新しいツールであり，乳牛の遺伝子獲得量を大きく増加させる可能性がある。ゲノム選抜された牛を使うことによって305日推定乳量との関係を再評価するべきである。

4．ピーク期の乳生産量はどれくらいか？

産次数別のグループのピーク期の乳量の評価は何年も行われてきたアプローチ法であるが，全体の泌乳期成績との相互関係は，実際には大変低い。さらにラグ，モメンタムの問題や乳牛の真のピーク期を正確に計算する困難さのため，ピーク期乳量を移行期管理のモニタリングに使用するのは非常に悪く，使用は推奨されない。多くのシステムにおいて，記録システムに記載されたピーク乳量は真のピーク（ある泌乳牛が1日で生産した最も多い乳量）ではなく，検定日で最も高かった乳量を示している。推定評価だけに依存してしまうと，検定が28～35日ごとに行われるだけであれば，乳生産の真のピーク日に実際に検定を受ける牛は大変少ない。

さらにもし泌乳日数8日の牛の乳量が42lb（20kg）であったなら，他の検定日により多く測定されないかぎり，これがその牛のピークとなる。そのため各牛の真のピークを正確に推定するためには，泌乳日数に何らかの制限を加えなければならない。1つのアプローチ法は泌乳日数の切点（例えば60または75日）を超えた牛のみを観察する方法である。もう1つのアプローチ法は成乳牛で泌乳日数のピークが45日以上，初産牛には75日以上と制限する方法である。どちらの方法でも潜在的な淘汰バイアス（片寄り）が生じるが，これは定義された泌乳日数の切点に到達する前に淘汰される牛は，ピーク乳量の推定に貢献しないからである。牛によっては泌乳の後半に真のピークを迎える（泌乳日数90日以上）。これは初産牛で最もよく認められるが成乳牛でも認められ，rBST（遺伝子組換えウシ成長ホルモン）を用いている群で多く認められる。

ピーク乳量の利用法は難しく，混乱を招くため，このメトリックはモニタリングに使用するべきではない。より一貫性がありタイムリーなのは乳量を推定することであり，例えば10週目乳量または10週目の305日相当乳量である。これらの2つのメトリックはそれぞれ乳生産量と305日乳量を推定し，その牛があたかも泌乳期の10週目に検定されたかのように推定できる。前述した4週目乳量と同様にこのアプローチ法は真のピークを判断する際の混乱が少なく，さらにラグも少ない。

5．遺伝子のモニタリングはどうか？

授精の決定は数年間乳生産量に影響しないので，遺伝子を日常的なモニタリングに加えるのは一般的ではない。しかし影響は永久的である。適切な雄牛の選抜は乳量に影響する。

6．淘汰および密飼い

牛を長く存続させることは農場にとってマイナスになることがある。ほとんどの農場では下位10％の牛は乳量の約3％しか貢献しない。この10％の牛は残りの良い90％の牛に悪い影響を与えてしまう。なぜなら場所，飼料，寝床，管理における注目度合いの競争が起きるからである。適切なペン密度の注意深いモニタリングは必要である。

乳房炎のモニタリング

乳房炎と乳質は乳牛群をモニタリングする上で重要である。乳腺の健康を迅速に評価するために2×2散布図が使用され，泌乳早期のモニタリングの項目で既

表22-10 乳房炎モニタリングの目標。記録された症例または体細胞切点に基づいたリスク分類システムを使用している。

項目	定義	目標
臨床型乳房炎の毎月の罹患リスク	毎月の泌乳牛で臨床型乳房炎と記録された1つ以上の症例の割合。	2.5%以下
初産牛の新規感染リスク	初回検定におけるSCC 200,000以上の新規分娩初産牛の割合。	12%以下
乾乳牛の新規感染リスク	乾乳前の最終検定においてSCCが200,000以下であり,初回検定のSCCが200,000以上である。	12%以下
乾乳牛の治癒リスク	前泌乳期の最終検定においてSCCが200,000以上であり,初回検定のSCCが200,000以下である。	80%以上
新規乳房炎症例リスク	前回の検定でSCCが200,000以下であったが,今回200,000以上である。	9%以下
治癒リスク	前回の検定でSCCが200,000以上であったが,今回200,000以下である。	30%以上
慢性感染リスク	2つの連続した検定でSCCが200,000以上である。	15%以下
感染牛の罹病率	今回の検定でSCCが200,000以上である。	20%以下
慢性牛の寄与リスク	今回SCC 200,000以上であり,前回検定でもSCC 200,000以上であった。	65%以下
非感染牛	2つの連続した検定でSCCが200,000以下である。	70%以上

述したように,現在の検定日体細胞数(またはスコア)を前回の検定日体細胞数の横に描画するアプローチ法である。

この評価には2つの連続月の体細胞検査を必要とし,閾値200,000(またはリニアスコア4.0)を切点とし,非感染牛(200,000以下)と感染牛(200,000以上)を分ける(Dohoo and Leslie, 1991)。200,000の体細胞数レベルは牛の偽陽性または偽陰性の分類を最小限にするために選ばれているが,200,000以下でも感染(乳房炎)が認められる牛がなお存在し,この切点以上でも感染していない牛が存在するため,この切点は完全ではない。

成功した2つの検定日の結果に基づいた体細胞数の情報によって,牛は大雑把に4つのカテゴリーに分けられる。①新しい症例,②慢性の症例,③治癒した症例,④非感染牛。これらの分類によって現在の乳房の健康状態を表22-10のように推定できる。これらの結果は以前の月の結果と月ごとの乳房炎の報告を比較することができる。

乳房炎をモニタリングする2×2アプローチ法は客観的に体細胞数の変化を定量化する方法であり,臨床型および潜在性乳房炎の両方の症例を含む。しかし月ごとの臨床型乳房炎の発生をモニタリングすることも重要である。

一般的に乳房炎における目標は「乳房炎の症例数をリスクにある泌乳牛の頭数で割った値」と定義され,月単位では2～3%以下,1年ではリスクのある100頭のうち,25頭以下である。また乳房炎をモニタリングするためのその他の重要な項目としては,月ごとの発生の泌乳グループによる分類,繰り返し発症する乳房炎の症例の割合であり,その他のアプローチ法は表22-10に記載されている。しかし乳房炎のモニタリングはここに記載された情報よりも多く,読者は乳房炎と乳質に関する文献(Schukkenら, 2003)を参照するべきである。

子牛と若牛のモニタリング

もう1つ考慮すべきことは更新牛の成績である。これらに関しては本章ではすべてをカバーしないが,以下のように考慮するべきいくつかの重要な質問を挙げておく。

①死産リスク(出生後,48時間以内の死)はどれくらいか,そして経産グループとの違いはあるか?
②離乳期前の罹患率(下痢,肺炎)および死亡率はどれくらいか?
③離乳後の死亡率は離乳から繁殖供用までどれくらいか?
④子牛は適切な年齢で授精するために適切な率で成長(体重,体高)しているか?
⑤初回授精の平均年齢(および分布)はどれくらいか?

⑥繁殖ペンに移動してから若牛はどれくらい効率的に妊娠しているか？

まとめ

乳牛群の繁殖成績をモニタリングすることは複雑かつ困難な課題となっているが，少しの準備をするだけで正しい成績指標が使用され，正しく解釈することができる。記録分析によって酪農成績をモニタリングする目的は，繁殖システムにおける変化を検出することである。

真の変化を正確に検出するためにはラグ，モメンタム，変動，バイアスのような問題に注意することである。記録を観察する前に報告書に単純に依存するのではなく，考慮される質問について考えることである。成績を向上させるための記録評価を行う場合，結果のモニタリングではなく，過程のモニタリングに注目するべきである。

これは酪農記録分析に関わる多くの人にとっては，過去に使用されてきたモニタリング指標を変えることを意味しているかもしれない。まずは重要性の高いところから開始して，必要に応じて深く掘り下げていくべきである。

文献

Brand, A., Guard, C.L. (1996). Principles of herd health and production management programs. In: *Herd Health and Production Management in Dairy Practice*, ed. A. Brand, J.P. Noordhuizen, and Y.H. Schukken, 3–12. Wageningen, The Netherlands: Wageningen Pers.

Curtis, C.R., Erb, H.N., Sniffen, C.J., Smith, R.D., Powers, P.A., Smith, M.C., et al. (1983). Association of parturient hypocalcemia with eight periparturient disorders in Holstein cows. *Journal of the American Veterinary Association*, 183:559–561.

Dohoo, I.R., Leslie, K.E. (1991). Evaluation of changes in somatic cell counts as indicators of new intramammary infections. *Preventive Veterinary Medicine*, 10:225–237.

Duffield, T. (2000). Subclinical ketosis in lactating dairy cattle. *Veterinary Clinics of North America: Food Animal Practice*, 16(2): 231–254.

Duffield, T.F., Kelton, D.F., Leslie, K.E., Lissemore, K.D., Lumsden, J.H. (1997). Use of test day milk fat and milk protein to detect subclinical ketosis in dairy cattle in Ontario. *Canadian Veterinary Journal*, 38:713–718.

Farin, P.W., Slenning, B.D. (2001). Managing reproductive efficiency in dairy herds. In: *Herd Health*, 3rd ed., ed. O.M. Radostits, 255–289. Philadelphia: W.B. Saunders.

Fetrow, J., Stewart, S., Kinsel, M., Eicker, S. (1994). Reproduction records and production medicine. In: *Proceedings of the National Reproduction Symposium, held in conjunction with the Twenty-seventh Annual Conference of the American Association of Bovine Practitioners*, Pittsburgh, PA, ed. E.R. Jordan, 75–89. Dallas, TX.

Fetrow, J., Stewart, S., Eicker, S., Rapnicki, P. (2007). Reproductive health programs for dairy herds: analysis of records for assessment of reproductive performance. In: *Current Therapy in Large Animal Theriogenology*, 2nd ed., ed. R.S. Younguist, W.R. Threlfall, 473–489. St. Louis, MO: Saunders.

Kelton, D.F., Lissemore, K.D., Martin, R.E. (1998). Recommendations for recording and calculating the incidence of selected clinical diseases of dairy cattle. *Journal of Dairy Science*, 81:2502–2509.

Overton, M.W. (2001). Stochastic modeling of different approaches to dairy cattle reproductive management. *Journal of Dairy Science*, 84(Suppl. 1): 268.

Overton, M.W. (2009). Modeling the economic impact of reproductive change. *Journal of Dairy Science*, 92(E Suppl. 1): 541.

Overton, M.W., Sischo, W.M. (2005). Comparison of reproductive performance by artificial insemination versus natural service sires in California dairies. *Theriogenology*, 64:603–613.

Peeler, E.J., Otte, M.J., Esslemont, R.J. (1994). Inter-relationships of periparturient diseases in dairy cows. *Veterinary Record*, 134:129–132.

Santos, J.E., Thatcher, W.W., Chebel, R.C., Cerri, R.L., Galvao, K.N. (2004). The effect of embryonic death rates in cattle on the efficacy of estrus synchronization programs. *Animal Reproduction Science*, 82–83:513–535.

Schukken, Y.H., Wilson, D.J., Welcome, F., Garrison-Tikofski, L., Gonzalez, R.N. (2003). Monitoring udder health and milk quality using somatic cell counts. *Veterinary Research*, 34:579–596.

Souza, A.H., Ayres, H., Ferreira, R.M., Wiltbank, M.C. (2008). A new presynchronization system (Double-Ovsynch) increases fertility at first postpartum timed AI in lactating dairy cows. *Theriogenology*, 70:208–215.

Thatcher, W.W., Moreira, F., Pancarci, S.M., Bartolome, J.A., Santos, J.E. (2002). Strategies to optimize reproductive efficiency by regulation of ovarian function. *Domestic Animal Endocrinology*, 23:243–254.

Vasconcelos, J.L.M., Silcox, R.W., Lacerda, J.A., Pursley, J.R., Wiltbank, M.C. (1997). Pregnancy rate, pregnancy loss, and response to heat stress after AI at 2 different times from ovulation in dairy cows. *Biology of Reproduction*, 56(Suppl. 1): 140. Abstract.

第23章

現代の酪農生産環境における人的管理

David P. Sumrall

要約

　現代の畜産業は，技術，経済，工業のグローバル化によって，大きく作り変えられ再検討されてきた。これにより，管理獣医師の役割も同様に変化し再評価されてきた。臨床獣医師は，獣医学診療の成功のために単に動物の医者であるより，はるかに多くのことが要求される。臨床獣医師は，一般的な管理戦略や人間の心理学についての基礎がしっかりしていて，優れたコミュニケーション能力を持っていなければならない。
　本章では，現代の生産動物獣医師がラージハード（大規模牛群）管理チームにとって，不可欠な存在になるために，必要な管理と対人能力の重要な要素について検討する。

時代は変わった

　農業の様相は過去30年間で激変した。かつて農業は，地元の市場のために生産し販売していた地元の家族経営の農家によって支配され行われていたが，現代の市場は地元とはほど遠い。米国や世界中における現代の生産農業を再構築してきたようなあらゆる品目と商品の農企業の進化が起こってきており，現在もなお継続している。この進化は「企業農業」によって引き起こされたとして多くの人々が軽蔑するが，一般的に農業の経済の現実に対する反応にすぎない。農業はもはや地元だけで商売を行うものではなく，今や，まさにグローバル市場において競争することを余儀なくされている。農業の進化を操っているのと同じ力学が，世界経済の他のあらゆるビジネス部門において事実上起こっている。
　ギリシャの哲学者プラトンは，必要は発明の母であると論じた。世界中を探しても，農業のビジネスほどこのことが当てはまるものはどこにもないだろう。グローバル化による市場競争が増してきたため，世界のあらゆる国の農業従事者たちは，困難な決断を下さなければならなかった。他国や他の大陸の生産者に関連して，多くの場合，どの場所にある農場も，より安価な労働や物の流入に立ち向かうために，とてつもなく高い効率性が求められるようになった。実例として，ちょうど産業革命が，米国において活動している，ある種の他のビジネスの道を永遠に変えたように，この「農業革命」は，世界中の農業の様相に同じような影響を与えている。
　自営農場とその企業家の精神と同じくらい重要なことは，現代の農業においては，事業を起こす際，伝統的な自営農場のサイズ・規模ではまったく競争できないという厳しい現実があるということを知ることである。大きな投入コストと常に上昇する生産コストにより，はじまったばかりの事業にはすぐに諸経費が必要になる。それにより，その事業の投資を得るために，十分な効率性を獲得し，満足なキャッシュフローを作り出し，利益が高くなるよう営業するために，より大きなサイズと規模になるようなビジネスプランをつくることが強いられる。
　この革命は，農業の内部でその他の多くの分野にも変化をもたらした。最も多くの影響を与えたのは総合管理経営の分野である。効率性を得るために，あらゆる種類の農場がより大規模になり，通常，それらを運営するためにより多くの人間が必要となる。多くの場合，これは，農業以外の人や農業と無関係の人が生産作業に組み込まれることを意味する。
　伝統的な自営農場では，農場の一家の長が作業を管理しており，家族が行わないような雑用を手伝ってもらうために，1〜2名，人員を雇っていたかもしれない。これらの手法は，所有者の世代交代といった時の

経過とともに変化している。運営費用が変化していることから，今日の相場で新たな借金を返済するのに十分な規模と生産がないため，次の世代は前の所有者が要求する購入価格を支払う余裕がほとんどない。さらに，自営農場で育った若者の能力や才能をめぐる非常に激しい競争がある。若者の気を引くことを切に求めるような昔の農場で働くより，金銭的報酬のかなり大きい農場の外で働くことが選ばれるというケースがあまりに多い。

経営に関して言えば，農業革命の結果，全従業員の数がより多くなり，家族以外の働き手が含まれるようになったため，伝統的な自営農場主は，小規模な家業を経営することとはまったく異なる性質の経営能力が求められるようになった。もし彼らが今日の現代的な農業運営に必要な手腕を得ようとするならば，多くの場合，経営能力をかなり発展させる必要がある。

これらを踏まえて，本章では，現代的な酪農事業における人的管理のさまざまなベクトルと側面について検討し考察する。

管理（マネージメント）の意味を明確にし変化と戦う

本章では，今日の現代的な生産動物事業における獣医師の役割を検討したいと思う。今の酪農生産システムに導いた進化の過程において，獣医師の役割が大幅に変わってきたことは疑いの余地がない。そのことに関する詳細については後ほど検討する。まず，管理についてのこの議論を既知で共通の見解からはじめるために，管理（マネージメント）そのものの意味を明確にして検討することを試みるべきである。

このテーマについては数えきれないほどたくさんの記述があり，「管理」という言葉には少なくとも同じくらいたくさんの定義がある。ここでの検討のために，管理を「細部にわたる注意」と定義する。事業に関するこの最も重要な側面を説明するのに，高尚な言葉を用いた複雑な定義が数多くあるが，この場合の複雑さは理解を深めることに対しては何の効果もないことに留意すべきである。この考察はすべて，物事は簡単なほど理解しやすく，反復しやすいという事実に基づいている。この基本概念は管理を定義するだけでなく，管理を実行する上でも応用できる。

管理にはそれを必要とする状況と同じくらい多くの方策がある。定義によると，優れた管理は，行動的なものである。管理の最高の形態は，目の前にある状況に応じて，絶え間なく変化し，調整し，再調整することである。

「唯一不変なものは，物事は常に変化しているという事実である」と言われてきた。変化とは面白いものである。この言葉は，大抵の人の心と精神に恐怖を引き起こす。しかし，私たちは基本的事実，すなわち，「変化を恐れていては向上できない」という事実に気づき，それを受け入れなければならない。「変化は必要ない」と断言することは，「向上は必要ではない」と言っていることと同じである。このような思い切った発言を意識的にする人はあまりいないであろうが，日々の仕事の職務とスケジュールとの戦いの中で，私たちがその振る舞いや態度で示していることであるかもしれない。

ほとんどの生態系は，物事が一定の状態であることを好む。全種類の家畜，特に乳牛は，変化に富むことよりも単調であることを好む。牛用の小道が緑の牧草地を通り抜けてつくられているのには理由がある。牛は「なじみがあること」を好む。群れごとに「ボスの牛」がいることにも理由がある。群れをつくるすべての動物には社会的序列がある。その序列を変えるためには，適正な手続きを踏まなければならず，それを適切に効果的に伝えなければならない。必ずその妥当性と信頼性をテストされるだろう。多くの場合，これらのテストは，群れのメンバー全員にとって厳しく苛立たしい。人間にとっても，特に職場において，同じことが当てはまる。

並行論を好まない人もいるであろうが，確かに人も生態系の一部であり，ほとんどの場合，人も乳牛とそれほど変わりはない。実際，乳牛について研究している鋭い学生は，単に詳細な観察と思慮深い分析によって，人間についての多くのことや，人々をどのように扱ったらよいのかを学ぶことができる。両者の類似は目を見張るほどである。

人々は変化をとても嫌う。変化によって良くなるかもしれない時でさえ嫌う。優れた管理者は，変化を受け入れ，組み入れ，変化に対応できるだけでなく，実際に，変化そのものにならなければならない。優れた管理者は，絶えず変化が必要な事柄を探し，成功に導くようにその変化を組み入れる方法を探している。簡単に言うと，優れた管理と悪い管理を区別する重要なことの1つは，組織の中で変化がどのように対処されるかである。変化はどのように生じたのか，調整されたのか，示されたのか，組み入れられたのか，そして達成されたのか？ これらすべての要因が一緒になっ

て，変化に対する反応や変化の結果を決定し，そしてより重要なことには，変化のプロセスが成功だったか失敗だったかを決定する。

変化は悪いことではない。前にも示したように，変化は避けがたい人生の現実である。私たちは誕生するや否や，変化のプロセスがはじまり，2度と同じにはなれない。

子供の頃，私たちは変化を受け入れ，変化によって成長しさえする。私たちは新しいさまざまなものを，目を大きく開いてみて驚く。しきりに新しいことを学びたがり，新しいことに挑戦したがる。自分の周りの世界のほんのささいな変化にも目を配り，事態の新しい進展のありとあらゆる機会を探る。どのように変化というものを捉えるかということに関して，私たちは，実際にそうなるものとはほとんど反対のものとして生まれる。子供の頃，私たちは単調さを嫌悪し，違うようになろうと絶え間なく方法を探し努力する。

皮肉なことに成長して成熟するにつれて，私たちは変わりはじめる。人生へのアプローチの仕方において，考え方が凝り固まり，厳格に統制され，柔軟性に欠けはじめる。かつては挑戦や「何か新しいこと」であったものが，今では自分を脅かすものになる。これはゆっくり知らぬ間に進行するプロセスで，その事実を突き付けられたら，ほとんどの人がそれを否定するだろう。にもかかわらず，私たちも私たちの周りにあるものもすべて変化しているということは，議論の余地がない事実である。この事実を認識し受け入れられる人は明らかに優れている。

ほとんどの人は変化を好まないという事実をはっきりさせたところで，変化の状況に対する本能的な感情を理解することは価値があるだろう。それは，利害関係者の理論的枠組みに応じて，人間の気持ちや感情のすべての領域をつかさどる。最も考え方が凝り固まった人々にとっては，変化は，恐怖，不安，フラストレーション，威嚇，無意味，そして怒りといった感情さえ生むことがある。

その一方で，変化指向の人々にとっては，これらの感情は正反対になることがあり，結果として希望，熱意，達成，満足をもたらす。

管理者にとっての課題は，同じ一連の変化の状況が，自分のチームメンバーにもまさにこのような正反対の反応を引き起こし得ること，また実際それはよくあることだと自覚することである。変化への対応の困難さは，管理の中で唯一最大の苛立たしい一面である。さらに，変化，あるいはむしろ変化に適切に対応しないことは，多くの管理システムが崩壊したり，期待外れに終わったり，失敗したりする原因の主要因子の1つになる。変化に適切に対応することができないために，企業全体が機能しなくなる。

人的管理についての，いくつかの基本的だが特定の側面については，後ほど本章で扱う。それに先立って，この変化についての議論は，人的管理のありとあらゆる要素そのものに織り込まれており，人生のどの分野における管理の成功にとっても欠かせないということを，読者の皆さんにご理解いただきたい。それは，自分自身の管理，近い他人（家族，友達，同僚）との関係，あるいは職業的には，職場における秘訣となる。それは私たちの生活内のすべてのつながりに，それが縦の関係でも横の関係でも，適用できる。現実は，私たちはみんな変化が必要だということである。変化は私たちがどのように向上するかということである。変化は管理に不可欠なものである。

管理に対する「6つのP」(P^6)アプローチ

そのプロセスは「行動的で絶えず変化している」と先に述べたので，優れた管理とは，達成不可能であると言ってよいほど捉え所のないものだと思う人もいるかもしれない。しかし，それはまるで見当違いである。優れた管理の最高の形態とは，比較的単純なものだからである。確かに標的が動いていて，先に述べたような絶え間ない適応と再調整を用いた流動的なアプローチが必要であるが，優れた管理が複雑でなければならないという意味ではない。優秀な管理システムは行動的で柔軟性のあるものであるが，ややこしいものであるべきではないし，ややこしいものである必要はない。

すべての優れた管理システムには，いくつかの共通点があり，それらについて述べることは価値があるだろう。より重要なことは，関わる企業にかかわらず，それらをあらゆるレベルの管理計画に取り入れ，統一させるべきである。それらは，正当で基本的な素因であり，個人的にも職業的にも，単独でも合同でも，使われた時にはいつでも同じ結果を生み出す。

この特筆すべき特性を筆者は「管理に対する6つのPアプローチ」と名付けた。これら6つのパラメーターは互いに影響を及ぼし合いながら動的に関連しあっている。これらの領域の1つが向上すると，他の領域と一緒に，また他の領域の間で相乗的な力が生まれる。このような倍増効果があるので，筆者は，この管理アプローチを「指数関数的関係」と名付けた。

P[1]—職員

どのようなビジネスにおいても最も重要な資源は「人」である。確かに、どんな規模の酪農業においても必要となる資本、土地、設備、牛なしでは存在できないし、機能できない。しかし、酪農生産業において最もよく見落とされてきて、今もなお見落とされ続けている資源は「人」である。実際、これは歴史的に、他のビジネスよりも農産業において大きな問題とされてきた。さまざまな要因によって、農場が大規模になるよう強いられてきたという事実も原因の1つである。先に述べたように、労働人口が増え、多くの場合、農場主は初めて管理に関連したさまざまな課題に直面せざるを得なくなり、そして、おそらく初めて家族以外の人と仕事をすることを余儀なくされた。

初めて労務管理の世界に足を踏み入れることは、手ごわい挑戦であり、恐ろしいほどの責任を伴うものである。伝統的な自営農場の環境では、家族関係があるので、管理の仕事が、非家族経営における管理の仕事とは大きく異なる。家族の中の順位そのものが権力のレベルと指揮系統を確立し、それは、たいていの場合、ほとんどの家庭では幼児期の最も早い時期から受け入れられている。

この順位は、自営農場事業の日常的な作業の中にまで持ち込まれる。例えば、伝統的な自営農場の環境では、父親が責任者で、父親の権力が最上位として君臨する。母親は指揮権において通常2番目にいる。自営農場にいる子供は、多くの場合、年齢や能力レベルに見合った家族の労働力としての位置を担う。そして、同じく重要なこととして、責任を負う能力、信頼されて働くこと、自立していること、共同で頼りになることなどが考慮される。成長するにつれて、子供の順位は高くなっていき、システムの中において重要な位置に付いていく。

自営農場の環境では、もし意見の相違があっても、たいてい共通の基盤を考慮に入れ、問題を解決できるような関係の土台がある。ほとんどの場合、家族の順位そのものに由来する権力が、問題の解決に決定的な影響力を与える。もちろん、これには例外もあり得るが、多くの未成年の子供は生活していく手段を家族に依存している。食べ物、着るもの、住みかなどがすべて家業と家族制度からもたらされ、家族に依存せざるを得ないので、子供には、少なくとも割り当てられた雑用を最低限こなすことが要求される。多くの場合、家族のメンバーである従業員は、家族の絆や関係によって、うまく環境に適応しなければならず、家の外や家業のより大きな場でも家族の一員でなければならない。これは、持って生まれた家族制度に対する尊敬の念から生じ、ほとんどの場合、特に自営農場では、この尊敬の念は、子供が成長するとともにはぐくまれ大きくなっていく。

管理者として私たちが外部（家族以外）の従業員に求める特徴は、同じようなものである（責任感があり、信頼でき、共同で頼りになる）が、これらのことは、必ずしも目立ったりすぐに表現できたりするものではない。農場外従業員は、人生、権力、仕事そのものに対する考え方が異なり、バックグラウンドも大きく異なるかもしれない。現代の職場においては、異なる国や文化圏からも人が来るかもしれない。それ故に、従業員全員にきちんとした態度を養うような方法で人々を導き、従業員全員が規則にしたがう能力を持ち、発展し、うまくいくチームの一員となるような雰囲気をつくることが管理者の仕事になる。

この最も重要な資源である従業員に最大限の注意を払わなければならない。従業員能力開発に充てる時間、努力、手助けは、どのビジネスにもできる最高の投資である。あらゆる複雑な設備、道具、手段を備えた今日の近代的酪農場システムにおいては、全従業員からの誠実なサポートがなければ、問題解決のためにいくら資金を投入したとしても、それでもなお問題を解決できないことになる可能性がある。すべての管理者が学ぶべき大事な教訓は、ほとんどの問題は、その発端（すなわち現場）に戻ってこそ、真の姿がみえてくるということである。多くの場合、私たちは自ら困難を招いている。私たちは失敗する状況に自分を追い込んでいるのだ。

従業員に対する4つの要点

従業員が原因となる最悪の事態が起きないようにするために、分別のある管理者ができることがいくつかある。言うまでもなく、完璧なシステムはないし、常に欠点はあるだろう。管理システムとは、人のシステムであるということ、すなわち完璧な人などいないということを念頭に置くことが重要である。機能停止や落胆は常にあるだろう。こつは、それらの欠点に破壊されてしまうシステムではなく、ミスがあっても対処できるシステムを持つということである。適切に注意を払い実行すれば大きな報酬を得ることができる、従業員に対する4つの非常に確かな要点がある。

①配置する

　どんなビジネスでも適任者を配置できなければならない。これは口で言うほど簡単なことではない。雇用主として，自分が何を探し求めているのか知り，この新しい従業員に任せる役割を明確に定義することは私たちの責任である。「立地条件ですべてが決まる」というフレーズがあるが，これは人的管理問題にも当てはまる。自分が何を求めているのか知り，価値のあるものを見きわめ，不満に思いながら受け入れてはならない。不適格な志願者を雇うことは大きな誤りとなり得る。不適切な従業員を雇うことで生じたギャップを埋めるための管理者の時間の損失が，彼らをチームに加えることの利益を上回るかもしれない。その役職において最低レベルの目標が達成されるためには何が必要なのかを明確に知り，能力レベルが基準を満たす人を雇わなくてはならない。

　雇用主として，自分が適正な評価をしたということを保証するために，雇用プロセスは，十分な情報を得られるような申込書を含めた正式なものであるべきである。この評価プロセスを作成するのに役立つような資料はたくさんあり，また，このプロセスに関して雇用主は専門家の助けを求めるべきである。この専門家のサポートには，評価プロセスに関する州法と連邦法が守られていることを確認するための法的アドバイスが含まれる。

　申込書で決定的に重要な意味を持つ部分は，推薦状を課することである。推薦状を求め，それを検証するべきである。これは，問題ある従業員を雇わないようにするための最も容易で効果的な方法の1つであり，実施しても，時間，努力，お金がほとんどかからない。それにより，過去に問題があり，その問題がパターン化したように思われるような，よくない経歴を持つ労働者を避けることができるので，大きな分け前が返ってくるかもしれない。

　インタビュー（面接）のトレーニングを受け，その能力のある資格を持つ人物によって，すべての志願者に，着席形式の対面によるインタビューを受けさせなければならない。インタビューの際には，適切な質問を行い，人の話をよく聞くことが最も重要である。志願者の，専門的な資質と非専門的な資質の両方において雇用主が何を期待しているのかをはっきり説明することが重要であり，志願者はインタビューの中で，インタビュアー（面接官）との会話を通して，両方の資質をはっきり示すことができなければならない。「職務明細書」を志願者全員に渡し，それについてじっくり話し合うべきである。

　「職務明細書」とは単に，その役職に就く人の職務についての説明である。その役職の一般的な目的と，従業員がどのようにその目的を達成するかに関して経営上期待されることについて書かなければならない。職務明細書は制限的な文書ではなく，役割を果たすならば許される最低限のやり方を書かなければならない。従業員が働く状況と環境についてできるだけ徹底的に書き，経営において期待することについて明確で詳細に書かなければならない。職務明細書は，従業員が行う仕事の具体的な手順を一覧表にするものではない。それは「実施計画書」に記載されるものであり，後で詳しく説明する。

　職務明細書は，手短に，その役職に就く従業員の役割を説明し，また，経営者側が，その従業員がその役割を果たす際に行ってほしい一般的方法を説明するべきである。もし，特殊技能や身体的要件についての，仕事に関係した特定の項目があったら，それらを職務明細書に明確に記載しなければならない。インタビューを受けた人は，もし雇われたら，自分の雇用プロセスの一環として，また，今後の参考のために，職務明細書を保管しておくべきである。

　優秀な人々を採用するための最良の方法は，自分が優れた雇用主になることである。従業員，特に酪農場の従業員は，農場内の同僚とも農場外の友人とも話をする。酪農場は同じ地域に集中していることがよくあり，異なる農場の労働者たちは，さまざまな社会的状況で出会い，交流しあう。その際，仕事や職場環境に関する話題が必然的に出てくるだろう。管理者はこの時のために，自分の従業員たちに，自分の農場についてのよい印象を伝えてほしい。そして職場に不満を持つ他の農場の従業員に与えてほしい。もしそうなったら，優れた人々がよりよい職場に移る道をみつけられるだろう。すべての管理者にとって最上のアドバイスは，「その人のために働きたいと思えるような人になれ」ということである。

②教育する

　その仕事に最良の志願者を雇い配置したら，この従業員がその仕事で個人的に成功するように，雇用主は多くの責任を負うようになる。ここで言う「成功」とは，雇用主と従業員，両者が，この新しい関係の結果に満足するような状況を指す。おそらく，今日，農場における従業員管理の分野で最もよく見落とされるのが，教育である。簡単に言うと，ほとんどの農場主や

管理者は，労働者に対する情報提供や訓練といった仕事を十分行っていない。

「自分のやってほしいことが何かを従業員に伝える時間もつくらずに，自分がしてほしいことを，自分のしてほしいやり方で，自分の日程の中で，従業員にしてほしいと期待できるとでも思っているのか？」。そんなはずがあるわけがないとはねつけてはいけない。このようなことが，世界中の酪農場や酪農場の搾乳室で毎日起こっている。

訓練プログラムとは，「生身の人間」を雇って，彼らを搾乳室に投げ込み，工程を少しずつ学ばせるということを意味するのではない。農場主や農場経営者が自分の仕事に真剣に取り組んでいないのに，新しい従業員が真剣に取り組んでくれると考えることはまったくばかげている。農場におけるすべての分野に，少なくとも基本的なレベルの訓練プログラムがなくてはならない。プログラムでは以下のようなことをはっきりと伝えなければならない。①何をすべきか，②どうやってすべきか，③それをそのような方法ですることがなぜ重要なのか。訓練プログラムがこの3つの特定の問題に，明確に，そして十分に取り組んでいないのならば，そのプログラムはほとんど価値がない。

正式な訓練プログラムは，仕事上で優秀な成績を上げるためや，業務の一貫性を保つために欠かせないものである。酪農場では，これは決定的に重要な意味を持つ。従業員の役割を明確に示し，従業員が安心して質問ができるような環境で，何をすべきかを詳細に教えるような確かな訓練プログラムは非常に大事である。訓練プログラムは1度限りのことではない。むしろ，自分の仕事が農場の総合的な業績や利益性に果たす重要な役割について，従業員に自覚し続けさせるために，優れた訓練プログラムには，定期的な再検討と再訓練講座が含まれているだろう。農場の規模，関わる従業員の数，日々どのくらい密接に教育できるのかに応じて，賢明な管理者は適切に，正式な勉強会を計画するだろう。そのセッション（会合）は，従業員に自分の仕事を理解することに強い関心を持ち続けさせるために，また，自分に決められた目標に関して，自分がどのように行動しているのかを，従業員にはっきりと知らせ続けるために行う。

勉強会は定期的に計画するべきである。これによって，経営者側が訓練を真剣に受け止めているということ，すなわち従業員が十分に情報を得ていて，十分訓練されて，一般的能力という点で許容できるレベルで仕事ができる準備が整っていることが，経営者側にとって重要であるということを，従業員に頻繁に気付かせることができる。控えめに言っても，少なくとも3カ月ごとに，グループで正式に従業員と座って話をするのがよい。今日のほとんどのラージハード環境においては，これらのミーティングは，分野（ハードヘルス，子牛育成場，搾乳作業など）によって分けることができる。そうすれば，特定の分野に携わる従業員に，彼らに直接的に関わりのある問題について，管理者がじかに話をすることができる。

勉強会は長時間にわたって行う必要はない。改善の必要のある特定の話題を取り上げ，従業員とオープンでディスカッション的な形式で，詳細な話し合いを20分間行う。前述したように，何をするか，どのようにするのか，そして最も重要なことは，なぜそれをそのように行うことが大切なのかということを，すべての勉強会の中心に置かなければならない。経営者側がこれら3つのことをきちんと守るならば，従業員はめったに意図的に並以下の仕事を行うことはないだろうし，もし行ったとしてもずっと扱いやすいだろう。雇用主として，管理者として，私たちには，従業員を教育する責任があることを認識し，努力しなければならない。

③やる気にさせる

管理者が注目すべき3つ目の責任は，従業員をやる気にさせることである。これは，人的管理の分野において，より複雑だが重大なことである。最も優秀な従業員でさえ，時々，自分が励ましを必要としていると気付くだろう。これを知っていて，定期的に行っている雇用主や管理者は，管理の仕事をずっと簡単に行うことができるはずだ。

人の意欲を引き出すのがうまい人になるということは口で言うほどたやすいことではない。控えめに言ってもそれは科学と芸術との融合であるが，本当の意欲をみせかけにすることはできない。自分自身がやる気になっていなければ，人にうまくやる気を起こさせる人にはなれない。人々は真実を見通すだろう。

昔話にあるように，ニワトリは卵を産むことによって朝食に「ささげている（dedicated）」と言われる。しかし，ベーコンをつくるには，ブタは「献身的で（committed）」ならなければならない。同様に，人々をやる気にさせる人は献身的で（committed）なければならない。彼らは，自分がしていること，自分のやり方，自分がしている理由を心から信じなければならない。彼らは，目の前にある自分の仕事や課題に心からワクワクしなければならず，その興奮に偽りがなく，ゆえに

信じられるものであるという印象を与えなければならない。すでに確立されているように，動機付け（モチベーション）行為に関する科学があり，習得できる動機付けプロセスの部分に磨きをかけるサポートをするような資料がある。しかし，何かにワクワクすることを教わることはできない。それは，心の内側から起こってこなければならない。要するに，管理者が，伝えようとしていることに対して心からやる気を持たないのならば，その特定の事例に関しては，人にやる気を起こさせようとするべきではない。そして，自分に代わってその仕事をしてくれる適任者を選ぶという分別を持つべきである。

人の意欲を引き出すのがうまい人になるためには，管理者は従業員のニーズを認識し，彼らが必要とするやり方で彼らに近付く方法を知るために，彼らのことを十分に知っていなければならない。これは，管理において最も面白く充実した部分の1つとなり得る。これは，適切に行えば信頼の絆が生まれるような，管理者と従業員との個人的な交流ができる機会の1つである。このような絆は，関係を築きそれを発展させ，今日の酪農システムに必要な，安定して調和のとれたチームを実現できるような重要な基盤となる。

動機付けの目的は，人々に正しいことをするよう説得することである。それが正しいことであり，単にその理由から，喜びと充足感を持ってそれをするのだということを説得することである。

十分にやる気のある従業員は，あまり甘やかして育てる必要はない。彼らは，自分のすることに誇りを感じているので，自分のすることを楽しむことができる。管理者の目標は，喜んで仕事をし，それを成し遂げられるような機会を提供するような環境を従業員に与えることである。すなわち，従業員を幸せにさせるのは管理者の仕事である。幸福は個人の選択であり，すべての人は，自分を幸せにするような正しい選択をする責任がある。管理者がしなければならないのは，従業員が「幸せな選択」をできるような環境と機会を与えることである。残りの部分は従業員次第であり，これははっきりと，頻繁に伝えるべき要点である。

やる気があり，積極的に関与している管理者は，自分のキャリアの中で最もうれしい瞬間の1つは，ただ他人のニーズを認識し，手助けすることによって，他人の人生に影響を与えてきたことだと感じるだろう。これは，喜んで人の話を聞いたり，他人の車が故障した時に家まで送って行ってあげるようなことにすぎない。要点は，参加なしには動機付けもできないということである。管理者は従業員とともに職場に参加し，日常の作業にいなくてはならない存在になるべきである。管理者自身がやる気にならなければならない。

④評価する

議論を進める上で，先に述べた3つの課題をやり遂げたと仮定する。適任者を配置し，彼らを適切に教育し，彼らがやる気を持ち続けられるように正しいことをすべて行っていると仮定する。では，他に何があるだろう？　これが，とても重要な作業である。自分自身と従業員のためにあらゆる改善の機会を利用できるように，フィードバックの方法を考え出さなければならない。

この従業員の評価システムは欠かすことができないものである。先に訓練プロセスについて述べた際，何をしてほしいのか，それをどのようにしてほしいのか，なぜそのような方法ですることが重要なのかを最初に従業員に伝えないで，どうして彼らに仕事を適切に行うことを期待できるのか，という疑問を投げかけた。評価プロセスの重要性を確立する際に，同じような質問を自分自身に投げかけるべきである。私たちが従業員の仕事ぶりに満足しているのか，していないのかを彼らに伝えないで，どうして彼らがそれを分かっていると期待できるだろうか？　さらに，従業員が満足しているのか，していないかを，彼らが自分の感情を安心して表現できる話し合いの場を設けないで，どうやって知ることができるのか？　この2つの問いに対する明白な答えは，単に「できない」である。

評価の際に欠かせない2つの原則があり，それは「安全なフォーラム」という言葉に要約できる。「安全な」とは，従業員が安心して自由に話せ，懲罰を恐れずに礼儀正しく自分自身を表現できるようにするという意味である。「フォーラム」という言葉は，学ぶための解放された集まりという意味を含む。参加者全員が加わり何かを学ぶ機会を持つという意味である。これには，従業員だけでなく，管理者や雇用主も含まれる。

評価には2種類ある。1つ目は，最も明らかなものであり，正式な評価プロセスである。それについて後述する。そして，2つ目は「継続的な」という言葉で最も適切に言い表されるものである。この継続的な評価とは，毎日のプロセスである。これは，毎日，職場で，意識的にも潜在意識的にも行われる。優秀な管理者は，それを意識的なプロセスにし，潜在意識的に（あるいは無意識的に）意図的でないメッセージが従業員に伝わらないように注意している。

ほとんどの従業員は管理者の心を絶えず読み取ろう

としている。彼らは，自分の仕事ぶりがどうなのかを読み取れるようなサインを探している。ボスは自分に満足しているだろうか？　自分は仕事を適切に行っているだろうか？　誰もがそうであるように，従業員は，言葉の選択，口調，抑揚，声の大きさなどの言葉によるサインによって判断しているということを，管理者は覚えておく必要がある。

さらに彼らは，ボディランゲージ，顔の表情，アイコンタクトなどの非言語的なサインからもメッセージを読み取っている。管理者は，自分が言語的，非言語的コミュニケーションを通して送っているメッセージをはっきりと認識しておく必要がある。しばしば，周りの人間に，その人たちが対象とする聴衆ではない場合でさえ，否定的な印象を持たれることがある。継続的な評価プロセスは，正式なプロセスと同じくらい重要であるが，酪農経営の職員側でよく見落とされる分野である。洞察力のある管理者は，好機を捉えた誠実な日々の関わり合いにおいて，自分が従業員を方向付け，型に入れてつくることができることを知っている。積極的に関わっている管理者は，「教えやすい瞬間」と呼ばれる状況によく出会う。このような状況で，従業員がいつでも何らかの方法で知識を受け取るということは重要である。

返事をしないことが返事である。返答しないことが返答である。反応しないことが反応である。確かに，返事，返答，反応を遅らせることが妥当な時もある。しかし，コントロールして，よく考えた上でそういう行動をとるのと，怠慢，不注意，あるいはただまったくの無知からそういう行動をとるのとでは，非常に大きな違いがある。もし，職場で配慮が求められる状況が起こったのにもかかわらず，無視されたり放置されたりした場合，それが，管理者が単に気付かなかったからなのか，管理者が意図的に対処することを避けたからなのか，あるいは単に管理者がどのように対処したらよいのかが分からなかったからなのか，といった判断は従業員に委ねられる。

これら3つすべてのシナリオの結果は，決して望ましくなく，このことで管理者は，いずれ従業員から不利な認識を持たれるだろう。これは，この状況を目撃した従業員の管理者に対する接し方にも，影響を及ぼし得るし，その可能性は高いだろう。そして，彼らは間違いなく自分の見たことや意見を他の従業員に話すだろう。管理者は，自分が継続的に従業員を絶えず評価しているのと同じように，自分自身もまた，継続的に監視のもとにあるということを忘れてはいけない。

それは両方向に作用している。この事実を認識していれば，優秀な管理者はそれを都合よく利用することができる。

正式な評価とは，管理者と従業員が，ふつう一対一で行う，計画されたイベントである。このようなセッションは，たいていは，管理者にとっても従業員にとっても最も苦手なものである。少なくとも最初は，あるいは，よく考えられた計画なしに不完全に行われた場合は嫌なものである。正式な評価プロセスでは，不愉快な議論を行わなければならない時もあるものだが，評価プロセスに関連した「恐れ」については，その多くが，管理者か従業員あるいは両者によって誇張されたりつくられたりしたものである。

正式な評価は，前もって計画し，管理者と従業員の関係において定期的に行うイベントにするべきである。正式な評価を行う頻度はさまざまでよいが，1年に1度より少なくてはいけない。評価のスケジュールを立てる際，いくつかの要因について考えなければならない。

従業員の離職者数は，十分に検討すべき事項である。従業員の離職者数が多い場合は，管理者と従業員の間の「充実した時間」をもっと持つために評価セッションを増やすことが重要である。

正式な評価を計画する際に考えるべき別の要因は，管理者がどのくらい親密に，日々の作業や従業員によってなされる仕事の詳細に関わるかである。管理者がチームと一緒に非常に積極的に実務に参加し，先に述べたような継続型評価の実行に熟練している場合は，年に1度の正式な評価が必要となるだけかもしれない。管理者が1度に複数の仕事をこなし，広範囲に及ぶ仕事を行っているような，経営がより大きな場合は，タイムリーな評価や特定のニーズに対処するための機会を提供するために，半年ごとの評価を行うことが必要かもしれない。

管理者は正式な評価をできるだけ苦痛のないものにするべきである。ほとんどの従業員にとってこれはストレスを感じる時間であるということを，管理者は心に留めておかなければならない。そして，くつろげる設定にし，自分と従業員の間のオープンなやりとりができるようなものにしなければならない。管理者は，まず従業員をくつろがせるべきである。そのためには前もって準備する必要がある。

以下に挙げたことは，管理者が正式な業務評価を最大限に活用する手助けとなるようないくつかのヒントである。

・カレンダーから評価セッション以外の用事を消し，電話が来たら待たせる

　もし管理者が従業員に，評価セッションを真剣に受け止めてほしいのならば，自分もそれを重要だと位置付けるべきである。真面目なミーティングをしている間に，絶えず邪魔をされることほど気が散ることはない。携帯電話や農場内のラジオの電源を切り，もし電話が鳴ったら誰か別の人に出てもらうようにする。従業員の話にひたすら注意を向けるべきである。プロセスの間，従業員が，自分が管理者の頭にある最も重要なことであるように感じるように計画を立てる。

・セッションのための文書を作成し使用する

　評価のためのインタビュープロセスに使える優れた用紙がいくつか市販されている。すべてのテーマがちゃんと含まれていることを確実にするためにメモを十分にとりながら，用紙をセッションの前に記入しておくとよいだろう。これは，セッションを順調に進め，議論すべき重要な話題から話がそれることを防ぐことにも役立つ。

・一連の流れを従業員に説明する

　2〜3分時間を取って，従業員にこれからすることと，なぜそれが重要なのかを説明する。何が起こっているのかを従業員が理解していることを確かめるために，説明の後に従業員に質問を促す。従業員に参加を促す。

・基本ルールをつくる

　評価セッションの目的は，管理者と従業員がお互いにコミュニケーションをとる機会を持つことである。これは双方向のプロセスであり，管理者は前もってそのような環境をつくっておくべきである。プロセスのルールはシンプルでなければならないし，開始時にはっきり伝えておかなければならない。

①議論の内容は極秘である。従業員が安心して自由に話せるようにしなければならない。
②その従業員の特定の仕事に関する事実のみについて議論する。
③それゆえ，管理者もその従業員も，他の従業員の仕事や欠点についての議論をしてはならない。
④懲罰を恐れることなく，どちらの側からも礼儀正しく異論を唱えることが許されており，必要な際にはそれをするように促す。
⑤議論の間にすべての問題を解決する。それができない場合は，議論を終わりにする際に，フォローアップ会議を予定するべきである。

・仕事の話に向かう

　管理者は話題をそらさないようにする必要がある。これを徹底しなければならない。しかし，確実に自分の評価のポイントを明確にしながら，できるだけ短くすることが求められる。従業員が話しやすくなるためにセッションのはじめに打ち解けたおしゃべりを少しするのは構わないが，目の前にある仕事の話題にすばやく移ること。特に，難しい見解を伝えている時に，プロセスからそれる誘惑から逃れること。

・従業員を尊重する

　きちんと手筈を整えていったら，従業員はいくらか批判的な見解を聞かされると思うだろう。たいていの人は，完璧な人間なんて存在しないことを知っているし，最も優秀で模範的な従業員でさえ，自分がもっとよくできることについて気付いている。もし管理者が，従業員が自分自身についてすでに知っていることに気付かないふりをしたら，議論の有効性を弱めるだろう。

・言う必要があることを言う準備をし，相手の話を聞く準備もする

　従業員が，必要に応じてやりとりができるようにしながら，思慮深いやり方で，自分のメッセージを伝える。従業員が話をはじめたら，割って入らずに，アイコンタクトをとり続け，熱心にひたすら耳を傾ける。彼らが勇気を出して話すには，たいてい理由がある。最も賢い管理者は，自分自身について，自分の経営スタイルを従業員は実際どう思っているのかについて，自分が管理者としての能力を伸ばせる方法についてももっと知るために，聞く能力や自由回答形式の質問をする能力に長けている。

・従業員に，彼らの必要とする答えを与える

　問題を改善するための一連の行動を提案せずに，決して批判的な見解を伝えるべきではない。満足のいく是正措置のための提案を行わないで不満を述べることは，一種の偽善である。さらに，そうすることでは何も解決しないし，従業員側に混乱をもたらすだけであ

る。結局のところ，ボスが自分のしてほしいことを分かっていなければ，従業員がどうやってそれを分かることができるのだろうか？

・前向きな雰囲気で終わらせる

従業員の仕事ぶりについての長所を繰り返して言う。手短に，サポートが必要な分野について指摘し，是正措置に関する計画を復習する。従業員の正直さと率直さについて彼らに感謝し，彼らが是正措置を行う際の援助を約束する。従業員が，この先，気兼ねなく対話を継続させたり，援助を求めたりできるようにする。これによって，さらなる建設的な議論，考え方，雰囲気が継続的に改善していくような開かれた信頼の絆がつくられる。

このように，評価プロセスを，重要な管理の手段としてみなすべきである。適切に作成し実行すれば，心が開かれ，管理能力が高まり，ビジネスに対する考え方が根本的に変わり，従業員に対するアプローチや扱いの仕方が永久に変わるだろう。

要約すると，管理者は，職員に対する責任という分野において，以下の4つの要点を覚えておかなければならない。

・配置する
・教育する
・やる気にさせる
・評価する

P^2 ― 目的

P^6管理システムの中の2つ目の概念は目的である。目的なしには，すべてが，より厳密に言えば，どんなものも無意味だろう。あなたは今まで，何かをしている最中にそれをやめて，何をしているのか，いったいなぜそれをしているのか，と自分自身に尋ねたことがないだろうか？　あなたは今まで，何かの仕事をしていて，ある時，今までやってきた努力はすべて何のためだったのかよく分からないことに気付いたことはないだろうか？　これらのことは，誰にでもあるだろう。私たちは，忙しくなって目の前にある雑用に追われ，自分のしていることの本当の理由を忘れることがある。近頃は，私たちはペースを保つことを強いられている。組織内の管理レベルにおいてさえ，目的の継続性を失うことがある。これが起こると，混乱し，いらだちが起こる。いらだちが増すと，やる気が損なわれ，それが放置されると，失意のどん底に陥ることがよくある。従業員は，この状況に対する迅速な処置を期待しているだろう。ふつう最初は仕事の成績低下が起こり，後には従業員が離職するだろう。

目的について継続的に検討することは非常に大切である。これは，組織内のすべてのレベルで，あらゆる分野において行うべきである。私たちが本当にしていることは何なのか？　なぜそれをしているのか？　私たちがしていることすべてに明確な目的があるか？すべてのレベルにいる従業員にそれを効果的に伝えてあるか？　優秀な管理者は，目的について頻繁に再び述べたり再確認したりする。何をするのか，どのようにするのか，なぜそれをすることが重要なのかを知っていれば，従業員が任務を怠ることはめったにないだろう。

P^3 ― 計画を立てる

成功するためには，うまく計画を立てることが基本である。それには，経営陣に先見の明と将来への展望が要求される。計画過程には，組織の目的とつながる形で，すべての資源を評価し調整することが含まれる。さらにそれには，組織や部門をその目標に向かって動かすような形で，すべての資源，特に従業員の効果的な利用が含まれる。

計画は，隠れて立てるべきではない。もし従業員を目的に専念させるつもりなら，彼らに計画を知らせるべきである。何より，従業員は計画過程そのものに関わるべきである。これによって，すべてのレベルに従業員が関わることになり，常に結果として，関わった従業員全員がより深く責任を持つようになる。要するに，従業員が，自分がつくるのを手伝った計画に対して「当事者意識」を持つようになるだろう。

計画を立てる際には，いくつかの要因について注意深く気を付けることが必要である。

・行う仕事

そんなことは明らかだと思われるかもしれないが，関わるすべての関係者と，何を行うのかについて議論することはきわめて重要である。プロセスすべての目的を確認するような，具体的な細かい話し合いを行い，しかも参加者全員が目的を理解するまで議論しなければならない。

ほとんどの場合，当たり前のことを見落とし，後で問題が起こる。この話し合いは，関わった人すべてが

その詳細を十分に理解できるように，徹底してたっぷり時間をかけて行うべきである。全員が議論に参加でき，彼らがどんな疑問にも適切に答えてもらえる機会を十分に設けるべきである。

・行う仕事の順序とタイミング

　目的が明確に理解されたら，プロセスの細かな段階を伝えなければならない。ここでも，プロセスの最も分かりやすい部分と，より細かな段階を含んだ，十分な話し合いを持たなければならない。行う仕事の説明と，それを行う順序の説明をする。できるならば，プロセスの段階ごとのタイミングをはっきり理解しておくことも重要である。この場合も，質疑応答のための時間をたっぷりとるべきである。

・その仕事を行うために必要な資材

　管理者に固有の義務の1つは，仕事に必要な材料を確実に提供することである。満足のいく結果を出すための適切な道具や資材を与えずに，人やグループに仕事をやり遂げることを期待するのは理不尽である。考慮すべき，議論すべき，含めるべきカテゴリーが大まかに分けて3つある。

> ①従業員—目の前にある仕事に何人必要か？　その仕事に関わる人には，どのような特別な才能や能力があったらよいのか？　選抜された人々は，十分にチームとして働いていけるか？　管理者が従業員のことをよく知っていれば，チームをつくる際に起こり得るたくさんの潜在的な危険を避けることができるだろう。
> ②設備と道具—これは単に，仕事を行うのに必要な物的資材のおさらいである。それらは利用可能か？　もしそうならば，それらは目の前にある仕事にすぐに使えるか？　私たちの計画に注意を向ける必要のあるような欠点がないか？
> ③資金—お金は，計画プロセスの一部に必ず含まれる。これは，酪農業界には特に言えることである。酪農場は，よく言っても資本集約的な事業で，計画プロセスにおいて，すべてのプロジェクトや仕事にかかる費用を考えておくことが賢明である。これを組織内のすべてのレベルで行うことが重要である。従業員全員にとって，自分たちの行っている仕事には，費用がかかるということを理解しておくことはよいことである。適切に行えば，計画プロセスのこの部分で，従業員全員に受託者責任の感覚を持たせることができる。

・資材の不足や不足する可能性

　過去の議論から明らかにされた資材に関する問題についての率直でオープンな議論は不可欠である。計画プロセスとは，成功のために物事を整えることである。資材に関する制限はどのようなものでも徹底的に議論すべきである。その制限を是正することはできるか？　もし無理ならば，打開することは可能か？　計画プロセスのこの部分について明確にしておくことが大切である。

　資材に関する打開できない問題があることを知りながらプロジェクトを開始するのは意味がない。そうすることは，失敗を生むことになるだろう。制限と向き合い，それらに満足のいくような対処をするか，可能であれば，その仕事を延期することを考える。

　延期できない場合もあるかもしれない。その場合は，率直な議論をすることで，プロジェクトを行う中で生じると思われるリスクを全員に分からせる。多くの場合，プロジェクトが進むにつれて，それが解決に結び付くこともある。

・仕事のゴール，あるいは満足のいく仕上がり

　成功や満足のいく結果がどのようなものになるのかを全員が知っておく必要がある。これは，明確に伝えておかなければならない。なぜなら，経営者側の期待に関する誤解や，その結果を出すために，関わる人全員にどのくらいの業績水準が要求されるのかについての誤解がないようにするためである。

　これらの要因について，注意深く検討しオープンな議論を行った後で，目的を最もよく成し遂げられるような詳細な計画を作成するべきである。その際には，確実に，資材すべてを最高の状態で最高の使用レベルで配備しなければならない。もし従業員がこのような有意義な企画会議に参加したならば，彼らは仕事を自分のものとして受け止め，確実に成功に導くような形で努力を注ぐだろう。

　このようなタイプの企画立案を組織内のすべてのレベルで用いれば，各パーツの合計よりも全体は大きくなるだろう。この種のチームアプローチの相乗効果によって，よい計画に相加効果が生み出される。この種の企画立案の効果が表われる機会は非常に多い。

例えば，妊娠牛の群においてよい計画が実行されれば，子牛飼育場での仕事はやりやすくなる。また逆もあり得ることであり，子牛飼育場における計画がどんなによくても，妊娠牛のプログラムにおける計画が不十分だと，子牛育成の仕事はずっと困難になる。

すべてのレベルにおいてよい計画は不可欠である。「計画を立て，立てたら実行せよ」という言い回しは，確かによいアドバイスである。

P⁴—実施計画書

レシピなしで料理をはじめる腕のよいコックなどはいない。レシピとは単に実施計画書である。それは，クッキングやベーキングで期待する結果を出すために必要な，段階的な工程の詳述である。

酪農場においても同じことが言える。酪農場の主要な分野すべてにおいて，書面による実施計画書を作成するべきである。すなわち，どのように仕事を成し遂げるべきかを詳述したレシピを，従業員に与えるべきである。

前述した職務明細書と，実施計画書を混同してはいけない。実施計画書は，職務明細書に載っている特定の役割をどう果たすかについて書いた詳細な「レシピ」である。例えば，ハードヘルスは酪農企業における主要な分野の1つである。ハードヘルスプログラムに関わる従業員は全員，ハードヘルスに関して，主要でよく起こる問題にどう対処するかについてや，その実務について詳細に書かれている，書面による実施計画書を持つべきである。さらに，それには，経営者側が何をしてほしいかと，それをいつどのようにしてほしいかを明確に詳しく書くべきである。

実施計画書は，従業員が行動を起こす必要が生じた時に，混乱したり，疑いを持ったり，決断できない状態になったりしないようにするものである。書面による実施計画書は，すべての従業員の「条件を平等にする」ものである。従業員は，自分の部門の実施計画書を熟知することに熱心にならなければならない。従業員に書面のコピーを配り，グループで読み，確実に，関わる人全員が十分理解するのに必要なだけ議論を行うべきである。

実施計画書は，詳細に及んで慎重に作成すべきである。必要ならば，専門家に関わってもらうべきである。例えば，ハードヘルス実施計画書の作成には，獣医師が最初から最後まで関わるべきである。理想的には，獣医師は，そのプロセスがまだ行われていない場合は

それを駆り立てる人になり，プロセスが進行中ならばそれを活発に評価する人になれるとよい。給餌に関する実施計画書と栄養士についても同じことが言える。搾乳方法に関する実施計画書には，専門家によるアドバイスを含めるべきなど，その他についても同じことが言える。

P⁵—実践

実践とは，よく言われるように「肝心なこと」である。実践とは，1つ1つを実行することと定義できる。それは，仕事を構成する，日々の単調な作業である。職員，目的，計画，実施計画書に関連した労働の成果が証明されるところである。実際，私たちがこれらのことに関してよい仕事をすれば，結果としてよい「実践」ということになるだろう。

「実践することで完璧になる」と言われてきた。しかし，そううまくはいかない。何かを実践することで，それを正確に繰り返すことがもっとうまくなることは事実である。しかし，それは，よい習慣にも悪い習慣にも言えることである。したがって，第1に，確実に，全員に仕事の正しい方法と，行うすべての手順を理解させなければならない。第2に，手っ取り早い方法を行ってよくない結果を出すのではなく，望む結果を生むような正しい手順を，全員が「実践」しているかどうか確認しなければならない。油断のない管理者は，従業員の仕事ぶりをいつも観察し，彼らが実施計画書に書かれた1つ1つをよりよく行えるように，絶えず気を配っているだろう。

従業員は，同僚の行う仕事を常に観察していることを，管理者は知っていなければならない。彼らは，管理者や経営陣の仕事も観察している。「人に説くことを自分でも実行しなさい」という古い別のことわざもある。経営者側は，常にそのように行動することを覚えておかなければならない。

言い換えると，管理者や雇用主が従業員には細心の注意を払うよう期待するのに対して，自分たちはそれを行わないというのは不公平であるということである。従業員は，これをすぐに見抜き，その時から，経営者側の影響を適当に無視するようになるだろう。常に「有言実行」を心がけることと，従業員全員，特に監督者の立場にいる人にもそうするよう求めることは，経営者側の義務である。それができないと，組織の中心となる部分が徐々にむしばまれ，それを放置すると崩壊していくだろう。

P^6 ― 成績

　成績とは，私たちの努力の最高の配当である。確実にすべてのレベルにおける成績を評価することが重要である。これは，先に述べた管理システムの要素をどのように測定できるかということである。あらゆるレベルのシステムに具体的で測定可能な目標が組み込まれていれば，すべてのレベルの従業員が自分たちの有効性を評価することができる。

　このシステムは，それ自体に利益をもたらす。物事がうまくいけば，従業員にそれが分かり，自分たちの行った仕事や，それらの結果をもたらしたプロセスに大きな誇りを持つだろう。もし結果が目標に達しなかったら，従業員は十分にそれが分かり，目標に達しなかった原因であるかもしれない欠点を修正するプロセスに参加することができる。このプロセスは自己管理のプロセスとなることがよくある。従業員が成功を「切望する」ようになる。彼らは，同僚が向上するために，信じられないほど大きな圧力を与える。標準以下の仕事をしている従業員は圧力を感じ，自分の労働倫理を変えたり努力の質を変えたりするだろう。あるいは，同僚が何らかの処置を施すだろう。これが従業員の規律の究極の形である。これは優れた管理システム内でしか起こらない。

　従業員管理に関する議論のまとめとして，優れた管理とは，P^6アプローチの中の6つの要因の適切な組み合わせとバランスである。優れた管理者になるためには，進んで人間について学ばなければならない。人間の性質についてできる限り学ばなければならない。人間について学ぶことができるあらゆる機会をものにするべきである。学ばなければならないことの多くは，経験によってのみ入手できる。したがって，経営者側が「人の話をよく聞く人」になることがきわめて重要となる。自分が話している時は相手の話がはっきり聞こえないということを覚えておかなければならない。

　管理とは，他の多くのことと同じように，人生であり，私たちの心構えの延長である。心構えは，仕事において，人間関係において，さらに言えば，人生において唯一最大の要因であることを認識するべきである。それは，私たちのすること言うことすべてに影響を及ぼし，出会った人すべてが私たちに対して持つ印象をコントロールする。私たちの成果は，私たちの心構えの結果のずっと前で消えていくだろう。筆者の考えでは，成功するためには，何よりも心構えが重要であると思う。

管理獣医師

　これまで，人的管理一般について，いくつかの具体的な必要条件とアプローチを交えてじっくり議論してきたので，ここでは，より具体的に，現代の生産動物施設の管理の枠組みの中における獣医師の役割に着目する。

　現代の酪農場所有者や管理者の役割が変わってきたのと同じように，獣医師の役割も進化してきた。歴史的に，また現代でもより小規模な経営では，獣医師は牛の群れの医者であり，診断と治療をするために呼ばれた個々の牛に焦点を合わせる傾向が強かった。しかし，現代の獣医師は，大人数の従業員が，分野やチームによって部門に分かれたような複雑な管理システムに関わらなければならない。このように，両者は，非常に異なる状況であるため，当然，非常に異なるアプローチが必要である。

　生産動物の健康や福祉に直接影響を与えるのは，獣医師による医療行為であることに変わりはないが，小規模な農場環境で働くことと非常に異なる点は，仕事のやり方である。これは，小規模の農場やそれに関わる獣医師の重要性を最小限に評価しているのではない。ただ，この2つの状況ではアプローチの仕方が違うため，異なる方法で取り組まなければならないということである。ここでは，今日の生産動物獣医学でますます普及してきた，ラージハードの酪農企業における獣医師の役割に焦点を合わせる。これは，獣医師という職業それ自体が，「管理獣医師」という新しい言葉をつくることにおいて違いを認識しているという事実から明らかである。この名前からだけでも，数十年前の獣医師が持っていた関係とは，大きく異なることが分かる。

　何よりもまず，管理獣医師は，管理に関する十分な基礎的理解がなくてはならない。そしてこれが，これまで詳細に述べてきた内容を正当化する理由である。今日のラージハードの酪農システムにおける獣医師は，チームにおいて少し違った立場にいるのでこれは不可欠である。そのため，自分が経営陣の有意義な一員となれるようなやり方で，システムの中にどのように溶け込めるか分かっていなければならない。この状況で獣医師として役に立てるかどうかは，各農場の状況によって大きく異なる場合のあるシステムの中に，入り込む能力にかかっている。現在行われているよう

な管理に対するアプローチは，間違っていたり，不適切であったり，または単に機能しないものであるかもしれない。反対に，非常にうまく組織されていて，効果的なものであるかもしれない。どちらにしても，管理獣医師は，運営全体の成功において大きく重要な役割を果たす。こつは，現在のシステムを評価できることと，知識に基づいた正確な評価を進展させることと，運営に最大の価値をもたらすために，現在の計画に自分が加わる最善のアプローチの案を練ることである。

管理チームの序列によって，このアプローチは大きく異なるということに注目することが重要である。例えば，所有者が実際の管理者だという場合もある。所有者が不在な場合や，いても運営に直接関わっていない場合もある。所有者の望みや意図によって，管理者が多くの異なるレベルの権限を持つかもしれない。所有者や管理者には，優れた専門知識を持つ分野もあるかもしれないが，知識が欠けている分野もあるかもしれない。運営チームにもたらす価値を最大化するためには，すなわち酪農場の利益性を高めるためには，獣医師は，関わっている人とその性格を見抜けなければならないし，また，自分が高いレベルで貢献できるような形で，自分を適当な位置に置くための十分な交渉術を持たなければならない。

獣医師が長年勉強して習得し，培った技術手腕が重要なことは言うまでもない。しかし，獣医学生が，コミュニケーション術や交渉術がどんなに重要か理解しなければ，実際にやってみた最初の結果が，非常にがっかりするようなものになることが多い。外科用メスが手術の道具であるのと同じように，優れたコミュニケーション能力は，今日のラージハードにおける管理獣医師にとっての道具である。

多くの帽子，多面的役割

今日の大型生産の動物に関わる管理臨床獣医師は，農場の役に立つために，たくさんの帽子をかぶって，農場のさまざまな役割を演じなければならない。先に述べたように，専門的な勉強やそれに関する技能も重要であるが，今日の近代的な畜産業に有意義な獣医学的プログラムを届けることにおいては，考慮すべき事柄の一部にすぎない。筆者ができる最も重要なアドバイスは，これらの技能に優れることに加えて，使える時間を人間に関する技能の勉強に充てることである。読者の中には，自分には無意味だと思う人もいるかもしれないが，実践の世界に入ってみると，その重要性がはっきりと分かるだろう。

働いている従業員全員について，性格の特徴を考慮することなくグラフに記入したら，多くの場合，そのグラフは悪評高い「ベル・カーブ（釣鐘曲線）」と似たものになるだろうということを覚えておいてほしい。仕事をする上で，獣医師は，カーブの端すべてにいる人々と出会うだろうから，その1人1人に対応できるように準備しておかなければならない。この事実には選択の余地はない。獣医師はあらゆるタイプの人々と一緒に働くことができなければならない。このことは，所有者，管理者，監督者，その他の従業員を含んだ，組織の階級内のすべてのレベルについて言えることである。

例として，一般に「意欲」という言葉で表される人間の性格の特徴だけに注目してみよう。もし，個人が持つ意欲の程度をテストし，得点を付ける方法があったら，その得点は非常に低いものから高いものまで分布し，ほとんどは中程度の領域にあり，すなわち釣鐘曲線をつくるだろうと，私たちはすでに分かっている。学生であれば，統計だらけの他の科目の勉強において，直面してきただろう力学と何ら変わりはない。獣医師が理解すべき重要な点は，獣医師が関わらねばならないすべての人に，また，業績に影響を及ぼす多くの要因に，同じ力学が働いているということである。

獣医業界において，多くの場合，獣医師は「平均」を相手にして働かざるを得ない。それらは，技術，研究，進展具合の判定に，また，計画立案の指針として使われる。しかし，複雑な人間関係には，このアプローチは絶対に通用しない。圧倒的多数の人間同士の関わり合いにおいて，私たちは1度に1人ずつ対応しなければならない。そして，どの特定の日であっても，これらの人々は，私たちがコントロールできないか，あるいは，とにかく多少の知識のある多様な他の要因に応じて，あの釣鐘曲線に沿ったいろいろな地点に位置している。職場は，あらゆるタイプの性格と，あらゆる範囲の感情と，あらゆる範囲の労働倫理を持った，さまざまなタイプの人がいる複雑な集団である。

この考えの重要性について説明するために，意欲という特徴の例に話を戻そう。意欲があり，しきりに学びたがっている人に何かを教える方が簡単だろうか？ もちろん，そうである。農場の従業員全員に意欲があるだろうか？ もちろんない。あまり意欲のない従業員に対する教え方は，違うだろうか？ どう考えてもはっきりと「イエス」である。ここでの要点は，獣医師は，それぞれの性格，感情，労働倫理を持った，あら

ゆるタイプの人々に対応する準備をしておかなければならないということである。

これに，管理階層内のさまざまな異なるレベルと関わりあうことに関連したさらなる力学が加わる。企業の所有者と関わるには，運営の管理者と関わるのとは異なるアプローチが必要である。同じように，運営の管理者と関わるには，彼らの報告書と関わるのとは異なるアプローチが必要である。

成功した管理獣医師は，人間に関しても研究している人である。彼らは，心理学者であり，教師であり，指導者でなければならない。彼らは，それぞれの役割に精通していて，誠実でなければならない。そして何よりも，優れたコミュニケーターでなければならない。辛抱強くなくてはならないし，いつ決定を強いればよいか，どのくらいの圧力が適当なのかを知っていなければならない。自分の好きな人とも嫌いな人とも，また自分のことを好いてくれている人とも嫌っている人とも一緒に働くことができなければならない。少なくとも最低限受け入れられる成績以下に落とすことなく，あらゆるレベルの知能，理解力，能力がある人々を認め，ともに働くことができなければならない。成功した管理獣医師は，自分が他人に期待するような考え方と労働倫理を持ち，それらを表わさなければならないというのは言うまでもない。

教育することが不可欠である

今日の酪農場における管理獣医師は，何はともあれ教師である。絶え間なく搾乳される何千もの牛がいる酪農場は，忙しい現場である。多くの場合，さまざまなレベルの訓練や経験を持った従業員がいる。その訓練や経験は，正式に受けたものもあるし，「厳しい試練」によって培ったものもある。所有者や経営者側が訓練の必要性を認識している場合もあるし，していない場合もある。他の多くの問題に対処している際には，認識はしていても優先度が低くなるかもしれない。これは管理獣医師が評価すべき鍵となる要因であり，同様に，管理獣医師が果たす重要な役割である。基本的に，獣医師は，動物の健康教育プログラムに対する所有者や管理者の意欲の度合いに次いで，2番目に重要な，プログラムの操縦者になり得る。

今日のラージハード環境において評価される獣医師の価値は，第四胃左方変位（LDA）の手術をうまく行う能力でも，殿位分娩で子牛を取り上げる能力でも，カルシウムの点滴によって乳熱の牛を奇跡的に助ける能力でもない。もちろん，これらの能力が大切で，最初に農場で関係をスタートさせるのに確実な方法であることは疑うべくもない。しかし，獣医学を用いて有益で役に立つためには，そもそもLDAなどにならないようにするためにはどうしたらよいかを酪農場のチームに教えるためのプログラムをつくらなければならない。

これが，所有者，管理者，そして獣医師が，最も満足のいく方法である。獣医師は，胎位異常のために深夜の往診依頼や呼び出しを受ける必要性を減らすような，効果的な乾乳牛，妊娠牛管理プログラムを提供できなければならない。獣医師は，臨床的な低カルシウム血症でも，潜在性の低カルシウム血症でも，牛がそのような状況にならないようにするためにはどうしたらよいかをチームが学ぶのを手助けできなければならない。要するに，今日では，ハードヘルスプログラムは，これまで以上に，治療よりもむしろ予防を意味しているし，また，そうしていくべきである。

肝心なのは，今日の酪農業における管理獣医師は，複雑な手術やその他の高価な技術的処置を要するような，費用のかかる疾患に牛がならないようにすることをチームに教えることにさらなる価値がある。チームがよく教育されていて，最高の働きをしている時でさえ，それは必要である。獣医師の目標は，自分のしてきた訓練や専門知識を，他人を通して拡大させ，ハードヘルスと運営の生産性を最大にすることであるべきである。これは，「魚を1匹与えれば，彼はその日の食事に困らない。魚の釣り方を教えれば，彼は一生食事に困らない」ということわざに書かれた考えとほとんど同じである。

酪農場の所有者や管理者にとって，獣医師による勉強会は大きな価値がある。まず第1に，その名が示す通りに獣医師は専門家だと認識される。第2に，洞察力のある所有者や管理者は，自らが従業員に対して行ってきた講義やレッスンでは従業員はイライラしてしまうが，農場の外から来た専門家によるものならば，従業員はもっと聞く耳を持つかもしれないということを知っている。多くの場合，所有者や管理者がそれを理解するのは難しいことであるが，やはりそれが現実である。最終的には，賢い所有者や管理者は，それがどこからきたにしても，その恩恵を喜んで受けるだろう。管理獣医師は，このテクニックをうまく利用すれば，所有者，管理者，そして従業員から敬意と誠心を得るだろう。

ラージハードの所有者や管理者は，忙しい人々であ

る。1日のうちに無駄にできる時間はほとんどなく，彼らの時間は企業にとってとても貴重である。最も成功した管理獣医師は，このことを十分に理解していて，それに合わせて，運営のために自分のハードヘルスの専門知識を提供する全体的な取り組みを行う。

先に述べたように，管理獣医師は教師である。他の教育者と同じように，酪農場において主要な分野を広範囲に取り入れた有意義な「レッスンプラン」を立てなければならない。あらゆるテーマに関して熟達者になれる人などいないので，獣医師は，酪農場におけるさまざまな分野に関連した自分の強みと弱みを知り，それに応じて計画を立てることが重要である。

運営に対する獣医師の本当の価値は，ハードヘルス全体において生じた進歩の合計であるということを覚えておくことはきわめて重要である。獣医師が直接指導したことから生じた進歩なのか，獣医師が行った他の手助けを通して生じた進歩なのかを，獣医師が問題にすべきではない。ここで述べたような，広範囲にわたる指導プログラムをうまく提供するために，獣医師は，手助けを行う十分な自信と，プログラムに対する支援において彼らを導くための十分なリーダーシップ，およびプロセスにおける獣医師の役割を理解し正当に評価する所有者と経営者側の十分な信頼が必要とされる。

楽しいことばかりではない

もし管理獣医師が，理想的であるくらいにハードヘルス管理に対するチームアプローチに従事するならば，人的管理によって人間関係が，現実的に難しい状況になってしまう時がいつかは来てしまうだろう。この現実から逃げることはできない。従業員全員が，一緒に働いて楽しい人というわけではない。気難しい従業員もいるだろう。そういう人は，管理獣医師を含めたみんなにとって困難な状況を作り出すだろう。決して称賛すべきではないような会話や行動をみる時があるだろう。獣医師ただ1人だけがそれらを目撃する立場にいるかもしれない。このようなことが起こったら，落ち着かなくなることがある。誰かがそれに対処する覚悟をする必要がある。

まず，基準を設けるのに最もよい時期は，関係がはじまる時である。最初に農場を訪れた際に，開放的で公正な雰囲気を明確につくるべきである。大半の時間，人は自分が期待されていることを果たす傾向があるという事実がある。管理獣医師が自分のやり方を明確に述べ，相手にしてほしいことを全部そろえておいたら，個人に関する問題が起きた時に苦痛を最小限に抑えることができるだろう。

どんな困難も誠実に取り組むのが最もよい方法である。関係がどういう形であるかによるであろうが，こうすることが，どの場合においても賢明である。獣医師は，従業員とともに業務を行う際，紙一重の所を行かなければならない。彼らの尊敬を勝ち取る必要があるが，開放的で公正な雰囲気を壊さないようにしなければならない。管理獣医師が，従業員の受け入れ難い行為に対応しなければならない時があるだろう。従業員は，獣医師のためではなく，会社のために働いているということを覚えておくことが重要である。是正処置によって適切な結果を得られるかどうかは，存在している関係，組織内の指揮系統，所有者や管理者が獣医師に与えた権限のレベルによって大きく左右される。悲惨な結果を避けるために，このことをすべての人がはっきりと理解しておくべきである。

獣医師は，自分の有能性が組織内の誰かによって傷付けられないように細心の注意を払わなければならない。誰にされるにせよ，それは，他人がする仕事にとっても，獣医師自身の仕事にとってもよくない。農場の所有者から最も新しい従業員までを含んだ，組織内の誰かによって傷付けられる可能性がある。これまで取り上げた他の問題の内容でも述べたように，獣医師はこれらの状況が起こった時に，それぞれの状況に応じて，自分独自の方法で対応できるよう準備しておかなければならない。

ほとんどの場合，単に機嫌が悪い人たちの会話に巻き込まれることからこのような状況が生まれる。ただ理解を示すよう努めるだけで，容易にこのような会話に巻き込まれる。トラブルを避けるということは，絶えず用心するということである。誰かに愚痴を言わせる時とそうさせない時を知るという技がある。それが単に陰口やうわさ話にすぎない時は，その行為をやめさせることが最もよい。そうしないと，論点の片側あるいは反対側だけにいるという，勝ち目のない立場に自分が置かれるだろう。

予防的獣医療に対するチームアプローチに集中し続け，組織的政策の争いや従業員の冷やかしの言い合いに関わらないようにしなければならない。さもなければ，あなたの成功が傷付けられ，プログラムに対するあなたのプラスの効果が最小になってしまうだろう。

「ボスが常に正しいとは限らないが，彼は常にボスである」という言い習わしがあるが，獣医師は現実に

これに対処しなければならない。あなたが長く働けば，従業員によって，あなたの小切手にサインをする人物に異論を唱えるような状況に追い込まれるような，居心地の悪い状況に出くわすだろう。理由は明白であるが，これには注意深く対処する必要がある。決して，統轄している所有者や管理者を，転覆させたり攻撃したりするように思われるようなことをしたり言ったりするべきではない。所有者や経営者側のトップを多少なりとも批判するような会話は，外に出してはならない。言動すべてにおいて，管理獣医師は，所有者や経営者側に協力的である必要がある。もし何か問題が起こって，獣医師が所有者や経営者側に協力できないほど深刻であり，その問題が解決されなかったら，経営的意思決定が下されることは明らかである。しかし，不適切に感情を爆発させることからは，決して何も得られないだろう。

管理獣医師の最も重要な役割は，最もコスト効率のよい方法で牛の群れの健康を最大にすることである。しかし，それに加えて，獣医師は，所有者，経営者側，従業員の一般集団に非常によい影響を及ぼすことのできるユニークな立場にもいる。これは，最初に，すべてのグループに基本原則を説明し，獣医師の役割が組織の仕組みの中にどのように結び付いているのかを明確に示すことによって，成功するために関係を築くことで最もうまく成し遂げられる。

獣医師にとって最も望ましい状態は，組織のあらゆるレベルの人々との関わりにおいて，公正で開放的で，そしてとりわけ客観的であるために自由でいることである。このアプローチを適切に行えば，獣医師は，組織的政策に付随する妨害から解放される。しかし，ほとんどの場合，この状態は自然に生じるものではないことをここで言っておかなければならない。関係の初めにこの方法で物事を整えるのは，獣医師の義務である。いくらか作業が必要であるが，それは価値のある仕事であり，実際，すべての中で最もやりがいのある努力かもしれない。なぜなら，有効で包括的なハードヘルスシステムを提供する全機構は，他の人を使って物事を成し遂げる管理獣医師の能力に左右されるという事実があるからである。

おわりに

うまくいけば，管理獣医師の役割は単なる動物医療の実践の域をはるかに超えている。本章で再三指摘したように，獣医師にとって，動物の複雑な生体系についで深い教育を受けるのと同じくらい非常に重要なことは，あらゆるレベルの知識，理解力，経験を持った人々とコミュニケーションをとるための対人能力を持っていなければ，その知識それ自体の価値が下がるということである。

生産動物の分野において効果的な動物の健康プログラムを提供するためには，獣医師は，生産システム内の誰にも負けないくらいの管理者にならなければならない。獣医師は，所有者のレベル，経営者側の最も高いレベルで，コミュニケーションをとれなければならない。さらに，システムにおけるあらゆるレベルの従業員，すなわち最も新しい従業員や最も経験の浅い従業員まで含んだ人々とコミュニケーションをとれなければならない。

本章の初めから終わりまで，コミュニケーションが管理プログラムを成功させるのに重要な要素であるということを強調してきた。これは，生産動物臨床を成功させるのにも同様に重要である。管理獣医師は，動物の医者，教師，指導者，心理学者，セールスマン，そしておそらく場合によっては政治家という役割を，バランスよく果たさなければならない。この事実は，本当にどうすることもできない。その場面に合わせてこれらの役割を正しく調和させる能力と，正しい文脈で正しいメッセージを伝えることは，確かに優れた技能であるが，思うほど複雑なことではない。しかし，それは心から来るものでなくてはならないし，場合によっては，最大限に派手に表現したとしても相手に伝わらないかもしれない。実際問題として，獣医師はあらゆるレベルの知能と教育を持つ人々とともに働くであろうが，最も教養のない人々でさえ不誠実さに気づき，どんなメッセージも軽視するだろうということを常に覚えておくと苦労が報われるだろう。

管理獣医師の備えるべき最も重要な道具は，自分の仕事に対する情熱である。今日の大型生産動物事業に関わって働くことは，ときには，世界中で最も挫折感を引き起こすような仕事になることがある。逆に，物事がよい方向に進み，メッセージが適切に伝わり，理解され，望ましい結果を生み出すために実行に移されるような特別な時には，それは最も満足のいく仕事となり得る。

要するに，管理獣医師の役割は，気弱な人には果たせない。獣医師の成功の基礎となるものは，動物への燃えるような情熱と，人間への真の愛と，動物と人間両方の生活に有益な影響を及ぼすことに対して飽くなき欲求を持つことである。

第24章

実用的遺伝学

Donald Bennink

要約

理想的な乳牛は，寿命が長く，高泌乳で，問題のない牛である。しかし，この目標を達成するための方法についてはさまざまな意見がある。最も広く受け入れられるであろう妥協案としては，生産性と体型を同時に目的として繁殖を行えば，高泌乳と長寿という望みが叶えられるだろうということである。健康形質を向上させるという新しい傾向とこれを助けるために遺伝子学がもたらす急速な進歩によって，人工授精による父牛を持つ現代の雌牛と，自然交配した雄牛を父牛に持つ雌牛との間に大きな違いが生じるだろう。これにより1頭の雌牛1年当たりの収入が増すだろう。

本章では，過去の過ちを正すために，人工授精（AI）を用いた遺伝学の実践的な応用について議論する。問題を最小にし利益を最大限にすることで，現代の酪農業に合うような，高泌乳で長寿で繁殖力が高い牛を増殖することを第1に考える。

序文

理想的な乳牛は長寿で，高泌乳で，問題のない牛であると誰もが認めるだろう。この目標を達成するための方法については，高度な有識者の間で大幅に異なる意見がある。これには，特に学会において多くの研究者が，「最も高泌乳の牛は，群に自然と長くとどまるだろう。なぜなら生産が低いという理由で淘汰されることがないからである」という意見もあれば，一流の牧場経営者が言うように，成功のための秘訣は「体型を目的とした繁殖と生産性を高めるための給餌である」という意見もある。

最も広く受け入れられるであろう妥協案は，生産性と体型を同時に目的として繁殖を行えば，高泌乳と長寿という望みが叶えられるだろうというものになった。これは50年前に有力な意見であったが，この原稿を書いている現在でもそうであるかもしれない。

主な乳用種の泌乳量を増加させることにおける成功はまさに目を見張るようであり，それを口絵P.30，図24-1に示した。この間に，雄牛の頭数が減り，この形質のための人工授精用雄牛の選抜によって，雌牛の頭数がいかに増加したかに注目してほしい。

口絵P.30，図24-2に示したように，体型を向上させるために業界が行った努力においてもほとんど同じことが起こった。全体的な体型，乳房，四肢にみられる大幅な増加は，ホルスタイン種の分類システムによって測定されたものであることに注意してほしい。さらに，私たちが習ってきたことを参考に何が起こったかについてみてみよう。

- 口絵P.30，図24-3に示したように，群の寿命が下がっている。
- 口絵P.30，図24-4に示したように，死亡率が上がっている。
- 口絵P.30，図24-5に示したように，体細胞が上がっている。
- 口絵P.30，図24-6に示したように，娘牛の妊娠率が下がっている。
- 雌牛調査表の割合として，48時間後の生存子牛の数が，1996年の93.4％から，2007年の86.0％に下がっている（NAHMS Population Estimates — D. Heifer Health, 2007）。

管理形質あるいはフィットネス形質

過去の誤りを正そうとしている業界の人々は，自分

たちの遺伝子プログラムを主として「健康形質」として知られる，ときには「管理形質」，あるいは「フィトネス（適合，健康）形質」と呼ばれるものに大いに向けている。この原稿を書いている現在，酪農場主が利用できる，計測可能な健康形質とは，以下のものが挙げられる。

- 「PL (production life)」と略される生産寿命について
- 「SCS (somatic cell score)」と略される体細胞スコアについて
- 「DPR (daughter pregnancy rate)」と略される受胎能，あるいは娘牛の妊娠率について
- 「父牛の分娩難易度 (SCE, sire calving ease)」として知られる，子牛と父牛両方の分娩難易度について，また「娘牛の分娩難易度 (DCE, daughter calving ease)」として知られる，娘牛がどのくらい簡単に分娩したかについて
- 死産について

「PL（生産寿命）」は，多くの形質転換を経ている。PL数値は，その品種の群の平均寿命以上か以下の月数を表す。

「SCS（体細胞スコア）」を表すのに数を使う（3を基準として用いる）。3以下の牛は，その品種の平均SCSよりも低く，3以上の牛は平均SCSよりも高い。SCSが低い方が望ましい。

妊娠率 (PR) は，繁殖群内にいて21日以内に妊娠した牛の割合を定義するために使われる言葉である。DPR（娘牛の妊娠率）は，その牛の属する繁殖グループの平均PR以上または以下の割合である。DPRが3.0である雄牛がいるとしよう。さらにその牛の属する繁殖グループの平均PRが15と仮定する。このことは，その雄牛の娘牛のPRは平均すると18になることを意味する。

死産は，何頭かの非常に有名な雄牛が直接種牛となった子牛が死亡したこと，あるいはその娘牛が死産で子を産んだことを受けて，ホルスタイン種において深刻な問題になった。ホルスタイン協会は雄牛をランク付けするための体型と生産性の指標 (type and production index, TPI) のリストを所有している。多くの人々がそのリストによって雄牛の選抜を行っている。ある時，このリストの上位10のうちの7番目に載っていた雄牛の，最初の娘牛が産んだ子牛の21%が死亡した。その雄牛のほとんどの息子牛もまた，子牛の死産のレベルが高かった。この情報を業界に公開しな

かったこと，そしてすべての雄牛に関する死産のデータを中身を薄めてしかも遅く公開したことによって問題が悪化した。その結果，この非常に望ましくない特徴を持った雄牛がホルスタイン種の集団を汚染した。さらに，多くの雄牛の母牛は，この問題の最悪の原因となった牛の娘か孫娘であった。

これまで起こった健康形質問題により，多くの酪農業者は遺伝学に不信感を抱くようになった。人工授精を行っていた何人かの人は，自然交配の雄牛に戻っていき，ホルスタイン牛には，死にたがる牛という風評が立った。しかし，ある集団では，1頭のブラック＆ホワイトの子牛は，もう1頭の子牛と同じくらい価値があった。ホルスタイン種にはまだかなりの遺伝的多様性があるにもかかわらず，苦し紛れに異種交配に向かった人々もいた。

過去に起きた過ちを修正する

本章では，主として，過去に起きた失敗をどのように修正するかについて述べる。問題を少なくし利益を最大限にすることで，現代の酪農業に適した，高泌乳で長寿で繁殖力が高い個体を繁殖させることを第1に考える。

口絵P.31，図24-7は，生産寿命の経済的意味と重要性についての考えを概説するために，Dr. Nate Zwaldによって開発された棒グラフである。これは，さまざまな泌乳期の回数における，群に残っている牛の数，あるいは平均生産寿命が異なる雄牛と，1,000頭の未経産牛の分娩についての割合を表すものである。

父牛が−2.7の生産寿命を持つ分娩未経産牛同士の経済上の違いは，平均的であり，父牛の生産寿命が＋2.7の場合の違いは非常に大きい。泌乳回数が1.5回以降では，生産寿命が＋2.7の父牛の群には，−2.7の父牛の群よりも200頭多く牛が残っていることに注意してほしい。1頭当たりの更新費用が1,500ドルであれば，30万ドルになる。これは以下の事柄を考慮しない場合である。

- 乳房炎を少なく
- 廃棄乳を少なく
- 体細胞を少なく
- 繁殖問題を少なく
- 薬代と獣医費用を少なく
- 人件費を少なくすることにつながる「ホスピタル

- ハード」を少なく
- 現場の子牛を多く
- 分娩問題を少なく
- 精液と繁殖用品を少なく
- 死亡する牛を少なく
- 死産を少なく
- 利益性のために遺伝的によりよい群を多く

実際、その1,000頭の未経産牛のグループにどの雄牛を使うかの決断は、優に50万ドルは変わってくる決定になる。

表24-1に示したように、娘牛受胎能あるいは娘牛妊娠率と生産寿命との相関が、個々の形質の中で最も高い。最初の雌子牛は美しい乳房、高泌乳量、多くの魅力を持つかもしれないが、もしその子牛を戻し交配させなければ意味がない。

筆者にとって腹立たしいことの1つは、多くの遺伝学者が遺伝率という言葉を過度に強調することである。その数字が非常に不正確になることがあるからというだけでなく、強調した結果、前述したような多くの問題を招いているからである。

一般的に、遺伝率の定義とは、特定の形質が環境や管理によって影響される割合に対して、遺伝子によってコントロールされる割合である。乳牛の受胎能の遺伝率は、多くの場合、4という低いものであると言われる（Seykora and McDaniel, 1982）。そのことから、そんなに数字が低いならば、なぜ雄牛の娘牛の受胎能に気を配る必要があるのか、と多くの乳牛ブリーダーが言う。しかし、成功を収めた肉用雌牛・子牛生産者は、雌牛の受胎能は非常に遺伝しやすいと感じており、その形質を非常に重視する。

米国農務省にいるとても尊敬されている遺伝学者は会合の中で、牛群によって遺伝率の相違が大幅にあることを認めていた。もし、あなたが牛の群を所有していて、質のよくない精液を使用しており、繁殖技術に乏しく、発情発見を行っておらず、栄養がよくなく、観察や獣医師によるケアをほとんど、あるいはまったく行っていなかったら、遺伝率は0である。このような状況では、牛は、いくら繁殖力があっても妊娠する可能性がないからである。これにより、繁殖力が高い雌牛と低い雌牛との間のPR（妊娠率）に大きな違いを示しており、よく管理されている群の中で平均化される。

4,000頭以上の群では、DPR（娘牛妊娠率）の高い

表24-1 寿命と形質の遺伝相関

娘牛妊娠率	0.59
体細胞スコア	−0.35
乳房	0.30
娘牛分娩難易度	−0.24
父牛分娩難易度	−0.19
肢蹄	0.19
体格	−0.04

出典：aipl.arsusda.gov/.

表24-2 父牛のDPR（娘牛妊娠率）グループによる受胎率―ノース・フロリダ・ホルスタイン

DPRの範囲	DPRグループ	牛の頭数	交配ごとの平均妊娠率
全泌乳期回数			
2.4以上	1	167	34.86%
0.0〜2.3	2	740	29.21%
−0.1〜−2.3	3	630	27.64%
−2.4以下	4	109	23.04%
泌乳期回数＝1			
2.4以上	1	85	35.41%
0.0〜2.3	2	420	35.12%
−0.1〜−2.3	3	220	26.16%
−2.4以下	4	15	18.99%
泌乳期回数＝2以上			
2.4以上	1	82	34.31%
0.0〜2.3	2	320	23.93%
−0.1〜−2.3	3	410	28.51%
−2.4以下	4	94	23.86%

2008年3月26日現在、PCDARTでPregと符号化された牛
出典：Dr. Dan Webb, University of Florida, 2008.

雄牛の娘牛と、DPRの低い雄牛の娘牛との間の受胎能にかなり違いがある。Dr. Dunn Webb（University of Florida, College of Agriculture, Department of Animal Sciences, Gainesville, FL）によって作成された表24-2から、以下の2点をよくみてほしい。

①初産牛では、DPRが高い父牛の娘牛の受胎率とDPRが低い父牛の娘牛の受胎率にはほぼ2倍の差がある。
②泌乳回数が2回以上の牛では、DPRが高い父牛の娘牛の受胎率は50%高い。

徹底的な分析はされていないが、印象としては、初回泌乳期とその後の泌乳期の間の隔たりは縮まる。な

ぜなら，DPRが低い雄牛の娘牛の割合がそんなに高ければ，それらの娘牛は初回分娩後に淘汰されて，繁殖群に戻らないだろうからである。これは，それらの娘牛が，2回目以上の泌乳期において，DPRが低い父牛が受胎能を低くするプールにはいないことを意味する。

これを別の視点でみてみると，米国の南部と西部だけでなく，他の地域でも，多くの群にとっても多いPRは15である。先に述べたように，雄牛にとってのDPRとは，繁殖群にいる他の雄牛に比較して，その雄牛をパーセンテージで表したものである。すなわち，もしPR15を使用し，DPR3.0の雄牛と-3.0の雄牛の2頭がいるとしたら，PRは，それぞれ18と12になると思われる。18は12より50%大きいので，その群にみられる数字に当てはまる。

50%高いPRあるいは受胎率の経済的意味は，かなり大きい。これは群の更新率と農場の全体的な純利益に大きな影響をもたらすだろう。

乳房炎は，群の更新率，さらには薬剤費，死亡による損失，廃棄乳，いくつかの市場では体細胞評価（プレミアム）の損失の主な理由の1つであるため，どんな遺伝的関連性も重要である。雄牛が，体細胞が最も少ない牛と乳房炎の発生率が最も低い牛の父牛である場合を調べた文献引用研究では，その娘牛は，非常に発生率の高い雄牛の娘牛と比べて，乳房炎の発生率は約半分にすぎなかった（Steine, 1966；Heringstadら, 2000；Nashら, 2000）。

より低い体細胞スコア，より長い生産寿命，より浅い乳房，より深い乳房の割れ目，あるいは強く付着した前分房を目的として選抜を行うことによって，臨床型乳房炎の発生と泌乳当たりの臨床症状の発現を減らせるかもしれない（Nashら, 2000）。

北欧諸国（デンマーク，フィンランド，ノルウェー，スウェーデン）だけに，乳牛の健康データのための十分に確立した国家的な記録システムが存在し，これらの国々の繁殖プログラムだけに臨床型乳房炎が直接含まれている。このような環境の下，Heringstadら（2000）は，選抜の正確さ，ゆえに乳房炎の発生率を少なくするための選抜から得られる潜在的利益は，特に子孫グループの頭数が大きい場合は（Nashら, 2000），非常に高くなり得ると結論付けた。

歩行困難が酪農業界に及ぼす大きな経済的影響について，業界は十分に承知している。これが，多くの牛，多くの生産，多くの身体状態の損失の，第1か第2の重要な要素である。ホルスタインに用いる主な分析は，ホルスタイン協会が協会の分類システムを使って開発したFoot and Leg Composite（肢蹄の体型）である。これは，牛の肢がどのような外見ならよいかをみきわめる訓練をしたホルスタイン評価員による視覚的な評価である。

北欧人は，健康データの記録システムの経験に基づいて，肢蹄の健康を分析するための理想的な方法について再検討した。この時は，スウェーデン人が主導権を握った。業界の生産者側への最初の国際的報告書がHolstein Internationalに載った。そこには研究者H. Slathammar, J.A. Ericksson, C. Bergstenの研究や意見が載っていた。スウェーデンの削蹄師に，一貫した方法で蹄の疾患を記録させた。1カ月に約20,000頭の牛を記録した。Holstein Internationalに書かれていることを引用すると，「蹄底潰瘍は，その高い経済的価値と福祉的価値から，育種価の50%の割合を占める。蹄底の出血と蹄踵角質びらんは20%で，趾（間）皮膚炎は10%。損傷が重度である牛は，損傷が軽度の牛よりも計算において影響力が高い」。これらの数字は指標をつくる際に使われた。

筆者がHolstein Internationalの蹄の健康指標（Hoof Health Indexes）に載っている雄牛について，本章で再検討したところ，米国で主要な娘牛数を持つ，PLが最も高かった雄牛または非常に高い雄牛の中に，最も高い点数が出ることが分かった。米国の肢蹄の体型（United States Foot and Leg Composite）とスウェーデンの蹄の健康指標（Swedish Hoof Health Index）の間には，たとえあったとしてもほんのわずかな相関しかなかった。

スウェーデンの研究から得られた推論が正しい場合，牛の健康，福祉，酪農場の経済が重要ならば，米国のシステムを大幅に修正する必要がある。これは，牛がどのような外見であるべきかを，ただ机に座って考えているだけの人が多すぎるということの，まさにもう1つの例なのかもしれない。以前，そのシステムはあらゆる農用家畜種にとっての災厄となった。

表24-1で先に示したように，DCEとSCEは寿命やPLとかなりの相関があった。酪農場周辺で多くの時間を過ごす人は誰でも，強い牽引，子牛の死亡，子宮炎，胎盤停滞，帝王切開，新母牛の起立不能や死亡は望ましくないと知っている。分娩難易度とDPRの正確なデータを前にして机に座っている人々は，このテーマについてすべての人の支配者である。理想的な殿部を表現するのに多くの言い回しが使われた。結果的に，見た目が勝った。農場にいる人々には，逆の決

定が下されたということが分かった。殿部の外見は，分娩難易度，受胎能，運動性に基づいたものであるべきで，誰かが頭で考えた見た目に基づいたものであるべきではない。

品評会は家畜の選抜に驚くほど影響を及ぼすことがある。乳用牛では，ショーの有名な準備人である私の友人の多くはまた審査員でもあるが，このグループの人々は，自分の頭の中の規則や判断基準で牛を比較する傾向があり，基準が選択の手段となる。その結果，「より体が大きい」，「より背が高い」，「より輪郭がはっきりしている」ということが，ある牛を他の牛より上位に置く主な理由となる。しかし，商業的な酪農業者は，「より強く」，「より頑健な」，「より回復力に富み」，「長持ちする」牛を必要としている。

寿命と受胎能がボディコンディション（BC，身体状態）を維持する能力と関係していることを示す2つの例を図24-8と図24-9に示した。痩せている牛や体重が減っている牛を交配に戻さないことは常識となってきた。生活をするために自分の牛を頼りにする人々にとっては，ボディコンディションと乳量を維持できる牛が現代の理想の牛となりつつある。

この項のバランスは，2003年10月20～21日にDr. Ben McDanielに敬意を表して開かれたThe National Genetics Workshopで，Dr. Kent Weigelが発表した論文（Weigel, 2003）を参考にした。米国とヨーロッパで行われたいくつかの研究により，乳牛形質の高い値と，受胎能の低下あるいは代謝異常の発生の増加との間に有意な関係があることが確認された。

このメッセージは非常に明らかになってきている。すなわち極端な高い乳牛形質を持つ牛は，ボディコンディションが不十分で，健康，受胎能，生存性が損なわれる。ひいき目にみても，乳牛形質の視覚的評価は不必要である。農場経営者は，なぜ自分の牛が乳を多く出すようにみえるかどうか，牛の生涯で1度もみてもらう必要があるのだろうか（パーラーかDHIA（乳用牛群改良協会）の監督者によって毎日，週1回，あるいは月1回，乳量の計測がされるというのに）。登録協会（Breed associations）は，協会の選抜指標とランク付けプログラムにあるこの形質に，得点を与えることをやめるべきである。

Hoard's Dairymanの編集者の1人であるCorey Geigerは，「私たちはそれでもやはり，多くの乳を出すが，それが外見からは分からない娘牛の母牛と父牛を探すことができる。もしこれができると信じないならば，私たちは乳の記録を信頼しない」という言葉で

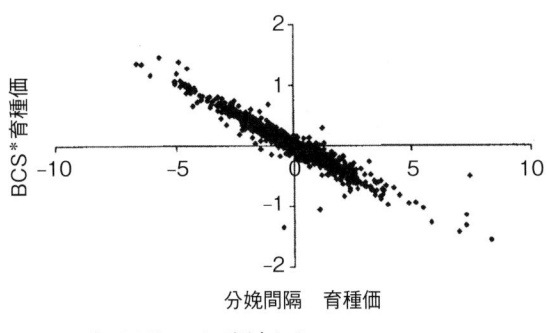

*BCSは1～9で測定した。

図 24-8
ボディコンディションスコア（BCS）と受胎能。英国の3,770頭のホルスタイン雄牛の調査より。
出典：Dr. Kent Weigel, University of Wisconsin.

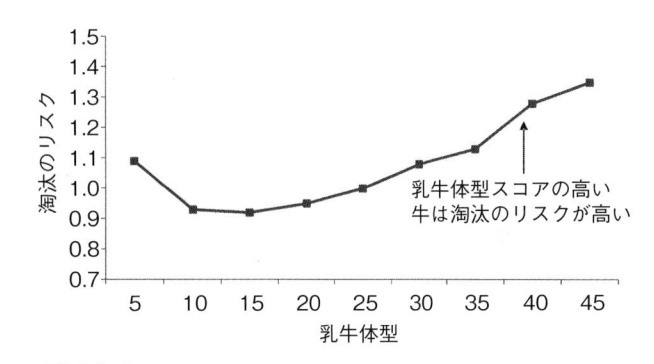

図 24-9
米国のホルスタインの乳牛体型と生存性。
出典：Dr. Kent Weigel, University of Wisconsin.

それを最もよく表している（Geiger, 2003）。

Chad DeChowは，「泌乳中の一定の生産レベルにおいては，ボディコンディションのよい牛の方がより健康で，より繁殖能力がある状態でいられるだろうと結論付けることができる」と述べている（DeChow, 2003）。

2009年にJournal of Dairy Scienceに発表された2つの研究は，ボディコンディションスコア（BCS）が蹄の健康と乳房の健康に及ぼす効果に注目した。Bicalhoら（2009）は，健康で幸せな牛に興味がある人々が目を止めるような最も啓発的な興味深い研究のいくつかを報告した。

肢の下部には，第三趾骨として知られる肢の下部の骨を，保護するクッションがある。研究者たちは，生きている牛の趾のクッションの厚さを計る方法を開発した。このクッションの厚さは，牛のボディコンディションと直接関係があった。蹄底潰瘍と白帯病の有病率が，趾のクッションの厚さと有意に関連があるこ

とを見い出した。趾の厚さが薄い牛は，蹄角質の損傷のリスクが高い。第三趾骨がその下の軟組織にかける圧力を趾のクッションが抑制する能力が弱まった結果，このような挫傷が起こった。

Van Stratenら（2009）によって報告された乳房の健康に関する研究では，泌乳初期に負のエネルギーバランスが大きくなると，乳牛が乳房炎に罹りやすくなると述べられている。多くの出来事は繰り返し起こっているという事実を考慮し，彼らは，すべての出来事を分析に入れることと，負のエネルギーバランスが乳房の健康に長期的に悪影響を及ぼす可能性があることを前提とすることの重要性を強く主張した。

受胎能，生存性，蹄の健康，乳房の健康，利益性を最大にするためには，ボディコンディションを中程度か並みのレベルに維持することが重要であるという証拠が圧倒的多数を占めるようになってきており，牛の輪郭の鮮明さを支持する人々は降伏するべきである。

何世紀にもわたって，意図的に血縁関係にある牛同士を交配させてきた。近親交配や系統繁殖という言葉は，いくらか同じ意味で使われてきた。同時に使われる場合は，近親交配はふつう近親血縁にある牛同士を交配させることを意味し，系統繁殖は同じ一族出身ではあるが，もっと遠い親戚関係にある牛同士を交配させることを意味する。

科学界においては，近親交配という言葉は指標を用いて測定される。Seykora and McDaniel（1982）がDairy Herd Managementの論文で述べているように，「個体の近親交配の程度は，その近交係数によって測定される。その係数とは，その両親の半分の関係である。そして，もし，ある牛が，父牛と母牛の両方から共通の血縁関係のない祖先を持っていたら，その組み合わせは近交係数に加算される」と述べている。

2頭の現代の雄牛を例としてみてみよう。もし，ある特定の未経産牛の父牛がOmanからのShottleで，母牛がShottleからのOmanだとすると，近交係数は，ただの両親のどちらか1つずつではなく，OmanとShottleを合わせた共通の関係となる。

さまざまな形の系統繁殖や近親交配が，農場のブリーダーと科学者によって行われている。ときにはトウモロコシ交雑遺伝学の突然変異版にいくらか似たことが実施された。それは，2つの別々の近交系の交配である。

過去の乳牛ブリーダーは，自分の牛のためのプレミアム市場をつくる目的で血統を囲むように群を発展させた。有名なホルスタイン血統には，Rag Apples, Burkes, Dunlogginsがある。これらは，ときには，Tidy BurkesやPabst Burkesのような血統の分枝に発展した。ブリーダーの哲学次第で，非常に激しいものからもっと控えめなものまでさまざまなレベルの近親交配が行われてきた。多くの人々にとって，これらの血統は実際には群を向上させるために購入することのできる遺伝的な「ブランド」であった。当初は，これは主として雄牛を対象としていたが，時折，雌牛も対象になった。技術によって，これが後に精液になり，そして胚になった。アニマル・モデル（Animal Model）が出現した時に科学界が意図的に，あるいは非意図的に参入した。このコンピューターモデルは，モデルの設計者が，利用できる中で最高の遺伝子であると思ったものを強化するように作られた。いくつかの非常に激しい近親交配がその結果である。生産上の大幅な増加が，健康形質の非常に大きな損失をもたらした。これは，その公式が，遺伝性が低いと考えられている形質についての空間を無駄にしなかったからである。

近親交配がもたらした別の成果は，望ましくない劣性が強まったことである。ホルスタインで最もよく知られているものは，致死のCVM（complex vertebral malformation：牛複合脊椎形成不全症）とBLAD（bovine leukocyte adhesion deficiency：牛白血球粘着不全症）の2つである。遺伝的基礎がより小さいその他の乳用種には，望ましくない劣性によって深刻な問題が生じてきた。肉用牛に携わっている人々は，その結果，いくつかのとても人気のある系統が崩壊するのを目の当たりにしてきた。

近親交配，特に激しい近親交配は，気弱な人には向かない。わずかだが高いレベルの成功を生み出すチャンスはある。平均的な酪農家は，近親交配を最小限にすることを目標にするべきである。ホルスタインの遺伝子には，そうやって質を保つのにまだ十分な多様性がある。

Dr. Bennet Cassellは，1998年3月25日発行のHoard's Dairymanの中で，「近親交配によって乳牛の健康，受胎能，生命力，生産性が損なわれる」と述べている。彼は，さらに，近親交配の結果として，胚死滅や子牛の死亡率の増加とそれに加えて成長率と受胎能の低下が起こるであろうと強調している。これらのことが起こると，分娩間隔が長くなり，生産性が低下し，生産寿命が短くなる。

では，群の更新と死亡による損失が低い状態で，よりよい生存率，より高い受胎能，改善された分娩難易

度，より高い抗病性を望むならばどうしたらよいだろうか？　多くの人は，その答えは雑種交配だと感じている。雑種交配の指導的提唱者は，Dr. Les Hansen である。彼は，この方向に向かうことの主な理由として，受胎能の向上と健康形質の全体的な向上によって，雑種強勢による 6.5％の利益を挙げている (National Dairy Genetics Workshop, 2003)。近親交配に対する関心を取り払うよう主張している。

Dr. Peter Hansen (Hansen, 2007) は，ホルスタインとその他の種を雑種交配させた Dr. Les Hansen の研究について次のように述べている。

- 雑種交配は，雑種強勢の利点が得られる（両親が平均的な成績であるのに対して，子孫の成績が向上する）。
- 雑種交配は，乳量を減少させる代わりに受胎能と寿命を向上させることができる。
- 雑種強勢を失うことと，子孫の統一性を失うことが起こり得る。

実用上の観点から見れば，三元交雑や四元交雑によって雑種強勢を維持するには，登録された純血種の群と同じくらい多くの文書業務が必要である。すべての牛の純血種における家系と品種の系列を知らなければ，どんな可能な雑種強勢も一貫して維持することはできない。例えば，家系の系列をホルスタイン，ジャージー，スウェーデン赤牛，ブラウンスイスにするとしたら，その雌牛にはどの品種の雄牛を使う必要があるのかを知るために，それぞれの牛がその系列のどの位置にいるのかを知る必要がある。

ホルスタインや，場合によってはジャージーのような品種には，健康形質を求めて集団の上位 5％か 10％から選択できるような十分広い潜在的なプールがある。過去 10～20 年には入手できる情報が著しく不足していたが，現在では，主要な管理形質を進展させるためのデータが利用できることに筆者は気付いた。

口絵 P.31，図 24-10 は，DPR を無視して雑種交配を行った場合と最良の DPR の父牛を使った場合の娘牛の受胎能の向上の違いを示している。雑種強勢が第 1 世代は効力を発揮したが，その後は DPR が高い父牛の使用によって安定的に向上がみられたことに注目する。本章で後ほど述べることと関係してくるように，遺伝子学の利用によってこれのみを向上させるべきである。

重要なことは，大きな集団から健康形質の選抜を徹底的に行うことと，近親交配を制限下に置くことの結果として，これらの形質にかなりの利点と非常に大きな生産性がもたらされるということである。これは，米国で行われているほとんどの管理スタイルに当てはまるものである。

雑種交配が乳生産に最も長期的な将来性を持つ場所は，極端な気候や状況下である。一例として，非常に高温多湿で虫や疾病による苦難の多い国々が挙げられる。高泌乳の乳用種と，低泌乳だが疾病や虫に抵抗力のあるその地域固有の牛を掛け合わせることが有益であると考えられる。

性判別精液の出現により，雑種交配に別の可能性が生まれた。酪農業者が望む頭数の雌牛を得るために群の上部を性判別精液で繁殖させることと，一貫して均一の肥育素牛を生産するために事前に選抜された肉用品種で交配することのバランスである。

この原稿を書いている時点で，国の肉用牛の群の数は過去 50 年で最低であり，フィードロットは収容可能頭数の 58％しか埋まっていない。うまくいくだろうと思われる方法は，専門の飼育者が（ビール（子牛肉）用子牛の飼育者や雌子牛の飼育者が現在行っているように）1 週齢までの子牛を取り出して，交雑種の子牛をたくさん飼育することで，それらの牛をトラック 1 台分の単位で中間業者やフィードロット業者に売ることができる。

理想的な雑種交配は，ホルスタインの弱点である骨のサイズが大きいこと，飼料効率が低いこと，全体的に強靭性に欠けるといったことを，精肉出荷業者やフィードロット業者が好むようなものにするものは何でも，理想的な雑種交配である。現在価値のないジャージーの雄子牛を含むような雑種交配さえあるかもしれない。これにより，乳用雌牛を過剰に作り出すことで生まれる余剰問題に関する問題がいくらか解決されるだろう。肉用交雑子牛の平均価格は，50％乳用雌子牛と 50％乳用雄子牛の平均価格より，容易に同等以上に達するであろう。

ホルスタイン協会の遺伝学者 Dr. Tom Lawlor が，ホルスタインブリーダーに一般配布する目的で書いた Genomic Selection（ゲノムまたは遺伝子目録による選抜）という論文の中で「ゲノムとは，動物の DNA すべてを指す聞こえのよい言葉である。だから，ゲノム選抜では，動物の DNA 情報をその遺伝的メリットを予測するために用い，それからその予測に基づいて最良の動物を選抜していく」と述べ，さらに「遺伝学者は今やあなたの牛の遺伝子型を判定し，あなたの牛が

遺伝で受け継いだその正確な54,000セットの遺伝子マーカーを特定し，その特有の遺伝子マーカーセットに関するプラス面とマイナス面すべてを総括し，あなたの牛の遺伝的メリットを予測することができる」と示している。

初めての遺伝学の授業で，私たちは，両親それぞれから自分の遺伝子の半分を受け取ると教わった。私たちが遺伝子マーカーを読み取ることを学ぶにつれて，この文章は「平均して，私たちは両親それぞれから50％を受け取る」となる。米国農務省のMelvin Tooker (Tooker, 2009) は，全兄弟は平均して50％のDNAを共有するはずであると指摘している。実際には彼らは45％か55％のDNAを共有するかもしれない。なぜなら，それぞれの人は2人の両親から混合の異なる染色体セグメントを受け継ぐからである。私たちはこれらの違いの少なくともいくつかを読み取ることができるので，ゲノムが従来の関係を置き換えるために使われたら，信頼性を増すことができる。

Dr. Kent Weigelは，2008年8月21日に「ゲノム選抜—実際的な説明」というタイトルの記事で次のような点を挙げている。

- 若いホルスタインの雄や雌について，私たちは牛のParent Average（両親平均）を，ゲノムPTA (Production Type Average：生産型平均) を得るためのBovine SNP50 Bead Chipからの情報と組み合わせることができる。
- Parent Averageのみの結果としての信頼性は一般的にわずか30〜40％であるが，ゲノムPTAと一緒だとこれが60〜70％に増加する。
- 雌子牛のゲノムPTAの信頼性は，その牛と娘牛の数回の泌乳期記録をとることで得られた信頼性と等しい。
- 雄子牛のゲノムPTAの信頼性は，約12頭の娘牛の成績を測定して得られた信頼性と等しい。
- この雄牛が後代検定を終えていて，80〜100頭の娘牛の成績データがあれば，Bead Chipからの情報は比較的わずかな価値しかない。

Dr. Tom Lawlorは，2008年夏にホルスタイン協会会員のために書かれた「ゲノムテストについての最新情報」というタイトルの別の記事で，2〜3の主張をしている。AI協会が全兄弟の間で正しい雄子牛を選ぶ可能性は50:50だったが，ゲノムを用いることで71％になった。ホルスタイン協会とミネソタ州立大学が共同で行った試験では，ゲノムを用いた健康形質の信頼性は高いことが示された。

限られた頭数の雌牛だけにゲノムテストをしているという理由は，批判ではなく，250 U.S.ドルもの費用がかかるからである。筆者は散財し，140頭近くの牛をテストした。この数は，おそらく他のどの個々の酪農場よりも多いだろう。おそらく，この雌牛のプールには，さまざまな評価基準のための相対的価値の計算のために，ゲノムマーカーを位置付けるために用いられた雄牛のプールとは，遺伝的に相当異なる雌牛が多く含まれていただろう。この違いの一部は，雄牛をサンプリングした時には健康形質に人気がなかったが，筆者の繁殖プログラムにおいて管理形質に興味を持ったことによる。別の発見は，ゲノム結果の各一般公告期間の間に，数値が調整されるということである。血縁者や子孫が試験済みの証明された一部となるにつれて，最初がっかりするようなゲノム結果が出た牛が，徐々に期待に応える形で終わることがある。

Dr. Kent WeigelとDr. Paul Van RadenからのEメールがその根拠を示す。Kentは「ゲノムPTAは珍しい一族よりも有名な一族の方が正確であるようだ」と言っている。Paulは，染色体の価値を評価するために遺伝子型を同定する近い親戚が少ないほど，予測の正確さが低くなると言っている。これによって，彼らが発表したゲノムの信頼性が低くなる。

ゲノムテストの将来は明るい。技術が完全なものになるにつれて，新しい使用法が常識となる。初期段階である現在でさえ，牛の選抜や交配に，より正確な決定を下すことができる。その牛の親の系統 (Parent Average) から，その牛の体細胞数が低いと示されていても，その特別優秀な個体がゲノム学的に体細胞数の高いことが分かってくると，失敗が避けられる。これによって交配の質が向上し，遺伝的進歩が早まるだろう。

胚移植とゲノムの技術は酪農業界に数十年の隔たりを持って導入されたが，それらがお互いを強化する可能性はかなり大きい。「全体は部分の総和に勝る」という格言の実例である。胚移植によって乳牛の遺伝学がかなり進歩したが，コスト要因のためにほとんどの商業的生産者はそれに近付けないでいる。しかし，ゲノムがその助けになるかもしれない。

胚移植にかかる実質経費の一部は，間違った動物，つまり遺伝的に優れていない動物を増数することである。以前行われた，世代間隔を飛び越そうという試みは，結果としてある程度の成功を収めた。ここでは，

若い未経産牛を，その両親よりも遺伝的に進歩している可能性があるという考えに基づいて，（ときには若い父牛にまで），増数されてきた。これらの願わくば優れた若い牛は，その後うまくいけば，組み合わせることによってさらなる進歩をもたらす。ゲノムによって多くの推測が除かれ，優れた個体をみつけ組み合わせるチャンスが大いに増す。優れた個体の割合が増加することで，前述の優れた個体を作り出すための費用が減るだろう。

進化した雌牛をより多く作り出したい人には，いくつかの選択肢がある。優れた雄牛からの性判別精液を使って授精させたゲノム的に優れた未経産牛を増数させ，その胚を増数のために選ばれたレベルが下の牛に移植する。これが，この原稿を書いている現在において，利用できる選択肢の中で，優れた質のよい雌牛の遺伝子を世に生み出すことができる最も低コストの方法である。

筆者も含めて，業界にいる多くの人が，より高齢なより高泌乳の雌牛の割合を大きく増やしたいという傾向にある。これらの牛は，自ら生き抜いてきたことによって健康形質を持つことを証明し，おそらく質のよい子孫を何頭か残しているからである。問題は，この決定が，遺伝子によるというよりむしろ，主として表現型によるものであるということである。その牛自身はうまくやってきたかもしれないが，その牛はそれを伝達させる遺伝子を持っていないかもしれない。2頭，3頭，あるいは4頭の娘牛に基づいて主たる決定が下されるかもしれない。私たちは4頭の娘牛の証明だけでは雄牛を信用しないだろう。けれども，私たちはそのデータに基づいて個々の牛に対する主たる決定を下す傾向にある。

過去に，1頭の自然交配子牛しか生んだことがない雌牛から，AI用雄牛を選ぶことにより大きな過ちが生じた。私たちは，この雌牛の寿命，抗病性，受胎能，乳房炎になりやすさ，その他の経済的に重要な形質について何も知らなかった。うまくいけば，生産性，DPR，体細胞，PLにゲノム的に優れた雌牛を増数することで，過去の問題を乗り越えられるだろう。

個々の雌牛を最も適した雄牛と交配させる試みのためのシステムがたくさんある。それらは，基本的に「直線」と「コード化」の2つのシステムに分けられる。直線システムは，さまざまな品種協会の分類システムに合った分類の仕方である。コード化システムは，極端なものを目指すのではなく，バランスがとれていることを目標として，さまざまな体型や形質を記号表示したものを明記する。

直線システムでは，改善が必要な雌牛と，その改善が必要な分野に強いと評価員が判断した雄牛をマッチさせる。雄牛が弱い分野は，雌牛が強くなくてはならない。例えば，後分房は高くて幅広だが，前分房は弱い雄牛を父親にするならば，相手の雌牛には，後分房には問題があるが，前分房は強いものを選ぶ。

コード化システムでは，幅広い後分房を持ち，ある程度よい形状を必要とし，より長い乳頭を持つより短い前分房となる傾向を持つ性状の乳房が，1つのコードの一部に含まれている。この牛は，質のよさを必要とする，より短い乳頭を持った形のよい乳房で，前分房がより長く，後分房の幅が狭いようなコードを持った異性とマッチさせる。コード化とは，直線システムの個々の形質に対して，むしろ形質のグループ分けである。

直線システムは，一般的にAI協会によって販売され，コード化システムは，民間企業や個人によって販売される。AI協会は，コード化システムを使いたい人々のために自分たちの雄牛にコードを付ける。Pete Blodgettは，生前，両方のシステムに大きく貢献した。彼のブリーダー，評価員，AI雄牛・種牛マネージャー，雄牛バイヤー，プライベート・ブリーディング・コンサルタントとしての経歴は，彼を適任とするに余りあった。彼の牛に関する知識，血統の呼び起こし，牛に関する記憶，洞察力，役に立ちたいという思いによって，彼は業界の多くの人々にとって，今まで知りあったことがないような1番の「カウ・マン」となった。

Peteが2008年暮れに亡くなるまでの20年間，多くの歳月を彼とともに過ごせたという幸運を持ち，私の彼に対する尊敬の念は，牛の交配や繁殖に対する私の個人的な哲学に大きな影響を与えた。Peteとのプライベートな会話を通して，彼が評価員としての経験と，長い年月，他の評価員と彼らの仕事の成果をみてきたことから，彼が直線交配に大きな懸念を持っていたことが分かった。体が大きくて幅の広い最初の雌子牛は，強さに関して過大に評価される傾向があり，より小さくて丸い雌子牛は，実際はそうではなくても弱いとみなされる傾向にあった。

Dr. Les Hansenは，2006年1月9日に「機能的な雌牛はどのような外見を持っているべきか？」というタイトルの論文を出した。この論文は，南アフリカで開催されたレッド・カウ・シンポジウム2005の議事録に載った。論文の中で，彼はホルスタインの繁殖についてのさまざまな傾向と，それらの傾向がホルスタ

インの寿命に及ぼす影響をについて検討した。ミネソタ州立大学で行われた研究に対してかなり多くの用語で述べられている。この大学では，1966年以来，2系統のホルスタインの繁殖を行っている。サイズが小さいことで知られている現在活躍中のAI雄牛の系統と，サイズが大きいことで知られている現在活躍中のAI父牛から進化した別の系統の2つを用いた繁殖を行っている。

Dr. Hansenの論文の結論には以下のようなことが書かれている。

・酪農業者は，成熟時の体の大きさをより大きくするために父牛を選ぶことで，未経産牛の成長不足を克服しようとするべきではない。未経産牛の体の大きさが適当でないのは，ほぼ確実に，遺伝以外の要因が原因である。大きくなるように繁殖された雌牛は，初回分娩の後，いくぶん小さく繁殖された雌牛よりも成長を続ける。雌牛が最適な大きさに達したら，その大きさを超えて成長し続けることは経済的に望ましくなく，生存に弊害をもたらす。
・生産性と効率のよさを増すことが実証された形質のみを選抜目標に含めるべきである。乳房の深さ，肢の角度，体細胞数，雌牛の受胎能，分娩難易度，生存性は，乳生産の利益率に影響を及ぼすことが知られている形質の例である。
・長期的には，利益率にプラスの影響を及ぼすことが実証されている形質についての選抜によって，最適な外見の雌牛が生み出されるべきである。適度な大きさで，体の輪郭があまり鮮明ではない（そして乳房が地面よりはるかに高い位置にある）雌牛が，世界のほとんどの地域で飼育されている乳牛の群において，最も長生きする可能性が最も高い。

私が知る中で最も上手な方法でDr. Hansenが説明したことを示すために，この論文の核心に戻ってみたい。彼の努力の質の価値を損ないたくないので，言い換えるのではなく，彼の言葉をほぼ直接引用することとする。

口絵 P.31，図24-11 は2頭の雌牛を前から見たシルエットである。左側の牛が1977年以来ホルスタインの理想であるとされてきた。右側のシルエットは，現時点で，世界中のほとんどの環境で飼われている乳牛の群で最適の成績を示すだろうということが研究によって示唆された牛である。右側の牛は左側の牛ほど背が高くなく，胸底が広くない（尻も広くない），しかし肩の領域の辺りは幅広い。右側の牛の肩の領域は肉付きがよく筋肉がついており，それが受胎能と健康を助ける備えとなる。しかし，左側の牛の肩の領域には骨以外ほとんど何もない。

登録されたホルスタインのブリーダーたちは，心臓と肺を養うために雌牛には広い胸底が必要だと言う。牛の心臓と肺は牛の前肢の間にぶら下がっているわけではない！（もし私が，このことでふつうでない一歩進んだDr. Hansenになることができれば，彼はきっと「牛の心臓や肺が胸前に付いているのを見たことがある食肉処理者か病理学者を知っているか？」と言うだろう）。母なる自然は，牛を右側のシルエットのようにみえるように作った。それに対して，左側の牛のシルエットは先端が高く，「上り坂状」になっているため，つままれたような体型が作られ，まるで頸部が10の胴体につながっているようである。左側の牛のシルエットは，登録されたブリーダーが，見た目がよいと思う牛を選んだ結果生まれた。しかし，もっと賢いやり方は，機能的であるためにはどのような外見になる必要があるかを，牛が酪農業者に伝えられるようにすることである。

今日においては，その成功の中核に非常に特殊化した遺伝子プログラムを持っていない，豚，鶏（卵用でも肉用でも），七面鳥の大規模な生産者を目にすることは決してない。米国の乳生産の大きな部分を占める，巨大な酪農業者の多くは超名声雄牛（jumper bull）の遺伝的基礎を持っている。そのため所有者や経営者は提案された遺伝プログラムに従うことで経済的利点があるとは思っていない。

私は，この問題はAI父牛の2つの主要な選択肢が両極端であるから生じるのではないかと感じている。片方は，健康形質を無視して生産性を求めて繁殖を行えば，最大の利益率を作り上げることができるという哲学を持つグループであった。もう片方も健康形質を無視して，見た目のよさを求めて繁殖を行うグループであった。

できるだけ多くのミルクを市場に生み出し勘定を払おうとして奮闘している男には情報がない。Pete Blodgettの意見に従い，実用的で機能的な牛を求めている酪農業者は，競争に勝ちたいならば，最高の売上を生み出す消費者の声に耳を傾けなければならないということを，AI業界に示してきた。

AI企業は，他のAI企業を自分たちの主な競争相手としてみる傾向があり，他者から仕事を得ることがマーケットシェアを得るための方法である。現実には，超名声雄牛が彼らの最も大きな競争相手であり，大きなチャンスでもある。

　健康形質を向上させるという新しい傾向とこれを助けるためにゲノムがもたらす急速な進歩によって，現代のAIによる父牛を持つ雌牛と，超名声雄牛を父牛に持つ雌牛との間に大きな違いが生じるだろう。この違いは，1年当たり1頭の雌牛につき数百ドルとなるだろう。これは，AI業界にとって大きなチャンスであり，酪農業者が効率を上げるためにも大きなチャンスとなる。先進遺伝学を用いないで儲かっているトウモロコシ，鶏，七面鳥，豚の飼育者を見かけることはない。間もなく，酪農業者にも同じことが言えるようになるだろう。

文献

Bicalho, R.C., Machado, V.S., Caixeta, L.S. (2009). Lameness in dairy cattle: a debilitating disease or a disease of debilitated cows? A cross-sectional study of lameness prevalence and thickness of digital cushion. *Journal of Dairy Science*, 92:3175–3184.

DeChow, C. (2003). Body condition scores and elective conductivity data: can they help us improve the dairy cow? In: *Proceedings of the National Dairy Genetics Workshop*, ed. B. Cassell, 59–62. Raleigh, NC.

Geiger, C. (2003). Limiting factors to a more profitable dairy in the United Sates. In: *Proceedings of the National Dairy Genetics Workshop*, ed. B. Cassell, 50–52. Raleigh, NC.

Hansen, L. (2003). The Minnesota crossbreeding project: why we started and where we stand today. In: *Proceedings of the National Dairy Genetics Workshop*, ed. B. Cassell, 4–13. Raleigh, NC.

Hansen, P.J. (2007). Improving dairy cow fertility through genetics. In Proceedings: *44th Annual Dairy Production Conference*, pp. 23–29. April 5–6, 2007, Gainesville, FL.

Heringstad, B., Klemetsdal, G., Raune, J. (2000). Selection for mastitis resistance in dairy cattle: a review with focus on the situation in Nordic countries. *Livestock Production Science*, 64:95–106.

Nash, D.L., Rogers, G.W., Cooper, J.B., Hargrove, G.L., Keown, J.F., Hansen, L.B. (2000). Heritability of clinical mastitis incidence and relationships with sire transmitting abilities for somatic cell score, udder type traits, productive life and protein yield. *Journal of Dairy Science*, 83:2350–2650.

Tooker, M. (2009). An Introduction to Genomics, Animal Improvement Program Laboratory (AIPL), United States Department of Agriculture (USDA), Beltsville, MA. www.aipl.arusda.go.

Seykora, T., McDaniel, B. (1982). How to avoid inbreeding problems. In: *Dairy Herd Management*, November, 38–46.

Steine, T. (1966). Avlsarbeid Og Mastitt. *Buskap*, 2:8–11. (In Norwegian).

Van Straten, M., Friger, M., Shpigel, N.Y. (2009). Events of elevated somatic cell counts in high-producing dairy cows are associated with daily body weight loss in early lactation. *Journal of Dairy Science*, 92:4386–4394.

Weigel, K. (2003). Improving tricky traits, health fertility and survival in United States dairy cows. In: *Proceedings of the National Dairy Genetics Workshop*, ed. B. Cassell, 88–102. Raleigh, NC.

第25章

乳牛の安楽死法

Jan K. Shearer and Jim P. Reynolds

要約

　家畜生産において動物の福祉を守ることに対する配慮から，安楽死の問題に関する人々の関心が増してきた。食肉処理場が利用できない時や，痛みや苦痛が医学的手段によって適切にコントロールすることができない場合は，安楽死はまさに正しい選択である。

　本章は，死の生理学的メカニズム，安楽死の目安，その方法と応用，死の決定，従業員のトレーニング，その他の検討事項を含めた，乳牛の安楽死に関するさまざまな問題に取り組むことを目的とする。

序文

　家畜の飼い主は，ある種の責任を担う。その中には，餌，水，安全な場所，捕食動物からの保護，必要に応じた医療的ケア，人道的な死を与える必要などが含まれる。これらの仕事のほとんどは，家畜の世話人が直観で理解できるものであるが，そうではないものの1つに，必要に応じて安楽死に備え，それを実行できるようにするという責務がある。それは決して楽しい仕事ではないが，ときとしてそれが迅速な緩和を与える唯一の実用的方法であり，そうしなければ家畜の痛みや苦痛をコントロールできないこともある。それほどに，安楽死を最も効率的かつ有効的に行えるような適切な設備と知識を持つことは，家畜を飼っている，あるいは家畜とともに働いているすべての人にとっての義務である。

　安楽死に関する獣医師の役割は，この処置を行うことに対するクライアントの快適度によって異なる。自分の飼っている牛に対する愛着心が強い酪農場主は，獣医師に頼んで安楽死の作業をしてもらうことになるだろう。

　より規模が大きく，日々の牛の世話を雇用者の責任で行っているような農場では，医療分野に配属された従業員が安楽死を行うかもしれない。後者の場合，獣医師の役割は，安楽死処置を指導する人になる可能性が高い。従業員の入れ替わりと手法の不連続は避けられないので，これらの職務に配属された従業員のトレーニングと監視は，獣医師による包括的な健康プログラムの実施において重要な活動である。

　最後に，安楽死の必要性についての決断は，いつも明確にできるわけではない。安楽死という選択肢がある際に，獣医師が与える予測情報は，多くの場合，意思決定の手助けとなる必要不可欠なものである。したがって，その役割には違いがあるにせよ，安楽死を決定する際に獣医師が関わることが，人道的な死という目的を確実に行うための根本となる。

安楽死の定義

　安楽死とは「よい死」を意味する。これは，動物の痛み，恐怖，苦悩が死によって最小限になる場合に成し遂げられる。痛みと精神的苦痛を避けるためには，意識を即時に失わせ，その後，心臓と呼吸を停止させ，最終的に脳の機能を失わせるようなテクニックを使うことが必要である。安楽死を行う人には，ある程度の技術的熟練と，解剖学的な目印の知識と，適切な設備が必要である。

　実際のところ，安楽死を行う必要のある場所は農場内であることが多い。ときには，それはおそらく一種の衝撃的な出来事に関連した救急処置である。その他の場合は，病気の動物の運動器官の状態，回復の予後，考えられる苦痛の評価に基づいた決断である。理由に関わらず，動物と安楽死を行うことになるかもしれない世話人，両者のために，迅速で人道的な死をもたら

すことが最も重要なことである。

安楽死による死の生理学的メカニズム

死は，中枢神経系（CNS）の直接的な抑うつ，低酸素症，脳活動の物理的破壊という3つのメカニズムのうち，1つかそれ以上によって引き起こされることがある。CNSの直接的な抑うつは，通常，バルビツール酸塩の静脈注射によって引き起こされる。家畜生産の場ではあまり使用されないが，エーテルやハロタンのような吸入麻酔（あるいは，場合によっては，その他の吸入麻酔）によってもCNSの抑うつによる死が引き起こされる。

しかし，これらは人間の安全性に重大な懸念がある。低酸素症，あるいは酸素不足は，家畜を炭酸ガスやアルゴンのような高濃度のガスにさらすことや，急速な失血（放血）によって引き起こされる。銃撃，鈍器損傷，家畜用スタン（気絶）ガンは，CNSに対する物理的損傷による死を引き起こし，脳活動を破壊する。死は，ふつう呼吸不全と心不全の結果として起こるものである。

動物における痛みと苦痛の認識

牛のコントロールできない痛みと苦痛が安楽死の第1の目安となるが，これらは，容易に間違って解釈される。獲物動物は捕食動物から気付かれないために，本能的に痛みを表現しないようにする。例えば，牛は，単に反応が遅くなったり元気がなくなったりし，歩行困難な牛は，その徴候を隠すために歩き方や姿勢を調整するだろう。それに対して，捕食動物は，痛みや不快感のしぐさを自由に表現する。

うっかり肢を踏まれてしまった犬の反応を考えてみよう。大声で反応し，すばやく逃避反応を示し，ときには攻撃によって終わる。

安楽死の処置をタイミングよく行い損ねることは，痛みや苦痛に対する動物の反応の間違った解釈と関連していることがあるので，これは重要な特徴である。特に正常な行動と苦悩を区別することが必要な時に，動物の行動を正確に判断するために，動物の取扱者にとって経験と教育が必須である。

安楽死の目安

病気や怪我によって生産的機能が失われた場合，少なくとも2つの選択肢がある。食肉処理場で解体処理するか，安楽死させるかである。解体処理は，激しい痛みがなく，自由に立ったり歩いたりでき，輸送や移動させることが可能で，公衆衛生上の危険（残留薬剤など）を引き起こす可能性のある病気がなく，そのような病気の治療を受けていない動物について考えるべきものである。安楽死は，これらの条件に当てはまらない場合や，動物の生活の質が元には戻らないほど傷付けられている場合に，適切な選択となる。

安楽死が正当化されると思われる状況の例を以下に示す。

- 四肢，股関節部，背骨を骨折し，それが修復不可能で，動いたり立ったりできない。
- 緊急な医学的状態で，治療によって取り除くことのできない極度の痛みを伴う（高速道路での事故に関連した外傷）。
- 病気や怪我によって，やつれていたり衰弱していたりして，輸送するには弱すぎる。
- 外傷性の損傷や病気による麻痺で，動くことができない。
- がんの状態—牛のリンパ腫や扁平上皮がん（眼のがん）。
- 法外な治療費のかかる病気の状態。
- 効果的な治療法が分からない病気（反芻動物のヨーネ病），予後がよくない，あるいは期待される回復までの時間が異常に長いといった病気の状態。
- 治療によって転帰が改善する見込みのない慢性疾患（牛の慢性的な呼吸器疾患）。
- 狂犬病の疑いのある動物（人間の健康が重大な脅威にさらされる場合）。

CNS症状のある牛は注意して取り扱わなければならない。狂犬病ウイルスに人がさらされる危険を低減させるために，脳組織に過度の損傷や喪失の原因となるような頭部外傷をもたらすような，銃撃などの方法でこれらの牛を殺さないよう，所有者に忠告するべきである。代わりに，狂犬病の疑いのある牛を安楽死させるためには，その牛を適切に安楽死させられるとともに，診断のために必要な組織を採取することができる獣医師に任せるべきである。

最も大きな課題の1つは決定を下すことである。回復するための時間をどのくらい牛に与えるべきだろうか？ 改善の証拠には，何度も立ち上がろうとするこ

とや，摂食や飲水に関心を持ち続けることなどが含まれる。摂食や飲水を拒み，（左右に寝返りをうたずに）片側で横たわることを好み，立とうとしない牛はあまり回復の見込みがない。罹っている特定の疾患にもよるが，ほとんどの牛は24時間以内に治療に対してプラスの反応の徴候を示すだろう。治療後36時間以内に改善がみられない牛はめったに回復しない。怪我をした動物が回復に要する時間は，もっと長いかもしれず，推定がより難しい。

病気や怪我の結果が不確かな場合はいつでも，獣医師に助言を求めるべきである。苦しんでいる牛をただ放置し自然に死なせる，言い換えると，「成り行きに任せる」ことは許されない。さらに，人間の都合で（言い換えれば，週1回の獣医師の訪問を待って）安楽死を遅らせ，牛の苦痛を長引かせることも許されない。安楽死が示唆された場合は，タイミングよく行うことが重要である。

歩行不能牛

安楽死を施すことが最もふさわしい動物に，歩行不能の牛が含まれる。1994～1999年の間に連邦政府が視察した施設の無給餌牛に関する報告に基づいた歩行不能の牛の発生率は，乳用牛で1.1～1.5％，肉用牛で0.7～1.1％であった（Smithら，1994，1999；Stullら，2007）。2001年にカナダの食品加工工場に届いた7,382頭の歩行不能な給餌牛と無給餌牛のうち，90％が乳用牛であった（Doonanら，2003）。さらに，輸送中に歩行不能になった事例は1％未満であったことがこの研究で示されている。歩行不能になったほとんどすべての状況が元の農場で起きている。歩行が困難になった牛が乳用牛に多くみられることの医学的根拠がいくつかあるが，横臥の姿勢になる可能性の高い牛を輸送することは絶対に許されない。酪農場主は，輸送に不向きな牛を輸送させないための努力を怠ってはいけない。

「起立不能牛（ダウナー）」という言葉は，一般的に24時間以上歩行不能な動物に使われる。乳用牛に最も多く発生し，代謝異常，怪我，感染症，中毒疾患などに由来することが多い。周産期の低カルシウム血症（乳熱）や分娩に関連した合併症が，ダウナーの最も多くみられる誘発因子である。実際，乳用牛がダウナーになる3つの主要な原因を特定した研究によると，19％が低カルシウム血症，22％が分娩に関連した怪我，15％が滑ったり転倒したことによる怪我であった

（USAHA，2006）。それに対して，肉用牛におけるダウナー症候群の第1の原因は分娩麻痺である（Cox，1981）。

毎年，米国にいる乳用牛の約5％が低カルシウム血症に罹ると推定されている。その大半（75％）は分娩の24時間以内に，12％は24～48時間以内に起こり，分娩時に起こるのは約6％のみである。しかし，低カルシウム血症が分娩前，または分娩に関連して起こった場合，難産とそれに関連した合併症の重要な寄与因子となり得る。

牛において，分娩麻痺は横臥の一般的な原因である。これは，通常，雌牛の大きさ（言い換えれば，骨盤の大きさ）に対して大きい子牛を分娩しようとした結果として起こる。麻痺は，産道内のそれらの位置の関係で，分娩時に被害を受けやすい坐骨（坐骨神経）と閉鎖神経の分枝への損傷の結果起こる（Greenough，1997）。これらの神経が損傷されたという徴候は，分娩後早期に起こる後足のナックリングによってしばしば明らかになる。

外傷は横臥の第1の原因かもしれないし，あるいは，動けない牛が立ち上がろうと，もがいた二次的な結果として起こったのかもしれない。このような損傷の例としては，仙腸（殿）関節脱臼，股関節脱臼（片側または両側），骨盤やその他の骨折，腓腹筋腱断裂が含まれる。このような怪我は，滑ったり転倒したりした結果としても生じる。例えば，夏季における南東部の酪農場では，コンクリート製の床が濡れたことが原因で，牛の太ももや骨盤の怪我が有意に増加する（Shearerら，2006）。

起立不能牛の予後

長期間横臥している牛もまた，一生歩行不能になる可能性を高めるような末梢神経の損傷や，筋肉の損傷を起こしやすい。牛自身の大きさと重さのために，歩行不能な牛は，動かない肢の組織に多大な圧力をかけ，それにより血流が減少し，低酸素状態になり，筋肉や末梢神経系組織を壊死させる。その解剖学的位置により，坐骨神経の末梢分枝への怪我は，横臥の牛に特によくみられる。後肢の重い筋肉の虚血性障害は，病気に侵された牛が回復する可能性を狭めるような，さまざまな程度の不全麻痺につながる。人に起こることと同じ状態は「筋区画症候群」である（Greenough，1997）。

最も大きな課題の1つは決定を下すことである。回

復するための時間をどのくらい牛に与えるべきだろうか？　少なくともある1つの研究は，乳用牛が永久的に横臥（動けずに立ち上がれない）でいることを暗示する閾値は6時間程度であるだろうとしている。低カルシウム血症で動けない周産期の雌牛84頭中，83頭（98.8％）は，横臥になってから6時間以内に治療をはじめたら回復した（Fenwickら，1986）。同様に，酪農業者に対する調査によると，歩行不能になったものの回復し群に残された牛が動けなかった時間は，6時間以内であった（USAHA，2006）。良好な肢蹄，牛の様相，身体状態（BCS）が，歩行不能になった牛の回復の基礎となるものであるが，英国で行われた研究は，歩行不能な牛が良好な転帰を得るためには，十分な看護が最も重要な決定因子である可能性を示している（Chamberlain and Cripps, 1986）。

臨床的観点から言うと，改善の徴候は牛の様相によって最もよく表される。牛が何度も立とうとしていて，食べたり飲んだりできている場合は，回復の見込みはより大きい。摂食や飲水を拒否し，（左右に寝返りをうつよりも）片側で横たわることを好み，世話人が立つことや正常な休息姿勢で横になることを促そうとしても抵抗する場合は，回復への予後が不良であることが示唆される。怪我を負った牛は，回復に要する期間がもっと長いかもしれない。

ダウナー牛症候群の原因が不確かな場合はいつでも，獣医師による助言を求めるべきである。前述したように，苦しんでいる動物をただ成り行きに任せることは許されない。治療に反応しないダウナー牛に安楽死が指示された時は，タイミングよく行うことが重要である。そのため，獣医師が対応できないようなこれらの起こり得る状況に直面した時のために，農場職員が安楽死を施す訓練を受けることを，これらの著者らは推奨している。

最も適切な安楽死法の決定

牛を農場で安楽死させる場合，致死注射が選ばれるかもしれない。しかし，バルビツレートは規制薬物で静脈内投与しなければならないため，獣医師が行わなければならない。

獣医師が監視できない場合，牛を安楽死させる最も実用的な選択肢としては，銃撃か家畜銃である。これらの道具を適切に使えば，即時に動物の意識を失わせることができるが，特に家畜銃を使う場合には，第2の殺処分手段も用いて牛を確実に死なせることが勧められる。

この第2の手段には，放血，脊髄破壊法（ピッシング），あるいは場合によっては，塩化カリウム（KCL）の飽和溶液120mLの静脈内注射が含まれる（注：KCLの静脈内注射は決して意識のある動物に行ってはいけない）。

これらの詳細については，本章で後ほど述べる。

銃器，および適切な銃弾，散弾銃の実包，散弾の選択

銃撃は，脳組織の大部分を破壊することによって死をもたらす。銃弾により与えられる脳損傷の度合いは，銃器，銃弾（または散弾銃の場合はその実包）の種類，正確さに左右される。安楽死のために行うならば，ピストルは近距離（1～2フィートまたは30～60cm以内）にある標的に限られる。バードショットか散弾を詰めた散弾銃は，1～2ヤード（1～2m）の距離から撃つのが適しており，もっと遠くから撃つ必要があるならばライフル銃が適している。近くから撃てばどの散弾銃も標的を死に至らしめるが，牛の安楽死に用いるには，20，16，12口径の散弾銃が望ましい。ナンバー6かそれより大きなバードショット，あるいは散弾銃の散弾が，牛の安楽死には最適である。

ピストルやライフル銃には，ホローポイント弾や軟鉛弾よりも硬ポイント弾の方が好ましい。硬ポイント弾は頭蓋骨を貫通し，脳組織を傷付けるという目的を達成できる可能性が高い。多くの人が22口径ライフル銃を所有しているか，利用できるが，この銃を成牛の安楽死のために使うことは勧められない。一貫した結果を得るには，銃弾の大きさ，速度，砲口エネルギーが不十分である（National Animal Health Emergency Management System Guidelines, U.S. Department of Agriculture, January 2004）。

決して拳銃を動物の頭や体にじかに当ててはいけない。発砲した時の銃身内の圧力によって銃身が爆発するかもしれない。理想的には，銃弾が頭蓋骨の大後頭孔から背骨に向かっていくような角度に拳銃を当てるとよい。望ましい結果を得るためには，拳銃を適切な位置に合わせることが必要である。

銃撃によって安楽死を施す場合は，使用する銃の種類に応じて，拳銃を標的の12～24インチ（30～60cm）か，2～3フィート（60～90cm）以内に構える。頭蓋骨に垂直に拳銃の銃身を置けば，跳ね返りを防止できるかもしれない。

家畜銃

　家畜銃には2つの基本的な種類がある。貫通性のものと非貫通性のものである。どちらも意識を即時に失わせることを目的としている。直列（シリンダー状）のものとピストル・グリップ（ピストルに似ている）のものがある。空気圧式家畜銃（空気の力による）は，使用が解体施設に限られている。火薬装填式のものが，より多く農場で使用される。

　気絶させる（意識を失わせる）ことに対して殺す能力は，銃の長さ，口径，弾薬の力に左右される。一般的に言えば，家畜銃は意識を即時に失わせるが，この道具だけでは確実に死なせることはできない。確実に死なせるために，放血，脊髄破壊法（ピッシング），KCLの濃縮液の静脈内注射のような，第2の殺手段を用いることが推奨される（詳細は後ほど「第2の殺手段」の部分で述べる）。

　貫通性の家畜銃装置は，現場で成牛を安楽死させる時に用いる。片側にフランジとピストンのついた鋼ボルトが銃身の中に入ったものでできている。発砲すると，銃尾と銃身内のガスが急速に膨張し，ピストンが銃口部に向かってそこを通って前へ押し出される。ボルトの過剰なエネルギーを消散させるために，一連の緩衝剤が計画的に銃身に詰められている。型によっては，ボルトが，銃口部に自動的あるいは手動で押し戻され，銃の中に後退し，そこに固定するようデザインされている。正確に位置を合わせること，エネルギー（言い換えると，ボルトの速度），ボルトの貫通の深さによって，スタニングの有効性が決まる。ボルトの速度は維持管理，特に弾薬装填の掃除と保管の仕方に左右される。

　家畜銃は訓練を受けた人のみが使用するべきである。ボルトは銃口部の先端からほんの少ししかはみ出ないが，予想外の発砲に備えて，必ず地面に向け，自分の体や見物人から離さなければならない。両耳と両目の防具を付けることを強く勧める。

　銃で撃つためのテクニックで述べたこととは異なり，家畜銃を正確な位置に合わせるためには，牛を適切に保定しなければならない。いったん保定したら，牛の苦痛を最小限にとどめるために直ちにスタニング（気絶させること）を行わなければならない。適切にスタニングを行うためには，家畜銃の銃口を牛の頭に向けてしっかりと突き付ける。

　牛の意識が戻る可能性を回避するために，その牛が意識を失った状態になったらすぐに第2の殺手段を行わなければならない。したがって，家畜銃で安楽死を行う際は，あらかじめ計画して準備することによって，成功の可能性が高められる。

　銃の不発や牛がうまく死なない原因で最も多いものとして，銃の維持管理がよくないことが挙げられる。家畜銃を効果的に作動させるためには，掃除してよく維持管理しなければならない。使用しない銃は，定期的に掃除し油を付け清潔で乾いた場所に保管することによって，正常に機能するようになる。装薬（銃弾を発射するための火薬）の保管についても同じことが言える。水分や湿気にさらすことが不発の原因となる。

牛の解剖学的な目印

　牛では，発射物の入る地点を，眼の上端か後角から，反対側の角根部に描いた2つの線の交差点にする。跳ね返る危険を避けるために，銃口が頭蓋骨に垂直になるように拳銃の位置を合わせる。理想的には，**口絵，P.32，図25-1**に示したように，銃弾が動物の大後頭孔か尻尾の方向に向かって進むとよい。望んだ結果を出すためには，拳銃や貫通性家畜銃を適切な位置に合わせることが必要である。

第2の殺手段

　家畜銃は，中枢神経系を傷付け即時に意識を失わせることを目的としているが，確実に死なせることができるかどうかは分からない。それゆえに，安楽死を行う人は，放血，脊髄破壊法，場合によってはKClの急速な静脈内注射といった，第2の殺手段を行う準備をしておかなければならない。

　KClの具体的な投与量は，動物の大きさに応じて異なる。これらについて下記に述べる。

放血

　放血は，固い刃の付いた少なくとも6インチ（15cm）の長さのある先の尖った非常に鋭いナイフを使って行うべきである。

　あごの先のちょうど後ろの皮膚と首の骨の下を通してナイフを完全に挿入する。この位置からナイフを頸静脈，頸動脈，気管を切断しながら前に取り出す。正しく行えば，数分にわたって起こる死とともに血が大量に流れる。決して放血という方法だけで安楽死を行ってはいけない。

それから，動物を出血させる前に気絶させなければならない。大量の血が失われるため，この行為は見ている人の心を非常にかき乱すことがあり，またバイオセキュリティーに関する懸念も生む。

脊髄破壊法（ピッシング）

脊髄破壊法とは，脳と脊髄組織の破壊を増大させることによって死に至らしめることを目的に考えられたテクニックである。貫通式家畜銃によって頭蓋骨に開いた侵入部位を通して脊髄破壊用の棒やそれに似た道具を挿入して行う。それを行う人が道具を操作し，脳幹と脊髄組織の両方を破壊し，死に至らしめる。この作業は，気絶した牛の不随意運動を減らすために，放血に先立って行われることもある。

脊髄破壊用の棒は，破棄された牛用精液注入器その他の似たような道具など，さまざまな材料からつくることができる。使い捨ての脊髄破壊用の棒が市販されている国もある。棒自体は，いくぶん固いが柔軟性があるものでなければならない。銃や貫通性の家畜銃からの発射物によって開けられた頭蓋骨の穴を通って，脳と脊柱の上部に届くのに十分な長さがなくてはならない。

KClの静脈内注射

いったん，牛を意識のない状態にしてから確実に死なせるための別の方法として，KCl濃縮液の急速注入がある。KClは塩類溶液であり，急速に静脈内注射すると心停止を引き起こす。通常，死を引き起こすには，120 mLのKCl飽和溶液の注射で十分である。しかし，KCl溶液を効果が出るまで（言い換えると，確実に死ぬまで）投与すべきである。

KClは硬水軟化用の塩としてすぐに入手できる。KCl飽和溶液を準備するために，単に溶液が飽和状態になるまで塩を水に溶かす人もいるかもしれない。温めて頻繁にかき混ぜれば塩を溶液に入れやすくなる。KClが必要になる可能性のある安楽死を行う際には，牛の意識を失わせる前に，それを行う人には飽和したKCl溶液を満たした60 mLシリンジ（14－か16－ゲージの針を付けたもの）を少なくとも2つ用意しておくことを勧める。そうすれば，牛が意識を失ったらできるだけ早く注射を打つことができる。

注射する場所はどの静脈でもよいが，牛が不随意運動をしている時に注射を打つ人が怪我をするかもしれないので，牛の肢が届かない場所で行うことが重要である。多くの場合，牛の背の近くにひざまずき，頭に近付き首の上に手を伸ばして，頸静脈に注射を打つのが最も安全な方法である。静脈に針を刺したら，急速静注で注射を行う。

ふつう2，3分で死に至る。KClを意識のある牛に用いないよう注意すること。KClは心停止を引き起こして死に至らしめる。

子牛の安楽死

新生子牛の安楽死には特別な問題がある。成牛の場合と同様に，安楽死法の選択肢には，バルビツレート注射，銃撃，家畜銃がある。頭部への物理的一撃による鈍的外傷は子牛に対しては許されていない（AVMA Guidelines on Euthanasia, 2007）。なぜなら子牛の頭蓋骨は非常に固いため，脳組織を即時に破壊させ意識を失わせることが難しいからである。非貫通式家畜銃は強さが十分であり，コントロール可能であるため，即時に意識を失わせるために用いることができる（次の項を参照）。

子牛の頭蓋骨と頭蓋は小さいので，銃撃や家畜銃などの物理的方法を行う場合，脳を確実に貫通させるために位置と方向の正確さが求められる。家畜銃は，先に成牛について説明したのと同様に位置を合わせる。子牛は保定している間に頭を回すことがよくあるので，大後頭孔に向けて方向を合わせることが重要である。頭蓋骨に垂直な方向では，前頭洞を貫通することになってしまうことがあるためである。

新生子牛を安楽死させるには，標準的な長さの家畜銃では十分ではない。放血，脊髄破壊法，KCl静脈注射のような，第2の殺手段を続けて行わなければならない。

コントロールされた鈍器外傷を用いた乳牛の安楽死

コントロールされた鈍器外傷は，脳を物理的に破壊することで安楽死させる方法である。コントロールされた鈍器外傷のための容認できる道具には，カートリッジ式と空気式非貫通式家畜銃がある。コントロールされた鈍器外傷は用手鈍器外傷とは異なることに注意するべきである。「コントロールされた」鈍器外傷のための道具は，発砲のたびに均一量の力を生む。成熟した牛に使うのは勧められないが，前述したように第

2の殺手段と一緒に使うことによって，子牛の安楽死に役立つことがあるということをいくつかの研究結果が示している。

また第2の殺手段を行う前には，牛が確実に気絶していることを確かめることが重要である。確実に気絶しているかどうかを示すサインには以下の反応がある。

①牛が気絶させられた時，即時に崩れるように倒れ，立ち上がろうとしない。
②撃たれたら，最初，筋肉が硬直し，その後すぐに肢の不随意運動が起こる。
③律動的な正常の呼吸が中断するか停止する。
④目は開いたままで回転しない。

鳴き声を出したり，立ち上がろうとしたり，立ち直り反射の徴候を示したりしたら，きちんと気絶していないことの表れなので，第2の殺手段を行ってはいけない。このような不運なことが起きたら，安楽死を行う人は，すぐに牛を再び気絶させる準備を行うべきである。

安楽死させられた牛の死の確認

どのような安楽死法を用いた場合でも，牛を廃棄する前に死の確認を行わなければならない。意識があるかどうか判断する，あるいは死の確認を行うために以下の基準を用いる。

・心臓の鼓動がない。
・呼吸をしていない。
・眼瞼/角膜の反射がない。
・数時間にわたって動かない。
・死後硬直がある。

心臓の鼓動があるかどうかは，左肘の下に聴診器を当ててみることで最もよく分かる。しかし，このような状況下では脈は触診不可能な場合があるので，死の確認に用いてはならないことに注意すべきである。胸の動きは呼吸を表すが，意識のない動物の呼吸数は非常に不規則で，呼吸と呼吸の間が長いことがある。したがって，死の確認のために呼吸を検査する際には，注意深く行わなければならない。

眼瞼の反射は，まぶたの反射運動をみつけるためにまつ毛に沿って指を進ませることでチェックできる。眼球の表面を触って角膜反射の徴候をテストすることもできる。意識のある動物は，眼球を触られたらまばたきをするだろう。

その他の方法は，牛を数時間にわたって観察することである。長時間，動かない，心臓の鼓動や呼吸や角膜反射がない場合も，死の確認となる。最終的に，死後硬直（言い換えると，死体が硬直する）と膨張が起こったら，死の確実なサインであるが，一般的には数時間たたないと起こらない。

安楽死の実施に関してさらに考慮すべき事柄

安楽死法を選択する際には，人間の安全，動物の福祉，その処置を適切に行えるように動物を保定できるかどうか，その処置を行う人の技能，費用，レンダリング（動物飼料精製）や死骸廃棄に関する検討，見物人と安楽死を行う人が受ける精神的苦痛，あるいは動物に狂犬病の疑いがある場合には，安楽死の際に（診断目的のために）脳組織を採取する可能性などを考慮するべきである。これらのいくつかについては後ほど説明する。

作業を行う人が，安楽死させられる牛の痛み，恐怖，苦悩，心配をできるだけ最小限にできるようなことをすべて行うことが大切である。人との接触に慣れている牛は，顔見知りの人がいることで安心し不安が少なくなるかもしれない。それに対して，野生動物や人との接触に慣れていない牛には，人との接触が最小限で済む，銃で撃つ方法が適切かもしれない。安楽死させられる牛が歩行可能で，苦悩，不快感，痛みなどを伴わずに移動できるならば，死体処理装置が死骸に簡単に届きやすい場所に牛を移動させることができる。歩行不能な牛を引きずって連れていくことは許されない。移動することで牛の苦悩や苦痛が増す場合には，まず牛を安楽死させ，死を確認した後で移動するべきである。

牛が痛みや苦悩を伴うようなやり方で牛を運んだり吊るしたりしてはいけない。牛はできるだけ優しく保定し，周囲にいる他の牛の福祉や安全も常に考えなければならない（言い換えると，撃ち損ねた時に他の牛に弾が当たったり，他の牛を驚かしたりしないようにする）。健康な仲間の牛がいる前で牛を安楽死させることはとても悲惨なことかもしれない。安楽死を行う必要がある際には，できれば健康な牛を他の場所に移した方がいい。

安楽死処置の最中の不随意運動や筋肉痙攣は牛の正常な反応である。これは作業を行う人やそのアシスタントにとって危険となり得る。安楽死の処置に慣れて

いない人にとってこれらの不随意運動は苦痛であることを知っておくことも重要である。見物人に前もって忠告しておくことで，後に必要な説明を減らせるかもしれない。

手に負えない牛（攻撃的な雄牛や雌牛など）を安楽死させる際は，その牛をシュートに入れ，鎮静剤を打ってから死体処理装置を接近させやすいペンに放す必要があるだろう。鎮静剤が効いたら動物は動かなくなるので，作業を行う人やそのアシスタントが最も安全な方法，家畜銃か銃撃のどちらかによって安楽死させる。

どんな場合でも，その牛の状況にあった方法を選ばなければならない。家畜銃や銃撃は商業的家畜経営には適した方法であるが，子供の愛馬の安楽死法としては適していない。

安楽死のいくつかの方法は，費用がかかり，維持管理をしっかり行う必要がある。家畜銃は，初期コストはかかるが使用には費用がかからない。最大の難点は，維持管理である。家畜銃は定期的に掃除し，火薬が乾燥した状態を保てるように銃弾の装薬を保管しなければならない。どちらを怠っても不発という結果をもたらし，それがこれらの道具によって牛がうまく気絶しないことの第1の原因である。銃撃と家畜銃が最も費用はかからないが，人間の感情が関わってくる場合には，他の方法の方が好まれるであろう。

麻酔薬の過量投与は，獣医師が処置を行う必要があるので比較的費用がかかり，残留薬剤の問題があるので死骸の廃棄が面倒である。経営の中で安楽死させる牛の数も考慮すべき事項である。頻繁に安楽死を行う必要性や，牛の安楽死を大量に行う状況にある大規模な経営と比較して，たまにしか安楽死を行わない場合は，費用は重要な要因とはならない。

安楽死法はそれぞれ，ある程度の技能とトレーニングが必要である。安楽死を行う人の技能と能率が，作業の運用能力にとって不可欠なので，これはきわめて重要な考慮すべき事柄である。道具の不適切な使用は，作業者の安全だけでなく動物の福祉をも脅かす。安楽死の失敗はほとんどの場合，人的ミスの結果である。牛の福祉と作業者の安全を守るために，どのような能力水準が要求されようとも，安楽死処置の定期的な評価を行うべきである。

従業員のトレーニング

大きな牧場や放牧場には，人道的な安楽死テクニックを適切に教育するための従業員トレーニングプログラムを開発することを勧める。

前述したように，これらの処置をうまく行うにはある程度の知識と技能が要求される。経験上，多くの人（家畜の取り扱いに熟達した人でさえ）は，これらのテクニックをきちんと遂行するために必要な解剖学的目印を分かっていない。さらに，銃撃や家畜銃が，安楽死を行う人と見物人に及ぼす危険についても知っておく必要がある。大きな農場や放牧場では，すべての人でなくても，ほとんどの人がこれらの作業になじんでおくべきで，そのうちの数名はこれらの作業を行うための特別なトレーニングを受けるべきである。そして，テクニックに関する実際的な知識と技能を実演できる人だけに安楽死の処置が許されるべきである。これらの方法が適切に行われなかった場合，牛は怪我を負い，多かれ少なかれ意識を持ち続け，不必要な痛みと苦悩を負うことがある。

熟達した人は経験の浅い人のトレーニングを手伝ったり，死んだ動物を利用して，解剖学的目印やさまざまなテクニックの応用を実演したりできるだろう。見習いがその処置をうまくできるようになるまで，死骸を練習に用いるべきである。死をどのように確認するかについても知っておかなければならない。ときとして，これには生きた動物を用いた特別なトレーニングや観察が必要となる。

最も適した安楽死法を決める際に，死骸の廃棄方法についても考えなければならない。死体などを食べる動物（ハゲタカやコヨーテなど）が死骸を食べる可能性があるならば，薬による安楽死は行えない。死後，（狂犬病診断のような）スクリーニングやテストを行う必要がある牛は，脳を損傷したり破壊したりしないような方法で安楽死させなければならない。死んだ牛の廃棄を規制する法律は地域によって異なるので，読者の皆さんには地元の条例や法律をよく理解しておくことを勧める。

最後に考慮すべき事柄は，人道的な安楽死を行わねばならない「人」についてである。この作業は精神的，感情的に誰もが行えるものではないと認識することが重要である。これは，これらの作業を繰り返し行わねばならない立場にいる人に特に当てはまることである。絶え間なく安楽死を見たりそれに関わったりすることによって，仕事への不満につながる精神的ダメージを受けたり，動物の取り扱いが不注意になったり無情になったりする傾向にあることが，観察によって示されている。

この問題に対処する1つの方法は，安楽死の処置が

有能に行えるように十分なトレーニングを提供することである。

それから，この職務によって精神的苦痛が生じていることが明らかになったら，必要に応じて，息抜きさせるために職務を変えさせることである。どのような場合でも，安楽死は人の心の状態に影響を及ぼす（AVMA Guidelines, 2007）。この問題に対する気配りを，獣医師も生産者も忘れてはならない。

文献

American Veterinary Medical Association. (2007). Guidelines on euthanasia.

Chamberlain, A.T., Cripps, P.J. (1986). Prognostic indicators for the downer cow. In Proceedings: *6th International Conference Production Diseases of Farm Animals*, pp. 32–35.

Cox, V.S. (1981). Understanding the downer cow syndrome. *Compendium Continuing Education for the Practicing Veterinarian*, 3:S472–S478.

Doonan, G., Appelt, M., Corbin, A. (2003). Nonambulatory livestock transport: the need of consensus. *Canadian Veterinary Journal*, 44:667–672.

Fenwick, D.C., Kelly, W.R., Daniel, R.C.W. (1986). Definition of nonalert downer cow syndrome and some case histories. *Veterinary Record*, 118:124–128.

Greenough, P. (1997). *Lameness in Cattle*, 203–218. Philadelphia: W.B. Saunders.

Report of the American Veterinary Medical Associaiton panel on euthanasia. (1993). *Journal of the American Veterinary Medical Association*, 202(2): 230–249.

Report of the American Veterinary Medical Associaiton panel on euthanasia. (2000). *Journal of the American Veterinary Medical Associaiton*, 218(5): 669–696.

Shearer, J.K., van Amstel, S.R., Shearer, L.C. (2006). Effect of season on claw disorders (including thin soles) in a large dairy in the southeastern region of the USA. In Proceedings: *14th International Symposium on Lameness in Ruminants*, pp. 110–111. November 8–11, Colonia, Uruguay.

Smith, G.C., Belk, K.E., Tatum, J.D., et al. (1999). *National Market Cow and Beef Bull Audit*. Englewood, CO: National Cattlemen's Beef Association.

Smith, G.C., Morgan, J.B., Tatum, J.D., et al. (1994). *Improving the Consistency and Competitiveness of Non-Fed Beef and Improving the Salvage Value of Cull Cows and Bulls*. Fort Collins, CO:
National Cattlemen's Beef Association and the Colorado State University.

Stull, C.L., Payne, M.A., Berry, S.L., Reynolds, J.P. (2007). A review of the causes, prevention, and welfare of nonambulatory cattle. *Journal of the American Veterinary Medical Association*, 231(2): 227–233.

United States Animal Health Association (USAHA). (2006). Report of the committee on animal welfare. In Proceedings: *110th Annual Meeting United States Animal Health Association*, 137–143.

第26章

オーガニックハードにおけるハードヘルスの管理

Juan S. Velez

要約

多くの消費者がオーガニック乳製品を選んで買うことが予想されることから，米国におけるオーガニック酪農業界は成長していくと思われる。そのため，酪農業実務に関わる獣医師は，オーガニック酪農業者がオーガニック農場環境内で管理実務を確立する際に彼らと密接に働く機会がある。

本章では，アドバイスを述べ，オーガニック酪農場において効果的であると証明されたオーガニックハードヘルスの実施計画書とその実践方法について解説していく。

序文

米国におけるオーガニック酪農業界は過去10年以上の間，年間およそ20％の割合で成長している（オーガニック取引協会：Organic Trade Association, www.ota.com）。今後5年間についても同じような割合で成長し続けると予想されている。**図26-1**に示されているように，これは，国のオーガニック乳牛ハードが，2004年の72,000頭から，2008年には173,000頭に成長したと言い換えることができる（Drifmier, 2008，私信）。

この成長は，小規模の農場が従来型からオーガニックに変わったことと，より大規模の新しいオーガニック農場がスタートしたことによる。米国におけるすべての乳牛ハード頭数において，オーガニック牛はほんの数パーセントにすぎないが，オーガニック乳牛ハードは成長し続けている。その結果，オーガニック酪農業者に対して獣医師がサービスを提供する機会も増えるだろう。

さらに，オーガニック農場環境という制限がある中

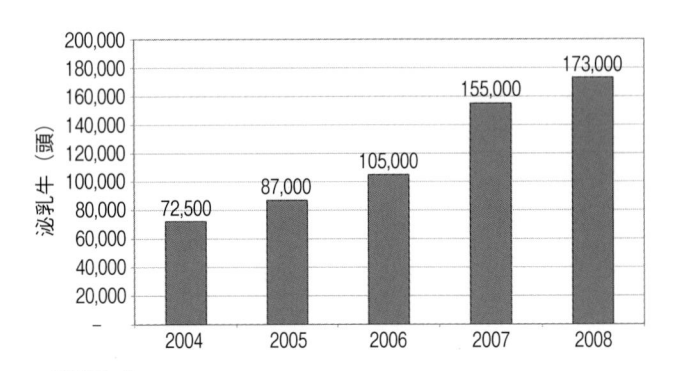

図26-1
2004年から2008年にかけての米国におけるオーガニック乳牛ハード（群）の頭数の増加（Drifmier, 2008，私信）

で，獣医師が，乳牛のための管理プログラムのデザインと実施に責任を持ち，親密に関わることは必須である。これを成し遂げるためには，臨床獣医師はそれぞれの国のオーガニック規則について熟知しておかなければならない。

本章の目的は，アドバイスを述べ，オーガニック乳牛ハードにおいて効果的なオーガニックハードヘルスの実施計画書とその実践方法について解説することである（**図26-1**を参照）。

実施計画書の重要性

オーガニック認定機関が定めているように農場における書類作成と情報の保持は，言うまでもなく重要である。いくつかの国では，すべての記録を少なくとも5年間は保持しなければならないとされている。この要件に沿って，オーガニック検査官が監査を行うために，農場は，個々の牛に関する情報を追跡できるような記録やシステムを持っていなければならない。

酪農業におけるハードヘルスの管理では，牛の世話

を行う人が牛の福祉を維持し，それを向上できるような仕事を一貫して遂行できるようにして，システムとハードヘルス実施計画書を発展させながら実施することが必要である。

以下に述べる理由から，オーガニックハードにおいては，文書によるハードヘルス実施計画書がより重要になってくる。

①ハードヘルス実施計画書は，牧場主，管理者，職員のトレーニングと継続教育のために必要不可欠である。
②書類作成と情報の保持は，認定プロセスに必要である。
③ハードヘルス実施計画書は，一貫性が必要なので，代替療法と支持療法の効き目を評価するためになくてはならない。
④書類を作成することによって，米国オーガニックプログラム（National Organic Program：NOP）によって禁止された物質を使用してしまう可能性のリスクと，NOPによって承認された物質の休薬期間に従い損ねてしまう潜在的リスクを避けることができる。

オーガニックハードの健康実施計画書の根幹は予防である。オーガニックシステムと従来型システムでは，予防の方法が大きく異なるわけではない。しかし，抗生物質，ホルモン剤，その他の合成薬がオーガニックシステムでは使用できないので，活躍の場が異なる。そのために，オーガニックハードにとっては予防プログラムがいっそう重要となる。牛の快適さや福祉を向上させるために，ささいなこと1つ1つを真剣に受け止めなければならない。

たとえ予防に関する実務がオーガニックハードと従来型ハードで原則的に大きく異ならないとしても，筆者の経験から後述するような，オーガニックハードにおいて非常に効果的な予防手段が証明されている。何よりもまず，予防医学実施計画書を実行する人のトレーニングと意欲が全プログラムにとって最も重要な側面である。原本に書かれていることから外れることを防ぐために，牛の世話人の意欲と技能を持続させることが重要な働きであり，それは筆者の意見では，獣医師が深く関わるべきことである。

乳牛に関する栄養，牛の快適さ，予防医学，生産獣医療などの実践については，この本の他の章で述べられている。本章では，従来型酪農業には過剰となり得

表26-1　乳房炎の管理と乳質

実践	論拠
全米乳房炎評議会（National Mastitis Council：NMC，1961）によって推奨された搾乳法の厳守。	オーガニック管理下では，使用できる効果的な治療法がない。基本的な推奨法を短絡することは，乳房炎の確率をより高める結果になるだろう。
バックフラッシュシステムのある搾乳設備の使用。	抗生物質による乾乳時治療は禁止されており，伝染性細菌を排除するのが困難である。バックフラッシュシステムは伝染性細菌のまん延防止に役立つ。
NMC（1961）によって推奨された搾乳設備の適切なメンテナンスと使用。	パーラーの完全な管理と評価に関する厳しいスケジュールを固守することは，新規感染の防止に最も重要である。
乾乳させる牛に対する間欠的な搾乳（5日間，1日1回の搾乳）。	乾乳時治療を行わずにいきなり乾乳すると，新たな感染の可能性が高まる。間欠的な搾乳によって，乾乳後に乳房から乳が漏れるのを防ぎ，乳房炎のリスクが減る。
慢性的に感染している牛の細菌培養と淘汰。	伝染性細菌陽性の牛を排除することで，伝染性微生物がまん延するリスクが減る。
大腸菌群感染に対するコア抗原ワクチンの使用。	このワクチンの使用により大腸菌性乳房炎の発生が減ることが証明されている。
ぬかるみを避けた良好な放牧の実践。	放牧はオーガニックシステムになくてはならないものである。牧草地のぬかるみは乳房炎が発生する可能性を高める。

るような予防診療に焦点を当てる。しかし，筆者の経験からすると，以下に述べる予防手段の実践は，オーガニック酪農業におけるハードヘルス管理にとって非常に重要である。

表26-1～表26-4にそれぞれ，乳房炎の管理，跛行の管理，繁殖管理，子牛の飼育に関する筆者の提案を示した。

オーガニックハードヘルスにおける個々の牛の治療

臨床獣医師は，治療に用いることが承認された薬物と未承認の薬物を熟知しておくことが重要である。

ヨーロッパの基準については，オーガニック農業運動国際連合（International Federation of Organic Agricultural Movement：IFOAM, www.ifoam.org/about_ifoam/standards/index.html）を参照する。米

表 26-2　跛行の管理

実践	論拠
牧場内の蹄ケアスペシャリスト。	予防的な削蹄と跛行の早期で正確な診断によって，オーガニック管理下における効果的な治療が可能になる。
床にゴムマットを使用。	蹄底の状態と牛の快適さが向上する。
脚浴の適切な使用。	硫酸銅による脚浴は許可されており，それにより伝染性の肢蹄疾患を防ぐことができる。
ぬかるみを避けた良好な放牧の実施。	放牧はオーガニックシステムになくてはならないものである。牧草地のぬかるみは伝染性の蹄疾患が発生する可能性を高める。
清潔な通路と集合場。	趾と趾間の皮膚炎のまん延を防ぐ。

表 26-4　子牛の飼育

実践	論拠
包括的なワクチン接種プログラム。	抗生物質を使用しないため，ワクチンが防御の最も重要なものとなる。
持続感染性（PI）牛ウイルス性下痢（BVD）についてすべての子牛を検査し，陽性の子牛は淘汰する。	オーガニックの子牛飼育システムにおいては，伝染性疾患の抑制に役立つ抗生物質が代用乳や飼料穀物に入っていないので，1頭のPI陽性子牛が壊滅的な影響を及ぼす。
すべての子牛における受身免疫伝達不全の流行をみつけ出すために，血清総タンパクを週1回モニターする（Donovanら，1986）。	オーガニックシステムにおいては，迅速な対応と初乳管理プログラムへのフィードバックが必須である。抗生物質を使用しないため，受身免疫伝達の不十分なプログラムにおける対応の遅れは壊滅的な影響を及ぼす。

表 26-3　繁殖管理

実践	論拠
ホルスタイン未経産牛を小型種（ジャージーなど）の雄牛と交配する。	筆者の経験では，難産の発生率が有意に減少する。難産の発生率を減少させることで，初産牛の分娩後の子宮炎が減る。
分娩後に毒性子宮炎になるリスクのある牛（難産，胎盤停滞，死産，双子の牛）に対して，1頭につきヨード 500 mg を 3 日間 1 日おきに注入する。	オーガニック酪農場において，リスクのある牛の子宮炎の治療に，抗生物質を使用せずに，ヨードを初期治療として使用することは許可されている。筆者の経験では，治療をしなかった牛と比較すると，この治療は有効である。
自然交配を行う場合，Riscoら（1998）が作成した雄牛管理のためのガイドラインに従わなければならない。	従来型でもオーガニックシステムでも，雄牛の管理をおろそかにすると繁殖効率が悪くなる。
人工授精を行う場合，視覚による発情発見が非常に重要である。職員を絶え間なく訓練することと発情発見補助具の利用が必須である。	排卵を同期化させたり発情サイクルを短くしたりするためにホルモン剤を使用しない場合，発情発見はオーガニック酪農場において人工授精プログラムを成功させるために，唯一の最重要な要因となる。

国の基準については，米国オーガニックプログラム（National Organic Program：NOP, http://www.ams.usda.gov/AMSv1.0/NOP）を参照してほしい。

またその他の優れた情報源として，オーガニック器材総覧研究所（Organic Material Review Institute：OMRI, http://www.omri.org/）が挙げられる。

原則として，米国オーガニック協会（NOP）によると，禁止リストに載っていない天然物質はすべて承認されている。そして，承認リストに載っていない合成物質はすべて禁止されている。

オーガニック牛の治療の基本は支持療法である。水分補給の回復は，どんな疾病動物にとっても非常に重要であり，オーガニック牛についても何ら変わりはない。幸いにも電解質液はオーガニック生産に許可されている。解熱剤も許可されており，解熱剤は，牛が体調不良の時に食欲を維持するのを助けるために重要である。

オーガニック牛に対する代替医療を用いた治療の使用について説明した教科書が数冊市販されている。筆者は，*Treating Dairy Cows Naturally*（Karreman, 2008）という本が個々の牛の治療に関する情報源としてとても役に立つと思う。

筆者の意見では，乳牛の治療における天然物質の利用の分野には，研究のチャンスがある。この分野における多くの提案には，それらの使用を支持するための科学的で精密な調査が欠けている。

結論

オーガニック酪農は世界中で拡大している。オーガニック生産作業が群の牛の福祉と利益を最大限にするように管理されているかどうかを確かめるために，臨床獣医師は，これらのオーガニックシステムと実施計

画書の発展に関与する絶好の機会を持つ。そのような目標に到達するには，オーガニック規則に関する知識が欠かせない。

予防は，オーガニックハードヘルスの最も重要な側面である。オーガニック牛のための自然代替治療の分野に関する研究には絶好のチャンスがある。

文献

Donovan, G.A., Badinga, L., Collier, R.J., Wilcox, C.J., Braun, R.K. (1986). Factors influencing passive transfer in dairy calves. *Journal of Dairy Science*, 69:784–796.

Drifmier, C. (2008). Personal communication.

Karreman, H. (2008). Treating dairy cows naturally: Thoughts and Strategies, Pub., Acres, U.S.A. www.acresusa.com.

National Mastitis Council (NMC). (1961). Recommended Mastitis Control Program. nmc@nmconline.org.

Risco, C.A., Chenoweth, P.J., Smith, B.I., Velez, J.S., Barker, R. (1998). Management and economics of natural service bulls in dairy herds. *Compendium for Continuing Education*, 20:3–8.

略語一覧

訳者注：この中には，我が国でもこの略語がそのまま使用されている例が多い。

ADF：acid detergent fiber／酸性デタージェント繊維
AI：artificial insemination／人工授精
AIDE：artificial insemination at detected estrus／発情発見時の人工授精
BC：body condition／ボディコンディション
BCS：body condition score／ボディコンディションスコア
BEP：before expected parturition／分娩予定日の前
BTC：bulk tank cultures／バルク乳培養法
CC：coliform count／大腸菌数
CCI：calving to conception interval／分娩－受胎間隔
CIDR：controlled internal drug release／プロジェステロン放出腟内留置製剤
CLAs：conjugated linoleic acids／共役リノール酸
DairyVIP：dairy value iteration program／酪農評価反復プログラム
DC：digital cushion／蹄枕
DCAD：dietary cation-anion difference／飼料の陽イオン-陰イオン差
DFM：direct-fed microbial／直接与える微生物
DIM：days in milk／泌乳日数
DM：dry matter／乾物
DMI：dry matter intake／乾物摂取量
EDDI：ethylenediamine dihydroiodide／二ヨード水素酸エチレンジアミン
ELISA：enzyme-linked immunosorbent assay／酵素結合免疫吸着測定法
FDA：US food and drug administration／米国食品医薬品局
KPI：key performance indicators／主要業績評価指標
LH：luteinizing hormone／黄体形成ホルモン
LPC：laboratory pasteurized count／耐熱菌数
MMPs：matrix metalloproteinases／マトリックス・メタロプロテイナーゼ
MP：metabolizable protein／代謝タンパク
NDF：neutral detergent fiber／中性デタージェント繊維
NFCs：nonfibrous carbohydrates／非繊維炭水化物
NRC：Nutrient Requirements of Dairy Cattle／NRC乳牛飼養標準
OFC：on-farm culture／農場培養
PAGs：pregnancy-associated glycoproteins／妊娠関連糖タンパク
peNDF：physically effective NDF／物理的有効NDF
PR：pregnancy rate／妊娠率
PSPB：pregnancy-specific protein B／妊娠特異タンパクB
PSPS：penn state particle separator／ペンステート粒子分離機
RDP：rumen degradable protein／第一胃分解性タンパク
RFMs：retained fetal membranes／胎盤停滞
RP：retained placenta／胎盤停滞
RHA：rolling herd average／年間平均泌乳量
RUP：rumen undegradable protein／第一胃非分解性タンパク
SCC：somatic cell count／体細胞数
SPC：standard plate count／総細胞数
SOPs：standard operation practices／作業実施基準
TMR：total mixed ration／完全配合飼料
TSTUs：thin sole toe ulcers／薄層蹄底蹄尖潰瘍
UHS：udder hygiene score／乳房衛生状態スコア
VWP：voluntary waiting period／任意待機期間

索 引

【あ】

アセト酢酸 ……………………… 42，59
亜麻仁 …………………………………… 75
アミノ酸 ……… 40，47，65，69，81，
84，157，282
アラキドン酸 …………………………… 80
アルカリ剤 ……………………………… 73
アルファルファ ………… 47，78，226
アンモニア ……………………… 281，284
安楽死 ……………………………… 261，351

【い】

イースト（酵母）……………………… 282
イオノフォア ……………………… 42，64
移行期 ……………… 33，39，57，101，
156，224，264，313
移行牛 ………………………………… 34，295
移行牛管理指針 ……………………… 34
移行抗体による妨害 ……………… 196
維持エネルギー ……………………… 70
異種発酵性 ……………………………… 282
異常胎勢 ………………………………… 53
痛みと苦痛 …………………………… 352
1日増体重 …………………… 209，223
遺伝子工学ワクチン ……………… 198
遺伝子マーカー ……………… 182，346
遺伝的選抜 …………………………… 189
遺伝率 ………………………………… 341
陰イオン ……………… 34，44，86，316
陰イオン飼料 ………………………… 44
インスリン …… 40，76，89，95，111
インタビュー（面接）……………… 325

【う】

牛ウイルス性下痢ウイルス（BVDV）
………………………… 160，198，214
ウシ成長ホルモン（STH）……… 187
牛ヘルペスウイルスタイプ1
（BHV-1）………………………… 164
薄い蹄底 ……………………………… 268

【え】

エイコサペンタエン酸 ……………… 80
栄養管理 ………………… 39，63，103，
203，223，313

栄養生理 ………………………………… 40
栄養要求量 …… 39，46，63，91，224
栄養利用率 ……………………… 66，91
疫学的概念 …………………………… 292
液体飼料 ……………………… 209，215
エコー …………………………… 127，133
エストラジオール … 102，111，116，
147，157，183，230
エストロジェン …………… 100，116，
148，264
エッセンシャルオイル ……………… 94
エネルギー …… 34，41，68，70，75，
79，81，84，127，155，159，
210，224，285，354，355
エネルギー摂取量 ……………… 70，77
エネルギー代謝 ………… 33，47，87，
93，156
エネルギーの流れ …………………… 68
エネルギーバランス …… 34，39，65，
69，92，112，154，
160，282，311，344
エネルギー密度 ………… 41，69，70
エネルギー要求量 …………… 41，70，
210，224
塩化カリウム（KCL）… 47，85，354
塩化カルシウム …………… 44，154
エンドトキシン ……………… 199，263

【お】

オーガニックハード ……………… 361
オーガニックハードヘルス ……… 361
黄体 ………… 80，93，102，110，129，
155，183，227，305
黄色油脂 ……………………………… 74
応用統計分析 ……………………… 287
横裂蹄 ………………………………… 271
オキシテトラサイクリン ………… 158
雄牛 ………… 103，130，164，166，169，
186，193，204，227，
298，339，358，363
オッズ ………………………………… 289
オブシンク（Ovsynch）…… 36，102，
114，139，148，188，229，308
オメガ6族脂肪酸 …………………… 60
オランダ式削蹄法 ………………… 269

【か】

カーフハッチ ……………………… 212
カーブリニア（曲線型）………… 127
回帰 ……… 147，177，288，297，311
カイ自乗（X2）検定 ……………… 288
カウサイドテスト ………… 60，207
家禽脂 ………………………………… 74
角膜反射 …………………………… 357
確率 ……… 54，135，155，208，237，
245，288，299，362
過削 …………………………… 268，272
過剰排卵処置 ……………………… 141
家畜衛生の評価 …………………… 251
家畜銃 ………………………… 352，358
カテコールアミン …………………… 40
カテゴリーデータ ………… 289，299
カテゴリー変数 …………… 287，289
カビ（真菌）…… 42，47，88，94，280
カリウム ………………… 34，44，85，
207，224，354
カルシウム … 34，69，75，89，153，
224，311，335，353
カロリー密度 …………………… 68，80
カロリー量 …………………………… 65
眼窩内の眼 …………………………… 58
環境温度 ……………………… 224，283
環境性病原菌 ……… 236，246，254
眼瞼反射 …………………………… 357
感受性 …… 60，86，164，185，194，
207，214，245，276，292
緩衝剤 … 42，47，73，79，95，355
感染性牛鼻気管炎 ………………… 164
感染性生殖器疾患 ………………… 163
完全配合飼料（TMR）…… 41，63，94
乾燥 … 47，72，243，250，280，358
乾草 …… 47，67，82，92，226，279
寒地型牧草 ………………………… 279
乾乳期 …… 39，113，131，171，207，
243，255，299，311，314
乾乳牛の管理 ……………… 39，255
乾乳後期
（クローズアップ期）……… 35，316
乾乳時治療 ………………… 255，362
乾乳前期（ファーオフ期）……… 35
カンピロバクター症 ……… 104，166

乾物摂取量（DMI）… 39，63，69，74，81，224，311
乾物（DM）損失，喪失 …… 280，285
管理（マネージメント） ………… 322
管理形質 ………………… 339，345
管理獣医師 ……… 35，277，321，333
管理チャート …………………… 293

【き】
季節 …… 35，52，58，66，99，111，173，181，212，277，292，302，312，317
季節繁殖プログラム …………… 100
気腔 …………………………… 135
基底細胞 ………………… 262，272
帰無仮説 ………………………… 288
脚浴 ……………… 273，277，363
キャノーラ油 …………………… 75
牛脂 …………………………… 74
牛舎 …… 100，203，206，210，226
牛舎飼育 ……………………… 226
給餌（給与，飼料）コスト … 63，66
給餌システム …………… 63，211
給餌頻度 ………………………… 45
急性蹄葉炎 ……………………… 261
給与バンク管理 ………………… 96
給与頻度 ………………………… 96
矯正削蹄 ………… 265，270，273
胸腺 …………………………… 194
供胚牛 ………………………… 141
局所的抗生剤治療 ……………… 274
曲線型（カーブリニア） ………… 127
記録 …… 59，100，141，156，204，216，239，249，276，295，301，309，315，342，361
近親交配 ……………………… 344

【く】
空胎日数 ……… 100，108，118，128，159，169，175，274，297，306
屈折計 ………………………… 209
グラム陰性菌ワクチン ………… 199
グリーンチョップ ……………… 279
グリセロール …………… 42，74，157
グループ飼育 ………………… 212
グループペン …………… 203，213
グループ分け …… 40，64，223，289，47
グルカゴン ………………… 40，76

グルカン ……………… 72，84，92
グルコース …… 40，48，60，69，76，90，114，154，157，282
グルコース前駆物質 ………… 43，156
グルココルチコイド …………… 157
グルコン酸カルシウム ………… 154
クローズアップ期
（乾乳後期） ……… 35，316
クロストリジウム …… 199，245，282
訓練プログラム ………………… 326

【け】
経産牛 … 40，51，63，99，109，120，128，131，134，139，164，169，182，200，223，254，263，268，299，302，318，340，347，363
経口カルシウム ………… 44，154
経口電解質液 …………………… 215
経済的価値 ……… 36，107，171
携帯用電子 BHBA 測定システム ‥ 60
経膣分娩 ………………………… 53
系統繁殖 ………………………… 344
経鼻投与 ………………… 198，214
経鼻投与ワクチン ……… 198，214
血管刺激物質 …………………… 263
血漿カルシウム値 ……………… 153
血清総タンパク濃度 …………… 209
ケトーシス …… 34，39，41，57，67，90，154，289，311
ケトーシス牛の治療 …………… 156
ケトン体 ……………… 41，59，314
ゲノム ……………… 164，318，345
ゲノムテスト …………………… 346
ゲノムマーカー ………………… 346
ケラチン生成細胞 ……………… 262
下痢 …… 47，56，71，85，91，104，160，166，195，211，283，287，293，319
健康形質 ………………… 339，344
健康スコアリングチャート ……… 215
健康パラメーター ……………… 57
健康モニタリング ………… 34，57

【こ】
コード化システム ……………… 347
コーン油 ………………………… 75
高温細菌 ………………………… 280
後期胚死滅 ……… 302，307，310
抗菌剤 …… 157，235，241，248，255

抗菌剤残留 ……………… 237，249
攻撃試験 ………………… 165，197
抗コクシジウム剤 ……………… 211
抗酸化剤 ………………… 181，187
子牛の安楽死 …………………… 356
子牛の回転 ……………………… 54
子牛の給餌 ……………………… 211
子牛のケア ……………………… 55
子牛の飼育 ……………… 345，362
子牛の死亡 …… 51，195，204，215，342
子牛のスクリーニング ………… 215
子牛の牛舎 ……………………… 212
子牛の治療 ……………………… 215
子牛のワクチン接種 …………… 213
子牛ペン ………………………… 212
抗生物質 …… 35，58，88，157，211，215，248，255，267，272，362
高体温 ……………… 87，181，188
行動 …… 24，45，65，91，100，104，111，136，183，203，212，252，257，269，289，305，312，322，332，352
高泌乳牛 … 33，43，103，107，113，139，147，175，186
酵母（イースト） ………… 94，283
酵母培養液 ……………………… 94
呼吸器疾患 ……… 213，284，352
呼吸努力 ………………………… 205
コクシジウム ……… 89，211，226
誤差 ……………… 187，288，293
コシンク ………… 117，141，229
骨盤入口 ………………………… 54
ゴナドトロピン放出ホルモン
（GnRH） …… 102，114，137，147，186，228，308
コマーシャル脂肪 ……………… 75
コミュニケーション ……… 328，337
コリン …………… 41，48，89，90，92
コルチゾール …………… 40，153
混合飼料 ………………………… 64

【さ】
細菌学的汚染 …………………… 243
細菌接種源 ……………………… 285
再授精 …… 100，117，147，304，307
臍帯 ……………… 53，204，213
臍帯感染 ………………… 206，213
在胎期間 ………………………… 127

367

臍帯消毒 …………………… 206，213	子宮粘液症 ………………………… 134	受胎率 ………… 33，99，102，108，140，
臍帯処置 ………………………… 213	子宮捻転 …………………………… 52	150，159，164，169，178，
再同期化 … 34，103，147，231，307	子宮膿瘍 …………………………… 134	186，188，293，299，341
サイトカイン ……………………… 154	子宮の超音波検査 ………………… 133	出生前の免疫システムの発達 …… 194
サイレージ …… 41，47，66，78，83，	子宮排出物 …………………… 35，57	受胚牛 ……………………………… 141
92，224，281	子宮病変 …………………………… 134	主要業績評価指標（KPI）… 239，241，
サイレージ発酵 ……………… 282，285	死後硬直 …………………………… 357	247，252
サイロ ……………………………… 282	資材 ………………………………… 331	純タンパク ……………… 70，81，93
逆子（尾位）………………………… 53	支持療法 ……………… 57，158，216，362	消化エネルギー ……………… 68，76
削蹄 ……………………… 160，261，267，	自然交配 …………… 103，166，186，227，	消化器疾患 ……………… 39，59，92
276，342，363	302，316，339，347，363	硝酸態（NH3）窒素 ………………… 81
削蹄技術 …………………………… 268	餌槽 …………………………… 41，45，270	脂溶性ビタミン ……………… 47，88
搾乳管理 …………………………… 251	実施計画書 …………… 51，101，325，	蒸煮フレーキング …………… 73，83
搾乳システム ……………… 64，250，258	332，361	正味エネルギー ………… 68，77，224
搾乳者の研修 ……………………… 254	質的データ ………………………… 299	小卵胞 ……………………… 129，136，141
搾乳設備 …………………… 207，251	実用的遺伝学 ……………………… 339	初回検定日乳量 …………………… 313
搾乳プロセス ……………… 251，254	肢蹄の体型 ………………………… 342	初回授精 … 36，99，105，108，114，
搾乳ルーチン ……………… 236，250，256	自動給餌機 ………………………… 66	117，121，147，155，169，177，
雑種強勢 …………………… 183，189，345	趾皮膚炎（DD）…………… 264，273	182，232，288，296，305，319
雑種交配 …………………………… 345	脂肪給与 …………………………… 80	初回授精最適日 …………………… 177
サポニン …………………………… 42，48	脂肪酸濃度 ………………………… 77	初回授精までの間隔 … 36，99，101，
サルモネラ症 ……………………… 166	脂肪消化 …………………………… 75	102，105，187
3 回給餌 ………………………… 210，211	脂肪量 ……………… 63，70，75，81，94	初回授精までの最適日数 ………… 177
酸化マグネシウム ………… 42，47，79，	社会的順位 ………………………… 34	除角 ……………………………… 196，214
85，95	従業員 ………… 51，57，103，116，204，	初産牛 ………… 41，51，65，101，109，
産次数 ……… 35，65，111，171，177，	322，324，351，358	169，175，207，227，254，261，
238，277，291，299，	従業員の評価 ……………………… 327	270，292，298，301，313，341，363
304，309，312，316	銃撃 ……………………… 352，356，358	除角器 ……………………………… 214
酸素療法 …………………………… 205	周産期死亡 ………………………… 204	初期値 ……………………… 171，178
305 日推定乳量 ……………… 313，317	周産期の看護 ……………………… 204	初期胚発育の抑制 ………………… 184
サンプリング ……………… 244，293	重症度スコア ……………… 240，241，248	触診妊娠率 ………………………… 100
サンプルサイズ ……… 209，293，300	重症度スコアシステム …………… 240	食道カテーテル …………… 55，208
	修正生ワクチン …………… 164，197	植物油 ……………………………… 74
【し】	重曹（炭酸水素ナトリウム）……… 42	職務明細書 ………………… 325，332
自営農場 …………………… 321，322，324	周年繁殖プログラム ………… 99，103	食物繊維 …………………………… 45
趾間腐爛 …………………………… 275	集約管理の高生産乳牛 …………… 101	食物繊維の粒径 …………………… 45
時間分析 …………………………… 291	縦裂蹄 ……………………………… 271	食欲 … 35，47，58，65，75，90，96，
子宮炎 ………… 35，39，57，80，134，	授精の価値 ………………… 169，178	114，154，157，200，215，363
140，157，288，313，363	受精のプロセス …………………… 184	初乳 … 52，65，194，203，211，363
子宮温度 …………………………… 184	授精方法 …………… 101，104，147，298	初乳管理 …………………… 203，211，363
子宮感染 …………………… 34，58，155	授精リスク ………………… 296，303，310	初乳の吸収 ………………………… 195
子宮感染症の治療 ………………… 158	授精率 …………… 33，99，109，117，169	初乳の給与 ………………………… 208
子宮頸 ………………… 52，104，135，163	主席卵胞 …………………… 111，114，137，	初乳の構成物質 …………………… 195
子宮疾患 ………………… 89，111，157	150，183，228	初乳の熱処理 ……………………… 207
子宮修復 ………… 80，100，108，159	受胎最適日 ………………………… 175	初乳の培養 ………………………… 245
子宮腫瘍 …………………………… 134	受胎能力 …………………… 33，41，51，	初乳の保存 ………………………… 208
子宮蓄膿症 …………… 101，105，111，	101，107，121	初乳品質 …………………………… 207
134，166	受胎リスク（CR）…… 171，176，297，	暑熱ストレス ……………… 34，133，175，
子宮内膜炎 ………………… 100，155	299，305，311	181，191

暑熱ストレスの生理学 …………… 181
暑熱ストレスのリスク評価 ……… 184
暑熱耐性 …………………………… 184
飼料製造 ………………… 66, 71, 81, 91
飼料摂取量 …… 35, 41, 45, 59, 63,
　　　　　　　　67, 112, 131, 171,
　　　　　　　　182, 224, 283
飼料中の脂肪濃度 ………………… 77
飼料添加物 ………………………… 91
飼料の陽イオン-陰イオン差
　（DCAD）………………………… 44
飼料バンクスコア ………………… 96
飼料利用 …………………………… 96
新規妊娠の価値 …………… 172, 175
真菌（カビ）……………………… 283
真菌性添加物 ……………………… 94
真菌培養 …………………………… 42
人工呼吸 …………………………… 55
人工授精（AI）…… 36, 99, 100, 107,
　　　　　　117, 139, 147, 166, 177, 185,
　　　　　　227, 291, 298, 339, 363
新生子牛の看護 ………………… 213
新生子の免疫システム ………… 194
診断検査 ………… 60, 163, 216, 243
陣痛 ………………………… 52, 204
人的管理 ………………… 321, 335
真皮 ……………………… 261, 275
信頼区間 ………… 289, 301, 315

【す】
水分含量 …………… 66, 269, 280
スコアリングシステム …………… 58
スターター飼料 ………………… 209
ストールデザイン ……………… 269
ストレス …… 35, 43, 53, 91, 100,
　　　　107, 159, 165, 193, 203, 210,
　　　　223, 262, 271, 302, 311, 317

【せ】
精液性状 …………………… 104, 186
正規分布 …………………… 288, 298
生産寿命 …………………… 33, 340
成熟黄体 …………………… 129, 136
生殖結節 ………………………… 127
性腺刺激ホルモン放出ホルモン
　（GnRH）………………………… 102
生存率分析 ……………………… 288
成長ホルモン（GH）………… 40, 112
成長率 ………… 206, 210, 223, 344

整復 ………………………………… 53
性別判定 …………………… 127, 141
性判別精液 …… 204, 232, 318, 345
生命力評価スコア ……………… 205
脊髄破壊法（ピッシング）……… 354
蹄枕（DC）……………………… 263
セクター（扇型）………………… 127
摂食行動 ………………………… 45
セフチオフル …………………… 157
セレウス菌 ……………………… 283
セレン ………… 43, 47, 84, 87, 95
繊維 ………… 34, 45, 63, 71,
　　　　　84, 92, 224, 279
繊維源 ………………… 64, 72, 92
繊維成分 ………………………… 72
繊維炭水化物 …… 46, 69, 84, 225
繊維分解酵素 …………………… 94
線形（リニア）…………… 127, 290
線形回帰分析 ………………… 290
線形体細胞数（LNSCC）……… 159
潜在性ケトーシス ……… 34, 43, 59,
　　　　　　　　　　94, 154, 289
潜在性子宮内膜炎 ……………… 158
潜在性低カルシウム血症 …… 44, 153
潜在性蹄葉炎 …………………… 262
潜在性乳房炎 … 47, 159, 237, 242,
　　　　　　　　251, 291, 319
潜在性乳房炎の発症率 ………… 238
潜在性乳房炎のモニタリング … 242,
　　　　　　　　　　　　　　　255
前同期化 ………… 115, 120, 140, 229
扇型（セクター）………………… 127
前培養菌数（PIC）……………… 243
全乳 ………………………… 210, 235

【そ】
総エネルギー量 ………………… 68
相関 ……… 44, 179, 197, 204, 238,
　　　　　　250, 266, 288, 341
相関係数 ………………………… 290
早期空胎診断 …………… 128, 143
早期胚死滅 ……… 100, 160, 166, 291
総細菌数（SPC）……… 236, 243, 252
即時過敏反応 …………………… 199
測定法（メトリック） 36, 112, 290,
　　　　　　　　　296, 299, 303, 313
咀嚼 ………………………… 42, 45, 71
粗飼料 ………… 34, 44, 63, 77, 84,
　　　　　　　88, 224, 281

粗飼料繊維 ………… 64, 71, 79, 92
蘇生 ………………………… 55, 205
粗タンパク（CP）… 43, 66, 72, 77,
　　　　　　81, 92, 210, 219, 225, 281
ソムナス症 ……………………… 167
ソルガム ……………………… 73, 84

【た】
第一胃アシドーシス …… 65, 91, 261
第一胃アルカリ化剤 ……………… 95
第一胃緩衝剤 ……………… 79, 95
第一胃調整剤 ……………………… 48
第一胃の代謝 …………………… 76
第一胃微生物 ……… 47, 81, 88, 282
第一胃非分解性タンパク（RUP）
　………………… 43, 79, 81, 92, 225
第一胃分解性デンプン ………… 73
第一胃保護コリン …………… 41, 93
第一胃保護性メチオニン ……… 83
第一胃保護ナイアシン ………… 93
第一胃保護リジン ……………… 93
第一胎胞（尿膜絨毛膜，絨毛尿膜）
　………………………… 52, 129, 132
第一破水 ………………………… 52
体温調節 ………… 90, 182, 189, 205
体高 ……… 209, 223, 290, 299, 319
第三趾節骨（P3）………… 261, 270,
　　　　　　　　　　　　296, 301
胎子奇形 ………………………… 52
胎子牽引 ………………………… 54
胎子母体不均衡 ………………… 52
代謝異常 ………… 59, 261, 343, 353
代謝性アルカローシス ……… 44, 86
代謝性エネルギー ……………… 68
代謝タンパク（MP）………… 43, 65,
　　　　　　　　　　　　79, 225
代謝調整剤 ……………………… 48
代謝プロファイル ……………… 156
体重 ‥ 35, 41, 55, 65, 77, 84, 91,
　　　114, 159, 171, 194, 204, 209,
　　　223, 261, 270, 287, 319, 343
大豆 ………… 64, 67, 74, 82, 226
大豆油 …………………………… 75
胎勢の異常 ……………………… 52
代替医療 ……………………… 363
大腸菌 …… 195, 239, 252, 284, 362
大腸菌数（CC）………………… 244
第二胎胞（羊膜）……… 52, 128, 132
第二破水 ………………………… 52

369

耐熱菌数 (LPC) ……………… 243
耐熱細菌 …………………… 244
胎盤停滞 (RP) ……… 34, 39, 43, 47, 80, 87, 103, 113, 153, 154, 157, 165, 192, 313, 342, 363
代用初乳 (CR) ……………… 207
代用乳 ………………… 210, 363
大卵胞 ………………… 111, 137
唾液分泌量 …………………… 71
多形核 (PMN) 細胞 ………… 158
ダブルオブシンク …………… 119
多量ミネラル ……………… 84, 92
単一飼料 ……………………… 66
単回帰分析 ………………… 290
炭酸カルシウム ………… 42, 47, 85
炭酸水素ナトリウム（重曹）…… 42
炭水化物 ……… 40, 42, 68, 71, 81, 90, 209, 225, 280
暖地型牧草 ………………… 279
タンパク ……… 34, 40, 64, 77, 92, 147, 154, 170, 195, 209, 224, 262, 280, 293, 314, 363
タンパク栄養 ……………… 43, 81
タンパク源 ………………… 65, 81

【ち】
恥骨前腱の断裂 ……………… 52
膣 …… 52, 58, 100, 114, 135, 147, 150, 158, 164, 228
膣炎 ………………………… 135
膣内挿入器具 (CIDR) …… 114, 147
膣内プロジェステロン放出器具
　…………………………… 102, 228
膣排出物 ……………… 58, 100, 159
遅発性過敏性反応 …………… 199
中央値 …… 108, 122, 288, 296, 309
中間値 ………………… 288, , 296
超音波 …… 127, 133, 147, 305, 310
超音波画像 …………… 128, 143
超音波検査 …… 36, 100, 104, 112, 127, 147, 310
超音波検査器具 …… 127, 135, 142
超音波検査器具のサプライヤー … 143
超音波検査の研修プログラム …… 143
腸管消化性 ……………… 73, 79, 82
長鎖脂肪酸 …………………… 77
超趾間腐爛 ………………… 275
腸内細菌 …………………… 282
直線システム ……………… 347

直腸温 ………………… 35, 57, 158, 182, 204, 215
直腸検査 36, 100, 104, 107, 112, 127, 136, 140, 147, 251

【つ】
追加免疫 …………………… 199
追加免疫投与（ブースター）75, 198
ツインライン ………………… 132

【て】
データ収集過程 …………… 296
データの特性 ……………… 287
ティートディッピング …… 243, 252
低温殺菌 ……………… 207, 243
低カルシウム血症 ‥ 34, 40, 44, 48, 85, 153, 157, 311, 316, 335, 353
低カルシウム血症の治療 … 45, 154
蹄踵潰瘍 …………………… 264
蹄踵角質 ……………… 275, 342
蹄先潰瘍 ……………… 264, 270
蹄先の外傷性病変 …… 268, 271
蹄先の病変 …………… 268, 271
定時授精 (TAI) …… 102, 113, 117, 139, 141, 147, 155, 186, 228
蹄ゾーン ……………… 264, 276
蹄底潰瘍 ……………… 261, 271, 342
蹄底角質 ……………… 262, 269
蹄底真皮 ……………… 262, 272
蹄底蹄先潰瘍 (TSTU) …… 261, 268
蹄テスター ………………… 265
蹄病変の局所的治療 ……… 272
蹄葉炎 ………… 104, 261, 272, 276
蹄葉炎の発病機序 ………… 262
テイルチョーク …………… 186
摘出計画 …………………… 53
デキストロース ………… 156, 205
デノボ合成脂肪酸 …………… 79
添加剤 ………… 42, 48, 211, 216
電気式給餌機 ……………… 64
伝染性病原菌 ………… 236, 242, 246
デンプン ‥ 41, 63, 71, 79, 92, 210

【と】
ドイコサヘキサエン酸 ……… 79
糖 ………… 40, 45, 69, 81, 90, 112, 147, 156, 205, 210, 282
頭位（頭が先）………………… 53

頭蓋直径 …………………… 131
動機付け（モチベーション）…… 327
統計的推定 ………………… 288
統計的分析 ………………… 293
統計的有意性 ……………… 288
同種発酵性 ………………… 282
淘汰 ‥ 33, 99, 105, 108, 114, 130, 140, 157, 171, 173, 176, 179, 235, 243, 247, 249, 261, 267, 270, 277, 296, 291, 298, 300, 302, 313, 339, 342, 363
淘汰リスク …… 109, 169, 175, 177, 193, 241, 291, 301, 305, 311, 315
淘汰率 ……… 99, 104, 170, 172, 174, 177
頭長 ………………………… 131
胴幅 ………………………… 131
頭尾長 ……………………… 130
動物性脂肪 ………………… 75
トウモロコシ ……… 42, 47, 69, 73, 84, 92, 226, 283
特異性 ………… 36, 60, 128, 292
特別要因変動 ……………… 298
トリアシルグリセロール …… 74
トリグリセリド (TGs) ……… 40
トリコモナス症 ………… 104, 166
努責 ………………………… 52
鈍器外傷 …………………… 356
豚脂 ………………………… 74
トンネル換気 ……………… 185

【な】
ナイアシン ……………… 43, 88, 93
生酵母 ……………………… 94

【に】
二項分布 …………………… 288
日常商品脂肪
　(commodity fats) ……… 74, 78
21日間の妊娠率 99, 104, 108, 292
2-ヒドロキシ4-メチルチオ核酸
　(HMB) ………………… 84, 93
乳牛管理記録システム …… 241
乳牛の免疫学 ……………… 193
乳酸 ……… 42, 69, 91, 204, 263, 281
乳酸菌 ……………………… 42, 281
乳質 ………………… 236, 240, 251, 314, 318, 362
乳質改善 ……………… 252, 254

乳質向上 …………………… 235, 239
乳脂肪低下 ………………… 76, 80
乳汁尿素 …………………… 84
乳汁流量曲線 ……………… 254
乳生産モニタリング ……… 316
乳タンパク ………… 40, 65, 80, 93,
　　　　　　　　　170, 195, 287
乳中ケトン体 ……………… 59
乳頭消毒 …………… 235, 247, 251
乳頭の乾燥 ………………… 252
乳熱 ………… 41, 46, 59, 103, 153,
　　　　　　224, 292, 313, 335, 353
乳房衛生状態スコア（UHS）…… 251
乳房炎 …………… 153, 154, 156,
　　　　　　　159, 160, 238
乳房炎治療 ………………… 249
乳房炎の管理 ……… 235, 262
乳房炎防除 …… 235, 239, 245, 247,
　　　　149, 250, 251, 255, 256, 257
乳房浮腫 …………………… 46, 224
乳量 … 35, 39, 61, 104, 141, 176,
　　　223, 227, 235, 253, 254, 270,
　　　283, 287, 299, 339, 341, 343, 345
尿中ケトン体 ……………… 59, 60
尿 pH ……………………… 34, 44
尿膜水腫 …………………… 52
尿膜絨毛膜（第一胎胞）…… 52, 129
任意待機期間（VWP）… 33, 99, 107,
　　　　　　109, 114, 121, 140, 153,
　　　　　　　　170, 178, 186, 303
任意待機期間終了時 ……… 33
妊娠一覧表 ………………… 303
妊娠/空胎診断 …………… 128, 133, 141
妊娠診断 … 34, 99, 127, 133, 141,
　　　　　147, 298, 301, 304, 308, 316
妊娠喪失 … 80, 99, 104, 107, 114,
　　　　　119, 131, 148, 160, 177,
　　　　　184, 302, 305, 310, 316
妊娠特異タンパクB
　（PSPB）…………………… 36, 147
妊娠ハードカウント ……… 302
妊娠評価 …………………… 127, 303
妊娠率（PR）……… 33, 60, 99, 102,
　　　　　107, 117, 120, 140, 149, 155,
　　　　　160, 164, 169, 177, 185, 227,
　　　　　　　292, 300, 308, 340

【ね】
ネオスポラ症 ……………… 104, 166

寝床 ……… 210, 237, 250, 269, 318
年間平均泌乳量
　（RHA）…………………… 140, 297, 316

【の】
農業革命 …………………… 321, 322
嚢腫様黄体 ………………… 136
農場培養（OFC）…………… 247
農夫肺 ……………………… 280

【は】
ハードヘルス実施計画書 … 51, 332,
　　　　　　　　　　362
ハードヘルスプログラム … 226, 332,
　　　　　　　　　　335
バイアス …………… 293, 297, 313,
　　　　　　　　　316, 318, 320
胚移植 …… 127, 141, 181, 188, 346
胚および胎子死亡 ………… 133
胚および胎子の衰弱 ……… 133
胚および胎子の生存能 …… 127, 132,
　　　　　　　　　　133
胚回収 …… 127, 141, 181, 188, 346
胚死滅 …… 36, 100, 159, 164, 181,
　　　　　200, 291, 302, 307, 310
バイタルサイン …………… 204
排卵同期化 … 36, 110, 115, 122,
　　　　　139, 140, 147, 188, 228, 308
排卵誘起 …………………… 120
排卵卵胞 …………… 110, 113, 116, 119,
　　　　　　　　　137, 142
白帯病 ……… 261, 266, 270, 276, 343
跛行 ……… 104, 113, 116, 160, 261,
　　　　　265, 275, 289, 317, 363
跛行スコア ………………… 160
跛行データ ………………… 276
跛行の管理 ………………… 363
ハザード関数 ……………… 291
ハザード比 ………………… 291
バチルス …………………… 245, 283
発酵性有機物 ……………… 81
発情間期の後期 …………… 139
発情間期の初期 …………… 139
発情後期 …………… 112, 136, 139, 148
発情行動 …………… 100, 111, 139, 183
発情周期ステージ ………… 133, 137
発情周期段階 ……………… 149
発情周期の遅れ …………… 111, 113
発情前期 …………… 107, 119, 136, 139,

　　　　　　　　　148, 230, 308
発情同期化プログラム …… 227
発情の持続時間 …………… 102, 115
発情の強さ ………………… 102, 115
発情発見 … 36, 99, 100, 107, 113,
　　　　　116, 121, 139, 147, 153,
　　　　　169, 178, 186, 227, 293,
　　　　　298, 304, 309, 341, 363
発情発見時の人工授精（AIDE）… 147
発情発見補助器具 …… 99, 148, 186
発情発見率 …… 36, 100, 102, 108,
　　　　　116, 122, 139, 147, 160, 169,
　　　　　　173, 186, 207, 227, 293
発情誘起 …………………… 122, 148
発生率 …… 58, 87, 140, 157, 238,
　　　　　242, 250, 274, 292, 342, 353, 363
バルク乳 …………… 236, 243, 250
バルク乳のSCC …………… 236, 250
バルク乳の細菌学的性状 … 243
バルク乳の微生物学的検査 … 245
バルク乳培養法（BTC）…… 245
バルビツレート …………… 354
繁殖異常 …………………… 100
繁殖管理 …… 33, 36, 99, 107, 110,
　　　　　117, 127, 160, 181, 227, 231,
　　　　　297, 301, 305, 308, 362
繁殖効率 … 33, 99, 104, 107, 115,
　　　　　118, 147, 151, 163, 166,
　　　　　173, 177, 227, 231, 297,
　　　　　　302, 308, 316, 363
繁殖指標 …………………… 108
繁殖成績 ・ 33, 39, 47, 57, 93, 99,
　　　　　103, 109, 113, 118, 122, 153,
　　　　　157, 169, 174, 203, 274, 295,
　　　　　　300, 306, 315, 320
繁殖成績のモニタリング … 296, 301,
　　　　　　　　　　320
繁殖損失 …………………… 160, 163
繁殖プログラム …………… 100, 107, 109,
　　　　　115, 118, 122, 140, 153,
　　　　　160, 169, 193, 227, 300,
　　　　　307, 312, 342, 346
パントテン酸 ……………… 88
反復測定 …………………… 290

【ひ】
ピーク乳量 ………………… 109, 318
ヒートシンク ……………… 149
尾位（逆子）………………… 53

371

非エステル化脂肪酸（NEFA）‥‥ 40,
　　　　49, 67, 69, 79, 156, 314
ビオチン ‥‥‥‥‥‥ 43, 48, 88, 92
比重計 ‥‥‥‥‥‥‥‥‥‥‥‥ 207
微生物学的検査 ‥‥‥‥‥ 245, 247
微生物タンパク ‥‥ 47, 69, 80, 85
非繊維炭水化物 ‥‥‥ 46, 69, 72, 84
ビタミン ‥ 34, 47, 69, 88, 92, 94
ビタミンA（レチノール）‥‥ 46, 89,
　　　　　　　　　　　92, 93, 225
ビタミンB ‥‥‥‥‥‥‥ 47, 88, 89
ビタミンB_1（チアミン）‥‥‥‥‥ 88
ビタミンB_2（リボフラビン）‥ 88, 89
ビタミンB_3（ナイアシン）‥‥ 43, 88,
　　　　　　　　　　　　　　90, 93
ビタミンB_6（ピリドキシン）‥‥‥ 88
ビタミンB_{12}（コバラミン）‥‥ 87, 90
ビタミンC（アスコルビン酸）‥‥ 90
ビタミンD ‥‥‥‥‥‥‥ 89, 92, 225
ビタミンD_3（1,25（OH）$_2$コレカルシ
　　フェロール）‥‥‥‥‥‥‥‥ 89
ビタミンE
　（トコフェロール）‥‥ 46, 89, 92,
　187, 225
ビタミンK（キノン）‥‥‥‥‥‥ 88
ピッシング（脊髄破壊法）‥‥‥‥ 354
泌乳日数（DIM）‥‥‥‥ 45, 99, 104,
　　　　107, 122, 170, 176, 239,
　　　　242, 298, 301, 305, 313, 317
泌乳までのラグタイム ‥‥‥‥ 252
非妊娠1日当たりの費用 ‥‥‥‥ 175
非妊娠牛の早期診断 ‥‥‥‥‥‥ 36
ひまわり ‥‥‥‥‥‥‥‥‥‥‥ 74
費用‥ 36, 77, 107, 121, 142, 157,
　　　169, 185, 188, 197, 203, 209,
　　　211, 227, 231, 263, 277, 280,
　　　322, 331, 335, 340, 346, 357, 358
病気のタイミング ‥‥‥‥‥‥ 194
病牛の発見 ‥‥‥‥‥‥‥‥ 57, 60
病牛の様相 ‥‥‥‥‥‥‥‥ 58, 354
病牛ペン ‥‥‥‥‥‥‥‥‥‥‥ 35
標準偏差（SD）‥‥‥‥‥‥ 288, 298
比率‥ 45, 60, 65, 108, 157, 163,
　　　238, 240, 243, 255, 284,
　　　292, 299, 300, 307, 314
微量ミネラル‥ 47, 84, 92, 94, 224

【ふ】

ファーオフ期（乾乳前期）‥‥‥‥ 35
フィードアウト ‥‥‥‥‥‥‥ 283
ブースター（追加免疫投与）‥‥ 198
不活化ワクチン ‥‥‥‥‥‥‥ 197
副作用ワクチン接種 ‥‥‥‥‥ 199
複数飼料 ‥‥‥‥‥‥‥‥‥‥‥ 66
腐食性の薬品ペースト ‥‥‥‥ 214
不随意運動 ‥‥‥‥‥‥‥‥‥ 356
双子 ‥‥‥‥ 51, 58, 113, 127, 129,
　　　　131, 140, 204, 312, 363
フットブロック ‥‥‥ 265, 270, 276
負のエネルギーバランス ‥‥ 40, 65,
　　　　92, 102, 154, 160, 344
不飽和脂肪酸 ‥‥‥‥‥‥ 76, 85, 94
ブルセラ症 ‥‥‥‥‥‥‥‥‥ 165
フルニキシンメグルミン ‥‥ 159, 231
プレシンク（前同期化）‥‥ 115, 118,
　　　　　　　　140, 229, 299
プレシンクーオブシンク法 ‥‥‥ 102
フレッシュ牛 ‥‥‥‥‥ 34, 301, 312
フレッシュ牛ペン ‥‥‥‥‥‥‥ 35
プレディッピング ‥‥‥‥‥‥ 251
不連続データ ‥‥‥‥‥‥‥‥ 299
プロジェステロン ‥‥ 102, 111, 122,
　　　　134, 136, 139, 147, 158,
　　　　160, 186, 228, 231, 308
プロジェステロン器具 ‥‥‥‥ 148
プロスタグランジンF_{2a}（PGF_{2a}）
　‥‥ 102, 111, 147, 159, 186, 227
プロセス指数（PI）‥‥‥‥‥‥‥ 74
プロピオン酸カルシウム ‥‥ 45, 154,
　　　　　　　　　　　　　　　157
プロピオン酸クロム ‥‥‥‥‥‥ 43
プロピオン酸ナトリウム ‥‥‥ 157
プロピレングリコール
　（PG）‥‥‥‥‥ 42, 48, 156, 157
糞口感染 ‥‥‥‥‥‥‥‥ 205, 212
分散分析（ANOVA）‥‥‥‥‥‥ 288
分娩-受胎間隔（CCI）‥‥‥‥‥‥ 33
分娩介助 ‥‥‥ 34, 51, 204, 206, 224
分娩介助器具 ‥‥‥‥‥‥‥‥‥ 52
分娩間隔 ‥‥‥‥ 99, 107, 147, 170,
　　　　172, 175, 297, 343
分娩管理 ‥‥‥‥‥‥‥ 34, 51, 53, 55
分娩後初回授精 ‥‥‥‥ 107, 118, 121
分娩後無発情 ‥‥‥‥‥‥‥‥ 100
分娩設備 ‥‥‥‥‥‥‥‥‥‥‥ 51
分娩前栄養管理 ‥‥‥‥‥‥ 39, 63, 313
分娩前経産牛 ‥‥‥‥‥‥‥‥‥ 46
分娩前添加剤 ‥‥‥‥‥‥‥‥‥ 42
分娩前未経産牛 ‥‥‥‥‥‥‥‥ 46
分娩徴候 ‥‥‥‥‥‥‥‥‥‥‥ 52
分娩ペン ‥‥‥‥‥ 35, 51, 130, 205
分房乳 ‥‥‥‥‥‥‥‥‥ 243, 247
分離給餌システム ‥‥‥‥‥ 63, 64

【へ】

平均値 ‥‥‥‥‥‥ 35, 109, 139, 243,
　　　　251, 288, 296, 298
閉鎖卵胞 ‥‥‥‥‥‥‥‥‥‥ 137
ヘイレージ ‥‥‥‥‥‥‥‥ 47, 281
ペクチン ‥‥‥‥‥‥‥‥ 72, 84, 92
ペン移動 ‥‥‥‥‥‥‥‥‥‥‥ 34
勉強会 ‥‥‥‥‥‥‥‥‥‥‥ 326
ペンステート粒子分離機（PSPS）‥ 45
片側性双子 ‥‥‥‥‥‥‥‥‥ 132

【ほ】

防御のレベル ‥‥‥‥‥‥‥‥ 193
放血 ‥‥‥‥‥‥‥‥‥‥ 352, 354
放牧飼育 ‥‥‥‥‥‥ 139, 200, 226
補給脂肪量 ‥‥‥‥‥‥‥‥‥‥ 77
母牛のケア ‥‥‥‥‥‥‥‥‥‥ 55
母牛ワクチン ‥‥‥‥‥‥‥‥ 195
牧草 ‥‥‥‥ 42, 51, 72, 78, 83, 89,
　　　100, 141, 204, 224, 226, 237,
　　　261, 279, 316, 322, 362
歩行活動 ‥‥‥‥‥‥‥‥‥‥‥ 58
保護コリン ‥‥‥‥‥‥ 41, 43, 48, 93
補助飼料 ‥‥‥‥‥‥‥‥‥‥ 224
補体 ‥‥‥‥‥‥‥‥‥‥ 194, 199
ボディコンディション
　（BC）‥‥‥‥‥‥‥ 156, 266, 343
ボディコンディションスコア（BCS）
　‥‥‥ 34, 41, 65, 100, 102, 111,
　　　113, 131, 155, 160, 204,
　　　223, 251, 266, 343, 354
哺乳瓶 ‥‥‥‥‥‥‥‥‥ 208, 211
ホルモン ‥‥‥‥ 40, 47, 80, 87, 102,
　　　110, 115, 121, 127, 137, 141,
　　　147, 159, 170, 177, 181, 187,
　　　206, 228, 264, 289, 308, 362
ホルモン療法 ‥‥‥‥‥‥ 123, 186
ボログルコン酸カルシウム ‥‥ 154

【ま】

マイコトキシン（真菌毒素）‥‥ 280, 283
前搾り ‥‥‥‥‥‥‥ 207, 236, 251
前搾り乳 ‥‥‥‥‥‥‥‥ 236, 251

マトリックス・メタロプロテイナーゼ（MMPs） 263
マネージメント（管理） 322
摩耗速度 269
慢性蹄葉炎 261

【み】
未経産牛乳房炎 255, 318
未経産乳牛の栄養管理 223
未経産牛の排卵同期化法 228
ミネラル 34, 43, 46, 66, 79, 81, 84, 89, 94, 206, 224

【む】
無水アンモニア 281
娘牛妊娠率（DPR） 340, 345, 347
無排卵牛 108, 110, 119, 122, 155, 308
無排卵牛管理 110, 114
無排卵牛診断 112
無排卵牛治療方針 114
無排卵牛予防戦略 114
無排卵牛罹患率 108, 112, 119
無排卵状態 115, 155, 307
無排卵小卵胞（卵巣静止） 137
無排卵大卵胞 137
無排卵プロセス 111

【め】
メタロプロテイナーゼ（MMP） 264, 266
メチオニン 43, 47, 81, 87, 95
メトリック（測定法） 36, 112, 290, 296, 299, 303, 308, 313, 315, 318
免疫グロブリン（Igs） 55, 195, 199, 207
免疫細胞 154, 195
綿実 67, 72, 74, 84
綿実油 75
面接（インタビュー） 325, 329

【も】
モチベーション（動機付け） 327
モニタリング 34, 57, 84, 199, 211, 216, 239, 242, 248, 255, 295, 300, 307, 311, 315, 318
モネンシン 41, 92, 94, 211
モメンタム 295, 297, 307, 316, 318

【や】
薬理学的呼吸刺激 205

【ゆ】
有機亜鉛 43
有機セレン 43
有機ミネラル 43, 48
遊離脂肪酸 76, 156
輸液 156, 200, 215, 248
床 212
ユッカ 42, 48
油糧種子 74, 81

【よ】
陽イオン 44, 46, 79, 85, 316
葉酸 87, 90
養分変化 281
羊膜（第二胎胞） 52, 128, 132
羊膜水腫 52
予防的獣医療 336

【ら】
ラグ 295, 297, 311, 313, 318, 320
酪農評価反復プログラム（DairyVIP） 171
ラサロシド 42, 48, 211
らせん状の蹄 268, 270
卵管 135, 165
卵巣 33, 100, 105, 107, 111, 127, 132, 134, 148, 155, 163, 188, 228, 292
卵巣静止（無排卵小卵胞） 137
卵巣嚢腫 100, 103, 105, 148, 292
ランダム変動 293, 298
卵胞 80, 107, 111, 116, 120, 127, 137, 141, 142, 155, 164, 183, 188, 228, 308
卵胞細胞の成熟 183
卵胞細胞の発育 103, 183, 228
卵胞嚢腫 110, 136, 148, 150
卵胞のターンオーバー 116, 188, 229
卵胞の発育 103, 110, 113, 121, 147, 183, 188
卵胞の優位期間 120
卵胞波 103, 113, 116, 118, 120, 135, 137, 139, 142, 148, 150, 228

【り】
リジン 48, 81, 92
リスク 300
リスク比 292
リステリア 283
率 300
リニア（線形） 127, 290
リノール酸 76, 79
リノレイン酸 77, 79
罹病率 195, 212, 238, 289, 292, 293, 319
流産 36, 87, 101, 159, 163, 169, 171, 177, 199, 283, 292, 302, 305, 309
流産のコスト 177
流産リスク 302, 305, 310
粒子サイズ 66, 71, 79, 83, 92
粒子密度 72
両側性双子 132
量的データ 287, 299
量的変数 287, 289
リラキシン 264
臨床型乳房炎 159, 235, 238, 245, 247, 250, 253, 255, 289, 313, 319, 342
臨床型乳房炎の定義 240
臨床型乳房炎の発症率 238
臨床型乳房炎のモニタリング 240
臨床的子宮内膜炎 101, 158

【る】
ルーメンマット 72, 282
ルステルホルツ潰瘍 264

【れ】
冷却法 184
裂蹄 271
レプトスピラ症 104, 164
連続データ 298

【ろ】
ロジスティック回帰 290
ロボット搾乳 64

【わ】
ワクチン接種 104, 160, 163, 165, 193, 211, 213, 295, 363
ワクチンの選択 196
ワクチンの有効性の評価 196

ワクチンプログラム ……… 196, 198
割合 …………………… 299, 301, 319

【欧文索引】

ADF ………………… 45, 67, 78, 225
AIDE（発情発見時の人工授精）‥ 147
ANOVA（分散分析）・185, 288, 289
APGAR …………………………… 204
BC（ボディコンディション）
　　………………………… 156, 266, 343
BCS（ボディコンディションスコア）
　　………………… 34, 41, 65, 100, 102, 111,
　　113, 114, 131, 155, 160, 204,
　　223, 251, 266, 343, 354
BHV-1（牛ヘルペスウイルスタイプ
　1）……………………… 164, 196, 198
BTC（バルク乳培養法）………… 245
BVDV（牛ウイルス性下痢ウイルス）
　　……………………… 160, 163198, 214
Ca（カルシウム）… 34, 39, 42, 69,
　　75, 85, 87, 89, 153, 157, 224,
　　311, 313, 316, 335, 353
CC（大腸菌数）………………… 244
CCI（分娩ー受胎間隔）…………… 33
CIDR（膣内挿入器具）……… 114, 147
CIDR シンク …………………… 140
Cl（塩素）………… 46, 86, 206, 224
Co（コバルト）………… 47, 81, 87
commodity fats（日常商品脂肪）
　　…………………………… 74, 75, 78
CP（粗タンパク）… 43, 46, 66, 69,
　　72, 77, 81, 92, 210,
　　219, 221, 225, 281
Cr ………………………………… 95
Cu（銅）……… 46, 86, 225, 274, 363
DairyVIP（酪農評価反復プログラム）
　　………………………………… 171, 179
DC（蹄枕）………………… 263, 265
DCAD（飼料の陽イオン―陰イオン
　差）……………………… 42, 44, 46
DD（趾皮膚炎）…………… 264, 273
DMI（乾物摂取量）……… 39, 63, 69,
　　74, 81, 88, 91, 224, 311
DM 含有量 ……………… 66, 91, 96
DPR（娘牛妊娠率）…… 340, 345, 347
Fe（鉄）…………… 46, 86, 90, 225
GnRH …… 102, 104, 114, 137, 147,
　　186, 228, 308
GnRH/LH サージ ……………… 111

hCG（ヒト絨毛性ゴナドトロピン）
　　…………………………………… 104, 186
HeatWatch ……… 186, 191, 233
Hoof Supervisor ……………… 276
Hoofase ………………………… 263
I（ヨウ素）………… 47, 84, 87, 252
IGF-1 …………………………… 111
IgG ……… 56, 195, 199, 208, 211
IgG1 ……………………… 195, 206
K（カリウム）……… 34, 44, 46, 224
KCL（塩化カリウム）…… 47, 85, 354
KPI（主要業績評価指標）・239, 241,
　　246, 249, 251
LH ……………………………… 111, 116
LH サージ ……………………… 111
LNSCC（線形体細胞数）……… 159
LPC（耐熱菌数）………………… 243
Mg（マグネシウム）…… 42, 44, 46,
　　79, 85, 95, 224
MMP
　（メタロプロテイナーゼ）… 263, 266
MMPs（マトリックス・メタロプロ
　テイナーゼ）…………………… 263
Mn（マンガン）………… 46, 87, 225
MP（代謝タンパク）…… 46, 65, 225
n3 脂肪酸 ………………………… 80
Na（ナトリウム）……… 42, 46, 71, 79,
　　86, 95, 206, 216, 225
NDF ……… 42, 45, 64, 77, 84, 92,
　　96, 224, 225, 281
NEFA（非エステル化脂肪酸）
　　…………………… 40, 67, 69, 79, 314
NE$_L$ …………… 41, 69, 70, 73, 75
NFC‐67, 71, 72, 77, 78, 88, 225
NRC …… 41, 46, 69, 75, 77, 81,
　　83, 87, 89, 97, 171, 223
OFC（農場培養）………………… 247
OR ……………………………… 290
Ovsynch（オブシンク）…… 36, 102,
　　114, 117, 139, 148,
　　188, 229, 299, 308
P（リン）…………………… 47, 85
P/AI（AI ごとの妊娠率）
　　……………… 108, 114, 117, 228, 232
P3（第三趾節骨）……… 261, 267, 270
Penn State Particle Separator …… 45,
　　48, 66, 91, 97
PG（プロピレングリコール）
　　……………………………… 42, 48, 156

PI（プロセス指数）……………… 74
PIC（前培養菌数）……………… 243
PR（妊娠率）……… 33, 60, 99, 102,
　　104, 107, 117, 120, 122,
　　140, 149, 150, 155, 160, 164,
　　169, 177, 185, 227, 292, 300,
　　308, 310, 340
PSPS（ペンステート粒子分離機）・45
Quillay …………………… 42, 48
RHA（年間平均泌乳量）… 140, 297,
　　316
RP（胎盤停滞）……… 34, 39, 43, 47,
　　80, 87, 103, 113, 153, 157, 159,
　　165, 192, 313, 315, 342, 363
RUP（第一胃非分解性タンパク）43,
　　46, 79, 81, 92, 225
RUP 源 …………………………… 82
S（イオウ）……………………… 85
SCC ……………… 43, 236, 242, 247,
　　250, 254, 319
SD（標準偏差）……………… 288, 298
Se（セレン）……… 43, 47, 84, 87, 95
SPC（総細菌数）…… 236, 243, 252,
　　294, 298, 301
t-検定 …………………………… 288
TAI（定時授精）…… 102, 113, 117,
　　139, 141, 147, 155, 186, 228
TGs（トリグリセリド）………… 40
TMR（完全配合飼料）… 41, 45, 63,
　　65, 96
Trueperella pyogenes …………… 158
TSTU（蹄底蹄先潰瘍）…… 261, 268
UHS（乳房衛生状態スコア）…… 251
VFA ……………… 69, 71, 73, 79
VWP（任意待機期間）・33, 99, 107,
　　114, 121, 122, 140, 153,
　　170, 178, 186, 303, 305, 306
Zn（亜鉛）……………… 43, 46, 84,
　　86, 94, 274

【監訳者】

浜名 克己 Katsumi Hamana
1941年大阪市生まれ。東京大学農学部獣医学科卒業後，同大学大学院博士課程修了。東京大学助手，宮崎大学助教授，鹿児島大学教授を経て，現在同大学名誉教授。その間，ワシントン州立大学研究員，カンサス州立大学・カリフォルニア大学・ザンビア大学の客員教授。1992-2000年世界牛病学会理事，現在同名管理事。著書に『生産獣医療における牛の生産病の実際』『獣医繁殖学』『獣医繁殖学マニュアル』（ともに共著，文永堂出版），『カラーアトラス牛の先天異常』（共著，学窓社）ほか。訳書に『牛病カラーアトラス（第3版）』（ロジャー W. ブローウィ，A. デービッド ウィーバー著，緑書房），『牛の乳房炎コントロール（初版，増補改訂版）』（R. ブローウィ，P. エドモンドソン著，緑書房／チクサン出版社），『最新犬の新生子診療マニュアル』（A. ヴェーレント著，監訳，インターズー），『獣医倫理入門』（B. ローリン 著，監訳，白揚社）ほか。

【翻訳者】

小林 順子 Junko Kobayashi
青山学院大学理工学部卒業。石油化学会社の勤務を経て、翻訳家となる。自然科学分野、医薬分野の翻訳に従事。
●翻訳担当章：第1章，第8章，第18章

古曳 利恵 Rie Kobiki
鳥取大学大学院農学研究科獣医学専攻修士課程修了。医薬品安全試験の会社、動物病院に勤務の後、翻訳家となる。
●翻訳担当章：第10-11章

河原 めぐみ Megumi Kawahara
北里大学獣医畜産学部卒業。動物病院勤務を経て、翻訳業の傍ら、主婦業と3歳の娘の育児に奮闘中。
●翻訳担当章：第5章，第21-22章

松本 彩香 Ayaka Matsumoto
麻布大学大学院獣医学研究科動物応用科学専攻修士課程修了後、英国・サウザンプトン大学にて Ph.D 取得。
●翻訳担当章：第2-4章，第6-7章，第9章，第12-17章，第19-20章，第23-26章

乳牛の生産獣医療

2015年4月10日　第1刷発行 ©

編著者	Carlos A. Risco and Pedro Melendez Retamal
監訳者	浜名克己
発行者	森田　猛
発行所	株式会社 緑書房
	〒103-0004
	東京都中央区東日本橋2丁目8番3号
	T E L　03-6833-0560
	http://www.pet-honpo.com
編　集	秋元 理，西田彩未
カバーデザイン	株式会社 メルシング
印刷・製本	株式会社 真興社

ISBN 978-4-89531-219-6　Printed in Japan
落丁，乱丁本は弊社送料負担にてお取り替えいたします。

本書の複写にかかる複製，上映，譲渡，公衆送信（送信可能化を含む）の各権利は株式会社緑書房が管理の委託を受けています。

JCOPY〈（一社）出版者著作権管理機構 委託出版物〉
本書を無断で複写複製（電子化を含む）することは，著作権法上での例外を除き，禁じられています。本書を複写される場合は，そのつど事前に，（一社）出版者著作権管理機構（電話03-3513-6969，FAX03-3513-6979，e-mail：info@jcopy.or.jp）の許諾を得てください。
また本書を代行業者等の第三者に依頼してスキャンやデジタル化することは、たとえ個人や家庭内の利用であっても一切認められておりません。